Todos los libros de Linkgua Ediciones cuentan con modelos de Inteligencia Artificial entrenados por hispanistas. Pregúntale al chat de tu libro lo que desees acerca de la obra o su autor/a.

Para ebooks: Accede a nuestro modelo de IA a través de este enlace.

Para libros impresos: Escanea el código QR de la portada con tu dispositivo móvil.

Obtén análisis detallados de nuestros libros, resúmenes, respuestas a tus preguntas y accede a nuestras ediciones críticas generativas para una experiencia de lectura más enriquecedora.
La transparencia y el respeto hacia la autoría de las fuentes utilizadas son distintivos básicos de nuestro proyecto. Por ello, las respuestas ofrecen, mediante un sistema de citas, las fuentes con las que han sido elaboradas.

Fray Bernardino de Sahagún

Historia general de las cosas de la Nueva España

Edición de Juan Carlos Temprano

Tomo I

Barcelona **2024**
Linkgua-ediciones.com

Créditos

Título original: Historia general de las cosas de la Nueva España.

e-mail: info@linkgua.com

Diseño de cubierta: Michel Mallard.

ISBN tapa dura: 978-84-1126-596-6.
ISBN rústica: 978-84-9816-687-3.
ISBN ebook: 978-84-9897-069-2.

Sumario

Brevísima presentación

La vida

Bernardino de Sahagún (Sahagún ca. 1499-Ciudad de México, 1590), España. Su nombre original es Bernardino de Rivera. Sahagún escribió en náhuatl y castellano, y su obra es muy valiosa para la reconstrucción de la historia del México anterior a la Conquista.

Hacia 1520 Sahagún estudió en la Universidad de Salamanca. Allí aprendió latín, historia, filosofía y teología. Hacia 1525 entró en la orden franciscana y en 1529 se fue a México en misión con otros frailes, encabezados por fray Antonio, de Ciudad Rodrigo.

En 1536 Bernardino de Sahagún fundó el Imperial Colegio de la Santa Cruz de Tlaltelulco. Desde el comienzo enseñó latín allí. El propósito del Colegio era la instrucción académica y religiosa de jóvenes de la nobleza nahualt.

Bernardino estuvo luego en conventos de Xochimilco, Huejotzingo y Cholula; fue misionero en Puebla, Tula y Tepeapulco (1539-1558); definidor provincial y visitador de la Custodia de Michoacán (1558).

En 1577 sus trabajos fueron confiscados por orden real y sus investigaciones sobre el mundo azteca fueron mal consideradas.

La Historia general

La *Historia general de las cosas de la nueva España* reúne los doce libros editados en México por el monje franciscano Bernardino de Sahagún entre 1540 y 1590 a partir de entrevistas con informantes indígenas en Tlatelolco, Texcoco y Tenochtitlan. A lo largo de los doce libros que integran la obra se abordan distintas cuestiones de la cultura de los nativos, desde las creencias religiosas, la astronomía y la adivinación, las oraciones y las formas retóricas típicas de los discursos tradicionales en lengua náhuatl, hasta los conocimientos sobre el sol, la luna y las estrellas, o el comercio, la historia, la sociedad azteca y la conquista española.

Al cabo de casi medio milenio, la obra de Sahagún no solo sigue siendo una de las principales fuentes de información sobre la vida de los aztecas antes del «descubrimiento», sino el primer intento de practicar el complicado ejercicio etnográfico de «ponerse en el lugar del otro» procurando asumir la lógica interna de una mentalidad ajena —y, en parte, extrañándose de la propia— para comprender el mundo donde viven otros hombres.

Advertencia

La reimpresión de la monumental *Historia General de las Cosas de Nueva España,* de fray Bernardino de Sahagún, era una empresa de años atrás necesaria y urgente, pues además de alcanzar a la fecha elevados precios los ejemplares de la edición que hizo don Carlos María Bustamante, vienen siendo ya tan escasos que no se les encuentra con facilidad en el comercio. Pero había una razón más y muy digna de ser atendida, las notorias y graves deficiencias que demeritan a las tres ediciones en lengua castellana de que podíamos disponer, la citada antes y la que llevó a cabo Lord Kingsborough al incluir a Sahagún en su espléndida recopilación de *Antigüedades de México;* la tercera fue la de Ireneo Paz (1890-95), que reproduce la de Bustamante.

Estas ediciones reconocen una misma fuente, que fue el códice que perteneció al convento de frailes franciscanos de Tolosa; este documento se prestó por orden del rey al cronista de Indias don Juan Bautista Muñoz, quien lo copió o lo hizo copiar, y por circunstancias de amistad facilitó igualmente, en el año de 1793, que se tomase otra copia para uso del coronel don Diego Panes; acaso el primer traslado a que se alude vino a parar, andando los años, a manos de Kingsborough, y el que trajo a la Nueva España Panes sirvió a Bustamante para su edición y ahora pertenece a nuestra Biblioteca Nacional. Don Joaquín García Icazbalceta creía que este códice de Tolosa debió ser, a su vez, copia tomada del manuscrito que a España llevó fray Rodrigo de Sequera (según las noticias que nos conservó el propio Sahagún) y que al presente se encuentra en Florencia; pero solo se tomó la parte del texto en castellano, por no interesar a quien la hizo la versión en lengua náhuatl. Esta opinión la juzgamos fundada, pues al confrontar el texto del manuscrito Panes con la copia que hizo de su puño y letra don Francisco del Paso y Troncoso, en Florencia y en Madrid, en la parte que de esta existe en el Museo Nacional de Arqueología, Historia y Etnología de México, hemos encontrado muy escasas discrepancias, imputables tal vez a descuidos del copista o a tropiezos paleográficos en que no podía incurrir el señor Troncoso.

Para preparar los originales usados en esta edición recurrimos al manuscrito Panes, haciendo enseguida un escrupuloso cotejo con la edición de Lord Kingsborough, en los libros del primero al undécimo de la obra, y con la copia del señor Troncoso en los primeros seis libros solamente, pues de ésta y por desgracia es lo único que posee la biblioteca de nuestro Museo, a pesar de que hay constancia de haber sido total y tenerla el señor Troncoso registrada en sus inventarios como propiedad del Gobierno Mexicano. Estos cotejos fueron provechosos porque pudo comprobarse por ellos que faltan líneas del texto en la copia del coronel Panes, así como en las páginas de la edición de Kingsborough, y más aún, páginas enteras en ambas versiones, en asuntos de tanto interés como las metáforas de uso corriente en la lengua mexicana que alcanzaron los frailes del siglo XVI, y en los acertijos que acuciosamente recogió el padre Sahagún, ya sin contar con los errores frecuentes de palabras defectuosamente transcritas y en forma peor modernizadas.

Fueron asimismo de preciosa utilidad para nosotros los trabajos de tres insignes arqueólogos extranjeros, MM. D. Jourdanet y Rémi Siméon, autores de la traducción francesa, y el doctor Eduardo Seler, que tradujo a Sahagún al alemán y con base en la obra de éste escribió algunas magistrales monografías. Lo que de estos autores aprovechamos, en esta edición, queda expuesto cumplidamente líneas adelante.

Con referencias al texto en lengua náhuatl, repetidas veces fray Bernardino de Sahagún se excusa para no extenderse a más prolijos detalles en castellano, cuando trata de asuntos que a él le parecían de poco valor y que ahora son para nosotros del más elevado interés; aquí y allá, a lo largo de su obra y a cada paso nos dice que no se detiene a más explicar alguna cosa, porque está tratada ya con amplitud *en la letra,* o por que pueden quienes lo deseen preguntar a testigos vivientes; pero esto, por desdicha, es imposible para el lector de hoy. Y esto nos sirve aquí para declarar, y no incidentalmente, que el carácter de esta edición es de vulgarización, que aspira a poner al alcance de todos los lectores y en un texto cuidadosamente revisado, los tesoros de una obra tan plena de noticias de varia índole, etnográficas, filológicas, sobre arqueología y de historia antigua de los pueblos que vivieron sobre este suelo que hoy es México; esta edición no pretende realizar, en ningún aspecto, el magno designio que se propuso don Francisco del Paso y Troncoso; ojalá el Museo Nacional de Arqueología de México logre dar cima a la edición por él iniciada, que será material insustituible para los trabajos de sabios y eruditos. En realidad, será necesario traducir íntegramente, al castellano, los manuscritos que en lengua náhuatl nos legó Sahagún.

Consideramos pertinente, para explicar con toda honestidad; al lector cómo se ha procedido al hacer esta nueva edición, aludir un poco a detalles de las dos castellanas que citamos, considerando que es el mismo texto el de las impresas en México, en 1821-1830 y en 1890. Don Carlos María Bustamante puso el manuscrito mismo de Panes en manos de los cajistas de la imprenta, y, como resolví modernizar el texto y ponerle la indispensable puntuación, fue tachando palabras y frases enteras, sustituyendo a menudo lo escrito por el padre Sahagún con palabras y frases entrerrenglonadas, y cuando no le bastó este recurso agregó largos períodos en hojas adicionales: el texto original quedó así lamentablemente adulterado. El editor Kingsborough no se tomó tales libertades, pero aparte de las deficiencias de copia a que ya nos referimos, se advierte al leer su versión que hubo en la impresión serios y frecuentes descuidos.

La copia que utilizamos se tomó del manuscrito Panes, desechando las tachaduras y los añadidos de Bustamante, así como las notas que éste fue poniendo en innumerables páginas, pues ninguna de ellas pudimos aprovechar. La ortografía fue modernizada, a fin de que el lector no familiarizado con las formas de escribir del siglo XVI pueda estudiar a Sahagún y aprovecharse de sus enseñanzas cómodamente; pero esto se hizo con suma atención, conservando el texto original escrupulosamente, prefiriendo siempre la versión de la copia del señor Paso y Troncoso cuando aparecían diferencias con el manuscrito Panes; y como en ocasiones el discurso resultaba oscuro o difícil a la lectura, la necesidad nos obligó a intercalar una o dos palabras, pero en todos los casos van entre paréntesis, para que se entienda que no pertenecen al autor. La puntuación se procuró igualmente ponerla con la mayor discreción posible. Así, se notará que en algunos periodos el texto es desaliñado y aún de deficiente claridad, mas preferimos que así quedase.

Toda la antecedente aclaración se aplica a los once primeros libros de la *Historia General* porque en tratándose del duodécimo es indispensable agregar algunas palabras. El manuscrito Panes no contiene este libro, y Bustamante publicó dos versiones que difieren bastante; la primera la dio a la estampa en 1829, con el titulo de *Historia de la Conquista de México, escrita por el R. P. Fr. Bernardino de Sahagún;* y la segunda con el largo y extraño título que dice: *La Aparición de Ntra. Señora de Guadalupe de México, Comprobada con la refutación del argumento negativo que presenta D. Juan Bautista Muñoz, fundándose en el testimonio del P. Fr. Bernardino de Sahagún;* O sea: *Historia General de este escritor que altera la publicada en 1829 en el equivocado concepto de ser la única y original de dicho autor.* Este impreso fue del año de 1840. Nos encontramos en presencia de dos textos que ofrecen muchas variantes, escritos en español, que el uno muestra sobre el otro modificaciones que fue introduciendo el autor, ya que sabemos cómo durante largos años no dejó de trabajar sus escritos en constantes revisiones; pero, además, el texto en lengua náhuatl es notoriamente más extenso. Y ante una semejante situación hemos optado por reproducir lo publicado por Bustamente el año 29, que procedía del códice de Tolosa, anotando en lo necesario las variantes de mayor cuantía del impreso del año 40; y, dado el valor indiscutible de esta historia de la conquista que reconoce fuentes indígenas, presentar a nuestros lectores la traducción íntegra del texto náhuatl, aprovechando los valiosos trabajos del sabio doctor Seler.

Había otras lagunas que era preciso llenar, para poder acercarnos con elementos mejores al conocimiento de la obra del padre Sahagún, pues como se ha dicho antes el autor se refiere a cada paso a lo escrito en lengua mexicana, fiado en el conocimiento que de ella regularmente tenían los frailes y sacerdotes a quienes destinaba su libro; de modo que ha de considerarse la parte castellana, casi en lo general, como resumen y no como traducción de lo escrito en náhuatl. En este concepto, al tratar de los *Cantares Antiguos* señalaba el peligro que entrañaban como senderos hacia la idolatría, pero no quiso legarnos una traducción de ellos, ni comentarios minuciosos y exquisitos, aun cuando no fuesen críticos, que tanto podrían servirnos para conocer el arte literario prehispánico. Por estas razones resolvimos consagrar un tomo de esta edición a las dos importantísimas monografías del doctor Seler, en que hizo la traducción comentada de los *Cantares* y la traducción de los capítulos del libro sexto de Sahagún, que tratan de los principales oficios en que se ejercitaban los aztecas. El conocimiento de estas dos partes hasta ahora inéditas en castellano, de la obra sahaguntina, es de un tan grande interés que juzgamos se estimará por nuestros lectores el esfuerzo hecho, en cuanto sea justo.

Los amanuenses de Sahagún escribieron en diversas formas los nombres y palabras de la lengua mexicana que habían de incorporar de necesidad a su castellano; si en esta lengua y en el siglo XVI cada uno gozaba libérrima facultad para escribir como quería, no es posible pensar que en náhuatl, cuyos extraños sonidos trataban de representar con los recursos del alfabeto español, llegaran los frailes de aquel siglo a adoptar reglas fijas: y las distintas formas en que están escritas estas palabras, y los defectos de las copias, constituyen realmente un serio problema, que en mucho ha sido ya resuelto por el meritísimo trabajo de Rémi Siméon, en la traducción francesa que se cita. En esta reimpresión nos hemos guiado por la autoridad de este autor, por la muy valiosa del señor Paso y Troncoso, por la de don Cecilio Robelo y otros autores, sin ahorrar las consultas directas a Molina y varias «artes de la lengua mexicana». Pero tamañas dificultades deben de tomarse a buena cuenta para juzgar de los errores en que hayamos incurrido. En uno de sus informes el señor Troncoso calificaba de «ruda» la forma en que está escrita la parte náhuatl de la obra, y de «grotesca» la copia castellana del códice florentino.

Damos cumplidamente gracias al señor director de la Biblioteca Nacional de México, profesor don Aurelio Manríque, por habernos dado toda suerte de facilidades para copiar el manuscrito de Panes; y al señor director del Museo Nacional de Arqueología, Historia y Etnología, don Luis Castillo Ledón, por habernos permitido asimismo el cotejo de nuestro original con los manuscritos del señor Paso y Troncoso, y habernos franqueado la traducción de las obras del doctor Seler, que posee la Biblioteca de dicho establecimiento, a fin de realizar nuestros deseos de ofrecer un Sahagún lo más fiel y completo que fuera dable.

Los trabajos de copias, cotejos e impresión se han hecho bajo el cuidado de don Joaquín Ramírez Cabañas.

Advertencia de la Editorial Pedro Robredo, México, 1938

Prólogo

El médico no puede acertadamente aplicar las medicinas al enfermo sin que primero conozca de qué humor o de qué causa procede la enfermedad. De manera que el buen médico conviene sea docto en el conocimiento de las medicinas y en el de las enfermedades, para aplicar conveniblemente a cada enfermedad la medicina contraria. Los predicadores y confesores, médicos son de las ánimas; para curar las enfermedades espirituales conviene tengan experitia de las medicinas y de las enfermedades espirituales: el predicador de los vicios de la república para enderezar contra ellos su doctrina, y el confesor para saber preguntar lo que conviene y entender lo que dijeren tocante a su oficio. Conviene mucho que sepan lo necesario para ejercitar sus oficios. Ni conviene se descuiden los ministros de esta conversión con decir que entre esta gente no hay más pecados de borrachera, hurto y carnalidad, porque otros muchos pecados hay entre ellos muy más graves y que tienen gran necesidad de remedio. Los pecados de la idolatría y ritos idolátricos, y supersticiones idolátricas y agüeros, y abusiones y ceremonias idolátricas, no son aún perdidos del todo.

Para predicar contra estas cosas, y aun para saber si las hay, menester es de saber cómo las usaban en tiempo de su idolatría, que por falta de no saber esto en nuestra presencia hacen muchas cosas idolátricas sin que lo entendamos. Y dicen algunos, escusándolos, que son boberías o niñerías, por ignorar la raíz de donde salen: que es mera idolatría, y los confesores ni se las preguntan ni piensan que hay tal cosa, ni saben lenguaje para se lo preguntar, ni aun lo entenderán aunque se lo digan. Pues porque los ministros del Evangelio que sucederán a los que primero vinieron, en la cultura de esta nueva viña del Señor no tengan ocasión de quejarse de los primeros por haber dejado a oscuras las cosas de estos naturales de esta Nueva España, yo, fray Bernardino de Sahagún, fraile profeso de la Orden de Nuestro Seráfico padre San Francisco, de la observancia, natural de la Villa de Sahagún, en Campos, por mandado del muy Reverendo padre, el padre fray Francisco Toral, provincial de esta provincia del Santo Evangelio, y después obispo de Campeche y Yucatán, escribí doce libros de las cosas divinas, o por mejor decir idolátricas, y humanas y naturales de esta Nueva España. El primero de los cuales trata de los dioses y diosas que estos naturales adoraban; el segundo, de las fiestas con que los honraban; el tercero, de la inmortalidad del ánima y de los lugares adonde decían que iban las almas desque salían de los cuerpos, y de los sufragios y obsequias que hacían por los muertos; el cuarto libro trata de la astrología judiciaria que estos naturales usaban para saber la fortuna buena o mala que tenían los que nacían; el quinto libro trata de los agüeros que estos naturales tenían para adivinar las cosas por venir; el libro sexto trata de la rectórica y filosofía moral que estos naturales usaban; el séptimo libro trata de la filosofía natural que estos naturales alcanzaban; el octavo libro trata de los señores y de sus costumbres y maneras de gobernar la república; el libro nono trata de los mercaderes y otros oficiales mecánicos, y de sus costumbres; el libro décimo trata de los vicios y virtudes de estas gentes, al propio de su manera de vivir; el libro undécimo trata de los animales y aves y peces, y de las generaciones que hay en esta tierra, y de los árboles, hierbas y flores y frutos, metales y piedras y otros minerales; el libro duodécimo se intitula «La conquista de México».

Estos doce, libros, con el arte y vocabulario apéndice se acabaron de sacar en blanco este año de 1569. Aún no se han podido romanzar, ni poner las escolias según la traza de la obra. No sé lo que se podía hacer en el año de setenta que se sigue, pues desde el dicho año, hasta casi el fin deste año de 1575 no se pudo más entender en esta obra por el gran disfavor que hubo de parte de los que la debieron de favorecer. Pero como llegó a esta tierra nuestro Reverendísimo padre fray Rodrigo de Sequera, Comisario General de todas estas provincias de esta Nueva España, Guatemala, etc., de la Orden de Nuestro Seráfico padre San Francisco, de la observancia, mandó que estos libros todos se romanzasen, y así en romance como en lengua mexicana se escribiesen de buena letra.

Es esta obra como una red barredera para sacar a luz todos los vocablos de esta lengua con sus propias y metafóricas significaciones, y todas sus maneras de hablar, y las más de sus antiguallas buenas y malas; es para redimir mil canas, porque con harto menos trabajo de lo que aquí me cuesta, podrán los que quisieren saber en poco tiempo muchas de sus antiguallas y todo el lenguaje de esta gente mexicana. Aprovechará mucho toda esta obra para conocer el quilate de esta gente mexicana, el cual aún no se ha conocido, porque vino sobre ellos aquella maldición que Jeremías de parte de Dios fulminó contra Judea y Jerusalén, diciendo en el capítulo V: «Yo haré que venga sobre vosotros, yo traeré contra vosotros una gente muy de lejos, gente muy robusta y esforzada, gente muy antigua y diestra en el pelear, gente cuyo lenguaje no entenderás ni jamás oístes su manera de hablar, toda gente fuerte y animosa, condiciosísima de matar. Esta gente os destruirá a vosotros y a vuestras mujeres e hijos y todo cuanto poseéis, y destruirá todos vuestros pueblos y edificios». Esto a la letra ha acontecido a estos indios con los españoles, fueron tan atropellados y destruidos, ellos y todas sus cosas, que ninguna apariencia les quedó de lo que eran antes. Así están tenidos por bárbaros y por gente de bajísimo quilate, como según verdad en las cosas de policía echan el pie delante a muchas otras naciones que tienen gran presunción de políticos, sacando fuera algunas tiranías que su manera de regir contenía. En esto poco que con gran trabajo se ha rebuscado parece mucho la ventaja que hiciera si todo se pudiera haber.

En lo que toca a la antigüedad de esta gente, tiénese por averiguado que ha más de dos mil años que habitan en esta tierra que ahora se llama la Nueva España. Porque por sus pinturas antiguas hay noticia que aquella famosa ciudad que se llamó Tula ha ya mil años o muy cerca de ellos que fue destruida; y antes que se edificase los que la edificaron estuvieron mucho poblados en Tullantzinco, donde dejaron muchos edificios muy notables. Pues en que allí estuvieron y en lo que tardaron en edificar la ciudad de Tula, y en lo que duró en su prosperidad antes que fuese destruida, es consono a verdad que pasaron más de mil años, de lo cual resulta que por lo menos quinientos años antes de la Encarnación de Nuestro Redentor esta tierra era poblada. Esta célebre y gran ciudad de Tula, muy rica, y de gente muy sabia y muy esforzada, tuvo la adversa fortuna de Troya. Los chololtecas, que son los que de ella se escaparon, han tenido la sucesión de los romanos, y como los romanos edificaron el Capitolio para su fortaleza, así los cholulanos edificaron a mano aquel promontorio que está junto a Cholula, que es como una sierra o un gran monte, y está todo lleno de minas o cuevas por de dentro. Muchos años después los mexicanos edificaron la ciudad de México, que es otra Venecia, y ellos en saber y en policía son otros venecianos. Los tlaxcaltecas parecen haber sucedido en la fortuna de los cartaginenses. Hay grandes señales de las antiguallas de estas gentes, como hoy día parece en Tula y en Tullantzinco, y en un edificio llamado Xuchicalco, que está en los términos de Cuauhnáoac; y casi en toda esta tierra hay señales y rastro de edificios y alhajas antiquísimos.

Es, cierto, cosa de grande admiración que haya Nuestro Señor Dios tantos siglos ocultada una silva de tantas gentes idólatras, cuyos frutos ubérrimos solo el demonio los ha cogido, y en el fuego infernal los tiene atesorados; ni puedo creer que la Iglesia de Dios no sea próspera donde la sinagoga de Satanás tanta prosperidad ha tenido, conforme a aquello de San Pablo: «Abundará la gracia adonde abundó el delito». Del saber, o sabiduría de esta gente, hay fama que fue mucha como parece en el Libro Décimo donde, en el capítulo XXIX, se habla de los primeros pobladores de esta tierra, donde se afirma que fueron perfectos filósofos y astrólogos y muy diestros en todas las artes mecánicas de la fortaleza, la cual entre ellos era más estimada que ninguna otra virtud, y por la cual subían hasta el sumo grado del valer; tenían de esto grandes ejercicios, como parece en muchas partes de esta obra. En lo que toca a la religión y cultura de sus dioses, no creo ha habido en el mundo idólatras tan reverenciadores de sus dioses, ni tan a su costa, como éstos de esta Nueva España; ni los judíos, ni ninguna otra nación tuvo yugo tan pesado y de tantas ceremonias como le han tenido estos naturales por espacio de muchos años, como parece por toda esta obra.

Del origen de esta gente la relación que dan los viejos es que por la mar vinieron, de hacia el norte, y cierto es que vinieron en algunos vasos; de manera no se sabe cómo eran labrados, sino que se conjetura, que una fama que hay entre todos estos naturales, que salieron de siete cuevas, que estas siete cuevas son los siete navíos o galeras en que vinieron los primeros pobladores de esta tierra. Según se colige por conjeturas verosímiles, la gente que primero vino a poblar a esta tierra de hacia la Florida vino, y, costeando, vino y desembarcó en el puerto de Pánuco, que ellos llaman Panco, que quiere decir «lugar donde llegaron los que pasaron el agua». Esta gente venía en demanda del Paraíso Terrenal, y traían por apellido Tamoanchan, que quiere decir: «buscamos nuestra casa»; y poblaban cerca de los más altos montes que hallaban. En venir hacia el mediodía a buscar el Paraíso Terrenal no erraban, porque opinión es de los que escriben que está debajo de la línea equinoccial; y en pensar que es algún altísimo monte tampoco yerran, porque así lo dicen los escritores, que el Paraíso Terrenal está debajo de la línea equinoccial y que es un monte altísimo que llega su cumbre cerca de la Luna. Parece que ellos, o sus antepasados, tuvieron algún oráculo cerca de esta materia, o de Dios, o del demonio, o tradición de los antiguos que vino de mano en mano hasta ellos. Ellos buscaban lo que por vía humana no se puede hallar, y Nuestro Señor Dios pretendía que la tierra despoblada se poblase para que algunos de sus descendientes fuesen a poblar el Paraíso Celestial como ahora lo vemos por experiencia. Mas, ¿para qué me detengo en contar adivinanzas? Pues es certísimo que estas gentes todas son nuestros hermanos, procedientes del tronco de Adán como nosotros, son nuestros próximos a quien somos obligados a amar como a nosotros mismos. Quid quid sit.

De lo que fueron los tiempos pasados, vemos por experiencia ahora que son hábiles para todas las artes mecánicas y las ejercitan; son también hábiles para deprender todas las artes liberales y la santa teología, como por experiencia se ha visto en aquellos que han sido enseñados en estas ciencias; porque de lo que son en las cosas de guerra, experiencia se tiene de ellos, así en la conquista de esta tierra, como en otras particulares conquistas que después acá se han hecho, cuán fuertes son en sufrir trabajos de hambre y sed, frío y sueño, cuán ligeros y dispuestos para acometer cualesquiera trances peligrosos. Pues no son menos hábiles para nuestro cristianismo sino en él debidamente fueren cultivados. Cierto, parece que en estos tiempos y en estas tierras y con esta gente ha querido Nuestro Señor Dios restituir a la Iglesia lo que el demonio la ha robado en Inglaterra, Alemania y Francia, en Asia y Palestina, de lo cual quedamos muy obligados de dar gracias a Nuestro Señor y trabajar fielmente en esta su Nueva España.

Al sincero lector

Cuando esta obra se comenzó, comenzóse a decir de los que lo supieron que se hacía un Calepino, y aun hasta ahora no cesan muchos de me preguntar que en qué términos anda el Calepino. Ciertamente fuera harto provechoso hacer una obra tan útil para los que quieren deprender esta lengua mexicana, como Ambrosio Calepino la hizo para los que quieren deprender la lengua latina y la significación de sus vocablos. Pero ciertamente no ha habido oportunidad, porque Calepino sacó los vocablos y las significaciones de ellos, y sus equivocaciones y metáforas, de la lección de los poetas y oradores y de los otros autores de la lengua latina, autorizando todo lo que dice con los dichos de los autores, el cual fundamento me ha faltado a mí, por no haber letras ni escritura entre esta gente; y así me fue imposible hacer Calepino. Pero eché los fundamentos para quien quisiere con facilidad le pueda hacer, porque por mi industria se han escrito doce libros de lenguaje propio y natural de esta lengua mexicana, donde allende de ser muy gustosa y provechosa escritura, hallarse han también en ella todas las maneras de hablar y todos los vocablos que esta lengua usa, tan bien autorizados y ciertos, como lo que escribió Virgilio y Cicerón, y los demás autores de la lengua latina.

Van estos doce libros de tal manera trazados que cada plana lleva tres columnas: la primera de lengua española; la segunda, la lengua mexicana; la tercera, la declaración de los vocablos mexicanos señalados con sus cifras en ambas partes. Lo de la lengua mexicana se ha acabado de sacar en blanco todos doce libros; lo de la lengua española y las escolias no está hecho, por no haber podido más por falta de ayuda y de favor. Si se me diese la ayuda necesaria, en un año o poco más se acabaría todo; y cierto, si se acabase, sería un tesoro para saber muchas cosas dignas de ser sabidas, y para con facilidad saber esta lengua con todos sus secretos, y sería cosa de mucha estima en la Nueva y Vieja España.

Al lector

Para la inteligencia de las figuras o imágenes que están aquí adelante, notará el prudente lector que son las imágenes de los dioses de que se trata en este primero libro, los cuales adoraban estos naturales de esta Nueva España en tiempo de su idolatría. Cada una tiene su nombre escrito junto a la cabeza, y el capítulo y número de hojas donde se trata del mismo Dios o ídolo está junto a los pies (ver láminas I-VI).

Libro I. En que trata de los dioses que adoraban los naturales de esta tierra que es la Nueva España

Capítulo I. Que habla del principal Dios que adoraban y a quien sacrificaban los mexicanos llamado Uitzilupuchtli

Este Dios llamado Uitzilupuchtli fue otro Hércules, el cual fue robustísimo, de grandes fuerzas y muy belicoso, gran destruidor de pueblos y matador de gentes. En las guerras era como fuego vivo muy temeroso a sus contrarios, y así la divisa que traía era una cabeza de dragón muy espantable, que echaba fuego por la boca; también éste era nigromántico o embaidor, que se transformaba en figura de diversas aves y bestias. A este hombre, que por su fortaleza y destreza en la guerra le tuvieron en mucho los mexicanos cuando vivía, después que murió le honraron como a Dios y le ofrecían esclavos, sacrificándolos en su presencia; buscaban que estos esclavos fuesen muy regalados y muy bien ataviados con aquellos aderezos que ellos usaban de orejeras y barbotes; esto hacían por más honrarle. Otro semejante a éste hubo en las partes de Tlaxcala, que se llamaba Camaxtle.

Capítulo II. Que trata del Dios llamado Páinal, el cual, siendo hombre, era adorado por Dios

Este Dios llamado Páinal era como sotacapitán del arriba dicho, porque el arriba dicho como mayor capitán dictaba cuándo se había de hacer guerra a algunas provincias. Este, como su vicario, servía de cuando repentinamente se ofrecía de salir al encuentro a los enemigos, porque entonces era menester que este Páinal, que quiere decir «ligero», «apresurado», saliese en persona a mover la gente para que con toda prisa saliesen a verse con los enemigos.

Después de muerto, la fiesta que le hacían era que uno de los sátrapas tomaba la imagen de este Páinal, compuesta con ricos ornamentos como Dios, y hacían una procesión con él bien larga, y todos iban corriendo a más correr, así el que le llevaba como los que le seguían. En esto representaban la prisa que muchas veces es necesaria para resistir a los enemigos, que sin saberlo acometen haciendo celadas.

Capítulo III. Trata del Dios llamado Tezcatlipoca, el cual generalmente era tenido por Dios entre estos naturales de esta Nueva España; es otro Júpiter

El Dios llamado Tezcatlipoca era tenido por verdadero Dios, e invisible, el cual andaba en todo lugar, en el cielo, en la tierra, y en el infierno; y tenían que cuando andaba en la tierra movía guerras, enemistades y discordias, de donde resultaban muchas fatigas y desasosiegos.

Decían que él mismo incitaba a unos contra otros para que tuviesen guerras y por esto le llamaban Nécoc Yáutl; quiere decir «sembrador de discordias de ambas partes». Y decían él solo ser el que entendía en el regimiento del mundo, y que él solo daba las prosperidades y riquezas, y que él solo las quitaba cuando se le antojaba. Daba riquezas, prosperidades, y fama, y fortaleza, y señorío, y dignidades, y honras, y las quitaba cuando se le antojaba. Por esto le temían y reverenciaban, porque tenían que en su mano estaba el levantar y abatir. De la honra que se le hacía está adelante, en el Libro II.

Capítulo IV. Trata del Dios que se llamaba Tláloc Tlamacacqui

Este Dios llamado Tláloc Tlamacacqui era el Dios de las lluvias. Tenían que él daba las lluvias para que regasen la tierra, mediante la cual lluvia se criaban todas las hierbas, árboles, y frutas, y mantenimientos. También tenían que él enviaba el granizo, y los relámpagos y rayos, y las tempestades del agua, y los peligros de los ríos y de la mar.

En llamarse Tláloc Tlamacacqui quiere decir que es Dios que habita en el paraíso terrenal, y que da a los hombres los mantenimientos necesarios para la vida corporal. Los servicios que se le hacían están en el Segundo Libro, entre las fiestas de los dioses.

Capítulo V. Trata del Dios que se llama Quetzalcóatl, Dios de los vientos

Este Quetzalcóatl, aunque fue hombre, teníanle por Dios. Y decían que barría el camino a los dioses del agua, y esto adivinaban porque ante que comienzan las aguas hay grandes vientos y polvos, y esto decían que Quetzalcóatl, Dios de los vientos, barría los caminos a los dioses de la lluvia para que viniesen a llover. Los sacrificios y ceremonias con que honraban a este Dios están escritos adelante, en el Segundo Libro.

Los atavíos con que lo adoraban eran los siguientes: una mitra en la cabeza, con un penacho de plumas que se llaman quetzalli, la mitra era manchada como cuero de tigre; la cara tenía teñida de negro y todo el cuerpo; tenía una camisa como sobrepelliz labrada; no le llegaba más de hasta la cinta; tenía unas orejeras de turquesas de labor mosaico; tenía un collar de oro de que colgaban unos caracolitos mariscos preciosos; llevaba a cuestas por divisa un plumaje a manera de llamas de fuego; tenía unas calzas desde la rodilla abajo de cuero de tigre, de las cuales colgaban unos caracolitos mariscos; tenía calzados unas sandalias teñidas de negro revuelto con marcagita; tenía en la mano izquierda una rodela con una pintura con cinco ángulos que llaman el joel de viento; en la mano derecha tenía un cetro a manera de báculo de obispo, en lo alto era enroscado como báculo de obispo, muy labrado de pedrería, pero no era largo como el báculo; parecía por donde se tenía era como empuñadura de espada. Era éste el gran sacerdote del templo.

Capítulo VI. Se trata de las diosas principales que se adoraban en esta Nueva España

La primera de estas diosas se llamaba Cioacóatl. Decían que esta diosa daba cosas adversas como pobreza, abatimiento, trabajos. Aparecía muchas veces, según dicen, como una señora compuesta con unos atavíos como se usan en palacio. Decían que de noche voceaba y bramaba en el aire. Esta diosa se llamaba Cioacóatl, que quiere decir «mujer de la culebra»; y también la llamaban Tonantzin, que quiere decir «nuestra madre».

En estas dos cosas parece que esta diosa es nuestra madre Eva, la cual fue engañada de la culebra, y que ellos tenían noticia del negocio que pasó entre nuestra madre Eva y la culebra.

Los atavíos con que esta mujer aparecía eran blancos, y los cabellos los tocaba de manera que tenía como unos cornezuelos cruzados sobre la frente. Dicen también que traía una cuna a cuestas, como quien trae a su hijo en ella, y poníase en el tiánquez entre las otras mujeres, y desapareciendo dejaba allí la cuna. Cuando las otras mujeres advertían que aquella cuna estaba allí olvidada, miraban lo que estaba en ella y hallaban un pedernal como hierro de lanzón, con que ellos mataban a los que sacrificaban; en esto entendían que fue Cioacóatl la que lo dejó allí.

Capítulo VII. Trata de la diosa que se llamaba Chicomecóatl; es otra diosa Ceres

Esta diosa llamada Chicomecóatl era la diosa de los mantenimientos, así de lo que come y de lo que bebe. A ésta la pintaban con una corona en la cabeza, y en la mano derecha un vaso, y en la izquierda una rodela con una flor grande pintaban; tenía su cueitl y uipilli y sandalias, todo bermejo, y la cara teñida de bermejo. Debió ésta ser la primera mujer que comenzó a hacer pan y otros manjares y guisados.

Capítulo VIII. Trata de una diosa que se llamaba la madre de los dioses, corazón de la tierra y nuestra abuela

Esta diosa era la diosa de las medicinas y de las hierbas medicinales. Adorábanla los médicos y los cirujanos y los sangradores, y también las parteras y las que dan hierbas para abortar; y también los adivinos que dicen la buenaventura, o mala, que han de tener los niños, según su nacimiento. Adorábanla también los que echan suertes con granos de maíz, y los que agorean mirando el agua en una escudilla, y los que echan suertes con unas cordezuelas que atan unas con otras, que llaman mecatlapouhque, y los que sacan gusanillos de la boca y de los ojos, y pedrezuelas de las otras partes del cuerpo, que se llaman tetlacuicuilique. También la adoraban los que tienen en sus casas baños o temaccales. Y todos ponían la imagen de esta diosa en los baños y llamábanla Temaccalteci, que quiere decir «la abuela de los baños».

Todos los arriba dichos hacían cada año una fiesta a esta diosa, en la cual compraban una mujer y la componían con los ornamentos que eran de esta diosa, como parecen en la pintura que es de su imagen. Y todos los días de su fiesta hacían con ella areíto y la regalaban mucho y la halagaban porque no se entristeciese por su muerte, ni llorase. Y la daban de comer delicadamente y convidaban con lo que había de comer y la rogaban que comiese como a gran señora. Y estos días hacían delante de ella ardides de guerra con vocería y regocijo y con muchas divisas de guerra, y daban dones a los soldados que delante de ella peleaban por hacerla placer y regocijo. Llegada la hora cuando había de morir, después de haberla muerto con otros dos que la acompañaban en la muerte, la desollaban; y un hombre o sátrapa vestíase su pellejo y traíale vestido por todo el pueblo, y hacían con esto muchas vanidades.

Las vestiduras y ornato de esta diosa eran que tenía la boca y barba hasta la garganta teñida con ulli, que es una goma negra; tenía en el rostro como un parche redondo de lo mismo; tenía en la cabeza a manera de una gorra hecha de manta, revuelta y añudada: los cabos del nodo caían sobre la espalda; en el mismo nodo estaba enjerido un plumaje del cual salían unas plumas a manera de llamas: estaban colgando hacia la parte trasera de la cabeza. Tenía vestido un uipilli, el cual en la extremidad de abajo tenía una cortapisa ancha y arpada; las naoas que tenía eran blancas; tenía sus cutaras o sandalias en los pies; en la mano izquierda una rodela con una chapa redonda de oro en el medio; en la mano derecha tenía una escoba, que es instrumento para barrer.

Capítulo IX. Se trata de una diosa llamada Tzaputlatena

Esta diosa que se dice Tzaputlatena fue una mujer, según su nombre, nacida en el pueblo de Tzaputla, y por esto se llama «la madre de Tzaputla», porque fue la primera que inventó la resina que se llama úxitl. Y es un aceite sacado por artificio de la resina del pino que aprovecha para sanar muchas enfermedades; y primeramente aprovecha contra una manera de bubas o sarna que nace en la cabeza que se llama cuaxocociuiztli; y también contra otra enfermedad es provechosa asimismo que nace en la cabeza, que es como bubas, que se llama chacuachiciuiztli; y también para la sarna de la cabeza; aprovecha también contra la ronquera de la garganta; aprovecha también contra las grietas de los pies y de los labios. Es también contra los empeines que nacen en la cara o en las manos; es también contra el usagre; contra muchas otras enfermedades es bueno. Y como esta mujer debió ser la primera que halló este aceite, contáronla entre las diosas y hacíanla fiesta y sacrificios aquellos que venden y hacen este aceite, que se llama úxitl.

Capítulo X. Se trata de unas diosas que llamaban ciuapipilti

Estas diosas llamadas ciuapipilti eran todas las mujeres que morían del primer parto, a las cuales canonizaban por diosas, según está escrito en el Libro VI, en el capítulo XXVIII; allí se cuenta de las ceremonias que hacían a su muerte y de la canonización por diosa; allí se verá a la larga.

Lo que en el presente capítulo se trata es de que decían que estas diosas andan juntas por el aire, y aparecen cuando quieren a los que viven sobre la tierra, y a los niños y niñas los empecen con enfermedades, como es dando enfermedad de perlesia, y entrando en los cuerpos humanos. Y decían que andaban en las encrucijadas de los caminos haciendo estos daños, y por esto los padres y madres vedaban a sus hijos e hijas que en ciertos días del año en que tenían que descendían estas diosas, que no saliesen fuera de casa porque no topasen con ellos estas diosas, y no les hiciesen algún daño. Y cuando alguno le daba perlesia o otra enfermedad repentina, o entraba en él algún demonio decían que estas diosas lo habían hecho. Y por esto las hacían fiesta, y en esta fiesta ofrecían en su templo, o en las encrucijadas de los caminos, pan hecho de diversas figuras: unos como mariposas, otros de figura del rayo que cae del cielo que llaman xonecuilli, y también unos tamalejos que se llaman xucuichtlamatzoalli, y maíz tostado que llaman ellos ízquitl.

La imagen de estas diosas tiene la cara blanquecina, como si estuviese teñida con color muy blanco, como es el tízatl; lo mismo los brazos y piernas. Tenían unas orejeras de oro, los cabellos tocados como las señoras con sus cornezuelos, el huipil era pintado de unas olas de negro; las naoas tenía labradas de diversos colores; tenía sus cutaras blancas.

Capítulo XI. Se trata de la diosa del agua que la llamaban Chalchiuhtliicue; es otra Juno

Esta diosa llamada Chalchiuhtliicue, diosa del agua, pintábanla como a mujer, y decían que era hermana de los dioses de la lluvia que llaman tlaloques. Honrábanla porque decían que ella tenía poder sobre el agua de la mar y de los ríos para ahogar los que andan en estas aguas, y hacer tempestades y torbellinos en el agua, y anegar los navíos y barcas y otros vasos que andan por el agua.

Hacían fiesta a esta diosa en la fiesta que se llama etzalcualiztli, que se pone en el Segundo Libro, en el capítulo VII; allí está a la larga las ceremonias y sacrificios con que la festejaban; allí se podrá ver. Los que eran devotos a esta diosa y la festejaban eran todos aquellos que tienen sus granjerías en el agua, como son los que venden agua en canoas, y los que venden agua en tinajas en la plaza.

Los atavíos con que pintaban a esta diosa son: que la pintaban la cara con color amarillo, y la ponían un collar de piedras preciosas de que colgaba una medalla de oro. En la cabeza tenía una corona hecha de papel pintada de azul claro, con unos penachos de plumas verdes y con unas borlas que colgaban hacia el colodrillo y otras hacia la frente de la misma corona, todo de color azul claro. Tenía sus orejeras labradas de turquesas de obra mosaica. Estaba vestida de un huipil y unas naoas pintadas de la misma color azul claro, con únas franjas de que colgaban caracolitos mariscos. Tenía en la mano izquierda una rodela con una hoja ancha y redonda que se cría en el agua, la llaman atlacuezona. Tenía en la mano derecha un vaso con una cruz, hecho a manera de la custodia en que se lleva el Sacramento, cuando uno solo le lleva, y era como cetro de esta diosa. Tenía sus cutaras blancas.

Los señores y reyes veneraban mucho a esta diosa con otras dos que era la diosa de los mantenimientos, que llamaban Chicumecóatl, y la diosa de la sal, que llamaban Uixtocíoatl, porque decían que estas tres diosas mantenían a la gente popular para que pudiesen vivir y multiplicar.

Capítulo XII. Trata de la diosa de las cosas carnales, la cual llamaban Tlazultéutl; es otra Venus

Esta diosa tenía tres nombres: el uno era que se llamaba Tlazultéutl, que quiere decir «la diosa de la carnalidad»; el segundo nombre es Ixcuina. Llamábanla este nombre porque decían que eran cuatro hermanas: la primera era primogénita o hermana mayor que llamaban Tiacapan, la segunda era hermana menor que llamaban Teicu, la tercera era la de medio la cual llamaban Tlaco, la cuarta era la menor de todas que llamaban Xucotzin; estas cuatro hermanas decían que eran las diosas de la carnalidad —en los nombres bien significa a todas las mujeres que son aptas para el acto carnal—. El tercero nombre de esta diosa es Tlaelcuani, que quiere decir «comedora de cosas sucias», esto es, que según decían, las mujeres y hombres carnales confesaban sus pecados a estas diosas cuanto quiera que fuesen torpes y sucios, que ellas los perdonaban.

También decían que esta diosa o diosas tenían poder para provocar a lujuria y para inspirar cosas carnales, y para favorecer los torpes amores; y después de hechos los pecados decían que tenían también poder para perdonarlos, y alimpiar de ellos, perdonándolos, si los confesaban a los sus sátrapas, que eran los adivinos que tienen los libros de las adivinanzas y de las venturas de los que nacen, y de las hechicerías y agüeros, y de las tradiciones de los antiguos que vinieron de mano en mano hasta ellos.

Pues desque el penitente determinaba de se confesar, iba luego a buscar a alguno de los ya dichos, delante quien se solían confesar, y decíale: «Señor, querríame llegar a Dios todopoderoso y que es amparador de todos, el cual se llama Yoalli-Ehécatl, esto es, Tezcatlipuca; querría hablar en secreto mis pecados». Oído esto, el sátrapa decíale: «Seas hayas muy bienvenido, hijo, que lo que decís que queréis hacer para vuestro bien y provecho es». Dicho esto, miraba luego el libro de las adivinanzas que se llamaba tonalámatl, para por él saber qué día sería más oportuno para aquella obra. Y habiendo visto el día que convenía, decíale: «Para tal día vendréis, porque entonces reina buen signo, para que esto se haga prósperamente». Llegado el día que le había mandado que volviese, el penitente compraba un petate nuevo e incienso blanco, que llaman copalli, y leña para el fuego en que se había de quemar el copalli. Y si el penitente era persona principal, o puesta en dignidad, el sátrapa iba a su casa para confesarle, o por ventura el penitente, aunque fuese principal, iba a su casa del sátrapa. Llegado, barría muy bien el lugar donde se había de tender el petate nuevo para ponerse sobre el confesor, y luego encendían fuego y echaba el copal en el fuego el sátrapa, y hablaba al fuego; decíale: «Vos, señor, que sois el padre y la madre de los dioses, y sois el más antiguo Dios, sabed que es venido aquí este vuestro vasallo, este vuestro siervo, y viene llorando, viene con gran tristeza, y viene con gran dolor; y esto es porque se conoce haber errado, haber resbalado y tropezado y encontrado con algunas suciedades de pecados, y con algunos graves delitos dignos de muerte, y de esto viene muy penado y fatigado. Señor nuestro, muy piadoso, pues que sois amparador y defensor de todos, recibid a penitencia, oíd la angustia de este vuestro siervo y vasallo». Acabada esta oracion, el sátrapa volvíase al penitente y hablábale de esta manera: «Hijo, has venido a la presencia del Dios favorecedor y amparador de todos; viniste a publicarle tus interiores hedores y podredumbres; vienes a abrirle los secretos de tu corazón; mira que no te despeñas, mira que no te desbarranques mintiendo en presencia de nuestro señor; desnúdate, hecha fuera todas tus vergüenzas en presencia de Yoalli-Ehécatl, esto es, Tezcatlipuca. Es cierto que estás delante de él, aunque no eres digno de verle, ni aunque él te hable, porque es invisible y no palpable. Pues mira cómo vienes, qué corazón traes; no dudes de publicar tus secretos en su presencia; cuenta tu vida, relata tus obras de la misma manera que hiciste tus excesos y ofensas; derrama tus maldades en su presencia, cuenta con tristeza a nuestro señor Dios que es favorecedor de todos y tiene abiertos los brazos, y está aparejado, para abrazarte y para tomarte a cuestas; mira que no dejes nada por vergüenza; mira que no dejes nada por flaqueza».

Oído esto, el penitente luego hacía juramento de decir la verdad de la manera que ellos usaban jurar, tocando la tierra con la mano y lamiendo lo que se había pegado; y luego echaba copalli en el fuego, que era otro juramento cerca de decir la verdad; luego se sentaba cerca del sátrapa. Y porque le tenía como por imagen y vicario de Dios, comenzábale a hablar de esta manera: «Oh, señor nuestro, que a todos recibes y ampares, oye mis hediondezas y podredumbres; en tu presencia me desnudo y echo fuera todas mis vergüenzas, cuantas he hecho; no te son por cierto ocultas mis maldades que he hecho, porque todas las cosas te son manifiestas y claras». Dicho esto, luego comienza a decir sus pecados por la misma orden que los hizo, con toda claridad y reposo, como quien dice un cantar muy despacio y muy pronunciado, y como quien va por un camino muy derecho sin desviar a una parte ni a otra.

Y acabando de decir todo lo que había hecho, comenzaba luego a hablar el sátrapa diciendo de esta manera: «Hijo, has hablado a nuestro señor Dios diciendo delante de él tus malas obras; ahora, también en su nombre, te quiero decir lo que eres obligado a hacer cuando descienden a la tierra las diosas llamadas cioapipilti, o cuando se hace la fiesta de las diosas de la carnalidad que se llaman ixcuiname. Ayunarás cuatro días afligiendo tu estómago y tu boca, y llegado el día de la fiesta de las diosas ixcuiname, luego de mañana, o en amaneciendo, para que hagas la penitencia convenible por tus pecados, pasarás la lengua por el medio de parte a parte con algunas mimbres que se llaman teucalzácatl o tlácotl; y si más quisieres, pasarlas has por las orejas, lo uno de dos. Y esto harás en penitencia y satisfacción por tu pecado, no por vía de merecimiento, sino en penitencia del mal que hiciste. Traspasarás la lengua por el medio con alguna espina de maguey y después, por el mismo agujero, pasarás las mimbres;

pasarás cada una por delante tu cara, y acabando de sacarla, arrojarla has atrás de ti hacia las espaldas; y si quisieres de todas ellas hacer una, atando todas la una con la otra, ora sean cuatrocientas o ochocientas las que hubieres de sacar por la lengua, haciendo esto se te perdonan las suciedades que hiciste».

Y si no tiene muchos ni graves pecados el penitente, dícele el sátrapa delante de quien se confiesa: «Hijo, ayunarás, fatigarás tu estómago con hambre y tu boca con sed, comiendo sola una vez al mediodía, y esto cuatro días». O le mandaba: «Irás a ofrecer papeles a los lugares acostumbrados, y harás imágenes; cubrirás con ellos las imágenes que llevares hechas según tu devoción, y harás en su presencia la ceremonia de cantar y bailar en su presencia». O le decía: «Has ofendido a Dios emborrachándote; conviénete satisfacer al Dios del vino llamado Totochti, y cuando fueres a hacer esta penitencia irás de noche, irás desnudo, sin que lleves ninguna otra cosa sino un papel delante y otro detrás para cubrir tus partes vergonzosas. Y cuando hecha tu oración te volvieres, los papeles con que vas ceñido detrás y delante arrojarlos has delante de los dioses que allí están».

Acabada la confesión y recibida la penitencia, el penitente íbase para su casa y procuraba de nunca más volver a hacer aquellos pecados de que se había confesado, porque decían que si otra vez reincidía en los pecados no tenía remedio. No hacían esta confesión sino los viejos, por graves pecados como es adulterios, etc. Y la razón porque se confesaban era por librarse de la pena temporal que estaba señalada a los que caían en tales pecados, por librarse de no recibir pena de muerte, o machucándole la cabeza, o haciéndola tortilla entre dos grandes piedras.

Es de saber que los sátrapas que oían los pecados tenían gran secreto, que jamás decían lo que habían oído en la confesión, porque tenían que no habían oído ellos sino su Dios, delante de quien solo se descubrían los pecados; no se pensaba que hombre los hubiese oído, ni a hombre se hubiesen dicho, sino a Dios. Cerca de lo arriba dicho sabemos que aún después acá, en el cristianismo, porfían a llevarlo adelante, en cuanto toca a hacer penitencia y confesarse por los pecados graves y públicos, como es homicidio, adulterio, etc., pensando que como en el tiempo pasado por la confesión y penitencia que hacían se les perdonaban aquellos pecados en el foro judicial, también ahora, cuando alguno mata o adultera, acójese a nuestras casas y monasterios y, callando lo que hicieron, dicen que quieren hacer penitencia; y caban en la huerta y barren en casa, y hacen lo que les mandan y confiésanse de ahí a algunos días, y entonces declaran su pecado y la causa porque vinieron a hacer penitencia. Acabada su confesión, demandan una cédula firmada del confesor con propósito de mostrarla a los que rigen, gobernador y alcaldes, para que sepan que han hecho penitencia y confesados, y que ya no tiene nada contra ellos la justicia. Este embuste casi ninguno de los religiosos ni clérigos entienden por dónde va, por ignorar la costumbre antigua que tenían, según que arriba está escrito, mas antes piensan que la cédula la demandan para mostrar cómo está confesado aquel año. Esto sabemos por mucha experiencia que de ello tenemos.

Dice que se confesaban los viejos, y de los grandes pecados de la carne; de esto bien se arguye que, aunque habían hecho muchos pecados en tiempo de su juventud, no se confesaban de ellos hasta la vejez por no se obligar a cesar de pecar ante de la vejez, por la opinión que tenían que el que tornaba a reincidir en los pecados, al que se confesaba una vez no tenía remedio. En lo arriba dicho no hay poco fundamento para argüir que estos indios de esta Nueva España se tenían por obligados de se confesar una vez en la vida, y esto in lumine natural, sin haber tenido noticia de las cosas de la fe.

Capítulo XIII. Trata de los dioses que son menores en dignidad que los arriba dichos, y el primero de éstos es el que llaman Xiuhtecutli; es otro Volcán

Este Dios del fuego llamado Xiuhtecutli tiene también otros dos nombres, el uno es Ixcozauhqui, que quiere decir «cariamarillo», y el otro es Cuezaltzin, que quiere decir «llama de fuego». También se llamaba Ueuetéutl, que quiere decir «el Dios antiguo», y todos lo tenían por padre, considerando los efectos que hacía porque quema, y la llama enciende y abrasa. Estos son efectos que causan temor. Otros efectos tiene que causan amor y reverencia, como es que calienta a los que tienen frío y guisa las viandas para comer, asando y cociendo y tostando y friendo. Él hace la sal y la miel espesa, y el carbón y la cal, y calienta los baños para bañarse, y hace el aceite que se llama úxitl; con él se calienta la lejía y agua para lavar las ropas sucias, y se vuelven así nuevas.

A este Dios se le hacía fiesta cada año al fin del mes que se llama izcalli, y a su imagen le ponían todas las vestiduras y atavíos y plumajes del principal señor en tiempo de Moctezuma; hacíanla a semejanza de Moctezuma, y en tiempo de los otros señores pasados hacíanle la semejanza de cada uno de ellos. Y puesto en su altar o trono, descabezaban en su presencia muchas codornices, derramaban la sangre de ellas delante de él, y también ofrecíanle copal como a Dios, y ofrecíanle unos pastelejos que llaman quiltamalli, hechos de bledos, y estos mismos comían por su honra; en todos los barrios, por su honra, en cada casa antes que los comiesen los ofrecían al fuego, y ante de ofrecérselos no los comían.

Y los sátrapas que estaban diputados al servicio de este Dios, que los llamaban iueueyouan, que quiere decir «sus viejos», todo el día hacían areíto o danza en su presencia, cantando y bailando a su modo. Y tañían caracoles como cuernos y tañían atambores y teponactli, que son atambores de madera. Y traían en las manos unas sonajas con que hacen un son al propósito del cantar; son a la manera de trebejos o trebesinos con que hacen callar a los niños cuando lloran; úsanse en los campos.

No se cocía pan en comal en este día, y en esto se tenía cuidado de que nadie cociese pan ni otra cosa en comal, porque ninguno se tocase del fuego por ser el primero día en que se comían y ofrecían los tamales arriba dichos. En esta misma fiesta los padres y madres de los niños cazaban, unos, culebras; otros, ranas; otros peces, que se llaman xohuiles, o lagartillos del agua que se llaman axólotl, o aves, o cualesquier otros animalejos. Y éstos echábanlos en las brasas en el hogar, y desque ya estaban tostados comíanlos los niños y decían: «come cosas tostadas nuestro padre el fuego». Y llegada la noche, los viejos y viejas todos bebían uctli, que es vino de la tierra; y del uctli que bebían derramaban ante que bebiesen en cuatro partes del hogar del uctli que habían de beber; y a esto decían que daban a gustar al fuego aquella bebida, honrándole como a Dios en esto, que era como sacrificio o ofrenda.

Y de cuatro en cuatro años hacíase esta fiesta muy solemne, y hacía areíto el señor con todos sus principales delante de la casa o templo de este Dios; y en esta fiesta de cuatro en cuatro años no solamente los viejos y viejas bebían vino o pulque, pero todos mozos y mozas, niños y niñas, lo bebían; por eso se llamaba esta fiesta pillaoano, que quiere decir «fiesta donde los niños y niñas beben el vino o pulque». Y daban padrinos y madrinas a los niños y buscábanselos sus padres y madres, y dábanlos algunos dones. Estos padrinos y madrinas llevaban a cuestas a los niños y niñas que eran sus ahijados al templo de este Dios del fuego; también le llamaban Ixcozauhqui. Allí delante de él, agujereaban las orejas a todos los niños y niñas; señalábanlos de esta señal en presencia de sus padrinos y madrinas que los llamaban imauioan, intlaoan; hecho esto, comían todos juntos padres y madres, padrinos y madrinas, niños y niñas.

La imagen de este Dios se pintaban un hombre desnudo, el cual tenía la barba teñida con la resina que es llamada ulli, que es negra, y un barbote de piedra colorada en el agujero de la barba. Tenía en la cabeza una corona de papel pintada de diversos colores y de diversas labores; en lo alto de la corona tenía unos penachos de plumas verdes a manera de llamas de fuego; tenía unas borlas de pluma hacia los lados, como pendientes hacia las orejas; tenía unas orejeras en los agujeros de las orejas labradas de turquesa, de labor mosaico; tenía a cuestas un plumaje hecho a manera de una cabeza de un dragón labrado de plumas amarillas, con unos caracolitos mariscos; tenía unos cascabeles atados a las gargantas de los pies; tenía en la mano izquierda una rodela con cinco piedras verdes que se llaman chalchihuites, puestos a manera de cruz sobre una chapa de oro —casi cubría toda la rodela—. En la mano derecha tenía una manera de cetro, que era una chapa de oro redonda, agujereada por el medio, y sobre ella un remate de dos globos, uno mayor y otro menor, con una punta sobre el menor, llamaban a este cetro tlachieloni, que quiere decir «miradero» o «mirador», porque con él ocultaba la cara y miraba por el agujero de medio de la chapa de oro.

Capítulo XIV. Había cerca de un Dios que se llamaba Macuilxóchitl, que quiere decir «cinco flores» y también se llamaba Xochipilli, que quiere decir «el principal que da flores» o «que tiene cargo de dar flores»

A este Dios llamado Macuilxóchitl teníanle por Dios como al arriba dicho, que es el Dios del fuego. Era más particular Dios de los que moraban en las casas de los señores o en los palacios de los principales. A honra de este Dios hacían fiestas, y su fiesta se llamaba xochílhuitl, la cual fiesta se contaba entre las fiestas movibles que están en el Cuarto Libro, que trata del arte adivinatoria. Cuatro días antes de esta fiesta ayunaban todos los que la celebraban, así hombres como mujeres, y si algún hombre en el tiempo de este ayuno tenía acceso a mujer, o alguna mujer a hombre durante el dicho ayuno, decían que ensuciaba su ayuno. Y este Dios se ofendía mucho de esto, y por esto hería con enfermedades de las partes secretas a los que tal hacían, como son almorranas, podredumbre del miembro secreto, diviesos e incordios, etc.; y porque tenían entendido que estas enfermedades eran castigos de este Dios por la causa arriba dicha, hacíanle votos y prometimientos para que se aplacase y cesase de afligir con aquellas enfermedades.

Cuando llegaba esta fiesta de este Dios, que se llamaba xochílhuitl, que quiere decir «a fiesta de las flores», como dicho es, ayunaban todos cuatro días; algunos no comían chilli o ají, y comían solamente al mediodía, y a la medianoche bebían una mazamorra que se llamaba tlacuilolatolli, que quiere decir «mazamorra pintada», con una flor puesta encima en el medio; llamábase este ayuno «el ayuno de las flores». También los que ayunaban sin dejar el chilli ni otras cosas sabrosas que suelen comer, comían una vez sola al mediodía. Otros ayunaban comiendo panes ázimos, esto es, que el maíz de que se hacía el pan que comían no se cocía con cal ante de molerlo, que esto es como hormentar, sino molían el maíz seco y de aquella harina hacían pan y cocíanlo en el comal, y no comían chilli ni otra cosa con ello; no comían más que una vez al mediodía. Llegado el quinto día era la fiesta de este Dios. En esta fiesta uno se componía con los atavíos de este Dios, como si fuera su imagen o persona, que significaba al mismo Dios; con éste hacían areíto con cantares y con teponaoactli y atambor. Llegando al mediodía de esta fiesta, descabezaban muchas codornices, derramando la sangre delante de este Dios y de su imagen; otros sangrábanse de las orejas delante de él; otros traspasaban las lenguas con una punta de maguey, y por aquel agujero pasaban muchas mimbres delgadas, derramando sangre. También le hacían otras ofrendas en su templo.

Hacían también una ceremonia que hacían cinco tamales; son como panes redondos hechos de maíz, ni bien rollizos ni bien redondos, que se llamaban «pan de ayuno»; eran grandes, encima de los cuales iba una saeta hincada que llamaban xúchmitl; ésta era ofrenda de todo el pueblo. Los particulares que querían ofrecían en un plato de madera cinco tamales pequeños, a la manera de los de arriba dichos que dijimos ser grandes, con chilmolli en otro vaso. Ofrecían asimismo dos pasteles que llaman tzoalli, en lugar de ulli, goma negra, que otros ofrecían, en unos platos de madera; y el uno de estos pastelejos era negro y el otro bermejo. La otra gente ofrecía diversas cosas: unos ofrecían maíz tostado, otros maíz tostado revuelto con miel y con harina de semilla de bledos, otros hecho de pan una manera de rayo como cuando cae del cielo que llaman xonecuilli; otros ofrecían pan hecho a manera de mariposa; otros ofrecían panes ázimos que ellos llaman yotlaxcalli; otros ofrecían unas tortas hechas de semillas de bledos; otros ofrecían unas tortas hechas a manera de rodela de la misma semilla hechas; otros hacían saetas, otros espadas, hechas de la masa de esta misma semilla; otros ofrecían muñecas hechas de la misma masa.

En esta misma fiesta todos los principales y calpixques de la comarca de México, que lindaban con los pueblos de guerra, traían a México los cautivos que tenían, o comprados o que por sí mismos los habían cautivado, y entregábanlos a los calpixques para que los guardasen para el tiempo que fuesen menester ser sacrificados delante de los ídolos. Y si alguno de estos esclavos se huían entretanto que se llegaba el tiempo de su sacrificio, el mismo calpixqui que lo tenía a cargo era obligado a comprar otro y ponerle en el lugar del otro que había huido.

La imagen de este Dios era como un hombre desnudo que está desollado o teñido de bermellón; y tenía la boca y la barba teñida de blanco y negro y azul claro; la cara teñida de bermejo; tenía una corona teñida de verde claro con unos penachos de la misma color; tenía unas borlas que colgaban de la corona hacia las espaldas; tenía a cuestas una divisa o plumaje que era como una bandera que está hincada en un cerro y en lo alto tenía unos penachos verdes; tenía ceñida por el medio del cuerpo una manta bermeja que colgaba hasta los muslos —esta manta tenía una franja de que colgaban unos caracolitos mariscos—; tenía en los pies unas cotaras o sandalias muy curiosamente hechas; en la mano izquierda tenía una rodela la cual era blanca y en el medio tenía cuatro piedras puestas de dos en dos juntas; tenía un cetro hecho a manera de corazón que en lo alto tenía unos penachos verdes y de lo bajo colgaban también otros penachos verdes y amarillos.

Capítulo XV. Habla del Dios llamado Omácatl; quiere decir «dos cañas»; es el Dios de los convites

Este Dios de los convites decían que tenía dominio y poder sobre los convites y convidados, que es cuando los principales hermanos convidaban a toda su parentela para darles de comer y mantas y flores, y que bailasen y danzasen y cantasen en su casa. Y cuando este regocijo se había de hacer, el que le hacía llevaba la imagen de este Dios a su casa; llevábanla algunos sátrapas de los que servían en su templo. Decían que si no le hacían aquella honra que se le debía hacer, enojábase y aparecía en sueños al dueño del convite y reprehendíale y reñíale, diciendo de esta manera: «Tú, mal hombre, ¿por qué no me has honrado como convenía? Yo te dejaré, yo me apartaré de ti, y tú me pagarás muy bien la injuria que has hecho». Y si mucho se enojaba, mostraba su enojo en que entre la comida y bebida mezclava pelos o cabellos para dar pena a los convidados y deshonra al señor del convite. Y éstos, cuando comulgaban en la fiesta de este Dios, enfermaban muchas veces; y cuando comían y bebían añuscábanse con la comida o bebida, que no la podían tragar, y yendo y andando tropezaban y caían muchas veces.

Y cuando hacían fiesta a este Dios, que era de noche, comulgaban con su cuerpo; y para esta comunión los principales y teupisques y los que tenían cargo de los barrios hacían de masa una figura de un hueso grueso, redondo y largo como un codo, y llamábanle el hueso de este Dios. Y antes que comulgasen, comían y bebían pulque; después de haber comido y bebido, en amaneciendo, al que era la imagen de este Dios punzábanle en la barriga como con alfileres o con cosa semejante y lastimábanle; hecho esto, repartían aquella figura de hueso que habían hecho de masa, que se llama tzoalli, y dividíanla entre sí, y comía cada uno lo que le cabía. Y todos estos que aquí comulgaban se tenían por dicho y entendido que el año que venía en esta fiesta habían de contribuir para hacer la fiesta de este Dios, proveyendo todo lo necesario que se había de gastar en ella.

La imagen de este Dios era como un hombre que está asentado sobre un haz de juncias. Tenía la cara manchada de negro y blanco; tenía una corona de papel apretada a la frente con una venda larga y ancha de diversos colores, la cual estaba añudada hacia el colodrillo con una lazada que parecían borlas; tenía revuelta a la corona unas cuentas de chalchihuites; tenía puesta una manta a manera de red con que estaba cubierto, la cual tenía una franja ancha donde estaban sembradas unas flores tejidas en la misma franja; tenía una rodela junto a sí de la cual colgaban unas borlas anchas por la parte de abajo; tenía en la mano derecha un cetro donde estaba una medalla redonda agujereada a manera de claraboya; estaba asentada de canto sobre una impugnadora redonda, y en lo alto tenía un capitel piramidal; a este cetro llamaban tlachieloni, que quiere decir «miradero», porque encubría la cara con la medalla y miraba por la claraboya.

Capítulo XVI. En que se trata del Dios llamado Ixtlilton, que quiere decir «el negrillo», y también se llama Tlaltetecuin

A este Dios hacíanle un oratorio de tablas pintadas, como tabernáculo, donde estaba su imagen. En este oratorio o templo había muchos lebrillos y tinajas de agua, todas estaban atapadas con tablas o comales; llamaban a este agua tlílatl, que quiere decir «agua negra». Y cuando algún niño enfermaba, llevábanle al templo o tabernáculo de este Dios Ixtlilton y abrían una de aquellas tinajas y daban a beber al niño de aquel agua y con ella sanaba. Y cuando alguno quería hacer la fiesta de este Dios por su devoción, llevaba a su imagen a su casa. Esta imagen no era de bulto, ni pintada, sino era uno de los sátrapas que se vestía los ornamentos de este Dios, y cuando le llevaban íbanle encensando delante con humo de copal.

Como llegaba esta imagen a la casa del que había de hacerle fiesta con danzas y cantares, como ellos usaban, porque esta manera de danzar y bailar es muy diferente de nuestros bailes y danzas, pongo aquí la manera que tienen en estas danzas o bailes que por otro nombre se llaman areítos, y en su lengua se llaman maceoaliztli. Juntábanse muchos de dos en dos, o de tres en tres, en un gran corro según la cantidad de los que eran, llevando flores en las manos y ataviados con plumajes; hacían todos a una un mismo meneo con el cuerpo y con los pies y con las manos, cosa bien de ver y bien artificiosa; todos los meneos iban según el son que tañían los tañedores del atambor y del teponactli. Con esto iban cantando con gran concierto todos y con voces muy sonoras los loores de aquel Dios a quien festejaban. Y lo mismo usan ahora, aunque enderezado de otra manera; enderezan los meneos con tenencias y atavíos conforme a lo que cantan, porque usan diversísimos meneos y diversísimos tonos en el cantar, pero todo muy agraciado y aun muy místico. Es el bosque de la idolatría que no está talado.

Llegado como está dicho la imagen de este Dios a la casa del que la festejaba, lo primero que hacían era comer y beber, después de lo cual comenzaban la danza y cantar del Dios a quien festejaban.

Después que este Dios había bailado con los demás gran rato, entraba dentro de casa a la bodega donde estaba el pulque o vino que ellos usaban en muchas tinajas, todas atapadas con tablas o comales embarrados, las cuales había cuatro días que estaban atapadas. Este Dios abría una o muchas, y a este abrimiento llamaban tlayacaxapotla, que quiere decir esto: «abrimiento primero» o «vino nuevo». Hecho este abrimiento, él y los que iban con él bebían de aquel vino y salíanse fuera al patio de la casa donde se hacía la fiesta; e iban donde estaban las tinajas del agua negra que eran dedicadas a él, y habían estado cerradas cuatro días, y abríalas este mismo que era la imagen de este Dios. Y si después de abiertas estas tinajas parecía en algunas de ellas alguna suciedad, como alguna pajuela o cabello o pelo o carbón, luego decían que el que hacía la fiesta era hombre de mala vida, adúltero, o ladrón, o dado al vicio carnal, y entonces le afrontaban con decirle que alguno de aquellos vicios estaban en él, o que era sembrador de discordias o de cizañas; afrontábanle en presencia de todos. Y cuando aquel que era la imagen de este Dios salía de aquella casa, dábanle mantas, las cuales llamaban ixquen, que quiere decir «cobertura de la cara», porque quedaba avergonzado aquel que había hecho la fiesta, si alguna falta se hallaba en el agua negra. La manera de atavíos de este Dios se pondrá al fin de este libro.

Capítulo XVII. Habla del Dios llamado Opuchtli, el cual era tenido y adorado en esta Nueva España

Este Dios llamado Opuchtli le contaban con los dioses que se llamaban tlaloques, que quiere decir «habitadores del paraíso terrenal», aunque sabían que era puro hombre. Atribuían a este Dios la invención de las redes para pescar peces, y también un instrumento para matar peces que le llaman minacachalli, que es como fisga, aunque no tiene sino tres puntas en triángulo, como tridente, con que hiere a los peces; y también con él matan aves; también éste inventó los lazos para matar las aves y los remos para remar.

Cuando hacían fiesta a este Dios los pescadores y gente del agua, que tienen sus granjerías en las aguas —al cual tenían por Dios— ofrecíanle cosas de comer y vino de lo que ellos usaban, que se llama uctli, y por otro nombre se llama pulque. También le ofrecían cañas de maíz verdes, y flores, y cañas de humos que llaman yietl, e incienso blanco que llaman copalli, y una hierba olorosa que se llama yiauhtli sembraban delante de él como cuando echan juncos cuando se hace procesión.

Usaban también en esta solemnidad de unas sonajas que iban en unos báculos huecos que sonaban como cascabeles, o casi. Sembraban también delante de él un maíz tostado que llaman mumúchitl, que es una manera de maíz que cuando se tuesta revienta y descubre el meollo y se hace como una flor muy blanca; decían que éstos eran granizos, los cuales son atribuidos a los dioses del agua. Los viejos sátrapas que tenían cargo de este Dios y las viejas decíanle los cantares de su loor.

La imagen de este Dios es un hombre desnudo y teñido de negro todo, y la cara pardilla, tirante a las plumas de la codorniz. Tenía una corona de papel de diversos colores compuesta a manera de rosa que las unas hojas sobrepujan a las otras, y encima tenía un penacho de plumas verdes que salían de una borla amarilla. Colgaban de esta corona unas borlas largas hacia las espaldas. Tenía una estola verde cruzada a manera de las que se ponen los sacerdotes cuando dicen misa; tenía ceñido unos papeles verdes que le colgaban hasta las rodillas; tenía unas cotaras o sandalias blancas; tenía en la mano izquierda una rodela teñida de colorado, y en el medio de este campo una flor blanca con cuatro hojas a manera de cruz, y de los espacios de las hojas salían cuatro puntas que eran también hojas de la misma flor; tenía un cetro en la mano derecha como un cáliz, y de lo alto de él salía como un casquillo de saeta.

Capítulo XVIII. Que habla del Dios llamado Xipe Tótec, que quiere decir «desollado»

Este Dios era honrado de aquellos que vivían a la orilla de la mar, y su origen tuvo en Tzapotlan, pueblo de Jalisco.

Atribuían a este Dios estas enfermedades que se siguen: primeramente la viruelas; también las postemas que se hacen en el cuerpo y la sarna; también las enfermedades de los ojos como es el mal de los ojos que procede del mucho beber y todas las demás enfermedades que se causan en los ojos. Todos los que eran enfermos de alguna de las enfermedades dichas hacían voto a este Dios de vestir su pellejo cuando se hiciese su fiesta, la cual se llama tlacaxipeoaliztli, que quiere decir «desollamiento de hombres». En esta fiesta hacían como un juego de cañas de manera que el un bando era de la parte de este Dios, o imagen del Dios Tótec, y éstos todos iban vestidos de pellejos de hombres que habían muerto y desollado en aquella fiesta, todos recientes y sangrientos y corriendo sangre; los del bando contrario eran los soldados valientes y osados, y personas belicosas y esforzados que no tenían en nada la muerte: osados, atrevidos, que de su voluntad salían a combatirse con los otros. Allí los unos con los otros se ejercitaban en el ejercicio de la guerra, perseguían los unos a los otros hasta su puesto y de allí volvían huyendo hasta su propio puesto. Acabado este juego, aquellos que llevaban los pellejos de los hombres vestidos, que eran de la parte de este Dios Tótec, íbanse por todo el pueblo y entraban en las casas demandando que les diesen alguna limosna por amor de aquel Dios. En las casas donde entraban hacíanlos sentar sobre unos hacecillos de hojas de tzapotes y echaban al cuello unos sartales de mazorcas de maíz y otros sartales de flores que iban desde el cuello hacia los sobacos, y ponían las guirnaldas y dábanlos a beber pulque, que es su vino. Si algunas mujeres enfermaban de estas enfermedades dichas arriba, en esta fiesta de este Dios ofrecían sus ofrendas, según que habían votado.

La imagen de este Dios es a manera de un hombre desnudo que tiene el un lado teñido de amarillo y el otro de leonado; tiene la cara labrada de ambas partes a manera de una tira angosta que cae desde la frente hasta la quijada; en la cabeza, a manera de un capillo de diversos colores con unas borlas que cuelgan hacia las espaldas; tiene vestido un cuero de hombre; tiene los cabellos tranzados en dos partes y unas orejeras de oro; está ceñido con unas faldetas verdes que le llegan hasta las rodillas, con unos caracolillos pendientes; tiene unas cotaras o sandalias; tiene una rodela de color amarillo con un remate de colorado todo alrededor; tiene un cetro con ambas manos, a manera de la copa de la dormidera, donde tiene la semilla, con un casquillo de saeta encima empinado.

Capítulo XIX. Habla del Dios que se llamaba Yiacatecutli, Dios de los mercaderes

Este Dios llamado Yiacatecutli hay conjetura que comenzó los tratos y mercaderías entre esta gente, y así los mercaderes le tomaron por Dios y le honraban de diversas maneras. Una de las cosas con que le honraban era que le ofrecían papel y le cobijaban con el mismo papel donde quiera que estaban sus estatuas.

También tenían en mucha veneración al báculo con que caminaban, que era una caña maciza que ellos llaman útlatl, y también usan de otra manera de báculo que es una caña negra liviana, maciza, sin ñudo ninguno, que es como junco de los que se usan en España. Todos los mercaderes usan de esta manera de báculos por el camino y cuando llegaban a donde habían de dormir, juntaban todos sus báculos en una gavilla atados, e hincábanlos a la cabecera donde habían de dormir; y derramaban sangre delante de ellos, de las orejas o de la lengua, o de las piernas o de los brazos, y ofrecían copal, hacían fuego, y quemábanle delante de los báculos, los cuales tenían por imagen del mismo Dios y en ellos honraban al mismo Dios Yiacatecutli. Con esto le suplicaban que los amparase de todo peligro.

Estos mercaderes discurren por toda la tierra, tratando, comprando en una parte y vendiendo en otra lo que habían comprado. Estos mercaderes discurren por todas las poblaciones que están ribera de la mar y la tierra adentro; no dejan cosa que no escudriñan y pasean, en unas partes comprando y en otras vendiendo; no dejan lugar donde no buscan lo que allí se puede comprar o vender, ni porque la tierra sea muy caliente ni porque sea muy fría, ni porque sea muy áspera no dejan de pasarla ni de trastornalla, buscando lo que en ella hay precioso o provechoso para comprar o vender.

Son estos mercaderes sufridores de muchos trabajos, y osados para entrar en todas las tierras, aunque sean las tierras de enemigos, y muy astutos para tratar con los extraños, así deprendiendo sus lenguas como tratando con ellos con benevolencia para atraerlos a su familiaridad.

Estos descubren dónde hay las plumas preciosas, y las piedras preciosas y el oro, y las compran y las llevan a vender donde saben que han de valer mucho; también éstos descubren dónde hay pellejos de animales exquisitos y preciosos, y los venden a donde vale mucho. Tratan también en vasos preciosos, hechos de diversas maneras y pintados con diversas pinturas, según que en diversas tierras se usan; unos con tapaderos hechos de conchas de tortugas y cucharas de lo mismo para revolver el cacao; otros con tapaderos muy pintados de diversas colores y figuras hechas a manera de una hoja de un árbol, y otros palos preciosos para revolver el cacao.

Si han de entrar en tierra de guerra, primero deprenden el lenguaje de aquella gente y toman el traje de ella para que no parezcan que son extranjeros, sino que son naturales. Acontecía muchas veces que los enemigos los conocían y los prendían y mataban, y si uno, o dos, o más se podían escapar iban a dar mandado al señor principal de la tierra, como Moctezuma o otros sus antecesores, y llevaban algunas de aquellas riquezas que habían en aquella tierra y presentábanlas al señor y contábanle lo que habían pasado y dábanle la relación de la tierra que habían visto. El señor, en remuneración de sus trabajos para que fuese honrado en el pueblo y tenido por valiente, poníale un bezote de ámbar, que es una piedra larga amarilla, transparente, que cuelga del bezo bajo agujereado, en señal que era valiente y era noble, y esto se tenía en mucho.

Estos mercaderes partíanse de sus parientes con grandes ceremonias, según sus ritos antiguos, cuando iban a mercadear a tierras extrañas y estaban por allá muchos años. Y cuando volvían a sus tierras venían cargados de muchas riquezas y, para hacer demostración de lo que tratan y dar relación de las tierras por donde habían andado y de las cosas que habían visto, convidaban a todos los mercaderes, en especial a los principales de ellos, y a los señores del pueblo, y los hacían gran convite. A este convite llamábanle «lavatorio de pies», y los convidados reverenciaban grandemente al báculo con que habían ido y vuelto; tenían que era imagen de aquel Dios y que le había dado favor para ir y volver y andar los caminos que anduvo. Para hacer esta honra al báculo, le ponían en una de las casas de oración que tenían en los barrios que ellos llamaban calpulli, que quiere decir «iglesia del barrio o perrocha»; en este calpulli donde se contaba este mercarder ponían el báculo en lugar venerable. Y cuando daban comida a los convidados, primeramente ponían comida y flores y acáyietl, etc., delante del báculo; y fuera del convite, todas las veces que comía este mercader ofrecía primeramente comida y las demás cosas al báculo, que le tenía en su oratorio, dentro de su casa.

Estos mercaderes, después que venían prósperos de las tierras de donde habían andado, como tenían caudal compraban esclavos y esclavas para ofrecerlos a su Dios en su fiesta, el cual principalmente era Yiacatecutli. Y éste tenía cinco hermanos y una hermana, y a todos los tenían por dioses; y como se inclinaba su devoción, sacrificaban esclavos a cada uno de ellos en su fiesta, o a todos juntos, o a la hermana. El uno de los hermanos se llamaba Chiconquiáuitl, el otro Xomócuil, el otro Nácxitl, el otro Cochímetl, el otro Yacapitzáoac, la hermana se llamaba Chalmecacíoatl. A éstos o alguno de ellos ofrecían un esclavo, o más, sacrificándolos en su presencia, vestidos con los ornamentos de aquel Dios, como si fuese su imagen.

Había una feria ordinaria donde se vendían y compraban esclavos, hombres y mujeres, en un pueblo que se llama Accaputzalco, que es dos leguas de México. Allí los iban a escoger entre muchos; y los que compraban, miraban muy bien que el esclavo o esclava no tuviese alguna enfermedad, o fealdad en el cuerpo. A estos esclavos, hombres y mujeres, después que los compraban, criábanlos en mucho regalo y vestíanlos muy bien; dábanlos a comer y beber abundantemente, y bañábanlos con agua caliente, de manera que los engordaban porque los habían de comer y ofrecer a su Dios. También los regocijaban haciéndolos cantar y danzar a las veces sobre el azotea de sus casas o en la plaza; cantaban todos los cantares que sabían hasta que se hartaban de cantar, y no estimaban en nada la muerte que les estaba aparejada.

Mataban estos esclavos en la fiesta que se llama panquetzaliztli, y todo el tiempo ante de llegar aquella fiesta, los regalaban como está dicho. Y si entre estos esclavos había algún hombre que parecía de buen juicio y que era diligente para servir y sabía bien cantar, o alguna mujer que era dispuesta y sabía bien hacer de comer y de beber y labrar y tejer, a estos tales, los principales los compraban para servirse de ellos en sus casas, y los escapaban del sacrificio.

La imagen de este Dios se pintaba como un indio que iba camino con su báculo. Y la cara tenía manchada de blanco y negro; en los cabellos llevaba atadas dos borlas de plumas ricas que se llaman quetzalli; iban atadas en los cabellos del medio de la cabeza recogidos como una gavilla de todo lo alto de la cabeza; tiene unas orejeras de oro; está cubierto con una manta azul, y sobre el azul una red negra de manera que el azul se parece por las mallas de la red; tenía una flocadura esta manta por todas las orillas, en la cual estaban tejidas unas flores; tenía en la garganta de los pies unas como calzuelas de cuero amarillo, de las cuales colgaban unos caracolitos mariscos; tenía en los pies unas cotaras muy curiosas y labradas; tenía una rodela teñida de amarillo con una mancha en el medio de azul claro, que no tiene ningún labor; tenía en la mano derecha su báculo con que van camino.

Capítulo XX. Que habla del Dios llamado Napatecutli

Este Dios Napatecutli era el Dios de los que hacen esteras de juncias, y es uno de los que llaman tlaloques. Dicen que éste es el que inventó el arte de hacer esteras y por eso le adoran por Dios los de este oficio que hacen esteras, que llaman petates, y hacen sentaderos que llaman icpales, y hacen cañizos de juncias que llaman tolcuextli. Decían que por la virtud de este Dios nacían y se criaban las juncias y juncos y cañas, con que ellos hacen su oficio. Y porque tenían que este Dios producía también las lluvias, hacíanle fiesta donde le reverenciaban y adoraban y le demandaban que diese las cosas que suele dar, que es agua, juncias, etc.

En su fiesta compraban un esclavo para sacrificarle delante de él, ataviándole con los ornamentos de este Dios, como que fuese su imagen. Este, el día que había de morir, después de compuesto como está dicho, poníanle en la mano un vaso verde lleno de agua, y con un ramo de salze rociaba a todos con aquella agua, como quien echa agua bendita. Y cuando entre año alguno de éstos de este oficio quería por su devoción hacer fiesta a este Dios, daba relación de ello a sus sátrapas, y todos ellos llevaban a un sátrapa vestido con los ornamentos de este Dios, como su imagen; y por donde iba, iba echando el agua, rociando a los que estaban por donde pasaban con un ramo de salze, como quien echa agua bendita. Llegado, poníanle en su lugar y hacían algunas ceremonias en su presencia, rogándole que hiciese mercedes en aquella casa.

El que hacía esta fiesta daba de comer y de beber al Dios y a los que con él iban y a todos los que había convidado; esto hacía en agradecimiento de la prosperidad y riqueza que ya tenía, teniendo entendido que este Dios se la había dado. Y a este propósito hacía este convite, y en él se hacían danzas y cantares a su modo, a honra de este Dios, porque le tuviese por agradecido, y gastaba todo cuanto tenía, y decía: «No se me da nada de quedar con nada con tal que sea mi Dios servido de esta fiesta, y si me quisiere dar más o dejarme sin nada, hágase como él quisiere». Dicho esto, cubría con una manta blanca al que iba por imagen de este Dios, y así se iba para su templo con los que habían venido con él. Ido él, comían el que hacía el convite y los parientes.

Estos oficiales de hacer petates y otras cosas de juncias tenían cuidado de ataviar y componer y barrer y limpiar y sembrar juncia en el templo de este Dios. Tenían asimismo cuidado de poner petates y asentadores de juncia, que llaman icpales, y que hubiese allí toda limpieza y todo atavío, de manera que ni una paja, ni otra cosa, estuviese caída en el templo.

La imagen de este Dios es como un hombre que está teñido de negro todo, así el cuerpo como la cara, salvo que la cara tiene unas pecas blancas entre lo negro; tiene una corona de papel pintada de blanco y negro; tiene unas borlas que cuelgan de la corona sobre las espaldas, y de las mismas borlas sale un penacho hacia el colodrillo, que tiene tres plumas verdes; tiene ceñido unas faldetas que le llegan hasta la rodilla con unos caracolitos mariscos y pintado de blanco y negro; tiene las cotaras blancas; y en la mano izquierda tiene una rodela a manera de ninfa, que es una hierba de agua, ancha como un plato grande; y en la mano derecha tiene un báculo florido —las flores son de papel—; tiene una banda a manera de estola desde el hombro derecho cruzada por el sobaco izquierdo, pintado de unas flores negras sobre blanco.

Capítulo XXI. Que habla de muchos dioses imaginarios, a los cuales todos llamaban tlaloques

A todos los montes eminentes, especialmente donde se arman nublados para llover, imaginaban que eran dioses y a cada uno de ellos hacían su imagen, según la imaginación que tenían de ellos. Tenían también imaginación que ciertas enfermedades, las cuales parecen que son enfermedades de frío, procedían de los montes, o que aquellos montes tenían poder para sanallas; y aquellos a quien estas enfermedades acontecían, hacían voto de hacer fiesta y ofrenda a tal y tal monte de quien estaba más cerca o con quien tenía más devoción. También hacían semejante voto aquellos que se veían en algún peligro de ahogarse en el agua de los ríos o de la mar.

Las enfermedades por que hacían estos votos era la gota de las manos o de los pies, o de cualquiera parte del cuerpo; y también el tullimiento de algún miembro o de todo el cuerpo; y también el embaramiento del pescuezo o de otra parte del cuerpo, o encogimiento de algún miembro o el pararse yerto. Aquellos a quien estas enfermedades acontecían, hacían voto de hacer las imágenes de estos dioses que se siguen: del Dios del aire, la diosa del agua, y el Dios de la lluvia. También la imagen del volcán que se llama Popocatépetl, y la imagen de la Sierra Nevada y la imagen de un monte que se llama Poyauhtécatl, o de otros cualesquier montes a quien se inclinaban por su devoción.

El que había hecho voto a alguno, a algunos montes o de estos dioses hacía su figura de una masa que se llama tzoalli, y poníalos en figura de personas; no lo hacía él por sus manos, porque no le era lícito, sino rogaba a los sátrapas, que eran en esto experimentados y para esto señalados, que le hiciesen estas imágenes a quien había hecho voto. Los que las hacían, poníanles dientes de pepitas de calabaza, y poníanles en lugar de ojos unos frijoles negros que son tan grandes como habas, aunque no de la misma hechura, y llámanlos ayecutli; en los demás atavíos poníanselos según la imagen con que los imaginan y pintan: al Dios del viento como a Quetzalcóatl, al agua como la diosa del agua, a la lluvia como al Dios de la lluvia, y a los otros montes según las imágenes con que los pintan. Después de hechas estas imágenes, ofrecíanles papel de lo que ellos hacían, y era que un pliego de papel le echaban muchas gotas de la goma que se llama ulli, derretido; hecho esto, colgaban al cuello de la imagen el papel de manera que le cubría desde los pechos abajo, y con el remate de abajo arpaban el papel. También ponían estos mismos papeles goteados con ulli y colgados de unos cordeles delante de las mismas imágenes, de manera que los papeles estaban asidos los unos de los otros, y meneábalos el aire porque estaban los cordeles en que estaban colgados atados a las puntas de unos barales o báculos que estaban hincados en el suelo, y de la una punta del uno a la punta del otro estaba atado el cordel o mécatl.

Ofrecían asimismo a estas imágenes vino o uctli o pulque, que es el vino de la tierra, y los vasos en que lo ofrecían eran de esta manera. Hay unas calabazas lisas, redondas, pecosas, entre verde y blanco o manchadas, que las llaman tzilacayutli, que son tan grandes como un gran melón; a cada una de éstas partíanla por la mitad y sacábanle lo que tenía dentro y quedaba como una taza, y henchíanla del vino dicho, y poníanlas delante de aquella imagen o imágenes, y decían que aquellos eran vasos de piedras preciosas que llaman chalchíuitl. Todas estas cosa dichas hacían los sátrapas que eran experimentados o estaban señalados para estos sacrificios. La otra gente no usaban hacer esto, aunque fuese para en su casa.

Después de hechas las imágenes, aquellos por cuyo voto se hacían convidaban a los sátrapas para el quinto día; después de hechas las imágenes, se había de hacer la fiesta. Y llegado el quinto día pasaban aquella noche velando, cantando y bailando a honra de aquellas imágenes y de los dioses que representaban. Y aquella noche ofrecían cuatro veces tamales, que son como unos pastelejos redondos hechos de maíz, a los que cantaban y bailaban, que eran los sátrapas que habían hecho estas imágenes y otros convidados para esta fiesta. A todos daban comida cuatro veces en aquella noche, y todas cuatro veces tocaban instrumentos musicales, los que ellos usaban que eran silvos que hacen metiendo el dedo meñique en la boca y tocando caracoles y flautas de las que ellos usaban. Esto hacían unos mozos juglares que usaban de hacer esta música, y también a éstos les daban comida. Esto se hacía cuatro veces en esta noche; en amaneciendo, los sátrapas descabezaban aquellas imágenes que habían hecho de masa; descabezábanlos torciéndolos las cabezas, y tomaban toda aquella masa y llevábanla a la casa donde estaban todos juntos los sátrapas, que se llamaba calmécac. Y aquellos por cuyo voto se habían hecho aquellas imágenes entrábanse luego donde estaban sus convidados, estaban con ellos todo aquel día, y a la tarde de par de noche bebían todos los viejos y viejas vino que se llama pulque o uctli, porque éstos tenían licencia de beber este vino, y después que ya estaban medio borrachos, o del todo, se iban para sus casas. Unos de ellos iban llorando, otros iban haciéndose fieros como valientes y bailando y pompeándose, otros iban riñiendo unos con otros.

Los que hacían esta fiesta convidaban y apercibían para ella a los taberneros que hacían el pulque y exhortábanlos para que hiciesen buen vino, y los taberneros procuraban de hacer bien su vino. Y para esto se abstenían cuatro días de llegar a mujer ninguna, porque tenían que si llegasen a mujer en aquellos días, el vino que hiciesen se había de acedar y extragar. Absteníanse asimismo aquellos días de beber el pulque, ni la miel de que se hace, ni aun mojando el dedo en ella lo llegaban a la boca hasta en tanto que el cuarto día se encetase con la ceremonia que arriba se dijo.

Tenían por agüero que si alguno bebía, aunque fuese muy poco, antes que se hiciese la ceremonia del abrimiento de las tinajas, como arriba se dijo, que se le había de torcer la boca hacia un lado en pena de su pecado. Decían también que si alguno se le secaba la mano o el pie, o temblaba, o se le acucharaba la mano o el pie, o le temblaba la cara, o le temblaba la boca o los labios, o si entraba en él algún demonio, todo esto decían que acontecía porque estos dioses de que aquí se trata se habían enojado contra él.

Después de acabada la fiesta, otro día luego de mañana, el que había hecho la fiesta juntaba a sus parientes y a sus amigos y a los de su barrio, con todos los de su casa, y acababan de comer y beber todo lo que había sobrado de la fiesta; a esto llamaban apeoalo, que quiere decir «añadidura a lo que estaba comido y bebido»; ninguna cosa quedaba de comer ni de beber para otro día.

Decían que los gotosos, haciendo esta fiesta, sanaban de la gota o de cualesquiera de las enfermedades que arriba se dijeron; y los que habían escapado de algún peligro con hacer esta fiesta cumplían con su voto. Acabada toda la fiesta, los papeles y aderezos con que habían adornado estas imágenes, y todas las vasijas que habían sido menester para el convite, tomábanlo todo y llevábanlo a un sumidero que está en la laguna de México que se llama Pantitlán, y allí lo arrojaban todo.

Capítulo XXII. Que habla del Dios llamado Tezcatzóncatl, que es uno de los dioses del vino

El vino o pulque de esta tierra siempre en los tiempos pasados lo tuvieron por malo por razón de los malos efectos que de él se causan, porque los borrachos unos de ellos se despeñan, otros se ahorcan, otros se arrojan en el agua donde se ahogan, otros matan a otros estando borrachos; y todos estos efectos los atribuían al Dios del vino y al vino, y no al borracho. Y más tenían, que el que decía mal de este vino, o murmuraba de él, le había de acontecer algún desastre; lo mismo de cualquiera borracho, que si alguno murmuraba de él, o le afrontaba, aunque dijese o hiciese mil bellaquerías, decían que había de ser por ello castigado, porque decían que aquello no lo hacía él sino el Dios, o, por mejor decir, el diablo que estaba en él que era este Tezcatzóncatl, o alguno de los otros.

Este Tezcatzóncatl era pariente o hermano de los otros dioses del vino, los cuales se llamaban, uno Yiauhtécatl, otro Acoloa, otro Tlilhoa, otro Pantécatl, otro Izquitécatl, otro Tultécatl, otro Papáztac, otro Tlaltecayooa, otro Umetuchtli, otro Tepuztécatl, otro Chimalpanécatl, otro Colhoatzíncatl.

De lo arriba dicho se colige claramente que no tenían por pecado aquello que hacían estando borrachos, aunque fuesen gravísimos pecados, y aun se conjetura con harto fundamento que se emborrachaban por hacer lo que tenían en su voluntad, y que no les fuese imputado a culpa y se saliesen con ello sin castigo. Y aún ahora, en el cristianismo, hay algunos o muchos que se escusan de sus pecados con decir que estaban borrachos cuando los hicieron, y esto con pensar que el opinión errónea que tenían de antes corre también en el cristianismo, en lo cual están muy engañados y es menester avisallos de ello, así en la confesión como fuera de ella.

Fin del libro

Comienza el apéndice del primero libro, en que se confuta la idolatría arriba puesta por el texto de la Sagrada Escritura, y vuelta en lengua mexicana, declarando el texto suficientemente

Prólogo en romance

Vosotros, los habitadores de esta Nueva España, que sois los mexicanos, tlaxcaltecas, y los que habitáis en la tierra de Michoacán, y todos los demás indios de estas Indias Occidentales, sabed que todos habéis vivido en grandes tinieblas de infidelidad e idolatría en que os dejaron vuestros antepasados, como está claro por vuestras escrituras y pinturas, y ritos idolátricos en que habéis vivido hasta ahora. Pues oíd ahora con atención, y entended con diligencia, la misericordia que Nuestro Señor os ha hecho por sola su clemencia, en que os ha enviado la lumbre de la fe católica para que conozcáis que Él solo es verdadero Dios, criador y redentor, el cual solo rige todo el mundo. Y sabed que los errores en que habéis vivido todo el tiempo pasado os tienen ciegos y engañados; y para que entendáis la luz que os ha venido conviene que creáis y con toda voluntad recibáis lo que aquí está escrito, que son palabras de Dios, las cuales os envía vuestro rey y señor que está en España y el vicario de Dios, Santo padre, que está en Roma; y esto es para que os escapéis de las manos del diablo en que habéis vivido hasta ahora, y vais a reinar con Dios en el cielo.

SABIDURIA

Capítulo XIII

1. Ciertamente vanos son de naturaleza todos los hombres que tienen ignorancia de Dios, y que de los bienes que se ven no pudieron alcanzar a conocer al que es; ni considerando las obras conocieron al artífice.

2. Mas o el fuego, o el aire, o el viento commovido, o el cerco de los planetas, o el agua violenta, o las luminarias del cielo pensaron que eran dioses gobernadores del mundo.

3. Que si la hermosura de estas cosas les daba contento, y por tanto las estimaban dioses, habían de entender cuánto más aventajado sería el Señor de ellas, pues el autor de toda hermosura las había criado.

4. Y si de su potencia y de su eficacia se maravillaban, de las mismas habían de considerar cuánto más poderoso sería el que las hizo.

5. Porque de la grandeza, de la hermosura, y de la proporción de las criaturas se declara el Criador de ellas.

6. Mas aun en esto la reprehensión es pequeña, porque por ventura erraron con estudio de buscar y de hallar a Dios.

7. Porque se ocuparon al fin en escudriñar sus obras, y creyeron a la vista y obedecieron a los ojos, porque las cosas que se ven son hermosas.

8. Mas ni aun en esto son dignos de perdón.

9. Porque si tanto pudieron conocer que pudiesen comprehender el mundo en sus conjeturas, ¿cómo no hallaron antes al Señor de estas cosas?

10. Mas desventurados de ellos, y su esperanza con los muertos, que llamaron dioses las obras de humanas manos: el oro, la plata obrada por artificio, e imágenes de animales, o una piedra de una obra inútil antigua.

11. O si algún carpintero mondó sabiamente la corteza de algún árbol cortado para alguna obra, y usando del arte hizo alguna obra acomodada para el común uso.

12. Y gastó las acepilladuras de la obra en aparejar comida de que se hartó.

13. Y tomó un tronco para nada útil, lleno de ñudos, que cortó de allí, y esculpiólo con diligencia muy de su espacio, y figurólo con la sabiduría de su entendimiento, e hízolo semejante a la figura de un hombre.

14. O hízolo semejante a algún vil animal; después untándolo con bermellón y con albayalde le dio color y cubrió todas las manchas que en él estaban.

15. Y haciéndole una capilla digna de él, lo puso en la pared y lo afirmó con hierro.

16. Y así le proveyó para que no cayese, sabiendo que él no se puede ayudar porque es una imagen y ha menester ayuda.

17. Y después no tiene vergüenza de hablar a una cosa que no tiene alma, orándole por sus posesiones, por sus casamientos y por sus hijos.

18. Y otras veces por la salud invoca al enfermo, otras veces ruega al muerto por la vida, otras veces ruega por socorro al que ninguna experiencia tiene.

19. Otras veces, habiendo de ir algún camino, llama al que no puede dar ni aun un paso; finalmente para la ganancia, para la obra, para el buen suceso de lo que hiciere, pide del que no puede ni aun mudarse.

Capítulo XIV

7. Porque bendito es el madero por el cual se ejercita justicia.

8. Mas el que es hecho de mano, maldito es él y el que lo hizo; éste porque lo hizo y aquél porque siendo corruptible tuvo nombre de Dios.

9. Porque igualmente son aborrecibles a Dios el impío y su impiedad.

10. Por lo cual la obra y el hacedor habrán castigo.

11. Por tanto también sobre los ídolos de las gentes habrá visitación, por cuanto de criatura de Dios son afeados en abominación y en trompezadores a las ánimas de los hombres y en lazo a los pies de los ignorantes.

12. Porque el principio de la fornicación fue la excogitación de los ídolos, y la corrupción de la vida la invención de ellos.

13. Porque ni fueron desde el principio, ni serán para siempre.

14. Porque por vanagloria de los hombres entraron en el mundo, y por tanto su breve fin les está determinado.

15. Porque el padre entristecido de gran dolor por la muerte de su hijo, que le fue quitado antes de tiempo, hízole una imagen; y primero la comenzó a honrar como a un hombre muerto, mas después como a Dios, y dio a sus vasallos ceremonias y sacrificios.

16. Después confirmada con el tiempo la impía costumbre, guardóse como ley, y por mandamiento de los tiranos eran honradas sus estatuas esculpidas.

17. Los que presentes no podían honrar los hombres por morar lejos de ellos, haciendo figura de su presencia lejos apartada, hicieron ilustre la imagen del rey a quien querían honrar por lisonjearle afectadamente ausente como si fuera presente.

18. Y finalmente para extendimiento del impío culto, también la ambición del artífice exhortó los ignorantes.

19. Porque a la verdad éste, deseando por ventura agradar al señor, trabajó de sacar por el arte la imagen más hermosa.

20. Y el vulgo atraído por la hermosura de la obra, al que primero honraba como a hombre, luego lo comenzó a estimar por Dios.

21. Y esto ha sido en asechanzas para la vida, porque los hombres puestos en trabajo o en servidumbre, el nombre que a ninguna criatura se había de comunicar, pusiéronlo a las piedras y a los leños.

22. Después no bastó errar acerca del conocimiento de Dios, mas aun viviendo en grandísima guerra de ignorancia, a estos tantos y tan grandes males llaman paz.

23. Porque o haciendo sacrificios en que matan sus hijos, o ocultos misterios, o vigilias de otros ritos llenas de locura.

24. Ya ni la vida, ni los matrimonios guardan limpios, mas los unos a los otros o se matan por asechanzas o con adulterios se atormentan.

25. Y todo finalmente anda revuelto, sangre, homicidio, hurto y engaño, corrupción, infidelidad, alboroto, perjurio.

26. Perturbación de bienes, olvido de beneficios, ensuciamiento de ánimas, enajenamiento de descendencia, desorden de matrimonios, adulterio y desvergüenza.

27. Porque el nefando culto de los ídolos de todo mal es origen, y causa y fin.

28. Porque o enloquecen alegrándose, o adivinan falsedades, o viven injustamente, o fácilmente se perjuran.

29. Porque confiando en imágenes sin ánima, cuando mal juran, no esperan que les dañará.

30. Mas por ambas causas serán justamente castigados; porque dados a los ídolos sintieron mal de Dios; y porque menospreciaron la Santidad juraron injustamente con engaño.

31. Porque no es el poder de aquellos por quien juran lo que trae el castigo de los injustos, mas la justa venganza de los que pecan.

Capítulo XII

1. Porque tu espíritu incorruptible está en todos.

2. Por lo cual a los que caen poco a poco los redarguyes, y amonestándoles en lo que pecan los avisas, para que libertados de la maldad crean en ti, Señor.

3. Porque aborreciendo tú a los antiguos moradores de tu santa tierra,

4. por cuanto hacían obras aborrecibles de encantamientos y sacrificios impíos,

5. matadores sin misericordia de sus hijos, y comedores de entrañas de humanas carnes, y de comida de sangre [...]

6. [...] quisístelos destruir por las manos de nuestros padres.

12. Porque ¿quién había de decir: «qué has hecho»? ¿o quién se había de oponer a tu juicio? ¿o quién te había de acusar por haber destruido las gentes que tú hiciste? ¿o quién había de tomar la causa contra ti en defensa de los hombres injustos?

13. Porque no hay Dios mas que tú, que tienes cuidado de todas las cosas, para mostrarte que no juzgas injustamente.

14. Porque ni rey ni tirano te podrá mirar por los que tú castigares.

15. Porque siendo como eres justo, justamente gobiernas todas las cosas [...].

16. Porque tu fuerza es también el principio de la justicia; y el ser Señor de todos, te hace perdonar a todos.

17. Entonces muestras tu fuerza y en los sabios redarguyes el atrevimiento, cuando la grandeza de tu potencia no es creída.

18. Mas tú, Señor, de potencia juzgas con equidad, y con mucho regalo nos gobiernas, porque cuando quisieres, el poder te es presto.

Capítulo XV

1. Empero, ¡oh, Dios nuestro! eres benigno y verdadero, y paciente, y que gobiernas todas las cosas con misericordia.

2. Porque si pecáremos, tuyos somos conociendo tu potencia, mas no pecaremos si supiéremos que somos contados por tuyos.

3. Porque conocerte es la sólida justicia; y entender tu potencia es raíz de inmortalidad.

Capítulo XVI

13. Porque tú tienes la potestad de la muerte y de la vida, y llevas hasta las puertas del sepulcro, y tornas a traer.

14. El hombre a la verdad podrá matar con su malicia, mas no podrá hacer volver el espíritu una vez salido, y que el ánima una vez tomada torne al cuerpo.

15. Mas huir tu mano es imposible.

16. Por lo cual los impíos negando conocerte, con la fuerza de tu brazo fueron azotados con lluvias nunca vistas, con granizos y aguas, padeciendo persecución inevitable, y consumidos de fuego.

Suficientemente se ha mostrado por el texto de la Sagrada Escritura arriba puesto la gran malignidad de la idolatría y de los idólatras. Pero para condescender con las personas de bajo entendimiento conviene confutar este maldito vicio muy en particular.

A. La verdadera lumbre para conocer al verdadero Dios y a los dioses falsos y engañosos consiente en la inteligencia de la divina Escritura, la cual posee como un preciosísimo tesoro muy claro y muy puro la Iglesia Católica, al cual todos los que se quieren salvar son obligados a dar todo crédito, por ser verdades reveladas y procedientes de la eterna verdad, que es Dios.

B. Por esta causa para alumbrar en el conocimiento de la eterna verdad, que es Dios, y en el conocimiento de los falsos dioses, que son pura mentira e invención del autor y padre de toda mentira, que es el diablo, puse el texto de la Sagrada Escritura arriba escrito, donde clara y abiertamente se conoce el principio que tuvieron los ídolos, y los grandes males en que incurrieron los hombres por la adoración de ellos.

C. Por relación de la divina Escritura sabemos que no hay, ni puede haber más Dios que uno, criador de todas las cosas, y gobernador y conservador de todas ellas, como arriba queda dicho. Non est enim alius deus quam tu, cui cura est de omnibus; quiere decir: «Señor, no hay otro Dios más que Vos solo, el cual tenéis cuidado de todas las cosas».

D. Síguese de aquí claramente que Uitzilopuchtli no es Dios, ni tampoco Tláloc, ni tampoco Quetzalcóatl; Cioacóatl no es diosa, Chicomecóatl no es diosa, Teteuinnan no es diosa, Tzaputlatena no es diosa, cioateteu no son diosas, Chalchiuhtliicue no es diosa, Uistocíoatl no es diosa, Tlazultéutl no es diosa, Xiuhtecutli no es Dios, Macuilxochitl o Xuchipilli no es Dios, Umácatl no es Dios, Ixtlilton no es Dios, Opuchtli no es Dios, Xipe Tótec no es Dios, Yiacatecutli no es Dios, Chicunquiáuitl no es Dios, Chalmecacíoatl no es diosa, Acxumúcuil no es Dios, Nácxitl no es Dios, Cochímetl no es Dios, Yacapitzáoac no es Dios, Napatecutli no es Dios, tepictoton no son dioses; el Sol, ni la Luna, ni la tierra, ni la mar, ni ninguno de todos los otros que adorábades no es Dios; todos son demonios. Así lo testifica la Sagrada Escritura, diciendo: omnes dii gentium demonia; quiere decir: «todos los dioses de los gentiles son demonios».

E. ¡Oh, malaventurados de aquellos que adoraron y reverenciaron y honraron a tan malas criaturas y tan enemigos del género humano como son los diablos y sus imágenes, y por honrarlos ofrecían su propia sangre y la de sus hijos y los corazones de sus próximos, y los demandaban con gran humildad todas cosas necesarias, pensando falsamente que ellos eran poderosos para los dar todos los bienes y librarlos de todos los males! Y para alcanzar esto hacían largas oraciones y se afligían con muchos ayunos y vigilias, y hacían otras muchas asperezas en sus cuerpos, y los ofrecían piedras preciosas y mantas ricas y plumajes de gran valor y flores y olores de mil maneras. Adoraban, honraban y reverenciaban a sus mortales enemigos; y que no solamente no merecen honra, ni reverencia ninguna, pero merecen ser aborrecidos, detestados y abominados por ser malditos y enemigos de Dios y de todos los hombres.

F. ¡Oh, mucho más malditos y malaventurados aquellos que después de haber oído las palabras de Dios y la doctrina cristiana perseveran en la idolatría; y mucho más dignos de llorar los que después de bautizados y de haberse convertido a Dios tornan a hacer supersticiones o a idolatrar! Todos los que tal hacen son hijos del diablo y dignos de gran castigo en este mundo, y en el otro de grande infierno.

G. Esta fue la causa que todos vuestros antepasados tuvieron grandes trabajos de continuas guerras, hambres y mortandades, y al fin envió Dios contra ellos a sus siervos los cristianos, que los destruyeron a ellos y a todos sus dioses; y si algunos trabajos hay ahora es porque hay aún algunos idólatras entre vosotros, porque aborrece Dios a los idólatras sobre todo género de pecadores, por ser el pecado de la idolatría el mayor de todos los pecados, y los idólatras en el infierno son atormentados con mayores tormentos que todos los otros pecadores; su lloro y sus lastimeras palabras, sus lamentaciones y dolor no remediable, en la Sagrada Escritura está escrito.

A. Dicen los malaventurados idólatras: Errabimus in via veritatis, etc. Sapientie, 5. capítulo: «Errado habemos en el camino de la verdad; no nos alumbró la luz de la justicia, no nos nació el Sol de la inteligencia, fatigónos y cansónos el camino de la maldad y de la perdición; anduvimos por caminos ásperos y fragosos. ¿Qué nos aprovechó la soberbia y gloria del mundo? ¿Qué nos aprovecharon las riquezas vanas? Todas aquellas cosas como sombra pasaron y como un mensajero que va de camino y con gran prisa, o como un navío que pasa con gran furia por la mar, que no deja señal ninguna del camino; o como un ave que pasa volando por el aire con gran velocidad que jamás se puede ver por dónde pasó; o como una saeta que sale de la ballesta con gran ímpetu y llega a donde la endereza el ballestero sin dejar rastro alguno de su pasada. De esta manera nos aconteció a nosotros, nacidos, en breve tiempo se nos acabó la vida, y ningún rastro dejamos de buena vida; feneciéronse nuestros días en nuestra malignidad y en nuestro mal vivir».

B. Tales cosa dijeron los pecadores en el infierno con grandísimo dolor de su corazón, y con llanto de gran tristeza, y con lágrimas no remediables, porque no quisieron conocer ni servir al verdadero Dios, criador y regidor de todas las cosas; cuando comenzó su tormento, entonces comenzó su llanto, dolor y lágrimas, y ahora están en él y para siempre jamás perseverarán en él. Los que conocen y sirven y obedecen al solo y verdadero Dios, gozarán de sus riquezas y gozos eternos, porque es infinitamente bueno y suave; así queda dicho en el texto de la Sagrada Escritura arriba puesto; dice de esta manera:

C. O quam bonus et suabis est domine spiritus tuus in omnibus, etc.; quiere decir: «¡Oh, señor Dios nuestro, cuán bueno y suave es el vuestro espíritu para con todos!». Y es como si dijese: «¡Oh, señor Dios nuestro! El vuestro omnipotente amor, que es el vuestro divino espíritu, derrama su bondad y suavidad sobre todas las cosas que criastes, dando a todas vuestras criaturas virtud de que el hombre se pueda aprovechar y a vos mismo os comunicáis al hombre en diversas maneras, mostrando a vuestros siervos la vuestra benignidad; los dais lumbre para que os conozcan y mandamientos para que os sirvan, para que conociéndoos y sirviéndoos alcancen la inmortalidad; y a los que de vuestros siervos os ofenden, no los condenáis luego, mas antes los amonestáis por vuestros santos predicadores y los favorecéis con vuestros santos sacramentos, para que se aparten de los pecados y permanezcan en vuestra santísima amistad. Y a los que no os quieren conocer, perseverando en la idolatría, o no quieren apartarse de sus pecados y guardar vuestros mandamientos, castigáis con eternos tormentos; y esto hacéis con tan grande rectitud y justicia que nadie en los cielos ni en la tierra puede tachar vuestras obras con razón ni con verdad, ni deciros: "¿Por qué Señor hacéis esto?". Porque no solamente sois justo, pero sois la misma justicia y la misma sabiduría y fortaleza, y vois sois el señor universal de todas las cosas, y sois el dador y distribuidor de todos los bienes».

D. En lo arriba dicho está claro cuán bueno y cuán digno de ser amado, loado, y obedecido y reverenciado es nuestro señor Dios, criador, señor y gobernador de todas las cosas; y de lo mismo parece asimismo clarísimamente cuán malvados, traidores y mentirosos, aborrecibles y crueles son los dioses que vuestros antepasados adoraron y honraron tan largos tiempos.

E. Por vuestra misma relación sabemos que los antiguos mexicanos adoraron y tuvieron por Dios a un hombre llamado Uitzilupuchtli, nigromántico, amigo de los diablos, enemigo de los hombres, feo, espantable, cruel, revoltoso, inventor de guerras y de enemistades, causador de muchas muertes y alborotos y desasosiegos. A éste tan pésimo hombre hacían grandes fiestas vuestros antepasados cada año; y en cada fiesta mataban por su honra, y delante de su imagen y en su capilla, muchos hombres, sacándoles los corazones y ofreciéndolos al mismo Uitzilopuchtli, derramando delante de él su sangre y comiendo las carnes de ellos así sacrificados. Estas son cosas horrendas, abominables, crueles y muy vergonzosas.

F. También sabemos por vuestra relación que en todas estas tierras de esta Nueva España vuestros antepasados adoraban a un Dios llamado Tezcatlipuca o Titlacaoan, y por otro nombre llamado Yáutl o Nécuc Yáutl, y por otro nombre Moyocoya o Nezaoalpilli. Este Dios decían ser espíritu, aire y tiniebla; a éste atribuían el regimiento del cielo y de la tierra, y le adoraban, reverenciaban y ofrecían como a hacedor y dador de todas las cosas y de todos los bienes, y le rogaban por todas sus necesidades; a éste hacían fiestas cada año, y mataban a su honra un mancebo cada año en su fiesta, escogido entre muchos, que ninguna tacha tuviese en su cuerpo, sabio en hablar, en cantar y tañer, criado por espacio de un año en todas maneras de deleites; matábanle en el mes llamado tóxcatl, que caía a 23 días de abril. En esta fiesta se hacía gran solemnidad a honra de este Dios. Este Dios decían que perturbaba toda paz y amistad, y sembraba enemistades y odios entre los pueblos y reyes; y no es maravilla que haga esto en la tierra, pues también lo hizo en el cielo, como está escrito en la Sagrada Escritura: Factum est prelium magnum in celo, etc. —Apoca. 12—. Este es el malvado de Lucifer, padre de toda maldad y mentira, ambiciosísimo y superbísimo, que engañó a vuestros antepasados.

G. También consta por vuestra propia relación que vuestros antepasados adoraron y tuvieron por Dios a un diablo que ellos llamaron Tláloc o Tlaloque Tlamacacqui. A este diablo, con muchos otros sus compañeros llamados tlaloque, atribuían vuestros antepasados falsamente la lluvia, los truenos, rayos y granizo, y todas las cosas de mantenimientos que se crían sobre la tierra, diciendo que este diablo, con los demás sus compañeros, lo criaban y daban a los hombres para sustentar la vida. A honra de este diablo y sus compañeros hacían gran fiesta el primero día del año, cada un año, que era el segundo día de febrero, en el cual día mataban innumerables niños sobre todos los montes iminentes. Esta horrenda crueldad hacían vuestros antepasados engañados por los diablos, enemigos del género humano, y habiéndose persuadido que ellos los daban las pluvias. Como solo Dios es el que da las pluvias y todo lo que en la tierra se cría, como parece claro por la Sagrada Escritura: Dabo vobis pluvias temporibus suis, et terra germinabit germen suum et pomis arbores replebuntur —Levitici, 26—, quiere decir: «Yo os daré pluvias en sus tiempos y la tierra por mi mandado engendrará sus hierbas y mantenimientos, y por mi mandado los árboles se henchirán de frutos». Por ignorar vuestros antepasados las verdades de la Sagrada Escritura se dejaron engañar de diversos errores de los demonios, nuestros enemigos.

A. Dice la Sagrada Escritura: Incommunicabile nomen lapidibus et lignis imposuerunt —Sapientie, 14—, quiere decir: «A tan gran locura y ceguedad vinieron los malaventurados idólatras que el nombre que a solo Dios pertenece le aplicaron a hombres y mujeres, y a los animales, y a los maderos y piedras». Esta maldad y traición hicieron vuestros antepasados, que el nombre maravilloso que es Dios, el cual a sola la divinidad conviene, le aplicaron a cosas bajas e indignísimas.

B. Llamaron Dios a Quetzalcóatl, el cual fue hombre mortal y corruptible, que aunque tuvo alguna apariencia de virtud, según ellos dijeron, pero fue gran nigromántico, amigo de los diablos y por tanto amigo y muy familiar de ellos, digno de gran confusión y de eterno tormento y no de que le festejasen como a Dios y le adorasen como a tal. Erraron grandemente vuestros antepasados en la adoración de este pobre hombre mortal y corruptible, y dijeron de él muchas y muy grandes mentiras como en su historia está claro; lo que dijeron vuestros antepasados que Quetzalcóatl fue a Tlapallan y que ha de volver, y lo esperéis, es mentira, que sabemos que murió; su cuerpo está hecho tierra y a su ánima nuestro señor Dios la echó en los infiernos; allá está en perpetuos tormentos.

C. Erraron asimismo en la adoración de un diablo que pintaban como mujer, al cual llamaron Cioacóatl; cuando aparecía, aparecía en forma de mujer del palacio; espantaba, asombraba y voceaba de noche y, según la relación de vuestros antepasados, este demonio daba pobreza y trabajos, lloros y afliciones; y hacíanla fiesta y sacrificios, y dábanle ofrendas porque no los ofendiese. Esta fue una gran locura que hacían porque ignoraban que solo Dios puede librar de todo mal, y que el diablo no puede empecer a quien Dios guarda. Así está escrito en los divinos libros: Quoniam inme sperabit liberabo eum; protegam eum quoniam cognovit nomem meum, clamabit ad me et ego exaudiam eum, cum ipso sum in tribulatione, eripiam eum, et glorificabo eum —Psal., 90—; quiere decir, dice Dios: «Aquel que esperare en mí, yo le libraré; ampararle he porque conoció mi nombre; llamarme ha y yo le oiré; estaré con él en la tribulación; defenderle he y glorificarle he». En estas divinas palabras está muy claro que solo Dios defiende y ampara y consuela en las tribulaciones a los que creen en él y esperan en él, y que solo él debe ser llamado para que nos socorra en nuestras necesidades y no otro, porque no hay otro Dios alguno sino solo él.

D. En muchas otras cosas los diablos engañaron a vuestros antepasados y burlaron de ellos, haciéndolos creer que algunas mujeres eran diosas y por tales las adoraban y reverenciaban, como es una de ellas Chicumecóatl, de la cual decían que ella hacía todos los mantenimientos y maneras de comidas de que se mantienen los cuerpos humanos. La segunda de éstas decían ser Teteuinnan y por otro nombre la llamaban Tlalliiyollo, y por otro Tóci; decían que ésta era la madre de los dioses y que era su abuela. Eran muy devotos de ésta los médicos y las médicas, los hechiceros y hechiceras, y los señores de los baños y temaccales, y llamábanla Temaccalteci; toda esta gente la hacían fiesta cada año con muchos sacrificios y ofertas.

E. La tercera de estas diosas se llamaba Tzaputlatena; decían que era la inventora del úxitl y que ella sanaba de muchas enfermedades. Eran sus devotos y devotas los que hacen el úxitl y los que lo venden, y la hacían fiesta cada año, y hacían sacrificios y ofrendas a su honra.

F. La cuarta diosa era la diosa del agua, llamada Chalchiuhtliicue. A ésta atribuían todos los peligros del agua y de la mar como autora de ellos, y por esto la temían y reverenciaban, y hacían sacrificios y ofrendas en su fiesta; decían que era hermana de los dioses tlaloques. La quinta de estas diosas se llama Tlazultéutl, y es como la diosa Venus; a ésta con otras tres hermanas suyas las atribuían todas las obras de los sucios amores y del remedio de ellos, y por esta causa las adoraban y sacrificaban; y por otro nombre la llamaban Iscuina, y a todas cuatro ixcuiname, que es nombre de un animal como lobo. De estas cuatro diosas tomaban y toman sus nombres las mujeres mexicanas, que son Tiacapan, Teicu, Tlacu, Xuco; conviene quitárselos. En la historia de estas diosas se pone la confesión auricular que usaban estos naturales.

G. También creían vuestros antepasados que las mujeres que morían del primer parto se hacían diosas y las llamaban cioateteu o cioapipilti, y las adoraban como a diosas —aun ante que las enterrasen— y cada año hacían fiesta de ellas y sacrificaban y ofrecían a su honra, y tenían a honra de ellas edificados muchos oratorios por los caminos. Es esta adoración de mujeres, cosa tan de burlar y reír, que no hay para qué hablar de la confutar por autoridades de la Sagrada Escritura.

A. Otros muchos dioses no tan principales como los ya dichos inventaron vuestros antepasados, uno de los cuales y muy común es el Dios del fuego, al cual llamaron Xiuhtecutli, y por otro nombre Ixcuzauhqui, y por otro nombre Cuezaltzin, y por otro nombre le llamaban Ueuetéutl, y también Tota; adoraban al fuego como a Dios y teníanle por Dios por los maravillosos efectos que hace de quemar, calentar, asar, cocer, etc. Hacían fiesta muy solemne a este Dios en el mes que se llama izcalli, donde a su honra mataban muchos cautivos, y hacían muchas ofrendas y ceremonias. En la fiesta de este Dios, de cuatro en cuatro años, agujereaban las orejas a los niños y niñas —hay conjetura que en este año echaban seis días de nemontemi—, y así hacían bisiesto cada cuatro años. Grande ceguedad fue ésta de vuestros antepasados, que a la criatura irracional que crió Dios para servicio de todos los hombres la adorasen por Dios como si entendiese.

B. Otro demonio adoraban vuestros antepasados, al cual llamaban Macuilxochitl, por otro nombre Xochipilli. Decían de él que hería con almorranas y con otras enfermedades de las partes secretas, en especial a los que cuando le ayunaban su ayuno el hombre dormía con mujer, o la mujer con hombre; y por este respecto y por tenerle por Dios le hacían fiesta y le sacrificaban hombres, y le hacían otras ofertas y votos movidos por la locura de su ignorancia.

C. A otro demonio adoraron, del cual dijeron que era el Dios de los convites y le llamaron Omácatl. Llevaban a sus convites uno de sus sacerdotes vestido de los atavíos del Dios Omácatl, y allí le honraban y reverenciaban como a Dios los ciegos y pobres de vuestros antepasados. Otro demonio adoraron vuestros antepasados, el cual llamaron Ixtlilton, y por otro nombre Tlaltetecuin; de éste decían que tenía cargo de encetar o probar las tinajas del pulque, y de que estuviese muy limpio en su templo, el cual era de tablas. Tenían muchos librillos llenos de agua, y si algún niño o niña enfermaba, llevábanle a beber de aquel agua y decían que sanaba, según su loca imaginación. Cuando este Dios iba a visitar las tinajas del pulque hacían grandes ceremonias y muy vanas.

D. Otro demonio adoraron vuestros antepasados al cual llamaron Opuchtli y dijeron que era el Dios de los pescadores, y que de él habían procedido todos los instrumentos del pescar; por esta causa todos los pescadores, cada un año, le hacían fiesta y le honraban con muchas ofrendas y ceremonias, tan locas como vanas. Otro diablo adoraron por Dios vuestros antepasados al cual llamaron Xipe Tótec, el oficio del cual era herir con diversas enfermedades, en especial con mal de ojo, sarna y viruelas, y otras enfermedades; y los que estaban enfermos de alguna de las enfermedades que él daba hacían voto y promesa de le servir con alguna oferta si le sanase. Hacíanle fiesta en el mes que llamaban tlacaxipeoaliztli, en el cual día le hacían muchas ofertas y sacrificios y grandes ceremonias llenas de vanidad y crueldad.

E. Otro diablo adoraron vuestros antepasados al cual llamaron Yiacatecutli, y por otro nombre Yacaculiuhqui. Este decían ser el Dios de los mercaderes, al cual todos los mercaderes tenían gran devoción y le hacían fiesta cada año; mataban por su servicio muchos esclavos cada año en su fiesta. Las cañas que los mercaderes usan traer de camino, en especialmente las negras, antiguamente las traían a honra de este Dios; y llegando a la noche, a cada jornada, se sacrificaban, sacando sangre de las orejas delante de la misma caña hincada en tierra, y hacían otras ceremonias enderezándolas a este diablo. A otros cuatro diablos que servían también los mercaderes, uno se llamaba Chicunquiáuitl o Chalmecacíoatl, otro llamado Acxomúcuil, otro Nácxitl, otro Cochímetl, otro Yacapitzáoac.

F. Otro diablo adoraron vuestros antepasados al cual llamaron Nappatecutli; dijeron que era el Dios de los que hacen petates e icpales, y que él fue el inventor de esta arte, y que por su virtud crecían y se criaban las espadañas, juncias y juncos. Todos los oficiales de petates e icpales y tlacuextes tenían a éste por Dios y le hacían fiesta cada año, y a su honra mataban esclavos y hacían otras ofertas y ceremonias en su fiesta. El sacerdote de este Dios que ellos llamaban ixiptla, que quiere decir su imagen, acostumbraba andar por las casas con una jícara con agua en la una mano y un ramo de salze en la otra, y rociaba con el ramo las casas y personas, bien como quien echa agua bendita, y todos la recibían con gran devoción.

G. Otro diablo adoraron vuestros antepasados el cual tenía debajo de su obediencia otros muchos diablos; llamáronle Tezcatzóncatl; decían que era el Dios del pulque. Hacíanle fiesta muchas veces cada año, en especial los que hacían vino, que se llaman tlachicque; todos, hombres y mujeres, mozos y mozas, niños y niñas, en especial viejos y viejas, eran muy sus devotos; hacían a su honra mil fiestas y regocijos. Eran súbditos de éste, o compañeros, los diablos que llamaban «cuatrocientos conejos»: Yiauhténcatl, Aculhoa, Tliloa, Patécatl, Izquitécatl, Toltécatl, Papáztac, Tlaltecayoa, Umetochtli, Tepuztécatl, Chimalpanécatl, Colhoatzíncatl; hasta hoy duran estos diabólicos nombres entre los principales.

A. Otro desatino mayor que todos los ya dichos os dejaron vuestros antepasados: que los montes sobre que se arman los nublados, como son el Volcán y la Sierra Nevada, y el otro volcán de cabe Tecamachalco, y la Sierra de Tlaxcala, y la Sierra de Toluca y otras semejantes, las tenían por dioses e iban cada año a ofrecer sacrificios sobre ellos a los dioses del agua; y esto aún no ha cesado, que este pasado de 1569, yendo acaso unos religiosos a ver las fuentes que están sobre la Sierra de Toluca, hallaron en una de las fuentes un sacrificio o ofrenda muy reciente, de cinco o seis días antes hecho, que según daba a entender el sacrificio fue enviado de más de quince pueblos; en todas estas sierras dichas hallarían cada año ofrendas nuevas, si las visitasen por el mes de mayo.

B. Hacían vuestros antepasados a honra de estos montes y a otros semejantes unas imágenes de tzoalli en forma humana con ciertas colores pintadas, las cuales llamaron tepictoton, las cuales hacían los ministros de los tlaloques por las casas de los populares. Y delante de estas imágenes hacían sacrificios, ofertas y ceremonias con regocijo y fiesta, y pasada la fiesta, dividían entre sí las imágenes y comíanlas. Esto más parece cosa de niños y sin seso que de hombres de razón.

C. Otras locuras sin cuento, y otros dioses sin número, inventaron vuestros antepasados, que ni papel ni tiempo bastarían para escribirlas.

Al lector

Ruégote por Dios vivo, a quien quiera que esto leyeres, que si sabes que hay alguna cosa entre estos naturales tocante a esta materia de la idolatría, des luego noticia a los que tienen cargo del regimiento espiritual o temporal, para que con brevedad se remedie. Y haciendo esto, harás lo que eres obligado, y si no lo hicieres encargarás tu conciencia con carga de grandísimas culpas; porque así como éste es el mayor de todos los pecados y más ofensivo de la divina majestad, así también nuestro señor Dios castiga a los que en él ofenden con mayor rigor que a ninguno de los otros pecadores. Y a los que encubren este pecado asimismo los castiga con gravísimos tormentos en este mundo y en el otro. No se debe de tener por buen cristiano el que no es perseguidor de este pecado y de sus autores, por medios lícitos y meritorios.

Exclamaciones del autor

¡Oh, infelicísima y desventurada nación, que de tantos y tan grandes engaños fue por gran número de años engañada y entenebrecida, y de tan innumerables errores deslumbrada y desvanecida! ¡Oh, cruelísimo odio de aquel capital enemigo del género humano Satanás, el cual con grandísimo estudio procura de abatir y envilecer con innumerables mentiras, crueldades y traiciones a los hijos de Adán! ¡Oh, juicios divinos profundísimos y rectísimos de nuestro señor Dios! ¿Qué es esto, señor Dios, que habéis permitido tantos tiempos que aquel enemigo del género humano tan a su gusto se enseñorease de esta triste y desamparada nación, sin que nadie le resistiese, donde con toda libertad derramó toda su ponzoña y todas sus tinieblas? ¿Señor Dios, esta injuria no solamente es vuestra, pero también de todo el género humano? Y por la parte que me toca, suplico a Vuestra Divina Majestad que después de haber quitado todo el poder al tirano enemigo, hagáis que donde abundó el delito abunde la gracia, y conforme a la abundancia de las tinieblas venga la abundancia de la luz sobre esta gente, que tantos tiempos habéis permitido estar supeditada y opresa de tan grande tiranía.

Libro II. Que trata del calendario, fiestas y ceremonias, sacrificios y solemnidades que estos naturales de esta Nueva España hacían a honra de sus dioses

Pónese al cabo de este libro, por vía de apéndice, los edificios, oficios y servicios y oficiales que había en el templo mexicano

Prólogo

Todos los escritores trabajan de autorizar sus escrituras lo mejor que pueden, unos con testigos fidedignos, otros con otros escritores que ante de ellos han escrito —los testimonios de los cuales son habidos por ciertos—, otros con testimonio de la Sagrada Escritura. A mí me han faltado todos estos fundamentos para autorizar lo que en estos doce libros tengo escrito, y no hallo otro fundamento para autorizarlo sino poner aquí la relación de la diligencia que hice para saber la verdad de todo lo que en estos libros he escrito.

Como en otros prólogos de esta obra he dicho, a mí me fue mandado por santa obediencia de mi prelado mayor que escribiese en lengua mexicana lo que me pareciese ser útil para la doctrina, cultura y manutenencia de la cristiandad de estos naturales de esta Nueva España, y para ayuda de los obreros y ministros que los doctrinan. Recibido este mandamiento, hice en lengua castellana una minuta o memoria de todas las materias de que había de tratar, que fue lo que está escrito en los doce libros, y la postilla y cánticos, lo cual se puso de primera tijera en el pueblo de Tepepulco, que es de la provincia de Aculhuacán o Tezcuco; hízose de esta manera.

En el dicho pueblo hice juntar todos los principales con el señor del pueblo, que se llamaba don Diego de Mendoza, hombre anciano, de gran marco y habilidad, muy experimentado en todas las cosas curiales, bélicas y políticas, y aun idolátricas. Habiéndolos juntado, propúseles lo que pretendía hacer y pedíles me diesen personas hábiles y experimentadas con quien pudiese platicar y me supiesen dar razón de lo que los preguntase. Ellos me respondieron que se hablarían cerca de lo propuesto y que otro día me responderían, y así se despidieron de mí. Otro día vinieron el señor con los principales, y hecho un muy solemne parlamento, como ellos entonces le usaban hacer, señaláronme hasta diez o doce principales ancianos y dijéronme que con aquellos podía comunicar y que ellos me darían razón de todo lo que les preguntase. Estaban también allí hasta cuatro latinos, a los cuales yo pocos años antes había enseñado la gramática en el Colegio de Santa Cruz en el Tlaltelulco.

Con estos principales y gramáticos, también principales, platiqué muchos días, cerca de dos años, siguiendo la orden de la minuta que yo tenía hecha. Todas las cosas que conferimos me las dieron por pinturas, que aquella era la escritura que ellos antiguamente usaban, y los gramáticos las declararon en su lengua, escribiendo la declaración al pie de la pintura. Tengo aún ahora estos originales. También en este tiempo dicté la postilla y los cantares; escribiéronlos los latinos en el mismo pueblo de Tepepulco.

Cuando al capítulo donde cumplió su hebdómada el padre fray Francisco Toral, el cual me impuso esta carga, me mudaron de Tepepulco, llevando todas mis escrituras, fui a morar a Santiago del Tlaltelulco, donde juntando los principales los propuse el negocio de mis escrituras y los demandé me señalasen algunos principales hábiles, con quien examinase y platicase las escrituras que de Tepepulco traía escritas. El gobernador, con los alcaldes, me señalaron hasta ocho o diez principales escogidos entre todos, muy hábiles en su lengua y en las cosas de sus antiguallas, con los cuales y con cuatro o cinco colegiales, todos trilingües, por espacio de un año y algo más, encerrados en el Colegio, se enmendó, declaró y añadió todo lo que de Tepepulco traje escrito, y todo se tornó a escribir de nuevo de ruin letra, porque se escribió con mucha prisa. En este escrutinio o examen el que más trabajó de todos los colegiales fue Martín Jacobita, que entonces era rector del Colegio, vecino del Tlaltelulco, del barrio de Santa Ana.

Habiendo hecho lo dicho en el Tlaltelulco, vine a morar a San Francisco de México con todas mis escrituras, donde por espacio de tres años pasé y repasé a mis solas todas mis escrituras y las torné a enmendar y dividilas por libros, en doce libros, y cada libro por capítulos, y algunos libros por capítulos y párrafos. Después de esto, siendo provincial el padre fray Miguel Navarro y guardián del convento de México el padre fray Diego de Mendoza, con su favor se sacaron en blanco, de buena letra, todos los doce libros, y se enmendó y sacó en blanco la postilla y los cantares, y se hizo un arte de la lengua mexicana con un vocabulario apéndice, y los mexicanos enmendaron y añadieron muchas cosas a los doce libros cuando se iban sacando en blanco. De manera que el primer cedazo por donde mis obras se cernieron fueron los de Tepepulco; el segundo, los de Tlaltelulco; el tercero, los de México; y en todos estos escrutinios hubo gramáticos colegiales. El principal y más sabio fue Antonio Valeriano, vecino de Accaputzalco; otro, poco menos que éste, fue Alonso Vegerano, vecino de Cuautitlan; otro fue Martín Jacobita, de que arriba hice mención; otro Pedro de San Buenaventura, vecino de Cuautitlán; todos espertos en tres lenguas: latina, española e indiana. Los escribanos que sacaron de buena letra todas las obras son: Diego de Grado, vecino del Tlaltelulco, del barrio de la Concepción; Bonifacio Maximiliano, vecino del Tlaltelulco, del barrio de Sant Martín; Mateo Severino, vecino de Xochimilco, de la parte de Ullac.

Desque estas escrituras estuvieron sacadas en blanco, con el favor de los padres arriba nombrados, en que se gastaron hartos tomines con los escribientes, el autor de ellas demandó al padre comisario fray Francisco de Ribera que se viesen de tres o cuatro religiosos, para que aquellos dijesen lo que les parecía de ellas, en el capítulo provincial que estaba propincuo, los cuales las vieron y dieron relación de ellas al difinitorio en el mismo capítulo, diciendo lo que los parecía; y dijeron en el difinitorio que eran escrituras de mucha estima y que debían ser favorecidas para que se acabasen. Algunos de los difinidores les pareció que era contra la pobreza gastar dineros en escribirse aquellas escrituras, y así mandaron al autor que despidiese a los escribanos y que él solo escribiese de su mano lo que quisiese en ellas. El cual como era mayor de setenta años y por temblor de la mano no puede escribir nada ni se pudo alcanzar dispensación de este mandamiento, estuviéronse las escrituras sin hacer nada en ellas más de cinco años.

En este tiempo, en el capítulo siguiente, fue elegido por custos custodum para el capítulo general el padre fray Miguel Navarro, y por provincial fray Alonso de Escalona. En este tiempo el autor hizo un sumario de todos los libros y de todos los capítulos de cada libro, y los prólogos, donde en brevedad se decía todo lo que se contenía en los libros. Este sumario llevó a España el padre fray Miguel Navarro y su compañero el padre fray Hierónimo de Mendieta, y así se supo en España lo que estaba escrito cerca de las cosas de esta tierra. En este medio tiempo el padre provincial tomó todos los libros al dicho autor y se esparzieron por toda la provincia, donde fueron vistos de muchos religiosos y aprobados por muy preciosos y provechosos.

Después de algunos años, volviendo de capítulo general el padre fray Miguel Navarro, el cual vino por comisario de estas partes, en censuras tornó a recoger los dichos libros a petición del autor; y desque estuvieron recogidos de ahí a un año, poco más o menos, vinieron a poder del autor. En este tiempo ninguna cosa se hizo en ellos, ni hubo quien favoreciese para acabarse de traducir en romance, hasta que el padre Comisario general fray Rodrigo de Sequera vino a estas partes y los vio y se contentó mucho de ellos, y mandó al dicho autor que los tradujese en romance, y proveyó de todo lo necesario para que se escribiesen de nuevo, la lengua mexicana en una columna y el romance en la otra, para los enviar a España, porque los procuró el ilustrísimo señor don Juan de Ovando, presidente del Consejo de Indias, porque tenía noticias de estos libros por razón del sumario que el dicho padre fray Miguel Navarro había llevado a España, como arriba se dijo.

Todo lo sobredicho hace al propósito de que se entienda que esta obra ha sido examinada y apurada por muchos, y en muchos años, y se han pasado muchos trabajos y desgracias hasta ponerla en el estado que ahora está.

Fin del prólogo

Al sincero lector

Es de notar, para la inteligencia del calendario que se sigue, que los meses son desiguales de los nuestros en número y en días, porque los meses de estos naturales son dieciocho, y cada uno de ellos no tiene más de veinte días, y así son todos los días que se contienen en estos meses trescientos y sesenta. Los cinco días postreros del año no vienen en cuenta de ningún mes, mas antes los dejan fuera de la cuenta por baldíos.

Van señalados los meses de estos naturales al principio del calendario por su cuenta y letras del abecé; de la otra parte contraria, van señalados los nuestros meses por letras del abecé y por su cuenta; y así se puede fácilmente entender cada fiesta de las suyas en qué día caía de los nuestros meses.

Las fiestas movibles que están al fin del calendario recopiladas, salen de otra manera de cuenta que usaban en el arte adivinatoria que contiene doscientos y sesenta días, en la cual hay fiestas, y como esta cuenta no va con la cuenta del año, ni tiene tantos días, vienen las fiestas a variarse cayendo en días diferentes un año de otro.

Libro segundo: que trata de las fiestas y sacrificios con que estos naturales honraban a sus dioses en el tiempo de su infidelidad

Capítulo I. Del calendario de las fiestas fijas, la primera de las cuales es lo que se sigue

El primero mes del año se llamaba entre los mexicanos atlcaoalo, y en otras partes cuauitleoa. Este mes comenzaba en el segundo día del mes de febrero, cuando nosotros celebramos la purificación de Nuestra Señora. En el primer día de este mes celebraban una fiesta a honra, según algunos, de los dioses tlaloques, que los tenían por dioses de la pluvia; y según otros, de su hermana la diosa del agua Chalchiuhtliicue; y según otros a honra del gran sacerdote o Dios de los vientos Quetzalcóatl, y podemos decir que a honra de todos. Este mes, con todos los demás que son deciocho, tienen a cada veinte días.

Atlcaoalo o cuauitleoa

En este mes mataban muchos niños; sacrifcábanlos en muchos lugares en las cumbres de los montes, sacándoles los corazones a honra de los dioses del agua, para que les diesen agua o lluvia. A los niños que mataban componíanlos con ricos atavíos para llevarlos a matar, y llevábanlos en unas literas sobre los hombros, y las literas iban adornadas con plumajes y con flores; iban tañendo, cantando y bailando delante de ellos. Cuando llevaban a los niños a matar, si lloraban y echaban muchas lágrimas, alegrábanse los que los llevaban, porque tomaban pronóstico de que habían de tener muchas aguas ese año. También en este mes mataban muchos cautivos a honra de los mismos dioses del agua. Acuchillábanlos primero, peleando con ellos atados sobre una piedra como muela de molino, y desque los derrocaban a cuchilladas, llevábanlos a sacar el corazón al templo que se llamaba Yopico. Cuando mataban a estos cautivos, los dueños de ellos, que los habían cautivado, iban gloriosamente ataviados con plumajes y bailando delante de ellos, mostrando su valentía. Esto pasaba por todos los días de este mes; otras muchas ceremonias se hacían en esta fiesta, las cuales están escritas a la larga en su historia.

Capítulo II. Al segundo mes llamaban tlacaxipeoaliztli. En el primero día de este mes hacían una fiesta a honra del Dios llamado Tótec, y por otro nombre se llamaba Xipe, donde mataban y desollaban muchos esclavos y cautivos. Tlacaxipeoaliztli

A los cautivos que mataban arrancábanlos los cabellos de la coronilla y guardábanlos los mismos amos como por reliquias; esto hacían en el calpul delante del fuego. Cuando llevaban los señores de los cautivos a sus esclavos al templo donde los habían de matar, llevábanlos por los cabellos, y cuando los subían por las gradas del cu, algunos de los cautivos desmayaban, y sus dueños los subían arrastrando por los cabellos hasta el taxón donde habían de morir. Llegándolos al taxón, que era una piedra de tres palmos de alto o poco más, y dos de ancho, o casi, echábanlos sobre ella de espaldas y tomábanlos cinco: dos por las piernas, y dos por los brazos, y uno por la cabeza, y venía luego el sacerdote que le había de matar y dábale con ambas manos con una piedra de pedernal, hecha a manera de hierro de lanzón, por los pechos, y por el agujero que hacía metía la mano y arrancábale el corazón, y luego le ofrecía al Sol; echábale en una jícara. Después de haberles sacado el corazón, y después de haber echado la sangre en una jícara, la cual recibía el señor del mismo muerto, echaban el cuerpo a rodar por las gradas abajo del cu. Iba a parar a una placeta abajo; de allí la tomaban unos viejos que llamaban cuacuacuilti y le llevaban a su calpul, donde le despedazaban y le repartían para comer. Antes que hiciesen pedazos a los cautivos, los desollaban, y otros vestían sus pellejos y escaramuzaban con ellos con otros mancebos como cosa de guerra, y se prendían los unos a los otros. Después de lo arriba dicho, mataban otros cautivos, peleando con ellos, y estando ellos atados por medio del cuerpo con una soga que salía por el ojo de una muela como de molino, y era tan larga que podía andar por toda la circunferencia de la piedra, y dábanle sus armas con que pelease, y venían contra él cuatro con espadas y rodelas, y uno a uno se acuchillaban con él hasta que le vencían, etc.

Capítulo III. Al tercero mes llamaban tozoztontli; en el primer día de este mes hacían fiesta al Dios llamado Tláloc, que es el Dios de las pluvias. En esta fiesta mataban muchos niños sobre los montes; ofrecíanlos en sacrificio a este Dios y a sus compañeros para que los diesen agua. Tozoztontli

En esta fiesta ofrecían las primicias de las flores que aquel año primero nacían en el cu llamado Yopico, y antes que las ofreciesen nadie osaba oler flor. Los oficiales de las flores que se llaman xochimanque hacían fiesta a su diosa llamada Coatlicue, y por otro nombre Coatlan Tona.

También en este mes se desnudaban los que traían vestidos los pellejos de los muertos, que habían desollado el mes pasado. Íbanlos a echar en una cueva, en el cu que llamaban Yopico; iban a hacer esto con procesión y con muchas ceremonias; iban hediendo como perros muertos; y después que los habían dejado se lavaban con muchas ceremonias. Algunos enfermos hacían voto de hallarse presentes a esta procesión por sanar de sus enfermedades, y dicen que algunos sanaban.

Los dueños de los cautivos, con todos los de su casa, hacían penitencia veinte días, que ni se bañaban ni se lavaban las cabezas hasta que se ponían los pellejos de los cautivos muertos en la cueva arriba dicha; decían que hacían penitencia por sus cautivos.

Después que habían acabado la penitencia, bañábanse y lavábanse, y convidaban a todos sus parientes y amigos, y dábanles comida, y hacían muchas ceremonias con los huesos de los cautivos muertos.

Todos estos veinte días, hasta llegar al mes que viene, se ejercitaban en cantar en las casas que llamaban cuicacali; no bailaban, sino estando sentados cantaban cantares a loor de sus dioses. Otras muchas ceremonias se hacían en esta fiesta, las cuales están escritas a la larga en su historia.

Capítulo IV. Al cuarto mes llamaban uei tozoztli. En el primero día de este mes hacían fiesta a honra del Dios llamado Cintéutl, que le tenían por Dios de los maíces; a honra de éste ayunaban cuatro días ante de llegar la fiesta. Uei tozoztli

En esta fiesta ponían espadañas a las puertas de las casas; ensangretábanlas con sangre de las orejas o de las espinillas. Los nobles y los ricos, demás de las espadañas, enramaban sus casas con unos ramos que llaman acxóatl; también enramaban a sus dioses y les ponían flores a los que cada uno tenía en su casa.

Después de esto iban por los maizales y traían cañas de maíz, que aún estaba pequeño, y componíanlas con flores, e íbanlas a poner delante de sus dioses a la casa que llamaban calpulli, y también ponían comida delante de ellos.

Después de hecho esto en los barrios, iban al cu de la diosa que llamaban Chicomecóatl, y allí delante de ella hacían escaramuzas a manera de pelea; y todas las muchachas llevaban a cuestas mazorcas de maíz del año pasado. Iban en procesión a presentarlas a la diosa Chicomecóatl, y tornábanlas otra vez a su casa como cosa bendita, y de allí tomaban la semilla para sembrar el año venidero; y también poníanlo por corazón de las trojes, por estar bendito.

Hacían de masa que llaman tzoalli la imagen de esta diosa en el patio de su cu, y delante de ella ofrecían todo género de maíz y todo género de frijoles, y todo género de chíen, porque decían que ella era la autora y dadora de aquellas cosas que son mantenimientos para vivir la gente.

Según relación de algunos, los niños que mataban juntábanlos en el primero mes, comprándolos a sus madres, e íbanlos matando en todas las fiestas siguientes hasta que las aguas comenzaban de veras; y así mataban algunos en el primero mes llamado cuauitleoa, y otros en el segundo llamado tlacaxipeoaliztli, y otros en el tercero llamado tozoztontli, y otros en el cuarto llamado uei tozoztli, de manera que hasta que comenzaban las aguas abundosamente, en todas las fiestas sacrificaban niños; otras muchas ceremonias se hacían en esta fiesta.

Capítulo V. Al quinto mes llamaban tóxcatl. El primero día de este mes hacían gran fiesta a honra del Dios llamado Titlacaoa, y por otro nombre Tezcatlipuca; a éste tenían por Dios de los dioses; a su honra mataban en esta fiesta un mancebo escogido que ninguna tacha tuviese en su cuerpo, criado en todos deleites por espacio de un año, instruto en tañer y en cantar y en hablar. Tóxcatl

Esta fiesta era la principal de todas las fiestas, era como pascua y caía cerca de la Pascua de Resurrección, pocos días después. Este mancebo, criado como está dicho, era muy bien dispuesto y escogido entre muchos; tenía los cabellos largos hasta la cinta.

Cuando en esta fiesta mataban al mancebo que estaba criado para esto, luego sacaban otro, el cual había de morir dende a un año. Andaba por todo el pueblo muy ataviado con flores en la mano, y con personas que le acompañaban; saludaba a los que topaba graciosamente; todos sabían que era aquél la imagen de Tezcatlipuca, y se postraban delante de él y le adoraban donde quiera que le topaban.

Veinte días antes que llegase esta fiesta daban a este mancebo cuatro mozas bien dispuestas y criadas para esto, con las cuales todos los veinte días tenía conversación carnal; y mudábanle el traje cuando le daban estas mozas; cortábanle los cabellos como capitán y dábanle otros atavíos más galanes.

Cinco días antes que muriese, hacíanle fiestas y banquetes en lugares frescos y amenos; acompañábanle muchos principales. Llegado el día donde había de morir, llevábanle a un cu o oratorio que llamaban Tlacuchcalco, y ante que llegase allí, en un lugar que llamaban Tlapitzaoayan, apartábanse las mujeres y dejábanle. Llegando al lugar donde le habían de matar, él mismo se subía por las gradas; en cada una de ellas hacía pedazos una flauta de las con que andaba tañendo todo el año; llegado arriba, echábanle sobre el taxón; sacábanle el corazón; tornaban a descender el cuerpo abajo en palmas; abajo le cortaban la cabeza y la espetaban en un palmo que se llama tzompantli; otras muchas ceremonias se hacían en esta fiesta, las cuales están escritas a la larga en su historia.

Capítulo VI. Al sexto mes llamaban etzalcualiztli. En el primero día de este mes hacían fiesta a los dioses de la pluvia; a honra de estos dioses ayunaban los sacerdotes de estos dioses cuatro días antes de llegar a su fiesta, que son los cuatro postreros días del mes pasado. Etzalcualiztli

Para la celebración de esta fiesta los sátrapas de los ídolos y sus ministros iban por junzas a Citlaltépec, que se hacen muy grandes y muy hermosas en un agua que se llama Temilco; de allí las traían a México para adornar los cues; por el camino donde venían nadie parecía; todos los caminantes se escondían de miedo de ellos, y si con alguno encontraban, tomábanle cuanto traía hasta dejalle en pelo, y si se defendía, maltratábanle de tal manera que le dejaban por muerto. Y aunque llevase el tributo para Moctezuma se le tomaban; y por esto ninguna pena les daban, porque por ser ministros de los ídolos tenían libertad para hacer estas cosas y otras peores sin pena ninguna. Otras muchas ceremonias hacían los sátrapas del templo en estos cuatro días que están a la larga puestas en la historia de esta fiesta.

Allegada la fiesta de etzalcualiztli, todos hacían una manera de puchas o poleadas que se llama etzalli —comida delicada a su gusto—; todos comían en su casa y daban a los que venían, y hacían mil locuras en este día.

En esta misma fiesta, a los ministros de los ídolos que habían hecho algún defecto en el servicio de ellos, castigábanlos terriblemente en el agua de la laguna, tanto que los dejaban por muertos, y así los dejaban allí a la orilla del agua. De allí los tomaban sus padres o parientes y los llevaban a sus casas medio muertos.

En este mismo mes mataban muchos cautivos y otros esclavos, compuestos con los ornamentos de estos dioses llamados tlaloques, por cuya honra los mataban en su mismo cu. Los corazones de estos que mataban íbanlos a echar en el remolino o sumidero de la laguna de México, que entonces se veía claramente; otras muchas ceremonias se hacían.

Capítulo VII. Al séptimo mes llamaban tecuilhuitontli. En el primero día de este mes hacían fiesta a la diosa de la sal que llamaban Uixtocíoatl; decían que era hermana mayor de los dioses tlaloques; mataban a honra de esta diosa una mujer compuesta con los ornamentos que pintaban a la misma diosa. Tecuilhuitontli

La vigilia de esta fiesta cantaban y danzaban todas las mujeres, viejas y mozas y muchachas; iban asidas de unas cuerdas cortas que llevaban en las manos, la una por el un cabo y la otra por el otro. A estas cuerdas llamaban xochimécatl.

Llevaban todas guirnaldas de ajenjos de esta tierra que se llama iztáuhyatl; guiábanlas unos viejos, y regían al canto; en medio de ellas iba la mujer que era la imagen de esta diosa, y que había de morir aderezada con ricos ornamentos.

La noche antes de la fiesta velaban las mujeres con la misma que había de morir, y cantaban y danzaban toda la noche; venida la mañana aderezábanse todos los sátrapas y hacían un areíto muy solemne; y todos los que estaban presentes al areíto tenían en la mano aquellas y flores que se llaman cempoalxóchitl. Así bailando llevaban muchos cautivos al cu de Tláloc, y con ellos a la mujer que había de morir, que era imagen de la diosa Uixtocíoatl. Allí mataban primero a los cautivos, y después a ella.

Otras muchas ceremonias se hacían en esta fiesta, y también gran borrachería, todo lo cual está a la larga puesto en la historia de esta fiesta.

Capítulo VIII. Al octavo mes llamaban uei tecuílhuitl. En el primero día de este mes hacían fiesta a la diosa llamada Xilonen —diosa de los xilotes—. En esta fiesta daban de comer a todos los pobres, hombres y mujeres, niños y niñas. A honra de esta diosa mataban a una mujer a diez días de este mes compuesta

con los ornamentos con que pintaban a la misma diosa. Uei tecuílhuitl

Daban de comer a hombres y mujeres, chicos y grandes, ocho días continos antes de la fiesta. Luego muy de mañana dábanles a beber una manera de mazamorra que llaman chienpinolli; cada uno bebía cuanto quería, y al mediodía poníanlos todos por orden en sus rencleras, sentados, y dábanlos tamales.

El que los daba, daba a cada uno cuantos podía abarcar con una mano, y si alguno se desmandaba a tomar dos veces, maltratábanle y tomábanle los que tenía, e íbase sin nada. Esto hacían los señores por consolar a los pobres, porque en este tiempo ordinariamente hay falta de mantenimientos.

Todos estos ochos días bailaban y danzaban, haciendo areíto hombres y mujeres, todos juntos, todos muy ataviados con ricas vestiduras y joyas; las mujeres traían los cabellos sueltos; andaban en cabello bailando y cantando con los hombres; comenzaba este areíto en poniéndose el Sol, y perseveraban en él hasta hora de las nueve. Traían muchas lumbreras como grandes hachas de tea, y había muchos braseros o hogueras que ardían en el mismo patio donde bailaban. En este baile o areíto andaban trabados de las manos, o abrazados, el brazo del uno asido del cuerpo, como abrazado, y el otro asimismo del otro, hombres y mujeres.

Un día antes que matasen a la mujer que había de morir a honra de la diosa Xilonen, las mujeres que servían en el cu, que se llamaban cioatlamacacque, hacían areíto en el patio del mismo cu, y cantaban los loores y cantares a esta diosa. Iban todas rodeadas de la que había de morir, que iba compuesta con los ornamentos de esta diosa. De esta manera, cantando y bailando, velaban todas la noche precedente al día en que había de morir.

Y en amaneciendo todos los nobles y hombres de guerra hacían areíto en el mismo patio, y con ellos bailaba también la mujer que había de morir con otras muchas mujeres aderezadas como ella. Los hombres iban por sí, bailando delante, y las mujeres iban tras ellos. Desque todos así bailando llegaban al cu, donde había de morir aquella mujer, subíanla por aquellas gradas arriba; llegada arriba, tomábala uno a cuestas, espaldas con espaldas, y estando así, la cortaban la cabeza y luego la sacaban el corazón y le ofrecían al Sol; otras muchas ceremonias se hacían en esta fiesta.

Capítulo IX. Al nono mes llamaban tlaxochimaco. El primero día de este mes hacían fiesta a honra del Dios de la guerra llamado Uitzilopuchtli; ofrecíanle en ella las primeras flores de aquel año. Tlaxochimaco

La noche antes de esta fiesta ocupábanse todos en matar gallinas y perros para comer, en hacer tamales y otras cosas concernientes a la comida. Luego de mañanita el día de esta fiesta, los sátrapas de los ídolos componían con muchas flores a Uitzilopuchtli, y después de compuesta la estatua de este Dios componían las estatuas de los otros dioses con guirnaldas y sartales y collares de flores, y luego componían todas las otras estatuas de los calpules y telpuchcales; y en las casas de los calpisques y principales y maceguales todos componían las estatuas que tenían en sus casas con flores.

Compuestas las estatuas de todos los dioses, luego comenzaban a comer aquellas viandas que tenían aparejadas de la noche pasada, y dende a un poco después de comer comenzaban una manera de baile o danza en la cual los hombres nobles con mujeres, juntamente bailaban asidos de las manos y abrazados los unos con los otros, echados los brazos sobre el cuello el uno del otro; no danzaban a manera de areíto, ni hacían los meneos como en el areíto, sino iban paso a paso al son de los que tañían y cantaban, los cuales estaban todos en pie, apartados un poco de los que bailaban, cerca de un altar redondo que llaman momuztli.

Duraba este cantar hasta la noche, no solo en los patios de los cues, pero en todas las casas de principales y maceguales; tañían y cantaban con gran vocería hasta la noche, y los viejos y viejas bebían el uctli, pero ningún mancebo ni moza lo bebía, y si alguno lo bebía, castigábanlos reciamente; otras muchas ceremonias se hacían en ésta que está a la larga, etc.

Capítulo X. Al décimo mes llamaban xócotl uetzi. En el primero día de este mes hacían fiesta al Dios del fuego llamado Xiuhtecutli o Iscozauhqui; en esta fiesta echaban en el fuego vivos muchos esclavos atados de pies y manos, y antes que

acabasen de morir los sacaban arrastrando del fuego para sacar el corazón delante de la imagen de este Dios. Xócotl uetzi

Durante la fiesta de tlaxochimaco iban al monte, cortaban un árbol de altura de veinticinco brazas y traíanle arrastrando hasta el patio de este Dios. Allí le escamondaban y le levantaban enhiesto, y estaba así enhiesto hasta la vigilia de la fiesta; entonces le tornaban a echar en tierra con mucho tiento y con muchos pertrechos para que no diese golpe. La vigilia de esta fiesta, bien de mañana, venían muchos carpinteros con sus herramientas y mondábanle y hacíanle muy liso. Después de mondado y haberle compuesto con muchas maneras de papeles, atábanle sogas y otros mecates y levantábanle con muchas voces y muchos estruendos, y afijábanle muy bien.

Desque la viga o árbol estaba levantada y adornada con todos sus aparejos, luego los que tenían esclavos para echar en el fuego, vivos, aderezábanse con sus plumajes y atavíos ricos, y teñíanse el cuerpo de amarillo que era la librea del fuego; y llevando sus cautivos consigo, hacían areíto todo aquel día hasta la noche.

Después de haber velado toda aquella noche los cautivos en el cu, y después de haber hecho muchas ceremonias con ellos, empolvorizábanlos las caras con unos polvos que llaman yiauhtli para que perdiesen el sentido y no sintiesen tanto la muerte; atábanlos los pies y las manos, y así atados poníanlos sobre los hombros y andaban con ellos como haciendo areíto enrededor de un gran fuego y gran montón de brasa. Así andando, íbanlos arrojando sobre el montón de brasas, ahora uno, y desde a un poco otro; y el que habían arrojado dejábanle quemar un buen intervalo, y aún estando vivo y basqueando sacábanle fuera arrastrando con cualque garabato, y echábanle sobre el taxón y, abierto el pecho, sacábanle el corazón; de esta manera padecían todos aquellos tristes cautivos.

Estaba el árbol atado con muchas sogas de lo alto, como la jarcia de la nao está pendiente de la gabia; en lo alto de él estaba en pie la imagen de aquel Dios hecha de masa que llaman tzoalli. Acabado el sacrificio ya dicho, arremetían con gran ímpetu todos los mancebos; otras muchas ceremonias hacían según a la larga está escrito adelante en esta fiesta.

Capítulo XI. Al undécimo mes llamaban ochpaniztli. El primero día de este mes hacían fiesta a la madre de los dioses llamada Teteuinnan o Toci, que quiere decir «nuestra abuela»; bailaban a honra de esta diosa en silencio y mataban una mujer en gran silencio vestida con los ornamentos que pintaban a esta diosa. Ochpaniztli

Cinco días antes que comenzase este mes cesaban todas las fiestas y regocijos del mes pasado. Entrando este mes, bailaban ocho días sin cantar y sin teponactli; los cuales pasados, salía la mujer que era imagen de la diosa que llaman Teteuinnan, compuesta con los ornamentos con que pintaban a la misma diosa; y salían gran número de mujeres con ella, especialmente las médicas y parteras, y partíanse en dos bandos y peleaban apedreándose con pellas de pachtli y con hojas de tuna, y con pellas hechas de hojas de espadañas y con flores que llaman cempoalxóchitl; este regocijo duraba cuatro días.

Acabado estas ceremonias y otras de esta calidad, procuraban que aquella mujer no entendiese que había de morir, porque no llorase ni se entristeciese, porque lo tenían por mal agüero; venida la noche en que había de morir, ataviábanla muy ricamente y hacíanla entender que la llevaban para que durmiese con ella algún gran señor; y llevábanla con gran silencio al cu donde había de morir. Subida arriba, tomábala uno a cuestas, espaldas con espaldas, y de presto la cortaban la cabeza y luego la desollaban, y un mancebo robusto vestíase el pellejo.

Este que vestía el pellejo de esta que mataban llevábanle luego con mucha solemnidad y acompañándole de muchos cautivos al cu de Uitzilopuchtli; allí, este mismo, delante de Uitzilopuchtli, sacaba el corazón a cuatro cautivos y los demás dejábalos para que los matase el sátrapa.

En este mes hacía alarde el señor de toda la gente de guerra y de los mancebos que nunca habían ido a la guerra; a éstos daba armas y divisas y asentaban por soldados, para que de allí adelante fuesen a la guerra; otras muchas ceremonias se hacían en esta fiesta que están a la larga puestas en su historia.

Capítulo XII. Al doceno mes llamaban teutleco, que quiere decir «la llegada de los dioses». Celebraban esta fiesta a honra de todos los dioses, porque decían que habían ido a algunas partes;

hacían gran fiesta el postrero día de este mes, porque sus dioses habían llegado. Teutleco

A los quince días de este mes los mozos y muchachos enramaban todos los altares y oratorios de los dioses, así los que estaban dentro de las casas como por los caminos y encrucijadas, y por esta diligencia que hacían dábanlos maíz; a algunos daban un chiquíuitl lleno de maíz y a otros dos o tres mazorcas.

A los deciocho días llegaba el Dios, que siempre es mancebo, que le llamaban Tlamatzíncatl; éste es Titlacauan. Decían que por ser mancebo y recio caminaba mejor y llegaba primero; luego ofrecían comida en su cu, y aquella noche comían y bebían y regocijábanse todos, especialmente los viejos y viejas que bebían vino por la llegada del Dios, y decían que le lavaban los pies con este regocijo.

El postrero día de este mes era la gran fiesta, porque dicen que todos los dioses llegaban entonces; la vigilia de este día, a la noche, hacían encima de un petate de harina de maíz un montoncillo muy tupido, de la forma de un queso. En este montoncillo imprimían los dioses la pisada de un pie en señal que habían llegado; toda la noche el principal sátrapa velaba, e iba y venía muchas veces a mirar cuándo vería la pisada.

En viendo el sátrapa la señal de la pisada, luego daba voces, diciendo: «Llegado ha nuestro señor»; luego comenzaban los ministros del cu a tañer cornetas y caracoles y trompetas y otros instrumentos de los que ellos entonces usaban. Luego que se oían los instrumentos, acudía toda la gente a ofrecer comida en todos los cues y oratorios; otra vez se regocijaban lavando los pies de sus dioses, como arriba está dicho.

El día siguiente decían que llegaban los dioses viejos, a la postre de todos, porque andaban menos por ser viejos. Este día tenían muchos cautivos para quemar vivos; y hecho gran montón de brasa, andaban bailando alrededor del fuego ciertos mancebos disfrazados como monstruos, y así bailando iban arrojando en el fuego estos tristes cautivos, de la manera que arriba está dicho; otras muchas ceremonias se hacían según se dirá adelante en esta fiesta.

Capítulo XIII. Al tercio décimo mes llamaban tepeílhuitl. En este mes hacían fiesta a honra de los montes eminentes que están por todas estas comarcas de esta Nueva España, donde se arman

nublados. Hacían las imágenes en figura humana a cada uno de ellos de la masa que se llama tzoal, y ofrecían delante de estas imágenes en respecto de estos mismos montes. Tepeílhuitl

Hacían a honra de los montes unas culebras de palo o de raíces de árboles, y labrábanles la cabeza como culebra; hacían también unos trozos de palo gruesos como la muñeca, largos; llamábanlos ecatotonti. Así a éstos como a las culebras los investían con aquella masa que se llama tzoal; a estos trozos los investían a manera de montes, arriba les ponían su cabeza como cabeza de persona. Hacían también estas imágenes en memoria de aquellos que se habían ahogado en el agua, o habían muerto de tal muerte que no los quemaban, sino que los enterraban.

Después que con muchas ceremonias habían puesto en sus altares a las imágenes dichas, ofrecíanles también tamales y otras comidas, y también los decían cantares de sus loores, y bebían vino por su honra.

Llegada la fiesta, a honra de los montes mataban cuatro mujeres y un hombre: la una de ellas llamaban Tepóxoch, la segunda llamaban Matlalcueye, la tercera llamaban Xochtécatl, la cuarta llamaban Mayáuel; y al hombre llamaban Milnáoatl. Aderezaban a estas mujeres y al hombre con muchos papeles llenos de ulli, y llevábanlas en unas literas en hombros de mujeres muy ataviadas hasta donde las habían de matar.

Después que las hubieron muerto y sacados los corazones, llevábanlas pasito, rodando por las gradas abajo; llegadas abajo, cortábanlas las cabezas y espetábanlas un palo, y los cuerpos llevábanlos a las casas que llamaban calpul, donde los repartían para comer. Los papeles con que aderezaban las imágenes de los montes, después de haberlas desbaratado para comer, colgábanlos en el calpul; otras muchas ceremonias se hacían en esta fiesta que están a la larga puestas en su historia.

Capítulo XIV. Al cuarto décimo mes llamaban quecholli. Hacían fiesta al Dios llamado Miscóatl, y en este mes hacían saetas y dardos para la guerra; mataban a honra de este Dios muchos esclavos. Quecholli

Cuando hacían las saetas, por espacio de cinco días todos se sangraban de las orejas, y la sangre que exprimían de ellas untábanla por las mismas sienes;

decían que hacían penitencias para ir a cazar venados. Los que no se sangraban tomábanles las mantas en pena. Ningún hombre se echaba con su mujer en estos días, ni los viejos ni viejas bebían pulque, porque hacían penitencia.

Acabados los cuatro días en que hacían las saetas y dardos, hacían unas saetas chiquitas y atábanlas de cuatro en cuatro con cada cuatro teas; y así hecho un manojico de las cuatro teas y de las cuatro saetas, ofrecíanlas sobre los sepulcros de los muertos; ponían también juntamente con las saetas y teas dos tamales. Estaba todo esto un día entero sobre la sepultura y a la noche lo quemaban, y hacían otras muchas ceremonias por los difuntos en esta misma fiesta.

A los diez días de este mes iban todos los mexicanos y tlaltelulcanos a aquellos montes que llaman Zacatépec, y dicen que es su madre aquel monte. El día que llegaban hacían jacales o cabañas de heno, y hacían fuegos, y ninguna otra cosa hacían aquel día.

Otro día, en amaneciendo, luego almorzaban todos y salían al campo y hacían una ala grande, donde cercaban muchos animales, ciervos, conejos y otros animales, y poco a poco se iban juntando hasta acorralarlos todos; entonces arremetían y cazaban cada cual lo que podía.

Acabada la cala, mataban cautivos y esclavos en un cu que llaman Tlamatzinco; atábanlos de pies y manos y llevábanlos por las gradas del cu arriba, como quien lleva un ciervo por los pies y por las manos a matar. Matábanlos con gran ceremonia. Al hombre y a la mujer que eran imágenes del Dios Miscóatl y de su mujer, matábanlos en otro cu que se llamaba Miscoateupan; otras muchas ceremonias, etc.

Capítulo XV. Al quinceno mes llamaban panquetzaliztli. En este mes hacían fiesta al Dios de la guerra Uitzilopuchtli; antes de esta fiesta los sátrapas de los ídolos ayunaban cuarenta días y hacían otras penitencias ásperas como era ir a la medianoche desnudos a llevar ramos a los montes. Panquetzaliztli

El segundo día de este mes comenzaban todos a hacer areíto y a cantar los cantares de Uitzilopuchtli en el patio de su cu; bailaban hombres y mujeres todos juntos; comenzaban estos cantares a la tarde y acababan cerca de las diez; duraban estos bailes y cantos veinte días.

A los nueve días de este mes aparejaban, con grandes ceremonias, a los que habían de matar; pintábanlos de diversas colores; componíanlos con muchos papeles; al fin hacían un areíto con ellos, en el cual iban una mujer y un hombre pareados cantando y bailando.

A los deciséis días de este mes comenzaban a ayunar los dueños de los esclavos, y a los diecinueve comenzaban a hacer unas danzas en que iban todos asidos de las manos, hombres y mujeres, y danzaban culebreando en el patio del dicho cu; cantaban y tañían unos viejos entre tanto que los otros danzaban.

Después de haber hecho muchas ceremonias, los que habían de morir descendían del cu de Uitzilopuchtli, uno con los ornamentos del Dios Páinal, y mataba cuatro de aquellos esclavos en el juego de pelota que estaba en el patio que llamaban Teutlachtli; de allí iba y cercaba toda la ciudad corriendo, y en ciertas partes mataba en cada una un esclavo, y de allí comenzaban a escaramuzar dos parcialidades; morían algunos en la escaramuza.

Después de muchas ceremonias, finalmente mataban cautivos en el cu de Uitzilopuchtli, y también muchos esclavos; y en matando a uno, tocaban los instrumentos musicales, y en cesando tomaban otro para matarle, y en matándole tocaban otra vez; así hacían a cada uno hasta acabarlos. Acabando de matar estos tristes, comenzaban a bailar y a cantar, a comer y a beber, y así se acababa la fiesta.

Capítulo XVI. Al mes décimo sexto llamaban atemuztli. En este mes hacían fiesta a los dioses de la pluvia, porque por la mayor parte en este mes comenzaba a tronar y hacer demuestras de agua; y los sátrapas de los tlaloques comenzaban a hacer penitencias y sacrificios porque viniese el agua. Atemuztli

Cuando comenzaba a tronar, los sátrapas de los tlaloques con gran diligencia ofrecían copal y otros perfumes a sus dioses, y atadas las estatuas de ellos, decían que entonces venían para dar agua; y los populares hacían votos de hacer las imágenes de los montes que se llaman tepictli, porque son dedicadas a aquellos dioses del agua. Y a los deciséis días de este mes todos los populares aparejaban ofrendas para ofrecer a Tláloc; y estos cuatro días hacían penitencia y absteníanse los hombres de las mujeres, y las mujeres de los hombres.

Llegados a la fiesta, que la celebraban el último día de este mes, cortaban tiras de papel y atábanlas a unos varales desde abajo hasta arriba, e hincábanlos en los patios de sus casas y hacían las imágenes de los montes de tzoal; hacíanles los dientes de pepitas de calabaza, y los ojos de unos frijoles que se llaman ayecotli, y luego los ofrecían sus ofrendas de comida y los adoraban.

Después de haberlos velado y tañido y cantado, abríanlos por los pechos con un tzotzopactli, que es instrumento con que tejen las mujeres, casi a manera de machete, y sacábanles el corazón y cortábanles las cabezas, y después repartían todo el cuerpo entre sí y comíanselo; y otros ornamentos con que los tenían aparejados, quemábanlos en los patios de sus casas.

Hecho esto, llevaban todas estas cenizas y los aparejos con que los habían servido a los oratorios que llaman ayauhcalco, y luego comenzaban a comer y a beber y a regocijarse. Y así concluían la fiesta; otras muchas ceremonias se quedan por decir que están a la larga en la historia de esta fiesta.

Capítulo XVII. Al mes décimo séptimo llamaban títitl. En este mes hacían fiesta a una diosa que llamaban Ilamatecutli, y por otro nombre Tona, y por otro nombre Cozcámiauh; a honra de esta diosa mataban una mujer, y desque le habían sacado el corazón, cortábanle la cabeza y hacían areíto con ella. El que iba adelante llevaba la cabeza por los cabellos en la mano derecha, haciendo sus ademanes de baile. Títitl

A esta mujer que mataban en esta fiesta componíanla con los atavíos de aquella diosa cuya imagen tenía, que se llama Ilamatecutli, y por otro nombre Tona; quiere decir «nuestra madre». Esta mujer así compuesta con los atavíos que están puestos en la historia bailaba sola; hacíanla el son unos viejos, y bailando, suspiraba y lloraba, acordándose que luego había de morir. Pasando el mediodía, componíanse los sátrapas con los ornamentos de todos los dioses, e iban delante de ella, y subíanla al cu, donde había de morir. Echada sobre el taxón de piedra, sacábanla el corazón y cortábanla la cabeza; tomábala luego uno de aquellos que iba adornado como Dios y delantero de todos, y llevándola por los cabellos, hacían areíto con ella; guiaba el que la llevaba en la mano derecha y hacía sus ademanes de baile con ella.

El mismo día que mataban esta mujer los ministros de los ídolos hacían ciertas escaramuzas y regocijos, corriendo unos tras otros el cu arriba y el cu abajo, haciendo ciertas ceremonias. El día siguiente todos los populares hacían unas talegas como bolsas con unos cordeles atados tan largos como un brazo; henchían aquellas talegas de cosas blandas como lana, y llegábanlas escondidas debajo de las mantas, y a todas las mujeres que topaban por la calle dábanlas de talegazos. Llegaba a tanto este juego que también los muchachos hacían las talegas y aporreaban con ellas a las muchachas, tanto que las hacían llorar; otras muchas ceremonias se hacían en esta fiesta que están a la larga puestas en la historia de esta fiesta.

Capítulo XVIII. Al mes décimo octavo llamaban izcalli. En este mes hacían fiesta al Dios del fuego que llamaban Xiuhtecutli o Ixcozauhqui; hacían una imagen a su honra de gran artificio que parecía que echaba llamas de fuego de sí, y de cuatro en cuatro años en esta misma fiesta esclavos y cautivos mataban a honra de este Dios; y agujereaban las orejas a todos los niños que habían nacido en aquellos años, y dábanlos padrinos y madrinas.

Izcalli

A los diez días de este mes sacaban fuego nuevo a la medianoche delante la imagen de Xiuhtecutli muy curiosamente ataviada; y encendidos fuegos, luego en amaneciendo, venían los mancebos y muchachos y traían diversos animales que habían cazado en los diez días pasados, unos de agua y otros de tierra, y ofrecíanlos a los viejos que tenían cargo de guardar a este Dios. Y ellos echaban en el fuego a todos aquellos animales para que se asasen, y daban a cada uno de estos mozos y muchachos un tamal hecho de bledos que ellos llamaban uauhquiltamalli, los cuales todo el pueblo ofrecía aquel día, y todos comían de ellos por honra de la fiesta; comíanlos muy calientes y bebían y regocijábanse.

En esta fiesta los años comunes no mataban a nadie, pero el año del bisexto, que era de cuatro en cuatro, mataban en esta fiesta cautivos y esclavos, y la imagen de Xiuhtecutli compuesta de la manera que arriba se dijo con muchos y preciosos atavíos. Hacían grandes y muchas ceremonias en la muerte de éstos, muchas más que en las otras fiestas ya dichas; esto está puesto a la larga en la historia de esta fiesta.

Después que habían muerto a estos esclavos y cautivos y a la imagen de Iscozauhqui, que es el Dios del fuego, estaban aparejados y aderezados muy ricamente con ricos aderezos todos los principales y señores y personas ilustres, y el mismo emperador, y comenzaban un areíto de gran solemnidad y gravedad, al cual llamaban netecuitotiliztli; quiere decir «areíto de los señores». Este solamente se hacía de cuatro en cuatro años en esta fiesta. Este mismo día muy de mañana, ante que amaneciese, comenzaban a agujerear las orejas a los niños y niñas y echábanlos un casquete en la cabeza de pluma de papagayos pegado con ocútzotl, que es resina de pino.

Capítulo XIX. A los cinco días restantes del año, que son los cuatro últimos de enero y el primero de febrero, llamaban nemontemi, que quiere decir «días baldíos», y teníanlos por aciagos y de mala fortuna; hay conjetura que cuando agujereaban las orejas a los niños y niñas, que era de cuatro en cuatro años, echaban seis días de nemontemi, y es lo mismo del bisexto que nosotros hacemos de cuatro en cuatro años.

Estos cinco días tenían por mal afortunados y aciagos; decían que los que en ellos nacían tenían malos sucesos en todas sus cosas y eran pobres y míseros; llamábanlos nemo. Si eran hombres llamábanlos nenóquich, y si era mujer llamábanla nencíoatl. No usaban hacer nada en estos días por ser mal afortunados; especialmente se abstenían de reñir, porque decían que los que reñían en estos días se quedaban siempre con aquella costumbre. Tenían por mal agüero tropezar en estos días.

Estas fiestas dichas eran fijas, que siempre se hacían dentro del mes, o un día o dos adelante. Otras fiestas tenían movibles que se hacían por el curso de los veinte signos, los cuales hacían un círculo en doscientos y sesenta días; y por tanto estas fiestas movibles un año caían en un mes y otro en otro y siempre variaban.

De las fiestas movibles

La primera fiesta movible se celebraba a honra del Sol en el signo que se llama Ce Ocelotl, en la cuarta casa que se llama naolin. En esta fiesta ofrecían a la imagen del Sol codornices e incensaban, y en el medio mataban cautivos delante de ella a honra del Sol. En este mismo día se sangraban todos de las orejas, chicos y grandes, a honra del Sol y le ofrecían aquella sangre.

La segunda fiesta movible. En este mismo signo, en la séptima casa, hacían fiesta todos los pintores y las labranderas; ayunaban cuarenta días, otros veinte por alcanzar ventura para pintar bien y para tejer bien labores. Ofrecían a este propósito codornices e incienso, y hacían otras ceremonias, los hombres al Dios Chicomexóchitl, y las mujeres a la diosa Xochiquétzal.

La tercera fiesta movible. En el tercero signo, que se llama Ce Mazatl, en la primera casa, hacían fiesta a las diosas que se llaman cioapipilti, porque decían que entonces descendían a la tierra. Ataviaban a sus imágenes con papeles y ofrecíanlas ofrendas.

La cuarta fiesta movible. En el signo que se llama Ce Mazatl, en la segunda casa que se llama ume tochtli, hacían gran fiesta al Dios llamado Izquitécatl, que es el segundo Dios del vino, y no solamente a él, pero a todos los dioses del vino que eran muchos. Aderezaban este día muy bien su imagen en su cu y ofrecíanle cosas de comida, y cantaban y tañían delante de él; y en el patio de su cu ponían un tinajón de pulque e henchíanle los que eran taberneros hasta reverter; e iban a beber todos los que querían; tenían unas cañas con que bebían. Los taberneros iban cebando el tinajón de manera que siempre estaba lleno; principalmente hacían esto los que de nuevo habían cortado el maguey. La primera aguamiel que sacaban la llevaban a la casa de este Dios como primicias.

La quinta fiesta movible. En el signo llamado ce xóchitl, en la primera casa, hacían gran fiesta los principales y señores; bailaban y cantaban a honra de este signo, y hacían otros regocijos, y sacaban entonces los más ricos plumajes con que se aderezaban para el areíto. Y en esta fiesta el señor hacía mercedes a los hombres de guerra, y a los cantores y a los de palacio.

La sexta fiesta movible. En el signo llamado Ce Acatl, en la primera casa, hacían gran fiesta a Quetzalcóatl, Dios de los vientos, los señores y principales. Esta fiesta hacían en la casa llamada calmécac, que era la casa donde moraban los sátrapas de los ídolos y donde se criaban los muchachos. En esta casa que era como un monasterio estaba la imagen de Quetzalcóatl. Este día la aderezaban con ricos ornamentos y ofrecían delante de ella perfumes y comida; decían que éste era el signo de Quetzalcóatl.

La séptima fiesta movible. En el signo que se llamaba Ce Miquiztli, en la primera casa, hacían gran fiesta los señores y principales a Tezcatlipuca, que era el gran Dios; decían que éste era su signo. Como todos ellos tenían sus oratorios en sus casas, donde tenían las imágenes de este Dios y de muchos otros, en este día componían esta imagen y ofrecíanla perfumes y flores y comida, y sacrificaban codornices delante de ella, arrancándolas la cabeza. Esto no solamente lo hacían los señores y principales, pero toda la gente a cuya noticia venía esta fiesta, y lo mismo se hacía en los calpules y en todos los cúes. Todos oraban y demandaban a este Dios que les hiciese mercedes, pues que él era todopoderoso.

La octava fiesta movible. En el signo que se llamaba Ce Quiahuitl, en la primera casa, hacían fiesta a las diosas que llamaban cioapipilti. Estas decían que eran las mujeres que morían del primero parto; decían que se hacían diosas y que moraban en la casa del Sol, y que cuando reinaba este signo descendían a la tierra y herían con diversas enfermedades a los que topaban fuera de sus casas, y por esto en estos días no osaban salir de sus casas. Tenían edificados oratorios a honra de estas diosas en todos los barrios donde había dos calles, los cuales llamaban cioateucalli, o por otro nombre cioateupan. En estos oratorios tenían las imágenes de estas diosas, y en estos días las adornaban con papeles que llamaban amatetéuitl. En esta fiesta de estas diosas mataban a su honra los condenados a muerte por algún delito, que estaban en las cárceles.

La nona fiesta movible. En el signo llamado Ce Quiahuitl, en la cuarta casa que se llamaba nauhécatl, por ser esta casa muy mal afortunada, mataban en ella los malhechores que estaban presos, y también el señor hacía matar algunos esclavos por vía de superstición. Y los mercaderes y tratantes hacían alarde o demostración de las joyas en que trataban, sacándolas para que las viesen todos, y después a la noche comían y bebían. Tomaban flores y aquellas cañas de perfumes, y asentábanse en sus asientos, y comenzaba cada uno a jactarse de lo que había ganado y de las partes remotas donde había llegado, y baldonaba a los otros de que eran para poco, ni tenían tanto como él, ni habían ido a partes remotas como él. En esto tenían gran chacota los unos con los otros por gran rato de la noche.

La décima fiesta movible. En el signo que llamaban Ce Malinalli, en la segunda casa llamada ume acatl, hacían gran fiesta porque decían que este signo era de Tezcatlipuca. En esta fiesta hacían la imagen de Omácatl, y alguno que tenía devoción llevábala a su casa para que le bendijese y le hiciese multiplicar su hacienda; y cuando esto acontecía teníala y no la quería dejar. El que quería dejar esta imagen esperaba hasta que otra vez reinase el mismo signo; entonces la llevaba a donde la había tomado.

La oncena fiesta movible. En el signo llamado Ce Tecpatl, en la primera casa, sacaban todos los ornamentos de Uitzilopuchtli, los limpiaban y sacudían y ponían al Sol; decían que éste era su signo y el de Camaxtle; esto hacían en el Tlacatecco. Aquí ponían en este día muchas maneras de comidas, muy bien guisadas, como las comen los señores; todas las presentaban delante de su imagen. Después de haber estado un rato allí, tomábanlas los oficiales de Uitzilopuchtli y repartíanlas entre sí, y comíanlas, e incensaban también a la imagen, y ofrecíanla codornices, descabezándolas delante de ella para que se derramase la sangre delante la imagen; y ofrecía el señor todas las preciosas flores que usan los señores delante la imagen.

La docena fiesta movible. En el signo llamado Ce Ozomatli decían que descendían las diosas llamadas cioapipilti a la tierra y dañaban a los niños y niñas, hiriéndolos con perlesía. Y si alguno en este tiempo enfermaba, decían que ellas lo habían hecho, que se había encontrado con ellas; y los padres y las madres estos días no dejaban salir a sus hijos fuera de casa, porque no se encontrasen con estas diosas de las cuales tenían gran temor.

La trecena fiesta movible. En el signo que llamaban Ce Itzuintli —decían que era el signo del fuego— hacían gran fiesta a honra de Xiuhtecutli, Dios del fuego. En ella le ofrecían mucho copal y muchas codornices; componían su imagen con muchas maneras de papeles y con muchos ornamentos ricos. Entre las personas ricas y poderosas hacían gran fiesta a honra del fuego en sus mismas casas; hacían convites y banquetes a honra del fuego. En este mismo signo hacían la elección de los señores y cónsules; y en la cuarta casa de este signo hacían la solemnidad de sus elecciones con convites y areítos y dones. Después de estas fiestas pregonaban luego la guerra contra sus enemigos.

La catorcena fiesta movible. En el signo llamado ce atl, en la primera casa de este signo, hacían fiesta a la diosa del agua llamada Chalchiuhtliicue. Hacían la fiesta todos los que trataban en el agua, así vendiendo el agua, como pescando, como haciendo otras grangerías que hay en el agua. Estos componían su imagen y la ofrecían y reverenciaban en la casa llamada calpulli.

La quinta décima fiesta movible común. Los señores y principales, nobles y mercaderes ricos, cuando les nacía algún hijo o hija tenían gran cuenta con el signo en que nacía, y el día y la hora en que nacía. Y de esto iban luego a informar a los astrólogos judiciarios, y a preguntar por la fortuna buena o mala de la criatura que nacía. Y si el signo en que nacía era próspero, luego le hacían bautizar, y si era adverso buscaban la más próspera casa de aquel signo para le bautizar. Cuando le bautizaban convidaban a los parientes y amigos para que se hallasen presentes al bautismo, y entonces daban comida y bebida a todos los presentes, y también a los niños de todo el barrio. Bautizábanle a la salida del Sol en casa de su padre; bautizábale la partera, diciendo muchas oraciones y haciendo mucha ceremonia sobre la criatura. Esta fiesta también la usan ahora en los bautismos de sus hijos, en cuanto al convidar y comer y beber.

La sexta décima fiesta movible. Desque los padres veían que su hijo era de edad para casarse, hablábanle en que le querían buscar su mujer, y él respondía haciéndoles gracias por aquel cuidado que tomaban de casarle. Luego hablaban al principal que tenía cargo de todos los mancebos, que ellos llamaban telpuchtlato, y decíanle cómo querían casar su hijo, que lo tuviese por bueno.

Y para esto hacíanle un convite a él y a todos los mancebos que tenía a su cargo; y para esto le hacían una plática, después de haberle dado de comer y de beber a él y a todos los que tenía a su cargo, y en principio de la plática poníanle delante una hacha de cortar madera o leña. Esta hacha era señal que aquel mancebo se despedía ya de la compañía de los otros mancebos porque le querían casar, y así el tepuchtlato iba contento.

Después de esto determinaban entre sí los parientes la mujer que le habían de dar, y llamaban a las casamenteras, que eran unas viejas honradas, para que fuesen a hablar a los padres de la moza; iban dos o tres veces y hablaban, y volvían con la respuesta. En este tiempo los parientes de la moza se hablaban, y concertándose de dársela, daban el sí a las casamenteras. Después de esto buscaban un día bien afortunado, de algún signo bien acondicionado, cuales eran acatl, ozomatli, cipactli, cuauhtli; habiendo escogido alguno de estos signos, los padres del mozo hacían saber a los padres de la moza el día en que había de hacerse el matrimonio, y luego comenzaban a aparejar las cosas necesarias para las bodas, así de comer, como de beber, como de mantas, y cañas de humo y flores. Esto hecho, convidaban a los principales y toda la otra gente que ellos querían para las bodas.

Después del convite y de muchas pláticas y ceremonias, venían los de la parte del mozo a llevar a la moza de par de noche; llevábanla con gran solemnidad a cuestas de una matrona y con muchas hachas de teas encendidas en dos rencles delante de ella; iba rodeada de ella mucha gente detrás y delante, hasta que la llegaban a la casa de los padres del mozo. Llegada a la casa del mozo, poníanlos ambos junto al hogar, que siempre le tenían en medio de una sala lleno de fuego, y la mujer estaba a la mano izquierda del varón; luego la madre del mancebo vestía un huipil muy galano a su nuera y poníale junto a sus pies unas naoas muy labradas; y la madre de la moza cubría con una manta muy galana a su yerno y atábasela sobre el hombro, y poníale un maxtli muy labrado a los pies. Hecho esto, unas viejas que se llaman titici ataban la esquina de la manta del mozo con la falda del huipil de la moza. Así se concluía el matrimonio con otras muchas ceremonias, y comeres y beberes y bailes que después se hacían, como se contiene en la historia del matrimonio.

Otras dos fiestas tenían, que en parte eran fijas, y en parte eran movibles; eran movibles porque se hacían por años interpolados. La una se hacía de cuatro en cuatro años, y la otra de ocho en ocho años; eran fijas porque tenían año, mes y día señalados. En la que se hacía de cuatro en cuatro años horadaban las orejas a los niños o niñas, y hacíanlos las ceremonias de «crezca para bien», y lustrábanlos por el fuego. En la que hacían de ocho en ocho años ayunaban antes de ella ocho días a pan y agua, y hacían un areíto en que tomaban figuras o personajes de diversas aves y animales y decían que buscaban ventura, como está escrito en el apéndice del Segundo Libro.

Estas fiesta movibles en algunos años echan de su lugar a las fiestas del calendario, como también acontece en nuestro calendario.

Capítulo XX. De la fiesta y sacrificios que hacían en las calendas del primero mes, que se llamaba atlcaoalo o cuauitleoa

No hay necesidad en este Segundo Libro de poner confutación de las ceremonias idolátricas que en él se cuentan, porque ellas de suyo son tan crueles y tan inhumanas que a cualquiera que las leyere le pondrán horror y espanto, y así no haré más de poner la relación simplemente a la letra.

En las calendas del primero mes del año que se llama cuauitleoa, y los mexicanos le llamaban atlcaoalo, el cual comenzaba segundo día del febrero, hacían gran fiesta a honra de los dioses del agua, o de la lluvia, llamados tlaloque. Para esta fiesta buscaban muchos niños de teta, comprándolos a sus madres; escogían aquellos que tenían dos remolinos en la cabeza y que hubiesen nacido en buen signo; decían que éstos eran más agradable sacrificio a estos dioses para que diesen agua en su tiempo. A estos niños llevaban a matar a los montes altos, donde ellos tenían hecho voto de ofrecer. A unos de ellos sacaban los corazones en aquellos montes, y otros en ciertos lugares de la laguna de México; el un lugar llamaban Tepetzinco, monte conocido que está en la laguna; y a otros en otro monte que se llama Tepepulco, en la misma laguna; y a otros en el remolino de la laguna que llamaban Pantitlán. Gran cantidad de niños mataban cada año en estos lugares; después de muertos los cocían y comían.

En esta misma fiesta, en todas las casas y palacios levantaban unos palos, como varales, en las puntas de los cuales ponían unos papeles llenos de gotas de ulli, a los cuales papeles llamaban amatetéuitl; esto hacían a honra de los dioses del agua.

Los lugares donde mataban los niños son los siguientes. El primero se llama Cuauhtépetl; es una sierra eminente que está cerca del Tlaltelulco; a los niños o niñas que allí mataban poníanlos el nombre del mismo monte que es Cuauhtépetl; a los que allí mataban, componíanlos con los papeles teñidos de color encarnado. Al segundo monte sobre que mataban niños llámanle Yoaltécatl; es una sierra eminente que está cabe Guadalupe; ponían el mismo nombre del monte a los niños que allí morían, que es Yoaltécatl; componíanlos con unos papeles teñidos de negro con unas rayas de tinta colorada. El tercero monte sobre que mataban niños se llama Tepetzinco; es aquel montecillo que está dentro de la laguna frontero del Tlaltelulco; allí mataban una niña y llamábanla Quetzálxoch, porque así se llama también el monte por otro nombre; componíanla con unos papeles teñidos de tinta azul. El cuarto monte sobre que mataban niños se llamaba Poyauhtla; es un monte que está en los términos de Tlaxcala, y allí, cabe Tepetzinco a la parte de oriente, tenían edificada una casa que llamaban ayauhcalli; en esta casa mataban niños a honra de aquel monte, y llamábanlos Poyauhtla, como al mismo monte que está acullá en los términos de Tlaxcala; componíanlos con unos papeles rayados con aceite de ulli. El quinto lugar en que mataban niños era el remolino o sumidero de la laguna de México, al cual llamaban Pantitlán; a los que allí morían llamaban Epcóatl; el atavío con que los aderezaban eran unos atavíos que llamaban epnepanyuhqui. El sexto lugar o monte donde mataban estos niños se llama Cócotl; es un monte que está cabe Chalco Atenco; a los niños que allí mataban llamábanlos Cócotl, como al mismo monte; aderezábanlos con unos papeles la mitad colorados y la mitad leonados. El séptimo lugar donde mataban los niños era un monte que llaman Yiauhqueme, que está cabe Atlacuioaya; poníanlos el nombre del mismo monte; ataviábanlos con unos papeles teñidos de color leonado.

Estos tristes niños, antes que los llevasen a matar, aderezábanlos con piedras preciosas, con plumas ricas, y con mantas y maxtles muy curiosas y labradas, y con cotaras muy labradas y muy curiosas, y poníanlos unas alas de papel como ángeles, y teñíanlos las caras con aceite de ulli, y en medio de las mejillas los ponían una rodajita de blanco. Y poníanlos en unas andas muy aderezadas con plumas ricas y con otras joyas ricas, y llevándolos en las andas íbanlos tañendo con flautas y trompetas que ellos usaban; y por donde los llevaban toda la gente lloraba. Cuando llegaban con ellos a un oratorio que estaba junto a Tepetzinco, de la parte del occidente, al cual llamaban Tozocan, allí los tenían toda una noche velando, y cantaban los cantares los sacerdotes de los ídolos porque no durmiesen. Y cuando ya llevaban los niños a los lugares a donde los habían de matar, si iban llorando y echaban muchas lágrimas, alegrábanse los que los veían llorar, porque decían que era señal que llovería presto. Y si topaban en el camino algún hidrópico, teníanlo por mal agüero, y decían que ellos impedían la lluvia. Si alguno de los ministros del templo, y otros que llamaban cuacuacuilti, y los viejos se volvían a sus casas y no llegaban a donde habían de matar los niños, teníanlos por infames e indignos de ningún oficio público; de ahí adelante llamábanlos mocauhque, que quiere decir «dejados». Tomaban pronóstico de la lluvia y de la helada del año, de la venida de algunas aves y de sus cantos.

Hacían otra crueldad en esta misma fiesta, que todos los cautivos los llevaban a un templo que llamaban Yopico, del Dios Tótec; en este lugar, después de muchas ceremonias, ataban a cada uno de ellos sobre una piedra como muela de molino, y atábanlos de manera que pudiesen andar por toda la circunferencia de la piedra, y dábanlos una espada de palo sin navajas, y una rodela, y poníanlos pedazos de madera de pino para que tirasen. Y los mismos que los habían cautivado iban a pelear con ellos con espadas y rodelas, y en derrocándolos, llevábanlos luego al lugar del sacrificio, donde, echados de espaldas sobre una piedra de altura de tres o cuatro palmos y de anchura de palmo y medio en cuadro —que ellos llamaban téchcatl—, tomábanlos dos por los pies y otros dos por los brazos y otro por la cabeza, y otro con un navajón de pedernal con un golpe se lo somía por los pechos y por aquella abertura metía la mano y le arrancaba el corazón, el cual luego le ofrecía al Sol y a los otros dioses, señalando con él hacia las cuatro partes del mundo. Hecho esto, echaban el cuerpo por las gradas abajo, e iba rodando y dando golpes hasta llegar abajo; en llegando abajo, tomábale el que le había cautivado y, hecho pedazos, le repartía para comerle cocido.

Exclamación del autor

No creo que hay corazón tan duro que oyendo una crueldad tan inhumana, y más que bestial y endiablada como la que arriba queda puesta, no se enternezca y mueva a lágrimas y horror y espanto. Y ciertamente es cosa lamentable y horrible ver que nuestra humana naturaleza haya venido a tanta bajeza y oprobio que los padres, por sugestión del demonio, maten y coman a sus hijos, sin pensar que en ello hacían ofensa ninguna, mas antes con pensar que en ello hacían gran servicio a sus dioses. La culpa de esta tan cruel ceguedad, que en estos desdichados niños se ejecutaba, no se debe tanto imputar a la crueldad de los padres, los cuales derramando muchas lágrimas y con gran dolor de sus corazones la ejercitaban, cuanto al cruelísimo odio de nuestro antiquísimo enemigo Satanás, el cual con malignísima astucia los persuadió a tan infernal hazaña. ¡Oh, señor Dios, haced justicia de este cruel enemigo que tanto mal nos hace y nos desea hacer! ¡Quitadle, señor, todo el poder de empecer!

Capítulo XXI. De las ceremonias y sacrificios que hacían en el segundo mes, que se llamaba tlacaxipeoaliztli

En el postrero día del dicho mes hacían una muy solemne fiesta a honra del Dios llamado Xipe Tótec, y también a honra de Uitzilopuchtli. En esta fiesta mataban todos los cautivos, hombres y mujeres y niños; antes que los matasen hacían muchas ceremonias, que son las siguientes.

La vigilia de la fiesta, después de mediodía, comenzaban muy solemne areíto, y velaban por toda la noche los que habían de morir en la casa que llamaban calpulco. Aquí los arrancaban los cabellos del medio de la corona de la cabeza; junto al fuego hacían esta ceremonia. Esto hacían a la medianoche, cuando solían sacar sangre de las orejas para ofrecer a los dioses, lo cual siempre hacían a la medianoche. Al alba de la mañana llevábanlos a donde habían de morir, que era el templo de Uitzilopuchtli; allí los mataban los ministros del templo de la manera que arriba queda dicho, y a todos los desollaban, y por esto llamaban la fiesta tlacaxipeoaliztli, que quiere decir «desollamiento de hombres». Y a ellos los llamaban xipeme, y por otro nombre tototecti; lo primero quiere decir «desollados»; lo segundo quiere decir «los muertos a honra del Dios Tótec».

Los dueños de los cautivos los entregaban a los sacerdotes abajo, al pie del cu, y ellos los llevaban por los cabellos, cada uno al suyo, por las gradas arriba. Y si alguno no quería ir de su grado, llevábanle arrastrando hasta donde estaba el taxón de piedra donde le habían de matar, y en sacando a cada uno de ellos el corazón y ofreciéndole, como arriba se dijo, luego le echaban por las gradas abajo, donde estaban otros sacerdotes que los desollaban; esto se hacía en el cu de Uitzilopuchtli.

Todos los corazones, después de los haber sacado y ofrecido, los echaban en una jícara de madera, y llamaban a los corazones cuauhnochtli, y a los que morían después de sacados los corazones los llamaban cuauhtéca.

Después de desollados, los viejos, llamados cuacuacuilti, llevaban los cuerpos al calpulco, adonde el dueño del cautivo había hecho su voto o prometimiento; allí le dividían y enviaban a Moctezuma un muslo para que comiese, y lo demás lo repartían por los otros principales o parientes; íbanlo a comer a la casa del que cautivó al muerto. Cocían aquella carne con maíz, y daban a cada uno un pedazo de aquella carne en una escudilla o cachete, con su caldo y su maíz cocida. Y llamaban aquella comida tlacatlaolli; después de haber comido andaba la borrachería.

Otro día, en amaneciendo, después de haber velado toda una noche, acuchillaban sobre la muela otros cautivos, como se dijo en el capítulo pasado, los cuales llamaban oaoanti. También a éstos los arrancaban los cabellos de la corona de la cabeza, y los guardaban como por reliquias. Otras ceremonias muchas hacían en esta fiesta que se quedan por no dar fastidio al lector, aunque todas están explicadas en la lengua.

Hacían en esta fiesta unos juegos que son los siguientes. Todos los pellejos de los desollados se vestían muchos mancebos, a los cuales llamaban tototecti. Poníanse todos sentados sobre unos lechos de heno o de tízatl o greda; estando allí sentados, otros mancebos provocábanlos a pelear o con palabras o con pellizcos, y ellos echaban tras los que les incitaban a pelear y los otros huían, y alcanzándolos comenzaban a luchar o pelear los unos con los otros, y se prendían los unos a los otros, y encerraban a los presos y no salían de la cárcel sin pagar alguna cosa. En acabando esta pelea, luego comenzaban acuchillar a los que habían de morir acuchillados sobre la muela. Peleaban contra ellos cuatro, los dos vestidos como tigres y los otros dos como águilas, y antes que comenzasen a pelear levantaban la rodela y la espada hacia el Sol, como demandando esfuerzo al Sol, y luego comenzaban a pelear uno contra otro; y si era valiente el que estaba atado y se denfendía bien, acometíanle dos y después tres, y si todavía se defendía, acometíanle todos cuatro en esta pelea; iban bailando y haciendo muchos meneos los cuatro.

Cuando iban a acuchillar a los ya dichos hacían una procesión muy solemne de esta manera. Salían de lo alto del cu, que se llamaba Yopico, muchos sacerdotes aderezados con ornamentos que cada uno representaba a uno de los dioses; eran en gran número; iban ordenados como en procesión, detrás de todos iban los cuatro, dos tigres y dos águilas, que eran hombres fuertes; iban haciendo ademanes de pelea con la espada y con la rodela como quien esgrime, y en llegando abajo iban hacia donde estaba la piedra como muela donde acuchillan los cautivos, y rodeábanla todos y sentábanse en torno de ella, algo redrados, en sus icpales que llamaban quecholicpalli. Estaban todos ordenados. El principal sacerdote de aquella fiesta, que se llamaba Yooallaoa, se asentaba en el más honrado lugar, porque él tenía cargo de sacar los corazones aquellos que allí morían; y en estando sentados, comenzaban luego a tocar flautas, trompetas, caracoles, y a dar silvos y a cantar.

Estos que cantaban y tañían llevaban todos banderas de pluma blanca sobre los hombros en sus astas largas, y sentábanse todos ordenadamente en torno de la piedra, algo más lejos que los sacerdotes. Estando todos sentados, venía uno de los que tenía cautivos para matar y traía a su cautivo de los cabellos hasta la piedra donde le habían de acuchillar. Allí le daban a beber vino de la tierra o pulque, y como el cautivo recibía la jícara de pulque alzábala contra el oriente, y contra el septentrión, y contra el occidente, y contra mediodía, como ofreciéndola hacia las cuatro partes del mundo. Y luego bebía, no con la jícara, sino con una caña hueca, chupando, y luego venía un sacerdote con una codorniz y cortábale la cabeza, arrancándosela delante del cautivo que había de morir, y luego el mismo sacerdote tomaba la rodela al cautivo y levantábala hacia arriba, y luego la codorniz que había cortado la cabeza echábala atrás de sí. Hecho esto, luego hacían subir al cautivo sobre la piedra redonda a manera de muela, y estando sobre la piedra el cautivo venía uno de los sacerdotes, o ministros del templo, vestido con un cuero de oso, el cual era como padrino de los que allí morían, y tomaba una soga, la cual salía por el ojo de la muela, y atábale por la cintura con ella. Luego le daba su espada de palo, la cual en lugar de navajas tenía plumas de aves pegadas por el corte, y dábale cuatro garrotes de pino con que se defendiese y con que tirase a sus contrarios. El dueño del cautivo, dejándole de esta manera ya dicha sobre la piedra, íbase en su lugar y desde allí miraba lo que pasaba con su cautivo, estando bailando.

Luego los que estaban aparejados para la pelea comenzaban a pelear con el cautivo de uno en uno. Algunos cautivos que eran valientes cansaban a los cuatro peleando y no le podían rendir. Luego venía otro quinto, que era izquierdo, el cual usaba de la mano izquierda por derecha; éste le rendía y quitaba las armas y daba con él en tierra; luego venía el que se llamaba Yooallaoa y le abría los pechos y le sacaba el corazón.

Algunos de los cautivos, viéndose sobre la piedra atados, luego desmayaban y perdían el ánimo, y como desmayados y desanimados tomaban las armas, mas luego se dejaban vencer y los sacaban los corazones sobre la piedra. Algunos cautivos había que luego se amortecían, como se veían sobre la piedra atados echábanse en el suelo, sin tomar arma ninguna, deseando que luego les matasen; y así le tomaban echándole de espaldas sobre la orilla de la piedra. Aquel llamado Yooallaoan abríale los pechos y sacábale el corazón, y ofrecíale al Sol; echábale en la jícara de madera, y luego otro sacerdote tomaba un cañuto, de caña hueca, y metíala en el agujero por donde le habían sacado el corazón, y tiñéndola en la sangre tornábala a sacar y ofrecía aquella sangre al Sol. Luego venía el dueño del cautivo y recibía la sangre del cautivo en una jícara bordada con plumas toda la orilla; en la misma jícara iba un cañuto también aforrado con plumas. Iba luego a andar las estaciones, visitando todas las estatuas de los dioses, por los templos y por los calpules; a cada una de ellas ponía el cañuto teñido en la sangre, como dándole a gustar la sangre de su cautivo; haciendo esto iba compuesto con sus plumajes y con todas sus joyas.

Habiendo visitado todas las estatuas del pueblo y habiendo dado a gustar la sangre de su cautivo, iba luego al palacio real a descomponerse, y el cuerpo de su cautivo llevábale a la casa que llamaban calpulco, donde había tenido la vigilia la noche antes. Allí les desollaban; de allí llevaba el cuerpo desollado a su casa; allí le dividía y hacía presentes de la carne a sus superiores, amigos y parientes. El señor del cautivo no comía de la carne, porque hacía de cuenta que aquella era su misma carne, porque desde la hora que le cautivó le tenía por hijo, y el cautivo a su señor por padre. Y por esta razón no quería comer de aquella carne, empero comía de la carne de los otros cautivos que se habían muerto. El pellejo del cautivo era del que le había cautivado, y él le prestaba a otros para que le vistiesen y anduviesen por las calles con él, como con cabeza de lobo. Y todos le daban alguna cosa al que lo llevaba vestido, y él lo daba todo al dueño del pellejo, el cual lo dividía entre aquellos que le habían traído vestido, como le parecía.

Acabado de acuchillar y matar a los cautivos, luego todos los que estaban presentes, sacerdotes y principales y los señores de los esclavos, comenzaban a danzar en su areíto en rededor de la piedra donde habían muerto a los cautivos. Y los señores de los cautivos en el areíto, danzando y cantando, llevaban las cabezas de los cautivos asidas de los cabellos, colgadas de las manos derechas; llamaban a este areíto motzontecomaitotía. Y el padrino de los cautivos, llamado cuitlachueue, cogía las sogas con que fueron atados los cautivos en la piedra y levantábalas hacia las cuatro partes del mundo, como haciendo reverencia o acatamiento; y haciendo esto, andaba llorando y gimiendo como quien llora a sus muertos.

A este espectáculo secretamente venían a mirar y a estar presentes aquellos con quien Moctezuma tenía guerra, que eran los de esa parte de los puertos de Uexotzinco, de Tlaxcala, de Nonoalco, de Cempoalla, y otras partes muchas; y los mexicanos disimulaban con ellos porque dijesen en sus tierras lo que pasaba cerca de los cautivos.

Hechas todas estas cosas, se acababa la fiesta de los acuchillados sobre la piedra. Cuando se hacía esta fiesta comían todos unas tortillas, como empanadillas, que hacían de maíz sin cocer, a las cuales llamaban uilocpalli. Todos los que iban a ver este espectáculo hacían muchila de estas tortillas y comíanlas allá donde se hacía la farsa. El día siguiente todos se aparejaban para un muy solemne areíto, el cual comenzaban en las casas reales; aderezábanse con todos los aderezos o divisas o plumajes ricos que había en las casas reales, y llevaban en las manos, en lugar de flores, todo género de tamales y tortillas; iban aderezados con maíz tostado que llaman mumúchitl, en lugar de sartales y guirnaldas. Llevaban también bledos colorados hechos de pluma colorada, y cañas de maíz con sus mazorcas. Y pasando el mediodía cesaban los ministros del templo del areíto, y venían todos los principales, señores y nobles, y poníanse en orden delante las casas reales todos de tres en tres. Salía también Moctezuma en la delantera y llevaba a la mano derecha al señor de Tezcuco y a la izquierda al señor de Tlacupa; hacíase un areíto solemnísimo; duraba el areíto hasta la tarde, a la puesta del Sol.

Acabado el areíto, comenzaban otra manera de danzas en que todos iban trabados de las manos; iban danzando como culebreando. En estas danzas entraban los soldados viejos y los bisoños y los tirones de la guerra. También en estas danzas entraban las mujeres matronas que querían, y las mujeres públicas; duraba esta manera de danzas, en este lugar donde habían muerto los cautivos, hasta cerca de la medianoche; dilataban estas fiestas por espacio de veinte días hasta llegar en las calendas del otro mes que se llamaba tozoztontli.

Capítulo XXII. De las fiestas y sacrificios que hacían en el postrero día del segundo mes, que se decía tlacaxipeoaliztli

En el postrero día del segundo mes, se llamaba tlacaxipeoaliztli, hacían una fiesta que llamaban ayacachpixolo, en el templo llamado Yopico. En esta fiesta los vecinos de aquel barrio estaban cantando sentados y tañían sonajas todo un día en el dicho templo, y ofrecían flores en el mismo templo. Estas flores que se ofrecían eran como primicias, porque eran las primeras que nacían aquel año y nadie osaba oler flor ninguna de aquel año hasta que se ofreciesen, en el templo ya dicho, las primicias de las flores. En esta fiesta hacían unos tamales que se llamaban tzatzapaltamalli, hechos de bledos o cenizos; principalmente hacían estos tamales los del barrio llamado Coatlan, y los ofrecían en el mismo cu delante de la diosa que ellos llamaban Coatlicue, o por otro nombre Coatlantonan, en la cual estos maestros de hacer flores tenían gran devoción. En esta misma fiesta escondían en alguna cueva los cueros de los cautivos que habían desollado en la fiesta pasada, porque ya estaban hartos de traerlos vestidos y porque ya hedían. Algunos enfermos de sarna o de los ojos hacían promesa de ir a ayudar esconder estos pellejos, porque los escondían con procesión y con mucha solemnidad. Iban estos enfermos a esta procesión por sanar de sus enfermedades, y dizque algunos de ellos sanaban, y atribuíanlo a esta devoción.

Con grandes ceremonias se concluía esta fiesta, y con grandes ceremonias se lavaban los que habían traído los pellejos vestidos; los dueños de los cautivos y todos los de su casa no se bañaban ni lavaban las cabezas hasta la conclusión de la fiesta, casi por espacio de veinte días; hecho lo dicho, lavaban, bañábanse ellos y los de su casa. Los que habían traído los pellejos vestidos lavábanse allí en el cu con agua mezclada con harina o con masa de maíz, y de allí iban a bañarse en el agua común; y no se lavaban ellos, sino lavábanlos otros, no fregándolos el cuerpo con las manos, sino dándoles palmadas con las manos mojadas en el cuerpo; decían que así salía la grosura del pellejo que había traído vestido. También los dueños de los cautivos, los de su casa, hecho todo esto, se lavaban y jabonaban las cabezas de lo cual se habían abstenido veinte días, haciendo penitencia por su cautivo difunto.

Después de todo lo dicho, el dueño del esclavo que había muerto ponía en el patio de su casa un globo redondo, hecho de petate, con tres pies, y encima del globo ponía todos los papeles con que se había aderezado el cautivo cuando murió, y después buscaba un mancebo valiente y componíale con todos aquellos papeles. Estando compuesto con los papeles, dábanle una rodela en la una mano, en la otra le ponían un bastón, y salía corriendo por esas calles, como que quería maltratar a los que topase, y todos huían de él y todos se alborotaban, y en viéndole decían: «Ya viene el tetzómpac». Y si alguno alcanzaba, tomábale las mantas, y todas cuantas tomaba las llevaba y las arrojaba en el patio de aquel que le había compuesto con los papeles.

Después de esto el dueño del cautivo que había muerto ponía en el medio del patio de su casa un madero como una columna, en el cual todos conocían que había cautivado en la guerra; aquello era en blasón de su valentía. Después de esto tomaba el hueso del muslo del cautivo, cuya carne ya habían comido, y componíale con papeles y con una soga le colgaba de aquel madero que había hincado en el patio; y para el día que le colgaba convidaba a sus parientes y amigos y a los de su barrio, y en presencia de ellos le colgaba, y los daba de comer y beber. Aquel día hacían ciertas ceremonias con el pulque que daba a beber, y todo este día cantaban los cantores de su casa; todas estas cosas pasaban dentro de veinte días hasta llegar uei tozoztli.

Capítulo XXIII. De la fiesta y ceremonias que hacían en las calendas del cuarto mes, que se llamaba uei tozoztli

Al cuarto mes llamaban uei tozoztli. En este mes hacían fiesta al Dios de las mieses llamado Cintéutl y a la diosa de los mantenimientos llamada Chicomecóatl. Ante que celebrasen esta fiesta ayunaban cuatro días, y en estos días ponían espadañas junto a las imágenes de los dioses, muy blancas y muy cortadas, ensangrentada la parte de abajo donde tiene la blancura con sangre de las orejas o de las piernas. Este servicio hacían los mancebos y muchachos en las casas de los principales, mercaderes y ricos; ponían también unos ramos que se llaman acxóyatl. Hacían también delante de las diosas o de sus altares unos lechos de heno, y las orillas de ellos entretejíanlas como orillas de petate; lo demás del heno estaba todo revuelto, echado a mano. Y después de lo arriba dicho, hacían muchas maneras de mazamorra, y estando muy caliente y casi hirviendo echábanlo en sus cachetes, en la casa que llamaban telpuchcalli.

A la mañana los mancebos y muchachos andaban por las casas donde habían enramado los dioses y pedían limosna cada uno por sí; ninguno andaba junto con otro. Dábanlos aquella mazamorra para que comiesen y los mancebos de los cúes que llamaban tlamaccatoton llevábanla al calmécac, allá la comían; y los mancebos del pueblo que llamaban telpupuchti llevábanla al telpuchcalli y allí la comían. Después de esto iban todos por los maizales y por los campos y traían cañas de maíz y otras hierbas que llamaban mecóatl. Con estas hierbas enramaban al Dios de las mieses cuya imagen cada uno tenía en su casa, y componíanla con papeles y ponían comida delante de él, de esta imagen, cinco chiquihuites con sus tortillas, y encima de cada chiquíuitl una rana asada, de cierta manera guisada. Y también ponían delante de esta imagen un chiquihuite de harina de chían que ellos llaman pinolli; otro chiquihuite con maíz tostado revuelto con frijoles. Cortaban un cañuto de maíz verde y henchíanle de todas aquellas viandas, tomando de cada cosa un poquito, y ponían aquel cañuto sobre las espaldas de la rana como que le llevaba a cuestas. Esto hacía cada uno en su casa; por esto llamaban esta fiesta calionooac; y después a la tarde llevaban todas estas comidas al cu de la diosa de los mantenimientos llamada Chicomecóatl, y allí andaban a la rebatina con ello y lo comían todo.

En esta fiesta llevaban las mazorcas de maíz que tenían guardadas para semilla al cu de Chicomecóatl y de Cintéutl, para que allí se hiciesen benditas. Llevaban las mazorcas unas muchachas vírgenes a cuestas, vueltas en mantas, no más de siete mazorcas cada una; echaban sobre las mazorcas gotas de aceite de ulli; envolvíanlas en papeles. Las doncellas llevaban todas los brazos emplumados con pluma colorada, y también las piernas; poníanlas en la cara pez derretida que ellos llaman chapopotli, salpicada con marcasita.

Cuando iban por el camino, iban con ellas mucha gente, rodeada de ellas, y todas las iban mirando sin apartar los ojos de ellas; y nadie osaba hablarlas, y si por ventura algún mancebo travieso las decía alguna palabra de requiebro, respondía alguna de las viejas que iban con ellas: «Y tú cobarde, ¿hablas bisoño?, ¿tú habías de hablar? Piensa en cómo hagas alguna hazaña para que te quiten la vedija de los cabellos que traes en el cocote, en señal de cobarde y de hombre para poco. Cobarde, bisoño, no habías tú de hablar aquí; tan mujer eres como yo; nunca has salido tras del fuego». De esta manera estimulaban a los mancebos para que procurasen de ser esforzados para las cosas de la guerra; y alguno de los mancebos que tomaba por sí esta reprehensión, respondía diciendo: «Muy bien está dicho, señora; yo lo recibo en merced; yo haré lo que vuesa merced manda; iré donde haga alguna cosa por donde me tengan por hombre, yo tendré cuidado. Querría más dos cacaos que a vos y a vuestro linaje; poneos de lodo en la barriga; rascaos la barriga y poneos la una pierna sobre la otra, y echaos a rodar por ese polvo; allí está una piedra áspera, daos con ella en la cara y en las narices para que os salga sangre, y si más quisiéredes, agujereaos la garganta con un tizón para que escupáis por allí. Ruégoos que calléis y os pongáis en vuestra paz».

Aunque de esta manera respondían a la mujer que lo reprehendía, era por mostrar ánimo, que bien quedaban lastimados los mancebos de las palabras de la mujer que había reprehendido, y después decían entre sí: «Ofrézcola al diablo, la bellacona, ¡y cómo nos ha reprehendido tan de agudo, que nos ha lastimado el corazón con sus palabras! Amigos, menester es que vamos a hacer alguna cosa con que nos tengan en algo».

Después que habían llevado al cu las mazorcas de maíz, volvíanlas a sus casas; echábanlas en el hondón de la troje; decían que era el corazón de la troje, y en el tiempo de sembrar, sacábanlas para sembrar; el maíz de ellas servía de semillas.

Esta fiesta hacían a honra de la diosa llamada Chicumecóatl, la cual imaginaban como mujer y decían que ella era la que daba los mantenimientos del cuerpo para conservar la vida humana, porque cualquiera que le falta los mantenimientos se desmaya y muere. Decían que ella hacía todos los géneros de maíz, y todos los géneros de frijoles y cualesquiera otras legumbres para comer, y también todas las maneras de chía; y por esto la hacían fiesta con ofrendas de comida, y con cantares y con bailes, y con sangre de codornices. Todos los ornamentos con que la aderezaban eran bermejos y curiosos y labrados; en las manos la ponían cañas de maíz. De esta manera acababan la fiesta de esta diosa, y comenzaban con danzas la fiesta que se sigue.

Capítulo XXIV. De la fiesta que se hacía en las calendas del quinto mes, que se llamaba tóxcatl

Al quinto mes llamaban tóxcatl. En este mes hacían fiesta y pascua a honra del principal Dios llamado Tezcatlipuca, y por otro nombre Titlacaoan, y por otro Yáutl, y por otro Telpuchtli, y por otro Tlamatzíncatl. En esta fiesta mataban un mancebo muy acabado en disposición, al cual habían criado por espacio de un año en deleites; decían que era la imagen de Tezcatlipuca. En matando el mancebo que estaba de un año criado, luego ponían otro en su lugar para criarle por espacio de un año; y de éstos tenían muchos guardados para que luego sucediesen otro al que había muerto. Escogíanlos entre los cautivos, los más gentiles hombres, y teníanlos guardados los calpixques; ponían gran diligencia en que fuesen los más hábiles y más bien dispuestos que se pudiesen haber, y sin tacha ninguna corporal.

Al mancebo que se criaba para matarle en esta fiesta enseñábanle con gran diligencia que supiese bien tañer una flauta, y para que supiese tomar y traer las cañas de humo y las flores, según que se acostumbra entre los señores y palancianos; y enseñábanle a ir chupando el humo y oliendo las flores, yendo andando, como se acostumbra entre los señores y en palacio. Estos mancebos, estando aún en el poder de los calpixques, ante que se publicasen por diputados para morir, tenían gran cuidado los mismos calpixques de enseñarlos toda buena crianza, en hablar y en saludar a los que topaban por la calle y en todas las otras cosas de buenas costumbres, porque cuando ya eran señalados para morir en la fiesta de este Dios, por espacio de aquel año en que ya se sabía de su muerte, todos los que le veían le tenían en gran reverencia y le hacían gran acatamiento, y le adoraban besando la tierra. Y si por el buen tratamiento que le hacían engordaba, dábanle a beber agua mezclada con sal para que se parase cenceño. Luego que este mancebo era diputado para morir en la fiesta de este Dios, comenzaba a andar tañendo su flauta por las calles, con sus flores y su caña de humo; tenía libertad de noche y de día de andar por todo el pueblo, y andaban con él acompañándole siempre ocho pajes ataviados a manera de palacio.

Y siendo publicado este mancebo para ser sacrificado en la pascua, luego el señor le ataviaba con atavíos preciosos y curiosos, porque ya le tenía como en lugar de Dios, y entintábanle todo el cuerpo y la cara; emplumábanle la cabeza con plumas de gallina pegadas con resina; criaba los cabellos hasta la cinta. Después de haberle ataviado de ricos atavíos, poníanle una guirnalda de flores, que llaman izquixochitl, y un sartal largo de las mismas colgado desde el hombro al sobaco, de ambas partes; poníanle en las orejas un ornamento como cercillos de oro; poníanle al cuello un sartal de piedras preciosas —colgábanle un juel de una piedra preciosa blanca que colgaba hasta el pecho—; poníanle un barbote hecho de caracol marisco. Llevaba a las espaldas un ornamento como bolsa de un palmo en cuadro, de lienzo blanco, con sus borlas y flocadura; poníanle también en los brazos, encima de los codos, en los morcillos de los brazos, unas ajorcas de oro en ambos brazos; poníanle también en las muñecas unos sartales de piedras preciosas, que ellos llaman macuextli, que le cubrían casi todas las muñecas hasta el codo. Cubríanle con una manta rica, hecha a manera de red, con una flocadura muy curiosa por las orillas; poníanle también ceñido una pieza de lienzo muy curiosa que ellos usaban para cubrir las partes bajas que llamaban máxtlatl; las extremidades de este máxtlatl eran muy labradas, tanta anchura como un palmo de todo el ancho del lienzo; colgaban estas extremidades por la parte delantera casi hasta la rodilla. Poníanle también unos cascabeles de oro en las piernas, que iba sonando por dondequiera que iba; poníanle unas cotaras muy pintadas, muy curiosas, que las llamaban ocelunacace.

De esta manera ataviaban a este mancebo que habían de matar en esta fiesta. Estos eran los atavíos del principio del año. Veinte días antes de llegar a esta fiesta mudábanle las vestiduras con que hasta allí había hecho penitencia y lavábanle la tintura que hasta allí solía traer este mancebo. Y casábanle con cuatro doncellas con las cuales tenía conversación aquellos veinte días que restaban de su vida; y cortábanle los cabellos a la manera que los usaban los capitanes; atábanle los cabellos con una borla sobre la corona de la cabeza; con una franja curiosa atábanle aquella atadura de los cabellos dos borlas con sus botones, hechas de pluma y oro y tochómitl, muy curiosas, que ellos llamaban actaxelli. Las cuatro doncellas que le daban por sus mujeres también eran criadas en mucho regalo para aquel efecto; poníanlas los nombres de cuatro diosas, a la una llamaban Xochiquétzal, a la otra Xilonen, y a la tercera Atlatonan, y a la cuarta Uixtocíoatl.

Cinco días antes de llegar a la fiesta, donde habían de sacrificar a este mancebo, honrábanle como a Dios. El señor se quedaba solo en su casa, y todos los de la corte le seguían, y se hacían solemnes banquetes y areítos con muy ricos atavíos. El primero día le hacían fiesta en el barrio que llaman Tecanman; el segundo en el barrio donde se guardaba la estatua de Tezcatlipuca; el tercero en el montecillo que se llama Tepetzinco, que está en la laguna; el cuarto en otro montecillo, que está también en la laguna que se llama Tepepulco. Acabada esta cuarta fiesta, poníanle en una canoa, en que el señor solía andar, cubierta con su toldo, y con él a sus mujeres que le iban consolando. Y partiendo de Tepepulco, navegaban hacia una parte que se llama Tlapitzaoayan, que es cerca del camino de Itztapalapan, que va hacia Chalco, donde está un montecillo que se llama Acaquilpan o Caoaltépec; en este lugar le dejaban sus mujeres y toda la otra gente y se volvían para la ciudad: solamente le acompañaban aquellos ocho pajes que habían andado con él todo el año. Llevábanle luego a un cu pequeño y mal aliñado que estaba orilla del camino y fuera de despoblado, distante de la ciudad una legua, o casi; llegado a las gradas del cu, él mismo se subía por las gradas arriba, y en la primera grada hacía pedazos una de las flautas con que tañía en el tiempo de su prosperidad, y en la segunda grada hacía pedazos otra, y en la tercera otra, y así las acababa todas, subiendo por las gradas. Llegando arriba, a lo más alto del cu, estaban aparejados los sátrapas que le habían de matar, y tomábanle, echábanle sobre el taxón de piedra, y teniéndole por los pies y por las manos y por la cabeza, echado de espaldas sobre el taxón, el que tenía el cuchillo de piedra metíaselo por los pechos con un gran golpe, y tornándole a sacar, metía la mano por la cortadura que había hecho el cuchillo y arrancábale el corazón y ofrecíale luego al Sol.

De esta manera mataban a todos los que sacrificaban; a éste no le echaban por las gradas abajo como a los otros, sino tomábanle cuatro y bajábanle abajo al patio: allí le cortaban la cabeza y la espetaban en un palo que llamaban tzompantli. De esta manera acababa su vida éste que había sido regalado y honrado por espacio de un año. Decían que esto significaba que los que tienen riquezas y deleites en su vida, al cabo de ella han de venir a pobreza y dolor.

En esta misma fiesta hacían de masa, que se llama tzoalli, la imagen de Uitzilopuchtli, tan alta como un hombre hasta la cinta. En el cu que llamaban Uitznáoac hacían para ponerla un tablado; los maderos de él eran labrados como culebras y tenían las cabezas a todas cuatro partes del tablado contrapuestas las unas a las otras, de manera que a todas cuatro partes había colas y cabezas. A la imagen que hacían poníanla por huesos unos palos de mízquitl, y luego lo henchían todo de aquella masa, hasta hacer un bulto de un hombre; hacían esto en la casa donde siempre se guardaba la imagen de Uitzilopuchtli. Acabada de hacer, componíanla luego con todos los atavíos de Uitzilopuchtli; poníanle una chaqueta de tela labrada de huesos de hombres; cubríanle con una manta de nequén de tela muy rala; poníanle en la cabeza una corona a manera de scriño que venía justa a la cabeza, y en lo alto íbase ensanchando, labrada de pluma sobre papel; del medio de ella salía un mástil también labrado de pluma, y en lo alto del mástil estaba engerido un cuchillo de pedernal, a manera de hierro de lanzón, ensangrentado hasta el medio; cubríanle otra manta, ricamente labrada de pluma rica; tenía esta manta en el medio una plancha de oro redonda, hecha de martillo. Abajo ponían unos huesos, hechos de tzoalli, cerca de los pies de la imagen, y cubríalos la misma manta que tenía cubierta en la cual estaban labrados los huesos y miembros de una persona despedazada; a esta manta, labrada de esta manera, llamaban tlacuacuallo.

Otro ornamento hacían para honra de este Dios, que era un papelón que tenía veinte brazas de largo y una de ancho y un dedo de grueso. Este papelón lo llevaban muchos mancebos recios delante de la imagen, asidos de una parte y de otra del papelón, todos delante la imagen; y porque el papelón no se quebrase, llevábanle entablado con unas saetas que ellos llamaban téumitl, las cuales tenían plumas en tres partes: cabe el casquillo, y en el medio y al cabo; iban estas saetas una debajo y otra encima del papel; llevábanlas dos, uno de una parte y otro de otra, llevándolas asidas ambas juntas con las manos, y ellas apretaban el papelón, una por encima y otra por debajo.

Acabada de componer esta imagen de la manera ya dicha, alzaban el tablado sobre que estaba puesto muchos capitanes y hombres de guerra, y unos de una parte y otros de otra, íbanla llevando como en andas, y delante de ella iba el papelón, y todos los que le llevaban iban todos en procesión. Iban cantando sus cantares del mismo Dios, y bailando delante de él con grande areíto; y llegando al cu, donde le habían de subir, llevaban con unas cuerdas atado el tablado por las cuatro esquinas y asían de las cuerdas para subirle, de manera que fuese muy llano, que a ninguna parte se acustease la imagen. Y los que llevaban el papelón subían delante; los que llegaban primero a lo alto comenzaban a coger el papel enrollándole; así como iban subiéndole, iban enrollando con gran tiento para que no se quebrase ni rompiese; y las saetas íbanlas sacando y dábanlas a quien todas y juntas las tuviese hechas un haz. En llegando arriba la imagen, poníanla en su lugar, o silla, donde había de estar, y el papelón que ya estaba enrollado atábanle muy bien porque no se tornase a desenrollar, y poníanselo delante del tabladillo en que estaba la imagen. Después de haber asentado el tabladillo en lo alto del cu, y puesto el papelón enrollado junto al tabladillo, descendíanse todos los que le habían subido; solamente quedaban allá los que habían de guardar, que eran los sátrapas de los ídolos. Cuando le acababan de subir ya era a puesta de Sol, y luego entonces hacían ofrendas a la imagen de tamales y otras comidas.

Otro día, en amaneciendo, cada uno en su casa hacía ofrenda de comida a la imagen del mismo Uitzilopuchtli que tenía en su casa, y todos ofrecían sangre de codornices delante de la imagen que habían puesto en el cu. Primero comenzaba el señor: arrancaba la cabeza a cuatro codornices, ofreciéndolas al ídolo recién puesto, y luego ofrecían los sátrapas, y después todo el pueblo, y en arrancando la cabeza a la codorniz, arrojábanla delante del ídolo; allí andaba revoleando hasta que se moría, y los escuderos y hombres de guerra del señor cogían las codornices después de muertas y hacíanlas pelar y asar y salar, y dividíanlas entre sí: parte de ellas al señor, y parte a los principales, y parte a los sátrapas, y parte a los escuderos.

Todos llevaban braseros, y en el cu encedían lumbre y hacían brasa; llevaban también copalli y sus incensarios de barro como cazos agujereados y muy labrados, que ellos llamaban tlémaitl; llevaban también copal de todas maneras. Y como iban procediendo en las ceremonias del servicio de aquel Dios, los sátrapas, llegando a cierto punto, tomaban todos brasas en sus incensarios, echaban allí el copal o incienso, e incensaban hacia la imagen de Uitzilopuchtli, que poco antes habían puesto en el cu. No solamente en este lugar se hacía esta ceremonia, pero también en todas las casa de los dueños de ellas incensaban a todas las estatuas de los dioses que en sus casas tenían; acabado de incensar, echaban las brasas en un hogar redondo, dos palmos o casi alto de tierra, que estaba en medio del patio, al cual llamaban tlexictli.

En esta fiesta todas las doncellas se afeitaban las caras y componían con pluma colorada los brazos y las piernas, y llevaban todas unos papeles puestos en unas cañas hendidas, que llamaban tetéuitl; el papel era pintado con tinta. Otras, que eran hijas de señores o de personas ricas, no llevaban papel, sino unas mantas delgadas, que llamaban canáhuac; también las mantas iban pintadas de negro a manera de vírgulas, de alto a bajo. Llevando en las manos estas cañas, con sus papeles o mantas altas, andaban la procesión con la otra gente a honra de este Dios; y también bailaban estas doncellas con sus cañas y papeles asidos con ambas manos en derredor del fogón, sobre el cual estaban dos escuderos, teñidas las caras con tinta, y traían a cuestas unas como jaulas hechas de tea, en las orillas de las cuales iban hincadas unas banderitas de papel; y llevábanlas a cuestas, no asidas de la frente como las cargas de los hombres, sino atadas de los pechos como suelen llevar las cargas las mujeres. Estos, alrededor del fogón, en lo alto, guiaban la danza de las mujeres, bailando al modo que ellas bailan.

También los sátrapas del templo danzaban también con las mujeres; ellos y ellas bailando saltaban, y llamaban a este baile toxcachocholoa; quiere decir «saltar o bailar de la fiesta de tózcatl». Llevaban los sátrapas unas rodajas de papel en las frentes, froncidas a manera de rosas de papel. Todos los sátrapas llevaban emplumadas las cabezas, con pluma blanca de gallina, y llevaban los labios y parte de los rostros enmelados, de manera que relucía la miel sobre la tintura de la cara, la cual siempre traían teñida de negro. Los sátrapas llevaban unos paños menores que ellos usaban de papel, que llamaban amamaxtli, y llevaban en las manos unos cetros de palma, en la punta de los cuales iba una flor de pluma negra y en lo bajo una bola, también de pluma negra, por remate del cetro. A este cetro llamaban cuitlacuchtli, por razón de la bola que llevaba abajo en el remate. La parte por donde llevaban asidos estos cetros iba envuelta con un papel pintado de listas o rayas negras, y cuando éstos iban danzando llegaban al suelo con el cetro, como sustentándose en él, según los pasos que iban dando. Y los que hacían el son para bailar estaban dentro de una casa que llamaban calpulco, de manera que no se veían los unos a los otros, ni los que bailaban a los que tañían, ni los que tañían a los que bailaban. Estos que tañían estaban todos sentados; en medio de ellos estaba el atabal, y todos tañían sonajas y otros instrumentos que ellos usan en los areítos. Toda la gente del palacio y la gente de guerra, viejos y mozos, danzaban en otras partes del patio, trabados de las manos y culebreando, a manera de las danzas que los populares hombres y mujeres hacen en Castilla la Vieja. Entre éstos tambíen danzaban las doncellas, afeitadas y emplumadas de pluma colorada todos los brazos y todas las piernas, y llevaban en la cabeza puestos unos capillejos compuestos, en lugar de flores, con maíz tostado, que ellos llaman momóchitl, que cada grano es como una flor blanquísima. Estos capillejos eran a la manera que los capillejos de flores que usan las mozas en Campos por mayo; llevaban también unos sartales de lo mismo colgados desde el hombro hasta el sobaco, de ambas partes. A esta manera de danzar llaman tlanaoa, que quiere decir «abrazado»; quinaoa in Uitzilopuchtli, «abrazan a Uitzilopuchtli». Todo esto se hacía con gran recato y honestidad, y si alguno hablaba o miraba deshonestamente luego le castigaban, porque había personas puestas que velaban sobre esto. Estos bailes y danzas duraban hasta la noche.

Cuando por espacio de un año regalaban al mancebo, que al principio se dijo que era imagen de Titlacaoan y le mataban en el principio de esta fiesta, juntamente criaban otro que llamaban Isteucale y por otro nombre Tlacauepan, y por otro Teicauhtzin, y andaban ambos juntos, aunque a éste no le adoraban como al otro y ni le tenían en tanto. Acabadas todas las fiestas ya dichas, y regocijos y ceremonias, al cabo mataban a este Tlacauepan, el cual era imagen de Uitzilopuchtli; para haberle de matar componíanle con unos papeles todos pintados con unas ruedas negras, y poníanle una mitra en la cabeza, hecha de plumas de águila, con muchos penachos en la punta, y en medio de los penachos llevaba un cuchillo de pedernal enhiesto y teñido la mitad con sangre; iba adornado este pedernal con plumas coloradas. Llevaba en las espaldas un ornamento de un palmo en cuadro hecho de tela rala, al cual llamaban icuechin, atado con unas cuerdas de algodón a los pechos, y encima del ycuechin llevaba una taleguilla que llamaban icpatoxin; llevaba también en uno de los brazos otro ornamento de pellejo de bestia fiera, a manera de manípulo que se usa en la misa; a éste llamaban ymatácax. Llevaba también unos cascabeles de oro atados a las piernas, como los llevan los que bailan; éste, así adornado, danzaba con los otros en esta fiesta; en las danzas plebeyas iba delante, guiando. Este, él mismo y de su voluntad y a la hora que quería, se ponía en las manos de los que le habían de matar; aquellos sátrapas que le tenían para cuando le mataban los llamaban tlatlacaanalti; en las manos de éstos le cortaban los pechos y le sacaban el corazón, y después le cortaban la cabeza y la espetaban en el palo que llamaban tzompantli, cabe la del otro mancebo de que dijimos al principio.

Este mismo día los sátrapas del templo daban unas cuchilladas con navaja de piedra a los niños y niñas en el pecho y en el estómago, y en los morcillos de los brazos y en las muñecas; estas señales parece que eran como hierro del demonio con que herraba a sus ovejas; y los que ahora todavía hacen estas señales no carecen de mácula de idolatría, si después del bautismo la recibieron. Cada año, en esta fiesta, señalaban a los niños y niñas con estas señales.

Capítulo XXV. De la fiesta y sacrificios que se hacían en las calendas del sexto mes, que se llamaba etzalcualiztli

Al sexto mes llamaban etzalcualiztli. En este mes hacían fiesta a honra de los dioses del agua, o de la pluvia, que llamaban tlaloque. Ante de llegar esta fiesta, los sátrapas de los ídolos ayunaban cuatro días, y ante de comenzar el ayuno iban por juncias a una fuente que está cabe el pueblo que llaman Citlaltépec, porque allí se hacen muy grandes y muy gruesas juncias, las cuales llaman actapilin o tolmimilli; son muy largas y todo lo que está dentro del agua es muy blanco.

Arrancábanlas en una fuente que se llama Temilco o Tepéxic o Oztoc; después que las habían arrancado, hacíanlas haces y envolvíanlas en sus mantas para llevar a cuestas, y atábanlas con sus mecapales con que las habían de llevar; luego se partían para donde habían de ir, llevábanlas enhiestas y no atravesadas.

Los ministros de los ídolos, cuando iban por estas juncias y cuando volvían con ellas, tenían por costumbre de robar a cuantos topaban por el camino; y como todos sabían esto, cuando iban y cuando volvían nadie parecía por los caminos, nadie osaba caminar; y si con alguno topaban, luego le tomaban cuanto llevaba, aunque fuese el tributo del señor; y si el que tomaban se defendía, tratábanle muy mal de golpes y de coces, y de arrastrarle por el suelo; y por ninguna cosa de estas penaban a estos ministros de los ídolos. En llegando con las juncias al cu donde era menester, luego las cosían y componían, contrapuestas, y entrepuesto lo blanco a lo verde, a manera de mantas pintadas; hacían también de estas juncias sentaderos sin espaldares y otros con espaldares. Para hacer estas mantas de juncias componíanlas en el suelo primero, y luego cosíanlas como estaban compuestas con cuerdas hechas de raíces de maguey.

Llegado el ayuno que llamaban netlalocazaoaliztli, todos los sátrapas y ministros de los ídolos se recogían dentro de la casa que llamaban calmécac; en sus retraimientos recogíanse en este lugar los que llamaban tlamacactequioaque, que quiere decir «sátrapas que ya habían hecho hazañas en la guerra», que habían cautivado tres o cuatro. Estos, aunque no residían continuamente en el cu, en algunos tiempos señalados acudían a sus oficios al cu; recogíanse también otros que llamaban tlamaccaccayaque, que quiere decir «sátrapas que ya han cautivado uno en la guerra»; tampoco éstos residían siempre en los oficios de los cúes, mas acudían los tiempos señalados a sus oficios; recogíanse también otros que llamaban tlamacacque cuicanime, que quiere decir «los sátrapas cantores», éstos siempre residían en los cúes, porque aún ninguna hazaña habían hecho en la guerra. Después de éstos se recogían todos los otros ministros de los ídolos que eran menores, que llamaban tlamacacteicahoan, que quiere decir «ministros menores». También se recogían otros muchachos como sacristanejos, a los cuales llamaban tlamacactoton, que quiere decir «ministros pequeñuelos».

Después de esto tendían alrededor de los hogares aquellas mantas de juncias que habían hecho, a las cuales llamaban actapilpétlatl, que quiere decir «petates jaspeados de juncias blancas y verdes». Después de haber tendido estos petates o esteras, luego se aderezaban los sátrapas de los ídolos para hacer sus oficios. Vestíanse una chaqueta que ellos llamaban xicolli, de tela pintada, y poníanse en la mano, en el brazo izquierdo, un manípulo a la manera de los que usan los sacerdotes de la iglesia, que ellos llaman matacaxtli; luego tomaban en la mano izquierda una talega con copal y tomaban en la mano derecha el incensario, que ellos llaman tlémaitl, que es hecho de barro cocido a manera de cazo o sarteneja; luego, así aderezados, salíanse al patio del cu; puestos en medio del patio, tomaban brasas en sus incensarios y echaban sobre ellas copal, e incensaban hacia las cuatro partes del mundo: oriente, septentrión, occidente, mediodía. Habiendo incensado, vaciaban las brasas en los braseros altos, que siempre ardían de noche en el patio, tan altos como un estado, o poco menos, y tan gruesos que dos hombres apenas los podían abrazar. El sátrapa que había ofrecido el incienso, acabado su oficio, entrábase en el calmécac, que era como una sacristía, y allí ponía sus ornamentos. Luego comenzaban los sátrapas a ofrecer delante el hogar unas bolillas de masa, cada uno ofrecía cuatro; poníanlas todos sobre los petates de juncias, y poníanlas con gran tiento para que no se rodasen ni meneasen, y si se rodaba alguna de aquellas bolas, los otros acusábanle de aquella culpa, porque había de ser castigado por ella, y así estaban con grande atención mirando a cada uno cómo ponía su ofrenda, para acusarle; a estas bolillas llamaban uentelolotli; y otros ofrecían cuatro tomates o cuatro chiles verdes. Miraban también mucho a los que ofrecían si traían alguna cosa de suciedad en sus mantas como algún hilo, o paja, o cabello, o pluma, o pelos, y al tal luego le acusaban y había de ser castigado por ello. Mirábase también mucho si alguno tropezaba o caía, porque luego acusaban al tal porque había por ello de ser castigado. En estos cuatro días de su ayuno, juntamente con cuatro noches, todos andaban con mucho tiento por no caer en la pena del castigo.

Acabado de ofrecer cada día, venían unos viejos que llamaban cuacuacuiltin, los cuales traían las caras teñidas de negro, trasquilados salvo en la corona de la cabeza que tenía los cabellos largos al revés de los clérigos. Estos cogían la ofrenda y dividíanla entre sí todos estos cuatro días. Esta era la costumbre de todos los sátrapas y de todos los cúes, que cuando ayunaban cuatro días antes de la medianoche una hora despertaban y tañían cornetas y caracoles y otros instrumentos, como tañiendo a maitines. En habiendo tañido a maitines, luego todos se levantaban, y desnudos sin ninguna cobertura iban a donde estaban las puntas de maguey que el día antes habían cortado y traído para aquel efecto, con pedazos del mismo maguey; y en cortando las puntas de maguey, luego con una navajita de piedra se cortaban las orejas y con la sangre que de ellas salía ensangrentaban las puntas del maguey que tenían cortadas y también se ensangrentaban los rostros. Cada uno ensangrentaba tantas puntas de maguey a cuantas alcanzaba su devoción: unos cinco, otros más, otros menos. Hecho esto, luego todos los sátrapas y ministros de los ídolos iban a bañarse por mucho frío que hiciese; yendo, iban tañendo caracoles marinos y unos chiflos hechos de barro cocido. Todos llevaban a cuestas unas taleguillas atadas con unos cordelejos de ichtli, con unas borlas al cabo, y de otras colgaban unas tiras de papel pintadas, cosidas con las mismas talegas que llamaban yiecuachtli; y en aquellas talegas llevaban una manera de harina, hecha a la manera de estiercol de ratones, que ellos llamaban yiacualli, que era conficionada con tinta y con polvos de una hierba, que ellos llaman yietl, que es como beleños de Castilla. Iba delante de todos éstos un sátrapa con su incensario lleno de brasas y con su talega de copal; todos ellos llevaban una penca de maguey corta, en que iban hincadas las espinas que cada uno había de gastar. Delante de todos éstos iba uno de aquellos que llamaban cuacuacuiltin, y llevaba en el hombro una tabla tan larga como dos brazos, tan ancha como un palmo o poco más; iban dentro de esta tabla unas sonajas, y el que la llevaba iba sonando con ellas; llamaban a esta tabla ayochicaoactli o naoalcuáuitl.

Todos los sátrapas iban en esta procesión; solos cuatro dejaban en el calmécac, que era su monasterio, los cuales guardaban entre tanto que ellos iban a cumplir sus devociones. Estos cuatro se ocupaban en cantar y tañer en un atabal y menear unas sonajas estando sentados, y esto era un servicio que hacían a sus dioses, y aún ahora lo usan alguno. Llegados los sátrapas al agua donde se habían de bañar, estaban cuatro casas cerca de aquel agua, a las cuales llamaban ayauhcalli, que quiere decir «casa de niebla». Estaban estas cuatro casas ordenadas hacia las cuatro partes del mundo: una hacia oriente, otra hacia septentrión, otra hacia el occidente, otra hacia el mediodía. El primero día se metían todos en una de éstas, y el segundo en la otra, y el tercero en la tercera, y el cuarto en la cuarta, y como iban desnudos iban temblando y otros batiendo los dientes de frío. Estando así, comenzaba de hablar uno de los sátrapas que se llamaba chalchiuhcuacuilli y decía: «coatl izomocayan; amóyotl icaoacayan, atapálcatl inechiccanaoayan, actapilcuecuetlacayan»; quiere decir «éste es lugar de culebras, lugar de mosquitos, y lugar de patos, y lugar de juncias». En acabando de decir esto el sátrapa, todos los otros se arrojaban en el agua; comenzaban luego a chapotear en el agua con los pies y con las manos, haciendo grande estruendo; comenzaban a vocear y a gritar, y a contrahacer las aves del agua: unos a las ánades, otros a unas aves zancudas del agua que llaman pipitzti, otros a los cuervos marinos, otros a las garzotas blancas, otros a las garzas. Aquellas palabras que decía el sátrapa parece que eran invocación del demonio para hablar aquellos lenguajes de aves. En el agua donde éstos se bañaban estaban unos varales hincados. Cuatro días arreo hacían de esta manera.

En acabándose de bañar, salían del agua y tomaban sus alhajas que habían traído y volvían a sus monasterios desnudos y tañendo con sus pitos y caracoles. Y llegando a sus monasterios, echábanse todos sobre aquellos petates de juncias verdes y cubríanse con sus mantas para dormir: unos estaban muertos de frío, otros dormían, otros velaban; algunos dormían profundamente, otros con sueño liviano; algunos soñaban, otros hablaban entre sueños; otros se levantaban durmiendo; otros roncaban, otros resoplaban, otros daban gemidos durmiendo; todos estaban revueltos, malechados; hasta el mediodía no se levantaban. Habiéndose levantado los ministros y sátrapas, luego se aderezaba el sátrapa de los ídolos con sus ornamentos acostumbrados y tomaba su incensario, e incensaba por todas las capillas y altares a todas las estatuas de los ídolos; iban delante de él, acompañándole, sátrapas viejos llamados cuacuacuiltin. En acabando de incensar en todas las partes acostumbradas, luego se iban todos a comer; sentábanse en corrillos en el suelo para comer, puestos en cuclillas como siempre suelen comer, y luego daban a cada uno su comida como se la enviaban de su misma casa; y si alguno tomaba la comida ajena o la trocaba, castigábanle por ello. Eran muy recatados y curiosos que no derramasen gota ni pizca de la comida que comían allí donde comían, y si alguno derramaba una gota de la macamorra que sorbían o del chilmolli en que mojaban, luego le notaban la culpa para castigarle, si no redimiese su culpa con alguna paga.

En habiendo acabado de comer, luego iban a cortar ramos que llaman acxóyatl, y donde no había estos ramos cortaban cañas verdes en lugar de acxóyatl, y traíanlos todos al templo, hecho hacecillos, y sentábanse todos juntos y esperaban a la hora que les habían de hacer señal para que fuesen a enramar las capillas, que tenían por tareas señaladas. En haciéndoles la señal que esperaban, arrancaban todos juntos con sus ramos y cañas, con prisa muy diligente, y cada uno iba derecho al lugar donde había de poner sus ramos; y si alguno erraba el puesto donde había de poner las cañas, o quedaba atrás de sus compañeros y no llegaba juntamente con los otros al poner de las cañas, penábanle. Había de pagar una gallina, o un maxtle, o una manta; y los pobres pagaban una bola de masa en una jícara puesta. Estas penas eran para el acusador; estas penas se pagaban en los cuatro días, porque en el quinto día ninguno se podía redemir, sino que había de ser castigado.

Llegada la fiesta, todos hacían la comida que se llama etzalli; no quedaba nadie que no lo hiciese en su casa. Este etzalli era hecho de maíz cocido, a manera de arroz, y era muy amarillo; después de hecho, todos comían de ello y daban a otros. Después de comido, los que querían bailaban y regocijábanse; muchos se hacían zaharrones disfrazados de diversas maneras y traían en las manos unas ollas de asa que se llaman xocuicolli; andaban de casa en casa demandando etzal o arroz; cantaban y bailaban a las puertas; decían sus cantarejos, y a la postre decían: «Si no me das el arroz, agujerearte he la casa». El dueño de la casa luego le daba una escudilla de arroz. Andaban éstos de dos en dos, de tres en tres, de cuatro en cuatro, y de cinco en cinco. Comenzaban este regocijo a la medianoche y cesaba en amaneciendo. En saliendo el Sol, aparejábanse los sátrapas con sus ornamentos acostumbrados: una chaqueta debajo, y encima de ella una manta delgada, trasparente, que se llama ayauhquémitl, pintada de plumas de papagayo aspadas o cruzadas.

Después de esto, poníanle a cuestas una flor de papel grande, fruncida, redonda a manera de rodela, y después le ataban al colodrillo unas flores de papel también froncidas que sobraban a ambas partes de la cabeza, a manera de orejas de papel como medios círculos; teñíanle la delantera de la cabeza con color azul, y sobre la color echaban marcaxita. Llevaba este sátrapa, colgando de la mano derecha, una talega o zurrón hecha de cuero de tigre, bordado con unos caracolitos blancos a manera de campanitas que iban sonando los unos con los otros; a la una esquina del zurrón iba colgando la cola de tigre, y a la otra los dos pies, y a la otra las dos manos. En este zurrón llevaba incienso para ofrecer; este incienso era una hierba, que se llama yiauhtli, seca y molida. Delante de este sátrapa iba un ministro que llaman cuacuilli, y llevaba sobre el hombro una tabla de anchura de un palmo y de largura de dos brazas; a trechos iban unas sonajas en esta tabla, unos pedazuelos de madero rollizos y atados a la misma tabla y dentro de ella, que iban sonando los unos con los otros; esta tabla se llamaba ayauhchicaoactli.

Otros ministros iban delante de este sátrapa; llevaban en brazos unas imágenes de dioses hechas de aquella goma que salta y es negra, y la llaman ulli; llamaban estas imágenes ulteteu, que quiere decir «dioses de ulli». Otros ministros llevaban en brazos unos pedazos de copal, hechos a manera de panes de azucar, en forma piramidal; cada uno de estos pedazos de copal llevaba en la parte aguda una pluma rica, que se llama quetzal, puesta a manera de penacho; llamábanla esta pluma quetzalmiyaoáyutl. Estando ordenados de esta manera, tocaban las cornetas y caracoles, y luego comenzaban a ir por su camino adelante. Esta procesión se hacía para llevar a los que habían hecho algún defecto de los que se dijeron atrás al lugar donde los habían de castigar, y así los llevaban presos en esta procesión; llevábanlos asidos por los cabellos del cogote para que no se huyesen; a algunos de ellos llevaban asidos por los maxtles que llevaban ceñidos, y los muchachos sacristanejos, que también habían hecho algún defecto, llevábanlos puestos sobre los hombros sentados en un sentaderuelo hecho de espadañas verdes, y los otros muchachos que eran mayorcillos llevaban asidos de la mano. Y llevándolos al agua donde los había de castigar, arrojábanlos en el agua donde quiera que hallaban alguna laguna en el camino, y maltratábanlos de puñadas y coces y empellones, y los arrojaban y los revolcaban en el lodo de cualquier laguna que estaba en el camino; de esta manera los llevaban hasta la orilla del agua donde los habían de zambullir, la cual llamaban Totecco. Allegados a la orilla del agua, el sátrapa y los otros ministros quemaban papel en sacrificio, y las formas de copal que llevaban y las imágenes de ulli, y echaban incienso en el fuego y otros derramaban alrededor sobre las esteras de juncia con que estaba ordenado aquel lugar. Juntamente con esto, los que llevaban los culpados arrojábanlos en el agua, cuyos golpes hacían gran estruendo en el agua, y alzaban el agua echándole en alto por razón de los que caían en ella. Y los que salían arriba tornábanlos a zambullir, y algunos que sabían nadar iban por debajo del agua a sumorgujo y salían lejos, y así se escapaban; pero los que no sabían nadar de tal manera los fatigaban que los dejaban por muertos a la orilla del agua. Allí los tomaban sus parientes y los colgaban de los pies para que echasen fuera el agua que habían bebido por las narices y por la boca. Esto acabado, volvíanse todos por el mismo camino que habían venido en procesión; iban tañendo sus caracoles hacia el cu o monasterio de donde habían venido, y a los castigados llevábanlos sus parientes a sus casas; iban todos lastimados y temblando de frío y batiendo los dientes; así los llevaban a sus casas para que convaleciesen.

En volviendo los sátrapas a su monasterio, echaban otra vez esteras de junzas, como jaspeadas, y también espadañas, y luego comenzaban otro ayuno de cuatro días, al cual llamaban netlacazaoaliztli. En este ayuno no se acusaban los unos a los otros, ni tampoco comían a mediodía. En estos cuatro días los sacristanejos aparejaban todos los ornamentos de papel que eran menester para todos los ministros y también para sí. El uno de estos ornamentos se llamaba tlaquechpányotl; quiere decir «ornamento que va sobre el pescuezo»; el otro se llamaba amacuexpalli, era ornamento que se ponían tras el colodrillo, como una flor hecha de papel; el otro se llamaba yiatactli, que era un zurrón para llevar incienso. Este zurrón de papel comprábase en el tiánquez; también compraban unos sartales de palo, los cuales se vendían también en el tiánquez. Acabados los cuatro días del ayuno, luego se adornaban los sátrapas con aquellos atavíos, y también todos los ministros. El día de la fiesta luego de mañana se ponían en la cabeza color azul; poníanse en la cara y en los rostros miel mezclada con tinta, y todos llevaban colgados sus zurrones con incienso, y bordados con caracolillos blancos. Los zurrones de los sátrapas mayores eran de cuero de tigre, y los de los otros menores eran de papel pintado a manera de tigre; algunos de estos zurroncillos los figuraban a manera del ave que se llama atzitzicuílotl, y otros a manera de patos; todos llevaban sus inciensos en los dichos zurrones.

Después de todos ataviados, luego comenzaban su fiesta; iban en procesión al cu; iba delante de todos el sátrapa del Tláloc. Este llevaba en la cabeza una corona hecha a manera de escriño, justa a la cabeza y ancha arriba, y del medio de ella salían muchos plumajes; llevaba la cara untada con ulli derretido, que es negro como tinta; llevaba una chaqueta de tela que se llama áyatl; llevaba una carantoña fea con grande nariz; llevaba una cabellera larga hasta la cinta, esta cabellera estaba engerida con la carátula. Siguíanle todos los otros ministros y sátrapas. Iban hablando como quien reza hasta llegar al cu de Tláloc; en llegando, el sátrapa de aquel Dios parábase y luego tendían esteras de juncos, y también hojas de tunas empolvorizadas con incienso. Luego sobre las esteras ponían cuatro chalchihuites redondos, a manera de bolillas, y luego daban al sátrapa un garabatillo teñido con azul; con este garabato tocaba a cada una de las bolillas, y en tocando hacía un ademán como retrayendo la mano, y daba una vuelta, y luego iba a tocar la otra y hacía lo mismo, así tocaba a todas cuatro con sus boltezuelas. Hecho esto, sembraba incienso sobre las esteras de aquello que llaman yiauhtli; sembrado el incienso, dábanle luego la tabla de las sonajas y comenzaba a hacer sonido con ella, meneándola para que sonasen los palillos que en medio estaban encorporados o atados.

Hecho esto, luego se comenzaban todos a ir para sus casas y monasterios, y a los castigados llevaban a sus casas; luego se descomponían de los ornamentos con que iban compuestos y se sentaban, y luego a la noche comenzaban la fiesta; tocaban sus teponactles y sus caracoles, y los otros instrumentos musicales, sobre el cu de Tláloc, y cantaban en los monasterios y tocaban las sonajas que suelen traer en los areítos. De todos estos instrumentos se hacía una música muy festiva, y hacían velar toda aquella noche a los cautivos que habían de matar el día siguiente, que los llaman imágenes de los tlaloques. Llegados a la medianoche, que ellos llamaban yoalli xeliui, comenzaban luego a matar a los cautivos. Aquellos que primero mataban decían que eran el fundamento de los que eran imagen de los tlaloques, que iban aderezados con los ornamentos de los mismos tlaloques, que decían que eran sus imágenes, y así ellos morían a la postre; íbanse a sentar sobre los que primero habían muerto.

Acabado de matar a éstos, luego tomaban todas las ofrendas de papel y plumajes y piedras preciosas y chalchihuites y los llevaban a un lugar de la laguna que llaman Pantitlán, que es frontera de las atarazanas. También llevaban los corazones de todos los que habían muerto, metidos en una olla pintada de azul y teñida de ulli en cuatro partes; también los papeles iban todos manchados de ulli. Todos los que estaban presentes a esta ofrenda y sacrificio tenían en las manos aquella hierba que llaman iztáuhyatl, que es casi como ajenjos de Castilla, y con ellos estaban ojeando, como quien ojea moscas sobre sus caras y de sus hijos, y decían que con esto ojeaban los gusanos para que no entrasen en los ojos, para que no se causase aquella enfermedad de los ojos que ellos llaman ixocuillooaliztli. Otros metían esta hierba en las orejas; también por vía de superstición, otros traían esta hierba apuñada o apretada en el puño.

Llegados con todas sus ofrendas y con los corazones de los muertos, metíanse en una canoa grande, que era del señor, y luego comenzaban a remar con gran prisa; los remos de los que remaban, todos iban teñidos de azul; también los remos iban manchados con ulli. Llegados al lugar donde se había de hacer la ofrenda, al cual se llamaba Pantitlán, metían la canoa entre muchos maderos que allí estaban hincados en cerco de un sumidero que llamaban aóztoc; entrando entre los maderos, luego los sátrapas comenzaban a tocar sus cornetas y caracoles puestos de pies en la proa de la canoa. Luego daban al principal de ellos la olla con los corazones; luego los echaba en medio de aquel espacio que estaba entre los maderos, que era el espacio que tomaba aquella cueva donde el agua se sumía. Dicen que echados los corazones se alborotaba el agua y hacía olas y espumas; echados los corazones en el agua, echaban también las piedras preciosas y los papeles de ofrenda, a los cuales llamaban tetéuitl; atábanlos en lo alto de los maderos que allí estaban hincados; también colgaban algunos de los chalchihuites y piedras preciosas en los mismos papeles.

Acabado todo esto, salíanse de entre los maderos; luego un sátrapa tomaba un incensario, a manera de cajo, y ponía en él cuatro de aquellos papeles, que llamaban tetéuitl, y encendíalos, y estando ardiendo hacía un ademán de ofrecer hacia donde estaba el sumidero, y luego arronzaba el incensario con el papel ardiendo hacia el sumidero. Hecho aquello, volvía la canoa hacia tierra y comenzaban a remar y aguijar hacia tierra donde llaman Tetamazolco, que éste era el puerto de las canoas. Luego todos se bañaban en el mismo lugar y de allí llevaban la canoa a donde la solían guardar.

Todo lo sobredicho se hacía desde medianoche arriba hasta que amanecía. Al romper de la mañana, y todas las cosas acabadas, todos los sátrapas se iban a lavar a los lugares donde ellos se solían lavar, allí se lavaban todos con agua, para quitar la color azul, solamente la delantera de la cabeza. Y así alguno de los sátrapas o ministros de los ídolos que estaban acusados y habían de ser castigados, entonces cuando se lavaban con el agua azul, le traían y le castigaban como a los arriba dichos. Hecho esto, luego se iban a su monasterio y sacaban todas las esteras de juncos verdes que habían puesto, y las echaban fuera del monasterio detrás de la casa. Estas son las ceremonias que se hacían en la fiesta que se llamaba etzalcualiztli.

Capítulo XXVI. De la fiesta y ceremonias que se hacían en las calendas del séptimo mes, que se nombraba tecuilhuitontli

Al séptimo mes llamaban tecuilhuitontli. En este mes hacían fiesta y sacrificios a la diosa de la sal, que llamaban Uixtocíoatl; era la diosa de los que hacen la sal. Decían que era hermana de los dioses de la pluvia, y por cierta desgracia que hubo entre ellos y ella, la persiguieron y desterraron a las aguas saladas, y allí inventó la sal de la manera que ahora se hace con tinajas y con amontonar la tierra salada, y por esta invención la honraban y adoraban los que tratan en sal. Los atavíos de esta diosa eran de color amarillo, y una mitra con muchos plumajes verdes que salían de ella, como penachos altos, que del aire resplandecían de verdes, y tenía las orejas de oro muy fino y muy resplandeciente, como flores de calabaza. Tenía el huipil labrado con olas de agua; estaba bordado el huipil con unos chalchihuites pintados. Tenía las naoas labradas de la misma obra del huipil; tenía en las gargantas de los pies atados cascabeles de oro o caracolitos blancos; estaban engeridos en una tira de cuero de tigre; cuando andaba hacían gran sonido. Los cactles o cotaras que llevaba eran tejidos con hilo de algodón, y los botones de los cactles o cotaras también eran de algodón, y las cuerdas con que se ataban también eran de algodón flojo. Tenía una rodela pintada con unas hojas anchas de la hierba que se llama atlacuezona. Tenía la rodela colgando unos rapacejos de pluma de papagayo con flores en los cabos, hechas de pluma de aguila. Tenía una flocadura hecha de pluma pegada de quetzal; también plumas del ave que se llama zacuan, y otras plumas del ave que llaman teuxólotl.

Cuando bailaba con estos aderezos iba campeando la rodela; llevaba en la mano un bastón rollizo y en lo alto como un palmo o dos ancho, como paleta, adornado con papeles goteados de ulli, tres flores hechas de papel, una en cada tercio. Las flores de papel iban llenas de incienso; junto a las flores iban unas plumas de quetzalli cruzadas o aspadas. Cuando bailaba en el areíto, íbase arrimando al bastón y alzándole a compás del baile. Diez días continuados bailaba en el areíto con mujeres que también bailaban y cantaban por alegrarla; eran todas las que hacían sal, viejas, mozas y muchachas. Iban todas estas mujeres trabadas las unas de las otras con unas pequeñas cuerdas, la una asía de un cabo de la cuerda, la otra del otro, y así iban bailando; llevaban todas guirnaldas en las cabezas, hechas de aquella hierba que se llama iztáuhyatl, que es casi como ajenjos de Castilla. El cantar que cantaban, decíanle en tiple muy alto; iban algunos viejos delante de ellas guiándolas y regiendo el cantar. La que iba compuesta con los atavíos de la diosa, y que había de morir, iba en medio de todas ellas, y delante de ella iba un viejo que llevaba en las manos un plumaje muy hermoso y hecho a manera de manga de cruz; llamábase este plumaje uixtopetlácotl. Este cantar comenzaban de sobretarde y llegaban hasta la medianoche cantando.

Todos estos diez días andaba en el baile y cantaba aquella que había de morir con las otras; pasados los diez días, toda una noche entera bailaba y cantaba aquella que había de morir, sin dormir ni reposar, y traíanla de los brazos una viejas, y todas bailaban en esta noche. También bailaban y velaban los esclavos que habían de morir delante de ella, sobre los cuales había de ir a la mañana. Cuando era la fiesta, aderezábanse los sátrapas que habían de matar a esta mujer, que la llamaban como a la diosa Uixtocíoatl, y a los cautivos a los cuales llamaban uixtoti. Y también iban compuestos con los ornamentos conformes a la fiesta, con sus papeles al pescuezo, y en la cabeza llevaban unos plumajes a cuestas, hechos a manera de un pie de águila con toda su pierna y plumas, hecho todo de pluma, puesto en un cacaxtli agujereado en diversas partes, y en estos agujeros iban hincados plumajes; llevábanle ceñido con unas vendas de manta, coloradas, del anchura de dos manos. El pie del águila llevaba las uñas hacia arriba, el muslo hacia abajo entre las uñas; en medio del pie estaba agujereado, y en aquel agujero iba metido un muy hermoso plumaje. Toda la gente que miraba el areíto tenía en las manos flores amarillas que llaman cempoalxochitl; otros tenían la hierba que llaman iztáuhyatl en las manos; luego subían a la mujer que habían de matar, que decían ser imagen de la diosa Uixtocíoatl, a lo alto del cu de Tláloc, y tras ella subían a los cautivos que también habían de morir antes de ella.

Estando todos arriba comenzaban a matar a los cautivos, los cuales muertos, mataban también a la mujer a la postre, a la cual echada de espaldas sobre el taxón, cinco mancebos la tomaban por los pies y por las manos y por la cabeza, y teníanla muy tirada; poníanla sobre la garganta un palo rollizo al cual tenían dos apretándole, para que no pudiese dar voces al tiempo que la abriesen los pechos. Otros dicen que éste era un ocico de espadarte, que es un pez marino que tiene un arma como espada en el ocico, que tiene colmillos de ambas partes; con éste le apretaban la garganta. Según otros el que la había de matar estaba a punto; en estando como había de estar, luego con dos manos la daba con el pedernal por los pechos, y en rompiendo el pecho, luego la sangre salía con gran ímpetu, porque la tenían muy extendida y el pecho muy tieso. Y luego metía la mano el mismo que la degolló y sacaba el corazón, y luego le ofrecía al Sol y le echaban en una jícara que estaba para esto aparejada, que llamaban chalchiuhxicalli. Cuando estas cosas se hacían de la muerte de esta mujer, tocaban muchas cornetas y caracoles. Luego descendían el cuerpo de aquella mujer y el corazón cubierto con una manta.

Acabado de hacer esto, que era de mañana, toda la gente que estaba a ver este sacrificio se iba para sus casas, y todos comían, y holgaban, y convidaban los unos a los otros, esto es, toda la gente que trataba en sal, bebían largamente pulque, aunque no se enborrachaban. Pasado este día y venida la noche, algunos que se enborrachaban reñían los unos con los otros, o apuñábanse, o daban voces, baldonándose los unos con los otros. Después de cansados, echábanse a dormir por esos suelos a donde se acertaban. Después otro día bebían el pulque que les había sobrado; llamábanle cochuctli. Y aquellos que estando borrachos la noche antes habían reñido o apuñalado a otros, desque se lo decían, estando ya en buen seso, y después de haber dormido, convidaban a beber a los que habían maltratado de obra o de palabra, porque los perdonasen lo que mal habían dicho o hecho. Y los agraviados con beber luego se les quitaba el enojo y perdonaban de buena gana sus injurias.

Aquí se acaba la relación de la fiesta, que se llamaba tecuilhuitontli.

Capítulo XXVII. De la fiesta y sacrificios que se hacían en las calendas del octavo mes, que se decía uei tecuílhuitl

Al octavo mes llamaban uei tecuílhuitl. Ante de llegar a esta fiesta, cuatro o cinco días el señor y el pueblo hacían convite a todos los pobres, no solamente del pueblo, pero también de la comarca para darlos a comer. Hacían una manera de brebaje que ellos llaman chienpinolli; hacían gran cantidad de este brebaje, mezclando agua y harina de chían en una canoa. Todos tomaban de aquel brebaje con unas escudillas que llamaban tizaapanqui; cada uno de los que estaban presentes bebían uno o dos de escudillas de aquel chianpinolli, niños, hombres, y mujeres, sin quedar nadie; los que no podían acabar lo que tomaban guardaban su sobra; algunos llevaban otra vasijas para guardar las sobras, y el que no llevaba nada en que recibiese la sobra, echábansela en el regazo; nadie iba a beber dos veces. A cada uno daban una vez todo cuanto podía beber, y si alguno tornaba otra vez dábanle de verdascazos con una caña verde. Después de haber todos bebido, sentábanse y reposaban; poníanse en corrillos y comenzaban a parlar los unos a los otros, y tenían gran chacota; entonces bebían las sobras o lo daban a beber a sus hijuelos.

A la hora del comer, que era al mediodía, sentábanse otra vez ordenadamente; los niños y niñas con sus padres y madres se sentaban. Sentada la gente, los que habían de dar la comida ataban sus mantas a la cinta según lo demanda la disposición de aquel ejercicio; ataban los cabellos con una espadaña a manera de guirnalda porque no se les posiesen delante los ojos. Cuando servían, luego tomaban tamales a almantadas, y comenzaban desde los principios de las rencles a dar tamales, y daban a cada uno todos los tamales que pudían tomar con una mano. Daban tamales de muchas maneras: unos llamaban tenextamalli, otros xocotamalli, otros miaoatamalli, otros yacacoltamalli, otros necutamalli, otros yacacollaoyo, otros exococolotlaoyo. Los que servían tenían cuidado de los niños y niñas en especial, y algunos de los servidores a sus amigos y parientes daban más tamales; nadie tomaba dos veces, y si alguno se atrevía a tomar dos veces, dábanle de azotes con una espadaña torcida, y tomábanle lo que había tomado y lo que le habían dado. Algunos de los que estaban a la postre no les alcanzaban nada, por tanto porfiaban de ponerse en buen lugar para que luego les diesen. Los que se quedaban sin nada lloraban y acuitábanse por no haber podido tomar nada diciendo: «De balde hemos venido acá que no nos han dado nada». Íbanse hacia los corrillos donde estaban comiendo por ver si los darían algo y no se querían apartar de allí, aunque les daban de verdescazos; entremetíanse entre los otros escolándose.

Ocho días duraba este convite que hacía el señor a los pobres, porque cada año en este tiempo hay falta de mantenimiento y hay fatiga de hambre; en este tiempo solían morir muchos de hambre. Acabado este convite, comenzaban luego la fiesta; comenzaban luego a cantar y bailar, luego en poniéndose el Sol, en el patio de los coes, donde había gran copia de braseros, altos cerca de un estado y gruesos que apenas los podían dos abrazar; estaban en rencle muchos de ellos, y en anocheciendo encendían fuego sobre ellos, y a la lumbre de aquel fuego y llama cantaban y bailaban. Para comenzar el areíto salían los cantores de las casas que eran sus aposentos; salían ordenados y cantando y bailando de dos en dos hombres, y en medio de cada dos hombres una mujer. Estos que hacían este areíto era gente escogida, capitanes y otros valientes hombres ejercitados en las cosas de la guerra. Estos que llevaban las mujeres entre sí, llevábanlas asidas de las manos. La otra gente noble, que no eran ejercitados en la guerra, no entraban en este areíto. Iban las mujeres muy ataviadas con ricos huipiles y naoas, y labrados de diversas labores y muy costosos; unas llevaban naoas que llaman yollo, otras que llaman totolitipetlayo, otras que llaman cacamoliuhqui, otras que llaman ilacatziuhqui o tlatzcállotl, otras que llaman pétztic; todas sus cortapisas muy labradas; y los huipiles unos llevaban los que se llaman cuappachpipílcac, otros que llaman pocuipilli, otros que llaman yapalpipílcac, otros que llaman cacallo, otros que llaman mimichcho, otros blancos sin ningún labor; las gargantas de estos huipiles llevaban unos labores muy anchos que cubrían todo el pecho, y las flocaduras de los huipiles eran muy anchas. Bailaban estas mujeres en cabello, los cabellos tendidos y las trenzas con que suelen atar los cabellos llevábanlas atadas desde la frente al colodrillo; ninguna cosa llevaba en la cara puesta; todas llevaban las caras exentas y limpias. Los hombres andaban también muy ataviados; traían una manta de algodón, rala como red. Los que de ellos eran señalados por valientes y que podían traer bezotes traían estas mantas bordadas de caracolitos blancos; estas mantas así bordadas llamaban nochpalcuechintli; los demás que no eran así señalados traían estas mantas negras con sus flocaduras. Todos llevaban orejeras hechas de una materia baja, pero los que iban delante llevaban orejeras de cobre con unos pinjantes, y los bezotes llevaban conformes a las orejas. Unos los llevaban hechos a manera de lagartija, otros a manera de perrillos, otros cuadrados o de cuatro esquinas; y los mancebos que habían hecho alguna cosa señalada en guerra llevaban unos bezotes redondos, como un círculo, con cuatro circulillos en cruz dentro en la circunferencia que era algo ancha; todos los otros mancebos llevaban unos bezotes a manera de círculo sin otro labor. Todos estos bezotes eran hechos de conchas de hostias de la mar. Todos los valientes llevaban unos collares de cuero y de ellos colgaban sobre los pechos unas borlas a manera de flores grandes, de las cuales colgaban unos caracolillos blancos en cantidad; otros llevaban unas conchas de mariscos colgadas del cuello, a éstos llamaban cuacuachicti y a otros otomin. Estos llevaban también unos barbotes o bezotes hechos a manera de águila de la misma concha; y otros que se tenían por más valientes compraban unas cuentas blancas de unos mariscos que se llaman teuchipoli. La otra gente baja se adornaba con unas cuentas amarillas, también hechas de conchas de mariscos, que son baratas y de poco valor; los de éstos que habían tomado en la guerra cautivos llevaban sobre la cabeza un plumaje para ser conocidos que habían preso en la guerra algún cautivo. Los capitanes llevaban unos plumajes atados en las espaldas en que se conocían ser valientes, los cuales plumajes llamaban cuauhtzontli, porque eran como unos árboles de que salían unas ramas labradas de hilo y pluma, con unas flores en los remates que salían de unos vasitos de cuero de tigre. Otros llevaban otros plumajes de otras maneras, unos que llamaban xiloxochiquetzalli, otros que llamaban actaxelli, otros llevaban unos plumajes que llamaban cuatótotl, otros llevaban unos plumajes hechos de su mano de diversas colores. En los pies algunos llevaban atados al pie izquierdo pescuños de ciervos, atados con unas correas de ciervo delgadas.

Iban todos envijadas las caras de diversas maneras: unos con tinta negra hacían en los carrillos unas roedas negras, y en la frente una raya también de tinta negra que toma de sien a sien, sobre la tinta echaban marcaxita; otros ponían una raya de tinta negra desde la una oreja hasta la otra por la frente; también echaban marcaxita; otros echaban una raya de tinta desde la punta de la oreja hasta la boca con su marcaxita. Todos ellos llevaban cortados los cabellos de una manera, hacia las sienes, rapados a navaja en la frente, un poco largos los cabellos y todo lo delantero de la cabeza escarrapozados hacia arriba. Por todo el cogote llevaban colgados cabellos largos que colgaban hasta las espaldas; en las sienes llevaban puesto color amarillo. Llevaban hachas de teas encendidas delante de sí cuando iban danzando; llevaban estas hachas unos soldados mancebos ejercitados en la guerra, que se llamaban telpuchtequioaque; eran pesados estos hachones, hacían dublegar a los que los llevaban; iba goteando la resina y cayendo brasas de los hachones, y algunas veces algunas teas ardiendo se caían por los lados. De una parte y de otra iban alumbrando con candeleros de teas que se llaman tlémaitl. Estos llevaban unos mancebos que por su voto hacían penitencia veinte días en el cu; los de una parte eran tenuchcas, y de la otra parte eran tlatilulcas; éstos no bailaban, solamente iban alumbrando y miraban con diligencia si alguno hacía deshonestidad, mirando o tocando a alguna mujer; y si alguno era visto hacer algo de esto, el día siguiente o después de dos días le castigaban reciamente, atizoneándole, dándole de porrazos con tizones, tanto que le dejaban por muerto.

El señor algunas veces salía a este areíto, otras veces no, como se le antojaba. Los que danzaban unos iban asidos por las manos, otros echaban los brazos a su compañero, abrazándole por la cintura. Todos llevaban un compás en el alzar del pie y en el echar del paso adelante, y en el volver atrás y en el hacer de las vueltas. Danzaban por entre los candeleros o fugones haciendo contrapaso entre ellos; danzaban hasta bien noche, cesaban a la hora de las nueve de la noche. En cesando el que tañía el atambor y teponactli, luego todos se paraban, y luego comenzaban de ir a sus casas. A los muy principales iban alumbrando con sus hachas de tea adelante; y las mujeres que habían danzado juntábanse todas en acabando el areíto, y los que tenían cargo de ellas llevábanlas a las casas donde solían juntarse. No consentían que se derramasen, ni que se fuesen con ningún hombre, ecepto con los principales si llamaban a algunas de ellas para darlas de comer; también a las matronas que las guardaban las daban comida y mantas porque las llevaban a sus casas; lo que le sobraba de la comida siempre lo llevaban. Algunos principales soldados si querían llevar alguna de aquellas mojas decíanlo secretamente a la matrona que las guardaba para que la llevase; no osaban llamarlas públicamente. La matrona la llevaba a casa de aquél, o a donde el mandaba; de noche la llevaba y de noche salía. Si alguno de éstos hacía esto públicamente érasele tenido a mal y castigábanle por ella públicamente; quitábanle los cabellos que traía por señal de valiente, que ellos llamaban tzotzocolli, y tomábanle las armas y los atavíos que usaba. El castigo era que le apaleaban y le chamuscaban la cabeza; todo el cuerpo se le arronchaba y hacía vejigas del fuego y de los palos; luego le arrojaban por ahí delante y decíanle: «Anda, vete, bellaco, aunque seas valiente y fuerte no te tenemos en nada; aunque vengan nuestros enemigos a hacernos guerra, no haremos cuenta de ti». Estas y otras palabras injuriosas le decían después que le echaban por ahí a empellones; íbase accadilando y cayendo y quejándose por el mal tratamiento que le habían hecho; nunca más volvía a danzar ni a cantar. Y la mujer con quien éste se había amancebado también la despedían de la compañía de las otras; nunca más había de danzar, ni de cantar, ni de estar con las otras, ni la que tenía cargo de ellas hacía mas cuenta de ella; y el mancebo que fue castigado tomaba por mujer a la que también fue castigada por su causa.

Andados diez días de este mes celebraban la fiesta que llamaban uey tecuílhuitl, en la cual a honra de la diosa que se llamaba Xilonen mataban una mujer, la cual componían y adornaban con los ornamentos de la diosa, y decían que era su imagen, a la cual adornaban de esta manera: poníanla la cara de dos colores, desde la nariz abajo de amarillo y la frente de colorado; poníanla una corona de papel de cuatro esquinas, y del medio de la corona salían muchos plumajes como penachos; colgábanla del cuello muchos sartales de piedras ricas anchas, los cuales le adornaban los pechos; sobre las piedras llevaba una medalla de oro redonda; vestíanla de un huipil labrado de imágenes del demonio y poníanle unas naoas semejantes al huipil, todo era curioso y rico; poníanla cotaras pintadas de unas listas coloradas; poníanle en el brazo izquierdo una rodela, y en la otra mano un bastón teñido de color bermejo. Ataviada con estos atavíos, cercábanla muchas mujeres; llevábanla en medio a ofrecer incienso a cuatro partes; esta ofrenda hacía a la tarde, antes que muriese. A esta ofrenda llamaban xalaquia, porque el día siguiente había de morir. El uno de estos lugares se llama Tetamazolco, el otro se llama Nécoc Ixtecan, el otro se llama Atenchicalcan, el cuarto se llama Xolloco; estos cuatro lugares donde ofrecían era en reverencia de los cuatro caracteres de la cuenta de los años. El primero se llama acatl, que quiere decir «caña»; el segundo se llama técpatl, que quiere decir «pedernal», como hierro de lanza; el tercero se llama calli, que quiere decir «casa»; el cuarto se llama tochtli, que quiere decir «conejo». Con estos cuatro caracteres, andando alrededor hasta que cada uno de ellos tuviese trece años, contaban la cuenta de los años hasta cincuenta y dos.

Acabadas de andar estas estaciones, toda aquella noche antes que la matasen cantaban y danzaban las mujeres, velando toda la noche delante del cu de la diosa Xilonen, y ésta que había de morir traíanla en el medio. El cantar que decían era a honra de la diosa Xilonen. Venida la mañana, comenzaban a bailar todos los hombres de cuenta; llevaban todos en las manos unas cañas de maíz, como arrimándose a ellas; a estas cañas de maíz llamaban totopánitl. También bailaban las mujeres juntamente con la que había de morir, y traían emplumadas las piernas, y en los brazos con pluma colorada; la cara llevaban teñida con color amarillo desde la barba hasta la nariz, y todas las quijadas y la frente con color colorado. Llevaban todas guirnaldas de flores amarillas, que se llaman cempoalxochitl, y sartales de lo mismo las que iban delante guiando, las cuales se llamaban cioatlamacacque, que eran las que servían en los cúes, que también vivían en sus monasterios. Los hombres que iban danzando no iban entre las mujeres, porque las mujeres iban todas juntas rodeadas de Xilonen, que era la que había de morir, iban cantando y bailando; a las mujeres íbanlas tañendo con un teponactli que no tenía más que una lengua encima y otra debajo, y en la de bajo llevaba colgado una jícara en que suelen beber agua, y así suena mucho más que los que tienen dos lenguas en la parte de arriba y ninguna abajo. A este teponactli llaman tecomapiloa; llevábale uno debajo del sobaco, tañéndole, por ser de esta manera hecho. Los gentiles hombres, que iban bailando, iban delante y no llevaban aquel compás de los areítos, sino el compás de las danzas de Castilla la Vieja, que van unos trabados de otros y culebreando. También los ministros de los ídolos iban bailando y danzando al son del mismo teponactli; iban tañendo sus cornetas y sus caracoles. Y cuando los sátrapas hacían vuelta delante de la diosa Xilonen, sembraban incienso por donde iba a pasar, y el sátrapa que había de matar aquella mujer iba con sus aparejos y a cuestas llevaba un plumaje que salía de entre las uñas de un águila, el cual plumaje estaba engerido en una pierna de águila hechiza; y uno de los sátrapas llevaba delante la tabla de las sonajas de que habemos hablado atrás.

En llegando al cu del Dios que se llamaba Cintéutl, donde había de morir esta mujer, poníase delante de ella el sátrapa que llevaba la tabla de las sonajas, que se llamaba chicaoactli, y poníala enhiesta delante de ella y comenzaba hacer ruido con las sonajas, meneándole a una parte y a otra; sembraban delante de ella incienso, y haciendo esto, la subían hasta lo alto del cu. Allí la tomaba luego uno de los sátrapas a cuestas, espaldas con espaldas, y luego llegaba otro y la cortaba la cabeza; en acabándola de cortar la cabeza, la abrían los pechos y la sacaban el corazón y le echaban en una jícara. Hecho este sacrificio a honra de la diosa Xilonen, tenían todos licencia de comer xilotes y pan hecho de ellos, y de comer cañas de maíz. Antes de este sacrificio nadie osaba comer estas cosas; también de ahí adelante comían bledos verdes cocidos, y pudían también oler las flores que se llaman cempoalxochitl y las otras que se llaman yiexochitl.

También en esta fiesta hacían areíto las mujeres, mozas, viejas y muchachas; no bailaban con ellas hombres ningunos; todas iban ataviadas de fiesta, emplumadas las piernas y los brazos con pluma colorada de papagayos, afeitadas las caras con color amarillo y con marcaxita. En esta fiesta todos comían unos tamales, que llaman xocotamalli, y hacían ofrendas a sus dioses en sus casas; y los viejos y viejas bebían vino, pero los mozos y mozas no; y si algunos de los que no tenían licencia lo bebían echábanlos presos y castigábanlos. Los de la audiencia, los sentenciaban, que llamaban petlacalco; algunos sentenciaban con pena de muerte por beber el pulque, y los así sentenciados ningún remedio tenían. Matábanlos delante todo el pueblo porque en ellos escarmentasen los otros, y para poner espanto a todos llevábanlos los jueces, las manos atadas, al tiánquez y allí hablaban a todo el pueblo que nadie bebiese el pulque sino los viejos y viejas. Y después que se acababa la plática, luego daban a los que habían de morir con un bastón tras el cogote y le achocaban; los verdugos de este oficio se llamaban cuauhnochtli, ezoaoácatl, ticociaoácatl, tezcacooácatl, mazatécatl, atenpanécatl. Estos no eran de los senadores, sino de la gente baja que llamaban achcacauhtin; no venían por eleción a aquel oficio sino mandados; solamente pretendían para este oficio que fuesen valientes, esforzados y de buena plática. Los que veían hacer esta justicia tomaban temor y escarmiento si eran avisados, pero los que eran tochos y son locados reíanse de este negocio y burlaban de lo que se decía; no tenían en nada el castigo, ni la plática; todo lo echaban por alto, no temían la muerte. En acabando de hacer esta justicia, todos los que estaban juntos mirándola comenzaban a derramarse e irse a sus casas, levantando mucho polvo con los pies y sacudiendo sus mantas; no quedaba nadie en aquel lugar.

Aquí se acaba la relación de esta fiesta llamada uey tecuílhuitl.

Capítulo XXVIII. De la fiesta y sacrificios que se hacían en las calendas del nono mes, que se llamaba tlaxuchimaco

Al nono mes llamaban tlaxuchimaco. Dos días antes que llegase esta fiesta toda la gente se derramaba por los campos y maizales a buscar flores, de todas maneras de flores, así silvestres como campesinas, de las cuales unas se llaman acocoxochitl, uitzitzilocoxochitl, tepecempoalxochitl, nextamalxochitl, tlacoxochitl; otras se llaman oceluxochitl, cacaloxochitl, ocoxochitl o ayacoxochitl, cuauheloxochitl, xiloxochitl, tlalcacaloxochitl, cempoalxochitl, atlacuezonan, otras se llaman tlapalatlecuezonam, atzatzamulxochitl. Y teniendo juntas muchas de estas flores, juntábanlas en la casa del cu donde se hacía esta fiesta; allí se guardaban aquella noche y luego en amaneciendo las ensartaban en sus hilos o mecatejos; teniéndolas ensartadas, hacían sogas torcidas de ellas gruesas y largas y las tendían en el patio de aquel cu, presentándolas a aquel Dios cuya fiesta hacían. Aquella misma tarde, la vigilia de la fiesta, todos los populares hacían tamales y mataban gallinas y perrillos, y pelaban las gallinas, chamuscaban los perrillos, y todo lo demás que era menester para el día siguiente; toda esta noche, sin dormir, se ocupaban en aparejar estas cosas. Otro día muy de mañana, que era la fiesta de Uitzilopuchtli, los sátrapas ofrecían a este mismo ídolo flores, incienso y comida, y adornában con guirnaldas y sartales de flores. Habiendo compuesto esta estatua de Uitzilopuchtli con flores y habiéndole presentado muchas flores muy artificiosamente hechas y muy olorosas, hacían lo mismo a todas las estatuas de todos los otros dioses por todos los cúes; y luego en todas las casas de los señores y principales aderezaban con flores a los ídolos que cada uno tenía, y los presentaban otras flores poniéndoselas delante, y toda la otra gente popular hacía lo mismo en sus casas. Acabado de hacer lo dicho, luego comenzaban a comer y beber en todas las casas de chicos, grandes y medianos; llegando a la hora del mediodía, luego comenzaban un areíto muy pomposo en el patio del mismo Uitzilopuchtli, en el cual los más valientes hombres de la guerra, que se llamaban unos otomin, otros cuacuachicti, guiaban la danza, y luego tras ellos iban otros que se llaman tequioaque, y tras ellos otros que se llaman telpuchyaque, y tras ellos otros que se llaman tiachcaoan, y luego los mancebos que se llaman telpupuchti.

También en esta danza entraban mujeres, mozas públicas, e iban asidos de las manos una mujer entre dos hombres, y un hombre entre dos mujeres a manera de las danzas que hace en Castilla la Vieja la gente popular. Y danzaban culebreando y cantando, y los que hacían el son para la danza y regían el canto estaban juntos, arrimados a un altar redondo que llamaban mumuztli. En esta danza no hacían ademanes ningunos con los pies, ni con las manos, ni con las cabezas, ni hacían vueltas ningunas, más de ir con pasos llanos al compás del son y del canto muy despacio; nadie osaba hacer ningún bullicio, ni atravesar por el espacio donde danzaban; todos los danzantes iban con gran tiento que no hiciesen alguna disonancia. Los que iban en la delantera, que era la gente muy ejercitada en la guerra, llevaban echado el brazo por la cintura de la mujer, como abrazándola; los otros que no eran tales no tenían licencia de hacer esto.

A la puesta del Sol cesaba este areíto y se iban todos para sus casas; lo mismo hacían en cada casa cada uno delante de sus dioses; había gran ruido en todo el pueblo por razón de los cantares y del tañer de cada casa. Los viejos y las viejas bebían vino y enborrachábanse, y reñían unos con otros a voces, y otros se jactaban de sus valentías que habían hecho cuando mozos.

Aquí se acaba la relación de la fiesta que se llamaba tlaxuchimaco.

Capítulo XXIX. De la fiesta y sacrificios que se hacían en las calendas del décimo mes, que se llamaba xócotl uetzi

Al décimo mes llamaban xócotl uetzi. En pasando la fiesta de tlaxuchimaco cortaban un gran árbol en el monte de veinticinco brazas en largo, y habiéndole cortado, quitábanle todas las ramas y gajos del cuerpo del madero y dejaban el renuevo de arriba del guión; y luego cortaban otros maderos y hacíanlos cóncabos; echaban aquel madero encima de ellos y atábanle con maromas, y llevaban arrastrando, y él no llegaba al suelo porque iba sobre los otros maderos porque no se rozase la corteza. Cuando ya llegaban cerca del pueblo, salían las señoras y mujeres y principales a recibirle; llevaban jícaras de cacao para que bebiesen los que le traían, y flores con que enrosaban a los que le traían. Desque le habían llegado al patio del cu, luego comenzaban los tlayacanques o cuadrilleros, y daban voces muy fuertemente para que se juntasen todo el pueblo para levantar aquel árbol que llamaban xócotl. Juntados todos, atábanle con maromas, y hecho un hoyo donde había de levantarse, tiraban todos por las maromas y levantaban el árbol con gran grita; cerraban el hoyo con piedras y tierra para que quedase enhiesto, y así se estaba veinte días.

La vigilia de la fiesta, que se llamaba xócotl uetzi, tornábanlo echar en tierra muy poco a poco, porque no diese golpe, porque no se quebrase o hindiese, y así le iban recibiendo con unos maderos atados de dos en dos, que llaman cuauhtomázatl, y poníanle en tierra sin que recibiese daño, y dejábanle así e íbanse; las maromas dejábanlas cogidas sobre el mismo madero. Estábase toda aquella noche y el día de la misma, en amaneciendo, juntábanse todos los carpinteros con sus herramientas y labrábanle muy derecho; quitábanle si alguna corcoba tenía; poníanle muy liso. Y labraban otro madero de cinco brazas delgado; hacíanle cóncabo y poníanle en la punta desde donde comenzaba el guión, y recogían las ramas del guión dentro del cóncabo del otro madero y atábanle con una soga, ciñéndole desde donde comenzaban las ramas hasta la punta del guión. Acabado esto, los sátrapas aderezados con sus ornamentos componían el árbol con papeles, y ayudábanles los que llaman cuacuacuiltin y los que llamaban tetlepantlacque, que eran tres muy altos de cuerpo; al uno de ellos llamaban coyooa, y al otro zacáncatl, y al tercero ueycamécatl; ponían estos papeles con gran solicitud y bullicio.

También componían de papeles a una estatua, como de hombre, hecha de masa de semillas de bledos. Este papel con que le componían era todo blanco, sin ninguna pintura ni tintura; poníanle en la cabeza unos papeles cortados como cabellos, y unas estolas de papel de ambas partes, desde el hombro derecho al sobaco izquierdo, y desde el hombro izquierdo al sobaco derecho, y en los brazos ponían los papeles como alas donde estaban pintadas imágenes de gavilanes, y también un maxtle de papel. Ponían arriba unos papeles a manera de huipil, uno de la una parte, y otro a la otra a los lados de la imagen. Y en el árbol, desde los pies de la imagen, colgaban unos papeles largos que llegaban hasta el medio del árbol, que andaban revolando; eran estos papeles anchos como media braza, y largos como diez brazas. Ponían también tres tamales grandes hechos de semilla de bledos sobre la cabeza de la imagen, hincados en tres palos. Compuesto el árbol con todas estas cosas, atábanle diez maromas por la mitad de él; atadas las maromas, tiraban de ellas con gran grita, exhortándose a tirar de las maromas, y como le iban levantando, poníanle unos maderos atados de dos en dos y unos puntales sobre que descansase. Cuando ya le enhiestaban daban gran grita y hacían gran estruendo con los pies; luego le echaban al pie grandes piedras para que se estuviese enhiesto y no se acostase, luego encima le echaban tierra; hecho esto, íbanse todos a sus casas, nadie quedaba allí.

Luego venían aquellos que tenían cautivos presos, que los habían de quemar vivos, y traíanlos allí, a donde se había de hacer este sacrificio. Venían aderezados para hacer areíto; traían todo el cuerpo teñido con color amarillo y la cara con color bermejo; traían un plumaje, como mariposa, hecho de plumas coloradas de papagayo; llevaban en la mano izquierda una rodela labrada de pluma blanca con sus rapacejos que colgaban a la parte de abajo; en el campo de esta rodela iban piernas de tigre o de águila, debujadas de pluma al propio; llamaban a esta rodela chimaltetepontli. Cada uno de los que iban en el areíto, así aderezados, iba pareado con su cautivo; iban ambos danzando a la par. Los cautivos llevaban el cuerpo teñido de blanco, y el maxtle con que iban ceñidos era de papel; llevaban también unas tiras de papel blanco a manera de estolas, echadas desde el hombro al sobaco; llevaban también unos cabellos de tiras de papel cortadas delgadas; llevaban emplumada la cabeza con plumas blancas a manera de bilma; llevaban un bezote hecho de pluma; llevaban los rostros de color bermejo y las mejillas teñidas de negro.

En este areíto perseveraban hasta la noche. Puesto el Sol, cesaban y ponían los cautivos en unas casas que estaban en los barrios que se llaman calpulli. Allí los estaban guardando los mismos dueños y velaban todos y hacían velar a los cautivos, y acerca de la medianoche íbanse todos los viejos vecinos de aquel barrio a sus casas. Llegada la medianoche, los señores de los esclavos, cada uno al suyo, cortábanlos los cabellos de la corona de la cabeza a raíz del casco, delante del fuego y a honra del fuego. Estos cabellos guardaban como por reliquias y en memoria de su valentía; atábanlos con unos hilos colorados a unos penachos de garzotas, dos o tres. A la navajuela con que cortaban los cabellos llamábanla «uña de gavilán»; estos cabellos los guardaban en unas petaquillas o cofres hechos de caña, que llamaban «el cofre de los cabellos». Este cofre o petaca pequeñuela llevábala el señor del cautivo a su casa y colgábala de las vigas de su casa, en lugar público, porque fuese conocido que había cautivado en la guerra; todo el tiempo de su vida le tenía colgado. Después de haber cortado los cabellos de la coronilla a los cautivos, sus dueños dormían un poco y los cautivos estaban a mucho recado porque no huyesen.

En amaneciendo, luego ordenaban todos los cautivos delante del lugar que se llamaba tzompantli, que era donde espetaban las cabezas de los que sacrificaban. Estando así ordenados, luego comenzaba uno de los sátrapas a quitarlos unas banderillas de papel que llevaban en las manos, las cuales eran señal de que iban sentenciados a muerte; quitábanles también los otros papeles con que iban aderezados y alguna manta, si llevaban cubierta, y todo esto poníanlo en el fuego para que se quemase en un pilón, hecho de piedras, que llamaban cuauhxicalli. Todos iban por esta orden desnudándoles y echando en el fuego sus atavíos, porque no tenían más necesidad de vestiduras, ni otra cosa, como quien luego había de morir. Estando así todos desnudos esperando la muerte, venía un sátrapa aderezado con sus ornamentos y traía en los brazos la estatua del Dios que llamaban Páinal, también adornada con sus atavíos. Llegado aquel sátrapa con su estatua, que tenía en los brazos, subía luego al cu donde habían de morir los cautivos y llegaba al lugar donde los había de matar que se llama Tlacacouhcan. Llegado allí, luego tornaba a descender y pasaba delante de todos los cautivos, y tornaba otra vez a subir como primero. Los señores de los cautivos estaban también ordenados en rencle, cada uno cabe su cautivo, y cuando la segunda vez el Páinal subía al cu, cada uno de ellos tomaba por los cabellos a su cautivo y llevábalo a un lugar que se llama apétlac, y allí los dejaban todos. Luego descendían los que los habían de echar en el fuego y enpolvorizábanlos con incienso las caras, arrojándoselo a puñados, el cual traían molido en unas talegas; luego los tomaban y atábanlos las manos atrás, y también los ataban los pies; luego los echaban sobre los hombros a cuestas y subíanlos arriba a lo alto del cu, donde estaba un gran fuego y gran montón de brasa, y llegados arriba luego daban con ellos en el fuego. Al tiempo que los arrojaban, alzábase un gran polvo de ceniza, y cada uno donde caía allí se hacía un gran hoyo en el fuego, porque todo era brasa y rescoldo, y allí en el fuego comenzaba a dar vuelcos y hacer bascas el triste del cautivo; comenzaba a rechinar el cuerpo como cuando asan algún animal, y levantábanse vejigas por todas partes del cuerpo. Y estando en esta agonía, sacábanle con unos garabatos, arrastrando, los sátrapas que se llamaban cuacuacuiltin y poníanle encima del taxón que se llamaba téchcatl, y luego le abrían los pechos de tetilla a tetilla o un poco más abajo; luego le arrancaban el corazón y le arrojaban a los pies del estatua de Xiuhtecutli, Dios del fuego.

De esta manera mataban todos los cautivos que tenían para sacrificar en aquella fiesta, y acabándolos de matar todos, íbanse toda la gente para su casa; y al estatua del Dios Páinal llevábale el mismo sátrapa que le había traído al lugar donde solía estar, íbanle acompañando todos los viejos que estaban aplicados al servicio de aquel Dios; en acabándole de poner en su lugar, descendíanse al cu e íbanse a sus casas a comer. En acabando de comer, juntábanse todos los mancebos y mozoelos y muchachos, todos aquellos que tenían vedijas de cabellos en el cogote que llamaban cuexpaleque, y toda la otra gente; se juntaban en el patio de Xiuhtecutli a cuya honra se hacía esta fiesta. Luego al mediodía comenzaban a bailar y a cantar; iban mujeres ordenadas entre los hombres; henchíase todo el patio de gente que no había por donde salir, estando todos muy apretados. En cansándose de cantar y bailar, luego daban una gran grita y salíanse del patio e íbanse a donde estaba el árbol levantado; iban cuajados los caminos y muy llenos de gente tanto que los unos se atropellaban con los otros. Y los capitanes de los mancebos estaban en derredor del árbol para que nadie subiese hasta que fuese tiempo, y defendían la subida a garrotazos; y los mancebos que iban determinados para subir al árbol apartaban a empellones a los que defendían la subida, y luego se asían de las maromas y comenzaban a subir por ellas arriba. Por cada maroma subían muchos a porfía; colgaba de cada maroma una piña de mancebos, que todos subían a porfía por ella, y aunque muchos acometían a subir, pocos llegaban arriba. Y el que primero llegaba tomaba la estatua del ídolo, que estaba arriba hecha de masa de bledos; tomábale la rodela y las saetas, y los dardos con que estaba armado, y el instrumento con que se arrojan los dardos que se llama átlatl; tomaba también los tamales que tenía a los lados, desmenuzábalos y arrojábalos sobre la gente que estaba abajo. Toda la gente estaba mirando arriba, y cuando caían los pedazos de los tamales todos extendían los brazos para tomarlos, y algunos reñían y se apuñeaban por el tomar de los pedazos; había gran vocería sobre el tomar los pedazos que caían de arriba; y otros tomaban los penachos que tenía sobre la cabeza la imagen o estatua, que echaba de arriba el que había subido.

Hecho esto, el que había subido descendíase con las armas que había tomado de arriba; en llegando abajo, tomábanle con mucho aplauso y llevábanle y subíanle a lo alto del cu, que se llama Tlacacouhcan; subíanle a aquel lugar muchos viejos. Allá le daban joyas o empresas por la valentía que había hecho, y luego todos tiraban de las maromas con gran fuerza, echaban en tierra el árbol, y daban gran golpe en el suelo, y hacíase pedazos. Hecho esto, todos se iban a sus casas, nadie quedaba allí; y luego llevaban a su casa aquel que había ganado en subir primero al árbol; poníanle una manta leonada atada al hombro y por debajo del brazo contrario, como se pone la estola al diácono; llevaba esta manta una franja en la orilla de tochómitl y pluma. Esta manera de manta era lícito traer a los que hacían esta valentía, a los otros no les era lícito traer esta manta. Podíanlas tener en su casa y vender todos los que querían, pero no traerlas.

Aquel que había llevado la victoria, llevábanle trabado por los brazos dos sátrapas viejos que llamaban cuacuacuiltin, y muchos de los ministros de los ídolos iban tras ellos, tocando cornetas y caracoles. Llevaba a cuestas la rodela que había tomado en el árbol; dejándole en su casa, volvíanse al cu donde habían salido.

Esta es la relación de la fiesta llamada xócotl uetzi.

Capítulo XXX. De la fiesta y ceremonias que se hacían en las calendas del onceno mes, que se llamaba ochpaniztli

Al onceno mes llamaban ochpaniztli. Los cinco días primeros de este mes no hacían nada tocante a la fiesta; acabados los cinco días, quince días antes de la fiesta comenzaban a bailar un baile que ellos llamaban nematlaxo; este baile duraba ocho días. Iban ordenados en cuatro rencles y bailaban en este baile, no cantaban; iban andando y callando, y llevaban en las manos ambas unas flores que se llaman cempoalxochitl, no compuestas sino cortadas con la misma rama. Algunos mancebos traviesos, aunque los otros iban en silencio, ellos hacían con la boca el son que hacía el atabal, a cuyo son bailaban; ningún meneo hacían con los pies ni con el cuerpo, sino solamente con las manos, abajándolas y levantándolas a compás del atabal; guardaban la ordenanza con gran cuidado, de manera que nadie discrepase del otro. Comenzaban este baile hacia la tarde, y acabábase en poniendo el Sol. Esto duraba por ocho días, los cuales acabados, comenzaban luego las mujeres médicas, mozas y viejas, a hacer una escaramuza o pelea, tantas a tantas, partidas en dos escuadrones. Esto hacían las mujeres delante de aquella mujer que había de morir en esta fiesta por regocijarla, para que no estuviese triste ni llorase, porque tenían mal agüero si esta mujer que había de morir estaba triste o lloraba, porque decían que esto significaba que habían de morir muchos soldados en la guerra, o que habían de morir muchas mujeres de parto.

Cuando hacían esta escaramuza o pelea aquella mujer que estaba diputada para morir, a la cual llamaban la imagen de la madre de los dioses, a quien la fiesta se hacía, hacía el primer acometimiento contra el escuadrón contrario. Iban acompañando a ésta tres viejas que eran como sus madres, que nunca se le quitaban del lado; a la una llamaban Aoa, a la otra Tlauitecqui, a la tercera Xocuauhtli. La pelea era que se apedreaban con pellas hechas de aquellas hilachas que nacen en los árboles, o con pellas hechas de hojas de espadañas y con hojas de tunas, y con flores amarillas que llaman cempoalxochitl. Todas iban ceñidas, y en la cintura llevaban unas calabazuelas colgadas con polvos de aquella hierba que llaman yietl; iban apedreándose el un escuadrón tras el otro, y después el otro volvía tras el otro; de esta manera escaramuzaban ciertas vueltas, con todas las cuales acabadas, cesaba la escaramuza y luego llevaban a la mujer que había de morir a la casa donde la guardaban. Esta mujer llamaban Toci, que quiere decir «nuestra abuela»; llaman así a la madre de los dioses, a cuya honra ella había de morir. Esta escaramuza hacían por espacio de cuatro días continuos, los cuales pasados, sacaban aquella mujer a pasearse por el tiánquez; iban con ella todas las médicas acompañándola por el tiánquez; a este paseo llamaban «acozeamiento del tiánquez», porque nunca más había de volver a él. Saliendo del tiánquez, recibíanla luego los sátrapas de la diosa llamada Chicomecóatl, y rodeábanse de ella, y ella sembraba harina de maíz por donde iba, como despidiéndose del tiánquez, y luego aquellos sátrapas llevábanla a la casa donde la guardaban, que era cerca del cu donde la habían de matar. Allí la consolaban las médicas y parteras, y la decían: «Hija, no os entristezcáis, que esta noche ha de dormir con vos el rey, ¡alegraos!». No la daban a entender que la habían de matar, porque su muerte había de ser súpita, sin que ella lo supiese.

Y luego la ataviaban con los ornamentos de aquella diosa que llaman Toci, y llegada la medianoche llevábanla al cu donde había de morir, y nadie hablaba ni tosía cuando la llevaban; todos iban en gran silencio, aunque iba con ella todo el pueblo. Y desque había llegado al lugar donde la habían de matar, tomábanla uno sobre las espaldas y cortábanla de presto la cabeza, y luego caliente la desollaban, y desollada, uno de los sátrapas se vestía su pellejo, al cual llamaban teccizcuacuilli; escogían para esto el mayor de cuerpo y de mayores fuerzas. Lo primero la desollaban el muslo, y el pellejo del muslo llevábanle al cu de su hijo que se llamaba Cintéutl, que estaba en otro cu, y vestíansele. Después que se vestía aquel sátrapa con el pellejo de aquella mujer, iba a tomar a su hijo Cintéutl, luego se levantaba al canto del cu, y luego bajaba abajo con prisa. Acompañábanle cuatro personas que habían hecho voto de hacerle aquel servicio; tomábanle en medio, dos de la una parte y dos de la otra, y algunos de los sátrapas iban detrás de este que llevaba el pellejo vestido, y otros principales y soldados que le estaban esperando se ponían delante para que él fuese tras ellos persigiéndolos, y así comenzaban a huir delante de él reciamente; iban volviendo la cabeza y golpeando las rodelas, como provocándole a pelear, y tornaban luego a correr con gran furia.

Todos los que veían esto temían y temblaban de ver aquel juego; y este juego se llamaba zacacalli, porque todos aquellos que iban huyendo llevaban en las manos unas escobas de lazates ensangrentadas. Y el que llevaba el pellejo vestido con los que iban acompañándole perseguían a los que iban delante huyendo, y los que huían procuraban de escaparse de los que los perseguían, porque los temían mucho. Y llegando al pie del cu de Uitzilopuchtli, aquel que llevaba el pellejo vestido alzaba los brazos y poníase en cruz delante de la imagen de Uitzilopuchtli, y esto hacía cuatro veces. Hecho esto, volvíase a donde estaba la estatua de Cintéutl, hijo de aquella diosa llamada Toci, a quien éste representaba. Este Cintéutl era un mancebo el cual llevaba puesto por carátula el pellejo del muslo de la mujer que habían muerto, y juntábase con su madre. Los atavíos que llevaba era la carátula del pellejo metida por la cabeza, y un capillo de pluma metido en la cabeza que estaba pegado a un hávito de pluma que tenía sus mangas y su cuerpo; la punta del capillo, que era larga, estaba hecha una rosca hacia tras; tenía un lomo como cresta del gallo en la rosca, y llamaban a este tal capillo itztlacoliuhqui, que quiere decir «Dios de la helada».

Iban junto con su madre; iban ambos a la par muy despacio; iban al cu de la madre Toci, donde había muerto aquella mujer. Poníase en el cu aquel que representaba a la diosa Toci, el cual llevaba el pellejo de la otra. Todo lo dicho pasaba de noche, y en amaneciendo poníase aquel que representaba a la diosa Toci en el canto del cu, en lo alto, y todos los principales que estaban abajo esperando aquella demostración comenzaban a subir con gran prisa por las gradas del cu arriba, y llevaban sus ofrendas y ofrecíanselas. Unos de ellos emplumábanle con pluma de águila —aquellas blandas que están a raíz del cuerpo— la cabeza y también los pies; otros la afeitaban los rostros con color colorado; otros le vestían un huipil, no muy largo, que tenía delante los pechos un águila labrada o tejida en el mismo huipil; otros le ponían unas naoas pintadas; otros descabelaban codornices delante de ella; otros le ofrecían copal. Esto se hacía muy de presto, y luego se iban todos, no quedaba nadie allí. Luego la sacaban sus vestiduras ricas y una corona muy pomposa que se llamaba amacalli, que tenía cinco banderillas, y la de medio más alta que las otras. Era esta corona muy ancha en lo alto y no redonda sino cuadrada, y del medio de ella salían las banderillas; las cuatro banderillas iban en cuatro esquinas, y la mayor iba en medio; llamaban a esta corona meyotli.

Luego ponían en rencle todos los cautivos que habían de morir, y ella tomaba uno y echábale sobre el taxón de piedra, que llamaban téchcatl, y abría los pechos y sacaba el corazón, y luego a otro, y luego a otro, hasta cuatro; y acabando de matar estos cuatro, los demás encomendaba a los sátrapas para que ellos los matasen, y luego se iba con su hijo para el cu donde solía estar, el cual llamaban Cintéutl o Itztlacoliuhqui. Iban delante de ellos aquellos sus devotos que se llaman icuexoan; iban algo delante aderezados con sus papeles, ceñido un maxtle de papel torcido y sobre las espaldas un papel fruncido y redondo como rodela. Llevaba a cuestas unos plumajes compuestos con algodón; en este plumaje llevaba colgadas unas hilachas de algodón no torcido. Y las médicas y las que venden cal en el tiánquez iban acompañando de una parte y de otra a la diosa y a su hijo. Iban cantando los, sátrapas que se llamaban cuacuacuilti; iban cantando y rigiendo el canto de las mujeres, y tañendo teponactli de una lengua que tiene abajo un tecómatl. Llegando al lugar donde espectaban las cabezas en el cu de su hijo Cintéutl, estaba allí un atabal, y aquel que llevaba el pellejo vestido y era imagen de la diosa Toci ponía un pie sobre el atabal, como cozeándole. Estaban allí esperando al hijo de esta diosa, Cintéutl, que era un mancebo recio y fuerte, muchos soldados viejos, y tomábanle en medio e iban todos corriendo, porque habían de llevar el pellejo del muslo de la que murió —el cual, aquel que llamaban su hijo traía metido en la cabeza y sobre la cara como carátula— a un cerro que se llamaba Popotl Temi, que era la raya de sus enemigos. Iban en compañía de éstos muchos soldados y hombres de guerra con gran prisa corriendo; llegando al lugar donde había de dejar el pellejo, que se llamaba mexayácatl, muchas veces acontecía que salían sus enemigos contra ellos, y allí peleaban los unos con los otros y se mataban; el pellejo poníanlo colgado en una garita que estaba hecha en la misma raya de la pelea, y de allí se volvían y los enemigos también se iban para su tierra.

Acabados todos estos juegos y ceremonias, a aquel que era imagen de la diosa Toci llevábanle a la casa que se llamaba Atenpan. El señor featuring poníase en su trono en las casas reales; tenía por estrado un cuero de águila con sus plumas, y por espaldar de la silla un cuero de tigre. Estaba ordenada toda la gente de guerra, delante los capitanes y valientes hombres, en medio los soldados viejos, al cabo los bisoños; e iban todos delante del señor así ordenados, y pasaban como haciendo alarde por delante de él, haciéndole gran reverencia o acatamiento, y él tenía cerca de sí muchas rodelas y espadas y plumajes, que son aderezos de la guerra, y mantas y maxtles, y como iban pasando a cada uno le mandaba dar de aquellas armas y plumajes; a los más principales y señalados lo mejor y más rico, y asimismo de las mantas y maxtles, y cada uno en tomando lo que le habían dado, íbase aparte y aderezábase con ello; a los de medio daban lo menos rico, y a los de tras daban lo que quedaba. Y como todos se hubiesen aderezado con las armas que habían tomado, ordenábanse otra vez y pasaban por delante del señor armados y aderezados, y hacíanle gran acatamiento cada uno como iba pasando.

Acabado esto, ya estaban haciendo areíto en el patio de la diosa Toci, y luego todos los que habían tomado las armas íbanse al areíto; éstos a quien se daban estas armas tenían entendido que habían de morir con ellas en la guerra. En este baile o areíto no cantaban, ni hacían meneos de baile, sino iban andando y levantando y bajando los brazos al compás del atambor, y llevaban en cada mano flores. Todos los que bailaban parecían unas flores, y todos los que miraban se maravillaban de sus atavíos; andaban alrededor del cu de aquella diosa Toci. Las mujeres que estaban a la mira de este areíto lloraban y decían: «Estos nuestros hijos que van ahora tan ataviados, si de aquí a poco apregonan guerra, ya quedan obligados a ir a ella; ¿Pensáis que volverán más? ¡Quizá nunca más los veremos!». De esta manera se acuitaban las unas a las otras, y se angustiaban por los hijos. Aquel hombre que era imagen de la diosa Toci, y sus devotos y las médicas iban bailando aparte, detrás de los que hacían el areíto, y cantaban en tiple muy alto en este areíto, comenzando al mediodía. Otro día hacían el mismo areíto, y salían todos a él, porque el día antes muchos no habían salido. Por el alarde que se hacía este día, salían todos los principales y los piles, y aderezábanse muy ricamente, y el señor iba delante con ricos atavíos ataviado; era tanto el oro que resplandecía con el Sol en gran manera en todo el patio. Y a la tarde, acabando el areíto, salían los sátrapas de la diosa Chicomecóatl vestidos con los pellejos de los cautivos que habían muerto el día antes; a éstos llamaban tototecti. Estos se subían encima un cu pequeño que se llamaba «la mesa de

Uitzilopuchtli»; desde allí arrojaban o sembraban maíz de todas maneras, blanco, y amarillo, y colorado y prieto, sobre la gente que estaba abajo, y también pepitas de calabaza, y todos cogían aquel maíz y pepitas, y sobre ello se apuñeaban las doncellas que servían a la diosa Chicomecóatl, a las cuales llamaban cioatlamacacque. Todas las llevaban a cuestas cada una siete mazorcas de maíz rayadas con ulli derretido y envueltas con papel blanco en una manta rica; iban aderezadas con sus plumas en las piernas y en los brazos, pegadas a manera de bilma, y afeitadas con marcaxita; iban cantando juntamente con los sátrapas de la diosa Chicomecóatl, los cuales regían el canto.

Hecho esto, luego los sátrapas iban a recogerse a sus sacristías; luego descendía un sátrapa de lo alto del cu de Uitzilopuchtli, y traía en las manos un gran altabaque de madera lleno de greda blanca y molida como harina, y de pluma blanda como algodón; poníalo abajo, en un lugar que se llamaba Coaxalpan, que era un espacio que había entre las gradas del cu y el patio abajo, al cual espacio subía por cinco o seis gradas. En poniendo su altabaque allí, estaban muchos soldados esperando, y arrancaban a huir, cual por cual llegaría primero a tomar lo que venía en el altabaque, y aquí parecían los que eran mejores corredores y más ligeros. Arremetían con el altabaque y tomaban a puñados lo que en ella estaba, greda y pluma; en tomando volvían corriendo hacia donde habían partido, y aquel que tenía vestido el pellejo de la mujer muerta, que era imagen de la diosa Toci, estaba presente cuando tomaban aquella pluma y greda. En acabando de tomar, arrancaba a correr tras ellos, como persiguiéndolos, y todos daban grita; y cuando hacía esta corrida el sobredicho, como iba entre la gente huyendo, todos le escupían y le arrojaban lo que tenían en las manos, y el señor también daba una remetida corriendo poco trecho. Así se entraba en su casa corriendo, y todos los demás hacían lo mismo, y así dejaban todos aquel que era imagen de la diosa Toci, excepto algunos que le seguían con algunos sátrapas hasta llevarle al lugar donde había de desnudarse el pellejo, el cual lugar se llamaba Tocititlán. Allí le colgaba en una garita que allí estaba; tendíale muy bien, para que estuviesen tendidos los brazos y la cabeza hacia la calle o camino. Hecho esto, se acababa la fiesta y ceremonias de ochpaniztli.

Este es el fin de la relación de esta fiesta.

Capítulo XXXI. De la fiesta y sacrificios que se hacían en las calendas del doceno mes, que se llamaba teutleco

Al doceno mes llamaban teutleco, que quiere decir «llegada» o «venida de los dioses». A quince días andados de este mes enramaban unos altares, que ellos llamaban momoztli, con cañas atadas de tres en tres. Tenían cargo de hacer esto los mozos y muchachos que se criaban en las casas que llamaban telpuchcalli. Estos altares enramaban solamente en las casas de las diosas; también enramaban los altares donde estaban las estatuas de los ídolos particulares, en las casas del pueblo, y dábanles por esto en cada casa un chiquíuitl de maíz o cuatro mazorcas, y los más pobres dábanlos dos o tres mazorcas; llamaban a esto cacálotl, como quien dice aguinaldo para que comiesen tostado, y no lo comían todos, sino aquellos que eran ya conocidos por diligentes y trabajadores.

A los tres días que andaban enramando, llegaba el Dios que llamaban Telpuchtli y Tlamatzíncatl, éste llegaba primero porque como mancebo andaba más y era más recio y ligero, y así ofrecíanle al tercero día. Y las ofrendas que le daban era semilla de bledos tostada y molida, y lo revolvían con agua y otro revolvían con miel; y hacían cuatro pellas de esta masa y poníanlas en un plato. Esta era la ofrenda de cada uno de los que habían de ofrecer, y luego las llegaban a ofrecer a aquel Dios en su cu, y se las ponían delante. A la noche luego comenzaban a beber pulque los viejos y las viejas; decían que lavaban los pies al Dios Telpuchtli, que había llegado de camino. En el cuarto día quitaban los ramos que habían puesto de los altares, y al quinto día era la fiesta de teutleco; es la llegada de los dioses, que era el último día de este mes. A la medianoche de este día molían un poco de harina de maíz y hacían un montoncillo de ella, bien tupida; hacían este montoncillo de harina, redondo como un queso, sobre un petate. En este montoncillo de harina veían cuando habían llegado todos los dioses, porque aparecía una pisada de un pie pequeño sobre la harina; entonces entendían que eran llegados los dioses. Un sátrapa llamado teuoa estaba esperando toda la noche cuando parecería esta señal de la llegada de los dioses; iba y venía cada hora, muchas veces, a mirar el montoncillo de la harina, y en viendo la pisada sobre la harina, luego aquel sátrapa decía: «¡Venido ha su majestad!». En oyendo los demás sátrapas y ministros de los ídolos esta voz, luego se levantaban y tocaban sus caracoles y cornetas en todos los cúes, en todos los barrios y en todos los pueblos.

En esto entendía toda la gente que los dioses eran llegados; luego todos comenzaban a ir a los cúes con sus ofrendas para ofrecer a los dioses recién llegados, y lo que ofrecían era aquellos tamales de semillas que habían hecho el día antes. En acabando de ofrecer, luego se iban a sus casas, no quedaba allí nadie; y a la noche bebían pulque los viejos y viejas; decían que lavaban los pies a los dioses. El día siguiente llegaba el Dios de los mercaderes llamado Yacapitzáoac o Yiacatecutli, y otro Dios llamado Ixcozauhqui o Xiuhtecutli, que es el Dios del fuego, a quien los mercaderes tienen mucha devoción. Estos dos llegaban a la postre, un día después de los otros, porque decían que eran viejos y no andaban tanto como los otros. Acabado esto, luego quemaban vivos a muchos esclavos echándolos vivos en el fuego en un altar grande que se llamaba teccalco, que tenía gradas por cuatro partes; encima del altar andaba bailando un mancebo aderezado con una cabellera de cabellos largos, con un plumaje de plumas ricas con la corona; la cara teníala teñida de negro con unas rayas de blanco, una que salía desde la punta de la ceja hacia lo alto de la frente, y otra que descendía desde el lagrimal del ojo hacia la mejilla, haciendo medio círculo. Traía a cuestas un plumaje, que se llamaba uacalli; traía un conejo seco en él. Cuando echaban un cautivo en el fuego, silvaba metiendo el dedo en la boca como lo acostumbran. También otro mancebo se aderezaba como murciélago, con sus alas y con todo lo demás para parecer murciélago; traía unas sonajas, en cada mano la suya, que son hechas como cabezas de dormideras grandes; con éstas hacían son. Habiendo echado en el fuego los cautivos, luego los sátrapas se ponían en procesión, compuestos con unas estolas de papel desde el hombro izquierdo al sobaco derecho, y desde el hombro derecho al sobaco izquierdo, y subían trabados de las manos a la hoguera y daban una vuelta alrededor de ella muy despacio, y descendían corriendo abajo; desasíanse de las manos los unos de los otros casi por fuerza; algunos de ellos caían, unos de los bruces y otros de lado; este juego se llamaba mamatlauitzoa. Otro día juntábanse por los barrios y por las calles, y hacían danzas trabados de las manos; pintábanse los brazos y el cuerpo con plumas de diversas colores, apegándolas a la carne con resina. Esto hacían chicos y grandes, y aun a los que estaban en la cuna pintaban con estas plumas; solamente a los machos. Esta manera de danza comenzaban desde el mediodía, y cantaban por ahí algunos cantares como querían; danzaban de esta manera hasta la noche, y los que querían también de noche. Estos dos días postreros eran del mes que se sigue.

Esta es la relación de la fiesta llamada teutleco.

Capítulo XXXII. De la fiesta y sacrificios que se hacían en las calendas del treceno mes, que se decía tepeílhuitl

Al treceno mes llamaban tepeílhuitl. En la fiesta que se hacía en este mes cubrían de masa de bledos unos palos, que tenían hechos como culebras, y hacían unas imágenes de montes fundadas sobre unos palos, hechos a manera de niños, que llamaban hecatotonti; era masa de bledos la imagen del monte; poníanle delante junto unas masas rollizas y larguillas de masa de bledos a manera de huesos, y éstos llamaban yomio. Hacían estas imágenes a honra de los montes altos donde se juntan las nubes, y en memoria de los que habían muerto en agua o heridos de rayo, y de los que no se quemaban sus cuerpos, sino que los enterraban.

Estos montes hacíanlos sobre unos rodeos o roscas hechos de heno, atados con sogas de zacate, y guardábanlos de un año para otro. La vigilia de esta fiesta llevaban a lavar estas roscas al río o a la fuente, y cuando las llevaban, íbanles tañendo con unos pitos, hechos de barro cocido, o con unos caracoles mariscos; lavábanlas en unas casas o oratorios que estaban hechos a la orilla del agua, que se llaman ayauhcalli; lavábanlas con unas hojas de cañas verdes; algunos en el agua que pasaba junto a su casa las lavaban. En acabándolas de lavar, volvíanlas a su casa con la misma música; luego hacían sobre ellas las imágenes de los montes, como está dicho. Algunos hacían estas imágenes de noche, antes de amanecer, cerca del día. La cabeza de cada un monte tenía dos caras, una de persona y otra de culebra, y untaban la cara de persona con ulli derretido, y hacían unas tortillas pequeñuelas de masa de bledos amarillos, y poníanlas en las mejillas de la cara de persona de una parte y de otra; cubríanlas con unos papeles que llamaban tetéuitl; poníanlos unas corozas en la cabeza con sus penachos. También a las imágenes de los muertos los ponían sobre aquella rosca de zacate, y luego en amaneciendo ponían estas imágenes en sus oratorios sobre unos lechos de espadañas o de juncias o juncos. Habiéndolos puesto allí, luego los ofrecían comida: tamales y macamorra, o cajuela hecha de gallina o de carne de perro, y luego los incensaban, echando incienso en una mano de barro cocido, como cuchara grande llena de brasas; y a esta ceremonia llamaban calonóoac. Y los ricos cantaban y bebían pulque a honra de estos dioses y de sus difuntos; los pobres no hacían más de ofrecerlos comida, como se dijo.

En esta fiesta mataban algunas mujeres a honra de los montes, o de los dioses de los montes. A la de una de ellas llamaban Tepóxoch, y a la segunda Matlalcuae, y a la tercera Xochtécatl, y a la cuarta Mayáuel, que era imagen de los magueyes. El quinto era hombre, y llamábanle Milnáoatl; este hombre era imagen de las culebras. Iban aderezados con coronas de papel, y todos los papeles con que iban aderezados iban muy manchados con ulli derretido; el mismo atavío llevaba el hombre que llamaban Milnáoatl, que era imagen de las culebras. A estas mujeres y a este hombre llevábanlos en literas; llamábase «paseo de literas». Traíanlos como en procesión; llevábanlos en los hombros; hombres y mujeres iban cantando con ellos. Los que llevaban las literas o andas iban muy bien aderezados, las mujeres con sus naoas y huipiles labrados y afeitadas las caras. Venida la hora del sacrificio, ponían en las literas a las mujeres y al hombre que habían de morir, y subíanlos a lo alto del cu, y desque estaban arriba, sacábanlos de las literas y uno a uno echábanlos sobre el taxón de piedra y abríanlos los pechos con el pedernal; sacábanlos el corazón y ofrecíanlos al Dios Tláloc. Luego descendían los cuerpos, trayéndolos rodando por las gradas abajo, poco a poco teniéndolos con las manos; y llegando abajo, llevábanlos al lugar donde espetaban las cabezas: allí los cortaban las cabezas y las espectaban por las sienes en unos varales que estaban echados como en lancera; los cuerpos llevábanlos a los barrios de donde habían salido, y otro día, que se llamaba texinilo, hacíanlos pedazos y comíanlos. También entonces despedazaban las imágenes de los montes en todas las casas que los habían hecho, y los pedazos subíanlos a los tlapancos, para que se secasen al Sol, e íbanlos comiendo cada día poco a poco. Y con los papeles con que estaban aderezadas aquellas imágenes de los montes cubrían aquellos rodeos de zacate, sobre que les habían puesto, y colgábanlos de las vigas, cada uno en su oratorio que tenía en su casa. Un año entero estaba colgado allí hasta que llegase otra vez la fiesta; entonces tomaban los papeles, juntamente con el rodeo, y llevábanlos a los oratorios que se llaman ayauhcalli, y el papel dejábanlo allí y el rodeo volvíanle a su casa para hacer ofrenda a las imágenes.

Aquí se acaba la relación del mes y fiesta que se llama tepeílhuitl.

Capítulo XXXIII. De la fiesta y sacrificios que se hacían en las calendas del catorceno mes, que se llamaba quecholli

Al mes catorceno llamaban quecholli. Salido el mes pasado, en cinco días no se hacía ceremonia ninguna ni fiesta en los cúes; todo estaba en calma lo que toca al servicio de los dioses. Al sexto día juntábanse los que tenían cargo de los barrios: mandaban que se buscasen cañas para hacer saetas, y cada uno de los soldados traían una carga de cañas, y todos juntos, del Tlaltelulco y de México, ofrecían todas aquellas cañas a Uitzilopuchtli, poniéndolas en el patio delante del cu de este Dios. Luego allí las repartían a la otra gente, y cada uno llevaba a su casa las que le cabía.

Otro día venían al patio de Uitzilopuchtli todos los que habían llevado cañas, para enderezar las cañas al fuego; este día no se hacía más de enderezar las cañas, y volvíanlas a sus casas. Otro día siguiente volvían con ellas al patio de Uitzilopuchtli, y venía toda la gente, chicos y grandes, no quedaba nadie, y a todos los muchachos subíanlos al cu de Uitzilopuchtli; allí los hacían tañer con los caracoles y cornetas, y los hacían cortar las orejas y sacaban sangre y untábanlos por las sienes y por los rostros. Llamábase este sacrificio momazaizo, porque le hacían en memoria de los ciervos que habían de ir a cazar. Desque se juntaban todos juntos en el patio de Uitzilopuchtli, los tenuchcas y los tlatilulcas —en una parte se ponían los tenuchcas y en otra los tlatilulcas— comenzaban a hacer saetas; a este día llamaban tlacati in tlacochtli. En este día todos hacían penitencia, todos sacaban sangre de las orejas cortándose, y si alguno no se sangraba de las orejas, tomábanle la manta los que tenían cuidado de recoger la gente, que llamaban tepan mani y nunca más se la daban. Y los días que entendían en hacer estas saetas nadie dormía con mujer, y nadie bebía pulque.

Todas las saetas eran hechas a una medida, y los caxquillos, que eran unas puntas tan largas como un xeme, hechas de roble, eran también todas iguales. Todos cortaban las cañas a una medida; cortadas, dábanlas a los que las ponían las puntas, y aquellos atábanlas muy bien con ichtli, con hilos de nequén muy bien torcidos, porque no se hindiesen al meter de las puntas; metían engrudo en el agujero de la caña, y luego la punta sobre el engrudo; en poniéndola la punta como había de estar, untaban con resina la atadura de la caña y también al cabo donde había de herir la cuerda del arco. En acabando de aparejar las saetas, hacíanlas luego hacecillos de veinte en veinte, y luego se ordenaban como en procesión; llevaban hacecillos todos a ponerlos y presentábanlas delante de Uitzilopuchtli; allí las ponían todas juntas; en acabándolas de poner, íbanse a sus casas.

Al cuarto día llamaban calpan nemitilo, que quiere decir «el día que se hacen saetas particulares para jugar con ellas», para ejercitarse en el tirar, y ponían por blanco una hoja de maguey y tirábanla; aquí parecían quiénes eran los más certeros en tirar.

Al quinto día hacían una saeticas pequeñas a honra de los difuntos; eran largas como un xeme o palmo y poníanlas resina en las puntas, y en el cabo el caxquillo era de un palo de por ahí; ataban cuatro saeticas y cuatro teas con hilo de algodón flojo, y poníanlas sobre las sepulturas de los difuntos. También ponían juntamente un par de tamales dulces; todo el día estaba esto en las sepulturas, y a la puesta del Sol encendían las teas, y allí se quemaban las teas y las saetas. El carbón y ceniza que de ellas se hacía enterrábanlo sobre la sepultura del muerto, a honra de los que habían muerto en la guerra. Tomaban una caña de maíz, que tenía nueve nudos, y ponían en la punta de ella un papel como bandera, y otro largo que colgaba hasta abajo; al pie de la caña ponían la rodela de aquel muerto, arrimada con una saeta; también ataban a la caña la manta y el maxtle; en la bandera señalaban con hilo colorado un aspa de ambas partes, y también labraban el papel largo con hilo colorado y blanco, torcido desde arriba hasta abajo, y del hilo blanco colgaban el pajarito que se llama uitzitzilin, muerto. Hacían también unos manojitos de plumas blancas del ave que llaman áztatl, atadas de dos en dos, y todos los hilos se juntaban y los ataban a la caña; estaban aforrados los hilos con pluma blanca de gallina pegado con resina; todo esto lo llevaban a quemar a un pilón de piedra que se llamaba cuauhxicalco.

Al sexto día llamaban zacapanquixoa, y llamábanle de esta manera porque en el patio del cu del Dios que llaman Mixcóatl tendían mucho heno, que lo traían de las montañas, y sobre el heno se sentaban las mujeres ancianas que servían en el cu, que se llamaban cioatlamacacque; delante de ellas tendían un petate; luego venían todas las mujeres que tenían hijos o hijas y traíanlos consigo. Estas traían cada cinco tamales dulces, y echábanlos sobre el petate delante de las viejas, y luego cada una daba a su hijo a alguna de aquellas viejas, y la vieja que le tomaba brincábale en los brazos, y hecho esto, dábanlos a sus madres e íbanse a sus casas. Esto comenzaba a la mañana y acababa a la hora de comer; los tamales tomaban las viejas para su comer.

Al onceno día de este mes iban a hacer una caza a aquella sierra que está encima de Atlacuioayan, y ésta era fiesta por sí; de manera que en este mes había dos fiestas, la que está dicho y lo que comienza. Esta montaña o ladera donde iban a cazar llamaban Zacatépec, y llamábanle también Ixillantonan. El día que llegaban a esta ladera descansaban allí aquella noche en sus cabañas de heno; hacían hogueras para dormir aquella noche.

A diez días del mes arriba dicho hacían fiesta al Dios de los otomíes llamado Mixcóatl, en el modo que se sigue. Otro día de mañana almorzaban todos; habiendo almorzado, aderezábanse todos para la caza, ceñían sus mantas a los lomos, y poníanse todos en ala. No solamente los mexicanos iban a esta caza, pero también los de Cuautitlan, y de Cuauhnáoac, y de Coyoacán, y otros pueblos comarcanos. Todos llevaban arcos y saetas, e íbanse juntando poco a poco, acorralando la caza, que eran ciervos, y conejos, y liebres y coyotes; cuando ya estaba junta la caza, arremetían todos y tomaba cada uno lo que podía; pocos animales de aquéllos se escapaban o casi ninguno. Habiendo tomado los animales, íbase cada uno para su pueblo, y los que tomaron alguna caza matábanla y llevában la cabeza consigo; y los que cazaban algunos animales dábanlos mantas por ligeros y osados; también los daban comida. En acabando la caza, luego se iban a sus casas. Todas las cabezas de los animales que habían tomado, los cuales llevaban, colgábanlas en sus casas.

En el sexto día, que se llamaba zacapanquixoa, daban los aderezos de papel a los esclavos que habían de matar a honra del Dios Tlamatzíncatl, y a honra del otro Dios que se llamaba Izquitécatl. Estos esclavos compraban los que hacen pulque y los que hacían pulque para Moctezuma; éstos morían a honra de aquellos dioses ya dichos. Otros dos esclavos que mataban a honra del Dios Mixcóatl y de su mujer, que se llamaba Coatlicue, comprábanlos los calpixques. Allende de estos hombres que mataban a honra de Tlamatzíncatl, mataban muchas mujeres a las cuales llamaban coatl incue, y eran sus mujeres de Tlamatzíncatl e izquitécatl; también a estas mujeres las componían con sus papeles. Llegada la fiesta, que era el último día de este mes, daban una vuelta a todos los que habían de morir, trayéndoles en procesión por alrededor del cu. Pasado el mediodía, llevábanlos al cu donde los habían de matar, y traíanlos en procesión alrededor del taxón donde los habían de matar, y tornábalos a descender abajo y llevábanlos a la casa del calpulco; allí los hacían velar toda la noche. Y a la medianoche, delante del fuego, cortábanlos los cabellos de la coronilla; luego los esclavos quemaban sus hatos, que era una banderilla de papel y su manta y su maxtle, y algunos quemaban las sobras de las cañas de humo y sus vasos que tenían para beber; todo lo quemaban allí en el calpulco. Y las mujeres también quemaban todos sus hatos y sus alhajas, su petaquilla y sus husos y la greda con que hilaban, y los vasitos sobre que corre el huso, y el ordidero y las cañas, y el tupidero con que tejían, y los lizos y el ataharre, y los cordeles con que atan la tela para que esté alta, y la caña para tupir, y las espinas o puntas de maguey, y la medida para tejer, con todas las otras baratijas todo lo quemaban las mismas cuyo eran. Decían que todas estas alhajas que quemaban se las habían de dar en el otro mundo donde iban después de la muerte.

Esto se hacía la vigilia de la fiesta. El día en amaneciendo, componíanlos luego con sus papeles con que habían de morir, y luego los llevaban al lugar de la muerte; subíanlos por las gradas del cu a cada uno dos mancebos, uno de un brazo, otro de otro, porque no desmayasen ni cayesen, y otros dos los bajaban después de muertos por las gradas abajo; a cada uno de ellos la llevaban uno una bandera de papel delante. Cada uno de estos esclavos iba con esta compañía; cuando subían por las gradas del cu llevaban delante de todos cuatro cautivos atados de pies y manos, los cuales habían atado en el recibimiento del cu, que se llama apétlac, que es donde comienzan las gradas. A cada uno llevaban cuatro, dos por los pies y dos por las manos llevábanlos boca arriba; llegados arriba, echábanlos sobre el taxón y abríanlos los pechos, y sacábanlos los corazones. Subíanlos a éstos de esta manera en significación que eran como ciervos, que iban atados a la muerte. Los demás esclavos iban por su pie.

Habiendo muerto a todos éstos, a la postre mataban a la imagen del Dios Mixcóatl, porque todos los mataban en su cu; y a los que eran del Dios Tlamatzíncatl también los mataban en su cu; subíanse de su cu e iban al taxón donde los mataban en el cu de Tlamatzíncatl. Las mujeres matábanlas en otro cu que llamaban Coatlan, ante que a los hombres, y las mujeres cuando subían las gradas unas cantaban y otras gritaban, y otras lloraban; iban llevándolas por los brazos algunos hombres porque no desmayasen, y después que las habían muerto no las arrojaban por las gradas abajo, sino descendíanlas rodando poco a poco. Estaban abajo cerca del lugar donde espetaban las cabezas dos mujeres viejas, que llamaban teixamique; tenían cabe sí unas jícaras con tamales y una salsa de mulli en una escudilla, y en descendiendo a los que habían muerto, llevábanlos a donde estaban aquellas viejas, y ellas metían en la boca a cada uno de los muertos cuatro bocadillos de pan, mojados en la salsa, y rociábanlos las caras con unas hojas de caña mojadas en agua clara, y luego los cortaban las cabezas los que tenían cargo de esto, y las espetaban en unos varales, que estaban pasados por unos maderos como en lancera. Hecho todo esto, se acababa la fiesta y se iban todos a sus casas.

Esta es la relación de lo que pasaba en esta fiesta.

Capítulo XXXIV. De la fiesta y sacrificios que se hacían en las calendas del quinceno mes, que se decía panquetzaliztli

Al quinto décimo mes llamaban panquetzaliztli. Ante de llegar a este mes, por reverencia de la fiesta que en él se hacía, los sátrapas y ministros de los ídolos hacían penitencia ochenta días, e iban a poner ramas en todos los oratorios y humilladeros de los montes; comenzaban esta penitencia un día después del mes que se llama ochpaniztli. A la medianoche iban a enramar los altares y oratorios, y humilladeros de los montes, aunque estuviesen lejos; iban a hacer esta devoción de noche y desnudos todos los días y todas las noches hasta llegar a este mes de panquetzaliztli. Por ramos llevaban cañas verdes y espinas de maguey; iban tañendo con su caracol o corneta y con su pito: un rato tañían con la corneta y otro rato con el pito, y así iban remudando la música.

Acabado el mes de quecholli, que es este pasado, luego comenzaban a bailar y a cantar, y cantaban un cantar que se llama tlaxotecáyotl, que es cantar a loor de Uitzilopuchtli; comenzaban este cantar al principio de la noche y acababan a la medianoche cuando tañían a maitines. En este cantar cantaban y bailaban también las mujeres mezcladas con los hombres. Nueve días antes que matasen los que habían de morir, bañaban los que habían de morir con agua de una fuente que llaman Uitzilatl, que está cabe el pueblo de Uitzilopuchco. Por esta agua iban los viejos de los barrios; traíanla en cántaros nuevos y atapados con hojas de cedro que llaman auéuetl; en llegando a donde estaban los esclavos, que estaban delante del cu de Uitzilopuchtli, a cada uno echaban un cántaro de agua sobre la cabeza, sobre todos los vestidos que tenían, así hombres como mujeres.

Esto hecho, quitábanlos las vestiduras mojadas y aderezábanlos con papeles con que habían de morir, y teñíanlos todos los brazos y todas las piernas con azul claro y después se las raían con tejas; y pintábanlos las caras con unas bandas de amarillo y azul atravesadas por toda la cara, una de amarillo y luego otra de azul, luego otra de amarillo y otra de azul; y poníanlos en las narices una saetilla atravesada y un medio círculo que colgaba hasta abajo; poníanlos unas corozas o coronas hechas de cañitas atadas, y de lo alto salía un manojo de plumas blancas; y a las mujeres poníanlas plumas amarillas sobre las corozas. Aderezados de esta manera delante del cu de Uitzilopuchtli, llevábanlos por delante de las casas que llamaban calpulli, y cada uno le llevaba su dueño a su casa; en llegando a casa, descomponíanlos de los papeles con que estaban compuestos y poníanlos en las petacas. Desde allí comenzaban a bailar y a cantar un hombre y una mujer pareados. Llegaban al quinto día antes del día que los matasen; comenzaban a ayunar los dueños de los esclavos todos aquellos cinco días, y también ayunaban los viejos de los barrios. Comían al mediodía por el ayuno, y bañábanse a la medianoche por la penitencia en los oratorios que se llaman ayauhcalco, los cuales estaban a la orilla del río; las mujeres, señoras de aquellos esclavos, bañábanse en el agua que pasaba cabe sus casas. Los que se bañaban llevaban cuatro puntas de maguey cada uno, y antes que se bañasen cortábanse las orejas y con la sangre que salía ensangrentaban las puntas de maguey: la una echaban en el agua, la otra hincaban a la orilla del agua, otras dos ofrecían al ídolo que estaba en aquel oratorio de ayauhcalco. Las mujeres que se bañaban cabe sus casas ensangrentaban una punta de maguey e hincábanla a la orilla del agua.

Acabado los cuatro días de la penitencia, juntábanse con los esclavos y esclavas los dueños de ellos, hombres y mujeres, y también los que habían de subir al cu y los que los habían de descender después de muertos, y las que los habían de lavar las caras, y también los que habían de llevar las banderillas delante de ellos; todos juntos se trababan por las manos, hombre y mujeres, e iban danzando y cantando y culebreando para asirse. Hacían unas roscas como guirnaldas de cuerdas o de espadañas, y no se asían de las manos sino de las guirnaldas o roscas. Y los esclavos que habían de morir iban danzando mezclados entre los otros que danzaban; iban con gran prisa saltando y corriendo, y danzando, galopeando y acezando, y los viejos de los barrios íbanlos haciendo el son y cantando; iba mirando esta danza mucha gente.

Los que habían hecho penitencia, ni habían dormido con sus mujeres, ni recibido otros regalos ningunos por reverencia del ayuno, ni las mujeres habían dormido con sus maridos, acababan estas danzas a la medianoche; entonces luego se iban todos a sus casas, y luego en amaneciendo comenzaban la fiesta porque era el postrero día del mes. Entonces iban los esclavos que habían de morir a las casas de sus amos a despedirse, y llevábanlos delante una escudilla de tinta o de almagre o de color azul; iban así cantando con muy alta voz que parecía que rompían el pecho. Y en llegando a la casa de sus amos, metían las manos ambas en la escudilla de color o de tinta, y poníanlas en los umbrales de las puertas y en los postes de la casa de sus amos, y dejábanlas allí impresas con las colores; lo mismo hacían en casa de sus parientes, y poníanlos comida en casa de sus amos y en casa de sus parientes, y algunos que tenían buen corazón comían y otros no podían comer con la memoria de la muerte que luego habían de padecer.

Hecho esto, tenían aparejadas los dueños de los esclavos muchas mantas y muchos maxtles que habían de distribuir en la fiesta, cogidos con sus cargas, y cargábanselas sobre los hombros a los que las habían de llevar. Y los que habían de morir componíanse con sus papeles y tomaban a cuestas sus banderillas, y las mujeres llevaban a cuestas las petaquillas de sus alhajuelas. Luego se ponían todos en procesión delante la puerta, y los esclavos entraban en los cilleros de la casa y cercaban los hogares, andando alrededor de ellos algunas vueltas, y luego comenzaban a ir hacia la casa que se llama calpulco, y los esclavos iban detrás de todos. Y en llegando al calpulco, los esclavos danzaban por el patio, y los que llevaban las cargas metíanlas en el calpulco y luego ponían cada cosa por sí: las mantas todas juntas, y los maxtles todos juntos, y los huipiles todos juntos y las naoas todas juntas. Luego entraban los convidados, y los que hacían la fiesta dábanlos mantas y maxtles o lo que querían, y las mujeres entraban ordenadas por otra parte y dábanles huipiles o naoas o lo que querían.

Estas fiestas hacían solos los mercaderes que compraban los esclavos. Habiendo dado las mantas y lo demás a los convidados, luego llevaban los esclavos al cu, y después que habían dado vuelta al cu en procesión, luego los subían sobre el cu. Llegando arriba, andaban en procesión alrededor el taxón, y tornaban a descender abajo, y desque llegaban abajo iban corriendo al calpulco; otros no corrían, sino iban despacio. Y llegando al calpulco, descomponíanlos los papeles y sentábanlos sobre unos petates; traíanlos allí de comer, y también pulque, porque comiesen y bebiesen los que quisiesen. Toda la noche los hacían velar allí, y llegada la medianoche poníanlos en rencle delante del fuego y cortábanlos los cabellos de la coronilla, y guardábanlos por reliquias, como esta dicho.

Hecho esto, comenzaban a comer masa de bledos que tenían aparejados; ninguno dejaba de comerla, y estos tamales rollizos no los partían con las manos, sino con un hilo de ichtli. En acabando de comer estos tamales, cogían los petates y enrollábanlos, y poníanlos todos juntos en un lugar; esto se hacía en todas las casas del pueblo. Echábanse en el suelo o sobre unas mantillas rotas que tendían debajo, y en amaneciendo, ante que fuese de día, descendían el Dios Páinal de lo alto del cu de Uitzilopuchtli, y luego iba derecho al juego de pelota que estaba en el medio del patio, que llamaban teutlachco. Allí mataban cuatro cautivos, dos a honra del Dios Amapan, y otros dos a honra del Dios Oappatzan, cuyas estatuas estaban junto al tlachco; en habiéndolos muertos, arrastrábanlos por el tlachco; ensangrentábase todo el suelo con la sangre que de ellos salía yéndolos arrastrando.

Hecho esto, iba luego corriendo hacia el Tlaltelulco; iban acompañándole cuatro nigrománticos y otra mucha gente, y desde allí iba por el camino que llaman Nonoalco, donde ahora está una iglesia de San Miguel. Allí le salía a recibir el sátrapa de aquel cu con la imagen del Dios Cuauitlícac, que es su compañero del Dios Páinal; ambos tenían unos ornamentos o atavíos; luego ambos juntos iban hacia Tlacuba, al lugar que se llama Tlaxotlan. De allí iban hacia el barrio que se llama Popotlan, a donde está la iglesia de San Estevan, y delante de un cu, que allí estaba, mataban otros cautivos. Y luego corriéndose partían hacia Chapultepec y pasaban por el cerro de Chapultepec, y pasaban un río que corre por allí que llaman Izquitlán. Delante del cu, que allí estaba, mataban otros cautivos a los cuales llamaban izquitéca. De allí iban derechos hacia Coyoacán, y llegaban allí a un lugar que se llama Tepetocan, junto a las casas de Coyoacán; y de allí iban derechos a Mazatlan, que es cerca de la iglesia de Santo Matías

Iztacalco, y de allí volvían a un lugar que se llama Acachinanco, que es cerca de las casas de Alvarado.

Entre tanto que se hacía esta procesión, hacían una escaramuza los esclavos que habían de morir; un bando eran de Uitznaoa, y de otro bando otros esclavos, y de la parte de Uitznaoa ayudaban los soldados de Uitznaoa. A éstos daba el señor jubones amarillos y rodelas pintadas de unas esférulas blancas y negras, entrepuestas las unas a las otras. Estos soldados llevaban por espadas unos garrotes de pino y unos dardos con que peleaban y tiraban, y los esclavos tiraban saetas de caxquillos de pedernal. Matábanse unos a otros en esta escaramuza, y los que cautivaban los esclavos de los soldados también los mataban; echaban a los que cautivaban sobre un teponactli, y allí le sacaban el corazón, y desque tornaba el Dios Páinal, ya que llegaba al lugar del cu donde peleaban, el que estaba mirando desde encima del cu daba voces diciendo: «¡Ah, mexicanos, no peleéis más, cesad de pelear, que ya viene el señor Páinal». Oída esta voz los que peleaban, los soldados echaban a huir y los esclavos siguíanlos, y así se desbarataba la guerra.

Delante del Dios Páinal traían dos plumajes redondos como rodelas, y tenían el medio agujereado; eran aquéllas como malas que llevaban delante de aquel Dios puestas en unas astas, como astas de lanza; llevábanlos unos muchachos corriendo, y en apareciendo aquéllas de lejos, el atalaya daba voces que cesase la guerra. Y llegando cerca del cu de Uitzilopuchtli, dos soldados de aquellos que acompañaban tomaban las malas a los muchachos y llevábanlas corriendo hacia el cu, y salían otros dos y tomábanlas a aquéllos y llevábanlas otro trecho, y así se remudaban hasta llegar a la puerta del patio del cu de Uitzilopuchtli, que se llamaba Cuauhquiáoac. Llegando allí, ninguno podía tomar las malas a los que las llevaban; ellos las subían al cu de Uitzilopuchtli, y llegando arriba, ponían las malas sobre la estatua de Uitzilopuchtli, que era hecha de masa de bledos. Allí caían cansados, allí estaban carleando de cansados; luego iba un sátrapa y cortaba las orejas con un pedernal a estos dos que habían llegado cansados, y tornando en sí, bajaban del cu trayendo consigo la estatua de Uitzilopuchtli cautiva, que era de masa, y llevábanla para sus casas, y hacían convite con ella a sus parientes y a todos los de su barrio.

Hecho esto, tomábanle luego a los cautivos y a los otros esclavos que habían de morir, y traíanlos en procesión alrededor del cu, sola una vez; iban delante de todos los cautivos, y luego los ponían en orden. Luego descendía un sátrapa de lo alto del cu, y traía en las manos un volumen grande de papeles blancos, que llaman teteppoalli, o por otro nombre tetéuitl; en llegando abajo, alzaba los papeles, como ofreciéndolos hacia las cuatro partes del mundo; luego los ponía en un pilón que se llama cuauhxicalco. Luego descendía otro sátrapa que traía un hachón de Leas muy largo, que llaman xiuhcóatl; tenía la cabeza y la cola como culebra y ponían en la boca unas plumas coloradas que parecía que le salía fuego por la boca. Traía la cola hecha de papel, dos o tres brazas de largo; cuando descendía no parecía sino gran culebra; descendía culebreando y moviendo la lengua, y llegando abajo, íbase derecho al pilón donde estaba el papel, y ofrecíalo hacia las cuatro partes del mundo, y luego tornaba a ponerlo junto y arrojaba sobre ello la culebra ardiendo; allí se quemaba todo junto, y el sátrapa tornábase a subir al cu, y llegando arriba comenzaban luego a tocar las corneta y caracoles. Luego descendía un sátrapa con gran prisa, trayendo en los brazos la estatua de Páinal, vicario de Uitzilopuchtli, y llegando con ella abajo, pasaba por delante del pilón y por delante de los cautivos y los esclavos que habían de morir, como guiándolos. Luego tornaba a subir al cu; en llegando arriba, mataban primero a los cautivos para que fuesen delante de los esclavos, y luego mataban a los esclavos; en matando a uno, luego tocaban las cornetas y caracoles; descendían el cuerpo por las gradas rodando, derramando por ellas la sangre; así hacían a todos los esclavos que mataban a honra de Uitznáoatl; solos ellos morían; ningún cautivo moría con ellos; matábanlos en su cu de Uitznáoatl.

Acabados de matar los esclavos y cautivos todos se iban a sus casas, y el día siguiente bebían pulque los viejos y viejas, y los casados, y los principales. Este pulque que aquí bebían se llamaba matlaluctli, que quiere decir «pulque azul», porque lo tiñían con color azul. Los demás de estos que bebían el uctli, bebíanlo secretamente, porque si se sabía los castigaban; dábanlos de porrazos y trasquilábanlos, arrastraban y acoceábanlos, y arrojábanlos por ahí muy mal tratados. En las casas de los dueños de los esclavos cantaban y tañían y tocaban las sonajas; no bailaban, sino estaban sentados, daban mantas a los servidores de la fiesta que tenían cargo de dar la comida y bebida, y cañas de humo, y flores, etc. Y también daban naoas y huipiles a las mujeres que tenían cargo de hacer pan y comida y bebida, y también a todos los vecinos del barrio daban mantas.

Y al tercero día, al cual llaman chonchayocacalioa, que quire decir «escaramuza de zaharrones», componían uno de zaharrón, con unos balandranes y carátulas espantables, y hacíanse luego dos bandos: de una parte se ponían los ministros de los ídolos y con ellos el zaharrón, y de otra parte se ponían los mozos del telpuchcali, y al mediodía comenzaban a pelear los unos con los otros. Peleaban con unos ramos de oyámetl o pino, y con cañas, y también con cañas macizas, atadas unas con otras de tres en tres o de cuatro en cuatro. Y cuando se aporreaban con ellas hacían gran ruido; lastimábanse los unos a los otros, y a los que cautivaban fregábanles las espaldas con pencas de maguey y molido, lo cual hace gran rescocimiento. Y los ministros del templo a los que cautivaban punzábanlos con espinas de maguey las orejas y los molledos de los brazos, y los pechos, y los muslos; hacíanlos dar gritos, y si los mozos del calmécac vencían a los contrarios, encerrábanlos en la casa real o palacio, y los que iban tras ellos robaban cuanto había: petates, icpales y teponactli, huehuetes, etc. Y si los mozos del calpulco vencían a los del calmécac, encerrábanlos en calmécac, y robaban cuanto hallaban: petates, icpales, cornetas y caracoles, etc. Y apartábanse y cesaba la escaramuza a la puesta del Sol.

Al cuarto día llamaban nexpixolo. Decían los viejos que los esclavos que habían sido muertos estaban aún todavía por ahí, que no habían ido al infierno; y el cuarto día, que se llamaba nexpixolo, entonces entraban al infierno, y aquel mismo día ponían en sus petacas los papeles con que los esclavos y cautivos habían muerto; y aquel mismo día los dueños de los esclavos y cautivos y toda la otra gente se bañaban y jabonaban y lavaban las cabezas, y luego se iban todos para sus casas porque ya era acabada la fiesta.

Capítulo XXXV. De la fiesta y ceremonias que se hacían en las calendas del 16 mes, que se llamaba atemuztli

Al mes décimo sexto llamaban atemuztli, que quiere decir «descendimiento de agua», y llamábanle así porque en este mes suelen comenzar los truenos y las primeras aguas allá en los montes; y decía la gente popular: «Ya vienen los dioses tlaloques».

En este tiempo los sátrapas de los tlaloques andaban muy devotos y muy penitentes, rogando a sus dioses por el agua y esperando la lluvia; comenzando a tronar y hacer señales de lluvia, luego estos sátrapas tomaban sus incensarios, que eran como unas cucharas grandes agujereadas, llenas de brasas, y los astiles largos, delgados y rollizos y huecos, y tenían unas sonajas dentro y el remate que era una cabeza de culebra. En estos incensarios, sobre las brasas, echaban su incienso, que llaman yiauhtli, y comenzaban luego a hacer ruido con las sonajas que estaban en el astil, moviéndole acá y allá, y comenzaban luego a incensar todas las estatuas de los cúes y de los tlaxilacales; con estos servicios demandaban y esperaban la lluvia.

La otra gente, por amor del agua, hacían votos de hacer las imágenes de los montes. Cinco días antes de llegar a esta fiesta compraban papel y ulli, y nequén y navajas, y con mucha devoción aparejábanse con ayunos y penitencia para hacer las imágenes de los montes y para cubrirlos con papel. En estos tiempos, aunque se bañaban, no lavaban la cabeza sino solo el pescuezo; absteníanse los hombres de las mujeres y las mujeres de los hombres.

La noche de la vigilia de la fiesta, para amanecer a la fiesta de atemuztli, que era a los veinte días de este mes, toda la noche gastaban en cortar papeles de diversas maneras; a estos papeles, así cortados, llamaban tetéuitl. Cortados estos papeles, pegábanlos a unos varales grandes desde bajo hasta arriba, a manera de bandera —todos estos papeles estaban manchados de ulli—, y después hincaban este varal en el patio de su casa cada uno, y allí estaba todo el día de la fiesta. Y estos que hacían el voto de hacer las imágenes convidaban a los ministros de los ídolos, para que viniesen a sus casas a hacer los papeles con que habían de componer a las imágenes de los montes, y hacíanlas en su monasterio que se llama calmécac. Después de haberlo hecho, llevábanlas a las casas de los que habían votado y llevaban también su teponactli, y sus sonajas y la concha de la tortuga para tañer. En llegando, luego componían las imágenes que estaban hechas de masa de bledos; algunos tenían hechas cinco, algunos diez, y otros quince. Eran las imágenes de los montes sobre que las nubes se arman, como es Volcán, y la Sierra Nevada, y la Sierra de Tlaxcala, etc., y otras de esta manera.

Después de haber compuestas estas imágenes, poníanlas en orden en el oratorio de la casa, y luego ponían comida a cada una por sí. Delante de ellas sentábanse, y los tamales que las ponían eran muy chiquitos conforme a las imágenes que eran muy pequeñitas; poníanlos en unos platillos pequeñuelos y unos caxitillos con un poquitito de mazamorra, y también unos tecomates pequeñitos que cabían poquito de cacáoatl. En una noche los presentaban comida de esta manera, cuatro veces; también los ponían tecomates de calabaza verde, que se llama tzilacayotli; henchíanlos de pulque, y toda la noche estaban cantando delante de ellos. Tañían sus flautas, y no tañían los flauteros, sino unos mancebillos que buscaban para esto, y dábanlos de comer. Hecho todo esto, en amaneciendo, los ministros de los ídolos demandaban a los dueños de la casa aquel instrumento para tejer que llaman tzotzopactli, y metíansele por los pechos a las imágenes de los montes, como matándoles, y cortábanle el cuello y sacábanle el corazón, y luego le daban al dueño de la casa puesto en una jícara verde.

Habiendo ya muerto, como está dicho, todas aquellas imágenes o estatuas, quitaban los papeles con que estaban aderezadas y todo junto los quemaban en el patio de la casa, y con ellos quemaban también los caxitillos de la comida, y todos los petates de juncias verdes con que estaban adornadas aquellas imágenes, y todas las alhajas en que habían puesto comida y bebida a las imágenes o estatuas; todo lo llevaban a los oratorios que llaman ayauhcalco, que estaban edificados a la orilla del agua.

Hecho esto, luego se juntaban los convidados y comían y bebían a honra de las estatuas muertas, que se llamaban tepicme; luego ponían delante comida a cada uno por sí. Habiendo comido, dábanles a beber pulque. Y las mujeres que entraban en este convite todas llevaban maíz, o mazorcas de maíz en los almantos; ninguna iba sin llevar algo, o mazorcas de maíz hasta quince o veinte. Entrando, sentábanse aparte, y dábanles allí comida a cada uno por sí, y también a beber pulque. Tenían este pulque en unos cangilones prietos; bebían tomando el pulque de los cangilones con unas talas negras. Acabado el convite, cogían los papeles de los varales que estaban puestos en los patios, que llamaban tetéuitl, y llevábanlos a ciertos lugares del agua que estaban señalados con unos maderos hincados, o a las alturas de los montes.

Este es el remate de esta fiesta, y la conclusión de la relación de atemuztli.

Capítulo XXXVI. De la fiesta y sacrificios que se hacían en las calendas del décimo séptimo mes, que se llamaba tititl

Al mes décimo séptimo llaman títitl. En este mes mataban a una mujer esclava comprada por los calpixques; matábanla a honra de la diosa Ilamatecutli. Decían que era su imagen; ataviábanla con una naoas blancas y un huipil blanco, y encima de las naoas, poníanla otras naoas de cuero cortadas y hechas correas por la parte de abajo; y de cada una de las correas llevaba un caracolito colgado; a estas naoas llamábanla citlalli icue, y los caracolitos que llevaba colgados llamábanlos cuechtli. Y cuando iba andando esta mujer con estos atavíos, los caracolitos tocábanse los unos con los otros, y hacían gran ruido que se oían lejos. Las cotaras que llevaba eran blancas y los calcaños eran tejidos de algodón; llevaba también una rodela blanca, emblanqueada con greda; llevaba en el medio de la rodela un corro hecho de plumas de aguila y cosido a la misma rodela; los rapacejos de abajo eran blancos, hechos de plumas de garzotas, y en los remates de los rapacejos iban unas plumas de águila engeridas; en la una mano llevaba la rodela, en la otra el tzotzopactli con que tejen, y llevaba la cara teñida de dos colores: desde la nariz abajo de negro, y desde la nariz arriba de amarillo; y llevaba una cabellera que le colgaba por las espaldas. Llevaba por corona unas plumas de águila apegadas a la cabellera; llamaban a esta cabellera tzompilinalli.

Ante que la matasen a esta mujer, hacíanla danzar y bailar, y hacíanle el son los viejos, y cantábanle los cantores; y andando bailando, lloraba y suspiraba y angustiábase viendo que tenía cerca la muerte. Esto pasaba hasta mediodía, o poco más; ya que el Sol declinaba hacia la tarde, subíanla aquel cu de Uitzilopuchtli, e íbanla siguiendo todos los sátrapas, vestidos de los ornamentos de todos los dioses, y enmascarados; y también uno de ellos llevaba los ornamentos y máscara de la diosa Ilamatecutli. Habiéndola llegado arriba, matábanla luego y sacábanle el corazón; luego la cortaban la cabeza y dábanla al que llevaba los ornamentos de aquella diosa con que iba vestido, el cual iba delante de todos, y tomábala por los cabellos con la mano derecha y llevábala colgando; iba bailando con los demás, y levantaba y abajaba la cabeza de la muerta a propósito del baile, y guiaba a todos los demás dioses o personajes de los dioses.

Así bailando, andaban alrededor por lo alto del cu; habiendo dado algunas vueltas tornábanse a descender por su orden, como en procesión; y llegando abajo, luego todos se esparzían y se iban a sus casas, que eran los calpules donde se guardaban aquellos ornamentos. Cuando bailaba aquel que iba aderezado con los atavíos de la diosa Ilamatecutli, hacía continencias volviendo hacia atrás, como haciendo represa, y alzaba los pies hacia atrás; llevaba en la mano por bordón una caña maciza sobre que istribaba; esta caña tenía tres raíces y su cepa, y aquello iba hacia arriba y punta hacia abajo; a esta manera de bailar decían «recula».

La diosa Ilamatecutli llevaba también una máscara de dos caras, una atrás y otra delante, las bocas muy grandes y los ojos salidos; llevaba una corona de papel almenada.

En yéndose los dioses para los calpules, descendía luego un sátrapa de lo alto del cu; venía ataviado como mancebo; traía una manta cubierta como red, que llamaban cuechintli. Llevaba en la cabeza unos penachos blancos, y atados los pies, como cascabeles, unos pescuños de ciervos; y llevaba una penca de maguey en la mano, en lo alto de ella una banderilla de papel; y llegando abajo, íbase derecho para el pilón que llaman cuauhxicalco. Allí estaba una casilla, como jaula, hecha de teas, y lo alto tenía empapelado como tlapanco; a éste llamaban la troje de la diosa Ilamatecutli. Aquel sátrapa ponía la penca de maguey cabe la troje, y pegaba fuego a la troje, y otros sátrapas que allí estaban luego arrancaban a huir por el cu arriba a porfía. A esta ceremonia llamaban xochipaina; y estaba arriba una flor, que llamaban teuxóchitl, y el que primero llegaba tomaba aquella flor, y los que habían subido descendían trayendo la flor y arrojábanla en el cuauhxicalco, adonde estaba ardiendo la troje; hecho esto luego se iban todos.

El día siguiente comenzaban el juego que llaman nechichicuauilo. Para este juego todos los hombres y muchachos que querían jugar hacían unas taleguillas, o redecillas, llenas de la flor de las espadañas o de algunos papeles rotos; ataban a ésta un cordelejo o cinta, media braza de largo, de tal manera que pudiese hacer golpe; otros hacían a manera de guante las taleguillas, e henchíanlas de lo de arriba dicho, o de hojas de maíz verde. Ponían pena a todos éstos, que nadie echase piedra, o cosa que pudiese lastimar, dentro de las taleguillas. Comenzaban luego los muchachos a jugar este juego a manera de escaramuza, y dábanse de talegazos en las cabezas y por donde acertaban; y de poco en poco se iban multiplicando de los muchachos, y los más traviesos daban de talegazos a las muchachas que pasaban por la calle; a las veces se juntaban tres o cuatro para dar a una; de tal manera la fatigaban que la hacían llorar. Algunas muchachas, que eran más discretas, si habían de ir a alguna parte, entonces llevaban un palo o otra cosa que hiciese temer para defenderse. Algunos muchachos traviesos escondían la talega, que llamaban chichicuatli, y cuando pasaba alguna mujer descuidadamente, dábanla de talegazos, y como le daba un golpe decía: Chichicuatzin, tonantzé, que quiere decir: «Madre nuestra, es la talega de este juego»; y luego daba a huir. Todos estos días que duraba este juego las mujeres andaban muy recatadas cuando iban a alguna parte.

Esta es la relación de la fiesta de títitl.

Capítulo XXXVII. De la fiesta y ceremonias que se hacían en las calendas del 18 mes, que se llamaba izcalli

Al deciocheno mes llamaban izcalli. A los diez días de este mes hacían tamales de hojas de bledos muy molidas. Decían a esta fiesta motlaxquian tóta, que quiere decir «nuestro padre el fuego tuesta para comer».

Hacían la estatua del Dios del fuego de arquitos y palos atados unos con otros, que ellos llaman colotli, que quiere decir «zimbria o modelo». Poníanle una carátula de obra de musaico; era toda labrada de turquesas con unas bandas de piedras, que se llaman chalchihuites, atravesadas por la cara; era muy hermosa esta máscara, y resplandeciente. Poníanle una corona que la llamaban quetzalcómitl; era hecha de plumas ricas; era angosta, conforme al redondo de la cabeza en lo de abajo, pero íbase ensanchando hacia arriba; estaban las plumas arriba muy paradas, bien así como un clavel que está enredado de cañas, y arriba están parradas todas las flores por encima de las cañas. Lleva también esta corona dos plumajes, uno de la parte izquierda y otro de la parte derecha, que salen de junto a las sienes, a manera de cuernos inclinados hacia adelante; en el remate de ellos van muchas plumas ricas, que llaman quetzalli, que salen de unos vasos hechos a manera de jícara chiquita; estos dos plumajes o cuernos se llamaban cuammamalitli. Llevaba esta corona cosida por la parte trasera y baja, y una cabellera de cabellos rubios que colgaba sobre las espaldas; eran estos cabellos cercenados por la parte de abajo mue iguales; parecía que estos cabellos salían debajo la corona y que eran naturales.

Ponían a esta estatua un ornamento de plumas muy ricas plegado al cuello, tan ancho como todos los pechos, que descendía hasta los pies del mismo anchor; y aunque sobraba sobre los pies más de dos palmos, que se tendían delante los pies, era hecho de tal manera este ornamento que cualquiera aire que corriese, por poco que fuese, le meneaba y levantaba, y todas las plumas resplandecían y parecían de diversas colores. Estaba sentada esta estatua en un trono de cuero de tigre que tenía pies y manos y cabeza natural, aunque estaba seco; esta estatua así adornada no lejos de un hogar que estaba delante de ella. Y a la medianoche sacaban fuego nuevo para que ardiese en aquel hogar, y sacábanlo con unos palos, uno puesto abajo y sobre él barrenaban con otro palo, como torciéndole entre las manos con gran prisa, y con aquel movimiento y calor se encendía el fuego; y allí lo tomaban con yesca y encendíanlo en el hogar.

A la mañana, en amaneciendo, venían todos los muchachos y mancebillos trayendo todos la caza que habían tomado el día antes, y ordenábanse todos en rencle e iban delante los viejos, que estaban allí junto a la casa del calpulli, donde estaba la estatua, y ofrecíanlas las aves que traían cazadas de todo género, y también peces y culebras, y otra sabandijas del agua; y recibiendo estas ofrendas, los viejos echábanlas en el fuego que era grande y ardía delante la estatua.

Las mujeres toda la noche se ocupaban en hacer unos tamales que llamaban uauhquiltamalli, y también en amaneciendo los iban a ofrecer delante la estatua, y así estaba gran cantidad de ellos delante la estatua. Y como los muchachos ofrecían la caza que traían, entraban así como iban ordenados y daban una vuelta en rededor del fuego, y cuando pasaban cabe el fuego estaban otros viejos que daban a cada uno de los muchachos un tamal, y así se tornaban a salir los muchachos por su orden. A estos tamales los llamaban también chalchiuhtamalli. Toda la gente y en todas las casas se hacían estos tamales, y convidaban unos a otros con ellos; a porfía trabajaban cual por cual haría primero estos tamales. Y la que primero los hacía iba luego a convidar con ellos a sus vecinos para mostrar su mayor diligencia y su mayor urbanidad. La vianda que se comía con estos tamales eran unos camarones que ellos llaman acocilti, hechos con un caldo que ellos llaman chamulmulli. Todos comían en sus casas esta comida muy caliente y tras el fuego; y las camisillas de maíz con que estaban envueltos los tamales, cuando se las quitaban para comerlos, no las echaban en el fuego sino juntábanlas para echarlas en el agua. En acabando de comer esta comida, luego bebían pulque los viejos del barrio en la casa del calpulco, donde estaba la estatua, y llamaban esta bebida texcalceuía; bebían y cantaban delante la imagen de Xiuhtecutli hasta la noche.

Esta es la relación de la fiesta que llamaban uauhquiltamalcualiztli.

Lo que está dicho arriba se hacía a los diez días de este mes, y a los veinte días de este mismo mes hacían otra vez estatua del Dios del fuego de palillos y círculos atados unos con otros, como arriba se dijo. Acabada de hacer la estatua, poníanla una carátula, o máscara, hecha de musaico, de pedacitos de conchas que llaman tapachtli; la barba y hasta la boca tenía esta máscara de piedras negras, que llamaban téutetl. También tenía una banda de piedras negras, que atravesaba las narices y ambos los rostros; era hecha de unas piedras que se llama tezcapuctli. Poníanle en la cabeza una corona de plumajes ricos, que estaban alrededor de la cabeza, y del medio salían muchos quetzales ricos y altos; colgaban de esta corona, sobre las espaldas, unas plumas verdes muy preciosas. Tenía aquella corona adornado el capitel de unas plumas muy negras, que resplandecían de negras, que crían las gallinas y los gallos en el pescuezo, y entrepuestas unas pestañas de plumas peladas que parecían como pestañas de tafetán. Poníanle una pieza hecha de plumas de papagayo plegada al cuello; era tan ancha que tomaba de un hombro a otro, y colgaba hasta los pies y aun arrastraba; era igualmente ancha desde arriba hasta abajo.

Estando adornada esta estatua, que llamaban Milíntoc, y sentada en su trono, ofrecíanle harina de maíz; esta harina revolvían con agua caliente; de esta masa hacían unos panecillos pequeños, echábanlos en el medio frijoles como empanados, no molidos, y luego iban a ofrecer delante la estatua. Cada uno llevaba cinco de aquellos panecillos, y poníanle a los pies de la estatua. También los muchachos y mancebillos, puestos por orden, traían su caza y dábanla a los viejos, y los viejos echábanla en el fuego que ardía delante la estatua. Esta caza era de aves y culebras, y otras sabandijas; y las pequeñas culebras y las pequeñas aves quemábanse del todo en el fuego, y las grandes culebras y las grandes aves, desque estaban asadas, sacábanlas; echábanlas allí, a la orilla del fuego. Y después que se templaban, comíanlas los viejos que llamaban calpuleque. Y los muchachos, como iban ofreciendo, daban vueltas alrededor del fuego, y a la pasada daban, a cada uno, uno de los panecillos que habían ofrecido, los cuales llamaban macuextlaxcalli.

Acabando de comer estos panecillos y la demás comida, luego los viejos bebían pulque; esta bebida llamaban texcalceuilo; bebían allí en el mismo oratorio donde estaba la estatua del Milíntoc, que llaman calpulco. Y los que hacían vino de maguey, que llamaban tlachicque o tecutlachicque, tenían cargo de traer el pulque para beber; de su voluntad iban; traíanlo en sus jarros o jícaras; echaban en un lebrillo que estaba allí delante la estatua; los que bebían este pulque no se emborrachaban. Estas dos ceremonias dichas no se hacían en todas partes, sino por aquí, por Tlaltelulco.

Acabado este mes, los cinco días que se siguen son sobrados de los trescientos y sesenta ya dichos, los cuales todos de veinte en veinte están dedicados a algún Dios; estos cinco días a ningún Dios están dedicados y por eso los llaman nemontemi, que quiere decir que están por demás, y teníanlos por aciagos; ninguna cosa hacían en ellos. Los que nacían en estos días teníanlos por mal afortunados; ningún signo los aplicaban.

Tres años arreo hacían lo que arriba está dicho en este mes y en esta fiesta, pero al cuarto año hacían muchas otras cosas, según que se sigue. Este cuarto año mataban muchos esclavos, como imágenes del Dios del fuego, que llamaban Ixcozauhqui o Xiuhtecutli, y cada uno de ellos iba con su mujer que también había de morir. Este cuarto año, el último día de este mes, en amaneciendo, llevaban a los que habían de morir al cu, donde los habían de matar. Las mujeres que habían de morir llevaban todos su hatillos y todas sus alhajas a cuestas, y los hombres lo mismo. Los papeles con que habían de morir no los llevaban vestidos, mas llevábanselos uno delante puestos en una trípoda, que era un globo que tenía tres pies sobre que estaba; sería medio estado de alta esta trípoda sobre el globo. Iban compuestos estos papeles y colgados, y uno llevaba esta trípoda delante del mismo esclavo, a quien se lo habían de vestir. Y llegando al cu donde habían de morir, componíanlos con sus papeles en la forma del Dios Ixcozauhqui, así a los hombres como a las mujeres, y por su orden subían al cu. Llegados arriba, daban vuelta por delante del taxón donde los habían de matar, y tornábanlos a descender por su orden y llevábanlos al calpulco, y descomponíanlos de los papeles, y metíanlos en una casa y guardábanlos con gran diligencia. Y a los hombres ataban unas sogas por medio del cuerpo, y cuando salían a orinar, los que los guardaban teníanlos por la soga porque no se huyesen. Y llegada la medianoche, cortábanlos los cabellos de la coronilla de la cabeza, delante del fuego, para guardar por reliquias. Habiéndolos cortado los cabellos, echábanlos una bilma en toda la cabeza con resina y plumas de gallina blanca, así a los hombres como a las mujeres. En aquella noche nadie dormía; luego quemaban sus hatillos y alhajas allí en el calpulco, y habiéndolos quemado, tornaban otra vez a encerrar. Algunos de ellos no quemaban sus hatos, sino los daban de gracia a sus parientes. Y luego, en amaneciendo, componían a los que habían de morir con sus papeles, y luego los echaban en procesión al lugar donde habían de morir; iban bailando y cantando hasta el cu y daban muy grandes voces. Este canto y este baile duraba hasta después de mediodía, y pasando el mediodía, luego bajaba del cu un sátrapa vestido con los ornamentos del Dios Páinal, y pasaba por delante de los que habían de morir y luego tornaba a subir al cu, y luego los cautivos iban tras él subiendo por el cu, porque ellos habían de morir primero.

Habiendo muerto a los cautivos, luego mataban a los esclavos que eran imágenes del Dios Ixcozauhqui, que era el Dios del fuego. Y después que todos habían muerto, estaban aparejados los señores principales para comenzar su areíto muy solemne, y luego le comenzaban, y el que guiaba era el señor. Llevaban todos en la cabeza unas coronas de papel como medias mitras; solamente llevaban la punta delante sin la de tras. Llevaban en las narices un ornamento de papel aquí hecho como media mitra pequeñita que envestía la nariz y colgaba hasta la boca; era como corona de la boca. Llevaban orejeras hechas de turquesas, de obra de musaico; otros que no alcanzaban estas orejeras llevábanlas de palo labradas con flores. Llevaban una chaqueta pintada de color azul, de unas flores curiosas. Llevaban por joel colgado al cuello una figura de perro hecha de papel y pintada de flores, y llevaban unos maxtles con unas bandas negras en los cabos que colgaban, y llevaban en las manos unos palos a manera de machetes, la mitad de ellos teñida con colorado y la mitad blanco, desde el medio arriba de colorado y desde el medio abajo de blanco; de la mano izquierda llevaba colgado una taleguilla de papel con copal.

El principio de este baile era en lo alto del cu adonde estaba el taxón, y habiendo bailado un poco descendían abajo, al patio del cu, y daban cuatro vueltas bailando al patio, las cuales acabadas, luego se deshacía el areíto y entrábanse en el patio real acompañando al señor. Este baile se llamaba netecuitotilo, porque en él nadie había de bailar sino el señor y los principales; hacíase de cuatro en cuatro años tan solamente. En este mismo día agujereaban las orejas a todos los niños y niñas que habían nacido en los tres años pasados; agujerábanselas con un punzón de hueso, y después se las ensalmaban con plumas de papagayo, con las muy blandas que parecen algodón, que se llama tlachcáyotl, y con un poco de ocótzoll. Y cuando esto se hacía, los padres y madres de los muchachos y muchachas buscaban padrinos y madrinas, que ellos en su lengua llaman tíos y tías, tétlat, teaui, para que los tuviesen cuando agujereaban las orejas; y ofrecían entonces harina de una semilla que llaman chían, y a los padrinos y madrinas dábanles al hombre una manta leonada o bermeja, y a la madrina daban su huipil.

Acabándolos de horadar las orejas, llevábanlos los padrinos y madrinas a rodearlos por la llama de un fuego que tenían aparejado para esto, que en latín se dice lustrare, que es ceremonia que la Sagrada Escritura reprehende. Había gran vocería de los muchachos y muchachas por el agujereamiento de las orejas. Hecho esto, íbanse a sus casas y allá comían y bebían los padrinos y madrinas, todos juntos, y cantaban y bailaban. Y al mediodía los padrinos y madrinas iban otra vez al cu y llevaban sus ahijados y ahijadas; también llevaban pulque en sus jarros; luego comenzaban un areíto, y bailando traían a cuestas a sus ahijados y ahijadas y dábanlos a beber del pulque que llevaban con unas tacitas pequeñitas; y por esto llamaban a esta fiesta «la borrachera de los niños y niñas». Duraba este baile hasta la tarde; entonces se iban a sus casas, y en el patio de sus casas hacían el mismo areíto, y todos los de casa y los vecinos bebían pulque.

También hacían otra ceremonia, que tomaban con las manos a los niños y niñas, apretándoles por las sienes los levantaban en alto; decían que así los hacían crecer, y por esto llamaban a esta fiesta izcalli, que quiere decir «crecimiento».

Esta es la relación de esta fiesta, aunque hay otra más copiosa que se pondrá adelante.

Capítulo XXXVIII. De la fiesta llamada oauhquiltamalcualiztli, que se hacían a los diez días del mes arriba dicho, que se hacían a honra del Dios llamado Ixcozauhqui

Síguese otra relación más copiosa de este mes, y es que este mes comenzaba siempre a ocho de enero y en él se acababa el año. En este mes, como está dicho arriba, comían tamales por todos los pueblos y en todas las casas y toda la gente, y convidábanse los unos a los otros con ellos, como arriba se dijo. Y también ofrecían al fuego cada uno en su casa cinco hoauhquiltamales puestos en un plato, y también ofrecían sobre las sepulturas de los muertos, adonde estaban enterrados, a cada uno un tamal. Esto hacían ante que ellos comiesen de los tamales; después comían todos y no dejaban ninguno para otro día; esto por vía de ceremonia.

Cuando ya estaba cerca la fiesta donde habían de matar los esclavos a honra del Dios del fuego llamado Ixcozauhqui, aquellos que por su devoción tenían comprados esclavos para matar, y engordados como puercos para comer, haciendo demostración de ellos, uno o dos días antes de la fiesta, aderezaba a cada uno su esclavo con los papeles y ornamentos del Dios Ixcozauhqui. Esta demostración hacían con deseo de ser honrado y tenido de los otros por poderoso y devoto, y con deseo que se le aumentasen las riquezas con aquella devoción. Estos dueños que mataban a estos esclavos llamábanse tealtiani, que quiere decir «bañadores», y es porque cada día bañaban con agua caliente a estos esclavos. Este regalo y otros muchos los hacían porque engordasen; hasta el día que habían de morir dábanlos de comer delicadamente y regaladamente, y acompañaba cada dueño del esclavo a una moza pública a su esclavo para que alegrase y retozase, y le regalase y no le consintiese estar triste, porque así engordase. Y cuando aquel esclavo iba a morir daba todos sus vestidos aquella mora que le había acompañado todos los días antes.

Esta fiesta se decía izcalli, porque en ella hacían aquella ceremonia a los niños y niñas para que creciesen como está dicho. No solamente hacían esto, pero también en esta fiesta, o en los términos de ellas chapudaban los magueyes y los tunales para que creciesen.

Lo demás que en esta fiesta se hacía, que se contiene en esta letra de la lengua mexicana, que es del agujerear de las orejas de los niños y niñas, etc., ya queda dicho atrás. Llamaban a esta fiesta pillaoano, que quiere decir «borrachera de los niños»; en esta borrachera todos bebían pulque, hombres y mujeres, niños y niñas, viejos y mozos; todos emborrachaban públicamente y todos llevaban su pulque consigo, y los unos daban a beber a los otros, y los otros a los otros. Andaba el pulque como agua en abundancia, y todos llevaban unos vasos que tenían tres pies y cuatro esquinas, que llamábanlos tzicuiltecómatl; con éstos bebían y daban a beber; todos andaban muy contentos, muy alegres y muy colorados con el pulque que bebían en abundancia. Y después de borrachos, riñían los unos con los otros, y apuñábanse y caíanse por ese suelo de borrachos unos sobre otros, y otros iban abrazados los unos con los otros hacia sus casas; y esto teníanlo por bueno, porque la fiesta lo demandaba así.

Después de esta fiesta, como está dicho, siguíanle luego los cinco días que llamaban nemontemi, a los cuales tenían por aciagos y ninguna cosa osaban hacer en ellos, ni aun barrer la casa, ni había actus judiciarios. A los que en ellos nacían, si era varón, poníanle nombre nemon o nentlácatl, o nenquizqui, que quiere decir «ni vale nada, ni será para nada, ni habrá provecho de él»; y si era mujer, llamábanla nencíoatl, que quiere decir «mujer para nada».

Guardábanse en estos días de dormir entre día, ni de reñir los unos con los otros, ni de tropezar, ni caer, porque decían que si alguna cosa de éstas les acontecían estos días, que siempre les había de acontecer adelante. Y si alguno enfermaba en estos días, decían que no había de sanar; nadie tenía esperanza que había de vivir o escapar, ni hacían cuenta del tal, ni le aplicaban medicina. Y si alguno sanaba, decían que Dios había habido misericordia de él, y que él solo había entendido en sanarle o curarle.

Apéndice del Segundo Libro

Relación de los mexicanos cerca de las fiestas de Uitzilopuchtli

Tres fiestas se hacían cada año a Uitzilopuchtli entre los mexicanos. La una de ellas se hacía en el mes que se llamaba panquetzaliztli; en esta fiesta a él y a otro que se llamaba Tlacauepan Cuexcotzin los subían a lo alto del cu, y es que hacían sus imágenes de tzoalli, grandes como una persona. Después de hechas, subíanlas todos los mancebos del telpuchcalli en palmas a lo alto de sus cúes. Hacían la estatua de Uitzilopuchtli en el barrio que se llama Itepéyoc; la estatua de Tlacauepan Cuexcotzin hacían en su barrio, que se llamaba Uitznáoac; cocían primero la masa, y después formaban de ella las estatuas en toda una noche. Habiendo hecho las imágenes de aquella masa, luego en amaneciendo las adoraban y ofrecían delante de ellas gran parte del día, y hacia la tarde comenzaban a hacer areíto y danzas con que las llevaban al cu, y a la puesta del Sol las subían a lo alto del cu. En poniéndolas en sus lugares, luego se bajaban todos salvo los guardas, que les habían de guardar toda una noche; llamaban a estas guardas iyópuch. Luego en amaneciendo, el Dios llamado Páinal, que era vicario de Uitzilopuchtli, descendía de lo alto del cu. Traía a este Dios en las manos, como en procesión, uno de los sacerdotes vestido de los ornamentos de Quetzalcóatl; eran estos ornamentos ricos, y también la imagen de Páinal, la cual era labrada de madero; iba ricamente adornado, como ya se dijo. En esta misma fiesta iba delante de éste un macero que llevaba en el hombro un cetro hecho como culebra, todo cubierto de turquesas de obra de musaico y muy monstruosa; y cuando llegaba este sátrapa con la imagen a un lugar que se llama teutlachco, que es un juego de pelota que estaba dentro del patio, allí delante de él mataban dos esclavos que eran imágenes de dos dioses que llaman amapantzitzin y muchos cautivos.

De allí comenzaban la procesión; iban derechos al Tlaltelulco; salíanle a recibir mucha gente y sátrapas, e incensábanle y descabezaban muchas codornices delante de él; de allí iban derechos a un lugar que se llama Popotlan, que está cerca la iglesia de Tlacupa, donde está ahora la iglesia de San Estevan, y hacíanle otro recibimiento como el de arriba dicho. Llevaban todo este camino delante de sí esta procesión una bandera hecha de papel, como moscadero y toda agujereada, y en los agujeros unas pellas de plumas, bien así como cuando se hace la procesión que va la cruz delante. De allí venían derechos al cu de Uitzilopuchtli, y con el pendón hacían una ceremonia como está arriba dicho en esta fiesta. Lo demás de esta fiesta está escrito en el mes de panquetzaliztli.

Relación de la fiesta que se hacía de ocho en ocho años

Hacían estos naturales una fiesta de ocho en ocho años, a la cual llamaban atamalcualiztli, que quiere decir «ayuno de pan y agua». Ninguna otra cosa comían en ocho días sino unos tamales hechos sin sal, ni bebían otra cosa sino agua clara. Esta fiesta algunos años caía en el mes que se llama quecholli, y otras veces en el mes que se llama tepeílhuitl. Ante de esta fiesta ayunaban todos ochos días a pan y agua, como está dicho; a los tamales que comían en estos días llamaban atamalli, porque ninguna cosa mezclavan con ellos cuando les hacían, ni sal ni otra cosa sino sola agua; ni cocían el maíz con cal sino con sola agua. Y todos comían al mediodía; y si alguno no ayunaba, castigábanle por ello. Tenían en gran reverencia este ayuno y en gran temor, porque decían que los que no le ayunaban, aunque secretamente comiesen y no lo supiese nadie, Dios los castigaba, hiriéndolos con lepra.

A esta fiesta llamaban ixnestioa, que quiere decir «buscar ventura»; en esta fiesta decían que bailaban todos los dioses, y así todos los que bailaban se ataviaban con diversos personajes: unos tomaban personajes de aves; otros de animales, y así unos se trasfiguraban como zinzones, otros como mariposas, otros como abejones, otros como moscas, otros como escarabajos; otros traían a cuestas un hombre durmiendo —decían que era el sueño—; otros traían unos sartales de tamales que llaman xocotamalli; otros de otros tamales que llaman nacatamalli. Otros tenían comida de tamales y otras cosas y dábanlos a los pobres; y también tomaban personajes de pobres, como son los que traen a cuestas leña a vender, y otros que traen verdura a vender. También tomaban personajes de enfermos, como son los leprosos y bobosos; otros tomaban personajes de aves, como de bohos y de lechuzas y otras aves.

Estaba la imagen de Tláloc en medio del areíto, a cuya honra bailaban, y delante de ella estaba una balsa de agua donde había culebras y ranas, y unos hombres que llaman mazatéca estaban a la orilla de la balsa y tragábanse las culebras y las ranas vivas; tomábanlas con las bocas y no con las manos, y cuando las habían tomado en la boca, íbanse a bailar, íbanlas tragando y bailando, y el que primero acababa de tragar la culebra o rana, luego daba voces diciendo: «¡papa, papa!».

Bailaban alrededor del cu de este Dios, y cuando iban bailando y pasaban por cerca de los cestos que llamaban tonacacuezcómatl, dábanles de los tamales que estaban en los cestos. Y las viejas que estaban mirando este areíto lloraban, acordándose que antes que otra vez se hiciese aquella fiesta serían muertos.

Decían que este ayuno se hacía por dar descanso al mantenimiento, porque ninguna cosa en aquel ayuno se comían con el pan, y también decían que todo el otro tiempo fatigaban al mantenimiento o pan porque mezclavan con sal y cal y salitre; y así lo vestían y desnudaban de diversas libreas de que se afrontaba y se envejecía, y con este ayuno se remozaba. Y el día siguiente después del ayuno se llamaba molpalolo, que quiere decir «comían otras cosas con el pan», porque ya se hizo penitencia por el mantenimiento.

Relación de los edificios del gran templo de México

Era el patio de este templo muy grande: tendría hasta doscientas bragas en cuadro; era todo enlosado. Tenía dentro en sí muchos edificios y muchas torres; de estas torres unas eran más altas que otras, y cada una de ellas era dedicada a un Dios. La principal torre de todas estaba en el medio y era más alta que todas;

era dedicada al Dios Uitzilopuchtli o Tlacauepan Cuexcotzin. Esta torre estaba dividida en lo alto de manera que parecía ser dos, y así tenía dos capillas o altares en lo alto, cubiertas cada una con su capitel, y en la cumbre tenía cada una de ella sus insigneas o divisas distintas. En la una de ellas y más principal estaba la estatua de Uitzilopuchtli, que también la llamaban Ilhuícatl Xoxouhqui; en la otra estatua la imagen del Dios Tláloc. Delante de cada una de éstas estaba una piedra redonda a manera de taxón que llamaban téchcatl, donde mataban los que sacrificaban a honra de aquel Dios; y desde la piedra hasta abajo estaba un regajal de sangre de los que mataban en él, y así estaba en todas las otras torres. Estas torres tenían la cara hacia el occidente, y subían por gradas bien estrechas y derechas de bajo hasta arriba a todas estas torres.

El segundo cu principal era de los dioses del agua que se llamaban tlaloques; llamábase este cu Epcóatl. En este cu y a honra de este Dios o de estos dioses ayunaban y hacían penitencia cuatro días ante de su fiesta, y acabando el ayuno iban a castigar a los ministros de estos ídolos que habían hecho algún defecto en el servicio de ellos por todo el año. Castigábanlos en unas ciénagas de lodo y agua, cambolléndolos debajo del agua y del lodo. Hecho este castigo, los castigados se lavaban, y luego hacían areíto y traían en las manos cañas de maíz como bordones; también los populares bailaban por esas calles. Llamábase esta fiesta «la fiesta de mazamorra que se llama etzalli». Y acabada esta fiesta de los tlaloques, mataban cautivos a honra de estos dioses.

El tercero cu se llamaba Macuilcalli o Macuilquiáuitl. En este cu mataban a las espías de los contrarios que prendían cuando estaban en la guerra o contra los de Uexotzinco o contra los de Tlaxcala, etc. Y a los que venían a espiar la ciudad de México, en conociéndolos, luego los prendían y los llevaban a este cu, y allí los desmembraban, cortándolos miembro por miembro.

El cuarto edificio se llamaba Teccizcalli. En esta casa estaban muchas estatuas de los dioses. En esta casa se recogía el señor del pueblo o ciudad las fiestas grandes, y allí ayunaba y hacía penitencia cuatro días. E incensaban a todas las estatuas que allí estaban y también allí mataban cautivos a honra de aquellas estatuas.

El quinto edificio se llamaba Poyauhtla. Allí ayunaban los mayores sátrapas, que eran dos: el uno se llamaba Tótec tlamacacqui; el otro se llamaba Tlalocan tlenamácac. Ayunaban y hacían penitencia cuatro días e incensaban a las estatuas que allí estaban. Esto hacían cada año cuatro días en la fiesta de etzalcualiztli; y también allí mataban cautivos a honra de aquellas estatuas.

El sexto edificio se llamaba Mixcoapan Tzompantli. Este era un edificio en que espectaban las cabezas de los que mataban a honra del Dios Mixcóatl. Eran unos maderos que estaban hincados, de altura de dos estados, y estaban agujereados a trechos, y por aquellos agujeros estaban pasadas unas hastas o varales del grosor de hastas de lanza, o poco más, y eran siete o ocho; en éstas espectaban las cabezas de los que mataban a honra de aquel Dios. Estaban las caras vueltas hacia el mediodía.

El séptimo edificio o cu se llamaba Tlaxicco. En este cu mataban cada día un cautivo a honra del Dios del infierno; matábanle en el mes que se llamaba títitl. Después que le había muerto el sátrapa que llamaban Tlillan tlenamácac ponía fuego e incensaba delante la estatua; y esto se hacía de noche.

El octavo edificio se llamaba Cuauhxicalco. Era un oratorio donde el señor se recogía a hacer penitencia y ayunar cuando se hacía un ayuno que se llamaba netonatiuhzaoalo. Ayunaban cuatro días por honra del Sol; este ayuno se hacía de doscientos en doscientos y tres días. Y aquí mataban cuatro cautivos que se llamaban chachanme, y otros dos cautivos que llamaban la imagen del Sol y de la Luna, con otros muchos cautivos a la postre de todos.

El nono edificio se llamaba Tochinco. Era un cu bajo, el cual era cuadrado, que tenía gradas por todas cuatro partes. En éste mataban cada año la imagen de Umetochtli, cuando reinaba este signo; era esta imagen un cautivo compuesto con los ornamentos del Dios del vino, que se llamaba Umetochtli.

El décimo edificio se llamaba Teutlalpan, que quiere decir «tierra fragosa». Era un bosquecillo cercado de cuatro paredes, como un corral, en el cual estaban riscos hechos a mano, y en ellos plantados arbustos que se hacen en tierra fragosa, como son magueyes pequeñuelos y otros que se llaman tzioactli; en este bosquecillo hacían procesión cada año en el mes llamado quecholli, y hecha la procesión, luego se partían para ladera de la sierra que se llama Zacatépec, y allí cazaban y hacíanlas las otras cosas como está dicho en la historia de este mes.

El ondécimo edificio se llamaba Tlilapan, que quiere decir «agua negra». Era una fuente, como alberque, y por estar el agua profunda parecía negra. En esta fuente se bañaban los sátrapas, de noche, los días que ayunaban en aparejo de las fiestas que eran cuatro días en cada mes; éstos eran como vigilia de la fiesta. En habiéndose bañado, incensaban en el cu de Mixcóatl, y acabando de incensar allí iban a su monasterio.

El duodécimo edificio se llamaba Tlillancalmécac. Era un oratorio hecho a honra de la diosa Cioacóatl; en este edificio habitaban tres sátrapas que servían a esta diosa, la cual visiblemente les aparecía y residía en aquel lugar, y de allí salía visiblemente para ir a donde quería. Cierto es que era el demonio en forma de aquella mujer.

El tredécimo edificio se llamaba Mexico Calmécac. Este era monasterio donde moraban los sátrapas y ministros que servían al cu de Tláloc cada día.

El cuartodécimo edificio se llamaba Coacalco. Este era una sala enrejada, como cárcel; en ella tenían encerrados a todos los dioses de los pueblos que habían tomado por guerra; teníanlos allí como cautivos.

El quintodécimo edificio se llamaba Cuauhxicalco. Este edificio era un cu pequeño, redondo, de anchura de tres brazas o cerca, de altura de braza y media. No tenía cobertura ninguna; en éste incensaba el sátrapa de Titlacaoa cada día; incensaba hacia las cuatro partes del mundo. También a este edificio subía aquel mancebo que se criaba por espacio de un año para matarle en la fiesta del Dios Titlacaoan; allí tañía con su flauta de noche o de día cuando quería venir, y acabando de tañer, incensaba hacia las cuatro partes del mundo, y luego se iba para su aposento.

El décimosexto edificio se llama Cuauhxicalco segundo. Este edificio era como el ya dicho; delante de él levantaban un árbol, que se llamaba xócotl, compuesto con muchos papeles, y encima de este cu o momuztli bailaba un chocarrero vestido como el animalejo que se llama techálotl, que es «ardilla».

El décimoséptimo edificio se llamaba Teccalco. Este era un cu donde cada año echaban vivos, en un gran montón de fuego, muchos cautivos en la fiesta que se llamaba teutleco, y hacían los sátrapas aquella ceremonia que se llama amatlauitzoa, como se dijo en la misma fiesta de teutleco.

El décimoctavo edificio se llamaba Tzompantli. Eran unos maderos hincados, tres o cuatro, por los cuales estaban pasadas unas hastas como de lanza, en las cuales estaban espetadas por las sienes las cabezas de los que mataban en el cu.

El décimonono edificio se llamaba Uitznáoac Teucalli. En este cu mataban las imágenes de los dioses que llamaban centzonuitznáoa, a honra de Uitzilopuchtli, y también mataban muchos cautivos; esto se hacía cada año, en la fiesta de panquetzaliztli.

El vigésimo edificio se llamaba Tezcacalco. Era un oratorio donde estaban las estatuas que se llamaban omacame; en este lugar mataban algunos cautivos, aunque no cada año.

El vigésimoprimo edificio se llamaba Tlacochcalco Acatl Yiacapan. En esta casa guardaban gran cantidad de dardos para la guerra; era como casa de armas. En este lugar mataban algunos cautivos; matábanlos de noche; no tenían tiempo señalado para matarlos, sino cuando querían.

El vigésimosegundo se llamaba Teccizcalco. Este era un oratorio donde estaban unas estatuas del Dios llamado Umácatl y de otros dioses; en este oratorio, por devoción, mataban algunos cautivos; no tenían días señalados.

El vigésimotercio edificio se llamaba Uitztepeoalco. Era un corral o cercado de cuatro paredes, donde los ministros de los ídolos arrojaban las puntas de maguey después que con ellas se habían punzado, y también allí arrojaban unas cañas verdes después que las habían ensangrentado y ofrecídolas a los dioses.

El vigésimocuarto edificio se llamaba Uitznáoac Calmécac. Este era un monasterio donde habitaban los ministros de los ídolos que servían en el cu del Dios Uitznáoac, incensando y haciendo los otros servicios que acostumbraban cada día.

El vigésimoquinto edificio se llamaba otro Cuauhxicalco. Era de la manera del otro que queda dicho atrás; delante de este cu estaba un tzompantli, que es donde espectaban las cabezas de los muertos, y encima del cu estaba una estatua del Dios que llamaban Umácatl hecho de madero. Y allí mataban algunos esclavos, la sangre de los cuales daban a gustar aquella estatua, untándole la boca con ella.

El vigésimosexto edificio se llamaba Macuilcipactli Iteupan. Este era una gran cu hecho a honra de aquel Macuilcipactli; aquí mataban cautivos de noche en su mismo signo cipactli.

El vigésimoséptimo edificio se llamaba Tetlanman Calmécac. Era un monasterio que se llamaba Tetlanma; en él moraban sátrapas y ministros del cu dedicado a la diosa Chantico; allí servían de noche y de día.

El vigésimoctavo edificio se llamaba Iztaccintéutl Iteupan. Este era un cu dedicado a la diosa llamada Cintéutl; en este cu mataban a los leprosos cautivos, y no comían su carne; matábanlos en el ayuno del Sol que arriba se dijo.

El vigésimonono edificio se llamaba Tetlanma. Este era un cu dedicado a una diosa que se llamaba Cuaxólotl Chantico; aquí mataban esclavos por devoción, reinante el signo que se llamaba Ce Xochitl.

El trigésimo edificio se llamaba Chicomécatl Iteupan. Este era un cu dedicado al Dios Chicomécatl; en éste mataban algunos cautivos de noche cuando comenzaba a reinar el signo llamado Ce Xochitl.

El trigesimoprimo edificio se llamaba Tezcaapan. Era una fuente, como alberque, en que se bañaban los que hacían penitencia por voto. Acostumbraban muchos a hacer voto de hacer penitencia ciertos meses o un año, sirviendo a los cúes o dioses a quien tenían devoción; éstos se lavaban de noche en esta fuente.

El trigesimosegundo edificio se llamaba Tezcatlachco. Este era un juego de pelota que estaba entre los cúes; en él mataban por devoción algunos cautivos cuando reinaba el signo que llamaban omácatl.

El trigesimotercio edificio se llamaba Tzompantli. Era donde espetaban las cabezas de los muertos que allí mataban cautivos a honra de los dioses llamados omacame; este sacrificio se hacía cada doscientos y dos días.

El trigesimocuarto edificio se llamaba Tlamatzinco. Este era cu dedicado al Dios Tlamatzíncatl, a cuya honra en él mataban esclavos cada año, al fin de la fiesta que se llamaba quecholli.

El trigesimoquinto edificio se llamaba Tlamatzinco Calmécac. Este era un monasterio donde moraban los sacerdotes o sátrapas que servían en el cu arriba dicho.

El trigesimosexto edificio se llamaba Cuauhxicalco. Este era un cu pequeño y ancho, y algo cóncabo o hondo, donde se quemaban los papeles que ofrecían por algún voto que habían hecho; y también allí se quemaba la culebra de que arriba se dio relación en la fiesta de panquetzaliztli.

El trigesimoséptimo edificio se llamaba Mixcoateupan. Este era un cu dedicado al Mixcóatl, donde se hacían aquellas ceremonias de que se dio relación en la fiesta de quecholli tlami.

El trigesimoctavo edificio se llamaba Netlatiloya. Era un cu al pie del cual estaba una cueva donde escondían los pellejos de los desollados, como está en la relación de tlacaxipeoaliztli.

El trigesimonono edificio se llamaba Teutlachco. Este era un juego de pelota que estaba en el mismo templo. Aquí mataban unos cautivos que llamaban amapanme en la fiesta de panquetzaliztli; allí se dio relación de estos amapanme.

El cuadragésimo edificio se llamaba Ilhuicatitlán. Este era una columna gruesa y alta donde estaba pintada la estrella o luczero de la mañana, y sobre el capitel de esta columna estaba un capitel hecho de paja; delante de esta columna y de esta estrella mataban cautivos cada año al tiempo que parecía nuevamente esta estrella.

El cuadragesimoprimo llamaban Ueitzompantli. Era el edificio que estaba delante del cu de Uitzilopuchtli, donde espetaban las cabezas de los cautivos que allí mataban a reverencia de este edificio cada año en la fiesta de panquetzaliztli.

El cuadragesimosegundo se llamaba Mecatlan. Esta era una casa en la cual se enseñaban a tañer las trompetas los ministros de los ídolos.

El cuadragesimotercio se llamaba Cinteupan. Este era un cu dedicado a la diosa Chicomecóatl; en éste mataban una mujer que decían que era imagen de esta diosa dicha, y la desollaban; de esto se dio relación en la fiesta de ochpaniztli.

El cuadragesimocuarto edificio se llamaba Centzontotochtin Inteupan. Este era cu dedicado a los dioses del vino; aquí mataban tres cautivos a honra de estos dioses del vino: al uno llamaban Tepuztécatl, y al otro Totoltécatl, y al otro Papáztac. Los que aquí mataban, de día morían, no de noche; esto hacían cada año en la fiesta de tepeílhuitl.

El cuadragesimoquinto edificio se llamaba Cinteupan. Era un cu donde estaba la estatua del Dios de los maizales, y allí mataban cada año a su imagen y con otros cautivos, como se dijo en su fiesta.

El cuadragesimosexto edificio se llamaba Netotiloyan. Era un lugar o parte del patio donde bailaban los cautivos y esclavos un poco antes que los matasen, y con ellos también bailaba la imagen del signo chicunauécatl. Y matábanlos a la medianoche en la fiesta de xilomaniztli o en la fiesta de atlcaoalo; esto se hacía cada año.

El cuadragesimoséptimo edificio se llamaba Chililico. Era un cu donde mataban los esclavos en el signo de chicunauécatl; matábanlos a la medianoche; solo los señores daban los esclavos que aquí morían; esto se hacía en la fiesta de atlcaoalo.

El cuadragesimoctavo edificio se llamaba Cooaapan. Esta era una fuente donde se bañaba el sátrapa que ministraba en el cu, que llamaban Coatlan, y ninguno otro allí se bañaba sino solo él.

El cuadragesimonono edificio se llamaba Puchtlan. Era un monasterio donde estaban los ministros y sátrapas que ministraban en el cu donde estaba la estatua de Yiacatecutli, del Dios de los mercaderes; ministraban allí de día y de noche.

El quincagésimo edificio se llamaba Atlauhco. Este era un monasterio donde moraban los sátrapas y ministros que ministraban en el cu de Uitzilihncuátec, una diosa, de día y de noche.

El quincagesimoprimo edificio se llamaba Yopico. Este era un cu donde cada año mataban muchos esclavos y cautivos; matábanlos de día en la fiesta de tlacaxipeoaliztli.

El quincagesimosegundo edificio se llamaba Yiacatecutli Iteupan. Era el cu del Dios de los mercaderes; allí mataban la imagen de este Dios cada año en la fiesta de títitl.

El quincagesimotercio edificio se llamaba Uitzilincuátec Iteupan. Era un cu donde mataban la imagen de esta diosa cada año en la fiesta de títitl; era mujer la que mataban.

El quincagesimocuarto edificio se llamaba Yopico Calmécac. En este monasterio o oratorio mataban muchos cautivos cada año en la fiesta de tlacaxipeoaliztli.

El quincagesimoquinto edificio llamaban Yopico Tzompantli. En este edificio espetaban las cabezas de los que mataban en la fiesta de tlacaxipeoaliztli.

El quincagesimosexto edificio se llamaba Tzompantli. Era donde espetaban las cabezas de los que mataban en la fiesta de Yiacatecutli, Dios de los mercaderes, en el primero día de la fiesta de xócotl uetzi.

El quincagesimoséptimo edificio se llamaba Macuilmalinal Iteupan. Era un cu donde estaban dos estatuas: una de Macuilmalinal y otra de Toplantlacaqui; y en este signo hacían fiesta en este cu cada doscientos y tres días, y también hacían fiesta a honra del signo que se llamaba xuchílhuitl.

El quincagesimoctavo edificio se llamaba Atícpac. Era un oratorio donde hacían fiesta y ofrecían a las diosas que llamaban cioapipilti; hacían fiesta en el signo que llamaban chicomecoatonalli.

El quincagesimonono llamaban Netlatiloyan. Esta era una cueva donde escondían los pellejos de los muertos que desollaban cada año en la fiesta de ochpaniztli.

Al sexagésimo edificio llamaban Atlauhco. Este era un oratorio donde honraban a la diosa que se llamaba Cioatéutl; y cada año mataban a su honra una mujer que decían que era su imagen; matábanla en el cu que se llama Coatlan, que estaba cerca de este oratorio; esto hacían cada año en la fiesta de ochpaniztli.

El sexagesimoprimo edificio se llamaba Tzonmolco Calmécac. Este era un monasterio donde moraban sátrapas del Dios Xiuhtecutli; y aquí sacaban fuego nuevo cada año en la fiesta oauhquiltamalcualiztli, y de aquí sacaban el fuego nuevo cuanto quiera que el señor había de incensar delante de los dioses.

El sexagesimosegundo edificio se llamaba Temalácatl. Era una piedra como rueda de molino grande y estaba agujereada en el medio como piedra de molino. Sobre esta piedra ponían los esclavos y acuchillábanse con ellos; estaban atados por el medio del cuerpo de tal manera que pudían llegar hasta la circunferencia de la piedra, y daban las armas con que peleasen. Era éste un espectáculo muy frecuente y donde concorría gente de todas las comarcas a verle. Un sátrapa vestido de un pellejo de oso o cuetlachtli era allí el padrino de los cautivos que allí mataban, que los llevaba a la piedra y los ataba allí, y los daba las armas y los lloraba entretanto que peleaban; y cuando caía lo entregaba al que le había de sacar el corazón, que era otro sátrapa vestido con otro pellejo, que se llamaba yooallaoan. Esta relación queda escrita a la larga en la fiesta de tlacaxipeoaliztli.

El sexagesimotercio edificio se llamaba Nappatecutli Iteupan. Este era un cu dedicado al Dios Nappatecutli, en el cual mataban la imagen de este Dios, que era un cautivo vestido con los ornamentos de este Dios; matábanle a la medianoche cada año en la fiesta de tepeílhuitl.

El sexagesimocuarto edificio se llamaba Tzonmolco. Este era un cu dedicado al Dios del fuego llamado Xiuhtecutli; éste es un cu en que mataban cuatro esclavos como imágenes de este Dios, adornados con los ornamentos del mismo, aunque de diversas colores. Al primero llamaban Xoxouhqui Xiuhtecutli, al segundo llamaban Cozauhqui Xiuhtecutli, al tercero llamaban Iztac Xiuhtecutli, al cuarto llamaban Tlatlauhqui Xiuhtecutli. También mataban otros muchos cautivos en este lugar y en este día, a los cuales llamaban ihuipanéca temimilólca. Abajo de las gradas de este cu estaba una placeta a la cual subían también por gradas; en esta placeta mataban dos mujeres, y llamaban a la una Nancotlaceuhqui; de la otra no se pone nombre. En acabando de matar los que habían de morir, hacían luego un areíto muy solemne, según que se dijo a la larga en la fiesta de Xiuhtecutli.

El sexagesimoquinto edificio se llamaba Coatlan. Este era un cu donde mataban cautivos a honra de aquellos dioses que llamaban cenizonuitznáoa, y también todas las veces que sacaban fuego nuevo, y también cuando la fiesta de quecholli.

El sexagesimosexto edificio se llamaba Xuchicalco. Este era un cu edificado a honra del Dios Cintéutl, y también a honra del Dios Tlatlauhqui Cintéutl, y también de la diosa Atlatonan. Y cuando mataban una mujer, que era imagen de esta diosa, desollábanla, y uno de los sátrapas vestía su cuero. Esto se hacía de noche, luego de mañana andaba bailando con el cuero vestido de aquella que había muerto; esto se hacía cada año en la fiesta de ochpaniztli.

El sexagesimoséptimo edificio se llamaba Yopicalco, y también Eoacalco. Esta era una casa donde se aposentaban los señores y principales que venían de lejos a visitar este templo, especialmente los de la provincia de Anáhuac.

El sexagesimoctavo edificio se llamaba Tozpálatl. Esta era una fuente muy preciada que manaba en el mismo lugar; de aquí tomaban agua los sátrapas de los ídolos, y cuando se hacía la fiesta de Uitzilopuchtli y otras fiestas, la gente popular bebía en esta fuente con gran devoción.

El sexagesimonono edificio se llamaba Tlacochcalco Cuauhquiyáoac. Esta era una casa; en esta casa estaba una imagen del Dios Macuiltótec. Aquí, a honra de este Dios, mataban cautivos en la fiesta de panquetzaliztli.

El septuagesimo edificio se llamaba Tulnáoac. Esta era una casa donde mataban cautivos, cuando comenzaba a reinar el signo que se llamaba Ce Miquiztli, a honra de Tezcatlipuca.

El septuagesimoprimo edificio se llamaba Tilocan. Era una casa donde cocían la masa para hacer imagen a Uitzilopuchtli cuando se hacía la fiesta.

El septuagesimosegundo edificio se llamaba Itepéyoc. Esta era una casa donde hacían de masa la imagen de Uitzilopuchtli los sátrapas.

El septuagesimotercio edificio se llamaba Uitznáoac Calpulli. Era una casa donde hacían la imagen de otro Dios, compañero de Uitzilopuchtli, que se llamaba Tlacauepan Cuexcotzin.

El septuagesimocuarto edificio se llamaba Atempan. Era una casa donde juntaban los niños que habían de matar, y también los leprosos que llamaban xixioti, que también los mataban. Después de haberlos juntado en este lugar, los traían en procesión en unas andas. Hecho esto, llevábanlos a los lugares donde los habían de matar.

El septuagesimoquinto edificio se llamaba Tezcacóac Tlacochcalco. Era una casa donde estaban muchos dardos y muchas saetas depusitadas para el tiempo de la guerra. Aquí mataban esclavos por su devoción algunos años.

El septuagesimosexto edificio se llamaba Acatl Yiacapan Ueicalpulli. Esta era una casa donde juntaban los esclavos que habían de matar a honra de los tlaloques, y después de muertos, luego los hacían pedazos y los cocían. En esta misma casa echaban en las ollas flores de calabaza; después de cocidos, comíanlos los señores y principales; la gente popular no comían de ellos.

El septuagesimoséptimo edificio se llamaba Techielli. Era un cu pequeño; en éste ofrecían cañas que llamaban acxóyatl.

El septuagesimoctavo edificio se llamaba Calpulli. Estas eran unas casas pequeñas de que estaba cercado todo el patio de la parte de dentro. A estas casillas llamaban calpulli; a estas casas se recogían a ayunar y hacer penitencia cuatro días todos los principales y oficiales de la república las vigilias de las fiestas que caían de veinte en veinte días, de manera que hacían de vigilia cuatro días. En este ayuno unos comían a la medianoche y otros al mediodía.

Relación de los mexicanos de las cosas que se ofrecían en el templo

Ofrecían muchas cosas en las casas que llaman calpulli, que eran como iglesias de los barrios donde se juntaban todos los de aquel barrio, así a ofrecer como a otras ceremonias muchas que allí se hacían.

Ofrecían comida y mantas, y aves y mazorcas de maíz, y chían y frijoles y flores; esto ofrecían las mujeres o doncellas por casar, pero en los oratorios de sus casas no ofrecían sino comida delante de las imágenes de los dioses que allí tenían. Esto hacían cada día, luego de mañanita, y la señora de la casa tenía cuidado cada mañana de despertar a todos los de su casa para que fuesen a ofrecer delante de los dioses de su oratorio.

Ofrecían incienso en los cúes los sátrapas de noche y de día a ciertas horas; incensaban con unos incensarios hechos de barro cocido que tenían, a manera de cazo, de un cazo mediano, con su astil del grosor de una vara de medir o poco menos, largo como un codo o poco más, hueco, y de dentro tenía unas pedrezuelas por sonajas. El vaso era labrado como incensario con unos labores que agujereaban el mismo vaso desde el medio abajo; cogían con él brasas del fugón, y luego echaban copal sobre las brasas, y luego iban delante de la estatua del demonio y levantaban el incensario hacia las cuatro partes del mundo, como ofreciendo aquel incienso a las cuatro partes del mundo, y también incensaban a la estatua; hecho esto, tornaban las brasas al fugón. Esto mismo hacían todos los del pueblo en sus casas una vez a la mañana y otra a la noche, incensando a las estatuas que tenían en sus oratorios o en los patios de sus casas; y los padres y las madres compelían a sus hijos que hiciesen lo mismo cada mañana y cada noche.

Del ofrenda del incienso o copal usaban estos mexicanos y todos los de Nueva España de una goma blanca que llaman copalli, que también ahora se usa mucho para incensar a sus dioses; no usaban del incienso, aunque lo hay en esta tierra. De este incienso o copal usaban los sátrapas en el templo, y toda la otra gente en sus casas como se dijo arriba. Y también lo usaban los jueces cuando habían de ejercitar algún acto de su oficio; antes que le comenzasen echaban copal en el fuego en reverencia de sus dioses, y demandándoles ayuda. También hacían esto mismo los cantores de los areites, que cuando habían de comenzar a cantar primero echaban copal en el fuego a honra de sus dioses, y demandándoles ayuda.

Usaban una ceremonia generalmente en toda esta tierra, hombres y mujeres, niños y niñas, que cuando entraban en algún lugar donde había imágenes de los ídolos, una o muchas, luego tocaban en la tierra con el dedo y luego le llegaban a la boca o a la lengua. A esto llamaban «comer tierra»; hacíanlo en reverencia de sus dioses, y todos los que salían de sus casas, aunque no saliesen del pueblo, volviendo a su casa, hacían lo mismo, y por los caminos cuando pasaban delante algún cu o oratorio hacían lo mismo. Y en lugar de juramento usaban esto mismo, que para afirmar que decían verdad hacían esta ceremonia, y los que querían satisfacer del que hablaba si decía verdad, demandábanle que hiciese esta ceremonia, y luego le creían como juramento.

Hacían otra ceremonia comunmente que llamaban tlatlazaliztli, que quiere decir «arrojamiento», y era que nadie comiese sin que primeramente arrojase al fuego un bocadillo de lo que había de comer.

Tenían otra ceremonia también común, que nadie había de beber pulque sin que primero derramase un poco a la orilla del hogar; y cuando quiera que encetaban alguna tinaja de pulque, primero echaban en un lebrillo cantidad de ello, y ponían un lebrillo cerca del fuego y de allí tomaban con un vaso y derramaban al canto del hogar a cuatro partes un vaso de aquel pulque. Y hecho esto, bebían los convidados, y ante de esto nadie usaba beber. Esto llamaban tlatoyaoaliztli; quiere decir «libacio» o «gustamiento».

Relación de la sangre que se derramaba a honra del demonio, en el templo y fuera

Derramaban sangre en los cúes de día y de noche, matando hombres y mujeres en los cúes delante de las estatuas de los demonios, como arriba queda dicho en muchos lugares. Derramaban también sangre delante de los demonios por su devoción en días señalados, y hacían de esta manera: si querían derramar sangre de la lengua pasábanla con una punta de navaja y por el agujero que hacían pasaban muchas pajas gruesas de heno, según la devoción de cada uno; algunos atábanlas unas con las otras y tirábanlas como quien tira un cordel, pasándolas por el agujero de la lengua; otros, cada uno por sí, sacaban cantidad de ellas y dejábanlas allí, ensangrentadas, delante del demonio o en los caminos o en los calpulcos. Lo mismo hacían de los brazos y de las piernas.

Derramaban también sangre los sátrapas fuera de los cúes, por esas montañas o cuevas, por su devoción de noche. Hacían de esta manera: que tomaban cañas verdes y puntas de maguey, y después de haberlas ensangrentado con la sangre que sacaban de sus piernas de cabe las espinillas, iban de noche desnudos a los montes donde tenían devoción, y así ensangrentadas las dejaban allí sobre un lechuelo de hojas de cañas que les hacían. Y esto hacían en cuatro o cinco partes, según la devoción de cada uno.

Derramaban también sangre los hombres cinco días antes que llegase la fiesta principal que se hacía de veinte en veinte días por su devoción. Hacían unas cortaduras en las orejas de donde sacaban sangre, y con aquella sangre untaban los rostros, haciendo unas rayas de sangre por ellos. Las mujeres hacían como un corro y los hombres hacían una raya derecha desde la ceja hasta la quijada. Las mujeres tenían devoción también de ofrecer esta sangre por espacio de ochenta días; cortábanse de tres en tres días, o de cuatro en cuatro días, todo este tiempo.

Ofrecían también sangre de aves delante de los demonios por su devoción, especialmente delante de Uitzilopuchtli; y en sus fiestas compraban codornices vivas y arrancaban las cabezas delante del diablo, y la sangre derramábase allí y el cuerpo arrojábanle en tierra, y allí andaba revoleando hasta que se moría; unos descabeszaban una, otros dos, otros tres, según su devoción.

Cuando mataban algún esclavo o cautivo, el dueño de él cogía la sangre en una jícara y echaba un papel blanco dentro, y después iba por todas las estatuas de los diablos y untábales la boca con el papel ensangrentado. Otros mojaban un palo en la sangre y tocaban la boca de la estatua con la misma sangre.

Relación de otros servicios que se hacía a los demonios en el templo y fuera

Los que se escapaban de alguna enfermedad por consejo de algún astrólogo escogían algún día bien afortunado, y en este día, dentro de su casa, quemaba en el hogar de su casa muchos papeles en que el astrólogo había pintado con ulli las imágenes de aquellos dioses que se conjeturaba que le habían ayudado para salir de la enfermedad. El astrólogo los daba al que ofrecía, diciéndole el Dios que allí iba pintado, y el otro echaba el papel en el fuego. Y después de quemados todos los papeles, tomaban la ceniza y enterrábanla en el patio de la casa; a esto llamaban nextlaoaliztli.

Algunos por su devoción ofrecían sangre en los cúes en las vigilias de las fiestas, y para que su ofrenda fuese más acepta iban a buscar laurel silvestre, que ellos llaman acxóyatl, que se cría mucho por esos montes, y traído ensangrentaban con sangre de las piernas dos puntas de maguey en el calpulco, y de allí las llevaban al cu y hacían un lechuelo de los ramillos tiernos del laurel, y ponían sobre él las puntas de maguey ensangrentadas, ofreciéndolas aquel Dios a quien tenían devoción; y a esto llamaban acxoyatemaliztli.

Cuando habían de ir a alguna guerra, primero todos los soldados iban por leña a las montañas, la que se gastaba en los cúes, y hacían rimeros de ellas en los monasterios de los sátrapas, y de allí tomaban para gastarla, que se quemaba mucha entre noche y día en los patios de los cúes, en unos fugones altos que para esto estaban hechos en los mismos patios. Y en los otros tiempos los ministros de los cúes y los que moraban en el calmécac tenían cargo de traer esta leña; a esto llamaban teucuauhquetzaliztli.

También a honra de los dioses que tenían en sus casas tenían gran cuidado de barrer la casa y el patio y la portada cada día, luego de mañana. Y el señor o la señora de la casa tenían cargo de compeler a todos los de su casa para que hiciesen esto cada día. Y después de hecho esto, incensaban y ofrecían a las imágenes que tenían en sus casas, y esto cada día; a esto llamaban tiachpanaliztli.

Tenían gran vigilancia de noche los sátrapas y ministros de los cúes de velar para que no faltase de arder el fuego en los fugones del patio, y para despertar a los que habían de tañer a las horas que habían de incensar y ofrecer delante de los ídolos; y a esto llamaban tozoaliztli.

Tenían los populares por costumbre de hacer penitencia muchos días entre año; y esta penitencia era que se abstenían de jabonarse la cabeza y de los baños, y de dormir con mujer y la mujer con el hombre, los días que hacían esta penitencia, y no se abstenían de comer ni ayunaban; a esto llamaban nezaoaliztli.

Relación de ciertas ceremonias que se hacía a honra del demonio

Cuando hacían una fiesta que llamaban atamalcualiztli, que era de ocho en ocho años, unos indios que se llamaban mazatéca tragaban unas culebras vivas por valentía, y andaban bailando y tragándolas poco a poco, y después que les habían tragado, dábanles mantas por su valentía. También estos mismos tragaban unas ranas bibas en la misma fiesta.

Otra ceremonia hacían en la fiesta de etzalcualiztli; los mancebos tomaban avecillas y atábanlas en unos ramos con hilos, y andaban con ellos en la procesión de esta fiesta, y las aves andaban revolando alrededor del ramo.

Usaban también hacer procesión en muchas de sus fiestas, y traían en andas las imágenes de los ídolos, algunas veces alrededor de los cúes, y otras veces por lugares más lejos, y acudía todo el pueblo a estas procesiones. También usaban bailar las mujeres juntamente con los hombres en las grandes fiestas.

Hacían un juego los mancebos a honra de la diosa llamada Toci cuando mataban su imagen. Ponían un lebrillo con pluma y con greda y arremetían todos los mancebos, y tomaban cada uno un puñado de ello y echaban a huir unos tras otros. Y como habían tomado los mancebos la greda y la pluma, aquel mancebo que traía vestido el pellejo de la diosa Toci, con otros mancebos que estaban con él, echaban a correr tras los que habían tomado greda e íbanlos apedreando. Y la gente que miraba apedreaba a los unos o a los otros, y algunos de ellos caían apedreados.

Hacían una ceremonia a los niños y niñas tomándolos con las manos cabe las orejas y levantándoles en alto; esto hacían para que creciese, en la fiesta que se llamaba izcalli, que se hacía a honra del fuego.

Relación de otras ceremonias que también se hacían a honra del demonio

Hacían una superstición para remediar los niños enfermizos, que los ataban al cuello unas cuerdas de algodón flojo, y colgábanle una pellita de copal en la cuerda que tenía al cuello. También les ponían unas cuerdas de lo mismo atadas a las muñecas y otras a la garganta de los pies; atábaselas algún astrólogo en signo particular, y traíalas el número de los días que le mandaba el astrólogo, y después el mismo astrólogo se las quitaba y las quemaba en el calpulco. Esto hacían cuatro veces por la salud de los niños.

Usaban otra superstición, que se emplumaban el pecho y las espaldas, en la parte contraria del pecho con pluma de diversas colores, y en las muñecas ponían unas plumas como axorcas, una blanca, otra amarilla y otra colorada, y en las gargantas de los pies hacían lo mismo. Esta pluma pegaba con resina de pino que llaman ocótzotl. Esto hacían en la fiesta de teutleco, porque no les hiciesen mal el Dios Acolmiztli.

Esta ceremonia que aquí se dice o superstición pilquixtiliztli se hacía de cuatro en cuatro años en la fiesta de izcalli.

Este espectáculo de tlauauanaliztli se hacía en la fiesta de tlacaxipeoaliztli; allí está a la larga escrito.

Esto teupan onoliztli está dicho en la fiesta de etzalcualiztli.

Esta superstición o ceremonia zacapan nemanaliztli se puso en la fiesta de tlacaxipeoaliztli.

Esta ceremonia tlaccacitiliztli hacían a reverencia del Sol y a reverencia del fuego cuando alguno acababa su casa nueva o cuando reinaba el signo del Sol, que sacaban sangre de las orejas y la recibían en la uña del dedo que está cabe el pulgar o en el de medio, y lo arrojaban hacia el fuego como quien da papirote, y también hacia el Sol de la misma manera; esto llamaban tlaccaltiliztli.

Esto tlatzmolintemaliztli ya queda dicho atrás, que es lo mismo de acxoyatemaliztli.

Esta ceremonia nezacapechtemaliztli hacían cuando pasaban delante de algún ídolo; arrancaban una manada de heno y esparzíanla delante de la imagen del ídolo, haciendo reverencia o acatamiento. Esta misma ceremonia hacían otras veces por vía de voto o ceremonia.

Todas las noches, un poco antes de la medianoche, los ministros de los ídolos que tenían cargo de esto tlatlapitzaliztli tocaban los caracoles y trompetas y cornetas, y luego se levantaban todos a ofrecer sangre e incienso a los ídolos en los cúes y en todas las casas particulares.

En llegando la medianoche, los ministros que llamaban cuacuacuiltin tañían los atabales para que despertasen, y los que no despertaban aquella hora castigábanlos, echando sobre ellos agua o rescoldo del fuego.

Agujerábanse las orejas para poner orejeras, y también los bezos para poner los bezotes. Esto hacían a honra del diablo; y llamábanlo nenacacxapotlaliztli y netenxapotlaliztli.

Relación de las diferencias de ministros que servían a los dioses

Este mexícatl teuhoatzin era como patriarca elegido por los dos sumus pontífices, el cual tenía cargo de otros sacerdotes menores que eran como obispos. Y tenía cargo de que todas las cosas concernientes al culto divino, en todos los pueblos y provincias, se hiciesen con toda diligencia y perfeción, según las leyes y costumbres de los antiguos pontífices y sacerdotes, mayormente en la crianza de los mancebos que se criaban en los monasterios que se llamaban calmécac.

Este disponía todas las cosas que habían de hacer en todas las provincias subjetas a México, tocantes a la cultura de los dioses. Tenía también cargo de castigar a todos los sacerdotes, de quien tenía cargo, si en algo pecaban. Los ornamentos de este sátrapa eran una chaqueta de tela y un incensario de los que ellos usaban, y una talega en que llevaba copal para incensar. Había otro coadjutor de éste que se llamaba Uitznáoac teuhoatzin, que entendía en el mismo negocio. Había otro coadjutor de los arriba dichos que se llamaba tepan teuhoatzin, el cual en particular tenía cargo de la buena crianza y del buen regimiento de los que se criaban en los monasterios, que se llamaban calmécac, por todas las provincias subjetas a México.

Este Umetochtzin era como maestro de todos los cantores que tenían cargo de cantar en los cúes; tenía cuenta que todos viniesen a hacer sus oficios a los cúes. Hacían cierta ceremonia con el vino que llamaban teuuctli al tiempo que habían de hacer sus oficios. De esta ceremonia era el principal Pahtécatl; éste tenía cuidado de los vasos en que bebían los cantores, de traerlos, y darlos, y recogerlos y de henchirlos de aquel vino que llamaban teuuctli o macuiluctli. Y ponía doscientas y tres cañas, de las cuales sola una agujereada, y cuando las tomaban, el que acertaba con aquella bebía el solo, y no más. Esto se hacía después del oficio de haber cantado.

Este epcoacuacuiltzin tenía cargo de las fiestas del calendario y de todas las ceremonias que se habían de hacer en ellas, para que en nada hubiese falta; era como maestro de ceremonias.

Este Molonco teuhoa tenía cargo de aprestar todas las cosas necesarias, como son papel y copal, etc., para cuando habían de sacrificar o ofrecer delante de los dioses en la fiesta de chicunauécali.

Este Cinteutzin tenía el mismo cargo de aprestar todas las cosas necesarias para cuando se hacía la fiesta de Xilonen.

Este Atempan teuhoatzin tenía cargo de proveer de plumas blancas como algodón que crían las aves junto a la carne, y otras cosas que eran necesarias para cuando se hacía la fiesta de la madre de los dioses. Y tenía cargo de juntar los mancebos, que se llamaban cuecuextéca, para que ayunasen en aquel barrio de Atenpan.

Este tlapixcatzin era como chantre, que tenía cuidado de enseñar y regir y enmendar el canto que se había de cantar a honra de sus dioses en todas las fiestas.

Este tzaputlateuhoatzin tenía cargo de aprestar todas las cosas necesarias para la fiesta de la diosa Tzapotlatena, como son papel, y copal, y ulli y una hierba olorosa con que inciensan a los ídolos.

Este tecammateuhoa tenía cargo de aprestar las teas para hacer hachones, y también almagre y tinta, y cotaras y unas chaquetas y caracolitos mariscos, lo cual todo era necesario para la fiesta del Dios del fuego.

Este tezcatzóncatl tenía cargo de aprestar todo lo arriba dicho para cuando se hacía la fiesta del Dios del vino, en el mes que se llamaba tepeílhuitl.

Este Umetochtli Yiauhqueme tenía cargo de aprestar todo lo arriba dicho para cuando se hacía la fiesta del Dios del vino que se llamaba Umetochtli, en el mes de tepeílhuitl.

Este Umetochtli Tomíyauh tenía también cargo de aprestar todo lo arriba dicho para cuando se hacía la fiesta del Dios del vino que se llamaba Umetochtli Tomíyauh, en el mes arriba dicho.

Este Acaloa Umetochtli tenía cargo de aprestar todo lo arriba dicho que era menester para la fiesta del Dios Acalhoa Umetochtli.

Este Cuatlapanqui Umetochtli tenía cargo de aprestar todo lo arriba dicho para la fiesta del Dios del vino llamado Cuatlapanqui.

Este Tlilhoa Umetochtli tenía cargo de aprestar todo lo arriba dicho para cuando se hacía la fiesta del Dios del vino que se llamaba Tlilhoa Umetochtli, en el mes de tepeílhuitl.

Este Umetochtli Pahtécatl tenía cargo de procurar el vino que se llamaba macuiluctli o teuuctli, lo cual se gastaba en la fiesta de panquetzaliztli.

Este Umetochtli Napatecutli tenía cargo de aprestar lo necesario para la fiesta de tepeílhuitl.

Este Umetochtli Papáztac tenía cargo de aprestar el vino que se llamaba tizauctli, que se había de gastar en la casa del señor y en la fiesta de tozoztli, donde bebían vino hombres y mujeres, y niños y niñas.

Este Umetochtli tenía cargo de hacer lo mismo que arriba se dijo en la fiesta de atlcaoalo.

Esta mujer, que se llamaba cioacuacuilli, tenía cargo de proveer de todo lo que se había de ofrecer en la fiesta de la diosa Toci, como son flores y cañas de humo, y todo lo demás que ofrecían las mujeres en la fiesta de esta diosa Toci.

Esta mujer, llamada cioacuacuilli Iztaccíhoatl, tenía cargo en el cu llamado Atenchicalcan de los que barrían y de los que ponían fuego; y también los que hacían voto de hacer algún servicio en este cu a ella acudían.

Este Ixcozauhqui Tzonmolco teuhoa tenía cargo de hacer traer la leña que se había de gastar en el monasterio que se llamaba Tzonmolco Calmécac; traían esta leña los mancebos y poníanla en el monasterio ya dicho.

Este tlazolcuacuilli guardaba el cu que se llamaba Mecatlan; andaba vestido con las vestiduras de los sacerdotes, como arriba se dijo, que era un xicolli o chaqueta, y un calabazo lleno de pícietl. Tenía gran cuidado en que ninguno entrase ni se llegase a este cu sino con gran reverencia, y que en él no hubiese ninguna suciedad. Y si alguno cerca de este cu se urinaba, luego le prendían y le castigaban.

Este Tecpantzinco teuhoa tenía cargo de guardar en el cu que se llamaba Tecpantzinco, para que ninguna irreverencia allí se hiciese, y procuraba las ofrendas que se habían de hacer en este cu.

Este epcoacuacuilli tepictoton tenía cargo de hacer y componer los cantares que de nuevo eran menester, así para los cúes como para las casas particulares.

Este Ixtlilco teuhoa tenía cargo del cu de Ixtlilton y de procurar las ofrendas que ofrecían cuando los niños o niñas comenzaban a hablar, que los llevaban a este cu y hacían ciertas ceremonias cuando los niños nuevamente comenzaban a hablar.

Este Atícpac teuhoatzin Xochipilli tenía cargo del cu que se llamaba Atícpac y procuraba lo que era necesario para cuando mataban allí una mujer y la desollaban a honra de una diosa que se llamaba Aticpaccalqui Cíoatl. Y también se vestía el pellejo de aquella mujer, y cuando se iba por las calles con él llevaba una codorniz viva, asida con los dientes.

Este Atlixeliuhqui teuhoa Opuchtli tenía cargo de aprestar todas las cosas necesarias para cuando sacrificaban matando la imagen de Opuchtli en la fiesta de tepeílhuitl.

Este Xipe Yopico teuhoa tenía cargo de aprestar todas las cosas necesarias para cuando mataban la imagen de Tequitzin en este cu Yopico.

Este Pochtlan teuhoa Yiacatecutli tenía cargo de aprestar todas las cosas necesarias para cuando sacrificaban la imagen de Yiacatecutli en el cu llamado Pochtlan.

Este Chiconquiáuitl Pochtlan era coadjutor del arriba dicho para el mismo efecto que arriba se dijo.

Este Izquitlan teuhoatzin tenía cargo de proveer de chaquetas, que llamaban xicolli, que es un ornamento de los sátrapas, y caracolillos mariscos y cotaras para ornamentos; y también recogía la miel de los magueyes, que era la primera que se cogía del maguey, para hacer vino para los sátrapas.

Este Tzapotla teuhoatzin tenía cargo de proveer de papel y de copal, e incensarios y todo lo demás que era menester para los que morían o mataban en la fiesta de tepeílhuitl.

Este Chalchiuhtliicue acatonalcuacuilli tenía cargo de proveer de las ofrendas que eran necesarias para los que mataban en la fiesta de Chalchiuhtliicue, como era copal, ulli, etc.

Este Acolnaoácatl Acolmiztli tenía cargo de proveer de todo lo que era necesario para cuando el señor o rey había de ayunar en la fiesta de Tláloc, y en el ayuno del Sol, y en el ayuno de quecholli, que son ayunos muy solemnes; proveía de los vestuarios y cotaras, etc., que el señor había de usar en estos ayunos.

Este Tullan teuhoa tenía cargo de proveer de papel y copal y ulli para cuando habían de matar a la imagen de Tultécatl, al cual mataban en el fin del mes que se llamaba quecholli, o en el principio del mes que se llamaba tepeílhuitl.

Relación del tañer y cuántas veces tañían en el templo entre noche y día, que era como tañer a las horas

Todos los días del mundo ofrecían sangre e incienso al Sol, luego en saliendo por la mañana. Ofrecíanle sangre de las orejas y sangre de codornices, a las cuales arrancándolas la cabeza, corriendo sangre, las alzaban hacia el Sol, como ofreciéndole aquella sangre. Y haciendo esto, decían: «Ya ha salido el Sol, que se llama Tonámetl Xiuhpiltontli Cuauhtleoánitl. No sabemos cómo cumplirá su camino, ni sabemos si acontecerá algún infortunio a la gente». Y luego enderezaban sus palabras al mismo Sol, diciendo: «Señor nuestro, hace prósperamente vuestro oficio». Esto se hacía cada día a la salida del Sol. Ofrecíanle incienso cuatro veces cada día y cinco veces de noche: una vez a la salida del Sol, otra vez a la hora de la tercia, otra vez a la hora del mediodía, la cuarta vez a la puesta del Sol; de noche le ofrecían incienso: la primera vez cuando ya era bien de noche, la segunda vez cuando ya todos se querían echar a dormir, la tercera vez cuando comenzaban a tañer para levantarse a maitines, la cuarta vez un poco después de medianoche, la quinta vez un poco antes que rompiese el alba. Y cuando a la prima noche ofrecían incienso, saludaban a la noche diciendo: «El señor de la noche ya ha salido, que se llama Yoaltecutli; no sabemos cómo hará su oficio o su curso».

La fiesta de este Yoaltecutli caía y se celebraba en el signo que se llama nahui ollin, a doscientos y tres días de la cuenta del tonalámatl. Cuatro días ayunaban ante de esta fiesta, y el mediodía de esta fiesta tocaban los caracoles y pitos y trompetas, etc. Y pasaban mimbres por las lenguas, ofreciéndole aquella sangre, y hasta los niños que estaban en las cunas los sacaban sangre de las orejas para ofrecer, y todos chicos y grandes ofrecían sangre de las orejas en aquella hora.

Esto hacían sin decir nada, y hacíanlo delante la imagen del Sol, que estaba en un cu que se llamaba Cuauhxicalco, pintada o esculpida como ahora se pinta el Sol, como una cara humana y con rayos que salen de ella como una rueda. Y en la fiesta del Sol, siempre cada año, mataban muchos esclavos y cautivos a su honra en sus cúes, y decían que todos los que morían en la guerra iban a la casa del Sol a reposar.

Relación de los ejercicios o trabajos que había en el templo

Un sátrapa de los del templo tenía cuidado de doctrinar y enseñar a los que trabajaban y servían en el templo, los cuales doctrinados los entregaba a los sacerdotes para que hiciesen sus oficios que habían deprendido. También éste los disciplinaba para que viviesen bien y no fuesen traviesos. Este mismo tenía cargo de hacer barrer los lugares del templo a estos muchachos que criaba. Este mismo tenía cuidado de velar en que no faltase fuego en los fugones del templo.

Ciertos mancebos que por su voto y devoción hacían penitencia en el templo tenían cargo de velar de noche para que ninguna cosa mala se hiciese en el templo.

Los muchachos medianos que se criaban en el monasterio, que se llamaba calmécac, tenían cuidado de ir por la leña que se gastaba en el templo, al monte. Los muchachos novicios en el monasterio tenían cargo de traer puntas de maguey, las que eran menester en el templo.

Tenían cargo de traer ramos de laurel, los que eran necesarios para el templo, los mancebos que se llamaban tlamacacque, que vivían en el templo. Tenían cargo de tañer los caracoles y pitos y trompetas, los muchachos y mancebos que se criaban en el calmécac, que era monasterio. Tenían cargo los mozuelos pequeños que se criaban en el calmécac, que eran como sacristanejos, de hacer la tinta con que se teñían los sacerdotes del templo cada día, en amaneciendo, todo el cuerpo de negro; hacíanla en una canoa que para esto tenían. Hacían de noche esta tinta, y a la mañana se teñían con ella todos los sacerdotes o sátrapas.

Relación de los votos y juramentos

Usaban a hacer voto a los ídolos de servirlos con algunos sacrificios y ofrendas cuando alguno de sus hijos o de su casa caía en enfermedades o caía de su estado y se lisiaba. Esto hacían no a uno solo, pero a dos o tres de sus ídolos, para que le ayudasen en aquella necesidad.

Tenían también costumbre de hacer juramento de cumplir alguna cosa a que se obligaban, y aquel a quien se obligaban les demandaba que hiciesen juramento para estar seguro de su palabra. Y el juramento que hacía era esta forma: «¡Por vida del Sol y de nuestra señora la tierra, que no haré falta en lo que tengo dicho, y para mayor seguridad como esta tierra!». Y luego tocaba con los dedos en la tierra y llegábalos a la boca y lamíalos; y así comía tierra haciendo juramento. Cuando por alguna necesidad alguno demandaba a su Dios ayuda, hacía voto y juramento de hacer tal cosa por su servicio y cumplíalo.

Relación de los cantares que se decían a honra de los dioses en los templo y fuera de ellos

Costumbre muy antigua es de nuestro adversario el diablo buscar escondrijos para hacer sus negocios conforme a lo del Santo Evangelio que dice: «Quien hace mal, aborrece la luz». Conforme a esto, este nuestro enemigo en esta tierra plantó un bosque o arcabuco lleno de muy espesas breñas para hacer sus negocios desde él, y para esconderse en él, para no ser hallado como hacen las bestias fieras y las muy ponzuñosas serpientes. Este bosque o arcabuco breñoso son los cantares que en esta tierra él urdió que se hiciesen y usasen en su servicio, y como su culto divino y psalmus de su loor, así en los templos como fuera de ellos, los cuales llevan tanto artificio que dicen lo que quieren y apregonan lo que él manda, y entiéndenlos solamente aquellos a quien él los endereza. Es cosa muy averiguada que la cueva, bosque y arcabuco donde el día de hoy este maldito adversario se esconde son los cantares y psalmus que tiene compuestos, y se le cantan, sin poderse entender lo que en ello se trata, más de aquellos que son naturales y acostumbrados a este lenguaje, de manera que seguramente se canta todo lo que él quiere, sea guerra o paz, loor suyo o contumelia de Jesucristo, sin que de los demás se pueda entender.

Relación que habla de la mujeres que servían en el templo

Había también en los templos mujeres que desde pequeñuelas se criaban allí, y era la causa porque por su devoción sus madres, siendo muy chiquillas, las prometían al servicio del templo, y siendo de veinte o cuarenta días las presentaban al que tenía cargo de éste, que le llamaban cuacuilli, que era como cura. Y llevaban escobas para barrer y un incensario de barro, e incienso que se llama copalli blanco; todo esto presentaban al cuacuilli o cara. Hecho esto, el cuacuilli encargaba mucho a la madre que tuviese mucho cuidado de criar a su hija, y también de que de veinte en veinte días tuviese cuidado de llevar al calpulco o perrocha de su barrio aquella misma ofrenda de escobas y copal, y leña para quemar en los fugones de la iglesia. Aquella niña desque llegaba a edad de discreción, informada de su madre cerca del voto que había hecho, ella misma se iba al templo, donde estaban las otras doncellas, y llevaba su ofrenda consigo, que era un incensario de barro y copal. Desde este tiempo hasta que era casadera siempre estaba en el templo debajo del regimiento de las matronas que criaban a las doncellas; y cuando, ya siendo de edad, la demandaba alguno para se casar con ella, en estando concertados los parientes y los principales del barrio para que se hiciese el casamiento, aprestaban la ofrenda que habían de llevar que era codornices, e incienso, y flores, y cañas de humo y un incensario de barro, y también aparejaban comida. Luego tomaban a la moza y la llevaban delante de los sátrapas al mismo templo, y tendían una manta grande de algodón blanco, y sobre ella se ponía toda la ofrenda que llevaban, y también una manta que se llama tlacacuachtli, en la cual estaban tejidas muchas cabezas de personas. Y hechos sus razonamientos de la una parte a la otra, los padres de la moza llevaban a su hija.

Fin del apéndice del Segundo Libro.

Libro III. Del principio que tuvieron los dioses

Prólogo

No tuvo por cosa superflua ni vana el divino Augustino tratar de la teología fabulosa de los gentiles en el sexto libro de La ciudad de Dios, porque, como él dice, conocidas las fábulas y ficciones vanas que los gentiles tenían cerca de sus dioses fingidos, pudiesen fácilmente darles a entender que aquellos no eran dioses, ni podían dar cosa ninguna que fuese provechosa a la criatura racional. A este propósito, en este Tercero Libro, se ponen las fábulas y ficciones que estos naturales tenían cerca de sus dioses, porque entendidas las vanidades que ellos tenían por fe cerca de sus mentirosos dioses, vengan más fácilmente por la doctrina evangélica a conocer el verdadero Dios, y que aquellos que ellos tenían por dioses no eran dioses sino diablos mentirosos y engañadores. Y si alguno piensa que estas cosas están tan olvidadas y perdidas, y la fe de un Dios tan plantada y arraigada entre estos naturales que no habrá necesidad en ningún tiempo de hablar en estas cosas, al tal yo le creo piadosamente, pero sé de cierto que el diablo ni duerme ni está olvidado de la honra que le hacían estos naturales, y que está esperando conjuntura para si pudiese volver al señorío que ha tenido. Y fácil cosa le será entonces despertar todas las cosas que se dicen estar olvidadas cerca de la idolatría, y para entonces bien es que tengamos armas guardadas para salirle al encuentro; y para esto no solamente aprovechará lo que está escrito en este Tercero Libro, pero también lo que está escrito en el Primero, y Segundo, y Cuarto y Quinto. Ni tampoco habrá oportunidad para que sus satélites entonces engañen a los fieles y a los predicadores con dorar con mentiras y disimulaciones las vanidades y bajezes que tenían cerca de la fe de sus dioses y su cultura, porque parecerán las verdades puras y limpias que declaran quiénes eran sus dioses y qué servicios demandaban, según se contienen en los libros arriba dichos.

Fin del prólogo.

Capítulo I. Del principio que tuvieron los dioses

Del principio de los dioses no hay clara ni verdadera relación, ni aun se sabe nada; mas lo que dicen es que hay un lugar que se dice Teotihuacán, y allí, de tiempo inmemorial, todos los dioses se juntaron y se hablaron diciendo: «¿Quién ha de gobernar y regir el mundo? ¿Quién ha de ser el Sol?» —y esto ya es platicado en otra parte—. Y al tiempo que nació y salió el Sol todos los dioses murieron y ninguno quedó de ellos, como adelante se dirá en el Libro VII, en el capítulo II.

Párrafo primero: del nacimiento de Uitzilopuchtli

Según lo que dijeron y supieron los naturales viejos del nacimiento y principio del diablo que se dice Uitzilopuchtli, al cual daban muchas honra y acatamiento los mexicanos, es que hay una sierra que se llama Coatépec, junto al pueblo de Tula, y allí vivía una mujer que se llamaba Coatlicue, que fue madre de unos indios que se decían centzonuitznáoa, los cuales tenían una hermana que se llamaba Coyolxauhqui. Y la dicha Coatlicue hacía penitencia barriendo cada día en la sierra de Coatépec; y un día acontecióle que andando barriendo descendióle una pelotilla de pluma, como ovillo de hilado, y tomóla y púsola en el seno junto a la barriga debajo de las naguas; y después de haber barrido quiso tomar y no la halló, de que dicen se empreñó. Y como la vieron los dichos indios centzonuitznáoa a la madre que ya era preñada, se enojaron bravamente, diciendo: «¿Quién la empreñó? Porque nos infamó y avergonzó». Y la hermana, que se llamaba Coyólxauh, decíales: «Hermanos matemos a nuestra madre, porque nos infamó, habiéndose a hurto empreñado». Y después de haber sabido la dicha Coatlicue, pesóle mucho y atemorizóse, y su criatura hablábale y consolábala, diciendo: «No tengáis miedo, porque yo sé lo que tengo de hacer». Y después de haber oído estas palabras la dicha Coatlicue, quietóse su corazón y quitósele la pesadumbre que tenía. Y como los dichos indios centzonuitznáoa habían hecho y acabado el consejo de matar a la madre por aquella infamia y deshonra que le había hecho, estaban enojados mucho juntamente con la hermana que se decía Coyolxauhqui, la cual les importunaba que matasen a su madre Coatlicue, y los dichos indios centzonuitznáoa habían tomado las armas y se armaban para pelear, torciendo y atando sus cabellos, así como hombres valientes. Y uno de ellos que se llamaba Cuauitlícac, el cual era como traidor, lo que decían los dichos indios centzonuitznáoa, luego se lo iba a decir a Uitzilopuchtli, que aún estaba en el vientre de su madre, dándole noticia de ello. Y le respondía diciendo el Uitzilopuchtli: «¡Oh, mi tío! Mira lo que hacen y escucha muy bien lo que dicen, porque yo sé lo que tengo de hacer». Y después de haber acabado el consejo de matar a la dicha Coatlicue, los dichos indios centzonuitznáoa fueron a donde estaba su madre Coatlicue, y delante iba la hermana suya

Coyólxauh y ellos iban armados con todas armas y papeles, y cascabeles, y dardos en su orden. Y el dicho Cuauitlícac subió a la sierra a decir a Uitzilopuchtli cómo ya venían los dichos indios centzonuitznáoa contra él a matarle. Y dijo el Uitzilopuchtli, respondiéndole: «Mirad bien a dónde llegan»; y díjole el dicho Cuauitlícac que ya llegaban a un lugar que se dice Tzompantitlán. Y más preguntó el dicho Uitzilopuchtli al dicho Cuauitlícac, diciéndole: «¿A dónde llegan los indios centzonuitznáoa?». y le dijo el Cuauitlícac que ya llegaban a otro lugar que se dice Coaxalpa. Y más otra vez preguntó el dicho Uitzilopuchtli al dicho Cuauitlícac, diciéndole: «¿A dónde llegaban?». Y respondió diciéndole que ya llegaban a otro lugar que se dice Apétlac. Y más le preguntó el dicho Uitzilopuchtli al dicho Cuauitlícac, diciéndole: «¿A dónde llegaban?». Y le respondió diciéndole que ya llegaban al medio de la sierra. Y más dijo el Uitzilopuchtli, preguntando al dicho Cuauitlícac: «¿A dónde llegaban?». Y le dijo que ya llegaban y estaban ya muy cerca, y delante de ellos venía la dicha Coyolxauhqui. Y en llegando los dichos indios centzonuitznáoa, nació luego el dicho Uitzilopuchtli, trayendo consigo una rodela que se dice teueuelli, con un dardo y vara de color azul, y en su rostro como pintado, y en la cabeza traía un pelmazo de pluma pegado, y la pierna siniestra delgada y emplumada, y los dos muslos pintados de color azul y también los brazos. Y el dicho Uitzilopuchtli dijo a uno que se llamaba Tochancalqui que encendiese una culebra hecha de teas que se llamaba xiuhcóatl, y así la encendió, y con ella fue herida la dicha Coyólxauh, de que murió hecha pedazos, y la cabeza quedó en aquella sierra que se dice Coatépec y el cuerpo cayóse abajo hecho pedazos. Y el dicho Uitzilopuchtli levantóse y armóse y salió contra los dichos centzonuitznáoa, persiguiéndoles y echándoles fuera de aquella sierra que se dice Coatépec, hasta abajo, peleando contra ellos y cercando cuatro veces la dicha sierra. Y los dichos indios centzonuitznáoa no se pudieron defender ni valer contra el dicho Uitzilopuchtli, ni le hacer cosa ninguna, y así fueron vencidos y muchos de ellos murieron. Y los dichos indios centzonuitznáoa rogaban y suplicaban al dicho Uitzilopuchtli, diciéndole que no les persiguiese y se retrayese de la pelea. Y el dicho Uitzilopuchtli no quiso ni les consintió hasta que casi todos los mató, y muy pocos escaparon, y salieron huyendo de sus manos y fueron a un lugar que se dice Uitztlanpa. Y les quitó y tomó muchos despojos y las armas que traían que se llamaban anecúhyotl.

Y el dicho Uitzilopuchtli también se llamaba Tetzáuitl, por razón que decían que la dicha Coyatlicue se empreñó de una pelotilla de pluma, y no se sabía quién fue su padre. Y los dichos mexicanos lo han tenido en mucho acatamiento y le han servido en muchas cosas, y lo han tenido por Dios de la guerra, porque decían que el dicho Uitzilopuchtli les daba gran favor en la pelea. Y el orden y costumbre que tenían los mexicanos para servir y honrar al dicho Uitzilopuchtli tomaron la que se solía usar y hacer en aquella dicha sierra que se nombra Coatépec.

Párrafo segundo: de cómo honraban a Uitzilopuchtli como a Dios

Ansimismo dicen que el día cuando amasaban y hacían el cuerpo de Uitzilopuchtli para celebrar la fiesta que se llamaba panquetzaliztli tomaban semillas de bledos y las limpiaban muy bien, quitando las pajas y apartando otras semillas que se nombran petzícatl y tezcaoauhtli, y las molían delicadamente; y después de haberlas molido, estando la harina muy sutil, amasábanla de que hacían el cuerpo del dicho Uitzilopuchtli. Y otro día siguiente un hombre, que se llamaba Quetzalcóatl, tiraba al cuerpo del dicho Uitzilopuchtli con un dardo que tenía un casquillo de piedra y se le metía por el corazón, estando presente el rey o señor y un privado del dicho Uitzilopuchtli que se llamaba teuoa; y más, se hallaban presentes cuatro grandes sacerdotes, y más, otros cuatro principales de los mancebos que tenían cargo de criar los mancebos, los cuales se llamaban telpuchtlatoque. Todos éstos se hallaban presentes cuando mataban el cuerpo de Uitzilopuchtli; y después de haber muerto el dicho Uitzilopuchtli, luego deshacían y desbarataban el cuerpo de Uitzilopuchtli, que era una masa hecha de semilla de bledos. Y el corazón de Uitzilopuchtli tomaban para el señor o rey, y todo el cuerpo y pedazos, que eran como huesos del dicho Uitzilopuchtli, en dos partes lo repartían entre los naturales de México y Tlaltelulco: los de México, que eran ministros del dicho Uitzilopuchtli, que se llamaban calpules, tomaban cuatro pedazos del cuerpo del dicho Uitzilopuchtli; y otro tanto tomaban los de Tlaltelulco, los cuales se llamaban calpules, y así de esta manera repartían entre ellos los cuatro pedazos del cuerpo de Uitzilopuchtli, a los indios de dos barrios y a los ministros de los ídolos que se llamaban calpules, los cuales comían el cuerpo de Uitzilopuchtli cada año, según su orden y costumbre que ellos habían tenido. Cada uno comía un pedacito del cuerpo de Uitzilopuchtli, y los que comían eran mancebos y decían que era cuerpo de Dios, que se llamaba teucualo, y los que recibían y comían el cuerpo de Uitzilopuchtli se llamaban ministros de Dios.

Párrafo tercero: de la penitencia a que se obligaban los que recibían el cuerpo de Uitzilopuchtli

Los mancebos que recibían y comían el cuerpo del dicho Uitzilopuchtli obligábanse a servir un año, y cada noche encendían y gastaban mucha cantidad de leña, que era más de dos mil palos y teas, las cuales les costaban diez mantas grandes, que se llaman cuachtli, de que recibían gran agravio y molestia. Cada uno era obligado a pagar una manta grande, que se llama cuachtli, y cinco mantillas pequeñas, que se llaman tecuachtli, y un cesto de maíz y cient mazorcas de maíz. Y los que no podían pagar, que se sentían muy agraviados del dicho tributo, se ausentaban, y algunos determinábanse a morir en la guerra en poder de los enemigos. Y como los dichos mancebos sabían que ya acababan y cumplían el servicio y penitencia a que estaban obligados entre ellos, otra vez recogían otro tributo: cada uno pagaba seis mantillas pequeñas, que se llaman tecuachtli, con que compraban teas y leña y todo lo que era necesario para lavar al dicho Uitzilopuchtli, al fin del año. Y el día cuando lavaban al dicho Uitzilopuchtli era medianoche, y antes que le lavasen primero hacían procesión que se llamaba necocololo. Y uno se vestía con el vestido del dicho Uitzilopuchtli, el cual se llamaba iyópuch, e iba bailando en persona de Uitzilopuchtli, y delante de él iba uno que se llamaba Uitznáoac tiáchcauh y en pos de él iban todos los principales de los mancebos que se llaman tiachcauhtlatoque, y hombres valientes y otra gente, todos juntos detrás, con candelas de teas hasta el lugar donde se lavaba el dicho Uitzilopuchtli, que se llamaba Ayauhcalco; y le tañían flautas y luego le asentaban al dicho Uitzilopuchtli. Y el privado del dicho Uitzilopuchtli, que se llamaba teuoa, tomaba el agua con una jícara de calabaza pintada de color azul, cuatro veces, y le ponía delante con cuatro cañas verdes y le lavaba la cara al dicho Uitzilopuchtli y todo el cuerpo. Y después de lavado, el que se vestía del vestido del dicho Uitzilopuchtli tomaba otra vez la estatua del dicho Uitzilopuchtli, tañendo las flautas y la llevaba hasta la poner y asentar en el cu. Y así después de haber puesto la estatua del dicho Uitzilopuchtli, luego se salían todos y se iban a sus casas, y de esta manera se acababa el servicio y penitencia de los que comían el cuerpo del dicho Uitzilopuchtli, que se llaman teucuaque, de aquel año.

Párrafo cuarto: de otro tributo asac pesado que pagaban los que comían el cuerpo de Uitzilopuchtli

En acabando el dicho año, luego comenzaban otros mancebos a se obligar a servir y hacer penitencia, según la orden y costumbre que tenían de comer y recibir el cuerpo del dicho Uitzilopuchtli. Y juntamente los ministros de los ídolos, que se llaman calpules, hacían gran servicio y penitencia de que recibían grandísimo agravio y fatiga que no se podía sufrir, porque cada noche de todo el año gastaban y consumían mucha y demasiada cantidad de leña y teas, muy extremadas, y ají y tomates y sal y pepitas y almendras de cacao y comida. Y cuando les faltaba con qué comprar las cosas necesarias, con sus mantas con que se vestían compraban o pedían alguna cosa prestada, o vendían las tierras de regadío o del monte que eran adjudicadas a los ídolos a quien servían. Y quien no podía pagar el tributo, luego dejaba las tierras; y al tiempo que sabían que ya cumplían y acababan la penitencia y servicio a que estaban obligados a servir al dicho Uitzilopuchtli, se lavaban y limpiaban y hacían comida de fiesta: tamales y unas ollas bien guisadas, o mataban un perrito que comían, y se emborrachaban por razón que habían cumplido el servicio y penitencia a que estaban obligados, porque les parecía el tributo asac pesado, como una carga que apenas se podía llevar. Y así después se holgaban mucho, porque ya estaban libres del gran trabajo y agravio; y dormían quieta y pacíficamente, y libremente buscaban la vida, y trabajaban de pescar o beneficiaban magueyales o entendían en algunos tratos de mercadería.

Capítulo II. De la estimación en que era tenido el Dios llamado Titlacaoa o Tezcatlipuca

El Dios que se llamaba Titlacaoan decían que era criador del cielo y la tierra y era todopoderoso, el cual daba a los vivos todo cuanto era menester de comer y beber y riquezas. Y el dicho Titlacaoan era invisible y como oscuridad y aire, y cuando parecía o hablaba a algún hombre era como sombra. Y sabía los secretos de los hombres que tenían en los corazones, y le aclamaban rogando y diciendo: «¡Oh, Dios todopoderoso que dais vida a los hombres, que os llamáis Titlacaoan, hacedme merced de darme todo lo necesario para comer y beber y gozar de vuestra suavidad y delectación, porque padezco gran trabajo y necesidad en este mundo! ¡Habed misericordia de mí, porque estoy tan pobre y desnudo, y trabajo por os servir, y por vuestro servicio barro y limpio y pongo lumbre en esta pobre casa donde estoy aguardando lo que me quisierdes mandar, o haced que luego me muera y acabe esta vida tan trabajosa y miserable, para que descanse y huelgue mi cuerpo».

Y más decían, que el dicho Dios, que se llamaba Titlacaoan, daba a los vivos pobreza y miseria, y enfermedades incurables y contagiosas de lepra y bubas y gota y sarna e hidropesía, las cuales enfermedades daba cuando estaba enojado con los que no cumplían y quebrantaban el voto y penitencia a que se obligaban de ayunar, o si dormían con sus mujeres, o las mujeres con sus maridos o amigos en el tiempo del ayuno. Y los dichos enfermos, estando muy penados y agraviados, aclamaban rogando y diciéndole: «¡Oh Dios, que os llamáis Titlacaoan, hacedme merced de me relevar y quitar esta enfermedad que me mata, que yo no haré otra cosa sino enmendarme. Si yo fuere sano de esta enfermedad, hágoos un voto de os servir y buscar la vida; si yo ganare algo por mi trabajo, yo no lo comeré ni gastaré en otra cosa sino que por os honrar haré una fiesta y banquete para bailar en esta pobre casa!». Y el enfermo desesperado que no podía sanar, reñía enojado y decía: «¡Oh, Titlacaoan, puto, hacéis burla de mí! ¿Por qué no me matáis?». Y algunos enfermos sanaban y otros morían.

Y el dicho Titlacaoan también se llamaba Tezcatlipuca y Moyocoyatzin y Yaotzin y Nécoc Yáutl y Nezaoalpilli. Llamábanle Moyocoyatzin por razón que hacía todo cuanto quería y pensaba, y que ninguno le podía impedir y contradecir a lo que hacía ni en el cielo ni en este mundo, y enriquezía a quien quería, y también daba pobreza y miseria a quien quería. Y más decían, que el día que fuere servido destruir y derribar el cielo, que lo haría y los vivos se acabarían. Y al dicho Titlacaoan todos le adoraban y rogaban, y en todos los caminos y divisiones de calles le ponían un asiento hecho de piedras para di, que se llamaba momuztli; y le ponían ciertos ramos en el dicho asiento por su honra y servicio cada cinco días, allende de los veinte días de fiesta que le hacían; y así tenían la costumbre y orden de lo hacer siempre.

Capítulo III. De la relación de quién era Quetzalcóatl, otro Hércules, gran nigromántico, dónde reinó y de lo que hizo cuando se fue

Quetzalcóatl fue estimado y tenido por Dios y lo adoraban de tiempo antiguo en Tula, y tenía un cu muy alto con muchas gradas y muy angostas que no cabía un pie. Y estaba siempre echada su estatua y cubierta de mantas, y la cara que tenía era muy fea, y la cabeza larga, y barbudo. Y los vasallos que tenía eran todos oficiales de artes mecánicas y diestros para labrar las piedras verdes, que se llaman chalchihuites, y también para fundir plata y hacer otras cosas; y estas artes todas hubieron origen del dicho Quetzalcóatl. Y tenía unas casas hechas de piedras verdes preciosas, que se llaman chalchihuites, y otras casas hechas de plata, y más otras casas hechas de concha colorada y blanca, y más otras casas hechas todas de tablas, y más otras casas hechas de turquesas, y más otras casas hechas de plumas ricas. Y los vasallos que tenía eran muy ligeros para andar y llegar a donde ellos querían ir, y se llamaban tlancuacemilhuime.

Y hay una sierra que se llama Tzatzitépetl, hasta ahora así se nombra, en donde pregonaba un pregonero para llamar a los pueblos apartados, los cuales distan más de cient leguas, que se nombra Anáhuac, y desde allá oían y entendían el pregón, y luego con brevedad venían a saber y oír lo que mandaba el dicho Quetzalcóatl.

Y más dicen, que era muy rico y que tenía todo cuanto era menester y necesario de comer y beber, y que el maíz era abundantísimo y las calabazas muy gordas, de una braza en redondo, y las mazorcas de maíz eran tan largas que se llevaban abrazadas, y las cañas de bledos eran muy largos y gordos y que subían por ellas como por árboles, y que sembraban y cogían algodón de todas colores: que son colorado, y encarnado, y amarillo, y morado, blanquecino, y verde, y azul, y prieto, y pardo, y naranjado y leonado; y estas colores de algodón eran naturales, que así se nacían. Y más dicen, que en el dicho pueblo de Tula se criaban muchos y diversos géneros de aves de pluma rica y colores diversas, que se llaman xiuhtótotl, y quetzatótotl, y zacuan, y tlauhquéchol, y otras aves que cantaban dulce y suavemente.

Y más, tenía el dicho Quetzalcóatl todas las riquezas del mundo, de oro y plata, y piedras verdes, que se llaman chalchihuites, y otras cosas preciosas, y mucha abundancia de árboles de cacao de diversas colores, que se llaman xochicacáoatl. Y los dichos vasallos del dicho Quetzalcóatl estaban muy ricos y no les faltaba cosa ninguna, ni había hambre ni falta de maíz, ni comían las mazorcas de maíz pequeñas sino con ellas calentaban los baños, como con leña. Iten, dicen que el dicho Quetzalcóatl hacía penitencia punzando sus piernas y sacando la sangre con que manchaba y ensangrentaba las puntas de maguey, y se lavaba a la medianoche en una fuente que se llama Xipacoya; y esta costumbre y orden tomaron los sacerdotes y ministros de los ídolos mexicanos, como el dicho Quetzalcóatl lo usaba y hacía en el pueblo de Tula.

Capítulo IV. De cómo se acabó la fortuna de Quetzalcóatl y vinieron contra él otros tres nigrománticos, y de las cosas que hicieron

Vino el tiempo que ya acabase la fortuna de Quetzalcóatl y de los toltecas. Vinieron contra ellos tres nigrománticos llamados Uitzilopuchtli y Titlacaoan y Tlacauepan, los cuales hicieron muchos embustes en Tula. Y el Titlacaoan comenzó primero a hacer un embuste que se volvió como un viejo muy cano y bajo, el cual fue a casa del dicho Quetzalcóatl, diciendo a los pajes del dicho Quetzalcóatl: «Quiero ver y hablar al rey Quetzalcóatl». Y le dijeron: «Anda, vete, viejo, que no le puedes ver porque está enfermo y le darás enojo y pesadumbre». Y entonces dijo el viejo: «Yo le tengo de ver». Y le dijeron sus pages del dicho Quetzalcóatl: «Aguardaos, decírselo hemos». Y así fueron a decir al dicho Quetzalcóatl de cómo venía un viejo a hablarle, diciendo: «Señor, un viejo ha venido aquí y quiere os hablar y ver, y echábamosle fuera para que se fuese y no quiere, diciendo que os ha de ver por fuerza». Y dijo el dicho Quetzalcóatl: «Éntrese acá y venga, que le estoy aguardando ha muchos días». Y luego llamaron al viejo, y entró el dicho viejo a donde estaba el dicho Quetzalcóatl, y entrando el dicho viejo, dijo: «Señor hijo ¿cómo estáis? Aquí traigo una medicina para que la bebáis». Y dijo el dicho Quetzalcóatl, respondiendo al viejo: «En hora buena vengáis vos, viejo, ya muchos días ha que os estoy aguardando». Y dijo el viejo al dicho Quetzalcóatl: «Señor, ¿cómo estáis de vuestro cuerpo y salud?». Y respondió el dicho Quetzalcóatl, diciendo al viejo: «Estoy muy mal dispuesto y me duele todo el cuerpo, y las manos y los pies no los puedo menear». Y le dijo el viejo, respondiendo al dicho Quetzalcóatl: «Señor, veis aquí la medicina que os traigo; es muy buena y saludable, y se emborracha quien la bebe. Si quisierdes beber, emborracharos ha y sanaros ha y ablandárseos ha el corazón, y acordárseos ha de los trabajos y fatigas y de la muerte o de vuestra ida». Y le respondió el dicho Quetzalcóatl, diciendo: «¡Oh viejo! ¿A dónde me tengo de ir?». Y le dijo el dicho viejo: «Por fuerza habéis de ir a Tullan Tlapallan, en donde está otro viejo aguardándoos; él y vos hablaréis entre vosotros, y después de vuestra vuelta estaréis como mancebo; aun os volveréis otra vez como muchacho». Y el dicho Quetzalcóatl, oyendo estas palabras, moviósele el corazón. Y tornó a decir el viejo al dicho Quetzalcóatl: «Señor, mande beber esa medicina». Y le respondió el dicho Quetzalcóatl, diciendo: «¡Oh viejo! no quiero beber». Y le respondió el viejo, diciendo: «Señor, bébala, porque si no la bebéis, después se os ha de antojar, a lo menos ponéosla en la frente o bebed tantito». Y el dicho Quetzalcóatl gustó y provóla y después bebióla, diciendo: «¿Qué es esto? parece ser cosa muy buena y sabrosa. Ya me sanó y quitó la enfermedad; ya estoy sano». Y más otra vez le dijo el viejo: «Señor, bebedla otra vez, porque es muy buena la medicina y estaréis más sano». Y el dicho Quetzalcóatl bebióla otra vez, de que se emborrachó y comenzó a llorar tristemente, y se le movió y ablandó el corazón para irse, y no se le quitó del pensamiento lo que tenía por el engaño y burla que le hizo el dicho nigromántico viejo. Y la medicina que bebió el dicho Quetzalcóatl era vino blanco de la tierra, hecho de magueyes que se llaman téumetl.

Capítulo V. De otro embuste que hizo aquel nigromántico llamado Titlacaoa

Otro embuste hizo el dicho Titlacaoa, el cual se volvió y pareció como un indio forastero, que se llama toueyo, desnudo todo el cuerpo, como solían andar aquellos de su generación, el cual andaba vendiendo ají verde, y se asentó en el mercado delante del palacio.

Y el Uémac, que era señor de los toltecas en lo temporal, porque el dicho Quetzalcóatl era como sacerdote y no tenía hijos, tenía una hija muy hermosa, y por la hermosura codiciábanla y deseábanla los dichos toltecas para casarse con ella. Y el dicho Uémac no se la quiso dar a los dichos toltecas. Y la dicha hija del señor Uémac miró hacia el tiénquez y vio al dicho toueyo desnudo, y el miembro genital; y después de lo haber visto, la dicha hija entróse en palacio y antojósele el miembro de aquel toueyo, de que luego comenzó a estar muy mala por el amor de aquello que vio. Hinchósele todo el cuerpo, y el dicho señor Uémac supo cómo estaba muy mala la hija y preguntó a las mujeres que guardaban la hija: «¿Qué mal tiene mi hija? ¿Qué enfermedad es ésta que se le ha hinchado todo el cuerpo?». Y le respondieron las mujeres, diciendo: «Señor, de esta enfermedad fue la causa y ocasión el indio toueyo que andaba desnudo, y vuestra hija vio y miró el miembro genital de aquel toueyo, y está mala de amores». Y el dicho señor Uémac, oído estas palabras, mandó, diciendo: «¡Ah, toltecas! Buscadme al toueyo que andaba por aquí vendiendo ají verde; por fuerza ha de parecer». Y así lo buscaron en todas partes, y no pareciendo, un pregonero subió a la sierra, que se llama Tzatzitépec, y pregonó, diciendo: «¡Ah, toltecas! Si halláis un toueyo que por aquí andaba vendiendo ají verde, traeldo ante el señor Uémac». Y así buscaron en todas partes y no le hallaron, viniendo a decir al señor Uémac que no parecía el dicho toueyo. Y después pareció el dicho toueyo asentado en el tiánquez, donde antes había estado vendiendo el dicho ají verde. Y como le hallaron, luego fueron a decir al señor Uémac cómo había parecido el dicho toueyo; y dijo el señor: «Traédmelo acá presto». Y los dichos toltecas fueron por él a llamarle y traer al dicho toueyo. Y traído ante el señor Uémac, díjole el señor Uémac, preguntando al dicho toueyo: «¿De dónde sois?». Y respondió el dicho toueyo, diciendo: «Señor, yo soy forastero; vengo por aquí a vender ají verde». Y más le dijo el señor: «¡Ah toueyo! ¿Dónde os tardastes? ¿Por qué no os ponéis el máxtlatl y no os cubrís con la manta?». Y le respondió el dicho toueyo, diciendo: «Señor, tenemos tal costumbre en nuestra tierra». Y el señor dijo al dicho toueyo: «Vos antojastes a mi hija, vos la habéis de sanar». Y le respondió el dicho toueyo, diciendo: «Señor mío, en ninguna manera puede ser esto, mas matadme; yo quiero morir, porque yo no soy digno de oír estas palabras, viniendo por aquí a buscar la vida vendiendo ají verde». Díjole el señor: «Por fuerza habéis de sanar a mi hija; no tengáis miedo». Y luego tomáronle para lavarle y tresquilarle, y le tiñeron todo el cuerpo con tinta, y le pusieron el máxtlatl, y le cubrieron con una manta al dicho toueyo. Y díjole el señor Uémac: «Anda, y entra a ver a mi hija allá dentro donde la guardan». Y el dicho toueyo así lo hizo y durmió con la dicha hija del señor Uémac, de que luego fue sana y buena. Y de esta manera el dicho toueyo fue yerno del dicho señor Uémac.

Capítulo VI. De cómo los de Tula se enojaron por el casamiento, y de otro embuste que hizo Titlacaoa

Después de cumplido y hecho el matrimonio del dicho toueyo con la hija del señor Uémac, los dichos toltecas comenzaron a enojarse y decir palabras injuriosas y afrentosas contra el señor Uémac, diciendo entre sí: «¿Por qué el señor Uémac casó la hija con un toueyo?». Y como el dicho señor Uémac entendió y oyó las palabras afrentosas que contra él decían los dichos toltecas, llamóles, diciendo: «Vení acá. Yo he entendido todas las palabras injuriosas que habéis dicho contra mí por amor de mi yerno que es un toueyo; yo os mando que le llevéis disimuladamente a pelear a la guerra de Zacatépec: y Coatépec para que le maten nuestros enemigos». Y así oyendo estas palabras del dicho señor Uémac, los toltecas armáronse y juntáronse y fueron a la guerra con muchos peones y con el yerno toueyo del dicho señor Uémac. Y en llegando al lugar de la pelea, enterráronle al dicho toueyo para aguardar a los enemigos con los pajes enanos y cojos. Despues de haber enterrado a todos aquellos enanos y cojos —que es ardid que ellos solían tener y hacer en la guerra— los dichos toltecas fueron a pelear contra los enemigos de Coatépec. Y el dicho toueyo decía a los dichos pajes enanos y cojos: «No tengáis miedo; esforzaos porque a todos nuestros enemigos hemos de matar». Y los dichos enemigos de Coatépec prevalecían persiguiendo y venciendo a los toltecas, los cuales huían delante de los enemigos, escapándose de las manos de los enemigos; y astuta y engañosamente los dichos toltecas dejaron al dicho toueyo solo enterrado con los dichos pages, huyéndose de los enemigos. Y habían pensado que los dichos enemigos matarían al dicho toueyo con los pages, porque estaba solo con los dichos pages, y se vinieron a decir y dar noticia al señor Uémac, diciendo: «Señor, ya hemos dejado a vuestro yerno toueyo solo en la guerra con los pages en poder de los enemigos». Y como el señor Uémac había oído la traición que habían hecho los dichos toltecas con el dicho yerno toueyo, holgáse mucho pensando que ya era muerto el dicho yerno toueyo, porque tenía gran vergüenza de tener tal yerno forastero toueyo.

Y el dicho toueyo, estando enterrado, miraba a los enemigos y decía a los dichos pages: «No tengáis miedo; ya se llegan contra nosotros los enemigos; yo sé que los tengo de matar a todos». Y así se levantó y salió contra los enemigos de Coatépec y Zacatépec, persiguiéndoles y matándoles sin número; y como esto vino a la noticia del señor Uémac, espantóse y pesóle mucho y llamó a los dichos toltecas, diciéndoles: «Vamos a recibir a nuestro yerno». Y así fueron todos a recibirle con el señor Uémac, llevando consigo unas armas o divisas que se llaman quetzalapanecáyutl, y rodelas que se llaman xiuhchimalli, y le dieron al dicho toueyo, y así lo recibieron bailando y cantando y tañiéndole las flautas con los dichos pages, con mucha victoria y alegría. Y todos los dichos toltecas, en llegando al palacio del dicho señor Uémac, emplumáronle la cabeza, y todo el cuerpo tiñiéronle con color amarillo y la cara con color colorado, y a los pajes. Este es el regalo que solían hacer a los que venían con victoria de la guerra. Y después le dijo el señor Uémac al dicho yerno: «Ahora ya estoy contento de lo que habéis hecho, y los toltecas están ya contentos; muy bien habéis hecho con los enemigos; descansa y reposa».

Capítulo VII. De otro embuste del mismo nigromántico, con que mató muchos de los tulanos danzando y bailando

Otro embuste hizo el dicho nigromántico que se llamaba Titlacaoan. Después de haber peleado y vencido a los dichos enemigos, y así estando emplumado todo el cuerpo con la pluma rica que se llama tocíuitl, mandó que danzasen y bailasen todos los toltecas. E hizo pregonar a un pregonero en la sierra de Tzatzitépec, diciendo que todos los indios forasteros viniesen a una fiesta a danzar y bailar. Y luego vinieron muy muchos indios sin número a Tula, y en juntándose todos fue el dicho Titlacaoa a un lugar que se llama Texcalapa con toda la gente, que no se podía contar, así mancebos como mozas, y comenzó a danzar y bailar y cantar el dicho nigromántico Titlacaoan, tañiendo el atambor. Y toda la gente así comenzaba a bailar y holgarse mucho, cantando el verso que cantaba el dicho nigromántico, diciendo y cantando cada verso a los que danzaban. Luego comenzaban todos a cantar el mismo verso, aunque no sabían de memoria el cantar, y comenzaban a cantar y bailar a la puesta del Sol hasta cerca la medianoche, que se llamaba tlatlapitzalizpa. Y porque era muy mucha gente la que danzaba, empujábanse unos a otros y muy muchos de ellos caían despeñándose en el barranco del río, que se llama Texcalatlauhco, y se convertían en piedras. Y en el dicho río había una puente de piedra, y el dicho nigromántico quebróla, y todos los que iban a pasar por la dicha puente caíanse y depeñábanse en el dicho río y se volvían en piedras. Y todo esto que hacía el dicho nigromántico no sentían ni miraban los dichos toltecas, porque estaban como borrachos, sin seso. Y todas las veces que bailaban y danzaban los dichos toltecas, como se empujaban unos a otros, despeñábanse en el dicho río.

Capítulo VIII. De otro embuste del mismo nigromántico, con que mató otros muchos de los de Tula

Otro embuste hizo el dicho nigromántico, el cual pareció como un hombre valiente que se llamaba tequioa. Y mandó a un pregonero que apregonase y llamase a todos los comarcanos de Tula para que viniesen a hacer cierta obra en una huerta de flores, que se llama Xuchitla, para beneficiar y cultivar la dicha huerta, porque así la llaman Xuchitla —dizque que era huerta del dicho Quetzalcóatl—. Y así lo hicieron todos y vinieron a hacer la dicha obra en la dicha huerta de Quetzalcóatl, y en juntándose todos los dichos toltecas, luego comenzó el dicho nigromántico a matar a los dichos toltecas, achocándolos con una coa, y mató muy muchos sin cuenta de ellos; y otros íbanse huyendo por escaparse de sus manos, y entrompezando y cayendo luego morían, y otros empujaban unos a otros; todos así se mataban.

Capítulo IX. De otro embuste que hizo el mismo nigromántico, con que mató muchos más de los toltecas

Otro embuste hizo el nigromántico ya dicho. Asentóse en medio del mercado del tiánquez, y dijo llamarse Tlacauepan, o otro nombre Cuéxcoch, y hacía bailar a un muchachuelo en la palma de sus manos —dizque era Uitzilopuchtli—. Y le ponía danzando en sus manos al dicho muchachuelo; y como le vieron los dichos toltecas, todos se levantaron y fueron a mirarle, y empujábanse unos a otros, y así murieron muchos ahogados y acoceados. Y esto acaeció muy muchas veces que los dichos toltecas se mataban empujándose unos a otros.

Dijo el dicho nigromántico a los dichos toltecas: «¡Ah, toltecas! ¿Qué es esto? ¿Qué embuste es éste? ¿Cómo no lo sentís? Un embuste que hace danzar al muchachuelo. ¡Mataldos y apredrealdos!». Y así mataron a pedradas al dicho nigromántico y al muchachuelo; y después de haberle muerto, comenzó a heder el cuerpo del dicho nigromántico, y el hedor —corrompía el aire, que de donde venía el viento llevaba muy mal hedor a los dichos toltecas, de que muy muchos se morían—. Y el dicho nigromántico dijo a los dichos toltecas: «Echaldo por ahí a este muerto, porque ya se mueren muy muchos de los toltecas del hedor del dicho nigromántico». Y así lo hicieron los dichos toltecas, y ataron al muerto con unas sogas para llevar y echar al muerto, que hedía y pesaba tanto que los dichos toltecas no podían llevarle; de antes pensaban que presto le echarían fuera de Tula. Y un pregonero pregonó, diciendo: «¡Ah, toltecas! Veníos todos y traed vuestras sogas para atar al muerto y echarle fuera». Y en juntándose todos los dichos toltecas, luego ataron al muerto con las sogas y comenzaron a llevarle arrastrando al dicho muerto, diciendo entre sí: «¡Oh, toltecas! ¡Ea, pues, arrastrad a este muerto con vuestras sogas!». Y el dicho muerto tanto pesaba que no le podían mover, y quebrábanse las sogas, y quebrándose una soga los que estaban asidos a ella caían y morían súbitamente, cayendo unos sobre otros. Y así, no pudiendo arrastrar al dicho muerto, dijo el dicho nigromántico a los dichos toltecas: «¡Ah, toltecas! Este muerto quiere un verso de canto». Y él mismo dijo el canto, diciéndoles: «Arrastraldo al muerto Tlacauepan nigromántico». Y así en cantando este verso, luego comenzaron a llevar arrastrando al muerto dando gritos y voces, y en quebrando una soga, todos los que estaban asidos a la soga morían. Y los que se empujaban unos a otros, y los que caían unos sobre otros, todos morían. Y llevaron al muerto hasta el monte; y los que se volvieron no sentían aquello que le había acaecido porque estaban borrachos.

Capítulo X. De otros embustes del mismo nigromántico

Otro embuste hizo el dicho nigromántico en el dicho Tula. Es que dicen que andaba volando una ave blanca que se llama iztacuixtli pasada con una saeta, algo lejos de la tierra, y claramente la veían los dichos toltecas mirando hacia arriba.

Otro embuste hizo el dicho nigromántico, que fue de los dichos toltecas, los cuales veían de noche una sierra que se llama Zacatépec ardiéndose, y las llamas parecían de lejos; y al tiempo que la veían, alborotábanse y daban gritos y voces, y estaban desasosegados y decían unos a otros: «¡Oh, toltecas, ya nos acaba la fortuna, ya perecemos, ya se acaba toltecáyutl, ya nos vino la mala ventura! ¡Guay de nosotros! ¿A dónde iremos? ¡Oh, desventurados de nosotros! ¡Esforzaos!».

Iten, otro embuste que fue de los dichos toltecas, lo cual hizo el dicho nigromántico, que llovió sobre ellos piedras. Y después de pasado esto, cayóles del cielo una piedra grande que se llamaba téchcatl; y desde entonces andaba una vieja india en un lugar que se llama Chapultepec Cuitlapilco, o otro nombre Uetzinco, vendiendo unas banderillas de papel, diciendo: «¡Ah, las banderas!». Quien se determinaba a morir, luego decía: «Compradme una banderilla». Y siéndole mercada la banderilla, luego se iba a donde estaba la dicha piedra téchcatl, y allí le mataban; y no había quien dijese: «¿Qué es esto que nos acontece?». Y estaban como locos.

Capítulo XI. De otro embuste del mismo nigromántico, con que mató otros muchos tulanos

Iten, otro embuste hizo el dicho nigromántico contra los dichos toltecas. Dicen que todos los mantenimientos se volvieron acedos y nadie los podía comer. Y una india vieja pareció —dicen que era el mismo nigromántico, el cual pareció como una india vieja— y asentóse en un lugar que se llama Xochitla y tostaba el maíz, y el olor del dicho maíz tostado llegaba a los pueblos de toda la comarca. Y cuando olían los dichos toltecas el maíz, luego venían corriendo y en un momento llegaban al dicho lugar Xochitla donde estaba la dicha vieja. Porque dicen que los toltecas eran ligeros; aunque estaban muy lejos, presto venían y llegaban a donde querían. Y todos cuantos venían los dichos toltecas y se juntaban los mataba la dicha vieja, y ninguno de ellos se volvía. Gran engaño y burla les hacía; y mató muy muchos toltecas el dicho nigromántico por el dicho embuste que les hizo.

Capítulo XII. De la huída de Quetzalcóatl para Tlapalla, y de las cosas que por el camino hizo

Otros muchos embustes les acaecieron a los dichos toltecas por habérseles acabado la fortuna. Y el dicho Quetzalcóatl, teniendo pesadumbre de los dichos embustes y acordando de irse de Tula a Tlapalla, hizo quemar todas las casas que tenían hechas de plata y de conchas, y enterrar otras cosas preciosas dentro de las sierras o barrancos de los ríos, y convertid los árboles de cacao en otros árboles que se llaman mízquitl. Y más de esto, mandó a todos los géneros de aves de pluma rica, que se llaman quetzaltótotl y xiuhtótotl y tlauhquéchol, que se fuesen delante, y fuéronse hasta Anáhuac: que dista más de cient leguas. Y el dicho Quetzalcóatl comenzó a tomar el camino y partirse de

Tula, y así se fue y llegó a un lugar que se llama Cuauhtitlan, donde estaba un árbol grande, y grueso y largo; y el dicho Quetzalcóatl arrimóse a él y pidió a los pages un espejo, y se lo dieron, y miróse la cara en el dicho espejo y dijo: «Ya estoy viejo». Y entonces nombró el dicho lugar Ueuecuauhtitlan, y luego tomó piedras con que apedreó al dicho árbol; y todas las piedras que tiraba el dicho Quetzalcóatl las metía dentro del dicho árbol, y por muchos tiempos así estaban y parecían, y todos las veían dende el suelo hasta arriba. Y así iba caminando, e iban delante tañéndole flautas; y llegó a otro lugar en el camino donde descansó y se asentó en una piedra, y puso las manos en la piedra y dejó las señales de las manos en la dicha piedra. Y estando mirando hacia Tula, comenzó a llorar tristemente, y las lágrimas que derramó cabaron y horadaron la dicha piedra donde estaba llorando y descansando el dicho Quetzalcóatl.

Capítulo XIII. De las señales que dejó en las piedras, hechas con las palmas y con las nalgas donde se asentaba

El dicho Quetzalcóatl puso las manos, tocando a la piedra grande de donde se asentó, y dejó señales de las palmas de sus manos en la dicha piedra, así como si las dichas manos pusiese en lodo que ligeramente dejase las palmas de las manos señaladas, y también dejó señales de las nalgas en la dicha piedra donde se había asentado. Y las dichas señales parecen y se ven claramente, y entonces nombró el dicho lugar Temacpalco. Y se levantó, yéndose de camino, y llegó a otro lugar que se llama Tepanoaya, y allí pasa un río grande y ancho. Y el dicho Quetzalcóatl mandó hacer y poner una puente de piedra en aquel dicho río, y así por aquella dicha puente pasó el dicho Quetzalcóatl, y se llamó el dicho lugar Tepanoaya. Yéndose de camino el dicho Quetzalcóatl, llegó a otro lugar que se llama Coahapa, en donde los dichos nigrománticos vinieron a toparse con él por impedirle que no se fuese más adelante, diciendo al dicho Quetzalcóatl: «¿A dónde os vais? ¿Por qué dejastes vuestro pueblo? ¿A quién lo encomendastes? ¿Quién hará penitencia?». Y dijo el dicho Quetzalcóatl, respondiendo a los dicho nigrománticos: «En ninguna manera podéis impedir mi ida; por fuerza tengo de irme». Y los dicho nigrománticos dijeron, preguntando al dicho Quetzalcóatl: «¿A dónde os vais?». Y les respondió, diciendo: «Yo me voy hasta a Tlapallan». Y le preguntaron los dichos nigrománticos, diciendo: «¿A qué os vais allá?». Y les respondió el dicho Quetzalcóatl, diciendo: «Vinieron a llamarme, y llámame el Sol». Y le dijeron los dichos nigrománticos al dicho Quetzalcóatl: «Los en hora buena, y dejad todas las artes mecánicas de fundir plata, y labrar piedras y madera, y pintar, y hacer plumajes y otros oficios».

Todo se lo quitaron los dichos nigrománticos al dicho Quetzalcóatl; y el dicho Quetzalcóatl comenzó a echar en una fuente todas las joyas ricas que llevaba consigo. Y así fue llamada la dicha fuente Cozcaapa, y ahora esta fuente se llama Coahapa. Y el dicho Quetzalcóatl yendo de camino, llegó a otro lugar que se llama Cochtoca, y vino otro nigromántico y topóse con él diciendo: «¿A dónde os vais?». Y le dijo Quetzalcóatl: «Yo me voy a Tlapalla». Y el dicho nigromántico dijo al dicho Quetzalcóatl: «En hora buena os vais, y bebe ese vino que os traigo». Y dijo el dicho Quetzalcóatl: «No lo puedo beber, ni aun gustar un tantito». Y le dijo el dicho nigromántico: «Por fuerza lo habéis de beber o gustar un tantito, porque a ninguno de los vivos dejo de dar y hacer beber ese vino; a todos emborracho. ¡Ea, pues, bébalo!». Y el dicho Quetzalcóatl tomó el vino y lo bebió con una caña, y en bebiéndolo, se emborrachó y dormióse en el camino, y comenzó a roncar; y cuando despertó, mirando a una parte y a otra, sacudía los cabellos con la mano, y entonces fue llamado el dicho lugar Cochtoca.

Capítulo XIV. De cómo de frío se le murieron todos sus pages a Quetzalcóatl en la pasada de entre las dos sierras: el Volcán y la Sierra Nevada, y de otras hazañas suyas

El dicho Quetzalcóatl, yéndose de camino más adelante, a la pasada de entre las dos sierras del Volcán y la Sierra Nevada, todos los pajes del dicho Quetzalcóatl, que eran enanos y corcobados, que le iban acompañando, se le murieron de frío dentro de la dicha pasada de las dichas dos sierras. Y el dicho Quetzalcóatl sintió mucho lo que le había acaecido de la muerte de los dichos pages, y llorando muy tristemente, y cantando con lloro y suspirando miró la otra sierra nevada que se nombra Poyauhtécatl, que está cabe Tecamachalco; y así pasó por todos los lugares y pueblos, y puso muy muchas señales en las sierras y caminos, según que dicen.

Más dicen, que el dicho Quetzalcóatl andábase holgando y jugando en una sierra, y encima de la sierra se asentó, y veníase abajando asentado hasta el suelo y bajo de la sierra, y así lo hacía muchas veces. Y en otro lugar hizo poner un juego de pelota hecho de piedras en cuadra, donde solían jugar la pelota que se llama tlachtli, y en el medio del juego puso una señal o raya que se dice tlécotl; y donde hizo la raya está abierta la tierra muy profundamente. Y en otro lugar tiró con una saeta a un árbol grande que se llama póchutl, y la saeta era también un árbol que se llama póchutl, y atravesóle con la dicha saeta Y así esta hecha una cruz.

Y más dicen, que el dicho Quetzalcóatl hizo y edificó unas casas debajo de la tierra, que se llaman Mictlancalco. Y más, hizo poner una piedra grande que se mueve con el dedo menor, y dicen que cuando hay muchos hombre que quieren mover y menear la piedra que no se mueve, aunque sean muy muchos. Y más, hay otras cosas notables que hizo el Quetzalcóatl en muchos pueblos, y dio todos los nombres a las sierras y montes y lugares. Y así, en llegando a la ribera de la mar, mandó hacer una balsa hecha de culebras que se llama coatlapechtli, y en ella entró y asentóse como en una canoa, y así se fue por la mar navegando, y no se sabe cómo y de qué manera llegó al dicho Tlapalla.

Fin del tercero libro

Comienza el apéndice del Libro Tercero

Comienza el apéndice del Libro Tercero

Capítulo I. De los que iban al infierno, y de sus obsequias

Lo que dijeron y supieron los naturales antiguos y señores de esta tierra de los difuntos que se morían es que las ánimas de los difuntos iban a una de tres partes. La una es el infierno donde estaba y vivía un diablo que se decía Mictlantecutli, y por otro nombre Tzontémoc, y una diosa que se decía Mictecacíoatl que era mujer de Mictlantecutli. Y las ánimas de los difuntos que iban al infierno son los que morían de enfermedad, ahora fuesen señores o principales o gente baja. Y el día que alguno se moría, varón o mujer o muchacho, decían al difunto echado en la cama antes que lo enterrasen: «¡Oh, hijo! Ya habéis pasado y padecido los trabajos de esta vida, y ya ha sido servido nuestro señor de os llevar, porque no tenemos la vida permanente en este mundo, y brevemente como quien se calienta al Sol es nuestra vida. E hízonos merced nuestro señor que nos conociésemos y conversásemos los unos a los otros en esta vida, y ahora al presente ya os llevó el Dios que se llama Mictlantecutli, y por otro nombre Aculnaoácatl o Tzontémoc, y la diosa que se dice Mictecacíoatl ya os puso por su asiento, porque todos nosotros iremos allá, y aquel lugar es para todos, y es muy ancho, y no habrá más memoria de vos. Y ya os fuistes al lugar oscurísimo que no tiene luz ni ventanas, ni habéis más de volver ni salir de allí. Ni tampoco más habéis de tener cuidado y solicitud de vuestra vuelta después de os haber ausentado para siempre jamás. Habéis ya dejado vuestros hijos pobres y huérfanos, y nietos. Ni sabéis cómo has de acabar y pasar los trabajos de esta vida presente. Y nosotros allá iremos a donde vos estuvierdes ante mucho tiempo». Y después de esto hablaban y decían al pariente del difunto, diciéndole: «¡Oh, hijo, esforzaos y tomad ánimo, y no dejéis de comer y beber, y quiétese vuestro corazón! ¿Qué podemos decir nosotros a lo que Dios hace? ¿Por ventura esta muerte aconteció porque alguno nos quiere mal o hace burla de nosotros? Es por cierto porque así lo quiso nuestro señor, que éste fuese su fin. ¿Quién puede hacer que una hora o un día sea alargada a nuestra vida presente en este mundo? Pues que esto es así, tened paciencia para sufrir los trabajos de esta vida presente, y la casa donde éste vivía esperando la voluntad de Dios esté yerma y oscura de aquí adelante, y no tengáis más esperanza de ver vuestro difunto. No conviene que os fatiguéis mucho por la huerfanidad y pobreza que os queda. Esforzaos, hijo, no os mate la tristeza; nosotros hemos venido aquí a os visitar y a consolar con estas pocas palabras, como nos conviene hacer a nosotros que somos padres viejos, porque ya nuestro señor llevó a los otros que eran más viejos y antiguos, los cuales sabían mejor decir palabras consolatorias a los tristes. Y con esto ponemos fin a nuestra plática los que somos vuestros padres y madres. Quedaos adiós».

Y luego los viejos ancianos y oficiales de tajar papeles cortaban y aparejaban y ataban los papeles de su oficio para el difunto. Y después de haber hecho y aparejado los papeles, tomaban al difunto y encogíanle las piernas y vestíanle con los papeles, y lo ataban, y tomaban un poco de agua y derramábanla sobre su cabeza, diciendo al difunto: «Esta es la de que gozastes viviendo en el mundo». Y tomaban un jarrillo lleno de agua y dábansele, diciendo: «Veis aquí con que habéis de caminar»; y poníansele entre las mortajas, y así amortajaban al difunto con sus mantas y papeles, y atábanle reciamente. Y más, daban al difunto todos los papeles que estaban aparejados, poniéndolos ordenadamente ante él, diciendo: «Veis aquí con que habéis de pasar en medio de dos sierras que están encontrándose una con otra». Y más, le daban al difunto otros papeles, diciendo: «Veis aquí con que habéis de pasar el camino, donde está una culebra guardando el camino». Y más, daban otros papeles al difunto, diciendo: «Veis aquí con que habéis de pasar a donde está la lagartija verde, que se dice Xochitónal». Y más, decían al difunto: «Veis aquí con que habéis de pasar a ocho páramos». Y más, daban otros papeles al difunto, diciendo: «Veis aquí con que habéis de pasar a ocho collados». Y más, decían al difunto: «Veis aquí con que habéis de pasar al viento de navajas, que se llama itzehecaya»; porque el viento era tan recio que llevaba las piedras y pedazos de navajas. Por razón de estos vientos y frialdad quemaban todas las petacas y armas, y todos los despojos de los cautivos que habían tomado en la guerra, y todos sus vestidos que usaban. Decían que estas cosas iban con aquel difunto, y en aquel paso le abrigaban para que no recibiese gran pena.

Lo mismo hacían con las mujeres que morían, que quemaban todas las alhajas con que tejían e hilaban, y toda la ropa que usaban, para que en aquel paso las abrigasen del frío y viento grande que allí había, al cual llamaban itzehecaya. Y el que ningún hato tenía sentía gran trabajo con el viento de este paso.

Y más, hacían al difunto llevar consigo un perrito de pelo bermejo y al pescuezo le ponían hilo flojo de algodón; decían que los difuntos nadaban encima del perrillo cuando pasaban un río del infierno que se nombra Chicunaoapa. Y en llegando los difuntos ante el diablo, que se dice Mictlantecutli, ofrecían y presentábanle los papeles que llevaban, y manojos de teas, y cañas de perfumes, e hilo flojo de algodón y otro hilo colorado, y una manta y un maxtli. Y las naguas y camisas, y todo hato de mujer difunta que dejaba en el mundo, todo lo tenían envuelto desde que se moría; a los ochenta días lo quemaban. Y lo mismo hacían al cabo del año, y a los dos años, y a los tres años y a los cuatro años; estonces se acababan y cumplían las obsequias, según tenían costumbre, porque decían que todas las ofrendas que hacían por los difuntos en este mundo iban delante el diablo, que se decía Mictlantecutli. Y después de pasados cuatro años, el difunto se sale y se va a los nueve infiernos, donde está y pasa un río muy ancho. Y allí viven y andan perros en la ribera del río por donde pasan los difuntos nadando encima de los perritos. Dicen que el difunto que llega a la ribera del río arriba dicho, luego mira el perro; si conoce a su amo, luego se echa nadando al río hacia la otra parte donde está su amo y le pasa a cuestas; por esta causa los naturales solían tener y criar los perritos para este efecto. Y más, decían que los perros de pelo blanco y negro no podían nadar y pasar al río, porque dizque decía el perro de pelo blanco: «Yo me labé». Y el perro de pelo negro decía: «Yo me he manchado de color prieto y por eso no puedo pasaros». Solamente el perro de pelo bermejo podía bien pasar a cuestas a los difuntos. Y así en este lugar del infierno, que se llama Chicunamictla se acababan y fenescían los difuntos.

Y más, dicen que después de haber amortajado al difunto con los dichos aparejos de papeles y otras cosas, luego mataban al perro del difunto, y entrambos los llevaban a un lugar donde había de ser quemado con el perro juntamente. Y dos de los viejos tenían especial cuidado y cargo de quemar al difunto, y otros viejos cantaban; y estándose quemando el difunto, los dichos dos viejos con palos estaban alanceando al difunto. Y después de haber quemado el difunto, cogían la ceniza y carbón y huesos del difunto y tomaban agua, diciendo: «Lávese el difunto». Y derramaban el agua encima del carbón y huesos del difunto y hacían un hoyo redondo y lo enterraban. Y esto hacían así en el enterramiento de los nobles como de la gente baja. Y ponían los huesos dentro de un jarro o olla con una piedra verde que se llama chalchíuitl, y lo enterraban en una cámara de su casa, y cada día daban y ponían ofrendas en el lugar donde estaban enterrados los huesos del difunto. Y más, dicen que al tiempo que se morían los señores y nobles, les metían en la boca una piedra verde, que se dice chalchíuitl, y en la boca de la gente baja metían una piedra que no era tan preciosa y de poco valor, que se dice texoxoctli, o piedra de navaja, porque dicen que lo ponían por corazón del difunto.

Y para los señores que se morían hacían muchas y diversas cosas de aparejos de papeles, que era un pendón de cuatro brazas de largura, hecho de papeles y compuesto con diversos plumajes. Y así también mataban veinte esclavos, porque decían que como en este mundo habían servido a su amo, así mismo han de servir en el infierno. Y el día que quemaban al señor, luego mataban a los esclavos y esclavas con saetas, metiéndoselas por la olla de la garganta; y no los quemaban juntamente con el señor, sino en otra parte los enterraban.

Capítulo II. De los que iban al paraíso terrenal

La otra parte a donde decían que se iban las ánimas de los difuntos es el paraíso terrenal, que se nombra Tlalocan, en el cual hay muchos regocijos y refrigerios, sin pena ninguna. Nunca jamás faltan las mazorcas de maíz verdes, y calabazas, y ramitas de bledos, y ají verde, y xitomates, y frijoles verdes en vaina y flores. Y allí viven unos dioses que se dicen tlaloque, los cuales parecen a los ministros de los ídolos que traen cabellos largos.

Y los que van allá son los que matan los rayos, o se ahogan en el agua, y los leprosos, y bubosos, y sarnosos, y gotosos e hidrópicos. Y el día que se morían de las enfermedades contagiosas e incurables no les quemaban, sino enterraban los cuerpos de los dichos enfermos, y les ponían semilla de bledos en las quijadas sobre el rostro. Y más, poníanles color de acul en la frente con papeles cortados; y más, en el colodrillo poníanles otros papeles, y les vestían con papeles, y en la mano una vara. Y así decían que en el paraíso terrenal, que se llamaba Tlalocan, había siempre jamás verdura y verano.

Capítulo III. De los que iban al cielo

La otra parte a donde se iban las ánimas de los difuntos es el cielo, donde vive el Sol. Los que se van al cielo son los que mataban en las guerras y los cautivos que habían muerto en poder de sus enemigos. Unos morían acuchillados, otros quemados vivos, otros acañaberados, otros aporreados con palos de pino, otros peleando con ellos, otros atábanlos por todo el cuerpo y poníanlos fuego, y así se quemaban. Todos éstos dizque que están en un llano, y que a la hora que sale el Sol alzaban voces y daban grita, golpeando las rodelas. Y el que tiene rodela horadada de saetas, por los agujeros de la rodela mira al Sol. Y el que no tiene rodela horadada de saetas no puede mirar al Sol.

Y en el cielo hay arboleda y bosque de diversos géneros de árboles. Y las ofrendas que les daban en este mundo los vivos iban a su presencia, y allá las recibían. Y después de cuatro años pasados, las ánimas de estos difuntos se tornaban en diversos géneros de aves de pluma rica y color, y andaban chupando todas las flores así en el cielo como en este mundo, como los zinzones lo hacen.

Capítulo IV. De cómo la gente baja ofrecía sus hijos a la casa que se llamaba telpuchcalli, y de las costumbres que allí los mostraban

En naciendo una criatura, luego los padres y madres hacían voto y ofrecían la criatura a la casa de los ídolos, que se llama calmécac o telpuchcalli. Era la intención de los padres ofrecer la criatura a la casa de los ídolos que se llama calmécac para que fuese ministro de los ídolos, viniendo a edad perfecta. Y si ofrecían la criatura a la casa de telpuchcalli era su intención que allí se criase con los otros mancebos para servicio del pueblo y para las cosas de la guerra; y antes que le llevasen a la casa de telpuchcalli, los padres hacían y guisaban muy buena comida y convidaban a los maestros de los mancebos que tenían cargo de criarlos y mostrarles las costumbres que en aquella casa usaban. Y hecho el convite en casa de los padres del muchacho, hacían una plática a los maestros que los criaban, y decíanles: «Aquí os ha traído nuestro señor, criador del cielo y la tierra. Hacemos os saber que nuestro señor fue servido de hacernos merced de darnos una criatura como una joya o pluma rica que nos fue nacida. Por ventura se criará y vivirá. Y es varón, no conviene que le mostremos oficio de mujer teniéndole en casa; por tanto os le damos por vuestro hijo y os le encargamos, porque tenéis cargo de criar a los muchachos y mancebos, mostrándoles las costumbres para que sean hombres valientes y para que sirvan a los dioses Tlaltecutli y Tonátiuh, que son la tierra y el Sol, en la pelea. Y por esto ofrecémosle al señor Dios todopoderoso Yáotl, o por otro nombre Titlacaoa o

Tezcatlipuca. Por ventura se criará y vivirá placiendo a Dios, entrará a la casa de penitencia y lloro que se llama telpuchcalli. Desde ahora os le entregarnos para que more en aquella casa donde se crían y salen hombres valientes, porque en este lugar se merecen los tesoros de Dios, orando y haciendo penitencia, y pidiendo a Dios que les haga misericordia y merced de darles vitorias para que sean principales, teniendo habilidad para gobernar y regir la gente baja. Y nosotros, padres indignos, ¿por ventura merecerá nuestro lloro y nuestra penitencia que este muchacho se críe y viva? No, por cierto, porque somos indignos viejos y viejas caducos. Por tanto humildemente os rogamos que le recibáis y toméis por hijo para entrar y vivir con los otros hijos de principales y otra gente que se crían en casa de telpuchcalli».

Y los maestros de los muchachos y mancebos respondían de esta manera, diciendo a los padres del muchacho: «Tenemos en mucha merced por haber oído vuestra plática o razonamiento. No somos nosotros quien se hace esta plática o petición, mas hácese al señor Dios Yáotl, en cuya persona la oímos. El es a quien habláis y a él dais y ofrecéis a vuestros amado hijo, a vuestra piedra preciosa y pluma rica, y nosotros, en su nombre, le recibimos. El sabe lo que tiene por bien de hacer de él; nosotros indignos siervos caducos con dudosa esperanza esperamos lo que será y lo que tendrá por bien de hacer a vuestro hijo, según lo que él tiene ya ordenado de hacerle mercedes conforme a su disposición y determinación, que ante del principio del mundo determinó de hacer. Cierto, ignorarnos los dones que le fueron dados, y la propiedad y condición que entonces le fue dada; ignoramos también qué fueron los dones que le fueron dados a este niño cuando se bautizó; también ignoramos el signo bueno o malo en que nació y se bautizó; no podemos nosotros, siervos bajos, adivinar estas cosas. Nadie de los que nacen recibe su fortuna acá en el mundo; cierta cosa es que nuestra fortuna con nosotros la trayemos cuando nacemos, y se nos fue dada ante del principio del mundo. En conclusión, recibimos vuestro niño para que sirva en barrer y en los otros trabajos bajos en la casa de nuestro señor. Deseamos y rogamos que le sean dadas las riquezas de nuestro señor Dios; deseamos que en esta casa se manifiesten y salgan a luz los dones y mercedes con que nuestro señor le adornó y hemoseó ante del principio del mundo. O por ventura nuestro señor le llevará para sí y le quitará la vida en su niñez; por ventura no mereceremos que viva largo tiempo en este mundo. No sabemos cosa cierta qué os decir para que os podamos consolar; no os podemos decir con certidumbre esto será, o esto hará, o esto acontecerá, o será estimado, será ensalzado, vivirá sobre la tierra. Por ventura por nuestros deméritos será vil y pobre, y despreciado sobre la tierra; por ventura será ladrón o adúltero, o vivirá vida trabajosa y fatigosa. Nosotros haremos lo que es nuestro, que es criarle y doctrinarle como padres y madres; no podremos, por cierto, entrar dentro de él y ponerle nuestro corazón; tampoco vosotros podréis hacer esto, aunque sois padres. Lo que resta es que no os descuidéis en encomendarle a Dios con oraciones y lágrimas para que nos declare su voluntad».

Capítulo V. De la manera de vivir y ejercicios que tenían los que se criaban en el telpuchcalli

En entrando en la casa de telpuchcalli el muchacho, dábanle cargo de barrer y limpiar la casa, y poner lumbre, y hacer los servicios de penitencia a que se obligaba. Era la costumbre que a la puesta del Sol todos los mancebos iban a bailar y danzar a la casa que se llamaba cuicacalco, cada noche, y el muchacho también bailaba con los otros mancebos. Y llegando a los quince años y siendo ya mancebillo, llevábanle consigo los mancebos al monte a traer leña que era necesaria para la casa de telpuchcalli y cuicacalco, y cargábanle al mancebo un leño grueso o dos para probar y ver si ya tenía habilidad para llevarle a la pelea; y siendo ya hábil para la pelea, llevábanle y cargábanle las rodelas para que las llevase a cuestas. Y si estaba ya bien criado y sabía las buenas costumbres y ejercicios a que estaba obligado, elegíanle para maestro de los mancebos, que se llama tiáchcauh. Y si era ya hombre valiente y diestro, elegíanle para regir a todos los mancebos y para castigarlos, y entonces se llamaba telpuchtlato. Y si ya era hombre valiente y si en la guerra había cautivado cuatro enemigos, elegíanle y nombrábanle tlacatécatl o tlacochcálcatl o cuauhtlato, los cuales regían y gobernaban el pueblo, o elegíanle por achcauhtli, que era como ahora alguacil, y tenía vara gorda, y prendía a los delincuentes y los ponía en la cárcel. De esta manera iban subiendo de grado en grado los mancebos que allí se criaban, y eran muy muchos los que se criaban en las casas de telpuchcalli, porque cada perrocha tenía quince o diez casas de telpuchcalli.

Y la vida que tenían no era muy áspera. Y dormían todos juntos, cada uno apartado del otro, en cada casa de telpuchcalli; y castigaban al que no iba a dormir en estas casas; y comían en sus casas propias. Iban todos juntos a trabajar donde quiera que tenían obra, a hacer barro, o paredes, o maizal, o zanja o acequia; para hacer estos trabajos iban todos juntos, o se repartían, o iban todos juntos a tomar y traer leña a cuestas de los montes, que era necesaria para la casa de cuicacalco y telpuchcalli. Y cuando hacían alguna obra de trabajo, cesaban del trabajo un poco antes de la puesta del Sol; entonces íbanse a sus casas, y bañábanse y untábanse con tinta todo el cuerpo, pero no la cara, luego ponían sus mantas y sartales. Y los hombres valientes poníanse unos sartales de caracoles mariscos, que se llaman chipolli, o sartales de oro. Y en lugar de peinarse, escarrapuzábanse los cabellos hacia arriba por parecer espantables, y en la cara ponían ciertas rayas con tinta y margaxita, y en los agujeros de las orejas poníanse unas turquesas que se llaman xiuhnacochtli, y en la cabeza poníanse unas plumas blancas como penachos. Y vestíanse con las mantas de maguey que se llaman chalcáyatl, las cuales eran tejidas de hilo de maguey torcido; no eran tupidas sino flojas y ralas, a manera de red; y ponían unos caracoles mariscos, sembrados y atados por las mantas. Y los principales vestíanse con las mismas mantas, pero los caracoles eran de oro. Y los hombres valientes, que se llamaban cuacuachicti, traían atados a las mantas unos ovillos grandes de algodón. Y tenían costumbre que cada día, a la puesta del Sol, ponían lumbre en la casa de cuicacalco los mancebos, y comenzaban a bailar y danzar todos hasta pasada la medianoche. Y no tenían otra mantas sino aquellas mantas que se llaman chalcáyatl, que andaban casi desnudos. Y después de haber bailado, todos iban a las casas de telpuchcalli a dormir en cada barrio, y así lo hacían cada noche; y los que eran amancebados, íbanse a dormir con sus amigas.

Capítulo VI. De los castigos que hacían a los que se emborrachaban

Los mancebos que se criaban en la casa de telpuchcalli tenían cargo de barrer y limpiar la casa; y nadie bebía vino, mas solamente los que eran ya viejos bebían el vino muy secretamente, y bebían poco; no se emborrachaban. Y si parecía un mancebo borracho públicamente, o si lo topaban con él, o le veían caído en la calle, o iba cantando, o estaba acompañado con los otros borrachos, este tal, si era macegual, castigábanle, dándole de palos hasta matarle, o le daban garrote delante de todos los mancebos juntados porque tomasen ejemplo y miedo de no emborracharse; y si era noble el que se emborrachaba, dábanle garrote secretamente.

Y estos mancebos tenían sus amigas, cada dos o tres; la una tenían en su casa y las otras estaban en sus casas. Y quien quería salir de la casa de telpuchcalli y dejar la conversación de los mancebos, pagaba a los maestros de los mancebos diez o veinte mantas grandes, que se llaman cuachtli, si tenía hacienda; y así, en consintiendo los maestros de los mancebos, luego le dejaban salir de aquella casa y casábase, y entonces le llamaban tlapaliuhcati, que quiere decir que no es mancebo, sino que es casado. Y el que era bien criado y aficionado a las costumbres de los mancebos, no salía de allí de su voluntad, aunque fuese ya de edad perfecta, sino que por mandado del rey o señor salía de aquella casa. Y de estos mancebos no se elegían los senadores que regían los pueblos, sino otros oficiales más bajos de la república que se llamaban tlatlacateca y tlatlacuchcalca y achcacauhti, porque no tenían buena vida por ser amancebados, y osaban decir palabras livianas y cosas de burla, y hablaban con soberbia y osadamente.

Capítulo VII. De cómo los señores principales y gente de tono ofrecían sus hijos a la casa que se llamaba calmécac, y de las costumbres que allí los mostraban

Los señores o principales, o viejos ancianos, ofrecían a sus hijos a la casa que se llamaba calmécac. Era su intención que allí se criasen para que fuesen ministros de los ídolos, porque decían que en la casa de calmécac había buenas costumbres y doctrinas, y ejercicios, y áspera y casta vida, y no había cosa de desvergüenzas, ni reprehensión, ni afrenta ninguna de las costumbres que allí usaban los ministros de los ídolos que se criaban en aquella casa.

Señor o principal o rico, cualquier que tenía hacienda, cuando ofrecía a su hijo, hacía y guisaba muy buena comida, y convidaba a los sacerdotes y ministros de los ídolos que se llamaban tlamacacque y cuacuacuilti, y a los viejos pláticos que tenían cargo del barrio. Y hecho el convite en casa del padre del muchacho, los viejos ancianos y pláticos hacían una plática a los sacerdotes y ministros de los ídolos que criaban los muchachos, de esta manera: «¡Ah, señores sacerdotes y ministros de nuestros dioses, habéis tomado trabajo de venir aquí a nuestra casa y os trajo nuestro señor todopoderoso! Hacemos os saber que nuestro señor fue servido de hacernos merced de darnos una criatura, como una joya o pluma rica que nos fue dada. Si mereciéremos que este muchacho se críe y viva, y es varón, no conviene que le mostremos oficio de mujer teniéndole en casa; por tanto os le damos por vuestro hijo y os le encargamos, y ahora al presente ofrecémosle al señor Quetzalcóatl, o otro nombre Tlilpotonqui, para entrar en la casa de calmécac, que es la casa de penitencia y lágrimas donde se crían los señores nobles, porque en este lugar se merecen los tesoros de Dios orando y haciendo penitencia con lágrimas y gemidos, y pidiendo a Dios que les haga misericordia y merced de darles sus riquezas. Desde ahora le ofrecemos para que, en llegando a edad convenible, entre y viva en casa de nuestro señor, donde se crían y dotrinan los señores nobles, y para que este nuestro muchacho tenga cargo de barrer y limpiar la casa de nuestro señor; por tanto, humildemente, rogarnos que le recibáis y toméis por hijo para entrar y vivir con los otros ministros de nuestros dioses en aquella casa donde hacen todos los ejercicios de penitencia, de día y de noche, andando de rodillas y de codos, orando, rogando, y llorando y suspirando ante nuestro señor».

Y los sacerdotes y ministros de los ídolos respondían a los padres del muchacho de esta manera: «Aquí oímos vuestra plática, aunque somos indignos de oírla, sobre que deseáis que vuestro amado hijo, o vuestra piedra preciosa o pluma rica, entre y viva en la casa de calmécac. No somos nosotros a quien se hace esta plática, mas hácese al señor Quetzalcóatl, o otro nombre Tlilpotonqui, en cuya persona la oímos. El es a quien habláis; él sabe lo que tiene por bien de hacer de vuestra piedra preciosa y pluma rica, y de vosotros, sus padres. Nosotros, indignos y siervos, con dudosa esperanza esperarnos lo que será; no sabemos, por cierto, cosa cierta que os decir, esto será o esto se hará de vuestro hijo; esperemos en nuestro señor todopoderoso lo que tendrá por bien de hacer a vuestro hijo».

Y luego tomaban al muchacho y llevábanle a la casa de calmécac, y los padres del muchacho llevaban consigo papeles yo incienso, y maxtles y mantas, y otros sartales de oro y pluma rica, y piedras preciosas ante la estatua de Quetzalcóatl en la casa de calmécac. Y en llegándose todos, luego tiñían y untaban al muchacho con tinta todo el cuerpo y la cara, y le ponían unas cuentas de palo que se llama tlacopatli. Y si era hijo de pobres, le ponían hilo de algodón flojo, y le cortaban las orejas y sacaban la sangre y la ofrecían ante la estatua de

Quetzalcóatl. Y si aún era pequeño, tornaban a llevarle consigo los padres a su casa. Y si el muchacho era hijo del señor o principal, luego le quitaban las cuentas hechas de tlacopatli y las dejaban en la casa de calmécac, porque decían que lo hacían así por razón que el espíritu del muchachuelo estaba asido a las cuentas de tlacopatli, y el mismo espíritu hacía los servicios bajos de penitencia por el muchachuelo. Y si era ya de edad convenible para vivir y estar en la casa de calmécac, luego le dejaban allí en poder de los sacerdotes y ministros de los ídolos para criarle y enseñarle todas las costumbres que se usaban en la casa de calmécac.

Capítulo VIII. De las costumbres que se guardaban en la casa llamada calmécac, donde se criaban los sacerdotes y ministros del templo desde niños

Era la primera costumbre que todos los ministros de los ídolos que se llamaban tlamacacque dormían en la casa de calmécac.

La segunda era que barrían y limpiaban la casa todos a las cuatro de la mañana.

La tercera era que los muchachos, ya grandecillos, iban a buscar y cortar puntas de maguey.

La cuarta era que los ya grandecillos iban a traer a cuestas la leña del monte que era necesaria para quemar en la casa de calmécac cada noche. Y cuando hacían alguna obra de barro, o paredes, o maizal, o zanjas o acequias, íbanse todos juntos a trabajar en amaneciendo; solamente quedaban los que guardaban la casa y los que les llevaban la comida, y ninguno de ellos faltaba; con mucho orden y concierto trabajaban.

La quinta era que cesaban del trabajo un poco tempranillo, y luego iban derechos a su monasterio a entender en el servicio de los dioses y ejercicios de penitencia, y bañábanse primero, y a la puesta del Sol comenzaban a aperejar las cosas necesarias, y a las onze horas de la noche tomaban el camino, llevando consigo las puntas de maguey. Cada uno a solas iba llevando un caracol para tañer en el camino y un incensario de barro, y un zurrón o talega en que iba el incienso, y teas y puntas de maguey. Y así cada uno iba desnudo a poner al lugar de su devoción las puntas de maguey. Y los que querían hacer gran penitencia llegaban hacia los montes y sierras y ríos; y los grandecillos llegaban hasta media legua. Y en llegando al lugar determinado, luego ponía las puntas de maguey, metiéndolas en una pelota hecha de heno, y así se volvía cada uno a solas tañendo el caracol.

La sexta era que los ministros de los ídolos no dormían dos juntos cubiertos con una manta, sino dormían cada uno apartado del otro.

La séptima era que la comida que comían hacían y guisaban en la casa de calmécac, porque tenían renta de comunidad que gastaban para la comida; y si traían a algunos comida de sus casas, todos la comían.

La octava era que cada medianoche todos se levantaban a hacer oración, y quien no se levantaba y despertaba, castigábanle punzándole las orejas, y el pecho, y muslos y piernas, metiéndole las puntas de maguey por todo su cuerpo en presencia de todos los ministros de los ídolos, porque se escarmentasen.

La novena, que ninguno era soberbio, ni hacía ofensa a otro, ni era inobediente a la orden y costumbre que ellos usaban. Y si alguna vez parecía un borracho o amancebado, o hacía otro delito criminal, luego le mataban, o le daban garrote, o le asaban vivo, o le asaeteaban. Y quien hacía culpa venial, luego le punzaban las orejas y lados con puntas de maguey o punzón.

La décima era que a los muchachos castigaban, punzándoles las orejas o los azotaban con ortigas.

La oncena era que a la medianoche todos se bañaban los ministros de los ídolos en una fuente.

La docena era que cuando era día de ayuno todos ayunaban, chicos y grandes; no comían hasta mediodía. Y cuando llegaban a un ayuno que se llamaba atamalcualo ayunaban a pan y agua, y otros que ayunaban no comían todo el día sino a la medianoche, y otro día hasta la otra medianoche; y otros no comían hasta el mediodía, una vez nomás, y en la noche no gustaban cosa alguna, aunque fuese agua, porque decían que quebrantaban el ayuno si gustaban cosa alguna o si bebían agua.

La trecena era que les mostraban a los mancebos hablar bien y saludar y hacer reverencia. Y el que no hablaba bien o no saludaba a los que encontraba o estaban asentados, luego le punzaban con las puntas de maguey.

La catorcena era que les enseñaban todos los versos de canto para cantar, que se llamaban divinos cantos, los cuales versos estaban escritos en sus libros por carateres. Y más, les enseñaban la astrología indiana y las interpretaciones de los sueños y la cuenta de los años.

La quincena era que los ministros de los ídolos tenían voto de vivir castamente, sin conocer a mujer carnalmente, y comer templadamente, ni decir mentiras, y vivir devotamente y temer a Dios.

Y con esto acabamos de decir las costumbres y orden que usaban los ministros de los ídolos, y dejamos otras que en otra parte se dirán.

Capítulo IX. De la elección de los sumos sacerdotes, que siempre eran dos: el uno se llamaba Tótec tlamacacqui, el otro Tlaloca tlamacacqui, que siempre elegían los más perfectos de todos los que moraban en el templo

El que era perfecto en todas las costumbres y ejercicios y dotrinas que usaban los ministros de los ídolos, elegíanle por sumo pontífice, al cual elegía el rey o señor y todos los principales, y llamábanle Quetzalcóatl. Y eran dos los que eran sumos sacerdotes: el uno se llamaba Tótec tlamacacqui, y el otro se llamaba Tláloc tlamacacqui. Y el que se llamaba Quetzalcóatl Tótec tlamacacqui servía al Dios Uitzilopuchtli, y el otro que se llamaba Tláloc tlamacacqui servía al Dios Tlalocantecutli, que era Dios de las lluvias. Y estos dos sumos pontífices eran iguales en el estado y honra, aunque fuesen de muy baja suerte y de padres muy bajos y pobres. Mas la razón por que elegían a estos tales por sumos pontífices era porque fielmente cumplían y hacían todas las costumbres y ejercicios y doctrinas que usaban los ministros de los ídolos en el monasterio de calmécac. Y por esta causa, por la eleción que hacía, a uno se llamaba Quetzalcóatl, o otro nombre Tótec tlamacacqui, y el otro se llamaba Tláloc tlamacacqui.

Y en la eleción no se hacía caso del linaje, sino de las costumbres y ejercicios y doctrinas y buena vida, si las tenían los sumos sacerdotes, si vivían castamente y si guardaban todas las costumbres que usaban los ministros de los ídolos: el que era virtuoso, y humilde, y pacífico, y considerado y cuerdo, y no liviano, y grave, y riguroso, y celoso en las costumbres, y amoroso, y misericordioso, y compasivo, y amigo de todos, y devoto y temeroso de Dios. Los grados por donde subía este tal son éstos: el primero le llamaban tlamacacto, es como acólito; el segundo le llamaban tlamacacqui, que es como diácono; el tercero le llaman tlenamácac, que es como sacerdote. De estos sacerdotes los mejores elegían por sumos pontífices, que se llamaban quequetzalcóa, que quiere decir «sucesores de Quetzalcóatl». Y la vida que tenían y usaban los ministros de los ídolos era áspera, pero la crianza de los muchachos estaba partida y distinta en dos partes: la una era en la casa de calmécac, y la otra en la casa de telpuchcalli.

Libro IV. De la astrología judiciaria o arte adivinatoria indiana

Prólogo

Cosa muy sabida es que los astrólogos llamados genethliaci tienen solicitud en saber la hora y punto del nacimiento de cada persona, lo cual sabido, adivinan y pronostican las inclinaciones naturales de los hombres por la consideración del signo en que nacen y del estado y aspecto que entonces tenían los planetas entre sí y en respecto del signo. Estos astrólogos o adivinos fundan su adivinanza en la influencia de las constelaciones y planetas, y por esta causa tolérase su adivinanza y permítese en los reportorios que el vulgo usa, con tal condición que nadie piense que la influencia de la constelación hace más que inclinar a la sensualidad, y que ningún poder tiene sobre el libre albedrío. Estos naturales de toda Nueva España tuvieron y tienen gran solicitud en saber el día y hora del nacimiento de cada persona para adivinar las condiciones, vida y muerte de los que nacían. Los que tenían este oficio se llamaban tonalpouhque, a los cuales acudían como a profetas cualquier que le nacía hijo, hija, para informarse de sus condiciones, vida y muerte. Estos adivinos no se regían por los signos ni planetas del cielo, sino por una instrucción que según ellos dicen se la dejó Quetzalcóatl, la cual contiene veinte caracteres multiplicados trece veces, por el modo que en el presente libro se contiene. Esta manera de adivinanza en ninguna manera puede ser lícita, porque ni se funda en la influencia de las estrellas, ni en cosa ninguna natural, ni su círculo es conforme al círculo del año, porque no condene más de doscientos y sesenta días, los cuales acabados tornan al principio. Este artificio de contar o es arte de nigromántica o pacto y fábrica del demonio, lo cual con toda diligencia se debe desarraigar.

Al sincero lector

Tienes en el presente volumen, amigo lector, todas las fiestas movibles del año por su orden, y las ceremonias, sacrificios, y regocijos y supersticiones que en ellas se hacían, donde se podrá tomar indicio y aviso para conocer si ahora se hacen del todo o en parte, aunque por no saber el tiempo en que se hacen, por ser movibles, será dificultoso de caer en ellas. Tienes también mucha copia de lenguaje tocante a esta materia, entre ellos bien trillada y a nosotros bien oculta. Hay ocasión en esta materia de conjeturar la habilidad de esta gente, porque se contiene en ella cosas bien delicadas, como en la tabla que está al fin del libro se parece.

Libro IV

De la astrología judiciaria o arte de adivinar que estos mexicanos usaban para saber cuáles días eran bien afortunados y cuáles mal afortunados, y qué condiciones tendrían los que nacían en los días atribuidos a los caracteres o signos que aquí se ponen, y parece cosa de nigromancia, que no de astrología

Capítulo I. Del primero signo, llamado Ce Cipactli, y de la buena fortuna que tenían los que en él nacían, así hombres como mujeres, si no la perdían por su negligencia o flojura

Aquí comienzan los caracteres de cada día que contaban por trecenas. Eran trece días en cda semana, y hacían un círculo de doscientos y sesenta días, y después tornaban al principio.

El primer carácter se llama cipactli, que quiere decir un «espadarte», que es pez que vive en la mar, y es principio de todos los caracteres que hacen y cuentan cada día hasta que hacen un círculo de doscientos y sesenta días, y comienza la cuenta de los días dando a cada carácter trece días, que se lima año de los caracteres.

El primero día de los trece es de primero carácter que se llama cipactli; el segundo de otro carácter que se llama ehecatl, que quiere decir «viento»; el tercero día es de otro carácter que se llama calli, que quiere decir «casa»; el cuarto día es de otro carácter que se llama cuetzpallin, que quiere decir «lagartija»; el quinto día es de otro carácter que se llama coatl, que quiere decir «culebra»; el sexto día es de otro carácter que se llama miquiztli, que quiere decir «muerte»; el séptimo día es de otro carácter que se llama mazatl, que quiere decir «ciervo»; el octavo día es de otro carácter que se llama tochtli, que quiere decir «conejo»; el noveno día es de otro carácter que se llama atl, que quiere decir «agua»; el décimo día es de otro carácter que se llama uzomatli, que quiere decir «mona»; el undécimo día es de otro carácter que se llama itzuintli, que quiere decir «perro»; el duodécimo día es de otro carácter que se llama malinalli, que quiere decir «heno»; el tredécimo día es de otro carácter que se llama acatl, que quiere decir «caña».

Estos treces días decían que eran bien afortunados, que cualquiera que nacía en cualquiera de los treces días, que si era hijo de principal, sería señor o senador y rico; y si es hijo de baja suerte y de padres pobres, sería valiente y honrado y acatado de todos, y tendría qué comer, y si era hija la que nacía en cualquiera de los trece días, sería rica y tendría todo cuanto es menester para su casa, para gastar en comida y bebida, para hacer convite, para bailar y danzar en su casa, y dar comida y bebida a los pobres, viejos y huérfanos que no tienen qué comer y beber, y será todo próspero lo que hiciere por su trabajo para ganar la vida, y no se le perderá cosa ninguna del trabajo, y será hábil para vender todas las mercaderías y ganar todo cuanto pudiere. Y más, decían que aunque en naciendo una criatura tuviese carácter bien afortunado, si no hacía penitencia, y si no se castigaba, y si no sufría los castigos que se le hacen y las palabras celosas y ásperas que se le dan, y si es de mala crianza, ni anda en camino derecho, pierde todo cuanto había merecido por el buen signo en que nació. El mismo se menosprecia y se ciega; aun si es amancebado pierde la buena fortuna que tenía, y así se empobreze y no tiene qué comer y beber, y tendrá gran trabajo en toda su vida, porque él mismo buscó la mala ventura por su bellaquería, siendo desobediente y soberbio y descuidado, y en ninguna parte hallará contento, y siempre tendrá pobreza y mala ventura, y todos le menospreciarán y todos le tendrán en nada, y nadie le terná por amigo, y ándase solo, y nadie le quiere a bien, y en todo lugar le querrán mal, y todos le maldirán, y es odioso a todos y míranle con malos ojos por ser público pecador, y todos le maldicen por ser soberbio y vagamundo y por andar perdido y desobediente a lo que se mandaba y aconsejaba, y porque no cura de la buena crianza.

Y la criatura que nacía en buen signo decían los padres y madres: «Nuestra criatura es bien afortunada y tiene buen signo, que se llama cipactli». Luego le bautizaban y le daban el nombre del signo, llamándole Cípac, o le daban otro nombre de los agüelos, etc. Y si les parecía, pasaban el bautismo a otro día que fuese de mejor fortuna dentro del mismo signo. Y si la criatura que nacía era varón, cuando le bautizaban, hacíanle una rodela pequeña con cuatro saetillas y ataban a ellas el ombligo, y dábanlo todo junto a los hombres soldados para que lo llevasen al lugar de la pelea, y allí lo enterraban. Y si la criatura que nacía era mujer, cuando le bautizaban, le ponían en el lebrillo todas las alhajas de mujer con que hilan y tejen, porque la vida de la mujer es criarse en casa, y estar y vivir en ella; el ombligo enterrábanle junto al hogar.

Y esta astrología o nigromancia fue tomada y hubo origen de una mujer que se llama Oxocomo y de un hombre que se llama Cipactónal. Y los maestros de esta astrología o nigromancia que contaban estos signos, que se llamaban tonalpouhque, pintaban a esta mujer Oxocomo y a este hombre Cipactónal y los ponían en medio de los libros donde estaban escritos todos los caracteres de cada día, porque decían que eran señores de esta astrología o nigromancia, como principales astrólogos, porque la inventaron e hicieron esta cuenta de todos los caracteres.

Capítulo II. Del segundo signo, llamado Ce Ocelotl, y de la mala fortuna que tenían los que en él nacían, así hombres como mujeres, si con su buena diligencia no se remediaban. Los que en este signo nacían por la mayor parte eran esclavos

El segundo carácter se llama ocelotl, que quiere decir «tigre», el cual reinaba por otros trece días. Decían que era signo mal afortunado en todos los trece días que gobernaba.

Este ocelotl tenía la primera casa o día; la segunda tenía cuauhtli, que quiere decir «águila»; la tercera tenía cozcácuauh, que quiere decir otro pajarote que así se llama; la cuarta tenía ollin, que quiere decir «movimiento»; la quinta tenía técpatl, que quiere decir «pedernal»; la sexta tenía quiáuitl, que quiere decir «lluvia»; la séptima tenía xochitl, que quiere decir «flor»; la octava tenía cipactli, que quiere decir «espadarte»; la novena tenía ehécatl, que quiere decir «viento»; la décima tenía calli, que quiere decir «casa»; la undécima tenía cuetzpallin, que quiere decir «lagartija»; la duodécima tenla coatl, que quiere decir «culebra»; la tredécima tenía miquiztli, que quiere decir «muerte».

Cualquiera que nacía, ahora fuese noble, ahora fuese plebeyo, en alguna de las dichas casas, decían que había de ser cautivo en la guerra y en todas sus cosas había de ser desdichado y vicioso, y muy dado a las mujeres; y aunque fuese ya hombre valiente, al fin, vendíase él mismo por esclavo; y esto hacía porque era nacido en tal signo. Más decían, que aunque fuese nacido en tal signo mal afortunado, remediábase por la destreza y diligencia que hacía por no dormir mucho y hacer penitencia de ayunar y punzarse, sacando la sangre de su cuerpo y barriendo la casa donde se criaba y poniendo lumbre; y si en despertando luego iba a buscar la vida, acordándose de lo que adelante había de gastar si enfermase, o con que sustentase a sus hijos; y si fuese cauto en las mercaderías que tratase. Y también remediábase, si era obediente y entendido, y si sufría los castigos o injurias que le hacían sin tomar venganza de ellas.

Lo mismo decían de la mujer que nacía en este signo, que sería mal afortunada. Si era hija de principal, sería adúltera y moriría extrajada la cabeza entre dos piedras, y viviría muy necesitada y trabajosa en extremada pobreza, y no sería bien casada, porque decían que nació en signo mal afortunado que se llama ocelotl.

La cuarta casa de este signo se llama ollin. Decían que era signo del Sol, y le tenían en mucho los señores, porque le tenían por su signo. Y le mataban codornices y poníanle lumbre e incienso delante de la estatua del Sol, y le vestían un plumaje que se llama cuezaltonaméyutl, y al mediodía mataban cautivos. Y el que nacía en este día era indiferente su ventura, o buena o mala. Si era varón, sería hombre valiente y cautivaría los enemigos o moriría en la guerra, porque decían que en tal signo nació. Y todos hacían penitencia, chicos, hombres y mujeres, y cortaban las orejas y sacaban la sangre a honra del Sol; decían que con esto se creaba el Sol.

La séptima casa de este signo se llama xochitl. Decían que era indiferente, bien afortunado y mal afortunado; especialmente que los pintores honraban este signo que se llama xochitl y le hacían una estatua y le daban ofrendas. Y también las mujeres labranderas honraban este signo, y ayunaban antes ochenta o cuarenta o veinte días que llegasen a la fiesta de este signo xochitl, por razón que le pedían que les diese y favoreciese en sus labores de bien pintar, y a las mujeres de bien labrar y bien tejer; y ponían lumbre e incienso, y mataban codornices delante de la estatua. Y en pasando el ayuno, todos se bañaban para celebrar la fiesta del dicho signo chicome xochitl; y decían que este signo era también mal afortunado, que cualquiera mujer labrandera que quebrantaba el ayuno le acaecía y merecía que fuese mala mujer pública. Y más, decían que las mujeres labranderas eran casi todas malas de su cuerpo, por razón que hubieron en el origen del labrar de la diosa Xuchiquétzal, la cual les engañaba; y esta diosa también les daba sarnas y bubas incurables y otras enfermedades contagiosas. Y la que hacía penitencia a que era obligada merecía ser mujer de buena fama y honra, y sería bien casada. Y más, decían que cualquiera que nacía en el dicho signo xochitl sería hábil para todas las artes mecánicas, si fuese diligente y bien criado; y si no fuese bien criado y entendido tampoco no merecía buena fortuna, sino malas venturas y deshonras.

La novena casa de este signo hécatl es mal afortunada, que cualquiera que nacía en aquel día era mal afortunado, porque su vida sería como viento que lleva consigo todo cuanto puede; quiere ser algo y siempre es menos, y quiere medrar y siempre desmedra, y tienta de tomar oficio y nunca sale con nada. Aunque sea hombre valiente o soldado no hay quien se acuerde de él; todos le menosprecian, y ninguna cosa que intenta tiene buen suceso; con ninguna cosa sale.

Capítulo III. Del tercero signo, llamado Ce Mazatl, y de la buena fortuna que tenían los que en él nacían, así hombres como mujeres, si por su negligencia no la perdían

El tercero carácter se llama mazatl, el cual gobernaba por otros trece días. Este signo mazatl tenía la primera casa o día; la segunda tenía tochtli; la tercera tenía atl; la cuarta tenía itzuintli; la quinta tenía ozomatli; la sexta tenía malinalli; la séptima tenía acatl; la octava tenía ocelotl; la novena tenía cuauhtli; la décima tenía cozcacuauhtli; la undécima tenía ollin; la duodécima tenía técpatl; la tredécima tenía quiáuitl. Todos los dichos trece días decían que unos eran bien afortunados y otros mal afortunados, como parecerá por la declaración de ellos. Decían que cualquiera que nacía siendo hijo de principal en el dicho signo, sería también noble y principal, y tendría qué comer y beber, y con qué dar vestidos a otros, y otras joyas y atavíos. Y si nacía un hijo de hombre de baja suerte en aquel día decían que sería bien afortunado y que merecería ser hombre de guerra y sobrepojaría a todos los de su manera, y sería hombre de mucha gravedad, y no cobarde ni pusilánime. Y si nacía hembra en aquel día, siendo hija de noble o de hombre de baja suerte, lo mismo merecería ser bien afortunada, varonil y animosa, y no daría pesadumbre a sus padres. Y más, decían que cualquiera que nacía en este signo Ce Mazatl era temeroso y de poco ánimo y pusilánime. Cuando oía tronidos y relámpagos o rayos no los pudía sufrir sin gran miedo y se espantaba. Y alguna vez le acontecía que moría del rayo, aunque no lloviese ni fuese noblado, o cuando se bañaba ahogábase, y le quitaban los ojos y uñas algunos animales del agua, porque decían que nació en tal signo Ce Mazatl, porque es su natural del ciervo ser temeroso. Y el que nacía en este signo era temeroso demasiadamente, y los padres, como sabían el signo donde había nacido, no tenían cuidado, por tener por averiguado que había de parar en mal. Y en este dicho signo decían que las diosas, que se llamaban cioateteu, descendían a la tierra, y les hacían fiesta, y les daban ofrendas y vestían con papeles a sus estatuas.

Capítulo IV. De la segunda casa de este signo, que se llama ume tochtli, en la cual nacían los borrachos

La segunda casa o día de este signo se llama ume tochtli. Decían que cualquiera que nacía en este signo sería borracho, inclinado a beber vino y no buscaba otra cosa sino el vino. Y en despertando a la mañana bebe el vino; no se acuerda de otra cosa sino del vino. Y así cada día anda borracho; aun lo bebe en ayunas. Y en amaneciendo, luego se va a las casas de los taberneros pidiéndoles por gracia el vino; y no puede sosegar sin beber vino y no le hace mal ni le da ascos, aunque sean heces del vino, con moscas y pajas; así lo bebe. Y si no tiene con qué comprar el vino, con la manta o el máxtlatl que se viste merca el vino; y así después viene a ser pobre y no pude dejar de beber vino, ni lo puede olvidar, ni un solo día puede estar sin emborracharse. Y anda cayéndose, lleno de polvo, y bermejo, y todo espeluzado y descabellado, y muy sucio; y no se lava la cara aunque se caya, lastimándose y hiriéndose en la cara o en la narices, o en las piernas o rodillas, o se le quiebran las manos o pies, etc. No lo tiene en nada aunque esté lleno de golpes y heridas de caerse; por andarse borracho no se le da nada. Y tiémblanle las manos, y cuando habla no sabe lo que se dice; habla como borracho y dice palabras afrentosas e injuriosas, reprehendiendo y disfamando a otros y dando aullidos y voces, y diciendo que es hombre valiente. Y anda bailando y cantando a voces, y a todos menosprecia. Y no teme cosa ninguna, y arroja piedras o palo y todo lo que se le viene a las manos, y anda alborotando a todos, y en las calles impide y estorva a los que pasan. Y hace ser pobres a sus hijos, y los espanta y ahuyenta. Y no se echa a dormir quietamente, sino anda inquieto hasta que se ha cansado. Y no se acuerda de lo que será necesario en su casa para hacer lumbre y para las otras cosas que son menester, mas solamente procura de emborracharse, y así está su casa muy sucia, llena de estiércol y polvo o salitre, y no hay quien la barra y haga lumbre. Su casa está oscura, con pobreza; y no duerme en su casa sino en casas ajenas. Y no se acuerda de otra cosa sino de la taberna; y cuando no halla el vino y no lo bebe siente gran pesadumbre y tristeza, y anda de acá y de allá buscando el vino. Y si en algunas casas entrando están algunos borrachos bebiendo vino, huélgase mucho y reposa su corazón, y asiéntase reposando y holgándose con los borrachos, y no se acuerda de salir de aquella casa. Y si le convidan a beber el vino en alguna casa, luego se levanta y de buena gana va corriendo porque ya ha perdido la vergüerza y es desvergonzado; no teme a nadie. Por esta causa todos le menosprecian por ser hombre infamado públicamente, y todos le tienen hastío y aborrecimiento; nadie quiere su conversación porque confúndese todos los amigos y ahuyenta a los que estaban juntos, y déjanle solo porque es enemigo de los amigos. Y decían que nació en tal signo, que no se podía remediar, y todos desesperan de él, diciendo que se había de ahogar en algún arroyo o laguna, o se había de despeñar en alguna barranca, o le habían de robar algunos salteadores todo cuanto tenía, y estaría desnudo. Y de más de esto hace el borracho muchas desvergüenzas de echarse con mujeres casadas, o hurtar cosas ajenas, o saltar por las paredes, o hacer fuerza a algunas mujeres o retozar con ellas. Y esto todo hace porque es borracho y está fuera de su juicio. Y en amaneciendo, cuando se levanta el borracho, tiene la cara hinchada y disforme, y no parece persona; anda siempre vocezando. Y el que no es muy dado al vino hácele mal cuando se emborracha, y hácele mal a los ojos y a la cabeza; y no se levanta, mas duerme todo el día; y no tiene gana de comer, mas tiene hastío de ver la comida; y con dificultad vuelve en sí.

Capítulo V. De diversas maneras de borrachos

Más, decían que el vino se llama centzontotochti, que quiere decir «cuatrocientos conejos», porque tienen muchas y diversas maneras de borrachería. Algunos borrachos, por razón del signo en que nacieron, el vino no les es perjudicial o contrario; en emborrachándose, luego cáyense dormidos o pónense cabizbajos, asentados y recogidos; ninguna trabesura hacen ni dicen. Y otros borrachos comienzan a llorar y córrenles las lágrimas por los ojos como arroyos del agua. Y otros borrachos luego comienzan a cantar y no quieren parlar ni oír cosas de burlas, mas solamente reciben consolación en cantar. Y otros borrachos no cantan sino luego comienzan a parlar y hablar consigo mismo, o a infamar a otros y decir algunas desvergüenzas contra otros, y antonarse y decirse ser uno de los principales honrados, y menosprecian a otros y dicen afrentosas palabras, y álzanse y mueven la cabeza diciendo ser ricos y reprehendiendo a otros de pobreza, y estimándose mucho como soberbios y rebeldes en sus palabras, y hablando recia y ásperamente, moviendo las piernas y dando de coces. Y cuando están en su juicio son como mudos y temen a todos, y son temerosos, y escúsanse con decir: «Estaba borracho, y no sé lo que me dije; estaba tomando del vino». Y otros borrachos sospechan mal; hácense sospechosos y mal acondicionados, y entienden las cosas al revés, y levantan falsos testimonios a sus mujeres, diciendo que son malas mujeres, y luego comienzan a enojarse con cualquiera que habla a su mujer, etc.; y si alguno habla, piensa que murmura de él; y si alguno ríe, piensa que se ríe de él; y así riñe con todos sin razón y sin porqué; esto hace por estar trastornado del vino. Y si es mujer la que se emborracha, luego se cae asentada en el suelo encogidas las piernas, y algunas veces extiéndense las piernas en ese suelo; si está muy borracha, desgréñase los cabellos y está toda descabellada, y duérmese revueltos todos los cabellos, etc.

Todas estas maneras de borrachos ya dichas decían que aquel borracho era su conejo o la condición de su borrachez, o el demonio que en él entraba. Si algún borracho se despeñó o se mató, decían «aconejóse». Y porque el vino es de diversas maneras y hace borrachos de diversas maneras llamaban centzontotochti, que son «cuatrocientos conejos» como si dijesen que hacen infinitas maneras de borrachos. Y más, decían que cuando entraba el signo ume tochtli hacían fiesta al Dios principal de los dioses del vino que se llamaba Izquitécatl. También hacían fiesta a todos los dioses del vino y poníanle una estatua en el cu, y dábanle ofrendas, y bailaban y tañíanle flautas, y delante de la estatua una tinaja hecha de piedra que se llamaba umetochtecómatl, llena de vino, con unas cañas con que bebían el vino los que venían a la fiesta. Y aquellos eran viejos y viejas, y hombres valientes y soldados y hombres de guerra. Bebían vino de aquella tinaja por razón que algún día serían cautivos de los enemigos, o ellos, estando en lugar de la pelea, tomarían cautivos de los enemigos; y así andaban holgándose, bebiendo vino. Y el vino que bebían nunca se acababa, porque los taberneros, cada rato, echaban vino en la tinaja. Los que llegaban al tiánquez, donde estaba la estatua del Dios Izquitécatl, y también los que nuevamente horadaban los magueyes y hacían vino nuevo, que se llama uitztli, traían el vino con cántaros y echaban en la tinaja de piedra. Y no solamente esto hacían los taberneros en la fiesta, sino cada día lo hacían así, porque era tal costumbre de los taberneros.

Capítulo VI. De las demás casas de este signo, unas prósperas, otras adversas, otras indiferentes

La tercera casa de este signo se llama ei atl. Decían que era indiferente, o bien o mal afortunada, porque cualquiera que nacía en este día, que sería rico y próspero y tendría mucha hacienda, que ganaría por su trabajo y que lo perdería presto, y se desharía como agua o como cosas que lleva el río. Y nunca saldría con nada, ni tendría reposo ni contento; todo se le desharía entre las manos, y todo su trabajo saldría en vano.

La cuarta casa de este signo se llama naui itzuintli. Decían que cualquiera que nacía en esta casa sería rico y venturoso, y tendría qué comer y beber, aunque no trabajase un solo día, ni sabría dónde le venía lo que comía. En cualquiera casa se hallaría contento en todo el día, y aun ganaría algo para sustentación de sus hijos. Y así estando descuidado, se le viene lo que ha de comer, y no sabe de dónde y de qué manera se hace esto; aunque trabaje poco, gana algo para sustentarse. Y más, decían que si el que nacía en este signo se daba a criar perritos, todos cuantos quisiese criar, se le multiplicarían y los gozaría y sería rico con ellos, porque era granjería que se usaba. Y decían que era de un mismo signo él y ellos. Y unos vende y otros se le nacen; y con ellos ganaba ropas que se llaman cuachtli, y se hacía rico del precio de los perros, porque era costumbre antiguamente comer los perros y venderlos en el mercado. Y los que los criaban tratan al mercado muchos perros, y los compradores a su placer y contento buscaban el que era mejor, o de pelo chico o de pelo largo. Cuando vendían estos perros en el tiánquez, unos ladraban y otros carleaban; y los ataban los hozicos porque no mordiesen. Y cuando los mataban, hacían un hoyo en la tierra y metían en él las cabezas de los perros, y los ahogaban. Y el dueño del perro que le vendía, poníale un hilo de algodón flojo en el pescuezo y halagábale trayéndole la mano por el cuerpo, diciéndole: «Aguárdame allá, porque me has de pasar los nueve ríos del infierno». Y algunos ladrones mataban estos perros, armándolos con lazos.

La quinta casa de este signo se llama macuil ozomatli. Decían que el que nacía en esta casa era inclinado a placeres y regocijos y chocarrerías, y con sus donaires y truhanerías daría contento y alegría a los que le oían, y decía donaires y gracias sin pensarlos, y decían que esto tenía por razón del signo en que había nacido.

La sexta casa de este signo se llama chicuacen malinalli. Decían que era casa mal afortunada, porque los que en ella nacían vivían siempre en pobreza y trabajos, y sus hijos todos morían, y ninguno se lograba, y venían a tanta bajeza éstos que se vendían por esclavos.

La séptima casa de este signo se llama chicome acatl. Decían que era bien afortunada; y los que en ella nacían, serían ricos, y que cualquiera cosa que emprendiesen, tendría próspero suceso.

La octava casa de este signo se llama chicuei ocelotl; y la novena chicunaui cuauitli; y la décima matlactli ollin; y la undécima matlactlionce cozcacuauhtli; y la duodécima matlactliomome técpatl. Todas estas casas decían que eran mal afortunadas, y los que en ellas nacían ninguna buena ventura tendría.

A la terciadécima casa de este signo llamaban matlactliomei quiáuitl. Decían que era cosa venturosa por ser la casa postrera de todas las de este signo, y decían que todos los que en ella nacían, así hombres como mujeres, serían ricos y muy abastados de las cosas necesarias, y que tendrían larga vida y llegarían a la vejez por haber nacido en la casa postrera del signo.

Capítulo VII. Del cuarto signo, llamado Ce Xochitl. Los hombres que nacían en él decían que eran alegres, inginiosos e inclinados a la música y a placeres, decidores, y las mujeres grandes labranderas, y liberales de su cuerpo si se descuidaban. Decían este signo ser indiferente a bien y a mal

El cuarto signo se llama xochitl y tiene trece casas. Este Ce Xochitl tenía la primera casa; la segunda de este signo tenía ume cipactli; la tercera yei ehecatl; la cuarta naui calli; la quinta macuilli cuetzpallin; la sexta chicuacen coatl; la séptima chicome miquiztli; la octava chicuei mazatl; la novena chicunaui tochtli; la décima matlactli atl; la undécima matlactlionce itzuintli; la duodécima matlactiomome ozomatli; la terciadécima matlactliomei malinalli. Todas estas casas tenían por mal afortunadas; también decían que eran indiferentes.

Decían que cualquiera que nacía en alguna de estas casas, ahora fuese noble, ahora fuese popular, sería truhán y chocarrero y decidor. Su ventura era su consolación y recibiría gran contento en estas cosas si fuese devoto a su signo. Y si no tenía en nada a su signo, aunque fuese cantor o oficial y tuviese de comer, hacíase soberbio y desdeñoso, y mal acondicionado, y presuntuoso, y no tenía en nada a los mayores, ni a los iguales, ni a los viejos ni a los mozos; con todos hablaba con soberbia y con desdén.

A este tal todos le tienen por desatinado, y dicen que Dios le ha desamparado y que por su culpa ha perdido su ventura, y así todos le menosprecian. Y él viéndose menospreciado de todos, de pena y congoja cae en alguna enfermedad y con ella se empobreze y se hace solitario, olvidado de todos, y desea su muerte y desea salir de esta vida, porque nadie le ve ni visita ni hace cuenta de él. Y todo cuanto tiene se le deshace, como la sal en el agua; y muere en pobreza que apenas tiene con qué se amortajar. Y esto le acontece por ser indevoto y mal agradecido a su signo, y por ir tras sus malas inclinaciones, desgarrándose y despeñándose por sus vicios; y decían que esto le acontecía por haber perdido la ventura de su signo.

Y si alguna mujer nacía en este signo que se llama Ce Xochitl, decían que sería buena labrandera, pero era menester para gozar de esta habilidad que fuese muy devota a su signo e hiciese penitencia todos los días que reinaba. Y si esto no hacía, su signo le era contrario y vivía en pobreza y en desecho de todos, y también era viciosa de su cuerpo y vendíase públicamente. Y decían que aquello hacía por razón del signo en que había nacido, porque era ocasionado a bien y a mal.

También decían que los señores bailaban en este signo por su devoción los días que les parecía. Y cuando habían de comenzar esta solemnidad, ponían dos varales con flores a la puerta del palacio, y aquello era señal que habían de bailar a honra de este signo algunos días. Y el cantar que habían de decir, mandaba el señor que dijesen, el que se llama cuextecáyutl o tlaoanca cuextecáyutl o uexotzincáyutl, o el que se llama anaoacáyutl, o alguno de los otros que están aquí señalados.

Y también los que tenían cargo de guardar los plumajes con que bailaban sacaban todos los plumajes que tenían para que tomase cual quisiese el señor, y conforme a aquél daban sus divisas o plumajes a los principales y hombres valientes y soldados, y toda la otra gente de guerra. Y también daban mantas y maxtles a los cantores y a los que tañían tepunactli y atambor, y a los que silvaban, y a todos los otros bailadores y cantores. Y dábanles de comer a todos éstos diversas maneras de tamales y diversas maneras de moles como aquí se declara. Y cuando ya estaban enhadados de este baile, quitaban los varales que habían puesto en señal y quemábanlos, y luego todos cesaban de bailar en el palacio; pero los principales en sus casas podían bailar.

Capítulo VIII. Del quinto signo, llamado Ce Acatl, mal afortunado. Decían que los que nacían en él, especial si nacían en la nona casa que llaman chicunaui cipactli, eran grandes murmuradores, nobeleros, malsines, testimuñeros, etc. Decían ser éste el signo de Quetzalcóatl, donde la gente nobleza hacía muchos sacrificios y ofrendas a honra de este Dios

El quinto signo se llama Ce Acatl. De este signo se dice que todo es mal afortunado. La segunda casa se llama ume océlotl; la tercera casa se llama ei cuauhtli; la cuarta casa naui cozcacuauhtli; la quinta macuilli ollin; la sexta chicuacen técpatl. De todas estas casas decían que eran mal afortunadas, porque eran de Quetzalcóatl, el cual era el Dios de los vientos.

Cuando comenzaba a reinar este signo, los señores y principales hacían ofrendas en la casa de Quetzalcóatl, que se llamaba calmécac, donde estaba la estatua de Quetzalcóatl, a la cual estos días componían con ricos ornamentos; y delante de él ponían flores y cañas de humo e incienso, y comida y bebida; decían que éste era el signo de Quetzalcóatl.

Y decían que los que en él nacían, ahora fuesen nobles, ahora fuesen populares, siempre vivían desventurados y todas sus cosas les llevaba el aire. De esta misma manera decían de las mujeres que nacían en este signo. Y para remediar el mal de los que nacían en estos días, los adivinos que entendían en esta arte mandaban que fuesen bautizados en la séptima casa de este signo, que se llama chiconquiáuitl. Bautizándose en esta casa, decían que se remediaba el mal del día en que había nacido y cobraban la buena fortuna, porque decían que esta casa de chiconquiáuitl era casa clemente; y los que nacían en esta casa, luego los bautizaban el mismo día. De la misma calidad decían ser la casa que se sigue, que es chicuei xochitl.

La octava casa de este signo se llama chicuei xochitl. Decían que eran bien acondicionados los que nacían en ella; luego se bautizaban el mismo día. La que era novena casa, que se llamaba chicunaui cipactli, la tenían por mal afortunada. Los que en esta casa nacían decían que eran mal acondicionados y revoltosos, y amigos de riñes y sembradores de discordias, y mentirosos, y que ningún secreto guardaban; y son pobres y malaventurados todos los días de su vida, etc. La décima casa de este signo se llama matlactli ehecatl. Decían que era de buena fortuna con las otras tres que se siguen, que son matlactlioce calli y matlactliomome cuetzpallin y matlactliomei coatl; todas éstas eran de una misma condición. Decían que los que nacían en estas casas serían honrados y ricos y reverenciados de todos, ahora fuese mujer, ahora fuese hombre.

Capítulo IX. Del sexto signo, llamado Ce Miquiztli, y de su próspera fortuna. Decían que este signo era de Tezcatlipuca, por cuya reverencia hacían en particular muchas ofrendas y sacrificos. Y hacían fiesta y regalos a los esclavos, cada uno a los suyos, en sus casas

El sexto signo se llamaba Ce Miquiztli. Decían que éste era bueno y en parte malo, esto es, que algunas casas tenía buenas y otras malas, como parecerá abajo; decían que este signo era de Tezcatlipuca.

Los señores y principales eran muy devotos de este signo; hacían ofrendas por su honra y derramaban sangre de codornices, y hacían otras ceremonias cada uno en el oratorio de su casa y en los oratorios de los calpules; esto hacían por ser este signo de Tezcatlipuca, al cual tenían por criador universal.

Todos en este día oraban con devoción y pedían serles hecha alguna misericordia, no solamente los señores, mas los hombres de guerra, y los mercaderes, y hombres ricos, y todos los que sabían que entonces reinaba el signo de Tezcatlipuca. Y decían que era malo porque aquellos a quien Tezcatlipuca había dado riquezas, también entonces se las quitaba por algún desagradecimiento o soberbia que por ellas había tomado y dábalas a los que le rogaban humildemente, y suspiraban y lloraban por ellas. Y por eso en todo lugar le rogaban, porque decían que sus dones no permanecían, sino que los mudaba de uno en otro.

Y decían que los que nacían en este signo eran bien afortunados. Eran honrados si eran devotos a su signo y si hacían penitencia por él, y si esto no hacían, perdían su ventura. Y por esto el mismo día que nacían le bautizaban y le ponían nombre, y convidaban a los niños y les daban de comer para que supiesen el nombre del que había nacido, y le divulgasen a voces por las calles. Y si era varón el que nacía, poníanle por nombre Miquiz, o Yáutl, o Ceyáutl, o Nécoc Yáutl, o Chicoyáutl, o Yaumáuitl. Dábanle uno de estos nombres ya dichos, que eran todos de Tezcatlipuca, y decían que al tal nadie le podía aborrecer, nadie le podía desear la muerte. Y si alguno le deseaba la muerte, él mismo moría reinante este signo.

Nadie osaba reñir ni maltratar a sus esclavos. Todos los que tenían esclavos, un día, antes que comenzase a reinar este signo, les quitaban las prisiones o colleras con que estaban presos, y los jabonaban las cabezas, y los bañaban y regalaban como si fueran hijos muy amados de Titlacaoan. Y los dueños de los esclavos mandaban con gran rigor a todos los de su casa que no riñiesen ni diesen pena a ningún esclavo, y decían que si alguno reñía a los esclavos en estos días, que él mismo se procuraba pobreza y enfermedad y desventura, y merecía ser esclavo, pues que trataba mal al muy amado hijo de Tezcatlipuca. Porque decían que de nadie era amigo fiel Tezcatlipuca, sino que buscaba ocasiones para quitarle lo que le había dado. Y algunos, cuando perdían su hacienda, con desesperación reñían a Tezcatlipuca y decíanle: «Tú, Tezcatlipuca, eres un puto; ya hasme burlado y engañado». Y de la misma manera hacían cuando se les ausentaba un esclavo o cautivo. Y si acontecía que el esclavo se libertaba y venía a prosperidad, y el que era señor de esclavos venía a ser esclavo, todo lo echaban a Tezcatlipuca, porque decían que él que había hecho misericordia al esclavo, porque se lo había rogado y había castigado al que era señor porque era duro con sus esclavos. Y el que de la servidumbre venía a prosperidad hacía banquetes y daba mantas a sus convidados, y decían que esto le venía por haber nacido en este signo.

Capítulo X. De las demás casas de este signo, de las cuales algunas son mal afortunadas, otras bien

La segunda casa de este signo se llamaba ume mazatl. Decían que era mal afortunada y desventurada. El que en esta casa nacía, ninguna buena fortuna tenía: era temeroso y cobarde y espantadizo, de cualquier cosa se espantaba y temblaba.

La tercera casa de este signo se llamaba ei tochtli. Decían que esta casa era bien afortunada, y los que en ella nacían, tenían de comer con muy poco trabajo. Decían que como los conejos se mantienen de cosas del campo y no trabajan por lo que han de comer ni beber, sino que en todo lugar lo hallan a la mano, así decían que los que nacen en este signo sin mucho trabajo son ricos.

La cuarta casa de este signo se llamaba naui atl. Decían que era mal afortunada, y los que en ella nacían decían que siempre vivían en pobreza y aflicción y tristeza; nunca tenían contento ni alegría, y si alguna cosa ganaban, todo se les iba de entre manos.

La quinta se llamaba macuilli itzuintli. Decían que era mal afortunada, porque era casa del Dios del infierno, que le llamaban Mictlantecutli.

La sexta casa se llamaba chicuacen ozomatli. Decían que era de mal afortunada. Los que nacían en estas casas no los bautizaban en ellas, mas difiríanlos para séptima casa, que se llamaba chicome malinalli. Y decían que la séptima casa de todos los signos era bien afortunada por causa del número séptimo; en esta casa los bautizaban y los ponían los nombres.

La octava casa se llamaba chicuei acatl, y la novena casa chicunaui ocelotl. Decían que estas casas eran mal afortunadas, y los que en ellas nacían eran desventurados y no los bautizaban hasta la otra casa siguiente, que se llamaba matlactli cuauhtli. Esta casa dizque remediaba la desventura de las pasadas, pero habían de hacer mucha penitencia para remediarse. Decían que la décima casa era bien afortunada, y los que en ella nacían eran venturosos en cosas de guerra y valentía; eran osados y animosos.

La undécima casa se llamaba matlactlioce cozcacuauhtli. Decían que era bien afortunada, y los que nacían en ella tenían larga vida y morían viejos. La duodécima casa se llamaba matlactliomome ollin. Y la terciadécima se llamaba matlactliomei técpatl. Todas éstas decían que eran de buena fortuna en todos los signos, y los que en ellas nacían decían que eran bien afortunados; desde la décima casa arriba decían que todos eran bien afortunados, y los que en ellas nacían decían que eran dichosos.

Capítulo XI. Del séptimo signo, llamado Ce Quiahuitl, y de su desastrada fortuna. Decían que los que en este signo nacen son nigrománticos, brujos, hechiceros, embaidores. Es de notar

que este vocablo tlacatecúlotl propiamente quiere decir nigromántico o brujo. Impropiamente se usa por diablo. Casi todas las cosas de este signo eran de mala digestión; pero la décima casa y la terciadécima casa universalmente en todos los signos eran felices

El séptimo signo se llamaba Ce Quiahuitl. Decían que era de mala ventura, porque en esta casa decían que las diosas, que se llamaban cioateteu, descendían a la tierra y daban muchas enfermedades a los muchachos y muchachas, y los padres con todo rigor mandaban a sus hijos que no saliesen fuera de sus casas. Decíanles: «No salgáis de casa, porque si salís encontraros heis con las diosas llamadas cioateteu, que descienden ahora a la tierra». Tenían temor los padres y madres que no diese perlasía a sus hijos si saliesen a alguna parte reinante este signo. Ofrecían en los oratorios de las diosas, porque habían muchos en muchas partes, y cobrían con papeles a las estatuas de estas diosas. También, reinante este signo, mataban a los que estaban encarcelados por algún pecado criminal digno de muerte; también mataban a los esclavos por la vida del señor, porque viviese muchos años. Y a los que nacían en este signo no los bautizaban, sino difiríanlos hasta la tercera casa, que se llamaba ei cipactli. Decían que aquella casa mejoraba la fortuna de aquel que se bautizaba; y decían que los que nacían en este signo, serían nigrománticos o embaidores o hechiceros, y se trasfiguraban en animales, y sabían palabras para hechizar a las mujeres y para inclinar los corazones a lo que quisiesen y para otros maleficios. Y para esto se alquilaban a los que querían hacer mal a sus enemigos y les deseaban la muerte. Hacían sus encantamientos de noche, cuatro noches; escogíanlas en signo mal afortunado e iban a las casas de aquellos a quien querían empecer de noche. Y a las veces allá los prendían, porque aquellos a quien iban a maleficiar, si eran animosos, acechábanlos y cogíanlos, y arrancábanlos los cabellos de la coronilla de la cabeza, y con esto, llegando a su casa, morían. Y algunos decían que se remediaban si tomasen prestado algo de aquella casa: agua o fuego o algún vaso. Y aquel que había arrancado los cabellos, si era avisado, velaba todo aquel día para que nadie sacase cosa ninguna de su casa, ni prestada ni de otra manera, y así moría aquel nigromántico. Estos tales nunca tenían placer ni contento; siempre andaban mal vestidos y de mal gesto; ningún amigo tenían, ni entraban en casa de nadie, ni nadie les quería bien. Y si era mujer la que nacía en este signo, aunque fuese principal, nunca se casaba, ni medraba; siempre andaba de casa en casa, y todos decían que el signo en que había nacido le había dado aquella condición.

Capítulo XII. De las demás casas de este signo, algunas de las cuales eran indiferentes, otras del todo malas

La cuarta casa de este signo se llamaba nauhécatl. Decían que era indiferente, o a bien o a mal. Reinante este signo mataban a los adúlteros de noche, y en amaneciendo, echábanlos en el agua; también mataban a los cautivos por la vida del señor, porque viviese muchos años, como está susudicho en otro signo, llamado Ce Quiahuitl. También, reinante este signo, los nigrománticos hacían sus maleficios y encantamientos, y tenían gran temor de este signo nauécatl. Por esto ponían y metían cardos en las ventanas; decían que con aquello se huían los hechiceros. Y los mercaderes ricos, que se llaman acxotéca, honraban este signo; y por su honra sacaban todas las cosas preciosas que tenían en sus casas: piedras preciosas y joyas, y todos los plumajes ricos de todas colores, y los cueros de animales labrados, y mercaderes de cacao, y atapadores de galápago para tecomates, y todas las alhajas que tenían. Todo lo cual poníanlos ordenadamente en el patio de su iglesia, que se llama calpulco, sobre una manta rica, y quemaban incienso y ofrecían sangre de codornices. Decían que lo hacían a honra de este signo, como si calentasen todo lo susodicho al Sol. Y después de haber hecho sus devociones, comenzaban a comer y beber todos los mercaderes y convidados, y dábanles a cada uno las cañas de humo —y parecía como niebla el humo que había—, y flores. Y a la noche juntábanse los mercaderes, viejos y viejas, y emborrachábanse, y allí cada uno se jactaba de lo que había ganado y de las tierras que habían andado y de las partes remotas a que habían llegado y por donde habían discorrido, y de los peligros en que se habían visto en las tierras de los enemigos. Con estos cuentos afrentaban a otros que no habían ido a lejas tierras, y decíanlos que siempre habían estado tras el fuego y que no sabían otros mercados sino en el tiánquez que está cabe su casa. En esto gastaban toda la noche, parlando y voceando los unos con los otros; los unos despreciaban a los otros, y cada uno se loaba a sí mismo.

Capítulo XIII. Del mal agüero que tomaban si alguno en este día tropezaba o se lastimaba en los pies, o caía, y de las malas condiciones de los que nacían en la octava casa, que se llama chicuei miquiztli, donde hay mucho lenguaje de los mal acondicionados hombres o mujeres

Más, decían que esta cuarta casa de este signo nauihécatl era de mal agüero. Todos se guardaban de reñir y tropezar; tenían temor si alguno tropezaba o se lastimaba o reñía. Decían que siempre le había de acontecer, porque aquel signo así lo demandaba.

Más, decían que los que nacían en este signo serían prósperos y venturosos y animosos; y no se bautizaban luego, mas difiríanlos hasta la séptima casa de otro signo, llamado chicome coatl. Decían los maestros de esta arte que mejoraba la ventura del que había nacido, por ser más próspera, porque este chicome coatl era signo de todos los mantenimientos y bien afortunado, y era séptimo, el cual número era bien afortunado.

La quinta casa de este signo se llama maculli calli; y la sexta chicuacen cuetzpallin. Decían que eran mal afortunadas, porque estas dos eran casas del Dios Macuilxochitl y Mictlantecutli. Cualquiera que nacía en estas dos casas de estos signos, siendo ahora fuese varón, ahora hembra, era mal afortunado y mal acondicionado y desventurado y revoltoso y pleitista y alborotador, al cual, cuando reprehendían, decían de él: «Es bellaco y de mala condición porque nació en tal signo». Y los maestros de esta arte decían que mejoraba la mala ventura del que había nacido si no se bautizaba luego en este signo en que nació, mas difiríanlo hasta la séptima casa de este signo, que se llamaba chicome coatl, porque remediaría si hiciese penitencia, pues decían que el séptimo número de todos los signos era bien afortunado y próspero, porque siempre lo atribuían a Chicomecóatl.

La octava casa de este signo se llamaba chicuei miquiztli. Decían que era de mala fortuna, y también la nona, que era chicunaui mazatl, porque decían que todas las nonas casas eran mal afortunadas. Y los que nacían en alguna de estas casas eran malquistos y mal afortunados y aborrecidos de todos, y tenían todas las malas inclinaciones y vicios que hay. Y para remediar esta su desventura decían los maestros de esta arte que se bautizase en la casa siguiente, que se llama matlactli tochtli, porque de allí se le pegase alguna buena ventura, porque todas las décimas casas tienen algún bien.

Capítulo XIV. De las postreras cuatro casas de este signo, las cuales tenían por dichosas, y de las buenas condiciones de los que en ellas nacían

La dézima casa de este signo se llama matlactli tochtli. Decían que era muy bien afortunada y dichosa. Los que nacían en este signo, ahora fuesen varones, ahora hembras, serían prósperos y ricos, porque decían que el número décimo de todos los signos era bien afortunado, como ya está dicho arriba. Y no se bautizaban luego, mas difiríanles hasta la postrera casa de este signo, que se llamaba matlactliumei ozomatli, porque mejoraba la ventura del que había nacido. Decían que todas las postreras casas de todos los signos eran bien afortunadas.

La undécima casa de este signo se llama matlactlioce atl, y la duodécima matlactliumome itzuintli, y la terciadécima, que es postrera, se llama matlactliomei ozomatli. Todas estas cuatro casas son bien afortunadas y dichosas. Los que nacían en alguna de estas casas serían muy prósperos, y honrados y acatados de todos, y ricos y liberales, y valientes y hábiles, y entendidos y poderosos para persuadir y provocar a lágrimas. Y si era hembra la que nacía en alguna de estas casas, también decían sería rica y próspera, etc. Y si alguno de los que nacían en este signo era mal afortunado, decían que era por su culpa, porque no tenía devoción a su signo, ni hacía penitencia a honra de él.

La razón por que decían que las cuatro casas postreras de cada signo eran bien afortunadas, es porque decían que aquellas cuatro casas postreras de todos los signos se atribuían a cuatro dioses prósperos, el primero de los cuales se llamaba Tlauizcalpantecutli, y el segundo Citlallicue, y el tercero Tonátiuh, y el cuarto Tonacatecutli. Por esto decían los astrólogos que los que nacían en estas casas serían prósperos y tendrían larga vida si se bautizasen en la postrera.

Capítulo XV. Del octavo signo, llamado Ce Malinalli, y de su adversa fortuna. La segunda casa de este signo teníanla por

buena, y universalmente todas las casas de nueve arriba, scilicet, 10, 11, 12, 13, las tenían por buenas

El octavo signo se llama Ce Malinalli. Decían que este signo era mal afortunado, y era temeroso como bestia fiera. Los que en él nacían tenían mala ventura: eran prósperos en algún tiempo, y presto caían de su prosperidad; nacíanles muchos hijos, y presto se les morían todos. Y en muriendo el primero, luego le seguían los otros; mayor era la angustia y pesar que recibían de la muerte de sus hijos que fue el placer de haberlos tenido. Y por esto se decía que era como bestia fiera este signo.

Los que nacían en esta primera casa no se bautizaban hasta la tercera, que se llamaba yei ocelotl; decían los astrólogos que las terceras casas de todos los signos eran bien acondicionadas. La segunda casa de este signo se llama ume acatl; decían que esta casa era bien afortunada, porque decían que era de Tezcatlipuca, porque tenía la cara pintada como la imagen de Tezcatlipuca. Y algunos por su devoción llevaban a sus casas la imagen de Umácatl, y teníanla allá doscientos días, y llevábanla a su casa en la misma casa de umácatl. La cuarta casa se llamaba naui cuauhtli; y la quinta macuilli cozcacuauhtli; y la sexta chicuacen ollin. Decían que todas estas casas eran infelices, y que los que en ellas nacían serían desdichados y mal acondicionados y revoltosos y malquistos. Y decían los astrólogos que los que nacían en estas casas convenía que los bautizasen en la casa siguiente, que se llamaba chicome técpatl, para que allí tomase alguna buena ventura, porque decían que todas las casas del séptimo número eran buenas, porque eran de la diosa Chicomecóatl, que es diosa de los mantenimientos. La octava casa de este signo se llama chicuei quiáuitl; y la nona, que es chicunaui xochitl, ya se dijo arriba que estas casas octava y nona siempre son infelices; los que en ellas nacen son ladrones y salteadores y adúlteros, etc. La décima casa, que es matlactli cipactli, decían que ésta era bien afortunada, que los que en ella nacían vivían prósperos y alegres en este mundo, ahora fuesen hombres, ahora mujeres. Lo mismo decían de las casas siguientes, que son: matlactlioce ehecatl y matlactliomome calli y matlactliomei cuetzpallin. Decían que las llevaba tras sí en bondad la décima casa, porque en todos los signos la décima casa hace buenas a las otras tres que se siguen.

Capítulo XVI. Del noveno signo, llamado Ce Coatl, y de su buena fortuna, si los que nacían en él no la perdiesen por su flojura. Los mercaderes tenían a este signo por muy propicio para su oficio

El noveno signo se llama Ce Coatl. Decían que era bien afortunado y próspero. Los que nacían en esta primera casa eran felices y prósperos; decían que sería dichoso o venturoso en riquezas, y también las cosas de guerra sería señalado. Y si fuese mujer, sería rica y honrada. Pero, si como ya está dicho, fuese negligente en hacer penitencia y no tomase bien los consejos de sus mayores, perdería su ventura, y sería perezoso y dormilón, y desaprovechado, y pobre y mal aventurado.

Este signo era muy favorable a los mercaderes y tratantes, y ellos eran muy devotos de este signo. Cuando habían de partírse a provincias remotas para entender en sus tratos y mercaderías, aguardaban a que reinase este signo, y entonces se partían. Y antes que se partiesen, ya que tenían a punto sus cargas, hacían un convite a los mercaderes viejos y a sus parientes, haciéndoles saber a las provincias a donde iban, y a qué iban. Y esto hacían para cobrar fama entre los mercaderes porque supiesen que, estando ausente de ellos, andaban ganando de comer por diversas provincias.

Capítulo XVII. De la plática o razonamiento que uno de los viejos mercaderes hacía al que estaba de partida para ir a mercadear a provincias longincuas o extrañas cuando era la primera vez

Acabada la comida o convite, ya que estaba de partida el que había convidado, si era mercader novelo, que era la primera vez que iba a mercadear, cada uno de los viejos le hacía un razonamiento esforzándole para los trabajos en que se había de ver. El primero le decía de esta manera: «Hijo, aquí nos habéis juntado y allegado a todos los que aquí estamos, que somos vuestros padres y mercaderes como vos. Es bien que os avisemos y hagamos el oficio de viejos para con vos, consolándoos y esfozándoos. Y yo el primero, como a hijo, os quiero decir mi parecer, pues que ya estáis de partida para lejos tierras y dejáis a vuestro pueblo y a vuestros parientes y amigos, y a vuestro descanso y reposo, y habéis de ir por largos caminos, por cuestas y valles y despoblados. Esforzaos, hijo; no es razón que acabéis vuestra vida aquí, ni que moréis aquí, sin que hagáis alguna cosa loable para que ganéis honra como nosotros, vuestros padres, lo deseamos. Y así, con lágrimas pedimos que sea así, y vuestras obras sean conformes a nuestros deseos. Vuestros antepasados en estos trabajos se ejercitaron en caminos, y en esto ganaron la honra que tuvieron, como la ganan los hombres valientes en la guerra. Con estos trabajos alcanzaron de nuestro señor las riquezas que dejaron. Es menester que os esforcéis y tengáis ánimo para sufrir los trabajos que os están aparejados, que son hambre y sed, y cansancio y falta de mantenimientos. Habéis de comer el pan duro y los tamales mohosos, y habéis de beber agua turbia y de mal sabor; habéis de llegar a ríos crecidos que van impetuosos con avenidas y que hacen espantable ruido, y que no se pueden vadear. Por esta causa habréis de estar detenido algunos días; habréis de padecer hambre y sed. Mirad, hijo, que no desmayéis con estas cosas, ni volváis atrás del trabajo comenzado, porque no nos afrontéis a nosotros vuestros padres. Por este camino fueron los viejos antepasados y pusieron sus vidas muchas veces a riesgo, y por ser animosos vinieron a ser valerosos, honrados y ricos. Finalmente, pobrecito mancebo, si alguna buena ventura os ha de dar nuestro señor, si nuestro señor te tiene en algo, primero te conviene que experimentes trabajos y pobrezas, y sufras fatigas intolerables, como se ofrecen a los que andan de pueblo en pueblo, que son grandes cansancios y grandes sudores, y grandes fríos y grandes calores. Andaréis lleno de polvo; fatigaros ha el mecapal en la frente; iréis limpiando el sudor de la cara con las manos; aumentarse ha vuestro trabajo en que seréis compelido a dormir al rincón y detrás de la puerta de casas ajenas, y allí estaréis cabizbajo y avergonzado, y andaréis de pueblo en pueblo discorriendo. Y demás de esto os afligirá la duda de la venta de vuestras mercaderías, que por ventura no se venderán, y de esto tendréis tristeza y lloro. Antes que alcancéis algún caudal o buena ventura, habéis de ser afligido y trabajado hasta lo último de potencia. Y allende de esto, muchas veces os será necesario dormir en alguna barranca, en alguna cueva, o debajo de alguna lapa, o cabe alguna piedra grande. Si por ventura nuestro señor os matare en alguno de estos lugares no sabemos, y quizá no volveréis más a vuestra tierra. ¿Quién sabe esto? Por esos caminos conviene que devotamente vayáis, llamando a Dios y haciendo penitencia, y sirviendo humildemente a los mayores en cosas humildes, como es dar agua a manos y barrer, etc. Mirad que no desmayéis; mirad que no volváis atrás de lo comenzado; mirad que no os acordéis de las cosas que acá dejáis. Continuad y perseverad en vuestro camino, en sufrir los trabajos; por ventura nuestro señor os hará merecedor que volváis con prosperidad, que os veamos vuestros padres y vuestros parientes. Mirad que tengáis, en lugar de mantenimientos, estos avisos que aquí os damos nosotros, que somos vuestros padres y vuestras madres, para con ellos os esforcéis y os animéis. Hijo muy amado, esforzaos y anda con Dios; aquí os enviamos vuestros padres para que hagáis vuestro negocio, apartándoos de vuestros pariente, etc.».

De esta manera los mercaderes viejos a los mancebos que nuevamente iban con otros mercaderes a tierras extrañas a mercadear los hablaban y esforzaban, y ponían delante los trabajos y dificultades en que se habían de ver, así en los poblados como en los desiertos, en la prosecución de su oficio de mercancía.

Capítulo XVIII. De otro razonamiento que los mismos hacían a los que ya otras veces habían ido lejos a mercadear

También los mercaderes viejos hacían algunas exhortaciones a los mancebos que iban a mercadear, que tenían ya experiencia de los caminos y trabajos. Con brevedad les hablaban de las cosas que se siguen. Decíanles: «Mancebo que aquí estáis presente, no sois niño. Ya tenéis experiencia de los caminos y de los trabajos de caminar, y de los peligros que hay en este oficio de andar de pueblo en pueblo mercadeando, y ya habéis andado los caminos, y ya habéis andado por los pueblos donde ahora queréis ir otra vez. No sabemos lo que sucederá; no sabemos si os veremos más, ni sabéis si nos veréis más. Por ventura allá se os acabará la vida en alguno de esos pueblos y de esos caminos. Acordaros heis, cualquiera cosa que os acontezca, de los avisos y lágrimas de nosotros vuestros padres que os amamos como a hijo. Deseamos merecer de gozar de vuestra vuelta y de veros acá con salud y prosperidad. Ahora, hijo, esforzaos e id en hora buena en vuestro camino. Bien sabemos que no os han de faltar trabajos, que el camino de suyo es trabajoso y fatigoso. Tened cuidado de los que van con vos; no los dejéis, ni desamparéis, ni os apartéis de su compañía; teneldos y trataldos como a hermanos menores; avisaldos en lo que han de hacer cuando llegardes a los descansaderos para que cojan heno y hagan asentaderos para que se asienten los más viejos. Ya hemos avisado a esos vuestros compañeros que no han ido otra vez a mercadear y andar esos caminos a que ahora vais, etc. Y por eso, no es menester alargarnos en palabras; esto, hijo mío, os hemos dicho con brevedad. Idos en paz a hacer vuestro oficio y esforzaos».

En habiendo acabado de hablar los viejos, el mancebo respondía brevemente, diciendo: «En merced tengo señores la consolación que se me ha dado sin ser yo digno de ella. Habéis hecho como padres y madres, y como si fuera salido de vuestras entrañas; habéis os desentrañado conmigo; habéisme dicho palabras sacadas del tesoro que tenéis guardado en vuestro corazón, que son preciosas como oro, y piedras preciosas y plumas ricas. Y por tales las recibo y estimo; no me olvidaré de estas palabras tan preciosas; en mi corazón y mis entrañas yo las llevaré atesoradas. Lo que os ruego es que en mi ausencia no haya falta en mi casa de quien barra y haga. fuego; en ella queda mi padre, o madre, o mi hermana, o mi tía. Ruégoos que tengáis cargo de favorecerlos para que nadie les haga algún agravio. Y si nuestro señor tuviere por bien de acabar mi vida en este camino, lo dicho, y con esto voy consolado, cualquiera cosa que acontezca». Acabadas estas palabras, todos los que estaban presentes comenzaban a llorar, así hombres como mujeres, despediéndose el que se partía, y después comían y bebían todos.

Capítulo XIX. De las ceremonias que hacían los que quedaban por el que iba, si vivía, y otras cuando oían que era muerto

Habiéndose partido el mercader que se había despedido de sus parientes y de su casa, o padre o madre o mujer o los hijos, todo aquel tiempo que estaba ausente no lavaban la cabeza ni la cara sino de ochenta a ochenta días. En esto daban a entender que hacían penitencia por su hijo o por su marido o por su padre que estaba ausente; bien se lavaban el cuerpo en este tiempo, pero no la cabeza hasta la venida de aquel que esperaban. Y si por ventura moría alla, primero lo sabían los mercaderes viejos, y ellos lo iban a decir a la casa del muerto, para que le llorasen y para que le hiciesen sus obsequias y honras como ellos acostumbraban. Y entonces iban todos los parientes del muerto a visitar y a consolar a la mujer o padre o madre del muerto. Y después de cuatro días, hechas las obsequias, lavaban la cara y jabonaban la cabeza; decían que quitaría la tristeza. Y si por ventura aquel mercader le habían muerto sus enemigos, en sabiéndolo los de su casa hacían su estatua de teas atadas unas con otras y aderezábanla con los atavíos del muerto, con que le habían de aderezar a él si muriera en su casa, que eran diversas maneras de papeles con que acostumbraban a aderezar a los muertos, y ofrecíanle delante otros papeles, y llevaban la estatua, así compuesta, al calpulco —era la iglesia de aquel barrio— y allí estaba un día. Y delante de la estatua lloraban al muerto, y a la medianoche llevaban la estatua al patio del cu, y allí la quemaban en un lugar del patio que llamaban Cuauhxicalco o Tzompantitlán. Y si el tal mercader murta de su enfermedad, hacíanle la estatua como ya está dicho, pero su estatua quemábanla en el patio de su casa a la puesta del Sol.

También decían que era éste próspero signo para partirse para la guerra los soldados. Decían que los que nacían en este signo tendrían buena fortuna y serían ricos, si hiciesen penitencia por reverencia de su signo; y si fuesen descuidados en hacer penitencia, perderían la ventura que habían de haber. Y el que nacía en este signo no le bautizaban luego sino al tercero día, que era la casa de ei mazatl, y entonces le ponían el nombre; porque, cómo está dicho, que todas las terceras casas de todos los signos son bien afortunadas.

La segunda casa de este signo se llama ume miquiztli. Decían que era casa mal afortunada. La tercera casa se llamaba ei mazatl, y era casa bien afortunada, por la causa arriba dicha. La cuarta casa de este signo se llamaba naui tochtli; era casa mal afortunada, porque decían que todas las cuartas casas de todos los signos eran mal afortunadas. La quinta casa de este signo se llamaba macuilli atl, y era mal afortunada, porque decían que todas las quintas casas de todos los signos eran mal afortunadas. Y así que los que nacían en la cuarta y quinta casas eran mal acondicionados. Pero decían que los que nacían en la quinta casa, si tenían cuidado de criarlos bien, venían a ser bien acondicionados y prósperos, y decían que esto les venía por haberse llegado a los consejos de los viejos.

Capítulo XX. De las demás casas de este signo

La sexta casa de este signo se llamaba chicuacen itzuintli. Decían que es mal afortunada, porque todas las sextas casas de todos los signos son mal acondicionadas. Los que nacían en esta casa son mal acondicionados, murmuradores, y malsines, y cautelosos, y doblados, y testimoñeros. Y decían los astrólogos que estos tales serían enfermizos y morirían presto, y si viviesen, vivirían con diversas enfermedades. Los que en este signo nacían bautizábanlos el día siguiente, que se llama chicome ozomatli. Decían que por esto se enmendaría algo de la mala fortuna de su signo; decían que si hiciese penitencia por amor de este signo chicome ozomatli, que la mala fortuna se le volvería en buena.

A la séptima casa llamaban chicome ozomatli. Decían que era de buena fortuna, porque todas las séptimas casas de todos los signos son de buena condición, como está dicho. Decían que los que nacían en esta casa serían placenteros, decidores, chocarreros, truhanes, amigos de todos y que con todos caben. Decían que si fuese mujer la que nacía en esta casa, sería rica, y vividora, y tratante, y nunca perdería su caudal.

A la octava casa llamaban chicuei malinalli. Decían que era de mala condición, porque todas las octavas casas eran mal afortunadas.

La novena casa llamaban chicunaui acatl. Esta casa decían que era mal afortunada, porque en ella reinaba la diosa Venus, que le llamaban Tlazultéoutl. Los que nacían en esta casa siempre eran desdichados y de mala vida; y todas las casas novenas eran mal acondicionadas.

A la décima casa llamaban matlactli ocelotl. Esta casa era bien afortunada, como todas las casas décimas de todos los signos son bien acondicionadas, porque en ellas, dicen, reinaba Tezcatlipuca, que es el mayor Dios. Y los que en esta casa nacían, decían que si viviesen, serían prósperos. Y luego los bautizaban en este día; algunos los dejaban para bautizarlos en la trecena casa, porque los mejoraban la fortuna bautizándolo en ella.

A la undécima casa llamaban matlactlioce cuauhtli, y a la duodécima llamaban matlactliumome cozcacuauhtli. Estas dos casas decían que en parte eran buenas y en parte malas. A los que en ellas nacían bautizábanlos en la casa terciadécima, que llamaban matlactliomei ollin; decían que bautizándolos en esta casa se les remediaba su mala fortuna, porque todas las casas postreras de todos los signos son bien acondicionadas, como está dicho arriba.

Capítulo XXI. Del décimo signo, llamado Ce Tecpatl, y de su felicidad. Decían que los hombres que nacían en este signo eran valientes, esforzados para la guerra y venturosos. Y las mujeres que en él nacían varoniles, hábiles para todo y muy dichosas en adquirir riquezas. Decían que éste era el signo de Uitzilopuchtli, Dios de la guerra, y de Camaxtle. En el día que comenzaba este

signo hacían gran fiesta a Uitzilopuchtli y por todos los trece días, a los cuales decían todos ser prósperos

El décimo signo se llamaba Ce Tecpatl. El primero día de este signo le atribuían a Uitzilopuchtli, Dios de la guerra, y a Camaxtle, que era Dios de los de Uexotzinco. En este día hacían en su cu, que se llamaba Tlacateco, gran solemnidad delante de su estatua; sacaban todos los ornamentos y tendíanlos delante de ella; incensábanla.

Los ornamentos eran de plumas ricas: uno se llamaba quetzalquémitl, que quiere decir «capa de quetzales verdes y resplandecientes»; otro se llamaba xiuhtotoquémitl, que quiere decir «capa de plumas acules y resplandecientes»; otro se llamaba tozquémitl, que quiere decir «capa de plumas amarillas y resplandecientes»; otro se llamaba uitzitzilquémitl, que quiere decir «capa hecha de plumas resplandecientes de cinzones», y otras muchas capas no tan preciosas como las ya dichas. Todas estas capas tendían sobre mantas ricas al Sol delante la imagen, todo un día, y a esto decían que calentaban o asoleaban. Y ofrecíanle delante comidas preciosas de muchas maneras, así los principales como la gente común. Y después de un poco las apartaban, y los ministros de aquella iglesia las dividían entre sí, y las comían todos juntamente aquellos que eran ministros de Uitzilopuchtli. Y el rey o señor ofrecía muchas y diversas maneras de flores delante la imagen de Uitzilopuchtli; flores que llaman yolloxochitl, y otras que llaman eloxochitl, y otras cacaoaxochitl; finalmente ofrecíanle flores de todo género, compuestas de diversas maneras y con diversos labores: unas llaman chimalxochitl, y otras ololiuhqui, y otras momoyáoac, todas flores de muy suave olor. Y de los olores y suavidades de flores estaba llena aquella iglesia. También ofrecían cañas de humo en manojos de veinte en veinte; allí se estaban humeando y quemando delante la estatua, y el humo que salía estaba como niebla.

Los señores de los magueyes o taberneros que vendían el pulque cortaban y agujereaban los magueyes para que manasen miel en este signo. Tenían que por agujerearles en este signo no manaría mucho. Y ofrecían el primero pulque delante de Uitzilopuchtli como por primicias; a este primer pulque llamaban uitzili. Echábanlo en unos vasos, que llamaban acatecómatl, sobre los cuales estaban unas cañas con que bebían los viejos que ya tenían licencia para beber octli. Y decían que los que nacían en este signo, si eran hombres, serían valientes y honrados y ricos, y si fuese mujer, sería muy hábil y muy para mucha, y sería abundosa de todas las cosas de comer, y muy varonil, y sería bien hablada y discreta, etc.

La segunda casa de este signo se llamaba ume quiáuitl; la tercera ei xochitl; la cuarta naui cipactli; la quinta macuilli ehecatl; la sexta chicuacen calli; la séptima chicome cuetzpallin; la octava chicuei coatl; la nona chicunaui miquiztli; la décima matlactli mazatl; la undécima matlactlioce tochtli; la duodécima matlactliomome atl; la terciadécima matlactliomei itzuintli. Todas estas casas son prósperas, como ya está dicho de la primera.

Capítulo XXII. Del onceno signo, llamado Ce Ozomatli, y de su fortuna. Decían que los que en él nacían eran de buena condición, amigables, amables, regocijados, placenteros, inclinados a música y a oficios mecánicos. Decían que cuando reinaba este signo descendían unas ciertas diosas a la tierra, y a todos los que topaban por caminos o calles los empecían en el cuerpo, dándolos alguna enfermedad. Y por esto, reinando este signo, no osaban salir de casa, y los que en este signo enfermaban, luego eran desahuziados de los médicos

El onceno signo se llamaba Ce Ozomatli. Decían que este signo era bien afortunado, y decían que en él descendían las diosas que se llaman cioateteu, que empecen a los niños. Y todos los que tenían niños o niñas los encerraban en casa porque no se encontrasen con estas diosas, porque no los hiriesen con perlasía. Y si alguno caía en enfermedad en este signo, los médicos y médicas luego le desahuciaban; decían que no escaparía, porque las diosas le habían herido. Y si alguno que era bien dispuesto enfermaba en estos días, decían que las diosas le habían deseado la hermosura y se la habían quitado. A los que nacían en este signo, varones, decían que serían bien acondicionados y regocijados y amigos de todos, y que serían cantores o bailadores o pintores, o deprenderían algún buen oficio por haber nacido en este signo.

La segunda casa de este signo se llamaba ume malinalli; era mal afortunada. Los que nacían en este signo engendraban muchos hijos, en ninguno de ellos se lograba; todos se mudan ante tiempo. La tercera casa de este signo se llamaba ei acatl; la cuarta naui océlotl; la quinta macuilli cuauhtli; la sexta chicuacen cozcacuauhtli; la séptima chicome ollin; la octava chicuei técpatl; la nona chicunaui quiáuitl; la décima matlactli xochitl; la undécima matlactlioce cipactli; la duodécima matlactliomome ehecatl; la terciadécima matlactliomei calli.

Todas las otras casas de este signo tienen las condiciones de los números en que cayen, como ya está dicho arriba: que las terceras casas son buenas; las cuartas y quintas y sextas, malas; y las septimas, buenas; y las octavas y nonas, malas; y las décimas y undécimas y terciadécimas, buenas.

Capítulo XXIII. Del duodécimo signo, llamado Ce Cuetzpallin y de su ventura. Decían que los que nacían en este signo eran nervosos, enjutos, sanos, de buena carnadura, diligentes, vividores. Las casas sujetas, la cuarta y quinta y sexta y nona, universalmente las tenían por mal afortunadas en todos los signos; la segunda y octava por indiferentes

El duodécimo signo, llamado ce cuetzpallin, que quiere decir «lagartija», decían que los que nacían en este signo serían muy esforzados y nervosos, y sanos del cuerpo, y que las caídas no les empecerían, como ni empecen a la lagartija cuando cae de alto abajo, que ningún daño siente, sino luego se va corriendo. Estos tales serían muy grandes trabajadores y con facilidad allegarían riquezas.

La calidad de todas las otras casas ya está dicho arriba en los signos pasados, que son buenas o malas conforme al número en que caen. La segunda casa de este signo es ume coatl; la tercera es ei miquiztli; la cuarta naui mazatl; la quinta macuilli tochtli; la sexta chicuacen atl; la séptima chicome itzuintli; la octava chicuei ozomatli; la nona chicunaui malinalli; la décima matlactli acatl; la undécima matlactlioce ocelotl; la duodécima matlactlomome cuauhtli; la terciadécima matlactlomei cozcacuauhtli.

Capítulo XXIV. Del treceno signo, llamado Ce Ollin. Decían que este signo era indiferente a bien y a mal, y que los que en él nacían, si eran penitentes y bien dotrinados, los iba bien, y a los otros mal

Al terciodécimo signo llaman Ce Ollin. Decían de este signo que era indiferente, en parte bueno, en parte malo. Decían que los que nacían en este signo, si eran diligentes en hacer penitencia y si sus padres eran diligentes en criarlos bien en buenas costumbres, serían bien afortunados; y si no fuesen bien criados, serían desventurados y pobres y para poco.

La segunda casa de este signo es ume técpatl; la tercera es ei quiáuitl; la cuarta naui xochitl; la quinta cipactli; la sexta chicuacen ehecatl; la séptima chicome calli; la octava chicuei cuetzpallin; la novena chicunaui coatl; la décima matlactli miquiztli; la undécima matlactioce mazatl; la duodécima matlactiomome tochtli; la terciadécima matlactiumei atl.

Capítulo XXV. Del catorceno signo, llamado Ce Itzuintli y de su próspera ventura. Este decían ser el signo del Dios del fuego, llamado Xiuhtecutli o Tlalxictentica. En este signo los señores y principales hacían gran fiesta a este Dios. Y en este signo los señores y principales que eran elegidos para regir la república hacían la fiesta de su elección

Al catorceno signo llamaban Ce Itzuintli. Este signo decían que era bien afortunado. En este signo reinaba el Dios del fuego, llamado Xiuhtecutli, y por eso sacaban su imagen en público al cu. Y delante de ella ofrecían codornices y otras cosas, y componíanla con sus ornamentos de papeles que le cortaban los maestros, que eran oficiales de cortar papeles para este negocio; y ponían plumas ricas en los papeles y también chalchihuites, y le ofrecían muchas maneras de comidas y las echaban en el fuego. Y toda la gente rica y mercaderes, en sus casas, hacían estas ofrendas al fuego y daban de comer y beber a sus convidados y vecinos; y cerca de la mañana quemaban las ofrendas de papel y copal. Decían que con estas cosas daban de comer al fuego; y descabezaban codornices cabe el fuego y derramaban la sangre, y las codornices andaban revoleando cerca el hogar, y también derramaban el pulque en derredor del hogar, y después a las cuatro esquinas del hogar derramaban el pulque. Los pobres ofrecían un incienso que llaman copalxalli en su mismo hogar, y los muy pobres ofrecían una hierba molida que se llama yauhtli en sus mismos hogares.

Decían también que los señores que acontecía ser electos en este signo que serían felices en su oficio. Y luego hacían gran convite a los señores de la comarca, y el convite comenzaba en la cuarta casa de este signo naui acatl. Todos los convidados venían este día a dar la norabuena al señor y le traían algún presente, y le hacían un razonamiento muy elegante y muy honroso. Y él estaba asentado en su trono y todos sus principales estaban asentados por su orden. En acabando la oración que le hacía el orador, luego se levantaba otro orador por parte del mismo señor y hacía otra oración responsiva al propósito de lo que había dicho aquel orador primero. Y cuando hacía la fiesta este señor electo, daba muchas mantas y maxtles ricos a los mismos señores que habían venido; de manera que más cargados iban de lo que recibían de él, que no habían venido de lo que habían traído. Las mantas que daba el señor eran todas preciosas, hechas en su casa, y tejidas o labradas de diversas maneras conforme a las personas a quien se habían de dar. También les daba mucha abundancia de comidas, e iban cargados de las sobras para sus casas.

Capítulo XXVI. De cómo en este signo los señores se aparejaban para dar guerra a sus enemigos, y en el mismo sentenciaban a muerte a los que por algún gran crimen estaban presos

En acabando de hacer la fiesta de la dedicación de su señorío, los señores que se elegían en este signo luego mandaban a pregonar guerra contra sus enemigos, y esto era lo segundo en que había de mostrar la grandeza de su señorío, en la guerra, y por esta causa luego escogían a los hombres valientes y soldados fuertes. Y todos los que eran tales llegábanse al señor a porfía, porque cada uno deseaba que le eligiesen para aquel negocio, por tener ocasión de mostrarse y de ganar de comer y honra, y por mostrarse que deseaban de morir en la guerra.

También decían que en este signo sentenciaban a los que estaban presos por algún crimen de muerte, y sacaban a los que no tenían culpa de la cárcel. Y también libraban a los esclavos que injustamente eran tenidos por tales; aquellos que libraban de la injusta servidumbre, luego se iban a bañar en la fuente de Chapultepec, en testimonio que eran ya libres. Y los que nacían en este signo decían que serían bien afortunados, serían ricos, y tendrían muchos esclavos, y harían banquetes. Y bautizábanlos y poníanlos nombres en la cuarta casa que se llama naui acatl; entonces convidaban a los muchachos por el bautismo y por el nombre del bautizado. También tenían una ceremonia, que en este signo los que criaban los perrillos, que vivían de esto, los almagraban las cabezas.

La segunda casa se llamaba ume ozomatli; y la tercera ei malinalli; y la cuarta naui acatl; y la quinta macuilli ocelotl; y la sexta chicuacen cuauhtli; y la séptima chicome cozcacuauhtli; y la octava chicuei ollin; y la nona chicunaui técpatl; la décima matlactli quiáuitl; la undécima matlactlioce Xochitl; la duodécima matlactliomome cipactli; la terciadécima matlactliumei ehecatl. Estas casas todas siguen la bondad y maldad de sus números, como está arriba dicho.

Capítulo XXVII. Del quintodécimo signo, llamado Ce Calli, y de su muy adversa fortuna. Decían que los hombres que en él nacían eran grandes ladrones, lujuriosos, tahures, desperdiciadores, y que siempre paraban en mal. Y la mujeres que en él nacían eran perezosas, dormilonas, inútiles para todo bien

El quinto décimo signo se llama Ce Calli. Decían que este signo era mal afortunado y que engendraba suciedades y torpedades. Cuando reinaba, descendían las diosas que se llaman ciuateteu y hacían los daños que arriba, en otras partes, se han dicho. Todos los médicos y las parteras eran muy devotos de este signo, y en sus casas le hacían sacrificios y ofrendas.

Los que nacían en este signo decían que habían de morir mala muerte, y todos esperaban su mal fin. Decían que o moriría en la guerra o sería en ella cautivo, o moriría acuchillado en la piedra del desafío o le quemarían vivo, o le estrujarían con la red o le achucarían, o le sacarían las tripas por el úmbligo o le matarían en el agua a lanzadas o en el baño asado. Y si no moría alguna de estas muertes, cayería en algún adulterio, y así le matarían juntamente con el adúltera, machucándoles las cabezas ambos juntos. Y si esto no, decían que sería esclavo, que el mismo se vendería y comería y bebería su precio. Y ya que ninguna de estas cosas le aconteciese, siempre viviría triste y descontento. Y sería ladrón o salteador o robador o arrebatador o gran jugador, y sería engañador en el juego o perdería todo cuanto tenía en el juego, y aun hurtaría a su padre y madre todo cuanto tenía para jugar. Y ni tendría con qué se cubrir ni alhaja ninguna en su casa. Y aunque tomase en la guerra algunos cautivos, y por esto le hiciesen tequioa, todo le saldría mal. Y por mucho que haga penitencia desde pequeño, no se podrá escapar de mala ventura.

Capítulo XXVIII. De las malas condiciones de las mujeres que nacían en este signo

Y si era mujer la que nacía en este signo, también era mal afortunada. No era para nada, ni para hilar, ni para tejer, y boba y tocha, risueña, soberbia, vocinglera; anda comiendo tzictli, y será parlera, chismera, infamadora. Sálenle de la boca las malas palabras como agua, y escarnecedora; es holgazana, perezosa, dormilona. Y con estas obras viene siempre acabar en mal y a venderse como esclava; y como no sabe hacer nada, ni moler maíz, ni hacer pan, ni otra cosa ninguna, su amo vendíala a los que trataban en esclavos para comer, y así venía a morir en el tajón de los ídolos.

Remediaban la maldad de este signo en que los que nacían en él los bautizaban en la tercera casa que llamaban ei coatl, o en la séptima casa que llamaban chicome atl, porque todas las terceras y séptimas casas eran buenas. Y por no repetir muchas veces una cosa, brevemente decimos que todas las casas que se siguen tienen la calidad de sus números, como ya arriba está dicho en muchos lugares.

La segunda casa de este signo ume cuetzpallin; la tercera, ei coatl; la cuarta, naui miquiztli; la quinta, macuilli mazatl; la sexta, chicuacen tochtli; la séptima, chicome atl; la octava, chicuei itzuintli; la nona, chicunaui ozomatli; la décima, matlactli malinalli; la undécima, matlactlioce acatl; la duodécima, matlactliomome océlotl; la terciadécima, matlactliomei cuauhtli.

Capítulo XXIX. Del décimosexto signo, llamado Ce Cozcacuauhtli, y de su buena fortuna. Decían que los que en este signo nacían vivían mucho, tenían larga vida y eran dichosos, aunque muchos de los que en él nacían morían luego

Al décimosexto signo llamaban ce cozcacuautli. Este signo decían que era bien afortunado, y que era el signo de los viejos. Decían que los que nacían en este signo vivían larga vida, y eran prósperos, y vivían alegres en este mundo; no, empero, todos los que nacían en él eran tales. Y los que nacían en este signo, los padres, si tenían qué gastar con sus amigos, luego les bautizaban en este signo Ce Cozcacuauhtli; y los que no tenían qué gastar, para buscar lo que era menester, difirían el bautismo hasta la séptima casa, que se llama chicome ehecatl.

La segunda casa de este signo se llama ume calli; la tercera, ei técpatl; la cuarta, naui quiáuitl; la quinta, macuilli xochitl; la sexta, chicuacen cipactli; la séptima, chicome ehecatl; la octava, chicuei calli; la nona, chicunaui cuetzpallin; la décima, matlactli coatl; la undécima, matlactlioce Miquiztli; la duodécima, matlactliomome mazatl; la terciadécima, matlactiomei tochtli. Y por escusar la superfluidad de las palabras no ponemos más de la calidad del primero día, porque los otros, como está dicho, tienen las calidades según sus números.

Capítulo XXX. Del signo décimoséptimo, llamado ce atl, y de su desastrada fortuna. Decían que los que nacían en él, si en la media vida tenían alguna buena dicha, en la otra media habían de ser desdichados, y que por la mayor parte morían muerte desastrada. Decían que este signo era de la diosa del agua, llamada Chalchiuhtliicue. Hacíanle gran fiesta los que trataban por el agua con canoas

El décimoséptimo signo se llama ce atl. Decían que este signo era indiferente; en este Signo decían que reinaba la diosa que se llama Chalchiuhtliicue. Y los que tienen trato en el agua hacían ofrendas y sacrificios a honra de esta diosa en el calpulco, delante de su imagen; y decían, por ser este signo indiferente, que cual o cual de los que nacían en él tenía buena fortuna, y todos los más de los que en él nacían eran mal afortunados, y morían mala muerte. Y si algunos bienes de este mundo tenían, poco tiempo los gozaban; al mejor tiempo se les acababa la ventura. Y por esta causa se levantó el refrán que dicen, «que en el mundo un día bueno y otro malo, y que los que son prósperos en un tiempo acabarán en pobreza, y los que tienen pobreza en la vida ante de la muerte tendrían algún descanso».

Y los que nacían en este signo no los bautizaban luego; difiríanlos para el tercero día o para el seteno o para el deceno o para alguno de los que siguen, porque decían que todos éstos, hasta el treceno, tenían alguna bondad.

La segunda casa de este signo se llama ume itzuintli; la tercera, ei ozomatli; la cuarta, naui malinalli; la quinta, macuilli acatl; la sexta, chicuacen ocelotl, la séptima, chicome cuauhtli; la octava, chicuei cozcacuauhtli; la nona, chicunaui ollin; la décima, matlactli técpatl; la undécima, matlactlioce quiáuitl; la duodécima, matlactliomome xochitl; la terciadécima, matlactliumei cipactli.

Capítulo XXXI. Del signo décimoctavo y de sus desgracias y de mala fortuna de los que en él nacían

El décimoctavo signo se llama Ce Ehecatl. Decían que era mal afortunado, porque en él reinaba Quetzalcóatl, que es Dios de los vientos y de los torbellinos. Decían que el que nacía en este signo, si era noble, sería embaidor, y que se trasfiguraría en muchas formas, y que sería nigromántico y hechicero y maléfico, y que sabría todos los géneros de hechicerías y maleficios, y que se trasfiguraría en diversos animales; y si fuese hombre popular o macegual, sería también hechicero y encantador y embaidor de aquellos que se llaman temacpalitotique. Y si fuese mujer, sería hechicera de aquellas que se llaman mometzcopinque. Y estas hechicerías estos hechiceros aguardaban a algún signo favorable para hacerlas, uno de los cuales era chicunaui itzuintli, y otro chicunaui miquiztli, y otro chicunaui malinalli. Y todas las casas novenas de todos los signos les eran favorables para estas sus obras, las cuales son contrarias a toda buena fortuna.

Los que eran de este oficio siempre andaban tristes y pobres; ni tenían qué comer ni casa en que morar, solamente se mantenían de lo que les daban los que les mandaban hacer algún maleficio. Y cuando ya habían acabado de hacer sus maleficios, y era tiempo que acabasen su mala vida, alguno los prendía y les cortaba los cabellos de la corona de la cabeza, por donde perdía el poder que tenía de hacer hechicerías y maleficios; con esto acababa su mala vida, muriendo.

Aquellos hechiceros que se llaman temacpalitotique, o por otro nombre tepupuxacuauique, cuando querían robar alguna casa, hacían la imagen de Ce Ehecatl, o de Quetzalcóatl. Y ellos eran hasta quince o veinte los que entendían en esto, e iban todos bailando a donde iban a robar. e íbalos guiando uno que llevaba la imagen de Quetzalcóatl y otro que llevaba un brazo, desde el codo hasta la mano, de alguna mujer que bobiese muerto del primer parto; las cortaban a hurto el brazo izquierdo. Y estos ladrones llevaban un brazo de éstos delante de sí para hacer su hecho; uno de ellos que iba guiando le llevaba en el hombro. Y en llegando a la casa donde habían de robar, ante que entrasen dentro de la casa, estando en el patio de la misma casa, daban dos golpes en el suelo con el brazo de la muerta, y en llegando a la puerta de la casa, daban otros golpes en el lumbrar de la misma casa con el mismo brazo. Y hecho esto, dicen que todos los de la casa se adormecían y se amortecían, que nadie podía hablar ni moverse; estaban todos como muertos, aunque entendían y vivían lo que se hacía; otros estaban dormidos roncados. Y los ladrones encendían candela y buscaban por la casa lo que había que comer, y comían todos muy de reposo; nadie de los de casa les impedía ni hablaba; todos estaban atónitos y fuera de sí. En habiendo muy bien comido, y consolándose, entraban en los cilleros y bodegas y arrebañaban cuanto hallaban, mantas y otras cosas, y lo sacaban todo fuera, oro y plata y piedras y plumas ricas. Y luego hacían de todo cargas y se las echaban a cuestas y se iban con ellas. Y antes de esto dicen que hacían muchas suciedades y deshonestidades en las mujeres de aquella casa; y cuando ya se iban, luego se iban corriendo para sus casas con lo que llevaban hurtado. Y dicen que si alguno de ellos se asentaba en el camino para descansar, no se podía más levantar y quedábase allí hasta la mañana, y tomábanle con el hurto y él descubría a los demás.

Capítulo XXXII. De los lloros y lástimas que hacían y decían aquellos a quien robaron los nigrománticos, y de las demás casas de este signo

Idos los ladrones, los de la casa a los robados comienzan a volver en sí y a levantarse donde estaban echados, y comienzan a mirar por casa, por los cilleros y bodegas, y por las petacas y cajas y cofres, y no hallan nada de cuanto tenían. Y hallan robado todo cuanto tenían, oro y plata, y piedras y plumas ricas, y mantas y naguas y huipiles, y todo cuanto tenían; y comienzan todos luego a llorar y a dar gritos y a dar palmadas de angustia. Y las mujeres comienzan a decir a voces: «¡Quezan nel oc nen! ¡Quennel oc nen!», que quiere decir: «¡Oh, desventuradas de nosotras!». Y daban consigo tendidas en el suelo, y dábanse de puñadas y bofetadas en la cara, diciendo: «¡Ca onitquíoac otlacemichictía!», que quiere decir «¡Todo cuanto teníamos, nos han llevado!». Y decían muchas lástimas como está en la letra. De esta manera lloraban aquellos que estaban robados. A estos robadores también llamaban tetzotzomme, porque en tomándolos, luego los apedreaban y les tomaban todo cuanto tenían en sus casas.

De las demás casas de este signo no hay que decir más de lo que está dicho atrás. La segunda casa de este signo se llama ume calli; la tercera, ei cuetzpallin; la cuarta, naui coatl; la quinta, macuilli miquiztli; la sexta, chicuacen mazatl;

la séptima, chicome tochtli; la octava, chicuei atl; la novena, chicunaui itzuintli; la décima, matlactli ozomatli; la undécima, matlactlioce malinalli; la duodécima, matlactliomome acatl; la terciadécima, matlactliomei ocelotl.

Capítulo XXXIII. Del signo décimonono, llamado Ce Cuauhtli y de su adversa fortuna. Decían que los hombres que nacían en este signo eran valientes o esforzados, atrevidos, desvergonzados, descomedidos, fanfarrones, presuntuosos, etc. Y las mujeres eran también atrevidas, desvergonzadas, deslenguadas, deshonestas, etc. Decían que en este signo descendían a la tierra las diosas menores y empecían a los niños y niñas, y por esta causa sus madres y padres no los dejaban salir de casa, ni bañarse el tiempo que este signo reinaba

El signo décimonono se llama Ce Cuauhtli. Decían que este signo no era mal afortunado, y que en él descendían las diosas, llamadas cioateteu, a la tierra. Decían que no descendían todas sino las más mozas, y aquéllas eran más empecibles y más temerosas, y hacían mayores daños a los muchachos y muchachas, y se envestían en ellos y los hacían hacer visajes. Y por esto en este signo adornaban los oratorios edificados a honra de estas diosas por las divisiones de las calles y caminos, con espadañas y flores. Y los que habían hecho algún voto a reverencia de ellas cubrían las imágenes de ellas con papeles este día, y ofrecían los papeles manchados con olli. Y otros que no cubrían sus imágenes ofrecían comida y bebida y copal blanco y menudo. Estas comidas tomaban para sí los ministros de aquellos oratorios. Después de haber comido, cada uno bebía en su casa el pulque a sus solas, y daban el pulque a los viejos y a las viejas, y visitaban unos a otros en sus casas.

Decían que los que nacían en este signo, si eran hombres, serían valientes y osados y atrevidos y desvergonzados y presuntuosos y soberbios, y son decidores de palabras soberbias y afrentosas, y presumen de bien hablados y corteses, y son jactanciosos y lisonjeros; al cabo venían a morir en la guerra. Y si era mujer la que nacía en este signo, era deslenguada y maldiciente. Su pasatiempo era decir mal y avergonzar a todos, y también era atrevida para apuñear y arañar las caras a otras mujeres, y para remesar a todas, y para rasgar los huipiles de las otras mujeres.

Capítulo XXXIV. De la superstición que usaban los que iban a visitar la recién parida, y de otros ritos que se guardaban en la casa de la recién parida

Aquí se pone la ceremonia que hacían las mujeres a las recién paridas. En sabiendo que alguna parienta había parido, luego todas las vecinas y amigas y parientas iban a visitarla para ver la criatura que había nacido. Y antes que entrasen en aquella casa fregábanse las rodillas con cenize, y también fregaban las rodillas a sus niños que llevaban consigo, no solamente las rodillas, mas todas las coyunturas del cuerpo. Decían que con esto remediaban las coyunturas que no se aflojasen. También hacían otra superstición: que cuatro días arreo ardía el fuego en la casa de la recién parida, y guardaban estos cuatro días con mucha diligencia que nadie sacase fuera el fuego, porque decían que si sacaban fuego fuera quitaban la buena ventura a la criatura que había nacido.

Capítulo XXXV. De las ceremonias que hacían cuando bautizaban la criatura, y del convite que hacían a los niños cuando le ponían el nombre, y de la plática que los viejos hacían a la criatura y a la madre

Síguese la ceremonia que hacían cuando bautizaban a sus hijos e hijas. Este bautismo se hacía cuando salta el Sol, y convidaban a todos los niños para entonces; dábanles de comer. La criatura que nacía en buen signo, luego le bautizaban, y si no había oportunidad de bautizarla, luego difiríanla para la tercera o séptima o décima casa. Y esto hacían para proveerse de las cosas necesarias para el convite de los bateos.

Llegando el día de los bateos, comían y bebían los viejos y viejas y saludaban al niño y a la madre. Al niño le decían: «Nieto mío, has venido al mundo donde has de padecer muchos trabajos y fatigas, porque estas cosas hay en el mundo. Por ventura vivirás mucho tiempo, y te lograremos y te gozaremos, porque eres imagen de tu padre y de tu madre. Eres probén y brotón de tus abuelos y antepasados, los cuales conocimos que vivieron en este mundo». Dicho esto y otras cosas semejantes, halagaban a la criatura trayéndole la mano sobre la cabeza en señal de amor. Y luego comenzaban a saludar a la madre, diciendo de esta manera: «Hija mía, o señora mía, habéis sufrido trabajo en parir a vuestro hijo, que es amable como una pluma rica o piedra preciosa. Hasta ahora érades uno, vos y vuestra criatura; ahora ya sois dos distintos; cada uno ha de vivir por sí, y cada uno ha de morir por sí. Por ventura gozaremos y lograremos algún tiempo a vuestro hijo, y lo tendremos como a sartal de piedras preciosas. Esforzados, hija, y tened cuidado de vuestra salud; mirad no cayáis en enfermedad por vuestra culpa, y tened cuidado de vuestro hijito. Mirad que las madres mal avisadas matan a sus hijos durmiendo, o cuando maman; si no les quitan la teta con tiento, suélense agujerear el paladar y mueren. Mirad que, pues que nos le ha dado nuestro señor, no le perdamos por vuestra culpa. Y no es menester fatigaros con más palabras».

Capítulo XXXVI. Del convite que se hacía por razón de los bateos, y de la orden del servicio y de la borrachera que allí pasaba

Síguese la manera del convite que se hacían los bateos. Llegado el día de los bateos, juntábanse los convidados en la casa del que hacía los bateos, y luego se asentaban por su orden, porque tenían sus asientos a cada uno según su manera. Luego comenzaban los que tenían el cargo de servir las cosas del convite, los que habían elegido para esto. Ponían luego cañas de humo con sus platos delante de cada uno de los convidados; luego dábanles flores en las manos y poníanles guirnaldas en la cabeza, y echábanles sartales de flores al cuello. Y luego todos los convidados comenzaban a chupar el humo de las cañas y a oler las flores. Después de esto venían los servidores de la comida, y traían comida a cada uno según su comida, y la ponían delante del que estaba asentado. Una orden de chiquihuites con diversas maneras de pan, y pareados en los chiquihuites otros tantos cachetes con diversas maneras de cazuela, con carne o pescado. Y antes que comenzasen a comer los convidados la comida que les habían puesto, tomaban un bocado de la comida y arrojábanle al suelo a honra del Dios Tlaltecutli, y luego comenzaban a comer. Habiendo comido, daban las sobras a sus criados, y también los cachetes y chiquihuites. Luego venían los que servían de cacaos, y ponían a cada uno una jícara de cacao, y a cada uno le ponían su palillo que llaman acuáuitl; y las sobras del cacao daban a sus criados. Después de haber ellos bien bebido y comido, estábanse en sus asientos un ratillo reposando.

Y algunos, a quien no les contentaba la comida y bebida, levantábanse luego enojados e íbanse murmurando del convite y del que les convidó, y entrábase en su casa enojado. Y si alguno de parte del que convidó veía aquello, decíalo al señor del convite, el cual los hacía llamar para el día siguiente y les daba de comer y consolaba. A este día llamaban apeoalco, porque en él se acababa todo el convite.

A las mujeres, que comían en otra parte, no las daban cacao a beber, sino ciertas maneras de mazamorra, sembrado con diversas maneras de chilmulli por encima. Y a la noche los viejos y viejas juntábanse y bebían pulque y emborrachábanse. Para hacer esta borrachería ponían delante de ellos un cántaro de pulque, y el que servía echaba en una jícara y daba a cada uno a beber, por su orden, hasta el cabo. A las veces daban pulque que llaman íztac uctli, que quiere decir «pulque blanco», que es lo que mana de los magueyes; y otras veces daban pulque hechizo de agua y miel, cocido con la raíz, al cual llaman ayuctli, que quiere decir «pulque de agua», lo cual tenía aparejado y guardado el señor del convite de algunos días antes. Y el servidor, cuando veía que no se emborrachaban, tornaba a dar a beber por la parte contraria a la mano izquierda, comenzando de los demás bajo. En estando borrachos, comenzaban a cantar; unos cantaban y lloraban, otros cantaban y habían placer; cada uno cantaba lo que quería y por el tono que se le antojaba; ninguno concertaba con otro. Unos de ellos cantaban a voces, y otros cantaban bajito, como dentro de sí. Otros no cantaban, sino parlaban y reían y decían gracias, y daban grandes risadas cuando oían a los que decían gracias. De esta manera se hacían los convites, cuando alguno convidaba por alguna causa.

Capítulo XXXVII. De lo que ahora se hace en los bateos, que es casi lo mismo que antiguamente hacían, y del modo de los banquetes que hacían los señores, principales y mercaderes, y ahora hacen, y de las demás casas de este signo

Síguese la manera del convite que ahora, después de ya cristianos, hacen en los bautismos de sus hijos. De la misma manera convidaban ahora para sus bautismos que convidaban antiguamente, excepto que los señores y principales y mercaderes y hombres ricos, cada uno según su manera hacía convite y convidaba mucha gente, y ponía oficiales y servidores para que sirviesen a los que venían convidados, para que a todos se les hiciese honra conforme a la calidad de sus personas, así en darles flores como en darles comida, como en darles mantas y maxtlates conforme a la calidad de sus personas.

Para este propósito juntaba mucha copia de comida y mantas y maxtlates y flores y cañas de humo, para que todos sus convidados tuviesen copiosamente todo lo necesario y no recibiese afrenta ni vergüenza el señor del convite, sino que recibiese gloria de la orden y de la abundancia de todas las cosas que se habían de dar. Y en sabiendo esto, los convidados estaban con esperanza que no les faltaría nada de las cosas del convite. Y también deseaban que no hubiese falta, porque el que convidaba no cayese en alguna afrenta, ni nadie con razón se pudiese quejar de él, ni del convite, ni murmurar.

Llegando el día del convite, todos los servidores y oficiales del convite andaban con gran solicitud aparejando las cosas necesarias y poniendo espadañas y flores en los patios y caminos, y barriendo y allanando los patios y caminos de la casa donde se hacía el convite. Unos traían agua, otros barrían, otros regaban, otros echaban arena, otros colgaban espadañas donde se había de hacer el areíto, otros entendían en pelar gallinas, otros en matar perros y chamuscarlos, otros en asar gallinas, otros en cocerlas, otros metían los perfumes en las cañas. Las mujeres viejas y moras entendían en hacer tamales de diversas maneras: unos tamales se hacían con harina de frijoles, otros con carne; unas de ellas lavaban el maíz cocido; otras quitaban la coronilla del maíz, que es áspera, porque el pan fuese más delicado; otras traían agua; otras quebrantaban cacao, otras le molían; otras mezclavan el maíz cocido con el cacao; otras hacían potajes. Y en amaneciendo, ponían petates por todas partes y asentaderos, y echaban heno entretejiendo la orilla, que parecían mantas de heno. Todas las cosas se ponían en orden como era menester, sin que el señor entendiese en nada. Todas estas cosas hacían los servidores y oficiales, aquellos que dan las cañas de humo y las flores y la comida; y aquéllos hacen el cacao y lo levantan al aire, y dan a los que han de beber; y también hay personas diputadas para el servicio particular de los convidados. Esto acontece entre los señores y principales y mercaderes y hombres ricos, pero la gente baja y pobre hacen sus convites como pobres y rústicos, que tienen poco y saben poco, y dan flores de poco valor y dan cañas de humo que ya han servido otra vez.

Las demás casas de este signo tienen la fortuna conforme a los lugares de sus números. La segunda casa se llama ume cozcacuauhtli; la tercera, ei ollin; la cuarta, naui técpatl; la quinta, macuilli quiáuitl; la sexta, chicuacen xochitl; la séptima, chicome cipactli; la octava, chicuei ehecatl; la nona, chicunaui calli; la décima, matlactli cuetzpallin; la undécima, matlactlioce coatl; la duodécima, matlactliumome miquiztli; la terciadécima, matlactliumei mazatl.

Capítulo XXXVIII. Del signo vigésimo y último, llamado Ce Tochtli. Decían que los que nacían en este signo eran granjeros, trabajadores, vividores, ricos, guardosos

El signo vigésimo se llama Ce Tochtli; es el último de todos. Decían que este signo era bien afortunado. Los que en él nacían eran prósperos y ricos y abundantes de todos los mantenimientos; y esto por ser grandes trabajadores, y grandes granjeros, y grandes aprovechadores del tiempo, y que miran a las cosas de adelante, y son grandes atesoradores para sus hijos, y son circunspectos en guardar su honra y hacienda. Y si era labrador el que en este signo nacía, era muy diligente en labrar la tierra y en sembrar todas maneras de semillas, y en labrarlas, y en regarlas. Y así abundantemente coge de todas maneras de legumbres e hinche su casa de todas maneras de maíz, y cuelga por todos los maderos de su casa sartales y manadas de mazorcas de maíz. Todas las cosas aprovechan, las hojas de maíz y las cañas y las camisas de las mazorcas y los redroejos del maíz. Y con estos trabajos y diligencias se enriquece.

Capítulo XXXIX. Que habla generalmente de todos los signos

Aquí brevemente se dice de todo lo susodicho de las calidades y condiciones de todos los signos de cada día, cuáles son bien afortunados y cuáles son infelices. Ya se dijo largamente, y se replicó muchas veces que todos los signos que hacen y cuentan cada día, los cuales se andan mudando de unos lugares a otros de sus números, y son todos los mismos, que cada uno de todos aquellos tiene principio cada vez, llevando tras sí a los otros. Alguna vez es bien afortunado, y alguna vez es mal aventurado, y alguna vez es indiferente, conforme a sus números. Esto ya dicho: que los que nacían en buenos signos luego se bautizaban, y los que nacían en infelices signos no se bautizaban luego, mas difiríanlos para mejorar y remediar su fortuna; por esto los viejos caducos y necios, que eran prácticos en esta arte, buscaban el signo cuál era mejor.

Por tanto, aquí decimos sumariamente lo que resta decir y hacer mención de todo lo susodicho, por no dar hastío a los lectores con palabras demasiadas y superfluas. Y más, porque en esto no seamos estimados por importonos de tornar a decir lo que está ya dicho, porque poniendo comparación que así como si fuese comida muy sabrosa, no más ni menos la plática o razonamiento pierde su sabor cuando repite muchas veces una cosa, y en esto ya se dijo todo muy delicada y suavemente, así lo que era blando y caliente y sabroso y suave y gracioso y donoso. También está ya dicho que así como si fuese el pan duro y frío y áspero, o así como el pan hecho de maíz cocido no bien mollido ni bien lavado que hiede a la cal, así es la plática que es molesta a los oyentes. O así como si fuese tamal muy caliente, el cual cuando se come quema el paladar y echa de sí humo, porque es demasiado caliente. Otrosí, está ya dicho que así como si fuese el tamal frío y mohoso y podrido, así la plática desabrida ofende al oído. Por lo cual brevemente concluimos con pocas palabras lo que se dijo ya arriba, porque no es razón tornar a decir y replicar lo que está ya platicado. Es como una pared que se hace y edifica con los materiales muy bastantes, poco a poco; así la plática se hizo ya poco a poco. Unas pláticas están muy bien cumplidas y juntadas y puestas hasta el cabo, así como si fuese la pared cuando se labran bien dentro de la pared, y dentro de las piedras grandes que se ponen afuera se le meten con mucha diligencia pedrecillas chicas y menudas, con piedras más pequeñas y con barro bastante. Así está la plática, y otras pláticas están abreviadas y tajadas o cortadas, como parece en lo susodicho.

Capítulo XL. De las restantes casas de este signo y de la tabla y números de todos los signos

Al presente con este signo, llamado Ce Tochtli, se acaba la obra con las demás casas de este signo que se siguen, porque ya no hay que decir más de este signo postrero y último para concluir esto, sino poca cosa que resta que decir. Y si algo después se ofreciere y saliere a luz, que ahora se esconde y se oculta, los lectores han de conjeturarlo de lo que está dicho.

Y las demás casas de este signo aquí juntamente ponemos y ordenamos como si fuese un sartal de piedras preciosas, y dejamos de decir más de la calidad y condición de ellas, porque ya se dijo arriba largamente. Y con esto concluímoslo así como si fuesemos corriendo para acabar esta obra. La segunda casa de este signo se llama ume atl; la tercera, ei itzuintli; la cuarta, naui ozomatli; la quinta, macuilli malinalli; la sexta, chicuacen acatl; la séptima, chicome ocelotl; la octava, chicuei cuauhtli; la nona, chicunaui cozcacuauhtli; la décima, matlactli ollin; la undécima, matlactlioce técpatl; la duodécima, matlactliumome quiáuitl; la terciadécima,

Apéndice del Cuarto Libro, en romance; y es una apología en defensión de la verdad que en él se contiene

Porque algunos se han engañado, y aun todavía dura el engaño cerca de ciertas cuentas que estos naturales usaban antiguamente, tengo por cosa provechosa poner aquí la declaración de tres maneras de cuentas que usaban, y aún en algunas partes las usan.

Es la primera cuenta la división del año por sus meses. Es el caso que ellos repartían el año en deciocho partes, y a cada parte le daban veinte días. Estos se poeden llamar meses; de manera que su año tenía deciocho meses, los cuales contienen trescientos y setenta días, y los cinco que sobran para ser año cumplido no entran en cuenta, sino llamábanlos «días baldíos» y «aciagos» porque a ningún Dios eran dedicados. El fin a que enderezaban esta división es que cada mes o cada veinte días los dedicaban a un Dios, y en ellos le hacían fiestas y sacrificios, excepto que en dos meses hacían fiesta a cuatro dioses, dedicando diez días al uno y otros diez al otro. Y así con ser los meses deciocho, las fiestas que celebraban en ellos eran veinte. Esta cuenta se llama calendario, donde todos los días del año se dedican a los dioses, excepto los cinco que, como está dicho, los tenían baldíos y aciagos. Esta cuenta, que es calendario que estos naturales tenían de tiempo sin memoria, no tiene que hacer con las otras dos cuentas que luego se dirán.

La segunda cuenta que estos naturales usaban se llama cuenta de los años, porque contaban cierto número de años por la forma que se sigue. Tenían cuatro caracteres puestos en cuatro partes en respecto de un círculo redondo. Al uno de estos caracteres llamaban Ce Acatl, que quiere decir «una caña»; este carácter era como una caña verde pintada, y en respecto del círculo estaba hacia el oriente. Al segundo carácter llamaban Ce Tecpatl, que quiere decir «un pedernal» hecho a manera de hierro de lanza, tiñido la mitad de él con sangre; éste estaba puesto hacia la parte del septentrión en respecto del círculo. El tercero carácter era una casa pintada que ellos llaman Ce Calli; está puesta hacia la parte del occidente en respecto al círculo. El cuarto carácter es la semejanza de un conejo que ellos llaman Ce Tochtli; está puesto hacia la parte del mediodía en respecto del círculo. Contaban por estos caracteres cincuenta y dos años, dando a cada uno de los caracteres trece años. Y contaban de esta manera: Ce Acatl, ume técpatl, ei calli, naui tochtli, y así dando vueltas por estos caracteres hasta que en cada uno se cumpliesen trece años, los cuales todos juntos son cuatro veces trece, que hacen cincuenta y dos años. El fin o intención de esta cuenta es renovar cada cincuenta y dos años el pacto o concierto o juramento de servir a los ídolos, porque en el fin de los cincuenta y dos años hacían una muy solemne fiesta, y sacaban fuego nuevo, y apagaban todo lo viejo, y tomaban todas las provincias de esta Nueva España fuego nuevo. Entonces renovaban todas las estatuas de los ídolos y todas sus alhajas, y el propósito de servirlos otros cincuenta y dos años, y también tenían profecía o oráculo del demonio que en uno de estos períodos se había de acabar el mundo.

La tercera cuenta que estos naturales usaban era el arte para adivinar la fortuna o ventura que tendrían los que nacían, hombres y mujeres. Era de esta manera: que tenían veinte caracteres; al primero llamaban cipactli, el segundo ehecatl, el tercero calli, el cuarto cuetzpallin; el quinto coatl, etc., hasta veinte, como está pintado en la figura que está al fin de este apéndice (ver láminas I-II). Decían que cada uno de estos caracteres reinaba trece días, que todos juntos son doscientos y setenta días. Algunos dicen que estos trece días son semanas del mes, y no es así, sino número de días en que reina el signo o carácter. Las semanas de los meses son cinco días, y así hay en cada mes cuatro semanas. Y los tiánquez o mercados por este número de días se señala o solían señalarse, que de cinco en cinco días echaban los mercados o ferias; y así no tenían semana sino quintana. Ya ahora en muchas partes echan los mercados o ferias por nuestra semana, de siete en siete días. En esta cuenta adivinatoria y no lícita entrepónense los caracteres de la cuenta de los años, conviene a saber, aquellos cuatro caracteres de que arriba se hizo mención, que es caña, pedernal, casa, conejo, por donde contaban la hebdómada de sus años, que son cincuenta y dos. Esta cuenta, muy perjudicial y muy supersticiosa y muy nena de idolatría, como parece en este Libro Cuarto, algunos la alaban mucho, diciendo que era mue ingeniosa y que ninguna mácula tenía. Esto dijeron por no entender a qué fin se endereza esta cuenta, el cual es muy malo, idolátrico. De poco entendieron la muchedumbre de supersticiones y fiestas y sacrificios idolátricos que en ella se contienen, y llamaron a esta cuenta el calendario de los indios, no entendiendo que esta cuenta no alcanza a todo el año, porque no tiene más de doscientos y sesenta días de círculo y luego torna a su principio, y así no poede ser calendario y ni nunca lo fue, porque el calendario, como está dicho y está pintado en el principo del Segundo Libro, contiene todos los días del año y las fiestas del año, y esto ignoraron los que dicen que esta arte adivinatoria es calendario. Y cierto fue grande inadvertencia y culpable ignorancia loar por palabras y por escrito una cosa tan mala y tan llena de idolatría. El celo de la verdad y de la fe católica me compele a poner aquí las mismas palabras de un tratado que un religioso escribió en loor de esta arte adivinatoria, diciendo que es calendario, para que donde quiera que alguno le viere sepa que es cosa muy perjudicial a nuestra santa fe católica, y sea destruido y quemado. Síguese la introdución del tratado sobredicho.

Introducción y declaración nuevamente sacada, que es el calendario de los indios de Anáhuac, esto es, de la Nueva España

«Por las ruedas aquí antepoestas cuentan los indios sus días, semanas, meses, años, olimpíadas, lustros, indiciones y hebdómadas, comenzando su año con el nuestro desde el principio de enero, en el cual se hallan las maneras de contar los tiempos que tuvieron todas las naciones, y según parece los indios que la composieron y sabían bien ciertamente se mostraron filósofos naturales. Solamente faltaron en el bisexto, pero también pasó el gran filósofo Aristótiles y su maestro Platón y otros muchos sabios que no lo alcanzaron. Y es de saber que en este calendario no hay cosa de idolatría; y esto se poede de alabar por muchas razones, pero bastará decir una, y es: que en esta tierra no ha muy muchos años que comenzaron las idolatrías, y este calendario es antiquísimo; y si los nombres de los días, semanas y años y sus figuras son de animales y de bestias y de otras criaturas, no se deban maravillar, pues si miramos los nuestros también son de planetas y de dioses que los gentiles tuvieron, y pues que aquí se escriben muchos ritos, ficciones y antiguos sacrificios, una cosa tan buena y de tanto primor y verdadera que estos naturales tuvieron no es razón de reprobarla, pues sabemos que todo bien y verdad, quienquiera que lo diga, es del Espíritu Santo.»

Confutación de lo arriba dicho

En lo primero que dice, que por esta cuenta los indios contaban sus semanas, meses y años, es falsísimo, porque esta cuenta no contiene más de doscientos y sesenta días, y fáltale ciento y cinco días para ser cuenta de un año entero. Ni tampoco contaban sus meses por esta cuenta, porque sus meses son deciocho en un año, y cada uno tiene veinte días, que son trescientos y sesenta días, al cual número no llega esta cuenta. Ni tampoco cuentan por esta cuenta sus semanas, porque aquello que dicen que tenían trece días por semana es falso, porque de esta manera sería una semana de trece días, y otra semana entraría con tres días en el mes siguiente, y así cada mes no tendría dos semanas enteras, mayormente que sus semanas eran de cinco días, las cuales mejor se llamaran quintanas que no semanas, y hay en cada mes cuatro de estas quintanas. Lo que dice de olimpíades y lustros e indiciones a la misma razón es falso y mera ficción. Lo que dice que el año comenzaba en enero como el nuestro es falsísimo, porque lo que llaman un año por esta cuenta no son más de doscientos y sesenta días, y de necesidad se había de acabar ciento y cinco días antes de nuestro año, y así no podía comenzar con el nuestro año sino algunas y muy raro. En lo que dice que los indios que composieron esta cuenta se mostraron filósofos naturales es falsísimo, porque esta cuenta no le llevan por ninguna orden natural, porque fue invención del demonio y arte de adivinación. En lo que dice que faltaron en el bisexto es falso, porque en la cuenta que se llama calendario verdadero cuentan trescientos y sesenta y cinco días, y cada cuatro años contaban trescientos y sesenta y seis días, en fiesta que para esto hacían de cuatro en cuatro años. En lo que dice que en este calendario no hay cosa de idolatría es falsísima mentira, porque no es calendario sino arte adivinatoria, donde se contienen muchas cosas de idolatría y muchas supersticiones y muchas invocaciones de los demonios, tácita y expresamente, como parece en todo este Cuarto Libro precediente. De manera que ninguna verdad contiene aquel tratado arriba puesto, que aquel religioso escribió, mas antes condene falsedad y mentira muy perniciosa.

Síguese adelante en el tratado de aquel religioso

«Los indios, que bien entendían los secretos de estas ruedas y calendario, no los enseñaban ni descubrían sino a muy pocos, porque por ello ganaban de comer, y eran estimados y tenidos por hombres sabios y entendidos; empero, sabían casi todos los indios adultos y tenían noticia del año, así del número como de la casa en que andaban; mas de los nombres de los días y semanas y otros muchos secretos y cuentas que tenían, solos aquellos maestros compotistas lo alcanzábanla de saber. Ahora para entender la cuenta que estos naturales tenían, y para saber cómo contaban los tiempos por las ruedas y figuras aquí escritas, se ponen reglas, que son las infraescritas.»

Confutación de lo arriba dicho

Ya está dicho que el calendario es distinto de esta cuenta y no tiene nada que ver con ella. Y el calendario trata de los meses de todo el año, y de los días de todo el año, y de las semanas de todo el año y de las fiestas fijas de todo el año. Sabíanle todos los sátrapas y todos los ministros de los ídolos y mucha de la otra gente popular, porque es cosa fácil y toca a todos. Empero, la cuenta de la arte adivinatoria, a la cual falsamente llama calendario, es cuenta por sí, porque su fin se endereza a adivinar las condiciones y sucesos de los que nacen en cada signo o carácter. Esta cuenta sabíanla solamente los adivinos y los que tenían habilidad para deprenderla, porque condene muchas dificultades y oscuridades. Y a éstos que sabían esta cuenta llamábanlos tonalpouhque y teníanlos en mucho y honrábanlos mucho. Teníanlos como profetas y sabidores de las cosas futuras, y así acudían a ellos en muchas cosas, como antiguamente los hijos de Israel acudían a los profetas. Dice éste que los meses son veinte en un año, y no es verdad, porque no son más de deciocho; dice asimismo que las semanas son de trece días, y no es verdad, porque no son más de cinco días, y así son cuatro semanas, o por mejor decir quintanas, en un mes. Los trece días, a que falsamente llama semana, no son sino el número de días que reinaba cada uno de los veinte caracteres de esta arte adivinatoria, como está claro en el Cuarto Libro precedente, que trata de esta arte adivinatoria. Síguese la tabla y manera de contar que tenían los adivinos en esta arte.

Al lector

Esta tabla que está frontera (ver lámina I), amigo lector, es la cuenta de los caracteres o signos de que en este Cuarto Libro habemos tratado, la cual procede por esta orden, que primeramente se ponen veinte caracteres, y junto a ellos sus nombres, y después de ellos se ponen los días en que reinan por cifras del alguarismo, y comienza uno, dos, tres, etc. El carácter donde está junto el uno o frontero de él es el que reina aquello trece días, y comiénzase a contar desde arriba hacia abajo, y llegando a trece luego vuelve a uno, y el carácter enfrente de quien está aquel uno es el que reina los trece días que se siguen; y así de todos los demás números y caracteres. De manera que cada un carácter viene a reinar trece días, y el número de todos estos días son doscientos y sesenta, y de allí vuelve otra vez al principio. También en el principio de esta cuenta se pone la manera de contar de los años, porque estas dos cuentas andan vinculadas o pareadas.

La cuenta de todos los tiempos que tenían estos naturales es la que se sigue

La mayor cuenta de tiempo que contaban era hasta ciento y cuatro años, y a esta cuenta llamaban un siglo. A la mitad de esta cuenta que son cincuenta y dos años llamaban una gavilla de años. Este tiempo de años traíanla ab antiquo contados. No se sabe cuándo comenzó, pero tenían por muy averiguado, y como de fe, que el mundo se había de acabar en el fin de una de estas gavillas de años. Y tenían pronóstico o oráculo que entonces había de cesar el movimiento de los cielos, y tomaban por señal al movimiento de las Cabrillas la noche de esta fiesta, que ellos llamaban toximmolpilía. De tal manera caía que las Cabrillas estaban en medio del cielo a la medianoche, en respecto de este horizonte mexicano. En esta noche sacaban fuego nuevo, y primero que los sacasen apagaban todo el fuego en todas las provincias, pueblos y casas de toda esta Nueva España, e iban con gran procesión y solemnidad todos los sátrapas y ministros del templo. Partían de aquí, del templo de México, a prima noche, e iban hasta la cumbre de aquel cerro que está cabe Itztapalapan, que ellos llaman Uixachtécatl. Y llegaban a la cumbre a la medianoche, o casi, donde estaba un solemne cu, edificado para aquella ceremonia. Llegados allí, miraban a las Cabrillas si estaban en el medio, y si no estaban esperaban hasta que llegasen. Y cuando veían que ya pasaban del medio entendían que el movimiento del cielo no cesaba, y que no era allí el fin del mundo, sino que habían de tener otros cincuenta y dos años, seguros que no se acabaría el mundo. En esta hora estaban en los cerros circunstantes que cercan a toda esta provincia de México, Tezcuco y Xochimilco y Cuautitlan, gran cantidad de gente esperando a ver el fuego nuevo, que era señal que el mundo iba adelante. Y como sacaban el fuego los sátrapas con gran ceremonia en el cu de aquel cerro, luego se parecía en todo lo circunstante de los cerros, y los que estaban allí a la mira levantaban luego un alarido que le ponían en el cielo, de alegría, que el mundo no se acababa y que tenían otros cincuenta y dos años por ciertos.

La última solemnidad que hicieron de este fuego nuevo fue el año de 1507; hiciéronle con toda solemnidad porque no habían venido los españoles a esta tierra. El año de 1559 se acabó la otra gavilla de años, que ellos llaman toximmolpilía; en ésta no hicieron solemnidad pública porque ya los españoles y religiosos estaban en esta tierra, de manera que este año de 1576 anda en quince años de la gavilla de años que corre.

Cuando sacaban fuego nuevo y hacían esta solemnidad renovaban el pacto que tenían con el demonio de servirle, y renovaban todas las estatuas del demonio que en sus casas tenían, y todas las alhajas de su servicio y las de sus casas, y hacían grandes alegrías por saber que ya tenían el mundo seguro, que no se acabaría por cincuenta y dos años. Claramente consta que este artificio de contar fue invención del diablo para hacerlos renovar el pacto que con él tenían de cincuenta en cincuenta y dos años, y amedrentándolos con la fin del mundo y haciéndolos entender que él alargaba el tiempo y les hacía merced de él, pasando el mundo adelante.

Demás de esta cuenta tenían que de ocho en ocho años hacían un ayuno de pan y agua por espacio de ocho días, y hacían al cabo una fiesta donde hacían solemne areíto de diversos personajes, donde decían que descubrían ventura o que la merecían, y llamábanla atamalcualiztli.

Otra fiesta hacían de cuatro en cuatro años a honra del fuego, donde agujereaban las orejas a todos los niños y niñas, y la llamaban pillauanaliztli. Y en esta fiesta es verosímil y hay conjeturas que hacían su bisexto, contando seis de nemontemi.

La otra cuenta del tiempo es de un año, el cual repartían en deciocho meses, y cada mes le daban veinte días, y cada uno de estos meses era dedicado a uno o a dos dioses, y hacían en él sus fiestas. Cada uno de estos meses le repartían de cinco en cinco días, y hacían las ferias el último día de estos cinco en un pueblo, y dende a cinco días en otro, y dende a otros cinco días en otro. De manera que el cuarto quintanario era la fiesta del Dios que se celebraba en el mes que se seguía. Los cinco días que son más de los trescientos y sesenta de todo el año teníanlos por baldíos y aciagos, y así no hacían cuenta de ellos para ninguna cosa; pero cuenta tenían con todos los días del año y con todos los meses del año y con todas las quintanas del año, que son cuatro en cada mes.

Otra cuenta tenían estos naturales que ni sigue la cuenta del año, ni de los meses, ni de las quintanas, que impropiamente se pueden decir semanas. Esta cuenta tiene veinte caracteres, como está pintado en la tabla que está detras de esta hoja (ver lámina I); a cada uno de estos caracteres atribuían trece días, en las cuales reinaba uno de estos caracteres, de manera que cada uno reinaba trece, días, y el círculo que estos caracteres con sus días hacían son doscientos y sesenta días, el cual círculo tiene ciento y cinco días menos que un año. Esta cuenta se usaba para adivinar las condiciones y sucesos de la vida que tendrían los que naciesen. Es cuenta delicada y muy mentirosa, y sin ningún fundamento de astrología natural, porque el arte de la astrología judiciaria que entre nosostros se usa tiene fundamento en la astrología natural, que es en los signos y planetas del cielo y en los cursos y aspectos de ellos. Pero esta arte adivinatoria síguese o fúndase en unos caracteres y números en que ningún fundamento natural hay, sino solamente artificio fabricado por el mismo diablo; ni es posible que ningún hombre fabricase ni inventase esta arte, porque no tiene fundamento en ninguna ciencia ni en ninguna razón natural; más parece cosa de embuste y embaimiento, que no cosa razonal ni artificiosa. Digo que fue embuste y embaimiento para encandilar y desafinar a gente de poca capacidad y de poco entendimiento; no obstante esto, era tenida en mucho esta arte adivinatoria, o más propiamente hablando, embuste o embaimiento diabólico. Y también los que la sabían y usaban eran muy honrados y tenidos porque decían las cosas por venir, y del vulgo eran tenidos por verdaderos, aunque ninguna verdad decían, sino acaso y por yerro. Esta arte ni sigue años, ni meses, ni semanas, ni lustros, ni olimpíadas, como algunos dijeron y afirmaron falsamente.

Fray Bernardino de Sahagún

Porque la tabla precedente del arte adivinatoria está dificultosa de entender y de contar, puse esta tabla que se sigue, porque está muy más clara y la cuenta muy más fácil y conforme a como ellos contaban (ver láminas II-III). Y no piense nadie que esta tabla es calendario, porque como dicho es, no es sino arte adivinatoria. El calendario de estos naturales se pone en el principio del Segundo Libro; está muy claro de entender por las letras del a b c que tiene: de una parte se cuentan los meses suyos, que son de veinte en veinte días, y de la otra parte se cuentan los nuestros meses, que son de a treinta días, uno más o menos. Y por estar esta cuenta de esta manera, fácil cosa es saber sus fiestas, en qué mes de los nuestros caían y a cuántos días de cada mes. La otra cuenta, que es de los años, se pone en el Séptimo Libro de esta historia; allí se podrá ver si pluguiere a Nuestro Señor que salga a luz.

Libro V. Que trata de los agüeros y pronósticos que estos naturales tomaban de algunas aves, animales y sabandijas para adivinar las cosas futuras

Prólogo

Como con apetito de más saber, nuestros primeros padres merecieron ser privados del original saber que les fue dado y caer en la noche muy oscura de la ignorancia en que a todos nos dejaron, no habiendo aún perdido aquel maldito apetito, no cesarnos de porfiar, de querer investigar, por fas o por nefas, lo que ignoramos, así cerca de las cosas naturales como cerca de las cosas sobrenaturales. Y aunque para saber muchas cosas de éstas tenemos caminos muchos y muy ciertos, no nos contentamos con esto, sino que por caminos no lícitos y vedados procuramos de saber las cosas que Nuestro Señor Dios no es servido que sepamos, como son las cosas futuras y las cosas secretas. Y esto a las veces por vía del demonio, a las veces conjeturando por los bramidos de los animales o garridos de las aves o por el aparecer de algunas sabandijas. Mal es éste que cundió en todo el humanal linaje; y como estos naturales son buena parte de él, cúpolos harta parte de esta enfermedad. Y porque para cuando, llagados de esta llaga, fueren a buscar medicina y el médico los pueda fácilmente entender, se ponen en el presente libro muchos de los agüeros que estos naturales usaban y, a la postre, se trata de diversas maneras de estantiguas que de noche los aparecían.

Libro V. Que habla de los agüeros que esta gente mexicana usaba

Capítulo I. Del agüero que tomaban cuando alguno oía de noche aullar a alguna bestia fiera, o llorar como vieja, y de lo que decían los agüeros en este caso

En los tiempos pasados, antes que viniesen los españoles a esta tierra, los naturales de ella tenían muchos agüeros por donde adivinar las cosas futuras. El primero agüero de éstos es que cuando alguno oía en las montañas bramar a alguna bestia, o algún sonido hacía zumbido en los montes o en los valles, luego tomaba mal agüero, diciendo que significaba algún infortunio o desastre que le había de venir en breve, o que había de morir en la guerra o de enfermedad, o que algún desastre o infortunio le había de venir, de que le habían de hacer esclavo a él o alguno de sus hijos, o que alguna desventura había de venir por él o por su casa.

Habiendo oído este mal agüero, luego iba a buscar a aquellos que sabían declarar estos agüeros, a los cuales llamaban tonalpouhque. Y este agorero o adivino consolaba y esforzaba a este tal, diciéndole de esta manera: «Hijo mío, pobrecito, pues que has venido a buscar la declaración del agüero que viste, y viniste a ver el espejo donde está la declaración de lo que viste, sábete que es cosa adversa y trabajosa lo que significa este tu agüero; y esto no es porque yo lo digo, sino porque así lo dejaron dicho y escrito nuestros viejos y antepasados. Así que la significación de este tu agüero es que te has de ver en pobreza y en trabajos, o morirás; por ventura está ya enojado contra ti aquel por quien vivimos, y no quiere que vivas más tiempo. Espera con ánimo lo que te vendrá, porque así está escrito en nuestros libros de que usamos para declarar estas cosas a los cuales acontece; y esto no soy yo el que te pongo espanto o miedo, que el mismo señor Dios quiso que esto te aconteciese y viniese sobre ti; y no hay que culpar al animal, porque él no sabe lo que se hace, porque carece de entendimiento, de razón. Y tú, pobrecito, no debes de culpar a nadie porque el signo en que naciste tiene consigo estos acares y ha venido ahora a verificarse en ti la maldad del signo en que naciste. Esfuérzate, porque por experiencia lo sentirás; mira que tengas buen ánimo para sufrirlo, y entre tanto llora y haz penitencia. Nota lo que ahora te diré que hagas para remediar tu trabajo o tu infortunio: haz penitencia; busca papel para que se apareje tu ofrenda que has de hacer; compra papel e incienso blanco y ulli, y las otras cosas que sabes que son menester para esta ofrenda. Después que hayas aparejado lo necesario, vendrás tal día que es oportuno para hacer la ofrenda que es menester al señor Dios fuego. Entonces vendrás a mí, porque yo mismo despondré y ordenaré los papeles y todo lo demás en los lugares y en el modo que ha de estar para hacer la ofrenda. Yo mismo lo tengo de ir a encender y quemar en tu casa».

De esta manera hacían los que oían el agüero arriba dicho.

Capítulo II. Del agüero indiferente que tomaban de oír cantar a un ave que llaman oacton, y de lo que hacían los mercaderes que iban camino en este caso

El segundo agüero que tenían era cuando oían cantar o charrear a un ave que llaman oactli o oacton. Este agüero era indiferente, que a las veces prenunciaba bien, y a las veces mal. Teníanle por bueno cuando cantaba como quien ríe, porque entonces parecía que decía «¡yeccan, yeccan!», que quiere decir «¡buen tiempo, buen tiempo!». Cuando de esta manera cantaba no tenían sospecha que vendría algún mal, antes se holgaban de oírle, porque tenían que alguna buena dicha les había de suceder. Pero cuando oían a esta ave que cantaba o charreaba como quien ríe, con gran risa y con alta voz, y que su risa salía de lo íntimo del pecho, como quien tiene gran gozo y gran regocijo, entonces enmudecíanse y desmayaban; ninguno hablaba al otro, todos iban callando y cabizbajos, porque entendían que algún mal les había de venir, o que alguno de ellos había de morir en breve, o que había de enfermar alguno de ellos, o que les habían de cautivar aquéllos a cuyas tierras iban. Esto por la mayor parte acontecía en algunos valles profundos o en algunos grandes arroyos o en algunas grandes montañas o en algunos grandes páramos. Si los caminantes que esto oían eran mercaderes o tratantes, decían entre sí: «Algún mal nos ha de ver; alguna avenida de algún río o creciente nos ha de llevar a nosotros o a nuestras cargas; o habemos de caer en manos de algunos ladrones que nos han de robar o saltear; o por ventura alguno de nosotros ha de enfermar y le hemos de dejar desamparado; o por ventura nos han de comer bestias fieras; o por ventura nos han de atajar alguna guerra para que no podamos pasar».

Cuando platicaban estas cosas entre sí, aquel que era principal entre ellos comenzaba a esforzar y consolar a los otros menores, y decíalos de esta manera, yendo andando: «Hijos míos y hemanos míos, no conviene que nadie de vosotros se entristezca ni desmaye por el agüero que habéis oído, que ya teníamos entendido cuando partimos de nuestras casas y de nuestros parientes que veníamos ofrecernos a la muerte, y sus lágrimas y sus lloros que nuestra presencia derramada bien las vimos, porque se acordaron y nos dieron a entender que por ventura en algún despoblado o en alguna montaña o en alguna barranca habían de quedar nuestros huesos, y sembrarse nuestros cabellos, y derramarse nuestra sangre; y esto nos ha venido. No conviene que nadie se haga de pequeño corazón como si fuese mujer temerosa y flaca. Aparejaos como varones para morir; orad a nuestro señor Dios; no curéis de pensar en nada de esto, porque en breve sabremos por experiencia lo que nos ha de acontecer al tiempo que viéremos si algún mal nos ha de acontecer. Entonces lloraremos todos. Porque ésta es la gloria y fama que hemos de dar y dejar a nuestros mayores y señores los mercaderes nobles y de grande estima de donde descendemos. Porque no somos nosotros los primeros ni los postreros a quien estas cosas han acontecido, que muchos antes que nosotros y muchos después de nosotros les acontecerán semejantes casos. Y por esto esforzaos como valientes hombres, hijos míos».

Y donde quiera que llegaban a dormir aquel día, ora fuese debajo de algún árbol, o debajo de alguna lapa, o en alguna cueva, luego juntaban todos sus bordones o cañas de camino que llevaban y los ataban todos juntos en una gavilla; entonces decían que aquellos topiles, así todos atados juntos, eran la imagen de su Dios Yicatecutli, que es el de los mercaderes y tratantes. Y luego delante de aquel manojo de topiles o báculos con gran humildad y reverencia se cortaban las orejas, derramando sangre, y se agujereaban la lengua, pasando por ella mimbres, las cuales ensangrentadas las ofrecían a la gavilla de aquellos báculos que estaban todos atados. Y todos ellos proponían de recibir en paciencia, por honra de su Dios, cualquiera cosa que les aconteciese. De allí adelante no curaban de pensar más en que alguna cosa les había de acontecer adversa por el agüero que habían oído de aquel ave que se llama oactli. Y pasando el término de aquel agüero, si ninguna cosa les acontecía, consolábanse y tomaban aliento y esfuerzo porque su espanto no vino en efecto. Pero algunos de la compañía que eran medrosos y de poco esfuerzo todavía iban con temor de que alguna cosa les había de acontecer, y así ni se alegraban ni hablaban ni podían recebir consolación. Iban como desmayados y pensativos de que alguna cosa les había de acontecer; de ende a algún trecho adelante iban pensando que lo que no les había acontecido antes cerca de la significación de aquel agüero, que por ventura les acontecería adelante. Ninguno se determinaba en lo que podía acontecer, porque, como arriba se dijo, este agüero es indiferente a bien y a mal.

Capítulo III. Del agüero que tomaban cuando oían de noche algunos golpes, como de quien está cortando madera

Cuando alguno de noche oía golpes como de quien corta leña de noche, tomaba mal agüero. A éste llamaban yooaltepuztli; quiere decir «hacha nocturna».

Por la mayor parte este sonido se oía al primer sueño de la noche, cuando todos duermen profundamente y ningún ruido de gente suena. Oían este sonido los que de noche iban a ofrecer cañas y ramos de pino, los cuales eran ministros del templo que se llamaban tlamacacque. Estos tenían por costumbre de hacer este ejercicio o penitencia de noche, que es lo profundo de la noche. Iban a hacer estas ofrendas a las cumbres de los montes comarcanos, y cuando oían golpes como de quien hiende madero con hacha, lo cual de noche suena lejos, espantábanse de aquellos golpes y tomaban mal agüero. Decían que estos golpes eran ilusión de Tezcatlipuca, con que espantaba de noche y burlaba a los que andan de noche.

Y cuando esto oía algún hombre animoso y esforzado, y ejercitado en la guerra, no huía, mas antes seguía el sonido de los golpes hasta ver qué cosa era. Y cuando veía algún bulto de persona, corría a todo correr tras él hasta asirle y ver qué cosa era. Dícese que el que asía a esta fantasma, con dificultad podía aferrar con ella; así corrían gran rato, andando a la zacapella de acá para allá. Cuando ya se fingía cansada la fantasma, esperaba al que la seguía. Entonces parecía al que la seguía que era un hombre sin cabeza; tenía cortado el pescuezo como un tronco, y el pecho teníale abierto, y tenía cada parte como una portecilla, que se abrían y se cerraban, juntándose en el medio, y al cerrar decían que hacían aquellos golpes que se oían lejos. Y aquel a quien había aparecido esta fantasma, ora fuese algún soldado valiente o algún sátrapa del templo animoso, en asiéndola y conociéndola por la abertura del pecho víala el corazón y asía de él, como que se le arrancaba tirando. Estando en esto, demandaba a la fantasma que le hiciese alguna merced, o le pedía alguna riqueza, o le pedía esfuerzo o valentía para cautivar en la guerra a muchos, y a algunos dábales esto que pedían, y a otros no les daba lo que pedían, sino el contrario que era pobreza y miseria y malaventura. Y así decían que en su mano estaba el Tezcatlipuca dar cualquiera cosa que quisiese, adversa o próspera. Y la fantasma, respondiendo a la demanda, decía de esta manera: «Gentil hombre, valiente hombre, amigo mío, fulano, déjame. ¿Qué me quieres? Que yo te daré lo que quisieres». Y la persona a quien esta fantasma le había aparecido, decíala: «No te dejaré que ya te he cazado». Y la fantasma dábale una punta o espina de maguey, diciéndole: «Cata aquí esta espina. Déjame». Y el que tenía a la fantasma asida por el corazón, si era valiente y esforzado, no se contentaba con una espina, y hasta que le daba tres o cuatro espinas no la dejaba.

Estas espinas eran señal que sería próspero en la guerra, y tomaría tantos cautivos cuantas espinas recibió, y que sería próspero y reverenciado en este mundo con riquezas y honras e insignies de valiente hombre. También se decía que el que la asía del corazón a la fantasma y se le arrancaba de presto, sin decirle nada, echaba a huir con el corazón y le escondía y le guardaba con gran diligencia, envolviéndole y atándole fuertemente con algunos paños. Y después a la mañana desenvolvíale y miraba qué era aquello que había arrancado, y si veía alguna cosa buena en el paño, como es pluma floja como algodón o algunas espinas de maguey, como una o dos, tenía señal que le había de venir buenaventura y prosperidad. Y si por ventura hallaba en el paño carbones o algún andrajo o pedazo de manta roto y sucio, en esto conocía que le había de venir malaventura y miseria. Y si aquel que oía estos golpes nocturnos era algún hombre de poco ánimo y cobarde, ni la perseguía ni iba tras ella, sino temblaba de temor y cortábase de miedo. Echábase a gatas porque ni podía correr ni andar. No pensaba otra cosa más de que alguna desgracia le había de venir por razón del mal agüero que había oído. Comenzaba luego a temer que le había de venir enfermedad o muerte o alguna desventura de pobreza y trabajos por razón de aquel mal agüero.

Capítulo IV. Del mal agüero que tomaban del canto del búho, ave

También cuando oían cantar al búho estos naturales de esta Nueva España tomaban mal agüero, ora estuviese sobre su casa ora estuviese sobre algún árbol cerca. Oyendo aquella manera del canto del búho, luego se atemorizaban y pronosticaban que algún mal les había de venir, o de enfermedad o de muerte, o que se los había acabado el término de la vida a alguno de su casa o a todos, o que algún esclavo se le había de huir, o que había de venir su casa y familia a tanto riesgo que todos habían de perecer, y juntamente la casa había de ser asolada y quedar hecha muladar y lugar donde se echasen las inmundicias del cuerpo humano, y que quedase en refrán de la familia y de la casa el decir: «En este lugar vivió una persona de mucha estima y veneración y curiosidad, y ahora no están sino solas las paredes; no hay memoria de quien aquí vivió». En este caso el que oía este canto del búho luego acudía al que declaraba estos agüeros para que le dijese lo que había de hacer.

Capítulo V. Del mal agüero que tomaban del chillido de la lechuza

Cuando alguno sobre su casa oía charrear a la lechuza, tomaba mal agüero. Luego sospechaba que alguno de su casa había de morir o enfermar, en especial si dos o tres veces venía a charrear allí sobre su casa, tenía por averiguado que había de ser verdadera su sospecha. Y si por ventura en aquella casa donde venía a charrear la lechuza estaba algún enfermo, luego le pronosticaban la muerte.

Decían que aquél era el mensajero del Dios Mictlantecutli, que iba y venía al infierno. Por esto le llamaban yautequiua; quiere decir «mensajero del Dios del infierno y diosa del infierno», que andaba llamar a los que le mandaban.

Y si juntamente con el charrear le oían que escarvaba con las uñas, el que le oía, si era hombre, luego le decía: «Está quedo, bellaco ojihondido, que hiciste adulterio a tu padre». Y si era mujer la que oía, decíale: «Vete de ahí puto. ¿Has agujereado el cabello con que tengo de beber allá en el infierno? Ante de esto no puedo ir». Decían que por esto le, injuriaban de esta manera, para escaparse del mal agüero que pronosticaba y para no ser obligados a cumplir su llamamiento.

Capítulo VI. Trata del mal agüero que tomaban cuando veían que la comadreja o mostolilla atravesaba por delante de ellos cuando iban por el camino o por la calle

De este animalejo que se llama comadreja o mostolilla se espantaban y tomaban mal agüero cuando la veían entrar en su casa, o atravesar por delante de sí cuando iban por el camino o por la calle. Y concebían en su corazón mala sospecha de que les había de venir algún mal, o que si algún viaje tomase no le había de suceder bien, que había de caer en manos de ladrones, le había de matar, o que le habían de levantar algún testimonio. Y por esto ordinariamente los que encontraban con este animalejo les temblaban las carnes de miedo y se estremecían, y se les espeluzaban los cabellos. Algunos se ponían yertos o pasmados por tener entendido que algún mal les había de acontecer.

La forma de este animal acá en esta tierra es que son como los de España, que tienen la barriga y pecho blanca, y todo lo demás bermejo.

Capítulo VII. En que se trata del mal agüero que tomaban cuando veían algún conejo entrar en su casa

Los aldeanos y gente rústica, cuando veían que en su casa entraba algún conejo, luego tomaban mal agüero, y concebían en su pecho que les habían de robar la casa, o que alguno de su casa se había de ausentar o esconder por los montes o por las barrancas donde andan los ciervos y conejos. Sobre todas estas cosas iban a consultar a los que tenían oficio de declarar estos agüeros.

Los conejos de esta tierra son como los de España, aunque no tienen tan buen comer.

Capítulo VIII. En que se trata del mal agüero que tomaban los naturales de esta Nueva España cuando encontraban con una sabandija o gusano que la llaman pinauiztli

Cuando quiera que esta sabandija entraba en la casa de alguno, o alguno la encontraba en el camino, luego concebía en su pecho que aquello era señal que había de caer en enfermedad, o que algún mal le había de venir, o que le había alguno de afrontar o avergonzar. Y para en remedio de esto hacían la ceremonia que se sigue. Tomaban aquella sabandija y hacían dos rayas en cruz en el suelo, y poníala en medio de ellas, y escupíala. Y luego decía estas palabras que se siguen, enderezándolas a aquella sabandija: «¿A qué has venido? Quiero ver a qué has venido». Y luego se ponía a mirar hacia a qué parte iría aquella sabandija; y si iba hacia el norte, luego se determinaba en que aquello era señal que había de morir este hombre que la miraba; y si por ventura iba hacia otra parte alguna, luego se determinaba en que no era cosa de muerte aquella señal sino de algún otro infortunio de poca importancia. Y así decía: «Anda, vete donde quisieres. No se me da nada de ti. ¿He de andar pensando por ventura en lo que quisieres decir? Ello se parecerá ante de mucho. No me curo de ti». Y luego tomaba aquella sabandija y poníala en la división de dos caminos, y allí la dejaba. Y algunos, tomándola, pasábanla con un cabello por medio del cuerpo y colgábanla de algún palo, y dejábanla estar allí hasta otro día. Y si otro día no la hallaba, comenzaba a sospechar que le había de venir algún mal; y si por ventura cuando la iba ver otro día la hallaba allí, entonces consolábase teniendo por cierto que no era agüero. Y el echarle escupita o un poco de pulque encima, decían que esto era emborracharla.

Y algunas veces tenían este agüero por indiferente de mal y de bien, porque decían que algunas veces el que encontraba con ella había de encontrar con alguna buena comida.

Esta sabandija es de hechura de araña grande, y el cuerpo grueso, y tiene color bermejo, y a partes oscuro de negro; casi es tamaña como un ratoncillo; no tiene pelos, es lampiña.

Capítulo IX. Que trata del agüero que tomaban cuando un animalejo muy hedionda que se llama épatl entraba en su casa o olían su hedor en alguna parte

Tenían también por mal agüero los naturales de esta Nueva España cuando un animalejo cuya orina es muy hedionda entraba en su casa, o parla en algún agujero dentro de su casa. En tal caso luego concebían mal pronóstico, y era que el dueño de la casa había de morir. Y decían que la causa era porque este animalejo no suele parir en casa alguna, sino en el campo o entre las piedras, en los maizales, donde hay magueyes o tunas. También decían que este animalejo era imagen del Dios que llamaban Tezcatlipuca. Y cuando este animalejo espelía aquella materia hedionda que era la orina, o el mismo estiércol o la ventosidad, decían: «Tezcatlipuca ha ventosiado».

Tiene esta maña este animalejo, que cuando topan con él en casa o fuera, no huye mucho, sino anda accadillando de acá para allá, y cuando el que le persigue va ya cerca para asirle, alza la cola y arrójale a la cara la orina o aquel humor que alanza, muy hediondo, tan recio como si le achase con una jeringa. Y aquel humor cuando se esparce parece de muchas colores, como el arco del cielo; y donde da queda aquel hedor tan impreso que jamás se puede quitar, o a lo menos dura mucho, ora en el cuerpo ora en las vestiduras. Y es el hedor tan recio y tan intenso que no hay hedor tan vivo ni tan penetrativo ni tan asqueroso. Y cuando este hedor es reciente, el que le huele no ha de escupir, y dicen que si escupe, como asqueреando, luego se le vuelve cano todo el cabello. Y por esto los padres y madres amonestaban a sus hijos e hijas que cuando olían este hedor no escupiesen, mas antes apretasen los labios.

Si este animalejo acierta con su orina a dar en los ojos, ciega los ojos. Este animalejo es blanco por la barriga y pechos, y negro en lo demás.

Capítulo X. En que se trata del agüero que tomaban de las hormigas y ranas y ratones en cierto caso

Cuando quiera que alguno veía que en su casa se criaban hormigas y había hormiguero de ellas, luego tomaban mal agüero, teniendo entendido que aquello era señal que habían de tener persecución los de aquella casa de parte de algún malévolo o envidioso, porque tal fama había que las hormigas que se criaban en casa eran significación de aquello arriba dicho, o que los envidiosos y malévolos los echaban dentro de casa por malquerencia y por hacer mal a los moradores, deseándolos enfermedad o muerte o pobreza y desasosiego.

Esto mismo se sentía si alguno en su casa hallaba o veía alguna rana o sapo en las paredes o en el tlapanco o entre los maderos de la casa. Y también tenían entendido que las tales ranas las echaban dentro de casa los malévolos enemigos e envidiosos por malquerencia.

El mismo mal agüero se tomaba cuando alguno veía en su casa unos ratoncillos que tienen unos chillidos distintos de los otros ratones, y desasosiegan la casa. Llaman a éstos tetzauhquimichin.

En todos estos agüeros iban a consultar a los agoreros que lo declaraban y daban remedio contra ellos.

Capítulo XI. Que trata del agüero que tomaban cuando de noche veían estantiguas

Cuando de noche alguno veía alguna estantigua, con saber que eran ilusiones de Tezcatlipuca, pero también tomaban mal agüero en pensar que aquello significaba que el que lo veía había de ser muerto en la guerra o cautivo. Y cuando acontecía que algún soldado valiente y esforzado veía estas visiones, no temía, sino asía fuertemente de la estantigua y demandábala que le diese espinas de maguey, que son señal de fortaleza y valentía, y que había de cautivar en la guerra tantos cautivos cuantas espinas le diese. Y cuando acontecía que un hombre simple y de poco saber veía las tales visiones, luego las escupía o apedreaba con alguna suciedad. A este tal ningún bien le venía, mas antes le venía alguna desdicha o infortunio. Y si algún medroso y pusilánimo veía estas estantiguas, luego se cortaba, luego se le quitaban las fuerzas y luego se le secaba la boca, que no podía hablar; y poco a poco se apartaba de la estantigua para esconderse donde no la viese. Y cuando iba por el camino pensaba que iba tras él la estantigua para tomarle, y en llegando a su casa, abría de presto la puerta y entraba de presto, y cerraba la puerta de su casa, y pasaba a gatas por encima de los que estaban durmiendo, todo espantado y espavorido.

Capítulo XII. Que trata de unas fantasmas que aparecen de noche, que llaman tlacanexquimilli

Cuando de noche veía alguno unas fantasmas que ni tienen pies ni cabeza, las cuales andan rodando por el suelo y dando gemidos como enfermo, las cuales sabían que eran ilusiones de Tezcatlipuca, no obstante esto, cuando las veían, y los que las veían tomaban mal agüero, concibían en su pecho opinión o certidumbre que habían de morir en la guerra o en breve de su enfermedad, o que algún infortunio les había de venir en breve. Y cuando estas fantasmas se aparecían a alguna gente baja y medrosa, arrancaban a huir y perdían el espíritu de tal manera de aquel miedo, que morían en breve o les acontecía algún desastre.

Y si estas fantasmas aparecían a algún hombre valiente y osado, como son soldados viejos, luego se apercibía y disponía, porque siempre andaba con sobresalto de noche, entendiendo que habían de topar alguna cosa y aun las andaban a buscar por todos los caminos y calles, deseando de ver alguna cosa para alcanzar de ella alguna ventura o alguna buena fortuna o algunas espinas de maguey, que son señal de esto. Y si acaso le aparecía alguna de estas fantasmas que andaba a buscar, luego arremetía y se asía con ella fuertemente y decíala: «¿Quién eres tú? Háblame. Mira que no dejas de hablar, que ya te tengo asida, y no te tengo de dejar». Esto repetía muchas veces, andando el uno con el otro a la zacapella. Y después de haber mucho peleando, ya cerca de la mañana, hablaba la fantasma y decía: «Déjame, que me fatigas. Díme lo que quieres, y dártelo he». Luego respondía el soldado y decía: «¿Qué me has de dar?». Respondía la fantasma: «Cata aquí una espina». Respondía el soldado: «No la quiero. ¿Para qué es una espina sola? No vale nada». Y aunque le daba dos o tres o cuatro espinas no la quería soltar hasta que le diese tantas cuantas él quería. Y cuando ya le daba las que él quería, hablaba la fantasma diciendo: «Doite toda la riqueza que deseas para que seas próspero en el mundo». Entonces el soldado dejaba a la fantasma porque ya había alcanzado lo que buscaba y deseaba.

Capítulo XIII. En que se trata de otras fantasmas que aparecían de noche

Había otra manera de fantasma que de noche aparecía, ordinariamente en los lugares donde iban a hacer sus necesidades de noche. Si allí les aparecía una mujer pequeña, enana, que la llamaban cuitlapanton o por otro nombre centlapachton, cuando esta tal fantasma aparecía, luego tomaban agüero que habían de morir en breve, o que le había de acontecer algún infortunio. Esta fantasma aparecía como una mujer pequeña, enana, y que tenía los cabellos largos hasta la cinta, y su andar era como un ánade anda. Cualquiera que veía esta fantasma cobraba gran temor, y el que la veía, si la quería asir, no podía, porque luego desaparecía y tornaba a parecer en otra parte, luego allí junto, y si otra vez probaba a tomarla escabullíase, y todas las veces que probaba se quedaba burlado, y así dejaba de porfiar.

Otra manera de fantasma aparecía de noche y era como una calaberna de muerto. Aparecía de noche, de repente, a alguno o a algunos; luego le saltaba sobre la pantorrilla o detrás de él iba haciendo un ruido como calaberna que iba saltando. El que oía este ruido echaba luego a huir de miedo; y si por ventura se paraba aquél tras quien iba golpeando, también se paraba la calaberna, y si este tal se esforzaba a querer tomar la calaberna, ya que le iba a tomar, burlábale dando un salto a otra parte, y si allí la iba a tomar, otra vez hacía lo mismo hasta tanto que ya el que iba tras ella se cansaba, y de cansado y de miedo la dejaba y huía para su casa.

Otra manera de fantasma aparecía de noche, que era como un difunto que estaba amortajado, y estaba quejando y gemiendo. A los que aparecía esta fantasma, si eran valientes y esforzados, arremetían para asir de ella, y lo que tomaban era un cesped o terrón. Todas estas ilusiones atribuían a Tezcatlipuca.

También tenían por mal agüero a las voces del pito cuando le oían vocear en las montañas, que luego concebían sospecha que les había de venir algún mal.

Asimismo decían que Tezcatlipuca muchas veces se trasformaba en un animal que llaman cóyutl, que es como lobo, y así trasformado poníase delante de los caminantes, como atajándolos el camino para que no pasasen adelante. Y en éste entendía el caminante que algún peligro había adelante de ladrones o robadores, o que alguna otra desgracia le había de acontecer yendo el camino adelante.

Fin del libro de los agüeros

Apéndice del Quinto Libro, de las abusiones que usaban estos naturales

Prólogo

Aunque los agüeros y abusiones parecen ser de un mismo linaje, pero los agüeros por la mayor parte atribuyen a las criaturas lo que no hay en ellas, como es decir que cuando la culebra o comadreja atraviesan por delante de alguno que va camino dicen que es señal de que le ha de acontecer alguna desgracia en el camino, y de esta manera de agüeros está dicho en este Libro V.

Las abosiones de que en este apéndice se trata son al reves que tornan en mala parte las impresiones o influencias que son buenas en las criaturas, como es decir que el olor del jacmín indiano, que ellos llaman umixochitl, es causa de una enfermedad que es como almorranas; y también a la flor que llaman cuetlaxochitl la tribuyen un falso testimonio, que cuando la mujer pasa sobre ella le causa una enfermedad, que también la llaman cuetlaxochitl, la cual se causa en el miembro mujeril.

Y porque los agüeros y las abusiones son muy vecinos, pongo este tratado de las abusiones por apéndice de este Libro Quinto de los agüeros. Y en los agüeros no está todo dicho cuanto hay en el uso, ni tampoco en este apéndice están todas las abusiones de que mal usan, porque siempre van multiplicándose estas cosas que son malas. Y muchos hallarán, así del uno como del otro, cosas que no están aquí puestas.

Fin del prólogo

Capítulo I. Del omixochitl

Hay una flor que se llama omixochitl, de muy buen olor; parece al jacmín en la blancura y en la hechura.

Hay también una enfermedad que parece como almorranas, que se cría en las partes inferiores de los hombres y de las mujeres, y dicen los supersticiosos antiguos que aquella enfermedad se causa de haber olido mucho esta flor arriba dicha, de haberla orinado o de haberla pisado.

Capítulo II. Del cuetlaxochitl

Hay una flor que se llama cuetlaxochitl; son hojas de un árbol muy coloradas.

Hay también una enfermedad entre las mujeres, que se les causa en el miembro mujeril, que también la llaman cuetlaxochitl. Decían los supersticiosos antiguos que esta enfermedad se causaba en las mujeres por haber pasado sobre esta flor arriba dicha, o por haberla olido o por haber sentado sobre ella. Y por esto avisaban a sus hijas que se guardasen de olerla o de sentarse sobre ella o de pasar sobre ella.

Capítulo III. De la flor ya hecha

Decían los viejos supersticiosos que las flores que se componen de muchas flores, con que bailan y que dan a sus convidados, que a nadie le es lícito oler el medio de ella, porque el medio de ella está reservado para Tezcatlipuca, y que los hombres solamente pueden oler las orillas.

Capítulo IV. De los maíces

Decían también los supersticiosos antiguos, y algunos aún ahora lo usan, que el maíz ante que lo echen en la olla para cocerse han de resollar sobre ello, como dándole ánimo para que no terna la cochura. También decían que cuando estaba derramado algún maíz por el suelo, el que lo veía era obligado a cogerlo, y el que no lo cogía hacía injuria al maíz, y el maíz se quejaba de él delante de Dios, diciendo: «Señor, castigad a éste que me vio derramado y no me cogió, o dad hambre porque no me menosprecien».

Capítulo V. De tecuencholhuiliztli; quiere decir «pasar sobre alguno»

Decían también los supersticiosos antiguos que el que pasaba sobre algún niño que estaba sentado o echado, que le quitaba la virtud de crecer, y se quedaría así pequeñuelo siempre. Y para remediar esto decían que era menester tornar a pasar sobre él por la parte contraria.

Capítulo VI. De atliliztli; quiere decir «beber el menor ante del mayor»

Otra abusión tenían sobre el beber. Si bebían dos hermanos, si el menor bebía primero, decíale el mayor: «No bebas primero que yo, porque si bebes primero no crecerás más. Quedarte has como estás ahora».

Capítulo VII. De comiendo en la olla

Otra abusión tenían si alguno comía en la olla, haciendo sopas en ella o tomando de ella la mazamorra con la mano. Decíanle sus padres: «Si otra vez haces esto, nunca serás venturoso en la guerra, nunca cautivarás a nadie».

Capítulo VIII. De tamal mal cocido

Otra abusión tenían cuando se cuecen los tamales en la olla. Algunos se pegan a la olla, como la carne cuando se cuece y se pega a la olla. Decían que el que comía aquel tamal pegado, si era hombre, nunca bien tiraría en la guerra las flechas, y su mujer nunca pariría bien; y si era mujer, que nunca bien pariría, que se la pegaría el niño dentro.

Capítulo IX. Del ombligo

Otra abusión tenían cuando cortaban el ombligo a las criaturas recién nacidas. Si era varón, daban el ombligo a los soldados para que le llevasen al lugar donde se daban las batallas; decían que por esto sería muy aficionado a la guerra el niño. Y si era mujer, enterrábanle el ombligo cerca del hogar, y decían que por esto sería aficionada a estar en casa y hacer las cosas que eran menester para comer.

Capítulo X. De la preñada

Otra abusión tenían. Decían que para que la mujer preñada pudiese andar de noche sin ver estantiguas, era menester que llevase un poco de ceniza en el seno o en la cintura junto a la carne.

Capítulo XI. Que trata del agüero que tomaban cuando de noche veían estantiguas

Cuando de noche alguno veía alguna estantigua, con saber que eran ilusiones de Tezcatlipuca, pero también tomaban mal agüero en pensar que aquello significaba que el que lo veía había de ser muerto en la guerra o cautivo. Y cuando acontecía que algún soldado valiente y esforzado veía estas visiones, no temía, sino asía fuertemente de la estantigua y demandábala que le diese espinas de maguey, que son señal de fortaleza y valentía, y que había de cautivar en la guerra tantos cautivos cuantas espinas le diese. Y cuando acontecía que un hombre simple y de poco saber veía las tales visiones, luego las escupía o apedreaba con alguna suciedad. A este tal ningún bien le venía, mas antes le venía alguna desdicha o infortunio. Y si algún medroso y pusilánimo veía estas estantiguas, luego se cortaba, luego se le quitaban las fuerzas y luego se le secaba la boca, que no podía hablar; y poco a poco se apartaba de la estantigua para esconderse donde no la viese. Y cuando iba por el camino pensaba que iba tras él la estantigua para tomarle, y en llegando a su casa, abría de presto la puerta y entraba de presto, y cerraba la puerta de su casa, y pasaba a gatas por encima de los que estaban durmiendo, todo espantado y espavorido.

Capítulo XII. Que trata de unas fantasmas que aparecen de noche, que llaman tlacanexquimilli

Cuando de noche veía alguno unas fantasmas que ni tienen pies ni cabeza, las cuales andan rodando por el suelo y dando gemidos como enfermo, las cuales sabían que eran ilusiones de Tezcatlipuca, no obstante esto, cuando las veían, y los que las veían tomaban mal agüero, concibían en su pecho opinión o certidumbre que habían de morir en la guerra o en breve de su enfermedad, o que algún infortunio les había de venir en breve. Y cuando estas fantasmas se aparecían a alguna gente baja y medrosa, arrancaban a huir y perdían el espíritu de tal manera de aquel miedo, que morían en breve o les acontecía algún desastre.

Y si estas fantasmas aparecían a algún hombre valiente y osado, como son soldados viejos, luego se apercibía y disponía, porque siempre andaba con sobresalto de noche, entendiendo que habían de topar alguna cosa y aun las andaban a buscar por todos los caminos y calles, deseando de ver alguna cosa para alcanzar de ella alguna ventura o alguna buena fortuna o algunas espinas de maguey, que son señal de esto. Y si acaso le aparecía alguna de estas fantasmas que andaba a buscar, luego arremetía y se asía con ella fuertemente y decíala: «¿Quién eres tú? Háblame. Mira que no dejas de hablar, que ya te tengo asida, y no te tengo de dejar». Esto repetía muchas veces, andando el uno con el otro a la zacapella. Y después de haber mucho peleando, ya cerca de la mañana, hablaba la fantasma y decía: «Déjame, que me fatigas. Díme lo que quieres, y dártelo he». Luego respondía el soldado y decía: «¿Qué me has de dar?». Respondía la fantasma: «Cata aquí una espina». Respondía el soldado: «No la quiero. ¿Para qué es una espina sola? No vale nada». Y aunque le daba dos o tres o cuatro espinas no la quería soltar hasta que le diese tantas cuantas él quería. Y cuando ya le daba las que él quería, hablaba la fantasma diciendo: «Doite toda la riqueza que deseas para que seas próspero en el mundo». Entonces el soldado dejaba a la fantasma porque ya había alcanzado lo que buscaba y deseaba.

Capítulo XIII. En que se trata de otras fantasmas que aparecían de noche

Había otra manera de fantasma que de noche aparecía, ordinariamente en los lugares donde iban a hacer sus necesidades de noche. Si allí les aparecía una mujer pequeña, enana, que la llamaban cuitlapanton o por otro nombre centlapachton, cuando esta tal fantasma aparecía, luego tomaban agüero que habían de morir en breve, o que le había de acontecer algún infortunio. Esta fantasma aparecía como una mujer pequeña, enana, y que tenía los cabellos largos hasta la cinta, y su andar era como un ánade anda. Cualquiera que veía esta fantasma cobraba gran temor, y el que la veía, si la quería asir, no podía, porque luego desaparecía y tornaba a parecer en otra parte, luego allí junto, y si otra vez probaba a tomarla escabullíase, y todas las veces que probaba se quedaba burlado, y así dejaba de porfiar.

Otra manera de fantasma aparecía de noche y era como una calaberna de muerto. Aparecía de noche, de repente, a alguno o a algunos; luego le saltaba sobre la pantorrilla o detrás de él iba haciendo un ruido como calaberna que iba saltando. El que oía este ruido echaba luego a huir de miedo; y si por ventura se paraba aquél tras quien iba golpeando, también se paraba la calaberna, y si este tal se esforzaba a querer tomar la calaberna, ya que le iba a tomar, burlábale dando un salto a otra parte, y si allí la iba a tomar, otra vez hacía lo mismo hasta tanto que ya el que iba tras ella se cansaba, y de cansado y de miedo la dejaba y huía para su casa.

Otra manera de fantasma aparecía de noche, que era como un difunto que estaba amortajado, y estaba quejando y gemiendo. A los que aparecía esta fantasma, si eran valientes y esforzados, arremetían para asir de ella, y lo que tomaban era un cesped o terrón. Todas estas ilusiones atribuían a Tezcatlipuca.

También tenían por mal agüero a las voces del pito cuando le oían vocear en las montañas, que luego concebían sospecha que les había de venir algún mal.

Asimismo decían que Tezcatlipuca muchas veces se trasformaba en un animal que llaman cóyutl, que es como lobo, y así trasformado poníase delante de los caminantes, como atajándolos el camino para que no pasasen adelante. Y en éste entendía el caminante que algún peligro había adelante de ladrones o robadores, o que alguna otra desgracia le había de acontecer yendo el camino adelante.

Fin del libro de los agüeros

Apéndice del Quinto Libro, de las abusiones que usaban estos naturales

Prólogo

Aunque los agüeros y abusiones parecen ser de un mismo linaje, pero los agüeros por la mayor parte atribuyen a las criaturas lo que no hay en ellas, como es decir que cuando la culebra o comadreja atraviesan por delante de alguno que va camino dicen que es señal de que le ha de acontecer alguna desgracia en el camino, y de esta manera de agüeros está dicho en este Libro Quinto.

Las abosiones de que en este apéndice se trata son al reves que tornan en mala parte las impresiones o influencias que son buenas en las criaturas, como es decir que el olor del jacmín indiano, que ellos llaman umixochitl, es causa de una enfermedad que es como almorranas; y también a la flor que llaman cuetlaxochitl la tribuyen un falso testimonio, que cuando la mujer pasa sobre ella le causa una enfermedad, que también la llaman cuetlaxochitl, la cual se causa en el miembro mujeril.

Y porque los agüeros y las abusiones son muy vecinos, pongo este tratado de las abusiones por apéndice de este Libro Quinto de los agüeros. Y en los agüeros no está todo dicho cuanto hay en el uso, ni tampoco en este apéndice están todas las abusiones de que mal usan, porque siempre van multiplicándose estas cosas que son malas. Y muchos hallarán, así del uno como del otro, cosas que no están aquí puestas.

Fin del prólogo

Capítulo I. Del omixochitl

Hay una flor que se llama omixochitl, de muy buen olor; parece al jacmín en la blancura y en la hechura.

Hay también una enfermedad que parece como almorranas, que se cría en las partes inferiores de los hombres y de las mujeres, y dicen los supersticiosos antiguos que aquella enfermedad se causa de haber olido mucho esta flor arriba dicha, de haberla orinado o de haberla pisado.

Capítulo II. Del cuetlaxochitl

Hay una flor que se llama cuetlaxochitl; son hojas de un árbol muy coloradas.

Hay también una enfermedad entre las mujeres, que se les causa en el miembro mujeril, que también la llaman cuetlaxochitl. Decían los supersticiosos antiguos que esta enfermedad se causaba en las mujeres por haber pasado sobre esta flor arriba dicha, o por haberla olido o por haber sentado sobre ella. Y por esto avisaban a sus hijas que se guardasen de olerla o de sentarse sobre ella o de pasar sobre ella.

Capítulo III. De la flor ya hecha

Decían los viejos supersticiosos que las flores que se componen de muchas flores, con que bailan y que dan a sus convidados, que a nadie le es lícito oler el medio de ella, porque el medio de ella está reservado para Tezcatlipuca, y que los hombres solamente pueden oler las orillas.

Capítulo IV. De los maíces

Decían también los supersticiosos antiguos, y algunos aún ahora lo usan, que el maíz ante que lo echen en la olla para cocerse han de resollar sobre ello, como dándole ánimo para que no terna la cochura. También decían que cuando estaba derramado algún maíz por el suelo, el que lo veía era obligado a cogerlo, y el que no lo cogía hacía injuria al maíz, y el maíz se quejaba de él delante de Dios, diciendo: «Señor, castigad a éste que me vio derramado y no me cogió, o dad hambre porque no me menosprecien».

Capítulo V. De tecuencholhuiliztli; quiere decir «pasar sobre alguno»

Decían también los supersticiosos antiguos que el que pasaba sobre algún niño que estaba sentado o echado, que le quitaba la virtud de crecer, y se quedaría así pequeñuelo siempre. Y para remediar esto decían que era menester tornar a pasar sobre él por la parte contraria.

Capítulo VI. De atliliztli; quiere decir «beber el menor ante del mayor»

Otra abusión tenían sobre el beber. Si bebían dos hermanos, si el menor bebía primero, decíale el mayor: «No bebas primero que yo, porque si bebes primero no crecerás más. Quedarte has como estás ahora».

Capítulo VII. De comiendo en la olla

Otra abusión tenían si alguno comía en la olla, haciendo sopas en ella o tomando de ella la mazamorra con la mano. Decíanle sus padres: «Si otra vez haces esto, nunca serás venturoso en la guerra, nunca cautivarás a nadie».

Capítulo VIII. De tamal mal cocido

Otra abusión tenían cuando se cuecen los tamales en la olla. Algunos se pegan a la olla, como la carne cuando se cuece y se pega a la olla. Decían que el que comía aquel tamal pegado, si era hombre, nunca bien tiraría en la guerra las flechas, y su mujer nunca pariría bien; y si era mujer, que nunca bien pariría, que se la pegaría el niño dentro.

Capítulo IX. Del ombligo

Otra abusión tenían cuando cortaban el ombligo a las criaturas recién nacidas. Si era varón, daban el ombligo a los soldados para que le llevasen al lugar donde se daban las batallas; decían que por esto sería muy aficionado a la guerra el niño. Y si era mujer, enterrábanle el ombligo cerca del hogar, y decían que por esto sería aficionada a estar en casa y hacer las cosas que eran menester para comer.

Capítulo X. De la preñada

Otra abusión tenían. Decían que para que la mujer preñada pudiese andar de noche sin ver estantiguas, era menester que llevase un poco de ceniza en el seno o en la cintura junto a la carne.

Capítulo XI. De la casa de la recién parida

Otra abusión tenían, que cuando alguna mujer iba a ver a alguna recién parida y llevaba sus hijoelos consigo, en llegando a la casa de la recién parida, iba al hogar y fregaba con ceniza todas las coyunturas de sus niños, y las sienes. Decían que si esto no se hacía, aquellas criaturas quedarían mancas de las coyunturas, y que todas ellas crujirían cuando las moviesen.

Capítulo XII. De terremoto

Tenían otra abusión: que cuando temblaba la tierra, luego tomaban a sus niños con ambas las manos, por cabe las sienes, y los levantaban en alto. Decían que si no hacían aquello que no crecerían y que los llevaría el temblor consigo. También cuando temblaba la tierra rociaban con agua todas sus alhajas, tomando el agua con la boca y soplándola sobre ellas, y también por los postes y ombrales de las puertas y de la casa. Decían que si no hacían esto que el temblor llevaría aquellas cosas consigo, y los que no hacían esto eran reprehendidos de los otros. Y luego que comenzaba a temblar la tierra, comenzaban a dar grita, dándose con la mano en las bocas para que todos advirtiesen que temblaba la tierra.

Capítulo XIII. Del tenamactli

Otra abusión tenían. Decían que los que ponían el pie sobre las trébedes, que son tres piedras sobre que ponen las ollas sobre el fuego, que por el mismo caso serían desdichados en la guerra, que no podrían huir y que caerían en manos de sus enemigos. Y por eso los padres y madres prohibían a sus hijos que no pusiesen los pies sobre el tenamactli o trébedes.

Capítulo XIV. De la tortilla que dobla en el comal

Tenían otra abusión. Decían que cuando se doblaba la tortilla, echándola en el comal para cocerse, era señal que alguno venía a aquella casa, o que el marido de aquella mujer que cocía el pan, si era ido fuera, venía ya, y había coceado la tortilla porque se dobló.

Capítulo XV. Del lamer el métlatl

Otra abusión tenían. Decían que el que lamiese la piedra en que muelen, que se llama métlatl, se le caerían presto los dientes y muelas. Y por esto los padres y madres prohibían a sus hijos que no lamiesen los metates.

Capítulo XVI. Del que está arrimado al poste

Otra abusión tenían. Decían que los que se arrimaban a los postes serían mentirosos, porque los postes son mentirosos y hacen mentirosos a los que se arriman a ellos. Y por esto los padres y madres prohibían a sus hijos que no se arrimasen a los postes.

Capítulo XVII. Del comer estando en pie

Otra abusión tenían. Decían que las mozas que comían estando en pie que no se casarían en su pueblo sino en pueblos ajenos. Y por esto las madres prohibían a sus hijas que no comiesen estando en pie.

Capítulo XVIII. Del quemar de los escobajos del maíz

Otra abusión tenían, que dondequiera que había alguna mujer recién parida, no echaban en el fuego los escobajos o granzones del maíz, que son aquellas majorquillas que quedan después de desgranada el maíz, que llaman ólotl. Decían que si se quemaban estos escobajos en aquella casa, la cara del niño que había nacido sería pecosa y hoyosa, y para que esto no fuese, habiendo de quemar estos granzones, tocábanlos primero en la cara del niño, llevándolas por encima sin tocar en la carne.

Capítulo XIX. De la mujer preñada

Otra abusión dejaron los antiguos, y es que la mujer preñada se debía de guardar de que no viese a ninguno que horcaban o daban garrote, porque si le veía, decían que el niño que tenía en el vientre nacería con una soga de carne a la garganta. También decían que si la mujer preñada miraba al Sol o la Luna, cuando se eclipsaba, la criatura que tenía en el vientre nacería mellados los bezos; y por esto las preñadas no osaban mirar al eclipsi. Y para que esto no aconteciese, si mirase el eclipsi, poníase una navajuela de piedra negra en el seno que tocase a la carne. También decían que la mujer preñada, si mascaba aquel betún que llaman tzictli, la criatura, cuando naciese, que acontecería aquello que llaman motentzoponiz, que mueren de ello las criaturas recién nacidas; y cáusase de que cuando mama la criatura, si su madre de presto le saca la teta de la boca, lastímase en el paladar y luego queda mortal. También decían que la mujer preñada, si anduviese de noche, la criatura que naciese sería muy lloracera. Y si el padre andaba de noche y veía alguna estantigua, lo que naciese tendría mal de corazón. Y para remedio de esto, la mujer preñada, cuando andaba de noche, poníase unas chinas en el seno o un poco de ceniza del hogar o unos pocos de ajenjos que llaman iztáuhyatl. Y también los hombres se ponían en el seno chinas o pícietl para escusar el peligro del hijo que estaba en el vientre de la madre. Y si esto no hacían, decían que la criatura nacería con enfermedad que llaman ayomama, o con otra enfermedad que llaman cuetzpaliciuiztli, o con lobanillos en las ingles.

Capítulo XX. De la mano de la mona

Tenían otra abusión, y aun todavía lo hay. Los mercaderes y los que venden mantas procuraban de tener una mano de mona. Decían que teniéndola consigo cuando vendían, luego se les vendía su mercadería, y aun ahora se hace esto. Y también cuando no se vende su mercadería, a la noche, volviendo a su casa, ponen entre las mantas dos vainas de chile. Dicen que les dan a comer chile para que luego otro día se venda.

Capítulo XXI. Del majadero y comal

Otra abusión. El que jugaba a la pelota ponía el métlatl y el comal boca abajo en el suelo, y el majadero colgaba en un rincón; y con esto decían que no podría ser ganado, sino que había de ganar. También cuando armaban ratones en casa, ponían el majadero fuera de la casa. Decían que si estuviese dentro de la casa, no caerían los ratones porque el majadero los avisaría para que no cayesen.

Capítulo XXII. De los ratones

Otra abusión tenían. Decían que los ratones saben cuando alguno está amancebado en alguna casa, y luego van allí y royen y agujerean los chiquihuites y esteras y los vasos. Y esto es señal que hay algún amancebado en alguna casa, y llamaban a esto tlazulli. Y cuando a la mujer casada los ratones agujereaban las naoas, entendía su marido que le hacía adulterio. Y sí los ratones agujereaban la manta al hombre, entendía la mujer que le hacía adulterio.

Capítulo XXIII. De las gallinas

Otra abusión tenían. Decían que cuando las gallinas estaban echadas sobre los huevos, si alguno iba hacia ellas calzado con cotaras, no sacarían pollos, y si los sacasen, serían enfermos y luego se morirían. Y para remedio de esto ponían cabe el nido de las gallinas unas cotaras viejas.

Capítulo XXIV. De los pollos

Otra abusión. Decían que cuando nacían los pollos, si algún amancebado entraba en la casa donde estaban, luego los pollos se caían muertos, las patas arriba; y esto llaman tlazolmiqui. Y si alguno de la casa estaba amancebado, o la mujer o el varón, lo mismo acontecía a los pollos, y en esto conocían que había algún amancebado en alguna casa.

Capítulo XXV. De las piernas de las mantas

Otra abusión tenían. Decían que cuando se tejía alguna tela, ora fuese para manta ora para naoas ora para huipil, o si la tela se aflojaba de una parte más que de otra, decían que aquél para quien era era persona de mala vida, y que se parecía en que la tela se paraba bizcornada.

Capítulo XXVI. Del granizo

Otra abusión tenían. Cuando alguno tenía alguna sementera o maíz o de chilli o de chían o frijoles, si comenzaba a granizar, luego sembraba ceniza por el patio de su casa.

Capítulo XXVII. De los brujos

Tenían otra superstición. Decían que para que no entrasen los brujos en casa a hacer daño, era bueno una navaja de piedra negra en una escudilla de agua puesta tras la puerta o en el patio de la casa, de noche. Decían que se veían allí los brujos, y en viéndose en el agua con la navaja de dentro, luego daban a huir, ni osaban más volver aquella casa.

Capítulo XXVIII. De la comida del ratón que sobra

Otra superstición era: decían que el que comía lo que el ratón había roído, pan o queso o otra cosa, que le levantarían algún falso testimonio de hurto o de adulterio o de otra cosa.

Capítulo XXIX. De las uñas

Otra abusión era que los que se cortaban las uñas, echábanlas en el agua. Decían que por esto el animalejo que se llama auítzotl haría que les naciesen bien las uñas, porque es muy amigo de comer las uñas.

Capítulo XXX. Del estornudo

Otra superstición. Decían que el que estornudaba era señal que alguno decía mal de él, o que alguno hablaba de él, o que algunos hablaban de él.

Capítulo XXXI. De los niños o niñas

Otra abusión. Y es que cuando comían o bebían en presencia de algún niño que estaba en la cuna, poníanle un poco en la boca de lo que comían o bebían. Decían que con esto no le daría hipo cuando comiese o bebiese.

Capítulo XXXII. De las cañas verdes del maíz

Otra abusión. Decían que el que comía cañas de maíz verdes de noche, que le daría dolor de muelas o de dientes. Y para que esto no aconteciese, el que comía alguna caña verde de noche, calentábala al fuego.

Capítulo XXXIIII. Del respendar de los maderos

Otra abusión. Decía que si respendaría o se quebraba algún madero de los del edificio de la casa, era señal que alguno de los de la casa había de morir o enfermar.

Capítulo XXXIV. Del métlatl

Otra abusión. Decían que cuando se quebraba la muela de moler, que se llama métlatl, estando moliendo, era señal que la que molía había de morir, o alguno de la casa.

Capítulo XXXV. De la casa nueva por quien sacaba fuego nuevo

Otra abusión. Cuando alguno edificaba alguna casa nueva, habiéndola acabado, juntaba los parientes y vecinos y delante de ellos sacaba fuego nuevo en la misma casa. Y si el fuego salía presto, decían que la habitación de la casa sería buena y apacible. Y si el fuego tardaba en salir, decían que era señal que la habitación de la casa sería desdichada y penosa.

Capítulo XXXVI. Del baño o temaccalli

Otra abusión. Decían que si algún mellizo estaba cerca del baño cuando le calentaban, aunque estuviese muy caliente, le haría esfriarse, y mucho más si era alguno de los que se bañase. Y para remediar esto hacíanle que regase con agua cuatro veces con su mano lo interior del baño, y con esto no se esfriaba, sino calentaba más. Otra abusión tenían cerca de los mellizos. Decían que si entraban donde teñían tochómitl, luego se dañaba la color, y lo que se teñía salía manchado, especialmente lo colorado. Y para remediar esto, dábanle a beber un poco de agua con que teñían. Otra abusión tenían cerca de los mellizos. Decían que si entraba un mellizo donde se cocían tamales, luego los ahojaba, y también a la olla, que no se podían cocer, aunque cociesen un día entero, y salían ametalados, en parte cocidos, en parte crudos. Y para remediar esto hacíanle que él mismo pusiese el fuego a la olla, echando leña debajo de ella. Y si por ventura echaban tamales delante de él en la olla para que se cociesen, el mismo mellizo había de echar uno en la misma olla, y si no, no se cocerían.

Capítulo XXXVII. De cuando los muchachos mudan los dientes

Otra abusión tenían cerca del mudar de, los dientes de los muchachos. Decían que cuando mudaba un diente algún muchacho, su madre o padre echaba el diente mudado en el agujero de los ratones, o mandábalo echar. Decían que si no lo echaban en el agujero de los ratones, no nacería, y que se quedaría desdentado.

Estas abusiones empecen a la fe, y por eso conviene sabellas y predicar contra ellas. Hanse puesto estas pocas, aunque hay muchas más. Los diligentes predicadores y confesores búsquenlas para entenderlas en las confesiones, y para predicar contra ellas, porque son como una sarna que enferma a la fe.

Libro VI. De la retórica y filosofía moral y teología de la gente mexicana, donde hay cosas muy curiosas tocantes a los primores de su lengua y cosas muy delicadas tocantes a las virtudes morales

Prólogo

Todas las naciones, por bárbaras y de bajo metal que hayan sido, han puesto los ojos en los sabios y poderosos para persuadir, y en los hombres eminentes en las virtudes morales, y en. los diestros y valientes en los ejercicios bélicos, y más en los de su generación que en los de las otras. Hay de esto tantos ejemplos entre los griegos y latinos, españoles, franceses e italianos, que están los libros llenos de esta materia. Esto mismo se usaba en esta nación indiana, y más principalmente entre los mexicanos, entre los cuales los sabios retóricos, virtuosos y esforzados, eran tenidos en mucho. Y de éstos elegían para pontífices, para señores y principales y capitanes por de baja suerte que fuesen. Estos regían las repúblicas y guiaban los ejércitos y presidían en los templos. Fueron, cierto, en estas cosas extremados, divotísimos para con sus dioses, celosísimos de sus repúblicas, entre sí muy urbanos, para con sus enemigos muy crueles, para con los suyos humanos y severos. Y pienso que por estas virtudes alcanzaron el imperio, aunque los turó poco; y ahora todo lo han perdido, como verá claro el que cotejare lo contenido en este libro con la vida que ahora tienen. La causa de esto no la digo por estar muy clara. En este libro se verá muy claro que lo que algunos émulos han afirmado, que todo lo escrito en estos libros ante de éste y después de éste son ficciones y mentiras, hablan como apasionados y mentirosos, porque lo que en este libro está escrito no cabe en entendimiento de hombre humano el fingirlo, ni hombre viviente pudiera fingir el lenguaje que en él está. Y todos los indios entendidos, si fueren preguntados, afirmarán que este lenguaje es el propio de sus antepasados, y obras que ellos hacían.

Integerrimo Patri Frati Roderico de Sequera, generali comisario omnium Occidentalis Orbis Terrarum, uno dempto Peru, Frater Bernardinus de Sahagun, utramque felicitalem optat.

Habes hic admodum observande pater, opus regio conspectu dignum: quod quidem acerrimo, ac diutino marte comparatum est: cuius sextus liber hic est: suni el alii sex post hunc: qui omnes duodenarium nunerum complent in quatuor volumina congesti. Hic sextus omnium maior, cum corpore tum vi: grandi tripudio iubilal: te sibi ac fratibus suis, tantum invenise patrem: ut pote nullatenus dubitans, tuis auspiciis ad summan felicitalem una cum fratibus pervenise. Vale, et ubique prosperrime agas, vehementer affecto.

Libro VI. De las oraciones con que oraban a los dioses y de la retórica y filosofía moral y teología, en una misma contestura

Capítulo I. Del lenguaje y afectos que usaban cuando oraban al principal Dios, llamado Tezcatlipuca o Titlacaoa o Yáutl, en tiempo de pestilencia para que se la quitase. Es oración de los sacerdotes, en la cual le confiesan por todopoderoso, no visible ni palpable. Usan de muy hermosas metáforas y maneras de hablar

¡Oh, valeroso señor nuestro, debajo de cuyas alas nos amparamos y defendemos y hallamos abrigo! ¡Tú eres invisible y no palpable, bien así como la noche y el aire! ¡Oh, que yo bajo y de poco valor, me atrevo a parecer delante de vuestra majestad! Vengo a hablar como rústico y tartamudo. Será la manera de mi hablar como quien va saltando camellones o andando de lado, lo cual es cosa muy fea, por lo cual temo de provocar vuestra ira contra mí, y en lugar de aplacaros, temo de indignaros. Pero vuestra majestad hará lo que fuere servido de mi persona. ¡Oh, señor, que habéis tenido por bien de desampararnos en estos días, conforme al consejo que vos tenéis así en el cielo como en el infierno! ¡Ay dolor, que la ira e indignación de vuestra majestad ha descendido en estos días sobre nosotros! Porque las aflicciones grandes y muchas de vuestra indignación nos han anegado y sumido, bien así como piedras y langas y saetas que han descendido sobre los tristes que vivimos en este mundo. Y esto es la gran pestilencia con que somos afligidos y casi destruidos. ¡Oh señor, valeroso y todopoderoso! ¡Ay dolor, que ya la gente popular se va acabando y consumiendo! Gran destrucción y gran estrago hace ya la pestilencia en toda la gente. Y lo que más es de doler, que los niños inocentes y sin culpa, que en ninguna otra cosa entendían, sino en jugar con las pedrezuelas y en hacer montoncillos de tierra, ya mueren como abarrajados y estrellados en las piedras y en las paredes —cosa de ver muy dolorosa y lastimosa— porque ni quedan los que aún no saben andar ni hablar, pero tampoco los que están en las cunas.

¡Oh señor, que todo va abarrisco: los menores, medianos y mayores, viejos y viejas, y la gente de mediana edad, hombres y mujeres. No queda piante ni mamante; ya se asuela y destruye vuestro pueblo y vuestra gente y vuestro caudal! ¡Oh señor nuestro, valerosísimo y humanísimo y amparador de todos! ¿Qué es esto, que vuestra ira e indignación se gloria y se recrea en arrojar piedras, langas y saetas? El fuego de pestilencia muy encendido está en vuestro pueblo como el fuego en la sabana que va ardiendo y humeando, que ninguna cosa deja enhiesta ni sana. Ejercitáis vuestros colmillos despedazadores y vuestros azotes lastimeros sobre el miserable de vuestro pueblo, flaco y de poca sustancia, bien así como una cañaheja verde. Pues, ¿qué es ahora, señor nuestro, valeroso, piadoso, invisible, impalpable, a cuya voluntad obedecen todas las cosas, de cuya disposición pende el regimiento de todo el orbe, a quien todo está sujeto, qué es lo que habéis determinado en vuestro divino pecho? ¿Por ventura habéis determinado de desamparar del todo a vuestro pueblo y a vuestra gente? ¿Es verdad que habéis determinado de que perezca totalmente, y no haya más memoria de él en el mundo, y que el sitio donde están poblados sea una montaña de árboles o un pedregal despoblado? ¿Por ventura los templos y oratorios y altares y lugares edificados a vuestro servicio habéis de permitir que se destruyan y asuelen y no haya más memoria de ellos? ¿Es posible que vuestra ira y vuestro castigo y la indignación de vuestro enojo es del todo inaplacable y que ha de proceder hasta llegar al cabo de nuestra destrucción? ¿Está ya así determinado en el vuestro divino consejo que no se nos ha de hacer misericordia, ni habéis de haber piedad de nosotros, sino que se han de acabar las saetas de vuestro furor en nuestra total destrucción y perdición? ¿Es posible que este azote y este castigo no se nos da para nuestra corrección y emienda, sino para total destrucción y asolación, y que no ha más de resplandecer el Sol sobre nosotros, sino que estemos en perpetuas tinieblas y en eterno silencio, y que nunca más nos habéis de mirar con ojos de misericordia, ni poco ni más? ¿De esta manera queréis destruir los tristes enfermos que no se pueden revolver de una parte a otra, ni tienen un momento de descanso, y tienen la boca y dientes llenos de tierra y sarro? Es gran dolor de decir que ya todos estamos en tinieblas y no hay seso ni sentido para ayudar el uno al otro, ni para mirar el uno por el otro. Todos están como borrachos y sin seso, sin esperanza de ninguna ayuda. Ya los niños chiquitos perecen de hambre porque no hay quien los dé de comer ni de beber, ni quien les consuele ni regale, ni aun quien dé el pecho a los que aún mamaban. Esto a la verdad acontece por sus padres y madres se haber muerto, y los dejaron huérfanos y desamparados, sin ningún abrigo; padecen por los pecados de sus padres.

¡Oh, señor nuestro, todo piadoso y misericordioso y nuestro amparo! Dado que vuestra ira y vuestra indignación y vuestras saetas y piedras han gravemente herido a esta pobre gente, sea esto castigo como de padre o madre que castigan a sus hijos, tirándolos de las orejas y pellizcándolos en los sobacos, azotándolos con orticas, y derramando sobre ellos agua muy fría, y todo esto se hace para que se emienden de sus mocedades y niñerías. Pues ya es así, que vuestro castigo y vuestra indignación se ha enseñoreado, y ha gloriosamente prevalecido sobre estos vuestros siervos, sobre esta pobre gente, bien así como las gotas del agua que después de haber llovido sobre los árboles y cañas verdes, tocándoles el aire, caen sobre los que están debajo de los árboles o cañas. ¡Oh, señor humanísimo!, bien sabéis que la gente popular son como niños, que después de haber sido azotados y castigados lloran y sollozan y se arrepienten de lo que han hecho. Por ventura ya esta gente pobre, por razón de vuestro castigo, lloran y suspiran y se reprehenden a sí mismos, y están murmurando de sí mismos; en vuestra presencia se acusan y tachan en sí sus malas obras, y se castigan por ellas. ¡Señor nuestro, humanísimo, piadosísimo, nobilísimo, preciosísimo, baste ya el castigo pasado y séales dado término para se enmendar! No sean acabados aquí, sino otra vez cuando ya no se enmendaren. Perdonaldos y disimulad sus culpas; cese ya vuestra ira y vuestro enojo; recogelda ya dentro de vuestro pecho para que no haga más daño; descanse ya y recójase ya vuestro coraje y vuestro enojo, que a la verdad de la muerte no se pueden escapar ni huir para ninguna parte. Debemos tributo a la muerte, y sus vasallos somos cuantos vivimos en el mundo, y este tributo todos le pagan a la muerte. Nadie dejará de seguir a la muerte, que es vuestro mensajero, a la hora que fuere enviado, que esta muerte tiene hambre y sed de tragar a cuantos hay en el mundo, y es tan poderosa que nadie se le podrá escapar; entonces todos serán castigados conforme a sus obras.

¡Oh, señor piadosísimo! A lo menos apiadaos y habed misericordia de los niños que están en las cunas y de los niños que aún no saben andar, ni tienen otro oficio, sino burlarse con las pedrecillas y hacer montoncillos de tierra. Habed también misericordia, señor, de los pobres misérrimos que no tienen qué comer ni con qué cubrirse ni en qué dormir, ni saben qué cosa es un día bueno; todos sus días pasan con dolor y aflicción y tristeza. No convendría, señor, que os olvidásedes de haber misericordia de los soldados y hombres de guerra que en algún tiempo los habréis menester, y mejor será que muriendo en la guerra vayan a la casa del Sol y allí sirvan de comida y bebida, que no que mueran de esta pestilencia y vayan al infierno.

¡Oh, señor valerosísimo, amparador de todos, y señor de la tierra y gobernador del mundo y señor de todos! Baste ya el pasatiempo y contento que habéis tomado en el castigo que está hecho. Acábese ya, señor, este humo y esta niebla de vuestro enojo; apáguese ya este fuego quemante y abrasante de vuestra ira; venga serenidad y claridad; comienzen ya las avecillas de vuestro pueblo a cantar y a escogollarse al Sol; daldes tiempo sereno en que os llamen y que hagan oración a vuestra majestad, y os conozcan. ¡Oh, señor nuestro, valerosísimo, piadosísimo, nobilísimo! Esto poquito he dicho delante de vuestra majestad y no tengo más que decir, sino postrarme y arrojarme a vuestros pies, demandando perdón de las faltas que en mi oración he hecho. Por cierto no querría quedar en la desgracia de vuestra majestad, y no tengo más que decir.

Capítulo II. Del lenguaje y afectos que usaban cuando oraban al principal de los dioses, llamado Tezcatlipuca y Yoalli Ehécatl, demandándole socorro contra la pobreza. Es oración de los sátrapas, en la cual le confiesan por señor de las riquezas descanso y contento y placeres, y dador de ellas, y señor de la abundancia

¡Oh, señor nuestro, valerosísimo, humanísimo, amparador! Vos sois el que nos dais vida y sois invisible y no palpable, señor de todos y señor de las batallas. Aquí me presento delante de vuestra majestad, que sois amparador y defensor; aquí quiero decir algunas pocas palabras a vuestra majestad por la necesidad que tienen los pobres populares y gente de baja suerte y de poco caudal en hacienda, y menos en el entender y discreción, que cuando se echan a la noche no tienen nada, ni tampoco cuando se levantan a la mañana; pásaseles la noche y el día en gran pobreza. Sepa vuestra majestad que vuestros vasallos y siervos padecen gran pobreza, tanto cuanto no se puede encarecer más de que es grande su pobreza y desamparo. Los hombres no tienen una manta con que se cobijen, ni las mujeres alcanzan unas naoas con que se envuelvan y atapen sus carnes, sino algunos andrajos por todas partes rotos y que por todas partes entra el aire y el frío. Con gran trabajo y gran cansancio pueden allegar lo que es menester para comer cada día, andando por las montañas y páramos buscando su mantenimiento. Andan tan flacos y tan descaecidos que traen las tripas apegadas a las costillas y todo el cuerpo repercutido; andan como espantados en la cara y el cuerpo como imagen de muerte. Y estos tales, si son mercaderes, solamente venden sal en panes y chile desechado, que la gente que algo tiene no cura de estas cosas ni las tiene en nada. Y ellos las andan a vender de puerta en puerta y de casa en casa, y cuando estas cosas no se les venden, asiéntanse muy tristes cerca de algún seto o de alguna pared o en algún rincón. Allí están relamiendo los bezos y royendo las uñas de las manos con la hambre que tienen; allí están mirando a una parte y a otra; están mirando a la boca de los que pasan, esperando que los digan alguna palabra.

¡Oh, señor nuestro, muy piadoso! Otra cosa no menos dolorosa quiero decir: que la cama en que se echan no es para descansar, sino para padecer tormento en ella. No tienen sino un andrajo que echan sobre sí de noche; de esta manera duermen, y en cama de tal manera como está dicho arrojan sus cuerpos. Y los hijos que los habéis dado por la miseria en que se crían, por la falta de la comida y no tener con qué cubrirse, traen la cara amarilla y todo el cuerpo de color de tierra, y andan temblando de frío. Algún andrajo traen estos tales en lugar de manta atado al cuello, y otro semejante las mujeres atado por las caderas. Y andan apegada la barriga con las costillas; puédenlos contar todos sus huesos; andan accadillando con flaqueza, no pudiendo andar; andan llorando y suspirando y llenos de tristeza; toda la desventura junta está en ellos; todo el día no se quitan de sobre el fuego: allí hallan un poco de refrigerio.

¡Oh, señor nuestro, humanísimo, invisible e impalpable! Suplícoos tengáis por bien de apiadaros de ellos y de conocerlos por vuestros vasallos y siervos. Pobrecitos, que andan llorando y suspirando, llamándoos y clamando en vuestra presencia y deseando vuestra misericordia con angustia de su corazón.

¡Oh, señor nuestro, en cuyo poder está dar todo contento y refrigerio y dulcedumbre y suavidad y riqueza y prosperidad! Porque vos solo sois el señor de todos estos bienes, suplícoos hayáis misericordia de ellos porque vuestros siervos son. Suplícoos, señor, tengáis por bien de que experimenten un poco de vuestra ternura y regalo y de vuestra dulcedumbre y suavidad, que a la verdad tienen grande necesidad y gran trabajo. Suplícoos que levanten su cabeza con vuestro favor y ayuda. Suplícoos tengáis por bien de que tengan algunos días de prosperidad y descanso. Suplícoos tengan algún tiempo en que su carne y sus huesos reciban alguna recreación y holgura; tened por bien, señor, que duerman y reposen con descanso. Suplícoos les deis días de vida prósperos y pacíficos. Cuando fuerdes servido les podéis quitar y esconder y ocultar lo que les habéis dado, como lo hayan gozado algunos pocos días, como quien goza de alguna flor olorosa y hermosa que en breve tiempo se marchita. Y esto cuando les fuere causa de soberbia y de presunción y altivez las mercedes que les habéis hecho, y con ellas se hicieren briosos y presuntuosos y atrevidos; entonces las podéis dar a los tristes, llorosos y angustiados, pobres y menesterosos que son humildes y obedientes y serviciales y familiares en vuestra casa, y hacen vuestro servicio con grande humildad y diligencia y os dan su corazon muy de veras. Y si este pueblo por quien te ruego y suplico que le hagas bien no conociere el bien que le dieres, le quitarás el bien y echarle has la maldición que le venga todo el mal para que sea pobre, necesitado, y manco y cojo, ciego y sordo, y entonces se espantará y verá el bien que tenía y en qué ha parado, y entonces te llamará y se acogerá a ti, y no le oirás porque en el tiempo de la abundancia no conoció el bien que le hicistes.

En conclusión, suplícoos, señor nuestro, humanísimo y beneficentísimo, que tenga por bien vuestra majestad de dar a gustar a este pueblo las riquezas y haciendas que vos soléis dar y de vos suelen salir, que son dulces y suaves y que dan contento y regalo, aunque no sea sino por breve tiempo y como sueño que pasa. Porque, cierto, ha mucho tiempo que anda triste y pensativo y lloroso delante de vuestra majestad por el angustia y trabajo y afán que siente su cuerpo y su corazón, sin tener descanso ni placer alguno. Y de esto no hay duda ninguna, sino que a este pobre pueblo y menesteroso y desabrigado le acontece todo lo que tengo dicho. Y esto por sola vuestra liberalidad y magnificencia lo habéis de hacer, que ninguno es digno ni merecedor de recibir vuestras larguezas por su dignidad y merecimiento, sino que por vuestra benignidad sacáis debajo del estiércol y buscáis entre las montañas a los que son vuestros servidores y amigos y conocidos para levantarlos a riquezas y dignidades.

¡Oh, señor nuestro, humanísimo! Hágase vuestro beneplácito como lo tenéis en vuestro corazón ordenado. Y no tengo más que decir, yo hombre rústico y común, ni quiero con importunación y prolijidad dar fastidio y enojo a vuestra majestad, de donde proceda mi mal y mi perdición y mi castigo. ¿Adónde hablo?

¿Adónde estoy? Hablando con vuestra majestad, bien sé que estoy en un lugar muy eminente y hablo con una persona de gran majestad, en cuya presencia corre un río que tiene una barranca profundísima y precisa o tajada, y asimismo está en vuestra presencia un resbaladero donde muchos se despeñan. No hay nadie que no yerre delante vuestra majestad; y yo, hombre de poco saber y muy defectuoso en el hablar, en haberme atrevido a hablar delante vuestra majestad, yo mismo me he puesto al peligro de caer en la barranca y cima de este río. Yo con mis manos he venido a tomar ceguedad para mis ojos y pudrimiento y tollamiento para mis miembros, y pobreza y aflicción para mi cuerpo por mi bajeza y rusticidad; esto es lo que yo merezco recibir. Vivid y reinad para siempre, vos que sois nuestro señor y nuestro abrigo y amparo, humanísimo, piadosísimo, invisible e impalpable, en toda quietud y asosiego.

Capítulo III. Del lenguaje y afectos que usaban cuando oraban al principal Dios, llamado Tezcatlipuca, y Yáutl, Nécoc Yáutl, Monequi, demandándole favor en tiempo de guerra contra sus enemigos. Es oración de los sátrapas que contiene muy delicadas metáforas y muy elegante lenguaje; En ella manifiestamente se ve que creían que todos los que morían en la guerra iban a la casa del Sol, donde gozaban de deleites eternos

Señor nuestro, humanísimo, piadosísimo, amparador y defensor, invisible e impalpable, por cuyo albedrío y sabiduría somos regidos y gobernados, debajo de cuyo imperio vivimos, señor de las batallas, es cosa muy cierta y averiguada que comienza a fabricarse, ordenarse y formarse y concertarse gran guerra. El Dios de la tierra abre la boca con hambre de tragar la sangre de muchos que morirán en esta guerra. Parece que se quieren regocijar el Sol y el Dios de la tierra, llamado Tlaltecutli. Quieren dar de comer y beber a los dioses del cielo y del infierno, haciéndoles convite con sangre y carne de los hombres que han de morir en esta guerra. Ya están a la mira los dioses del cielo y del infierno para ver quiénes son los que han de vencer y quiénes son los que han de ser vencidos, quiénes son los que han de matar y quiénes son los que han de ser muertos, cuya sangre ha de ser bebida, cuya carne ha de ser comida. De lo cual están ignorantes los padres y madres nobles, cuyos hijos han de morir; asimismo lo ignoran todos sus parientes y afines, y las amas que los criaron cuando niños y los dieron la leche con que los criaron, por los cuales sus padres padecieron muchos trabajos buscándolos las cosas necesarias de comer y beber y vestir y calzar, hasta ponerlos en la edad en que ahora están. Ciertamente no adivinaban el fin que habían de haber los hijos que con mucho trabajo criaron, o si habían de ser cautivos o si habían de ser muertos en el campo.

Tened otrosí por bien, ¡oh, señor nuestro! que los nobles que murieren en el contraste de la guerra sean pacífica y jocundamente recibidos del Sol y de la tierra, que son padre y madre de todos, con entrañas de amor. Porque a la verdad no os engañáis en lo que hacéis, conviene a saber, en querer que mueran en la guerra, porque a la verdad para esto los enviastes a este mundo, para que con su carne y su sangre den de comer al Sol y a la tierra.

No te ensañes, señor, ahora nuevamente en éstos, al ejercicio de la guerra, porque en el mismo lugar donde éstos morirán han muerto gran cantidad de generosos y nobles señores, y capitanes y valiente hombres, porque la nobleza y generosidad de los nobles y generosos en el ejercicio de la guerra se manifiesta y se señala. Y allí dais, señor, a entender de cuánta estima y preciosidad es cada uno, para que por tal sea tenido y honrado, bien así como piedra preciosa y plumaje rico.

¡Oh, señor humanísimo, señor de las batallas, emperador de todos, cuyo nombre es Tezcatlipuca, invisible e impalpable! Suplícoos que aquel o aquellos que permitiéredes morir en esta guerra sean recibidos en la casa del Sol, en el cielo, con amor y con honra, y sean colocados y aposentados entre los valientes y famosos que han muerto en la guerra, conviene a saber, con el señor Quitziccuacuatzin, y con el señor Maceuhcatzin, y con el señor Tlacauepantzin, y con el señor Ixtlilcuecháuac, y con el señor Ilhuitl Témuc, y con el señor Chauacuetzin, y con todos los demás valientes y famosos hombres que han muerto en las guerras ante de ésta, los cuales están haciendo regocijo, y aplauso a nuestro señor el Sol, con el cual se gozan y están ricos de perpetuo gozo y riqueza, y que nunca se les acabará, y siempre andan chupando el dulzor de todas las flores dulces y suaves de gustar. Este es gran deporte a los valientes y esforzados que murieron en la guerra, y con esto se embriagan de gozo y no se les acuerda ni tienen cuenta con noche ni con día, y no tienen cuenta con años ni con tiempos, porque su gozo y su riqueza es sin fin, y las flores que chupan nunca se marchitan y son de gran suavidad, con deseo de las cuales se esforzaron a morir los hombres de buena casta.

En conclusión, lo que ruego a vuestra majestad, que sois nuestro señor humanísimo, nuestro emperador invictísimo, es que tengáis por bien que los que murieren en esta guerra sean recibidos con entrañas de piedad y de amor de nuestro padre el Sol y de nuestra madre la tierra, porque vos solo vivís y reináis y sois nuestro señor humanísimo. No solamente ruego por aquellos muy principales y muy generosos y nobles, pero también por todos los demás soldados que son afligidos y atormentados en su corazón y claman en vuestra presencia, llamándoos, que no tienen en nada sus vidas, que sin temor se arrojan a los enemigos con deseo de morir, concedeldos si quiera alguna partecilla de lo que quieren y desean, que es algún reposo y descanso en esta vida. O si acá en el mundo no han de medrar, señalaldos por servidores y oficiales del Sol para que administren comida y bebida a los del infierno y a los del cielo. Y aquellos que han de tener cargo de regir la república o han de ser tlacatéccatl o tlacochcálcatl, dadlos habilidad para que sean padres y madres de la gente de guerra que andan por los campos y por los montes y suben los riscos y descienden a las barrancas; y en su mano ha de estar el sentenciar a muerte a los enemigos y criminosos, y también ha de estar en su mano el destribuir vuestras dignidades, que son los oficios y armas de la guerra, como son rodelas y las demás armas e insignias, como privilegiar a los que han de traer barbotes y borlas en la cabeza, y orejeras y pinjantes y brazaletes y cueros amarillos atados a las gargantas de los pies, y que han de privilegiar y declarar la manera de los maxtles y de las mantas que a cada uno conviene traer. Estos mismos han de dar licencia a los que han de usar y traer piedras preciosas, como son chalchihuites y turquesas, y quién ha de traer plumas ricas en los areítos, y quién ha de usar de collares y joyas de oro, todo lo cual son dones delicados y preciosos que salen de vuestras riquezas y hacéis merced a los que hacen hazañas y valentía en la guerra.

Ruego asimismo a vuestra majestad que hagáis mercedes de vuestra largueza a los demás soldados bajos. Daldos algún abrigo y buena pasada en este mundo, y haceldos esforzados y osados, y quitad toda cobardía de su corazón, para que con alegría, no solamente con alegría, reciban la muerte, pero que la deseen y la tengan por suave y dulce, y que no teman las espadas ni las saetas, mas que las tengan por cosa dulce y suave, como a flores y manjares suaves, ni teman ni se espanten de la grita y alaridos de sus enemigos; esto haced con ellos como con vuestros amigos. Y por cuanto es vuestra majestad señor de las batallas y de cuya voluntad depende la victoria, y a quien quisiéredes ayudáis, y a quien quisiéredes desampararáis, y no tenéis necesidad de que nadie os dé consejo, y pues que esto es así, suplico a vuestra majestad que desatinéis y emborrachéis a nuestros enemigos para que se arrojen en nuestras manos y, sin hacernos daño, cayan todos en las manos de nuestros soldados y peleadores que padecen pobreza y trabajos.

¡Oh, señor nuestro! Tenga por bien vuestra majestad, pues que sois Dios y lo podéis todo y lo ordenáis todo y entendéis en disponer todas las cosas y en ordenar y disponer, que esta vuestra república sea rica y próspera y ensalzada y honrada y afamada en los ejercicios y valentías de la guerra, y que vivan y que sean prósperos aquellos en quien está ahora el ejercicio de la guerra, que sirven al Sol. Y si en algún tiempo adelante tuviéredes por bien que mueran en la guerra, sea para que vayan a la casa del Sol con los varones famosos y valientes que allá están y murieron en la guerra.

Capítulo IV. Del lenguaje y afectos que usaban cuando oraban al principal Dios, llamado Tezcatlipuca, Teyocoyani, Teimatini, primer proveedor de las cosas necesarias, demandando favor para el señor recién electo para que hiciese bien su oficio. Es oración de los sátrapas que contiene sentencias muy delicadas

Hoy, día bienaventurado, ha salido el Sol; hanos alumbrado; hanos comunicado su claridad y su resplandor en que se ha labrado una piedra preciosa, un precioso zafiro. Hanos aparecido una nueva lumbre; hanos llegado una nueva claridad; hásenos dado una hacha muy resplandeciente que ha de regir y gobernar nuestro pueblo, y ha de tomar a cuestas los negocios y trabajos de nuestra república. Ha de ser imagen y sustituto de los señores y gobernadores que ya pasaron de esta vida, los cuales algunos días trabajaron en llevar a cuestas las pesadumbres de esta vuestra gente y vinieron a poseer vuestro trono y vuestra silla, que es la principal dignidad de este vuestro pueblo y provincia y reino, la cual tuvieron y poseyeron en vuestro nombre y en vuestra persona algunos pocos días. Ya son idos, ya pasaron de esta vida y dejaron aquella gran carga que trajeron a cuestas, carga de gran peso y de gran fatiga y que pocos la pueden sufrir. Y ahora estamos maravillados cómo has puestos tus ojos en este hombre rústico y de poco saber, N, para que algunos días o algún poco tiempo tenga el gobierno de vuestra república y de vuestro pueblo, provincia o reino.

¡Oh, señor nuestro, humanísimo! ¿Tenéis por ventura falta de personas y de amigos? No, por cierto, que tantos tenéis que no se pueden contar vuestros amigos. Y este rústico y persona baja, ¿cómo habéis puesto los ojos en él? ¿Es por ventura por yerro o por no le conocer, o es por ventura que le habéis puesto prestado entre tanto que buscáis otro que lo haga mejor que este rústico e indiscreto y desatentado y hombre sin provecho y hombre que vive en este mundo por demás? Finalmente hacemos gracias a vuestra majestad por la merced que nos habéis hecho, y lo que en esto pretendéis vos solo lo sabéis; por ventura ya está proveído de este oficio. Hágase vuestra voluntad según la determinación de vuestro corazón. Por ventura por algunos días y tiempos os servirá, aunque defectuosamente, en este oficio, o por ventura dará desasosiego y pondrá espanto, o por ventura hará las cosas sin consejo y sin consideración, o por ventura, teniéndose por digno de aquella dignidad, pensará que mucho tiempo permanecerá en ella, o por ventura se le volverá ensueño, o por ventura le será ocasión de soberbia y de presunción esta dignidad que vuestra majestad le ha dado y menospreciará a todos, o por ventura andará con pompa y con fausto.

Vuestra majestad sabe a qué se ha de inclinar desde aquí a pocos días, porque nosotros los hombres somos vuestro expectáculo o vuestro teatro de quien vos os reís y os regocijáis. Por ventura perderá su dignidad por sus niñerías o por su descuido y pereza, que a la verdad ninguna cosa se esconde a vuestra majestad, porque vuestra vista penetra las piedras y maderos, y también vuestro oído. O por ventura la perderá por la arrogancia y jactancia interior de sus pensamientos, y por esta causa daréis con él en el muradal y le arrojaréis en el estiércol, y su merecido será ceguedad y tullimiento y extrema pobreza hasta la hora de su muerte, donde le pondréis debajo de vuestros pies. Y pues que este pobre está puesto en este peligro y en este riesgo, suplícoos, pues que sois nuestro señor y amparador, invisible e impalpable, por cuya virtud vivimos y debajo de cuya voluntad y albedrío estamos y que vois solo disponéis y proveéis en todo, que tengáis por bien de hacer misericordia con este pobre y menesteroso vuestro vasallo y siervo, ciego y privado de los ojos, de le proveer de vuestra lumbre y resplandor, para que sepa lo que ha de hacer, lo que ha de obrar, y el camino que ha de llevar para no errar en su oficio, según vuestra disposición y voluntad.

Vuestra majestad sabe lo que le ha de acontecer de día y de noche en su oficio. ¡Oh, señor nuestro, humanísimo! Sabemos que nuestros caminos y obras no están tanto en nuestra mano como en la mano del que nos mueve. Si alguna cosa aviesa o malhecha hiciere en la dignidad que le habéis dado y en la silla en que le habéis puesto, que es vuestra, donde está tratando los negocios populares como quien lava cosas sucias con agua muy clara y muy limpia, en la cual silla y dignidad tiene el mismo oficio de lavar vuestro padre y madre de todos los dioses, el antiguo, que es el Dios del fuego, que está en medio de las flores y en medio del alverque cercado de cuatro paredes, y está cubierto con plumas resplandecientes que son como las almenas, lo que este electo hiciere mal hecho, con que provoque vuestra ira e indignación y despierte vuestro castigo contra sí, no será de su albedrío o de su querer, sino de vuestra permisión, o de alguna otra sugestión vuestra o de otro. Por lo cual os suplico tengáis por bien de abrirle los ojos y darle lumbre y abrirle las orejas y guialde a este pobre electo, no tanto por lo que es él, sino principalmente por aquellos a quien ha de regir y llevar a cuestas. Suplico ahora desde el principio le inspiréis lo que ha de hacer, y le infundáis en su corazón el camino que ha de llevar, pues que le habéis hecho vuestra silla en que os habéis de asentar, y también le habéis hecho como flauta vuestra para, tañendo, significar vuestra voluntad. Hacelde, señor, como verdadera imagen vuestra, y no permitáis que en vuestro trono y en vuestro estrado se ensobebezca o altivezca; mas antes tened, señor, por bien que asosegadamente y cuerdamente rija y gobierne a aquellos de quien tiene cargo, que es la gente popular, y no permitáis, señor, que agravie ni veje a sus súbditos, ni sin razón y sin justicia eche a perder a nadie; y no permitáis, señor, que amancille y ensucie vuestro trono y vuestro estrado con alguna injusticia o agravio, que haciendo esto pondrá también mácula en vuestra honra y en vuestra fama.

Ya, señor, este pobre hombre ha aceptado y recibido la honra y señorío que vuestra majestad le ha dado; ya tiene la posesión de la gloria y riquezas; ya, señor, le habéis adornado las manos y los pies y la cabeza, orejas y bezos con barbote y orejeras y con brazaletes y con cuero amarillo para las gargantas de los pies. No permitas, señor, que estos atavíos e insignias y ornamentos le sean causa de altivez y presunción, mas antes tened por bien, señor, que os sirva con humildad y llaneza.

¡Oh, señor nuestro humanísimo! Tened por bien que rija y gobierne vuestro señorío que ahora le habéis encomendado con toda prudencia y sabiduría. Plégaos, señor, de ordenar y tener por bien que ninguna cosa haga mal hecha con que os ofenda, y tened por bien de andar con él y guiarle en todo. Y si esto no habéis de hacer, ordenad desde luego que sea aborrecido y mal querido, y muera en la guerra a manos de sus enemigos, y se vaya a la casa del Sol, donde será guardado como una piedra preciosa y estimado su corazon como un zafiro, y entregue su cuerpo y su corazón al señor Sol, moriendo en la guerra como hombre valeroso y esforzado. Muy mejor le estará esto que ser deshonrado y menospreciado en este mundo, y mal querido y aborrecido de los suyos por sus faltas o defectos.

¡Oh, señor, humanísimo que proveéis a todos de lo necesario! Tened por bien que esto se haga así como os lo tengo rogado y suplicado.

Capítulo V. Del lenguaje y afectos que usaban cuando oraban al mayor de los dioses, llamado Texcatlipuca, Titlacaoa, Moquequeloa, después de muerto el señor, para que los diese otro. Es oración del mayor sátrapa, donde se ponen muchas delicadeces en sentencia y en lenguaje

Señor nuestro, ya vuestra majestad sabe como es muerto N; ya lo habéis puesto debajo de vuestros pies; ya está en su recogimiento; ya es ido por el camino que todos hemos de ir y a la casa donde hemos de morar, casa de perpetuas tinieblas donde ni hay ventana ni luz ninguna; ya está en el reposo donde nadie le desasosegará. Hizo acá su oficio en serviros algunos días y años, no sin culpas y sin ofensas de vuestra majestad, y dístele en este mundo a gustar algún tanto de vuestra suavidad y dulzura, como pasándosela por delante de la cara, como cosa que pasa de presto. Esto es la dignidad del oficio en que le posistes, en que algunos días os servió, como está dicho, con suspiros y con lloros y con oraciones devotas delante vuestra majestad.

¡Ay dolor, que ya se fue a donde está nuestro padre y nuestra madre, el Dios del infierno, aquel que descendió cabeza abajo al fuego, el cual desea llevarnos allá a todos con mue importuno deseo, como quien muere de hambre y de sed, el cual está en grandes tormentos de día y de noche, dando voces y demandando que vayan allá muchos! Ya está allá con él este N, y con todos sus antepasados que primero fueron y también gobernaron y regieron este reino, donde éste también regió: uno de los cuales fue Acamapichtli, otro fue Tizócic, otro Auítzotl, otro el primero Moctezuma, otro Axayaca, y los que ahora a la postre han muerto, como el segundo Moctezuma y también Ilhuicamina. Todos estos señores y reyes regieron y gobernaron, y gozaron del señorío y dignidad real y del trono y sitial del imperio, los cuales ordenaron y concertaron las cosas de vuestro reino, que sois el universal señor y emperador, por cuyo albedrío y motivo se rije todo el universo, y que no tenéis necesidad de consejo de ningún otro. Estos dichos ya dejaron la carga intolerable del regimiento que trajeron sobre sus hombros, y lo dejaron a su sucesor N, el cual algunos pocos días tuvo en pie su señorío y reino y ahora ya se ha ido en pos de ellos al otro mundo porque vos le llamastes. Y por haberle descargado de tan gran carga, y haberle quitado tan gran trabajo y haberle puesto en paz y en reposo, está muy obligado haceros gracias.

Algunos pocos días le logramos, y ahora para siempre se ausentó de nosotros para nunca más volver al mundo. ¿Por ventura fue a alguna parte de donde otra vez pueda volver acá, para que otra vez sus vasallos puedan ver su cara? ¿Por ventura vendrános a decir hágase esto o aquello? ¿Vendrá por ventura otra vez a ver a los cónsules y regidores de la república? ¿Verle han por ventura más? ¿Conocerle han más? ¿Oirán por ventura más su mandamiento y decreto? ¿Vendrá algún tiempo a dar consuelo y refrigerio a sus principales y cónsules?

¡Ay dolor, que del todo se nos acabó su presencia y para siempre se nos fue! ¡Ay dolor, que ya se nos acabó nuestra candela y nuestra lumbre: la hacha que nos alumbraba del todo la perdimos! Dejó perpetua orfanidad y perpetuo desamparo a todos sus súbditos e inferiores. ¿Tendrá por ventura cuidado de aquí adelante del regimiento y gobierno de este pueblo y provincia o reino, aunque se destruya y asuele el pueblo con todos los que en él viven, o el señorío o reino?

¡Oh, señor, nuestro humanísimo! ¿Es cosa convenible por ventura, que por la ausencia del que murió, venga al pueblo, señorío o reino, algún infortunio en que sean destrozados y desbaratados y ahuyentados los vasallos que en él viven? Porque viviente el que murió estaba amparado debajo de sus alas, tenía tendidas sobre él sus plumas. Peligro es grande que este vuestro pueblo, señorío y reino no corra gran riesgo si no se elige otro con brevedad que le ampare. Pues, ¿qué es lo que vuestra majestad determina de hacer? ¿Es bien que esté ascuras este vuestro pueblo, señorío y reino? ¿Es bien que esté sin cabeza y sin abrigo? ¿Queréisle por ventura asolar y destruir?

¡Oh, pobrecitos de maceguales que andan buscando su padre y su madre, y quien los ampare y gobierne, bien así como el niño pequeñoelo que anda llorando, buscando a su madre y a su padre cuando están ausentes, y recibe gran angustia cuando no los halla! ¡Oh, pobrecitos de los mercaderes que andan por los montes y por los páramos y zacatlales, y también de los tristes labradores que andan buscando herbezuelas para comer y raíces y leña para quemar, o para quemar de que vivan! ¡Oh, pobrecitos de soldados y hombres de guerra que andan buscando la muerte y tienen ya aborrecida la vida, y en ninguna otra cosa piensan sino en el campo y en la raya donde se dan las batallas! ¿A quién apelidarán? Cuando tomaren algún cautivo, ¿a quién le presentarán? Y si le cautivaren, ¿a quién darán noticia de su cautiverio para que se sepa en su tierra que es cautivo? ¿A quién tornará por padre y madre para que en estos casos semejantes le favorezca, pues que ya es muerto el que hacía esto, que era como padre y madre de todos? No habrá ya quien llore, ni quien suspire por los cautivos, porque no habrá quien dé noticias de ellos a sus parientes. ¡Oh, pobrecitos de los pleitantes y que tienen letigios con sus adversarios, que les toman sus haciendas! ¿Quién los juzgará y pacificará y les limpiará de sus contiendas y porfías? Bien así como el niño cuando se ensucia, que si su madre no le limpia estáse con su suciedad. Y a aquellos que se revuelven unos con otros y se abofetean y apuñean y aporrean, ¿quién pondrá paz entre ellos? Y a aquellos que por estas causas andan llorosos y derramando lágrimas, ¿quién los limpiará las lágrimas y remediará sus lloros? ¿Podránse ellos remediar a sí mismos por ventura? Y los que merecen muerte, ¿sentenciarse han ellos por ventura? ¿Quién pondrá el trono de la judicatura? ¿Quién tenderá el estrado del juez, pues que no hay ninguno? ¿Quién ordenará y dispondrá las cosas necesarias al bien del pueblo, señorío y reino? ¿Quién eligirá a los jueces particulares que tengan cargo de la gente baja por los barrios? ¿Quién mandará tocar el atambor y pífano para juntar gente para la guerra? Y ¿quién juntará y acaudillará a los soldados viejos y hombres diestros en la guerra? Señor nuestro y amparador nuestro, tenga por bien vuestra majestad de elegir y señalar alguna persona suficiente para que tenga vuestro trono y lleve a cuestas la carga pesada del regimiento de la república, y regocije y regale a los populares, bien así como la madre regala a su hijo, poniéndole en su regazo. ¿Quién alegrará y regocijará al pueblo, a manera de quien tañe a abejas que andan remontadas o amotinadas, para que se asienten?

¡Oh, señor nuestro humanísimo! Haced esta merced a N, que nos parece que es para este oficio. Elegilde y señalalde para que tenga este vuestroseñorío y gobernación. Dalde como prestado vuestro trono y vuestro sitial para que rija este señorío o reino por el tiempo que viviere. Sacalde de la bajeza y humildad en que está, y ponelde en esta honra y en esta dignidad, que nos parece que es digno de ella.

¡Oh, señor nuestro humanísimo! Dad lumbre y resplandor de vuestra mano a esta república o reino. Lo dicho tan solamente vine a proponer delante vuestra majestad, aunque muy defectuosamente, como quien está borracho y va accadillando y medio cayendo. Hágase como vuestra majestad fuere servido en todo y por todo.

Capítulo VI. Del lenguaje y afectos que usaban orando a Tezcatlipuca, demandándole tuviese por bien de quitar del señorío, por muerte o por otra vía, al señor que no hacía bien su oficio. Es oración o maldición del mayor sátrapa contra el señor, donde se pone muy extremado lenguaje y muy delicadas metáforas

¡Oh, señor nuestro humanísimo, que hacéis sombra a todos los que a vos se llegan, como el árbol de muy gran altura y anchura! Sois invisible e impalpable, y tenemos entendido que penetráis con vuestra vista las piedras y árboles, viendo lo que dentro está escondido. Y por la misma razón veis y entendéis lo que está dentro de nuestros corazones, y veis nuestros pensamientos. Nuestras ánimas en vuestra presencia son como un poco de humo y de niebla que se levanta de la tierra. No se os puede ahora esconder, señor, las obras y manera de vivir de fulano: veis y sabéis sus cosas, y la causa de su altivez y ambición, que tiene un corazón cruel y duro y usa de la dignidad que le habéis dado, así como el borracho usa del vino, y como el loco de los beleños; esto es, que la riqueza y dignidad y abundancia que por breve tiempo le habéis dado, que se pasa como el sueño del señorío y trono vuestro que posee, esto le desatina y altivece y desasosiega, y se le vuelve en locura, como el que come beleños que le aloquecen. Así a éste la prosperidad le hace que a todos menosprecie y a ninguno tenga en nada. Parece que su corazón está armado de espinas muy agudas, y también su cara. Y esto bien se parece en su manera de vivir y en su manera de hablar, que ninguna cosa hace ni dice que dé contento a nadie; no cura de nadie, ni toma consejo con nadie; vive según su parecer y según su antojo.

¡Oh, señor nuestro humanísimo y amparador de todos y proveedor de todas las cosas, y criador y hacedor de todos! Esto es muy cierto, que él se ha desbaratado y desatinado, y se ha hecho como hijo desagradecido de los beneficios de su padre, y está hecho como un borracho que no tiene seso. Las mercedes que le habéis hecho y la dignidad en que le habéis puesto ha sido la ocasión de su perdición. Allende de lo dicho, tiene otra cosa harto reprensible y dañosa, que no es devoto, ni ora a los dioses, ni llora delante de ellos, ni se entristeze por sus pecados, ni suspira. Y esto le procede de haberse desatinado en los vicios como borracho; anda como una persona baldía y vacía y muy desatinada; no tiene consideración de quién es ni del oficio que tiene. Ciertamente deshonra y afrenta a la dignidad y trono que tiene, que es cosa vuestra y debía ser muy honrada y reverenciada, porque de ella depende la justicia y rectitud de la judicatura que tenéis para el sustento y buen regimiento de vuestro pueblo, vos, que sois amparador de todos, y para que la gente baja no sea agraviada y opremida de los mayores. Asimismo de ella depende el castigo y humillación de aquellos que no tienen respecto a vuestro trono y dignidad. Y también los mercaderes, que son a quien vos confiáis más de vuestras riquezas y discurren y andan por todo el mundo y por las montañas y despoblados, buscando con lágrimas vuestros dones y mercedes y regalos, lo cual vos dais con dificultad y a quien son vuestros amigos. Todo esto recibe detrimento con no hacer él su oficio como debe.

¡Oh, señor! Que no solamente os deshonra en lo ya dicho, pero aun también cuando nos solemos juntar a cantar y tañer los vuestros cantares donde demandamos las vuestras mercedes y dones, y donde sois alabado y rogado, y donde los tristes y afligidos y pobres se esfuerzan y consuelan, y los que son cobardes se esfuerzan para morir en la guerra, en este lugar santo y tan digno de reverencia hace este hombre disoluciones y destruye la devoción y desasosiega a los que en este lugar os sirven y alaban, en el cual vos juntáis y señaláis a los que son vuestros amigos, como el pastor que señala sus ovejas, cuando se cantan vuestros loores. Y pues que vos, señor, oís y sabéis ser verdad todo lo que he dicho en vuestra presencia, no hay más sino que hagáis vuestra santa voluntad y el beneplácito de vuestro corazón, remediando este negocio. A lo menos, señor, castigalde de tal manera que sea escarmiento para los demás, para que no le imiten en su mal vivir. Véngale de vuestra mano el castigo según que a vos pareciere, ora sea enfermedad ora otra cualquiera aflicción, o le privad del señorío para que pongáis a otro de vuestros amigos que sea humilde y devoto y penitente, que tenéis vos muchos tales, que no os faltan tales personas cuales son menester para este oficio, los cuales os están esperando y llamando y los tenéis conocidos por muy amigos y siervos que lloran y suspiran en vuestra presencia cada día. Elegid alguno de éstos y tomad alguno de éstos, para que tenga la dignidad de este vuestro reino y señorío; haced experiencia de alguno de éstos. ¿Cuál de estas cosas ya dichas quiere vuestra majestad conceder: o quitarle el señorío y dignidad y riquezas con que se ensoberbeze, y darlo a alguno que sea devoto y penitente y os ruegue con humildad, y sea hábil y de buen ingenio, humilde y obediente; o, por ventura, sois servido que éste a quien han ensoberbezido vuestros beneficios caya en pobreza y en miseria, como uno de los más pobres rústicos que apenas alcanzan qué comer ni qué beber ni qué vestir, o, por ventura, place a vuestra majestad de hacerle un recio castigo de que se tula todo el cuerpo, o incurra en ceguedad de los ojos, o se le pudran los miembros; o, por ventura, sois servido de sacarle de este mundo por muerte corporal y que se vaya al infierno, a la casa de las tinieblas y oscuridad donde hemos de ir todos, adonde están nuestro padre y nuestra madre la diosa del infierno y el Dios del infierno? Paréceme, señor, que esto le conviene más para que descanse su corazón y su cuerpo allá en el infierno con sus antepasados que están ya allá en el infierno.

¡Oh, señor, humanísimo! ¿Qué es lo que más quiere vuestro corazón? ¡Vuestra voluntad sea hecha! A esto que ruego a vuestra majestad no me mueve envidia ni odio, ni con tal intención he venido a vuestra presencia. Lo que me mueve no es otra cosa sino el robo y mal tratamiento que se hace a los populares, y la paz y prosperidad de ellos. No querría, señor, provocar contra mí vuestra ira e indignación, que soy hombre bajo y rústico. Bien sé, señor, que penetráis los corazones y sabéis los pensamientos de todos los mortales.

Capítulo VII. De la confesión auricular que estos naturales usaban en tiempo de su infidelidad, una vez en La vida

Después que el penitente había dicho sus pecados delante del sátrapa, luego el mismo sátrapa hacía la oración que se sigue, delante de Tezcatlipuca: «¡Oh, señor nuestro humanísimo, amparador y favorecedor de todos! Ya habéis oído la confesión de este pobre pecador, con la cual ha publicado en vuestra presencia sus podridumbres y hediondeces. ¿O, por ventura, ha ocultado algunos de sus pecados en vuestra presencia? Y si es así, ha hecho burla de vuestra majestad, y con desacato y grande ofensa de vuestra majestad se ha arrojado en una cima y en una profunda barranca, y él mismo se ha enlacado y enredado; él mismo ha merecido ser ciego y tullido, y que se le pudran sus miembros, y que sea pobre y mísero. ¡Ay, dolor! Que si este pobre pecador ha tenido tanto atrevimiento de hacer esta ofensa a vuestra majestad, que sois señor y emperador de todos y que tenéis cuenta con todos, él mismo se ató y se envileció e hizo burla de sí mismo. Y esto vuestra majestad bien lo ve, porque veis todas las cosas, por se invisible e incorpóreo. Si esto es así, él de su voluntad ha venido a ponerse y meterse en el peligro y riesgo en que está, porque éste es lugar de justicia muy recta y de estrecha judicatura; es como un agua clarísima con que vos, señor, laváis las culpas de los que derechamente se confiesan. Y si por ventura ha incurrido en su perdición y en el abreviamiento de sus días, o si por ventura ha dicho toda verdad y se ha librado y desatado de sus culpas y pecados, ha recibido el perdón de ellos en que había incurrido como quien resbala y cae en vuestra presencia, ofendiéndoos en diversas culpas y ensuciándose a sí mismo, y arrojándose a sí mismo en una cima profunda y en un pozo de agua sin suelo; y como hombre pobrecito y flaco cayó. Ya ahora tiene dolor y descontento de todo lo pasado, y su corazón y su cuerpo reciben gran dolor y desasosiego; ya está muy pesante de haber hecho lo que hizo; ya tiene propósito muy firme de nunca más ofenderos. En presencia de vuestra majestad hablo, que sabe todas las cosas, y sabéis que este pobre no pecó con libertad entera del libre albedrío, porque fue ayudado e inclinado de la condición natural del signo en que nació. Y pues que así es, ¡oh, señor, humanísimo, amparador y favorecedor de todos!, puesto caso que gravemente os haya ofendido este pobre hombre, por ventura ¿no apartaréis vuestra ira y vuestra indignación de él? Dalde, señor, término, y favorecelde y perdonalde, pues que llora y gime y solloza, mirando dentro de sí en lo que mal hizo y en lo que os ofendió. Tiene gran tristeza, derrama muchas lágrimas, aflige su corazón el dolor de sus pecados, y no solamente se duele de ellos, pero aun se espanta de ellos. Y pues así es, cosa justa es que vuestro furor y vuestra indignación contra él se aplaque, y sus pecados se echen aparte; pues que sois señor piadosísimo, tened por bien de limpiarle y perdonarle. Otorgalde, señor, el perdón y la indulgencia y remisión de todos sus pecados, cosa que desciende del cielo como agua clarísima y purísima para lavar los pecados, con la cual vuestra majestad purifica y lava todas las mancillas y suciedades que los pecados causan en el ánima. Tened, señor, por bien que se vaya en paz, y mandalde lo que ha de hacer; vaya a hacer penitencia y a llorar por sus pecados, y dalde los avisos necesarios para su bien vivir».

Aquí habla el sátrapa al penitente, diciendo: «¡Oh, hermano! Has venido a un lugar de mucho peligro y de mucho trabajo y espanto, donde está una barranca precisa y de peña tajada que nadie que cae una vez en ella puede jamás salir. Has venido asimismo al lugar donde los lazos y redes están asidos los unos con los otros y sobrepuestos los unos a los otros, de manera que nadie puede pasar sin caer en alguno de ellos; y no solamente lazos y redes, pero hoyos como pocos. Tú mismo te arrojaste en la barranca del río, y caíste en los lazos y redes de donde por ti mismo no es posible que salgas. Estos son tus pecados, que no solamente son lazos y redes y pozos en que has caído, pero también son bestias fieras que matan y despedazan el cuerpo y el ánima. ¿Por ventura has ocultado alguno o algunos de tus pecados graves, enormes, sucios y hediondos, los cuales ya están públicos en el cielo y en la tierra y en el infierno, y hieden hasta lo postrero del mundo? Ya has ahora presentádote delante de nuestro señor humanísimo y amparador de todos, al cual ofendiste y enojaste y provocaste su ira contra ti, el cual mañana o ese otro día te ha de sacar de este mundo y ponerte debajo de sus pies, y te enviará a la universal casa del infierno, adonde está tu padre y tu madre, el Dios del infierno y la diosa del infierno, abiertas las bocas con deseo de tragarte a ti y a cuantos hay en el mundo. Allí te será dado lo que tú mereciste en este mundo según la justicia divina, y lo que le demandaste con tus obras de pobreza y miseria y enfermedad; de diversas maneras serás atormentado y afligido por todo extremo, y estarás zabullido en un lago de miserias y tormentos intolerables. Y ahora aquí estás, y llegado es el tiempo en que has hecho misericordia contigo mismo en hablar y comunicarte con nuestro señor, el cual ve todos los secretos de los corazones. Pues di ahora lo que has hecho y los pecados gravísimos, como quien se despeña y se desbarranca en profunda barranca y en cima sin suelo. Cuando fuiste criado y enviado a este mundo, limpio y bueno fuiste criado y enviado, y tu padre y madre Quetzalcóatl te formó como una piedra preciosa y como una cuenta de oro de mucho precio. Y cuando naciste eras como una piedra preciosa y como una joya de oro muy resplandeciente y muy pulida, pero por tu propia voluntad y albedrío te ensuciaste y te amancillaste y te revolcaste en el estiércol y en las suciedades de los pecados y maldades que cometiste, y ahora has confesado. Hicístete como un niño sin juicio y sin entendimiento que con estiércol y suciedad, burlando y jugando, se ensucia; así te has ensuciado y hecho aborrecible con los pecados con que te has deleitado. Ya ahora has descubierto y manifestado todos tus pecados a nuestro señor, que es amparador de todos y perdonador y purificador de todos los pecadores; y esto no lo tengas por cosa de burla, porque de verdad has entrado en la fuente de la misericordia, que es como una agua clarísima con que lava las suciedades del alma nuestro señor Dios, amparador y favorecedor de todos los que a él se convierten. Habíaste arrojado en el infierno, y ahora has vuelto a resuscitar en este mundo como quien viene del otro; ahora nuevamente has tornado a nacer; ahora nuevamente comienzas a vivir; ahora nuevamente te da lumbre y nuevo Sol nuestro señor Dios; ahora nuevamente comienzas a florecer y a brotar como una piedra preciosa, muy limpia, que sale del vientre de su madre, donde se crió. Y pues que esto es así, mira que vivas con mucho tiento y con mucho aviso de aquí adelante, todo el tiempo que en este mundo vivieres debajo de la potestad y señorío de nuestro señor Dios, humanísimo, beneficentísimo, manificentísimo; y llora y ten tristeza, y anda con humildad y con encogimiento y con cerviz baja y corvada, orando a nuestro señor. Mira que no te ensoberbezcas dentro de ti, porque si esto hicieres, desagradarás a nuestro señor, el cual ve los corazones y pensamientos de todos los mortales. ¿En qué te estimas? ¿En qué te tienes? ¿Qué es tu fundamento y tu raíz sobre que estribas? Claro está que eres nada, y puedes nada, y vales nada, porque nuestro señor hará en ti todo lo que él quisiere, sin que nadie le vaya a la mano. Por ventura ¿enseñarte ha aquellas cosas con que atormenta y con que aflige para que las veas con tus ojos en este mundo? No, por cierto, porque los tormentos y trabajos espantables con que atormenta en el otro mundo no son visibles, no las pueden ver los que viven en este mundo. O te condenará y enviará a la casa universal del infierno, y tu casa donde ahora vives se caerá y estará destruida, y será como muradal de suciedades e inmundicias, en la cual solías vivir muy a tu contento, esperando lo que de ti dispusiese nuestro señor y favorecedor e invisible e incorpóreo, único; y cuando quisiere y por bien tuviere derrocarte las paredes de tu casa y los setos y vallados con que con mucho trabajo la habías cercado. Por lo cual te ruego que te levantes y te esfuerces a no ser de aquí adelante el que fuiste antes de ahora. Toma nuevo corazón y nueva manera de vivir, y guárdate mucho de no tornar a los pecados pasados. Mira que no puedes ver con tus ojos a nuestro señor Dios, el cual es invisible e impalpable, y es Tezcatlipuca, y es Titlacaoa, y es mancebo de perfecta perfección y sin tacha. Esfuérzate a barrer y a limpiar toda tu casa, y si esto no haces, desecharás de tu compañía y de tu casa, y ofenderás mucho al humanísimo mancebo que siempre anda por nuestras casas y por nuestros barrios, asolazándose y recreándose, y trabaja buscando a sus amigos para los consolar y consolarse con ellos. En conclusión, te digo que vayas y entiendas en barrer y en quitar el estiércol y barriduras de tu casa, y limpia toda tu casa y límpiate a ti mismo, y busca a un esclavo que sacrifiques delante de Dios, y haz fiesta a los principales, y canten los loores de nuestro señor. Y también conviene que hagas penitencia, trabajando un año o más en la casa de Dios, y allí sacarás sangre, y punzarte has en el cuerpo con puntas de maguey, sacándote la sangre. Y para que hagas penitencia de los adulterios y otras suciedades que hiciste, pasarás cada día, dos veces, mimbres, una vez por las orejas y otra vez por la lengua. Y no solamente en penitencia de las carnalidades arriba dichas, pero también en penitencia de las palabras malas e injuriosas con que injuriaste y afrontaste a tus próximos con tu mala lengua. Y por la ingratitud que tuviste cerca de las mercedes que te hizo nuestro señor, y por la inhumanidad que tuviste cerca de los próximos en no hacer ofrendas de los bienes que te fueron dados de Dios, ni en comunicar a los pobres de los bienes temporales que te fueron comunicados de nuestro señor, tendrás cargo de ofrecer papel y copal, y también de hacer limosnas a los hambrientos, menesterosos, y que no tienen qué coman, ni qué beban, ni qué vistan, aunque sepas quitártelo de tu comida para se lo dar. Y procura de vestir a los que andan desnudos y desarrapados; mira que su carne es como la tuya y que son hombres como tú, mayormente a los enfermos, porque son imagen de Dios. No hay más que te decir; vete en paz, y ruego a Dios que te ayude a cumplir lo que eres obligado a hacer, pues que él es favorecedor y ayudador de todos».

Adoraban a Tlazultéutl, Dios de la lujuria, los mexicanos, especialmente, los mixtecas y los olmecas. Dicen que en tiempo de la infidelidad los mixtecas, siendo enfermos, confesaban todos sus pecados a un sátrapa, y el confesor les mandaba hacer satisfaciones, pagar las deudas, hurtos, usuras y fraudes. Y el sátrapa, ora fuese médico, ora fuese adivino o astrólogo, mandaba al enfermo que se confesaba que pagase lo ajeno que tenía en su poder.

Y los cuextecas adoraban y honraban a Tlazultéutl, y no se acusaban delante de él de la lujuria, porque la lujuria no la tenían por pecado. Los occidentales, como son los de Michoacán, etc., no saben los viejos dar razón si adoraban a este Dios de la lujuria llamado Tlazultéutl. Los chichimecas no adoraban a Tlazultéutl, porque no tenían más de un solo Dios llamado Mixcóatl, y tenían su imagen o estatua; y tenían otro Dios invisible, sin imagen, llamado Yooalli Ehécatl, que quiere decir «Dios invisible e impalpable y favorecedor y amparador y todopoderoso», por cuya virtud todos viven; el cual por solo su saber rige y hace su voluntad en todas las cosas.

Capítulo VIII. Del lenguaje y afectos que usaban cuando oraban al Dios de la pluvia, llamado Tláloc, el cual tenían que era señor y rey del paraíso terrenal, con otros muchos dioses sus sujetos, que llamaban tlaloque, y su hermana, llamada Chicomecóatl, la diosa Ceres. Esta oración usaban los sátrapas en tiempo de seca para pedir agua a los arriba dichos. Contiene muy delicada materia. Están espresos en ella muchos de los errores que antiguamente tenían

¡Oh, señor nuestro humanísimo y liberal dador, y señor de las verduras y froscuras, y señor del paraíso terrenal, oloroso y florido, y señor del incienso o copal! ¡Ay dolor, que los dioses del agua, vuestros sujetos, hanse recogido y escondido en su recogimiento, los cuales suelen dar las cosas necesarias y son servidos con ulli y con yiauhtli y con copal, y dejaron escondidos todos los mantenimientos necesarios a nuestra vida, que son como piedras preciosas, como esmeraldas y zafiros! Y lleváronse consigo a su hermana, la diosa de los mantenimientos, y también se llevaron consigo la diosa del chilli o ají.

¡Oh, señor nuestro, dolor de nosotros que vivimos, que las cosas de nuestro mantenimiento por tierra van! Todo se pierde y todo se seca. Parece que está empolvorizado y revuelto con telas de arañas por la falta de agua.

¡Oh, dolor de los tristes maceguales y gente baja! Ya se pierden de hambre; todos andan desemejados y desfigurados. Unas ojeras traen como de muertos; traen las bocas secas como esparto, y los cuerpos que se le pueden contar todos los huesos, bien como figura de muerte. Y los niños todos andan desfigurados y amarillos, de color de tierra; no solamente aquellos que ya comienzan a andar, pero aun también todos los que están en las cunas. No hay nadie a quien no llegue esta aflicción y tribulación de la hambre que ahora hay, hasta los animales y aves padecen gran necesidad por razón de la sequedad que hay. Es gran angustia de ver las aves; unas de ellas traen las alas caídas y arrastrando de hambre, y otras que se van cayendo de su estado, que no pueden andar, y otras las bocas abiertas de sed y hambre. Y los animales, señor nuestro, es gran dolor de verlos que andan accadillando y cayéndose de hambre, y andan lamiendo la tierra de hambre; andan las lenguas colgadas y las bocas abiertas, carleando de hambre y de sed. Y la gente toda pierde el seso y se mueren por la falta del agua; todos perecen sin quedar nadie.

Es también, señor, gran dolor de ver toda la haz de la tierra seca. Ni puede criar ni producir las hierbas ni los árboles ni cosa ninguna que pueda servir de mantenimiento. Solía como padre y madre criarnos y darnos leche con los mantenimientos, hierbas y frutas que en ella se criaban, y ahora todo está seco, todo está perdido. No parece sino que los dioses tlaloques lo llevaron todo consigo y lo escondieron donde ellos están recogidos en su casa, que es el paraíso terrenal.

¡Señor nuestro, todas las cosas que nos solíades dar por vuestra largueza con que vivíamos y nos alegrábarnos, y que son vida y alegría de todo el mundo, y que son preciosas como esmeraldas y como zafiros, todas estas cosas se nos han ausentado y se nos han ido! Señor nuestro, Dios de los mantenimientos y dador de ellos, humanísimo y piadosísimo, ¿qué es lo que habéis determinado de hacer de nosotros? ¿Habéisnos, por ventura, desamparado del todo? ¿No se aplacará vuestra ira e indignación? ¿Habéis determinado que se pierdan todos vuestros siervos y vasallos, y que quede despoblado y desolado vuestro pueblo y reino o señorío? ¿Está ya determinado, por ventura, que esto se haga? ¿Determinóse en el cielo y en el infierno?

¡Oh, señor, siquiera cocededme esto, que los niños inocentes que aún no saben andar y los que están aún en las cunas sean proveídos de las cosas de comer, porque vivan y no perezcan en esta necesidad tan grande! ¿Qué han hecho los pobrecitos para que sean afligidos y muertos de hambre? Ningunas ofensas han hecho, ni saben qué cosa es pecar, ni han ofendido a los dioses del cielo ni a los del infierno. Y si nosotros hemos ofendido en muchas cosas y nuestra ofensas han llegado al cielo y al infierno, y lo hedores de nuestros pecados se han dilatado hasta los fines de la tierra, justo es que seamos destruidos y acabados. Ni tenemos qué decir, ni con qué nos escusar, ni con qué resistir a lo que está determinado contra nosotros en el cielo y en el infierno. Hágase; perdámonos todos; y esto con brevedad, porque no suframos tan prolija fatiga, que más grave es lo que padecemos que si estuviéremos en el fuego quemándonos. Cierto, es cosa espantable sufrir la hambre, que es así como una culebra que con deseo de comer está tragando la saliva y está carleando demandando de comer, y está voceando por que le den comida. Es cosa espantable ver el agonía que tiene, demandando de comer. Es esta hambre tan intensa como un fuego encendido que está echando de sí chispas o centellas.

Hágase, señor, lo que muchos años ha que oímos decir a los viejos y viejas que pasaron: caya sobre nos el cielo y desciendan los demonios del aire llamados tzitzimites, los cuales han de venir a destruir la tierra con todos los que en ella habitan, y para que siempre sean tinieblas y oscuridad en todo el mundo, y en ninguna parte haya habitación de gente. Esto los viejos lo supieron y ellos lo divulgaron, y de mano en mano ha venido hasta nosotros, que se ha de cumplir hacia la fin del mundo, después que ya la tierra estuviere harta de producir más criaturas. ¡Señor nuestro, por riquezas y pasatiempos tendremos que esto venga sobre nosotros! ¡Oh, pobres de nosotros! Tuviérades ya por bien, señor, que viniera pestilencia que de presto nos acabara, la cual plaga suele venir del Dios del infierno. En tal caso, por ventura, la diosa de los mantenimientos y el Dios de las mieses hubieran proveído de algún refrigerio con que los que muriesen llevasen alguna mochila para andar el camino hacia el infierno.

Ojalá esta tribulación fuera de guerra, que procede de la impresión del Sol, la cual él despierta como fuerte y valeroso en la tierra, porque en este caso tuvieran los soldados y valientes hombres, fuertes y belicosos, gran regocijo y placer en hallarse en ella, puesto que allí mueren muchos y se derrama mucha sangre y se hinche el campo de cuerpos muertos y de huesos y calaberas de los venzidos, y se hinche la haz de la tierra de cabellos de las cabezas que allí se pelan cuando se pudren. Y esto no se teme con tener entendido que sus almas van a la casa del Sol, donde se hace aplauso al Sol con voces de alegría y se chupan las flores de diversas maneras con gran delectación, donde son glorificados y ensalzados todos los valientes y esforzados que murieron en la guerra. Y los niños chiquitos y tiernos que mueren en la guerra son presentados al Sol muy limpios y pulidos y resplandecientes como una piedra preciosa. Y para ir su camino a la casa del Sol, vuestra hermana, la diosa de los mantenimientos, los provee de la mochila que han de llevar, porque esta provisión de las cosas necesarias es el esfuerzo y ánimo y el bordón de toda la gente del mundo, y sin ella no hay vivir. Pero esta hambre con que nos afligís, ¡oh, señor nuestro humanísimo! es tan aflictiva y tan intolerable que los tristes de los maceguales no lo pueden sufrir, ni soportar, y mueren muchas veces estando vivos. Y no solamente este daño siente la gente toda, pero también todos los animales.

¡Oh, señor nuestro piadosísimo, señor de las verduras y de las gomas y de las hierbas olorosas y virtuosas! Suplícoos tengáis por bien de mirar con ojos de piedad a la gente de este vuestro pueblo, reino o señorío, que ya se pierde, ya peligra, ya se acaba, ya se destruye y perece todo el mundo; hasta las bestias y animales y aves se pierden y acaban sin remedio ninguno. Pues que esto pasa así como digo, suplícoos os tengáis por bien de enviar a los dioses que dan los mantenimientos y dan las pluvias y temporales, y que son señores de las hierbas y de los árboles, para que vengan a hacer sus oficios acá al mundo. Abrase la riqueza y la prosperidad de vuestros tesoros, y muévanse las sonajas de alegría, que son báculos de los señores dioses del agua, y tomen sus cotaras de ulli para caminar con ligereza. Ayudad, señor, a nuestro señor Dios de la tierra, siquiera con una mollizna de agua, porque él nos cría y nos mantiene cuando hay agua. Tened por bien, señor, de consolar al maíz y a los etles, y a los otros mantenimientos muy deseados y muy necesarios que están sembrados y plantados en los camellones de la tierra y padecen gran necesidad y gran angustia por la falta de agua. Tened por bien, señor, que reciba la gente este favor y esta merced de vuestra mano, que merezcan ver y gozar de las verduras y froscuras que son como piedras preciosas, que es el fruto y la sustancia de los señores tlaloques, que son las nubes que traen consigo y siembran sobre nosotros la pluvia. Tened por bien, señor, que se alegren y regocijen los animales y la hierbas, y tened, señor, por bien que las aves y pájaros de preciosas plumas, como son el quéchol y zacuan vuelen y canten y chupen las hierbas y flores. Y no sea esto con truenos y rayos significadores de vuestro enojo, porque si vienen nuestros señores tlaloques con truenos y rayos, como los maceguales están flacos y toda la gente muy dibilitada de la hambre, espantarlos han y atemorizarlos han. Y si algunos están ya señalados para que vayan al paraíso terrenal, heridos y muertos con rayos, sean solos éstos y no más, y no se haga fraude ni daño otro ninguno a la demás gente que andan derramados por los montes y por las cabañas, ni tampoco dañen a los árboles y magueyes y otras plantas que nacen de la tierra, que son necesarios para la vida y mantenimiento y sustento de la gente pobre y desamparada y desechada, que con dificultad pueden haber los mantenimientos para vivir y pasar la vida, los cuales andan las tripas vacías y apegadas a las costillas.

¡Oh, señor humanísimo, generosísimo, dador de todos los mantenimientos! Tened, señor, por bien de consolar a la tierra y a todas las cosas que viven sobre la haz de la tierra. Con gran suspiro y angustia de mi corazón llamo y ruego a todos los que sois dioses del agua, que estáis en las cuatro partes del mundo, oriente, occidente, setentrión y austro, y los que habitáis en las concabidades de la tierra, o en el aire, o en los montes altos, o en las cuevas profundas, que vengáis a consolar esta pobre gente y a regar la tierra, porque los ojos de los que habitan en la tierra, así hombres como animales y aves, están puestos, y su esperanza, en vuestras personas. ¡Oh, señores nuestros, tened por bien de venir!

Capítulo IX. Del lenguaje y afectos que usaba el señor después de electo para hacer gracias a Tezcatlipuca por haberle electo

en señor, y para demandarle sabor y lumbre para hacer bien su oficio, y donde se humilla de muchas maneras

¡Oh, señor nuestro humanísimo, amparador y gobernador, invisible e impalpable! Bien sé que me tenéis conocido, que soy un pobre hombre y de baja suerte, criado y nacido entre estiércol, hombre de poca razón y de bajo juicio, lleno, de muchos defectos y faltas. Ni me sé conocer ni considerar quién soy. Habéisme hecho gran beneficio, gran merced y misericordia sin merecerlo yo, que tomado del estiércol me habéis puesto en la dignidad y trono real. ¿Quién soy yo, señor mío? ¿Y qué es mi valor que me pongáis entre los que vos amáis y conocéis y tenéis por amigos escogidos y dignos de toda honra, y nacidos y criados para las dignidades y tronos reales, y para este efecto los criastes hábiles y prudentes, tomados de nobles y generosos padres, y para esto criados y enseñados, y que fueron nacidos y bautizados en signos y constelaciones en que nacen los señores, y para ser vuestros instrumentos y vuestras imágenes, para regir vuestros reinos, estando dentro de ellos y hablando por su boca y pronunciando ellos vuestras palabras, y para que se conformen con el querer del antiguo Dios y padre de todos los dioses, que es el Dios del fuego, que está en el alverque de agua entre almenas, cercado de piedras como rosas, el cual se llama Xiuhtecutli, el cual determina y examina y concluye los negocios y letigios del pueblo y de la gente popular, como lavándoles con agua, al cual siempre acompañan y están en su presencia las personas generosas arriba dichas?

¡Oh, humanísimo señor, regidor y gobernador! Gran merced me habéis hecho. ¿Por ventura esto ha sido por intercesión de los lloros y lágrimas que derramaron los pasados señores y señoras que tuvieron cargo de este reino? Cosa sería de gran locura que yo pensase que por mis merecimientos y por mi valor me habéis hecho esta merced de me haber puesto en el regimiento muy pesado y muy dificultoso, y aun espantoso, de vuestro reino, que es como una carga que se lleva a cuestas, muy pesada, que con gran dificultad la llevaron a cuestas los señores pasados que le rigieron en vuestro nombre.

¡Oh, señor humanísimo, regidor y gobernador invisible e impalpable, criador y sabidor de todas las cosas y pensamientos, adornador de las ánimas! ¿Qué diré más, pobre de mí? ¿Qué modo tendré en gobernar y regir esta vuestra república? ¿Cómo tengo de llevar esta carga del regimiento de la gente popular, que soy ciego y sordo, que aun a mí no me sé conocer ni regir, porque soy acostumbrado de andar entre estiércol, y mi facultad es buscar y vender hierbas para comer, y traer leña a cuestas para vender? Lo que yo merezco, señor, es ceguedad de los ojos y tullimiento y pudrimiento de los miembros, andar vestido de un andrajo y de una manta rota. Este es mi merecimiento y lo que se me debía dar; y yo soy el que tengo necesidad de ser regido y de ser traído a cuestas, pues que tenéis muchos amigos y muchos conocidos a quien pudéis encomendar este cargo. Pero, pues que ya tenéis determinado de ponerme en escarnio y risa del mundo, hágase vuestra voluntad y vuestro querer, y cúmplase vuestra palabra. Por ventura no me conocéis quién soy yo, y desque me conocieres quién soy yo buscarás a otro, quitándome a mí del regimiento, tornándolo a tomar en ti y escondiendo en ti esta dignidad y esta honra, estando ya cansado y enhadado de sufrirme, y lo daréis a otro muy amigo y conocido vuestro que es vuestro devoto, y llora y suspira, y así merece esta dignidad. ¿O, por ventura, es como sueño o como quien se levanta durmiendo de la cama esto que me ha acontecido?

¡Oh, señor, que presente estáis en todo lugar! Sabéis todos los pensamientos y distribuís todos los dones. ¡Plégaos de no me esconder vuestras palabras y vuestra inspiraciones! Con brevedad y súpitamente somos nombrados para las dignidades, pero ignoro el camino por donde tengo de ir. No sé lo que tengo de hacer. ¡Plégaos de no me esconder la lumbre y el espejo que me ha de guiar! No permitáis, señor, que yo descamine y eche por las montañas y por los riscos a los que tengo de regir y llevar a cuestas. No permitáis, señor, que los guíe por caminos de conejos y de venados. No permitáis, señor, que se levante alguna guerra contra mí. No permitáis que venga alguna pestilencia sobre lo que tengo de regir, porque no sabré lo que en tal caso tengo de hacer, ni por donde tengo de guiar a los que llevo a cuestas.

¡Oh, desventurado de mí, que soe inhábil e ignorante! No querría que viniese sobre mi alguna enfermedad, porque en este caso era echar a perder vuestro pueblo y vuestra gente, y desolar y poner en tinieblas vuestro reino. ¿Qué haré, señor y criador, si por ventura cayere en algún pecado carnal y deshonroso, y así echare a perder el reino? ¿Qué haré si por negligencia o por pereza echare a perder mis súbdictos? ¿Qué haré si desbarrancare o despeñare por mi culpa a los que tengo de regir? Señor humanísimo, invisible e impalpable, ruégoos que no os apartéis de mí. Idme visitando muchas veces; visitad esta casa pobrecita, porque te estaré esperando en esta pobre casa, en esta pobre posada. Con gran deseo espero, y demando con grande instancia vuestra palabra y vuestra inspiración, con las cuales inspirastes y suflastes a vuestros antiguos amigos y conocidos, que rigieron con diligencia y con rectitud vuestro reino, que es la silla de vuestra majestad, y honra donde a un lado y a otro se sientan vuestros senadores y principales, que son vuestra imagen y como vuestra persona propia, los cuales sentencian y hablan en las cosas de la república en vuestro nombre, y usáis de ellos como de vuestras flautas, hablando dentro de ellos y poniéndoos en sus caras y en sus oídos, y abriendo sus bocas para bien hablar. Y en este lugar burlan y ríen de nuestras boberías los negociantes, con los cuales estáis vos holgándoos, porque son vuestros amigos y vuestros conocidos, y allí inspiráis e insufláis a los vuestros devotos que lloran y suspiran en vuestra presencia, y os dan de verdad su corazón, y por esto los adornáis con prudencia y sabiduría, para que vean como en espejo de dos haces donde se representa la imagen de cada uno. Y por la misma causa los dais una hacha muy clara, sin ningún humo, cuya claridad se extiende por todas sus partes. También por esta causa los dais dones y joyas preciosas, colgándoselas del cuello y de las orejas, como se cuelgan las joyas corporales, como son el nacochtli, y el téntetl, el tlalpiloni, que es la borla de la cabeza, y el matemécatl, que es la correa adobada que atan a la muñeca los señores, y con cuero amarillo atado a las pantorrillas, y con cuentas de oro y plumas ricas. En este lugar del buen regimiento y gobierno del reino se merecen vuestras riquezas y vuestra gloria y vuestros deleites y vuestras suavidades, y en este lugar se merece el asosiego y tranquilidad, y la vida pacífica y el contento, lo cual todo viene de vuestra mano. En este mismo lugar se merecen las cosas adversas y trabajosas, como son enfermedades y pobrezas y el abreviamiento de la vida, lo cual viene de vuestra mano a los que en este estado no hacen el deber.

¡Oh, señor nuestro humanísimo, sabidor de los pensamientos y dador de los dones! ¿Está, por ventura, en mi mano, que soy un pobre hombre, el modo de mi regir? ¿Está en mi mano la manera de mi vivir, y las obras que tengo de hacer en mi oficio? Que es vuestro reino y vuestra dignidad, y no mía, lo que vos quisierdes que haga, ayudándome, y lo que fuere la vuestra voluntad que haga según vuestra disposición, eso haré. El camino que enseñardes, ese seguiré. Lo que me inspirardes y pusierdes en mi corazón, eso diré y hablaré.

¡Señor nuestro, humanísimo! En vuestras manos me pongo totalmente porque yo no tengo posibilidad para regirme ni gobernarme, porque soy ciego y soy tiniebla, y soy un rincón de estiércol. Tened por bien, señor, de me dar un poquito de lumbre, aunque no sea más de cuanto echa de sí una luciérnaga que anda de noche, para ir en este sueño y en esta vida dormida que dura como espacio de un día, donde hay muchas cosas en que tropezar y muchas cosas en que dar ocasión de reír, y otras cosas que son como camino fragoso que se han de pasar saltando. Todo esto ha de pasar en esto que habéis encomendado, en darme vuestra silla y vuestra dignidad.

¡Señor nuestro, humanísimo! Ruégoos que me vais visitando con vuestra lumbre para que no me yerre y para que no me desbarate y para que no me den grita mis vasallos. ¡Señor nuestro, piadosísimo! Ya me habéis hecho espaldar de vuestra silla y vuestra flauta sin ningún merecimiento mío; ya soy vuestra boca y vuestra cara y vuestras orejas y vuestros dientes y vuestras uñas, aunque soy un pobre hombre. Quiero decir, que indignamente soy vuestra imagen, y represento vuestra persona, y las palabras que hablare han de ser tenidas como vuestras mismas palabras, y mi cara ha de ser estimada como la vuestra, y mis oídos como los vuestros, y los castigos que hiciere han de ser tenidos si vos mismo los hiciésedes. Por esto os ruego que pongáis dentro de mí vuestro espíritu y vuestras palabras, a quien todos obedezcan y a quien nadie pueda contradecir.

El que dice esta oración delante el Dios Tezcatlipuca está en pie e inclinado hacia la tierra y los pies juntos. Y los que son muy devotos están desnudos. Y antes que comience la oración ofrecen copal al fuego o algún otro sacrificio, y si están con su manta cubierta, ponen la atadura de ella hacia los pechos de manera que la parte delantera está desnuda. Y algunos, diciendo esta oración, están en coglillas y ponen el nodo de la manta sobre el hombro. A esto llaman moquichtlalía.

Capítulo X. Del lenguaje y afectos que usaban para hablar y avisar al señor recién electo. Es plática de alguna persona muy principal: uno de los sátrapas o algún pilli o tecutli, el que

más acto era para hacerla. Tiene maravilloso lenguaje y muy delicadas metáforas y admirables avisos

¡Oh, señor nuestro humanísimo y piadosísimo, amantísimo y digno de ser muy estimado más que todas las piedras preciosas y más que todas las plumas ricas! Aquí estáis presente. Haos puesto nuestro soberano Dios por nuestro señor, a la verdad, porque han fallecido, hanse ido a su recogimiento los señores vuestros antepasados, los cuales murieron por mandado de nuestro señor. Partieron de este mundo el señor N y N, etc. Dejaron la carga del regimiento que traían a cuestas, debajo de la cual trabajaron como los que van camino y llevan a cuestas cargas muy pesadas. ¿Estos, por ventura, acuérdanse o tienen algún cuidado del pueblo que regían, el cual está ahora despoblado y ascuras y yermo, sin señor, por la voluntad de nuestro señor Dios? ¿Por ventura tienen cuidado o miran a su pueblo, que está hecho una breña y una tierra inculta, y está la pobre gente sin padre y sin madre, huérfanos, que no saben ni entienden ni consideran lo que conviene a su pueblo? Están como mudos; no saben hablar; están como un cuerpo sin cabeza. El último que nos ha dejado huérfanos es el señor fuerte y muy valeroso N, el cual por algún breve tiempo, por algunos pocos días, le tuvo prestado este pueblo y este señorío y reino, y fue como cosa de sueño. Así se le fue de entre las manos, porque le llamó nuestro señor para ponerle en el recogimiento de los otros difuntos, sus antepasados, que están en arca o en cofre guardados. Y así se fue para ellos; ya está con nuestro padre y madre el Dios del infierno que se llama Mictlantecutli. ¿Por ventura volverá acá de aquel lugar donde fue? No es posible que vuelva; para siempre se fue, y le perdió su reino; en ningún tiempo le verán acá los que viven ni los que nacerán; para siempre se fue a su recogimiento; para siempre nos dejó. Apagada está nuestra candela; fuésenos nuestra lumbre. Ya está desamparado; ya está a oscuras el pueblo y señorío de nuestro señor Dios que él regía y alumbraba. Y ahora está a peligro de perderse y destruirse este pueblo y señorío que llevaba a cuestas. Y lo dejó en el mismo lugar que dejó la carga que llevaba. Ahí está donde dejó a su pueblo y reino, pacífico y sosegado, y así le tuvo todo el tiempo que le regió pacíficamente; gobernó pacíficamente. Poseyó el trono y silla que le fue dado por nuestro señor Dios y puso todas sus fuerzas, e hizo toda su posibilidad para tenerle pacífico y asosegado hasta su muerte. No escondió sus manos ni sus pies debajo de su manta con pereza, sino que con toda diligencia trabajó por el bien de su reino.

Al presente tenemos gran consolación y gran regocijo, ioh, humanísimo señor nuestro!, porque nos ha dado nuestro señor Dios, por quien vivimos, una lumbre y un resplandor del Sol, que sois vos. El os señala y os demuestra con el dedo, y os tiene escrito con letras coloradas. Y así está determinado allá arriba y acá abajo, en el cielo y en el infierno, que vos seáis el señor y poseáis la silla y estrado y dignidad de este reino, ciudad o pueblo. Brotado ha la raíz de vuestros antepasados que posieron muy profunda y plantaron de muchos años atrás.

iOh, señor nuestro! Vois sois el que habéis de llevar la pesadumbre de esta carga, de este reino, señorío o ciudad. Vois sois el que habéis de suceder a vuestros antepasados, los señores reyes vuestros progenitores, para llevar la carga que ellos llevaron. Vos, señor, habéis de poner vuestras espaldas debajo de esta carga grande, que es el regimiento de este reino. En vuestras espaldas y en vuestro regalo y en vuestros brazos pone nuestro señor Dios este oficio y dignidad de regir y gobernar a la gente popular, que son muy antojadizos y muy enojadizos. Vos, señor, por algunos años los habéis de sustentar y regalar como a niños que están en la cuna. Vos habéis de poner en vuestro regalo y en vuestros brazos a la gente popular. Vos los habéis de halagar y hacerles el son para que duerman el tiempo que vivierdes en este mundo.

iOh, señor nuestro serenísimo y muy precioso! Ya se determinó en el cielo y en el infierno, ya se averiguó, ya te cupo esta suerte, a ti te señaló, sobre ti cayó la elección de nuestro señor Dios soberano. ¿Por ventura podráste esconder o ausentar? ¿Podráste escapar de esta sentencia? ¿O por ventura te escabollirás o hurtarás el cuerpo? ¿Qué estimación tienes de Dios nuestro señor? ¿Qué estimación tienes de los hombres que te eligieron, que son señores muy principales y mue ilustres? ¿En qué estimación tienes a los reyes y señores que te eligieron y te señalaron y ordenaron por inspiración y ordenación de nuestro señor Dios, cuya elección no se puede casar ni variar por haber sido por ordenación divina el haberte elegido y nombrado por padre y madre de este reino? Pues que esto es así, ioh, señor nuestro humanísimo!, esfuerzate y anímate y pon el hombro a la carga que te es encomendada y encargada. Cómplase y berifíquese el querer y voluntad de nuestro señor.

Por ventura por algún espacio de tiempo llevarás la carga a ti encomendada, o, por ventura, te atajará la muerte y será como sueño esta tu elección a este reino. Mirad que no seáis desagradecido, teniendo en poco en vuestro pecho el beneficio de nuestro señor, porque el ve todas las cosas secretas, y enviará sobre vos algún castigo como le pareciere, porque en su poder y voluntad está que te aniebles y desbanezcas, o te enviará a las montañas y a las sabanas, o te echará en el estiércol y entre las suciedades, o te acontecerá alguna cosa fea o torpe. Por ventura serás infamado de alguna cosa fea y vergonzosa, o por ventura permitirá Dios que haya discordias y alborotos en tu reino para que seas menospreciado y abatido, o por ventura te darán guerra otros reyes que te aborrecen y serás vencido y aborrecido, o por ventura permitirá Dios que venga sobre tu reino hambre y necesidad. ¿Qué harás si en tu tiempo se destruye tu reino, o nuestro señor enviare sobre ti su ira, enviando pestilencia? ¿Qué harás si en tu tiempo se destruye tu reino, y tu resplandor se volviere en tiniebla? ¿Qué harás si se desolare en tu tiempo tu reino, o si por ventura viniere sobre ti la muerte ante de tiempo, y en el principio de tu reino y antes que te apoderes de él te destruyere y matare, y te pusiere debajo de sus pies nuestro señor todopoderoso? O por ventura súpitamente enviare sobre ti ejércitos de enemigos de hacia los yermos o de hacia la mar o de hacia las sabanas y despoblados, donde se suelen ejercitar las guerras, donde se suele derramar la sangre, que es beber del Sol y de la tierra, porque muchas e infinitas maneras tiene Dios de castigar a los que le desobedecen.

Y así es menester, ¡oh, señor nuestro y rey nuestro!, que pongas todas tus fuerzas y todo tu poder para hacer el deber en la prosecución de tu oficio; y esto con lloros y suspiros, orando a nuestro señor Dios, invisible e impalpable. Llegaos, señor, a él muy de veras con lloros y lágrimas y suspiros para que os ayude a pacíficamente regir vuestro reino, que es su honra. Mirad que recibáis con afabilidad y humildad a los que vienen a vuestra presencia angustiados y atribulados. No debéis de decir, ni hacer cosa alguna arrebatadamente. Oíd con asosiego y muy por entero las quejas e informaciones que delante vos vinieren. No atajéis las razones o palabras del que habla, porque sois imagen de nuestro señor Dios y representáis su persona, en quien él está descansando y de quien él usa como de una flauta, y en quien él habla, y con cuyas orejas él oye. Mirad, señor, que no seáis aceptador de personas, ni castiguéis a nadie sin razón, porque el poder que tenéis de castigar es de Dios, es como uñas y dientes de Dios. Para hacer justicia sois ejecutor de su justicia, y recto sentenciador suyo. Hágase justicia; guárdese la rectitud, aunque se enoje quien se enejare, porque estas cosas os son mandadas de Dios. Nuestro señor Dios no ha de hacer estas cosas, porque en vuestras manos las ha dejado. Mirad, señor, que en los estrados y en los tronos de los señores y jueces no ha de haber arrebatamiento o precipitamiento de obras o de palabras, ni si ha de hacer alguna cosa con enojo. Mirad que no os pase por pensamiento decir: «Y yo soy señor, y yo haré lo que quisiere», que esto es ocasión de destruir y atropellar y desbaratar todo vuestro valor y toda vuestra estimación y gravedad y majestad. Mirad que la dignidad que tenéis, el poder que os ha dado sobre vuestro reino o señorío, no os sea ocasión de ensoberbeceros y altiveceros, mas antes os conviene muchas veces acordaros de lo que fuistes atrás y de la bajez de donde fuestes tomado para la dignidad en que estáis puesto sin haberlo merecido. Devéis muchas veces decir en vuestro pensamiento: «¿Quién fue yo, y quién soy ahora, que nunca yo merecí ser puesto en el lugar tan honroso y tan eminente como estoy por mandado de nuestro señor Dios, que más parece Cosa de sueño que no de verdad». Mira, señor, que no durmáis a sueño suelto. Mirad que no os descuidéis con deleites y placeres corporales. Mirad que no os deis a comeres y beberes demasiados. Mirad, señor, que no gastéis con profanidad los sudores y trabajos de vuestros vasallos en engordaros y emborracharos. Mirad, señor, que la merced y regalo que nuestro señor os hace en haceros rey y señor, no la convertáis en cosas de profanidad y locura y enemistades.

¡Oh, señor nuestro y rey nuestro, y nieto nuestro, que nuestro señor Dios está mirando lo que hacen los que rigen sus reinos! Y cuando yerran en sus oficios danle ocasión de reírse de ellos; y él se ríe de ellos y calla, porque es Dios y hace lo que quiere y hace burla de quien quiere, porque a todos nosotros nos tiene en el medio de su palma y nos está remeciendo, y somos como bodoques redondos en su palma, que andamos rodando de una parte a otra, y le hacemos reír y se ríe de nosotros, de cómo andamos rodando de una parte a otra en su palma.

¡Oh, señor nuestro y rey nuestro, esforzaos a hacer vuestra obra poco a poco! Por ventura por nuestros pecados no os merecemos, y vuestra elección nos será como cosa de sueño, y no se hará lo que nuestro señor quiere, que poseáis su reino y su dignidad real por algunos tiempos. Por ventura os quiere probar y hacer experiencia de quién sois, y si no hicierdes el deber pondrá a otro en esta dignidad. Por ventura ¿tiene pocos amigos nuestro señor Dios? ¿Eres tú solo, por ventura, su amigo? ¿Cuántos otros tiene sus conocidos? ¿Cuántos son los que le llaman? ¿Cuántos son los que dan voces en su presencia? ¿Cuántos son los que lloran? ¿Cuántos son lo que con tristeza le ruegan? ¿Cuántos son los que en su presencia suspiran? Cierto, no se podrán contar. Hay muchos generosos, prudentísimos y de grande habilidad, y los que ya han tenido y tienen cargos están en dignidades. De muchos es rogado, y muchos en su presencia dan voces. Bien tiene a quien dar la dignidad de sus reinos. Por ventura con brevedad y como cosa de sueño te presenta su honra y su gloria; por ventura te da a oler y te pasa por tus labios su ternura y su dulzura y su suavidad y su blandura y las riquezas que solo él las comunica, porque solo él las posee.

¡Oh, muy dichoso señor! Humillaos e inclinaos y llorad con tristeza, y suspirad y orad y haced lo que nuestro señor quiere que hagáis el tiempo que él por bien tuviere, así de noche como de día. Haced vuestro oficio con sosiego, continuamente orando en vuestro trono y en vuestro estrado, con toda benevolencia y blandura, y mirad que no deis a nadie pena ni fatiga ni tristeza. Mira que no atropelléis a nadie. No seáis bravo para con nadie, y no habléis a nadie con ira ni espantéis a ninguno con ferocidad. Conviene también señor nuestro que tengáis mucho aviso en no decir palabras de burlas o de donaires, porque esto causará menosprecio de vuestra persona, porque las burlas y donaires no son para las personas que están en vuestra dignidad, ni tampoco os conviene que os inclinéis a las burlas o chucarrerías de alguno, aunque sea muy vuestro pariente o propincuo, porque aunque sois nuestro próximo en cuanto al ser de hombre, en cuanto al oficio sois como Dios. Aunque sois nuestro próximo y amigo e hijo y hermano, no somos vuestros iguales ni os considerarnos como a hombre, porque ya tenéis la persona y la imagen y conversación y familiaridad de nuestro señor Dios, el cual dentro de vos habla y os enseña, y por vuestra boca habla, y vuestra boca es suya, y vuestra lengua es su lengua, y vuestra cara es su cara, y vuestras orejas. Y os ha adornado con su autoridad, que os dio colmillos y uñas para que seáis temido y reverenciado.

Mira, señor, que no vuelvas a hacer lo que hacías cuando no eras señor, que reías y burlabas; ahora te conviene de tomar corazón de viejo y de hombre grave y severo. Mira mucho por tu honra y por el decoro de tu persona y por la majestad de tu oficio, y tus palabras sean raras y muy graves, porque ya tienes otro ser, ya tienes majestad, y has de ser respectado y temido y honrado y acatado. Ya eres precioso y de gran valor y persona rara, a quien conviene toda reverencia y acatamiento y respecto. Guárdate, señor, de menoscabar y amenguar y amancillar tu dignidad y valor, y la dignidad y valor de tu alteza y excelencia. Advierte, señor, el lugar en que estás, que es muy alto, y la caída de él muy peligrosa. Piensa, señor, que vas por una loma muy alta y de camino muy angosto, y a la mano izquierda y a la mano derecha hay grande profundidad y hondura. No es posible salir del camino hacia una parte ni hacia otra sin caer en un profundo abismo. Debes también, señor, guardarte de lo contrario, que no te hagas bravo como bestia fiera de quien todos tengan temor y horror. Sé templado en el rigor, el ejercitar tu potencia, y antes debes quedar atrás en el castigo y en la ejecución del rigor, que no pasar adelante. Nunca muestres los dientes del todo, ni saques las uñas cuanto puedes. Mira, señor, que no te demuestres espantoso y temeroso y áspero o espinoso. Esconde los dientes y las uñas. Junta y regala y congrega, y muéstrate blando y apacible a tus principales y a los mayores de tu reino y de tu corte. Y también te conviene, señor, de regocijar y alegrar a la gente popular, según la calidad y condición de la diversidad y grados que hay en la república; confórmate con las condiciones de cada grado y parcialidad de la gente popular. Tened, señor, solicitud y cuidado de los areítos y danzas y de los aderezos e instrumentos que para ellos son menester, porque es ejercicio donde los hombres esforzados conciben deseo de las cosas de la milicia y de la guerra. Regocija, señor, y alegra a la gente popular con juegos y pasatiempos convenibles. Con esto cobraréis fama y seréis amado, y aun después de esta vida quedará vuestra fama y vuestro amor y lágrimas por vuestra absencia acerca de los viejos y viejas que os conocieron.

¡Oh, felicísimo señor y serenísimo rey, persona preciosísima! Considerad que vais camino, y que hay lugares fragosos y peligrosos en el camino por donde vais, y que habéis de ir muy con tiento, porque las dignidades y señoríos tienen muchos barrancos y muchos resbaladeros y deslizaderos, donde los lazos están muy espesos y unos sobre otros, que no hay camino libre ni seguro entre los lazos y los pozos desimulados, cerrada la boca con hierba, y en el profundo tienen estacas muy agudas plantadas para que los que cayeren se enclaven en ellas; por lo cual conviene que sin cesar gimáis y llaméis a Dios y suspiréis.

Mirad, señor, que no durmáis a sueño suelto, ni os deis a las mujeres, porque son enfermedad y muerte a cualquier varón. Conviéneos dar vuelcos en la cama; habéis de estar en la cama pensando en las cosas de vuestro oficio, y en dormir soñando las cosas de vuestro cargo. Y las cosas que nuestro señor nos dio para nuestro mantenimiento, como son el comer y el beber, repartildo con vuestros principales y cortesanos, porque muchos tienen envidia a los señores y reyes por tener lo que tienen y comer lo que comen y beber lo que beben; y por eso se dice. que los reyes y señores comen pan de dolor. No penséis, señor, que el estado real, y el trono y dignidad, que es deleitoso y placentero, que no es sino de grande trabajo y de grande aflicción y de gran penitencia.

¡Oh, bienaventurado señor nuestro, persona muy preciosa! No quiero dar pena ni enojo a vuestro corazón; no quiero caer en vuestra ira e indignación. Bástame los defectos que he hecho y las veces que he tropezado y resbalado y aun caído en esta plática que tengo dicha; básteme las faltas y defectos que hablando he hecho, yendo a saltos de rana de nuestro señor invisible e impalpable, el cual está presente y nos está escuchando, y ha oído muy por el cabo todas las palabras que he pronunciado e imperfectamente, y como balvociendo y tartamodeando, y con mala orden y con mal aire. Pero con lo hecho he complido con lo que son obligados los viejos y ancianos de la república para con sus señores recién electos. Ansimismo he complido con lo que debo a nuestro señor, el cual está presente y lo oye, y a él se lo ofrezco y presento.

¡Oh, señor nuestro y rey! Viváis muchos años, trabajando en vuestro oficio real; ya he acabado de decir.

Este orador que hace esta oración delante del señor recién electo era alguno de los sacerdotes muy entendido y muy retórico, o era algunos de los tres sumus sacerdotes, que el uno se llamaba Quetzalcóatl, y el otro Tótec tlamacacqui, y el tercero Tláloc; eran sumus sacerdores. O por ventura la hacía alguno de los nobles y muy principales del pueblo, muy retórico; o algún embajador del señor de alguna provincia, muy entendido en hablar, que no tiene empacho ninguno en lo que ha de decir; o por ventura era alguno de los senadores, muy sabio; o algún otro muy retórico, muy esperto en el hablar, que ninguna falta hace en lo que ha de decir, que le acude el lenguaje y lo que ha de decir a su voluntad. Y esto es así necesario porque el señor recién electo háblanle de esta manera, y también cuando muere, porque entonces, cuando recién electo, toma el poder sobre todos, tiene libertad de matar a quien quisiere, porque ya es superior, y por esta causa cuando recién electo decímosle todo lo que ha menester para hacer bien su oficio, y esto con mucha reverencia y humildad. Por esta causa el orador habla con gran tiento y llorando y suspirando.

Capítulo XI. De lo que dice otro orador en acabando el primero, mostrando brevemente el alegría de todo el reino por su elección, y mostrando el deseo que todos sus vasallos tienen de su larga vida y prosperidad. No lleva esta oración tanta gravedad ni tanto coturno como la pasada

¡Oh, señor nuestro serenísimo y humanísimo, y rey nuestro muy generoso y muy valeroso, más precioso que todas las piedras preciosas, aunque sea el zafiro! ¿Por ventura es cosa de sueño lo que vemos? ¿Por ventura estamos borrachos en ver lo que nuestro señor Dios ha hecho con nosotros en darte por rey y señor? Y es que ha enviado sobre nosotros nuestro señor Dios un Sol nuevo muy resplandeciente y una luz como la del alba, y un milagro y maravilla grande, una gran pascua y fiesta de gran regocijo.

¡Oh, señor, que vos solo habéis merecido esta empresa de ser señor de este reino, donde os ha puesto nuestro señor Dios por rey y señor, el cual dejaron vuestros abuelos que os precedieron! ¡Oh, señor, que a vos solo ha tenido por digno nuestro señor Dios de este reino y de este señorío! Porque vosotros, señores nuestros, que sois como piedras preciosas, chalchihuites y zafiros, como cuentas y juelas de oro, sois dignos de estas honras y dignidades. Ahora, señor, engrandecéis y sublimáis los aderezos y atavíos del señorío y de este reino con que los señores se suelen componer y ataviar. Señor nuestro, muchos días ha que este reino y señorío os tiene deseado como quien con gran sed y hambre desea comer y beber, y como el hijo desea ver a su padre y a su madre estando ausente de ellos. Llora y aflígese y desea la gente de este pueblo que la rijáis y gobernéis. Por ventura mereceremos que algunos días y años vean vuestra cara muy deseada vuestros vasallos y siervos, y os tengan como prestado y gozen de vuestra persona y de vuestro gobierno. O por ventura por los pecados del pueblo seremos huérfanos de vuestra persona ante de tiempo, si por nuestros deméritos nuestro señor Dios os llamare y llevare para sí, o vos os fuéredes para vuestro padre y madre, el Dios del infierno llamado Mictlantecutli;

o por ventura, yendo a la guerra y peleando en el campo, donde suelen morir los valientes y esforzados, convidaréis con vuestra sangre y con vuestro cuerpo a los dioses del cielo, y os iréis para vuestro padre y vuestra madre el Sol y el Dios de la tierra, y os iréis adonde están los hombres valientes y esforzados como águilas y tigres, los cuales regocijan y festejan al Sol, el cual se llama Tiacáuh in Cuauhtleoánitl, el cual se contenta mucho y recibe gran recreación en gustar la sangre de éstos que, como valientes, la derramaron. No sabemos lo que Dios tiene determinado; esperemos su sentencia.

¡Oh, señor! Viváis muchos años para hacer prósperamente vuestro oficio. Poned el hombro a la carga; poneos debajo de la carga muy pesada y trabajosa, y tended vuestras alas y vuestra cola para que debajo de ellas amparéis a vuestros súbditos, que los habéis de llevar como carga.

¡Oh, señor! Entre vuestro pueblo y vuestra gente debajo de vuestra sombra, porque sois un árbol que se llama púchotl o auéuetl, que tiene gran sombra y gran rueda, donde muchos están puestos a su sombra y a su ámparo, que para eso os ha puesto en este cargo. Plega a Dios de os hacer tan próspero en vuestro regimiento, que todos vuestros súbditos y vasallos sean ricos y bienaventurados. Señor nuestro, con estas pocas palabras he besado vuestros pies y vuestras manos, y hablado a vuestro corazón y a vuestro cuerpo. ¡Oh, bienaventurado señor! Vivid y reinad por muchos años, ayudando a nuestro señor Dios con este oficio, y tomad mucho norabuena vuestro reino y señorío, encima de vuestros hombros. Ya he dicho.

El que ora diciendo esta oración está en pie y descalzo. Quitóse las cotaras para comenzar a orar; anudóse la manta sobre el hombro, que es señal de humildad. Y el señor cuando le dice esta oración, levántase o pónese en coclillas, vuelta la cara al que ora; en el tiempo de la oración no vuelve la cabeza a ninguna parte y tiene los ojos puestos en el orador. En la manera del estar sentado muestra su majestad y gravedad. Y acabada la oración, responde algunas breves palabras o manda algún orador suyo que responda, que está a su lado; y si habla el mismo señor, dice lo que sigue.

Capítulo XII. De lo que responde el señor a sus oradores, humillándose y haciéndolos gracias por lo que han dicho

Gran misericordia y liberalidad ha hecho nuestro señor en haber elegido al indigno y que no lo merece. ¿Por ventura quiere hacer experiencia de mí, y viendo que no soy para este oficio, lo dará a otro? Porque hay muchos que le llaman, y cada día oran en su presencia y lloran y con tristeza suspiran; tiene muchos amigos a quienes él tiene conocidos muy bien. Veamos ahora lo que querrá hacer. Ríase algún día de mis boberías nuestro señor. Cuando quisiere tomará para sí su reino y dignidad, y me lo quitará a mí, y lo dará allá, adonde sabe que conviene y le ruegan y demandan con ahinco. Ha hecho nuestro señor liberalidad y magnificencia conmigo. ¿Por ventura es como sueño? Hágase, pues, lo que manda y quiere nuestro señor Dios; hágase asimismo lo que ordenaron y botaron los señores que me eligieron. ¿Qué ha visto en mí, como quien busca mujer diestra en hilar y en tejer? Que cierto, no me conozco ni me entiendo a mí mismo ni sé hablar a derechas dos palabras. Lo que puedo decir es que me ha sacado de donde vivía entre el estiércol y suciedades. Por ventura no es para mí este estado en que me pone nuestro señor Dios, haciendo conmigo magnificencia y liberalidad. Por cierto conozco que me habéis hecho gran merced en lo que me habéis dicho; por cierto he oído cosas dignas de ser notadas y muy encomendadas a la memoria, por ser muy preciosas y raras, así como piedras preciosas y zafiros, que son consejos de padres y madres que muy pocas veces se suelen decir, dignas de ser muy guardadas. Y así me conviene a mí tenerlas muy guardadas y estimadas todo el tiempo que viviere, y tenerlas he yo para mi consolación en mi pecho y para bordón de mi oficio en mi mano. No solamente a mí pero a todo el pueblo y reino has hecho muy buena obra, y has orado a nuestro señor Dios para que me favorezca. No soy, por cierto, digno, ni atribuyo a mi merecimiento una tan buena oración como me habéis hecho. Y también habéis orado en favor de los reyes y señores antepasados que reinaron en este reino y señorío, que fielmente hicieron sus oficios a honra de Dios. Vivas en prosperidad y contento; íos a descansar y reposar, que muy bien lo habéis hecho.

Respuesta del orador a quien habló el señor recién electo lo arriba puesto

¡Oh, señor nuestro preciosísimo! Creo que os soy penoso y os doy fastidio con mis prolijidades, y soy causa que os duela la cabeza y estómago con mis boberías. Ruego a nuestro señor Dios soberano y criador, que os dé mucha paz y sosiego y contento todo el tiempo que vivierdes en esta vida, en el felicísimo estado en que estáis puesto para regir y gobernar la dignidad en que os ha puesto, el cual os está mirando desde el cielo, y también os miran desde el infierno, y acá en el mundo os miran todos vuestros vasallos y tienen puestos sus ojos en vos. Sabe nuestro señor Dios qué tanto tiempo habéis de regir este reino que os ha dado. Esperemos en él para ver qué es su voluntad, pues que él es gobernador y regidor que sabe todos los secretos y da todos los dones. ¡Oh, felicísimo señor, deseo viváis y reinéis por muchos años, amén!

Los señores siempre traían consigo muy espertos oradores para responder y hablar cuando fuese menester, y esto desde el principio de su elección, los cuales siempre andaban a su lado. Y cuando mandaba a alguno de éstos que respondiese, decía lo que se sigue.

Capítulo XIII. De los afectos y lenguaje que usa el que responde por el señor a los oradores cuando el señor no se halla para responder. Es oración de algún principal o amigo o pariente del señor, bien hablado y bien entendido. Usa en ella de muchos colores retóricos

¡Oh, hombre sabio y venerable! Por cierto vos habéis dicho palabras muy preciosas y de grande estima, las cuales dejaron muy guardadas y atesoradas, como cosa muy preciosa, los señores y reyes que nos precedieron, porque son palabras de madres y padres de la república, preciosas como piedras ricas que se llaman chalchihuites y zafiros y otras piedras preciosas. Habéislas muy bien pronunciado en presencia de nuestro señor y rey muy amado N, el cual es reliquia de los señores y principales que pasaron. Hase enderezado vuestra oración para esforzarle y animarle para el oficio que le ha sido dado, y también para honrarle conforme al estado que tiene. Este servicio y esta honra no la echará en olvido el señor N si no fuere que luego al principio de su reino le saque nuestro señor de este mundo y le ponga entre las nieblas y tinieblas de la muerte. Y si por ventura tuviere Dios por bien que este pobrecito dure algunos años en el regimiento de su reino y fueren dignos de tenerle por algunos años sus vasallos, como a manera de sueño, él lo gratificará y aun lo tendrá en la memoria para regirse a sí mismo como conviene. Y si por ventura, porque el estado de los señores es muy peligroso y los tronos y estrados reales tienen grandes resbaladeros y grandes dificultades, por razón de las palabras duras de los envidiosos y de las saetas o dardos de palabras que arrojan los ambiciosos, que son así como bramidos que vienen de los pueblos y reinos circunstantes, donde están muchos amenazando y amagando con piedras y dardos de palabras soberbias e envidiosas, le hicieran olvidar unas cosas tan raras y tan necesarias y tan preciosas y tan dignas de ser encomendadas a la memoria, hará de su daño. Y si lo guardare y encomendare a la memoria, y si se aprovechare de ello, a él le vendrá el provecho que ya está puesto en el juego de la pelota, y le han puesto guantes de cuero y cincho de cuero para herir a la pelota para que la vuelva al que se la arrojó en el juego, porque el negocio de regir es bien semejante al juego de la pelota y al juego de los dados.

¡Oh, Dios! ¿Y quién sabe lo que tiene Dios determinado en este negocio, si por ventura será digno de perseverar en su dignidad y reino, o si, por ventura de presto le será quitada la dignidad y honra del señorío y nuestro señor Dios se la da solamente a oler y a ver, y que en breve pase como sueño? ¿Por ventura mañana o ese otro día se enojará de él nuestro señor Dios, que hace: variar las cosas humanas y rige como le parece los reinos y señoríos? Y por ventura le quitará lo que le ha dado, el reino y la honra, que es cosa propia suya y de ningún otro, y lo desechará para que viva en pobreza y en menosprecio, como en el estiércol y en la hez. Y si por ventura viniere sobre él lo que merecemos todos los hombres, que es enfermedad de ceguedad o tullimiento o muerte, y lo ponga debajo de sus pies, enviándole al lugar donde habemos de ir todos, y de aquí entenderemos que no tiene Dios determinado que esté en honra ni en dignidad. ¡Bienaventurados los amigos y conocidos de Dios, que pacíficamente y con asosiego y después de muchos días mueren en sus señoríos, en sus reinos! ¡Bienaventurados aquellos que con paz y asosiego viven y reinan en sus señoríos orando a Dios! ¡Bienaventurados aquellos que son gloria y fama de sus antepasados, padres y madres y abuelos y tatarabuelos, en los cuales floreció el señorío y reino, y aumentaron y ensallaron sus reinos y señoríos! ¡Bienaventurados aquellos que dejaron esta fama a sus sucesores!

Y ahora este nuestro electo, ¿por ventura volverá atrás de su elección? ¿Por ventura asnconderse ha? ¿Por ventura ausentarse ha? ¿Por ventura volverá atrás, y dejarse ha de cumplir la palabra de nuestro señor Dios, y su querer, y la voluntad del pueblo que le eligió? ¿Qué conocimiento tiene de Dios? ¿Es suficientemente avisado? ¿Conócese a sí mismo? ¿Por ventura, es prudente; es sabio? ¿Alcanza cumplidamente lo que ha de hablar? Pienso que no. ¿Por ventura, andando el tiempo en presencia de algunos cayerá? Esto ni lo sabemos ni quizá lo veremos, porque está en la mano de nuestro señor Dios. A nosotros nos conviene rogar por él y tener confianza en Dios, que lo hará bien.

Honrado orador, habéis hecho liberalidad y merced a vuestro pueblo con haber esforzado y animado a nuestro señor con vuestra oración, con vuestras palabras. Ios, señor, a descansar y reposar, que muy bien lo habéis hecho.

Capítulo XIV. En que se pone una larga plática con que el señor hablaba a todo el pueblo la primera vez que los hablaba. Exhórtalos que nadie se emborrache, ni hurte, ni cometa adulterio. Exhórtalos a la cultura de los dioses, al ejercicio de las armas, a la agricultura, etc.

Oíd con atención todo los que presentes estáis, que os ha aquí juntado nuestro señor Dios a todos los que regís y tenéis cargo de los pueblos a mí sujetos. Tú, que tienes algún cargo de república, que has de ser como padre y madre de ella. Y también estáis presentes todos los nobles y generosos, aunque no tengáis cargo de república. También estáis presentes vosotros, los que sois valientes y esforzados como águilas y como tigres, que entendéis en el ejercicio militar. También estáis aquí mujeres nobles y señoras generosas. Deseo a todos la paz de nuestro señor Dios todopoderoso, criador y gobernador de todos.

Y quiéroos esforzar y saludar ahora con dos o tres palabras que os quiero decir. Bien sabéis todos los que estáis presentes que yo soy electo señor por la voluntad de nuestro señor Dios, aunque indigno, y que por ventura, por no saber bien hacer mi oficio, Dios me quitará y pondrá a otro. Pero el tiempo que Dios tuviere por bien que yo tenga este su cargo, haré defectuosamente y groseramente lo que soy obligado para el buen regimiento de este vuestro reino, y no sin ofender muchas veces a nuestro señor Dios.

¡Oh, miserable de mí! ¡Oh, hombre sin ventura! Que muchas veces he ofendido a nuestro señor Dios por mi desventura y miseria, y también juntamente con esto he ofendido a los principales e ilustres del reino que rigieron en él, que son mis antecesores y fueron lumbre y espejo, ejemplo y doctrina, para todo el reino, para toda la gente del reino. Trajeron siempre en su mano una gran hacha de lumbre muy clara para alumbrar a todos. Fueron prudentísimos y sapientísimos y animosísimos, puestos en este regimiento por nuestro señor Dios. No les dio nuestro señor Dios saber de niños o corazón de niños, ni mutabilidad de niños. Hízolos poderosos y valientes para castigar los malos de su reino y para defender a su reino de sus enemigos. Adornólos finalmente de todas las cosas necesarias para su oficio. Fueron personas a quien él tenía conocidos por tales, y fueron muy sus amigos y conocidos. A estos tales he yo sucedido para echarlos en vergüenza y en afrenta en hacer mi oficio con muchos defectos. Estos fueron los que comenzaron a fundar todo lo que ahora está edificado. Fueron nuestros abuelos y bisabuelos y tatarabuelos de donde hemos venido y procedido. Fueron los que desmontaron y atalaron las muntañas y las sabanas para poblarnos donde estamos, y ellos primeramente tuvieron el cargo de regir y puseyeron el trono y estrado donde estuvieron, esperando la voluntad de nuestro señor Dios todos los días de su vida.

¡Oh, miserable de mí, hombre de poco entendimiento y de poco saber y de gente baja! Que no convenía que yo fuese elegido para este oficio tan alto. Por ventura pasará sobre mí como sueño; en breve se acabará mi vida. O por ventura pasará algunos días y años que llevaré a cuestas esta carga que nuestros abuelos dejaron cuando murieron, grave y de muy gran fatiga, en quien hay causa de humillación más que de soberbia y altivez. Ahora ante que muera, si por ventura Dios determinare de matarme, os quiero esfurzar y consolar.

Lo que principalmente encomiendo es que os apartéis de la borrachería, que no bebáis uctli, porque es como beleños que sacan a los hombres de su juicio, de lo cual mucho se apartaron y temieron los viejos y las viejas, y lo tuvieron por cosa muy aborrecible y asquerosa, por cuya causa los senadores y señores pasados ahorcaron a muchos, y a otros quebraron las cabezas con piedras, y a otros muchos azotaron. Este es el vino que se llama uctli, que es raíz y principio de todo mal y de toda perdición, porque este uctli y esta borrachería es causa de toda discordia y disensión y de todas revueltas y desasosiegos de los pueblos y reinos. Es como un turbellino que todo lo revuelve y desbarata; es como una tempestad infernal que trae consigo todos los males juntos. De esta borrachera proceden los adulterios, estuprus y corrupción de vírgenes y violencia de parientes y afines. De esta borrachería proceden los hurtos y robus y latrocinios y violencias. También proceden las maldiciones y los testimonios y murmuraciones, y detracciones, y las vocerías y riñas y gritos. Todas estas cosas causa el uctli y la borrachera. También es causa el uctli o pulque de la soberbia y altivez, y tenerse mucha, decir que es de alto linaje, y menosprecia a todos, a ninguno estima ni tienen nada; causa enemistades y odios. Los borrachos dicen cosas desatinadas y desconcertadas porque están fuera de sí. El borracho con nadie tiene paz, ni de su boca salen palabras pacíficas o templadas; es destrucción de la paz de la república. Esto dijeron los viejos, y nosotros lo vemos por experiencia. La borrachera deshonra a los hombres nobles y generosos; tiene en sí todos los males, y quien lo come o bebe, todos los males tiene. No sin causa se llamó beleño y cosa que enajena del seso, como la hierba que se llama tlápatl o míxitl. Muy bien dijo el que dijo que el borracho es loco y hombre sin seso, que siempre come el tlápatl y míxitl. Este tal con nadie tiene amistad, a nadie respecta. Es testimoñero y mentiroso y sembrador de discordias, hombre de dos caras y de dos lenguas; es como culebra de dos cabezas, que muerde por una parte y por otra.

No solamente estos males ya dichos proceden de la borrachería, que otros muchos tiene, que el borracho nunca tiene asosiego ni paz, ni jamás está alegre ni come ni bebe con asosiego ni en paz ni en quietud. Muchas veces lloran estos tales; siempre están tristes; son vozingleros y alborotadores de las casas ajenas. Después que han bebido cuanto tienen, hurtan de las casas de sus vecinos las ollas y los jarros y platos y escudillas. Ninguna cosa dura en su casa ni medra. No tiene asosiego ni reposo en su casa el borracho, sino todo es pobreza y malaventura. No hay plato ni escudilla ni jarro en su casa; no tiene qué se vestir, ni qué cubrir, ni qué calzar, ni tiene en qué dormir. Sus hijos y todos los de su casa andan sucios y rotos y andrajosos; cubren sus hijas con algún andrajo roto sus vergüenzas, porque el borracho de ninguna cosa tiene cuidado, ni de la comida, ni de los vestidos de los de su casa. Y por esta razón los reyes y señores que reinaron y poseyeron los estrados y tronos reales, que vinieron a decir las palabras de Dios a sus vasallos, mataron a muchos quebrándoles las cabezas con piedras y ahogándolos con sogas.

Y ahora os amonesto y mando aquí a voces, a vosotros los nobles y generosos que estáis presentes y sois mozos, y también a vosotros los viejos que sois de la parentera real. Dejad del todo la borrachera y embriaguez, conviene a saber, el uctli y cualquiera cosa que emborracha, que aborrecieron mucho vuestros antepasados. El vino no es cosa que se debe usar; no morirás ciertamente si no lo bebieres. Ruégoos a todos que lo dejéis, y también a vosotros, los que sois valientes y esforzados y entendéis en las cosas de la guerra: también os mando que lo dejéis. Tú, que estás aquí o donde quiera que estás, que lo has ya gustado, déjalo. Vete a la mano, no lo bebas más, que no morirás si no lo bebieres. Y aunque se te pone este precepto, no te andan guardando para que no lo bebas. Si bebieres, harás lo que tu corazón desea; harás tu voluntad en secreto y en tu casa; pero nuestro señor Dios a quien ofendes, que ve todo lo que pasa, aunque sea dentro de las piedras y de los maderos y dentro de nuestro pecho, todo lo sabe y todo lo ve. Aunque yo ni te veo ni sé lo que haces, pero Dios que te ve te publicará y echará tu pecado en la plaza. Manifestarse ha tu maldad y tu suciedad, o por vía del hurto que harás, o por vía de palabras injuriosas que dirás, y por ventura te ahorcarás o te echarás en algún pozo o en alguna cima, o de algún risco abajo, que éste será tu fin. Y si voceares o braveares o gritares, o si por ventura, estando ya borracho, te echares en el camino a dormir, o en la calle, o anduvieres a gatas de borracho, serás preso de la justicia y serás castigado y azotado y reprehendido y afrontado en presencia de muchos. Y allí serás muerto, o te quebrantarán la cabeza con una losa o te ahogarán con una soga, o te asaetearán; o por ventura por ahí te tomarán cuando comes o cuando bebes; o por ventura llegarán sobre ti cuando estuvieres en el acto carnal con alguna mujer ajena, o cuando estuvieres hurtando en alguna casa las cosas que están guardadas en las cajas o en los cofres. Y por esa misma causa te quebrantarán la cabeza con una losa y te echarán arrastrando en la plaza o en el camino o en la calle. Y así infamarás a ti y a tus antepasados, y dirán de ellos: «A este bellaco dejaron su padre y su madre mal castigado, mal disciplinado, mal criado, los cuales se llamaban N. Y bien los Parece en las costumbres, como lo que se sembró nace semejante a la semilla». O por ventura dirán: «Oh, malaventurado de hombre, deshonrador de sus antepasados, los cuales dejaron y engendraron a un bellaco como éste, que ahora los deshonra y avergüenza». O por ventura dirán: «Gran bellaquería ha hecho éste». Y aunque seas noble y del palacio, ¿dejarán de decir de ti? ¿Aunque seas generoso e ilustre? No, por cierto.

Quiéroos poner un ejemplo de un principal de Cuautitlan que era generoso —se llamaba Tlachinoltzin—; era ilustre; tenía vasallos y tenía servicio; y el uctli le derrocó de su dignidad y estado, porque se dio mucho al uctli y se emborrachaba mucho. Todas sus tierras vendió y gastó el precio de ellas emborrachándose. Y después que hubo acabado de beber el precio de sus heredades, comenzó a beber el precio de las piedras y maderos de su casa; todo lo vendió para beber. Y como no tuvo más que vender, su mujer trabajaba en hilar y en tejer para con el precio comprar uctli para beber. Este sobredicho, que era tlacatéccatl y muy esforzado, y valiente, muy generoso, algunas veces acontescía que después de borracho se tendía en el camino por donde bajaba la gente, y allí estaba todo lleno de polvo y sucio y desnudo. Y éste, aunque era gran persona, no dejaron de decir de él y reír, y de mofar de él y castigarle. La relación y fama de este negocio llegó hasta México a las orejas de Moctezuma, rey, emperador y señor de esta Nueva España. Y él le atajó porque mandó y encargó al señor de Cuautitlan, que se llamaba Actatzon, el cual era hermano menor del dicho Tlachinoltzin. Y aunque era muy principal y tlacatéccatl no disimularon con él; ahogáronle con una soga, y así el pobre tlacatéccatl murió ahorcado no más de porque se emborrachaba muchas veces.

¿Quién podrá decir los que fueron muertos por emborracharse, nobles y señores y mercaderes? ¿Y cuántos murieron de los populares por este mismo caso? ¿Quién lo podrá decir ni contar? Y vosotros, que sois hombres esforzados y valientes y soldados, pregúntoos: ¿Ha mandado alguno de los señores que se beba el uctli, que vuelve loco a los hombres? Nadie, por cierto. ¿Es por ventura necesario para la vida humana? No, por cierto. Tú, cualquiera que tú eres, si te emborrachares, no podrás escaparte de mis manos. Yo te prenderé, yo te encarcelaré; porque el pueblo, el señorío y el reino tienen muchos ministros para prender y para encarcelar y para matar a los delincuentes. Y te pondrán por ejemplo y espanto de toda la gente, porque serás castigado y atormentado conforme a tu delito, o serás ahogado y echado en los caminos y en las calles, o serás con piedras muerto. Y toda la gente se espantará de ti, porque serás echado por las calles. Cuando esto te acontecerá, no te podré yo valer de la muerte o del castigo, porque tu mismo, por tu culpa, caíste y te arrojaste en las manos de los verdugos y de los matadores, y provocaste la justicia contra ti. Habiendo tú hecho esto, ¿cómo te podré yo librar? No es posible sino que pases por la pena acostumbrada. Por demás será mirarme ni esperar que yo te tengo de librar, porque ya estás en la boca del león. Aunque seas mi amigo y aunque seas mi hermano menor o mayor, no te podré socorrer, porque ya eres hecho mi enemigo y yo tuyo, por la voluntad de nuestro señor Dios, el cual nos dividió. Y yo tengo de ser tu contrario y pelear contra ti, y te sacaré aunque estés debajo de la tierra o debajo del agua escondido. Mira, ioh, malhechor!, que el uctli nadie te lo mandó beber, ni conviene que lo bebas. Mira que las cosas carnales son muy feas y todos conviene que huyan de ellas. Nadie conviene que hurte ni tome lo ajeno.

Lo que habéis de desear y buscar son los lugares para la guerra señalados, que se llaman teuatenpan tlachinoltenpan, donde andan y viven y nacen los padres y madres del Sol, que se llaman tlacatéccatl, tlacochcálcatl, que tienen cargo de dar de beber y comer al Sol y a la tierra con la sangre y carne de sus enemigos. Estos son los que tienen por riqueza la rodela y las armas, y allí merecen las orejeras y los bezotes ricos y las borlas de la cabeza y las ajorcas de las muñecas y los cueros amarillos de las pantorrillas. Allí merecen, allí hallan las cuentas de oro y las plumas ricas. Todas estas cosas las ganan y les son dadas con mucha razón, porque son valientes. Allí se gana la riqueza y el señorío que nuestro señor Dios tiene guardado, y los da a los que lo merecen y se esfuerzan contra sus enemigos. También allí merecen las flores y cañas de humo, y la vivida y la comida delicada, y los maxtles y mantas ricas, y también las casas de señores y los maizales de hombres valientes, y la reverencia y acatamiento que les es dada por su valentía. Y también son tenidos por padres y madres y por amparadores y defensores de su pueblo y de su patria, donde se amparan y defienden los populares y gente baja, como a la sombra de los árboles que se llaman púchotl y auéuetl se defienden del Sol. Nota bien, tú que presumes de hombre, que aquel o aquellos que fueron ilustres y grandes y famosos por sus obras notables, que son como tú, y no son de otro metal ni de otra manera que tú, son tus hermanos menores y mayores. Su corazón es como el tuyo; su sangre es como la tuya; sus huesos como los tuyos y su carne como la tuya. El mismo

Dios que te puso el espíritu con que vives y te dio el cuerpo que tienes, ese mismo dio aquél el espíritu y el cuerpo con que vive. Pues, ¿qué piensas e imaginas, que es de madera o piedra o de hierro su corazón y su cuerpo? También llora como tú y se entristece como tú. ¿Hay nadie que no ama el placer? Pero, porque es recio su corazón y macizo, se va a la mano y se hace fuerza para orar a Dios, para que su corazón sea santo o virtuoso. Llégase devotamente a Dios todopoderoso con lloros y suspiros. No sigue el apetito de dormir; a la medianoche se levanta a llorar y a suspirar, y llama y clama a Dios todopoderoso, invisble e impalpable. Llámale con lágrimas; ora con tristeza; demándale con importunación que le dé favor. De noche vela; en el tiempo de dormir no duerme. Y si es mujer cuerda y sabia, duerme aparte; en otro lugar de casa hace su cama y allí vela y está esperando cuándo será la hora de levantarse a barrer la casa y hacer fuego. Y por esto la mira Dios con misericordia, y por esto le hace mercedes aquí en este mundo. La da corazón varonil para que sea rica y bienaventurada en este mundo, para que tenga de comer y beber y que no sepa de dónde le viene la abundancia. Lo que siembrare en sus heredades crece y multiplícase. Si quisiere tratar en el mercado, todo lo que quiere se le vende a su voluntad. También por esta causa de su velar y orar, le hace merced Dios de buena muerte. Y al varón le hace merced de que sea fuerte, valiente y vencedor en la guerra, y le hace merced de que sea contado entre los soldados fuertes y valientes que se llaman cuauhpétlatl, ocelopétlatl. Y también hace merced de riquezas y deleites y de otros regalos que él suele dar a los que le sirven; también le da honra y fama.

¡Oh, caballeros! ¡Oh, señores de pueblos y de provincias! ¿Qué hacéis? No conviene que por razón de beber uctli y de estar envueltos en vicios carnales hagan burla de vosotros la gente popular. Íos a la guerra y a los lugares de las batallas que se llaman teuatempan, en donde nuestra madre y nuestro padre el Sol y el Dios de la tierra señalan y notan y ponen por escrito y almagran a los valientes y esforzados que se ejercitan en la milicia.

¡Oh, mancebos nobles y criados en los palacios entre la gente noble! ¡Oh, hombres valientes y animosos como águilas y tigres! ¿Qué hacéis? ¿Qué habéis de ser? Ausentaos de los pueblos; id en pos de los soldados viejos a la guerra; desead las cosas de la milicia; seguid a los valientes hombres que murieron en la guerra, que están ya holgándose y deleitándose y poseyendo muchas riquezas, que chupan la suavidad de las flores del cielo y sirven y regocijan al señor Sol, que se llama tiacáuh y cuauhtleoánitl in yaumicqui. ¿No es posible que vaís y os mováis a ir tras aquellos que ya gozan de las riquezas del Sol? Levantaos, los hacía el ciclo a la casa del Sol. ¿No será posible por ventura apartaros de las borracherías y de las carnalidades en que estáis envueltos? ¡Bienaventurados son aquellos mancebos de los cuales se dice y hay fama que ya han cautivado alguno en la guerra, o por ventura fueron cautivos de sus enemigos y asumidos a la casa del Sol! N y N, nuestros sobrinos y parientes, ya están reposando, y sus madres y padres lloran y suspiran, por ellos derraman lágrimas. Y si eres medroso y cobarde y no te atreves a las cosas de la guerra, vete a labrar la tierra y hacer maizales. Serás labrador, y como dicen, serás varón en la tierra; y por aquí habrá misericordia de ti nuestro señor todopoderoso. Y lo que sembrares en los camellones, gozarás de ello después que naciere y se criare. Siembra y planta en tus heredades de todo género de plantas, como son magueyes y árboles; gozarán de ello tus hijos y nietos en el tiempo de hambre, y aun tú gozarás de ello: comerás y beberás de tus trabajos. Oíd con atención, vosotros los nobles y generosos. Principalmente enderezo mis palabras a ti, que eres ilustre y de sangre real. Tened cuidado del ejercicio de tañer y cantar en coros, porque es ejercicio para despertar los ánimos de la gente popular, y huélgase Dios de oírlo, porque es lugar y ejercicio para demandar a Dios cada uno lo que quisiere y para provocarle a que hable al corazón, porque cuando es llamado con devoción para que dé su ayuda y favor, hace mercedes. En este ejercicio y en este lugar se meditan y se consideran y se inventan los negocios y ardides de la guerra.

Aunque habéis elegido a vuestro rey o emperador, no vivirá para siempre, no será su vida como vida de árbol o de peña que dura mucho. ¿Por ventura nunca se morirá, o ha de vivir para siempre? ¿Por ventura no ha de haber otro señor después de él? Sic, que election habrá andando el tiempo de otro señor y de otros senadores cuando murieren los que ahora son y cuando por bien tuviere nuestro señor de ponerle en su recogimiento. ¿Estás, por ventura, contento? ¿Está, por ventura, satisfecho tu corazón porque haces los que quieres y negocias lo que quieres? ¿O, por ventura, estás puesto al rincón, ni se hace cuenta de ti, y vives como solitario y apartado y olvidado? ¿Por ventura, faltando los que ahora rigen, la comunidad irá a alquilar a alguno a otra parte o a otro reino para que la rija y para que posea el trono real, y tenga cargo de los valientes y esforzados y capitanes que entienden en el ejercicio militar? Mira, si te llegares a Dios y si te hicieres familiar de los que rigen, y te deleitares con ellos como en bodas, como hace la mujer que se muestra en público ataviada y galana para que la quieran y la desen; y si te quieres extrañar y hurtar el cuerpo a tu comunidad, aunque te hagas vendedor de hortalizas o leñador, que andes en los montes a traer leña, de allá te sacará Dios y te pondrá en los estrados y te dará cargos de regir al pueblo o señorío, y te hará que lleves a cuestas o en los brazos algún oficio de la república o de la dignidad real. ¿En quién tenéis puestos los ojos? ¿A quién esperáis que os venga a regir? ¿Qué hacéis? ¡Oh, hombres generosos e ilustres y de sangre real! ¿De quién huís? ¿De quién os apartáis? ¿Apartáis os de vuestro pueblo y de vuestra comunidad? Y vosotros, ¡oh, valientes hombres y esforzados y padres de la milicia!, ¿no sabéis que el reino y señorío tiene necesidad de dos ojos y de dos manos y de dos pies? ¿No sabéis que tiene necesidad de madre y padre para que le laben y le limpien, y de quien le limpie las lágrimas cuando llorare? También tiene necesidad de personas que sean ejecutores de los mandamientos de los que rigen.

Para este negocio de ejecutar la justicia había dos personas principales, uno que era noble y persona de palacio, y otro capitán y valiente que era del ejercicio de la guerra. También sobre los soldados y capitanes había dos principales que los regían, el uno que era tlacatéccatl, el otro tlacochtecutli; el uno de los dichos era pilli, y el otro principal en las cosas de la guerra; y siempre pareaban un noble con un soldado para estos oficios. También para capitanes generales de las cosas de la guerra pareaban dos, uno noble o generoso y del palacio, y otro valiente y muy ejercitado en la guerra; el uno de éstos se llamaba tlacatéccatl y el otro tlacochcálcatl. Estos entendían en todas las cosas de la guerra y en ordenar todas las cosas que concernirían a la milicia.

Y estos que son ministros de la guerra y de la república irán por ti a donde estuvieres cogiendo hierbas o haciendo leña o haciendo camellones en las sembradas, y te llevarán al trono y al estrado real para que tú consueles a la gente popular en sus aflicciones y necesidades; y pondrán en tus manos las cosas de la justicia, que es como un agua muy limpia para lavar y donde se lavan las suciedades o delitos de la gente popular. Tú tendrás cargo de mandar castigar a los delincuentes, y a ti te tomará por su cara y por sus orejas y por su boca y por su pronunciación nuestro señor Dios, que está en todo lugar, y tú hablarás sus palabras. Ruégoos, ¡oh nobles, oh personas de palacio, oh generosos, oh personas de sangre real!; y también a vosotros, ¡oh hombres fuertes como águilas y como tigres que entendéis en las cosas de la milicia! Miradvos de todas partes dónde tenéis algún defecto o alguna mancha cerca de vuestras costumbres; mirad qué tal está vuestro corazón, si es piedra y zafiro, si está cual conviene para el regimiento de la república. Y si por ventura estás sucio y manchado, y tus costumbres son malas, porque te emborrachas y andas como loco, y bebes y comes lo que no te conviene, no eres para regir ni convienes para los estrados ni para el señorío. Y si por ventura eres carnal y sucio, y dado a cosas de lujuria, no eres tú para el palacio ni para entre los señores. Y si por ventura eres inclinado a hurtar y tomar lo ajeno, y hurtas y robas, no eres para ningún oficio bueno. Examínate y mírate si eres tal que merezcas llevar a cuestas el pueblo y su regimiento y su gobierno, y para ser madre y padre de todo el reino. Por cierto, si eres vicioso, como arriba se dijo, ¿eres por ventura para tal oficio? Por cierto, no lo eres, sino que eres digno de castigo y de reprehensión. Mereces ser confundido y afrontado, y andar azotado como persona vil, y también mereces enfermedades como ceguedad o tullimiento, y mereces andar roto y sucio como un hombre miserable por todos los días de tu vida, y que nunca tengas placer ni descanso ni contento alguno. Digno, por cierto, eres de toda aflición y de todo tormento.

¡Oh, amigos míos y señores míos! Estas pocas palabras os he dicho para vuestra consolación y para animaros para el bien; esforzar vuestras voluntades. Y también con esto complo con lo que debo a mi oficio, y cuando se ofreciere en alguna vez que encontrare con vuestros pecados, acordaros heis. Diréis: «Ya oímos lo que nos dijo y lo menospreciamos».

Deseo que con paz y asosiego os gobierne nuestro señor Dios. ¡Oh, muy amados míos! Otra vez, y otra, os ruego que notéis lo que habéis oído. Deseo que poco a poco lo gustéis y ejercitéis. No haya nadie que se descuide. Tú, que por descuido o menosprecio, dejares estas cosas, ¿a quién podrás echar la culpa sino a ti solo? Y tú, que pusieres por obra estas cosas y las guardares en tu corazón y las apretares en tu mano, las cuales te he dicho y mandado a ti solo, harás bien. Contigo harás misericordia y con esto vivirás consolado sobre la tierra; y aumentarás tu fama para con los viejos y antiguas personas, y a los demás darás buen ejemplo para seguir la virtud. No tengo más que decir, sino que ruego a nuestro señor Dios que os dé mucha paz y sosiego.

Capítulo XV. Que después de la plática de señor se levanta otro principal y hace otra plática al pueblo en presencia del mismo señor, encareciendo las palabras que el señor dijo y engrandeciendo su persona y autoridad, y reprehendiendo con agrura los vicios que él tocó en su plática

Oíd con atención los que presentes estáis, hombres y mujeres: vuestro señor y rey os ha hablado en su misma persona. Él en persona os ha publicado cosas muy preciosas, muy murales y muy necesarias. Ha sembrado en vuestra presencia chalchihuites y zafiros, cosas muy raras, muy dignas de ser estimadas, las cuales los señores y grandes personas tienen atesoradas en su pecho, los cuales sustentan la tierra con su doctrina y leyes. Ha abierto en vuestra presencia sus cofres y sus cajas donde tiene guardadas sus riquezas, donde está atesorado y guardado el tesoro de los grandes y señores para amonestar y doctrinar a sus vasallos. Y pues habéis oído y visto lo que ha hecho y dicho, no es razón que ninguno de cuantos aquí estáis degéis de considerar la obligación en que os ha puesto vuestro señor en haberos hablado su misma persona. Y así eres obligado a guardar lo que has oído, aunque es así que están presentes muchos senadores y sabios y retóricos que pudieran hablar en su nombre, decir de lo que él dijo, porque ellos tienen este oficio y este cargo de hablar al pueblo y manifestarle las leyes que dicta el señor rey. Al presente haos hablado vuestro señor rey por el sentimiento que tiene su corazón de vuestras costumbres y de vuestra manera de vivir, y tened por cierto, y no dudéis, que es verdadera madre y vuestro verdadero padre; la madre que te parió y el padre que te engendró no es tan tu verdadera madre y padre como él lo es. Por cierto, es tu verdadero padre, el que te da doctrina y lumbre cómo vivas, cómo te valgas, y no lo es el que nunca tal beneficio te hizo. Has venido aquí a conocer a tu verdadera madre y a tu verdadero padre, a quien has de obedecer y amar, y a quien has de tener por tus riquezas y bienaventuranza. Aquí le tienes, y él mismo te ha hablado, aunque tú eres un pobre vasallo y una persona baja de su república, y él es el señor y rey. En tu presencia ha abierto y derramado las riquezas de su doctrina que son más preciosas que cuentas de oro y plumas ricas y chalchihuites y zafiros muy preciosos y raros. Y tú, que tienes madre y padre, que eres generoso e ilustre, o eres de generación de gente valerosa que se ejercitan la milicia, o eres hijo de algún hombre rico, que has nacido y te has criado en regalo, ¿no recibes las palabras y doctrina que te da tu madre y tu padre? He aquí el mismo rey y señor, cuyas palabras debes de recibir y guardar en tu corazón, y su doctrina debes tener por espejo, y a él debes obedecer. Y si a él no obedeces, ¿a quién obedecerás? ¿Quién vendrá? ¿A quién esperas para obedecerle? Y si por ventura no recibieres esta doctrina, haz como te pareciere, que sobre ti vendrá tu merecido. Y si a tu señor y rey no quieres obedecer, ¿a quién obedecerás? Claro parece que estás muy extragado y perdido; estás malaventurado y no quedarás sin castigo. Pues que estás en la ira de Dios, no es posible sino que sobre ti venga en breve, o está ya en el camino, algún gran mal. Por ventura viene sobre ti algún espantoso hado o algún trabajoso y riguroso castigo de nuestro señor Dios. Por ventura has merecido que ante de tiempo seas ciego o tullido, o te podrirás con alguna enfermedad, o por ventura andarás pobre y miserable, sucio y roto, y te verás y te desearás.

Pues dime ahora, ¿qué es lo que quiere tu corazón? ¿Quieres que te venga a hablar nuestro señor Dios en figura de hombre, y con palabras de hombre? ¿Entonces, por ventura, recibirás y tomarás su consejo? ¿Entonces, por ventura, se satisfará tu corazón? ¿Entonces te contentarás? ¿Entonces, por ventura, reposará tu corazón? ¡Oh, grandísimo bellaco! ¿Qué quieres? ¿En qué te tienes? ¿Qué piensas de ti? ¿Quién eres tú? Aquí manifestamos, aquí sacamos en público, como de cofre y de caja, aquí derramamos y esparcimos delante de ti cuentas de oro y plumas ricas y piedras preciosas y muy finas y muy raras, que no se suelen dar, ni se suelen decir, que están atesoradas en los tesoros de los grandes señores, y que solos ellos las tienen guardadas y las poseen. ¡Oh, hombre malvado! ¿Por ventura por ti solo fue elegido y enviado tu señor y rey N, gran señor muy regalado, muy querido y gran príncipe? ¿Y por ti solo derramamos y esparcimos los tesoros que tenía guardados en su corazón? ¿Piensas, malvado, que son pocos los negocios del regimiento en que entiende? ¿Sabes este negocio del regimiento de cuánto peso es? ¿Sabes los trabajos que hay en el regimiento de la república? Por cierto, ni lo sabes ni lo consideras. Todos los días y las noches de este mundo no cesa de llorar y suspirar por ti y por otros bellacos como tú. Este señor y rey que tú aquí ves todos los días y noches anda de rodillas y de codos. Orando y gimiendo por ti delante de Dios para saber cómo se habrá en regirte y llevarte a cuestas en esos días que viviere, y para saber los años que le restan de la vida cómo te llevará a cuestas y de guiarte por el camino derecho, y para saber qué es lo que Dios ha de hacer de ti, qué es lo que está determinado de ti en los cielos y en el infierno, o si por ventura estás desamparado y desechado. ¿Por ventura tú tienes cuidado de las cosas adversas y espantables que han de venir, que no las vieron pero temiéronlas los antiguos y antepasados nuestros? ¿Tienes cuenta o cuidado con los eclipsis de Sol, o con los temblores de la tierra, o con las tempestades de la mar, o con los rompimientos de los montes? ¿Tienes, por ventura, cuidado de la angustia que se siente cuando vienen diversas tribulaciones y desasosiegos de todas partes, que mirando a todas partes no hay favor ninguno? ¿Proveerás por ventura tú y es a tu cargo de pensar cuándo se levantará guerra, vendrán los enemigos a conquistar el reino o señorío o pueblo en que vives? ¿Es a tu cargo de pensar con temor y con temblor si por ventura se destruirá y asolará el pueblo, y habrá gran turbación y aflicción? Cuando se viere la perdición y destruimiento, ¿qué acontecerá a los pueblos y reino y señoríos, y súpitamente quedare todo ascuras y todo destruido? ¿O por ventura vendrá tiempo en que nos hagan a todos esclavos y andaremos sirviendo en los más bajos servicios, que es de arrastrar piedras y maderos, o en servir a los enfermos? ¿Por ventura vendrá hambre donde haya gran mortandad de la gente popular, y se asolará y yermará el pueblo? También hay cuidados y trabajos cerca de las cosas de la guerra, en pensar qué modo se tendrá para resistir a los enemigos para conservar el reino o el pueblo, porque jamás cesan las peleas y las guerras donde se derrama mucha sangre y muere mucha gente.

En estas cosa ya dichas entienden y piensan y se afligen y se fatigan de noche y de día los que rigen y gobiernan. Y tú, que estás aquí presente, no tienes cuidado más de ti solo, y te llevan a cuestas y en bracos los que rigen. Grandes son ciertamente los trabajos de los señores y reyes y gobernadores. Y mira que ahora que tu señor te habla, te exhorta a la obediencia y al bien vivir, no le menosprecies, ni le desdeñes dentro de ti; antes debes tenerle en mucho, porque tiene por bien hablarte y verte en persona, y nuestro señor Dios le inspira lo que te dice. Y esto haslo de tener en mucho, y tenerte por indigno de oír sus palabras, y déveslas guardar dentro en ti como oro en paño. Tenlo por muchila para todo el tiempo que vivieres en este mundo, y mira que no lo pierdas. Ponlo dentro de tu corazón, porque te será vida y consolación todo el tiempo que vivieres. Has recibido gran beneficio. Por ventura nunca otro tal recibiste. Ni tu madre ni tu padre te hicieron tan gran beneficio; y por ventura en ningún otro tiempo se te será hecho otro tal.

En conclusión, deséoos a todos los aquí estáis prosperidad y bienaventuranza, y por esta causa he dicho estas pocas palabras para vuestro provecho y en servicio de nuestro señor y rey. Dios os dé, hijos, mucho reposo.

Capítulo XVI. De la respuesta que hacía un viejo principal y sabio en el arte de bien hablar, respondiendo de parte del pueblo, agradeciendo la doctrina y razonamiento del señor, y protestando la guarda de todo lo que se les había dicho

¡Oh, serenísmo y humanísimo señor nuestro! Aquí ya ha oído vuestro pueblo, y vuestros vasallos ya han notado las palabras muy preciosas y muy dignas de ser encomendadas a la memoria, que por vuestra boca han salido y nuestro señor Dios os ha dado, y vos, señor, las habéis tenido atesoradas en vuestro pecho para esta hora. Aquí ya han recibido todos los principales y nobles y generosos que aquí están, preciosos como piedras preciosas e hijos y descendientes de señores y reyes y senadores, e hijos y criados de nuestro señor e hijo Quetzalcóatl, los cuales los tiempos pasados regieron y gobernaron el imperio y señoríos, y para esto nacieron señalados y elegidos de nuestro señor e hijo Quetzalcóatl; han oído las preciosísimas palabras que por vuestra boca han salido. Pienso y tengo para mí por cierto que las notarán y las pondrán por obra, y se regirán por ellas toda su vida, y las tendrán escritas en su corazón, y las tendrán guardadas en lo más íntimo de su corazón. Pues que ya personalmente han visto y oído lo que se dijo y quién habló, hagan lo que les pareciere.

Tengo por averiguado que se aprovecharán de esta doctrina, y con ella aprovecharán a su entendimiento y a su voluntad y a su ser y a su vida, y haciendo esto podrán parecer dondequiera, y aun ganar honra y hacienda. Y si por ventura tuvieren en poco y menospreciaren esta tan preciosa doctrina, allá se lo hayan. Será señal que están desechados y que Dios los tiene menospreciados, y ya para con ellos está hecho el deber, porque vos, señor, habéis complido con vuestra dignidad y oficio real. Y los que no sienten esto, irán como ciegos a dar de cabezadas por los rincones y por las paredes, e irán a caer en las barrancas, y entonces, cuando vieren sus caídas y sus yerros y desbaríos, comenzarán acordarse de vuestra preciosísimas palabras, y dirán: «¡Oh, desventurados de nosotros! Plugiera a Dios que nunca hubiéramos oído lo que oímos, ni se nos hubiera dicho lo que se nos dijo. ¡Oh, desventurados de nosotros!, que por nuestra culpa hemos perdido lo que se nos dijo. Nuestro merecido tenemos. Ya imposible nos es remediar este mal en que hemos caído».

¡Oh, qué gran merced has recibido y habéis hecho, señor nuestro, a vuestros vasallos, a vuestro pueblo, así a los altos como a los medianos, como a los bajos! ¡Oh, señor, si quiera las migajas y las sobras de lo que se ha dicho han cogido y gozado! Y es lo que se les ha caído de la mesa a los que son ricos y tienen abastanza de bienes y son nuestros señores. Dondequiera que estuviere algún amigo y conocido de Dios sin falta se aprovechará y tomará para sí estos beneficios y mercedes, y será agradecido a nuestro señor Dios y tomará esta doctrina para hacerse hijo de Dios, conformándose con la voluntad del mismo Dios. Por esto ganará alguna dignidad de nuestro señor, o en las cosas de la guerra, o en las cosas de los estrados y regimiento de la república. Porque antiguo adagio es que los que andan a coger hierbas y a coger leña para el fuego en las montañas los escoge nuestro señor, y aunque esté en el estiércol, de allí los saca el todopoderoso Dios y los hace dignos para el reino y regimiento y gobernación, y para que posean los estrados y sillas del reino, y para que rijan y guíen al pueblo y sean gobernadores y reyes, y sean reverenciados y estimados, y sean padre y madre de toda la gente, y que ellos consuelen y limpien las lágrimas a todos sus vasallos cuando están afligidos. Y este tal tomado y elegido de leiñador y hortolano juzgue y determine las causas, y sentecie los crímines de muerte y haga matar a los culpados de crimen, porque éste tomó y guardó dentro de sí las palabras de nuestro señor y las puso por obra y las estimó y las puso en precio cuando las pronunció nuestro señor y rey, que es imagen de Dios, y el mismo Dios le hizo hablar aquellas palabras. También están presentes los senadores y jueces que están a la parte diestra y a la siniestra de vuestra majestad. ¡Oh, hombre y señor nuestro precioso! Habéis dicho, y todos han oído los que están presentes, las leyes y consejos preciosos y maravillosos y raros que los teníades guardados. Grandes mercedes y grandes beneficios habéis hecho a este pueblo y a esta gente que los habéis hablado como madres y padres a sus hijos. Habéis hecho el deber para con vuestro pueblo y los habéis declarado y manifestado los secretos de vuestro corazón, y ellos han oído y recibido. Ruego a nuestro señor que lo sientan y entiendan y lo pongan por obra a donde quiera que fueren y estuvieren. ¡Plega a Dios que con lágrimas se acuerden de este beneficio y con él se consuelen cuando hicieren alguna cosa que no conviene! ¡Oh, señor nuestro y rey nuestro! ¡Oh, señores senadores y jueces! Por ventura ya os doy pena con la prolijidad de mis palabras. Seáis muy bienaventurados. Déos nuestro señor Dios mucha paz y asosiego, y viváis por muchos años, regiendo y gobernando y ayudando a nuestro señor con vuestros oficios, el cual es invisible e impalpable.

Capítulo XVII. Del razonamiento, lleno de muy buena doctrina en lo moral, que el señor hacía a sus hijos cuando ya habían llegado a los años de discreción, exhortándolos a huir los vicios y a que se diesen a los ejercicios de nobleza y virtud

Hijos míos, escuchad lo que os quiero decir, porque yo soy vuestro padre. Yo tengo cuidado y rijo esta provincia, ciudad o pueblo por la voluntad de los dioses, aunque lo que hago lo hago con muchas faltas y defectos delante de Dios y de los hombres que me miran. Tú que estás presente, que eres el primogénito y el mayor de tus hermanos, y tú que también estás presente, que eres el segundo, y tú que eres el tercero, y tú que estás allá a la postre, sabed que estoy triste y afligido, porque pienso que alguno de vosotros ha de salir inútil y para poco, y alguno ha de salir de poca habilidad y que no sepa hablar, y que ninguno de vosotros ha de ser hombre ni ha de servir a Dios. No sé si alguno de vosotros ha de salir hábil y ha de merecer la dignidad y señorío que yo tengo, o por ventura ninguno de vosotros lo será. Por ventura en mí se ha de acabar este oficio o esta dignidad que yo tengo. Por ventura nuestro señor ha determinado que esta casa en que vivo, la cual edifiqué con muchos trabajos, se caya por tierra y sea como muradal y lugar de estiércol, y que mi memoria se pierda y no haya quien se acuerde de mi nombre, ni haya quien haga memoria de mí, sino que en muriendo me olviden todos.

Oíd, pues, ahora que os quiero decir cómo os sepáis valer en este mundo, cómo os habéis de llegar a Dios para que os haga mercedes. Y para esto os digo que los que lloran y se afligen y suspiran y oran y contemplan, y los que de su voluntad con todo corazón velan de noche y madrugan de mañana a barrer las calles y caminos, y limpiar las casas, y componer los petates e icpales y aderezar los lugares donde Dios es servido con sacrificios y ofrendas, y aquellos que tienen cuidado luego de mañana de ofrecer incienso a Dios, los que hacen esto se entran a la presencia de Dios y se hacen sus amigos y reciben de él mercedes, y les abre sus entrañas para darles riquezas y dignidades y prosperidades, como es que sean varones esforzados para la guerra. En estos ejercicios y en estas obras conoce Dios quién son sus amigos y quién ora con devoción, y les pone en las manos oficios y dignidades de la milicia para derramar sangre en la guerra, o de la judicatura donde se dan las sentencias. Y los hace madres y padres del Sol para que ellos le den a comer y a beber, no solamente al Sol, que está encima de nosotros, pero también a los dioses del infierno, que están debajo de nosotros. Y estos tales son reverenciados de los soldados y gente de la guerra. Todos los tienen por madres y padres, y esto porque tuvo por bien nuestro señor Dios de hacerlos esta merced, y no por sus merecimientos; o los da habilidad para merecer la silla y estrado del señorío y regimiento del pueblo o provincia, y pone en sus manos el cargo de regir y gobernar la gente con justicia y rectitud, y los pone al lado del Dios del fuego, que es el padre de todos los dioses, que reside en el alverque de agua y reside entre las flores, que son las paredes almenadas, envuelto entre unas nubes de agua. Este es el antiguo Dios que se llama Ayamictlan y Xiuhtecutli. O por ventura los hace señores que se llaman tlacatecutli y tlacochtecutli; o los pone en otra dignidad alguna más baja, según que está la orden de la república. En diversos grados les da alguna dignidad para que sean honrados y acatados; o les da a merecer alguna cosa preciosa entre los senadores y señores, como es el oficio y dignidad que ahora yo tengo y uso, como soñado y sin merecimiento mío, no mirando nuestro señor cuán poco yo merezco. No tengo esta dignidad de mío, ni por mis merecimientos y por mi querer. Nunca yo dije: «quiero ser esto; quiero tener esta dignidad», sino que lo quiso así nuestro señor, y ésta es misericordia que se ha hecho conmigo, que todo es suyo y todo lo da nuestro señor y todo viene de su mano, porque ninguno conviene que diga: «quiero ser esto» o «quiero tener esta dignidad», porque ninguno escoge la dignidad que quiere. Solo Dios da la que quiere a quien quiere, y no tiene necesidad de consejo de nadie, sino solo su querer.

Oíd otra tristeza y angustia mía que me aflige a la medianoche cuando me levanto a orar y hacer penitencia: mi corazón piensa diversas cosas y anda subiendo y descendiendo como quien sube a los montes y descendiendo a los valles, que ninguno de vosotros me dais contento, ninguno de vosotros me satisface. Tú, N, que eres el mayor, no parece en tus costumbres ninguna mayoría ni ninguna mejoría; no parece en ti sino niñerías y muchacherías; no parece en ti costumbre ninguna de mayor o de primogénito. Y tú, N, que eres el segundo, y tú, N, que eres el tercero, no parece en vosotros ninguna cosa de cordura; no tenéis cuidado de ser hombres, sino que parece que por ser menores y porque Dios os hizo el segundo y tercero no tenéis cuidado de vosotros mismos. ¿Qué ha de ser de vosotros en este mundo? Mirad que descendéis de parientes generosos y señores; mirad que no descendéis de hortolanos o de leñadores. ¿Qué ha de ser de vosotros? ¿Queréis ser mercaderes que traen en la mano un báculo y a cuestas su carga? ¿Queréis ser labradores o cavadores? ¿Queréis ser hortolanos o leñadores? Quiéroos decir lo que habéis de hacer. Oíldo y notaldo: tened cuidado del areíto y del atabal y de las sonajas y de cantar; con esto despertaréis a la gente popular y daréis placer a nuestro señor Dios que está en todo lugar; con esto le solicitaréis para que os haga mercedes, y con esto meteréis vuestras manos en el seno de sus riquezas, porque el ejercicio de tañer y cantar solicita a nuestro señor para que haga mercedes. Y procurad de saber algún oficio honroso, como es el de hacer obras de pluma, y otros oficios mecánicos, también porque estas cosas son para ganar de comer en tiempo de necesidad. Mayormente que tengáis cuidado de las cosas de la agricultura, porque estas cosas la tierra las cría. No demandan que las den de comer o de beber, que la tierra tiene este cuidado de criarlas.

Todas estas cosas procuraron de saber y hacer vuestros antepasados, porque, aunque eran hidalgos y nobles, siempre tuvieron cuidado de que sus tierras y heredades fuesen labradas y cultivadas, y nos dejaron dicho que de esta manera hicieron sus antepasados. Porque si solamente tuvieres cuidado de tu hidalguía y de tu nobleza, y no quisieres entender en las cosas ya dichas, en especialmente en las cosas de la agricultura, ¿con qué mantendrás a los de tu casa? Y tú, ¿con qué te mantendrás a ti mismo? En ninguna parte he visto que alguno se mantenga por su hidalguía o nobleza tan solamente. Conviene que tengáis cuidado de las cosas necesarias a nuestro cuerpo, que son las cosas de los mantenimientos, porque esto es el fundamento de nuestro vivir y nos tienen palmas. No sin mucha razón se llama tonacáyutl tomio, que quiere decir «nuestra carne y nuestros huesos», porque con él vivimos y esforzamos y andamos y trabajamos. Esto nos da alegría y regocijo, porque los mantenimientos de nuestro cuerpo hacen a los señores y a los que tienen cuidado de la milicia. No hay en el mundo ningún hombre que no tenga necesidad de comer y beber, porque tiene estómago y tripas; no hay ningún señor ni senador que no coma y beba; no hay en el mundo soldados y peleadores que no tengan necesidad de llevar su muchila. Los mantenimientos del cuerpo tienen en peso a cuantos viven, y dan vida a todo el mundo, y con esto está poblado el mundo todo. Los mantenimientos corporales es la esperanza de todos los que viven para vivir. Mirad, hijos, que tengáis cuidado de sembrar los maizales y de plantar magueyes y tunas y frutales, porque según lo que dijeron los viejos, la fruta es regocijo de los niños, regocija y mata la sed a los niños. Y tú, muchacho, ¿no deseas fruta? ¿Dónde lo has de haber si no la plantares y criares en tus heredades?

Notad ahora, pues, hijos, del fin de mi plática, y escribildo en vuestra memoria y en vuestro corazón. Muchas cosas había que decir, mas sería nunca acabar. Solas dos palabras quiero decir, que son muy dignas de notar y que los viejos nos las dejaron dichas y encomendadas. Lo uno es que tengáis gran cuidado de haceros los amigos de Dios, en que está en todas partes y es invisible e impalpable; a él conviene darle todo el corazón y el cuerpo. Y mira que no desvíes de este camino; mira que no presumas; mira que no te altivezcas en tu corazón, ni tampoco desesperes, ni te acobardes en tu corazón, sino que seas humilde delante de Dios y tengas esperanza en Dios, porque si te faltare esto, enojarse ha contra ti, porque ve todas las cosas secretas y te castigará como a él le pareciere y como quisiere.

Lo segundo que debéis de notar es que tengáis paz con todos; con ninguno te desvergüences y a ninguno desacates. Respecta a todos; ten acatamiento a todos; no te atrevas a nadie; por ninguna cosa afrentes a ninguno; no des a entender a nadie todo lo que sabes; humíllate a todos, aunque digan de ti lo que quisieren; calla, y aunque te abatan cuanto quisieren, no respondas; mira que no seas como culebra, descomedido con nadie; no te arremetas a nadie, ni te atrevas a nadie; sé sufrido y reportado, que Dios bien te ve y responderá por ti, y él te vengará; sé humilde con todos, y con esto te hará Dios merced y te dará honra.

Lo tercero que debéis de notar es que no perdáis el tiempo que Dios os da en este mundo; no pierdas día ni noche, porque nos es muy necesario, bien así como el mantenimiento para el cuerpo; en todo tiempo suspira y ora a Dios; demanda a Dios lo que has de vestir; ocúpate en cosas provechosas todos los días y todas las noches; no te defraudes del tiempo, ni lo pierdas.

Básteos esto, y con esto hago mi deber. Por ventura si se os olvidara y se os perdara o lo gastareis de balde, haced como os pareciere. Y yo he hecho lo que debía. ¿Cuál de vosotros lo tornará para sí? ¿Por ventura tú, que eres el mayor y el primogénito, o tú, que eres el segundo o tercero; o por ventura tú, que eres el menor de todos, serás avisado y remirado y entendido, o, como dicen, serás adivino y entenderás los pensamientos de los otros, y serás como quien ve de lejos las cosas y las entiende y las guarda y escribe en su corazón sin decirlas a nadie? Cualquiera de vosotros que esto hiciere, hará gran bien para sí y vivirá sobre la tierra loengo tiempo.

Capítulo XVIII. Del lenguaje y afectos que los señores usaban, hablando y doctrinando a sus hijas cuando ya habían llegado a los años de discreción, exhortándolas a toda disciplina y honestidad interior y exterior y a la consideración de su nobleza, para que ninguna cosa hagan por donde afrenten a su linaje. Háblanlas con muy tiernas palabras y en cosas muy particulares

Tú, hija mía, preciosa como cuenta de oro y como pluma rica salida de mis entrañas, a quien yo engendré, que eres mi sangre y mi imagen, que estás aquí presente, oye con atención lo que te quiero decir, porque ya tienes edad de discreción. Dios criador te ha dado uso de razón y de habilidad para entender, el cual está en todo lugar y es criador de todos. Y pues que es así que ya entiendes y tienes uso de razón para saber y entender cómo son las cosas del mundo, y que en este mundo na hay verdadero placer ni verdadero descanso, mas antes hay trabajos y aflicciones y cansancios extremados, y abundancia de miserias, pobrezas.

¡Oh, hija mía, que en este mundo es lugar de lloros y aflicciones y de descontentos, donde hay fríos y destemplanzas de aire y grandes calores del Sol, que nos aflige, y es lugar de hambre y de sed! Esto es muy gran verdad y por experiencia lo sabemos. Nota bien lo que te digo, hija mía, que este mundo es malo, penoso, donde no hay placeres sino descontentos. Hay un refrán que dicen que no hay placer sin que no esté junto con mucha tristeza, que no hay descanso que no esté junto con mucha aflición acá en este mundo. Este es dicho de los antiguos que nos dejaron para que nadie se aflige con demasiados lloros y con demasiada tristeza. Nuestro señor nos dio la risa y el sueño, y el comer y el beber con que nos criamos y vivimos. Dionos también el oficio de la generación con que nos multiplicamos en el mundo. Todas estas cosas dan algún contento a nuestra vida por poco espacio para que nos aflijamos con continuos lloros y tristezas. Y aunque esto es así y éste es el estilo del mundo, que están algunos placeres mezclados con muchas fatigas, no se echa de ver ni aun se teme, ni aun se llora, porque vivimos en este mundo, y hay reinos y señoríos y dignidades y oficios de honra, unos cerca de los señoríos y reinos, otros cerca de las cosas de la milicia.

Esto que está dicho es muy gran verdad, que pasa así en el mundo, mas nadie lo considera, nadie piensa en la muerte, solamente se considera lo presente que es el ganar de comer y beber y buscar la vida, edificar casas, y trabajar para vivir, y buscar mujeres para casarse; y las mujeres cásanse, pasando del estado de la mocedad al estado de casado. Esto, hija mía, es así como he dicho. Pues nota ahora y oye con asosiego que aquí está tu madre y señora de cuyo vientre saliste como una piedra que se corta de otra, y te engendró como una hierba que engendra a otra; así tú brotaste y naciste de tu madre. Has estado hasta aquí como durmida; ahora ya has despertado. Mira y oye y sábete que el negocio de este mundo es como te tengo dicho. Ruego a Dios que vivas muchos días.

Es menester que sepas cómo has de vivir y cómo has de andar tu camino, porque el camino de este mundo es muy dificultoso. Y mira, hija mía, palomita mía, que el camino de este mundo no es poco dificultoso, sino es espantablemente dificultoso. Ten entendido, hija mía primogénita, que bienes de gente noble, de hidalgos y generosos; eres de sangre de señores y senadores que ha ya muchos años que murieron y reinaron y puseyeron el trono y el estrado del reino, y dejaron fama y honra a las dignidades que tuvieron, y engrandecieron su nobleza. Nota, hija mía, quiérote declarar lo que digo: sábete que eres noble y generosa; considérate y conócete como tal; aunque eres doncellita, eres preciosa como un chalchíuitl, como un zafiro, y fueste labrada y esculpida de noble sangre, de generosos parientes; vienes de parientes muy principales e ilustres. Esto que te digo, hija mía, bien lo entiendes, porque ya no andas amontonando la tierra y burlando con las tejuelas y con la tierra con otras niñas, que ya entiendes y tienes discreción y usas de razón. Mira que no te deshonres a ti misma; mira que no te avergüences a ti misma; mira que no avergüences y afrentes a nuestros antepasados señores y senadores; mira que no hagas alguna vileza; mira que no te hagas persona vil, pues que eres noble y generosa. Ves aquí la regla que has de guardar para vivir bien en este mundo, entre la gente que en él vive; mira que eres mujer; nota lo que has de hacer de noche y de día. Debes orar muchas veces y suspirar al Dios invisible e impalpable que se llama Yoalli Ehécatl. Demándale con clamores y puesta en cruz en el secreto de tu cama y de tu recogimiento. Mira que no seas dormidora; despierta y levántate a la medianoche, y póstrate de rodillas y de codos delante de él, e inclínate y cruza los brazos; llama con clamores de tu corazón a nuestro señor Dios, invisible e impalpable, porque de noche se regocija con los que le llaman. Entonces te oirá; entonces hará misericordia contigo; entonces te dará lo que te conviene y aquello de que fueres digna. Y si por ventura ante del principio del mundo te fue dada alguna siniestra ventura, algún hado contrario en que naciste, orando y haciendo penitencia como está dicho se mejorará y nuestro señor Dios lo abonará. Mira, hija, que de noche te levantes y veles y te pongas en cruz; echa de presto de ti la ropa; lábate la cara; lábate las manos; lábate la boca; toma de presto la escoba para barrer; barre con diligencia; no te estés perezosa en la cama; levántate a lavar las bocas a los dioses y a ofrecerlos incienso, y mira no dejes esto por pereza, que con estas cosas demandamos a Dios para que nos dé lo que cumple. Hecho esto, comienza luego a hacer lo que es de tu oficio, o hacer cacao, o a muler el maíz, o ahilar o a tejer. Mira que deprendas muy bien en cómo se hace la comida y bebida para que sea bien hecha. Deprende muy bien a hacer la buena comida y buena bebida, que se llama comer y beber delicado para los señores, y a solos ellos se da, y por esto se llama tetónal tlatocatlacualli tlatocáatl, que quiere decir «comida y bebida delicada que a solos los señores y generosos les conviene». Y mira que con mucha diligencia y con toda curiosidad y aviso deprendas cómo se hace esta comida y bebida, que por esta vía serás honrada y amada y enriquezida, donde quiera que Dios te dé la suerte de tu casamiento. Y si por ventura vinieres a necesidad de pobreza, mira, deprende muy bien y con gran advertencia el oficio de las mujeres, que es hilar y tejer. Abre bien los ojos, ver cómo hacen delicada manera de tejer y de labrar, y de hacer las pinturas en las telas, y cómo ponen las colores, y cómo juntan las unas con las otras para que digan bien, las que son señoras y hábiles en esta arte. Deprende bien cómo se urde la tela y cómo se ponen los lizos en la tela, cómo se ponen las cañas entre la una tela y la otra para que pase por el medio la lanzadera. Mira que seas en esto muy avisada y muy mirada y muy diligente; mira que no dejes de saber esto por negligencia o por pereza, porque ahora que eres mozuela tienes buen tiempo para entender en esto, porque tu corazón está simple y hábil y es como chalchíuitl fino y como zafiro, y tiene habilidad porque aún no está amancillado de algún pecado; está puro y simple y limpio sin mezcla de alguna mala afección. Y también porque aún vivimos los que te engendrarnos, porque tú no te hiciste a ti, ni te formaste; yo y tu madre tuvimos este cuidado y te hicimos, porque ésta es la costumbre del mundo. No es invención de alguno; es ordenación de nuestro señor Dios que haya generación por vía de hombre y de mujer para hacer multiplicación y generación.

Y entre tanto que somos, vivimos, y en nuestra presencia y antes que muramos, antes que nos llame nuestro señor, conviénete mucho, hija mía muy amada, mi paloma, mi primogénita, que entiendas en estas cosas dichas y las sepas muy bien para que después de nuestra muerte puedas vivir honrada y entre personas honradas, porque andar a coger hierbas y a vender leña o a vender ají verde, o sal, o salitre a los cantones de las calles, esto en ninguna manera te conviene, porque eres generosa y desciendes de gente noble e hidalga. Por ventura acontecerá lo que no pensamos y lo que nadie piensa, que alguno se aficionará a ti y te demandará, y si no estás esperta en las cosas de tu oficio mujeril, ¿qué será entonces? ¿No nos darán con ello en la cara, y no nos zaherirán, que no te enseñamos lo que era menester que supieses? Y si por ventura entonces ya fuéremos muertos, yo y tu madre, murmurarán de nosotros, porque no te enseñamos cuando vivíamos, y dirán: «Mal siglo hayan porque no enseñaron a su hija». Y tú provocarás contra ti riñas y maldiciones; tú serás causa de tu mal. Y si ya fueres diestra en lo que has de hacer, no habrá ocasión entonces de que nadie dé riña; no tendrá lugar la reprehensión; entonces con razón serás loada y honrada, y tendrás presunción, y te estimarás como si estuvieses en los estrados de los que por sus hazañas en la guerra merecieron honra; presumirás de la rodela como los buenos soldados. Y si por ventura ya fueres diestra en tu oficio, como el soldado en el ejercicio de la guerra, entonces, donde estuvieres, acordarse han de nosotros, y nos bendicirán y honrarán por tu causa. Y si por ventura no hicieres nada bien de lo que has de hacer, maltratarte han, apalearte han, y por ti se dirá que con dificultad te lavarás, o que no tendrás tiempo para rascar la cabeza. De estas dos cosa solo Dios sabe cuál te ha de caber y para cuál de ellas te tiene: o que, siendo diligente y sabia en tu oficio, seas amada y tenida; o que, siendo perezosa y negligente y boba, seas maltratada y aborrecida.

Mira, hija mía, que notes muy bien lo que ahora te quiero decir; mira que no deshonres a tus pasados, ni siembres estiércol y polvo encima de sus pinturas, que significan sus buenas obras y fama; mira que no los infames; mira que no te des al deleite carnal; mira que no te arrojes sobre el estiércol y hediondec de la lujuria. Y si has de venir a esto, más valdría que te murieses luego. Mira, hija mía, que muy poco a poco vayas aprovechando en las cosas que te tengo dicho, porque si pluguiere a nuestro señor que alguno te quisiere y te pida, no le deseches, no menosprecies la voluntad de nuestro señor, porque él le envía. Recíbele, tómale, no te escuses, no deseches, no menosprecies, no esperes a tres veces que te lo digan, no te hurtes, no te escabullas burlando. Aunque eres nuestra hija, aunque vienes de parientes nobles y generosos, no te jactes de ello, porque ofenderás a nuestro señor y apedrearte ha con piedras de estiércol y de suciedad. Quiero decir que permitirá que cayas en vergüenza y confusión por tu mala vida, y también él se burlará de ti, y dirán: «Ya quiere; ya no quiere». Mira que no escojas entre los hombres el que mejor te parece como hacen los que van a comprar las mantas al tiánquez o mercado. Recibe al que te demanda, y mira que no hagas como se hace cuando se crían las mazorcas verdes, que son xilotes o elotes, que se buscan las mejores y más sabrosas. Mira que no desees a algún hombre por ser mejor dispuesto; mira que no te enamores de él apasionadamente. Si fuere bien dispuesto el que te demandare, recíbele; y si fuere mal dispuesto y feo, no le deseches. Toma aquél porque te le envía Dios, y si no lo quisieres recibir, él burlará de ti. Deshonrarte ha, trabajando haber tu cuerpo por mala vía, y después te pregonará por mala mujer.

Mira, hija mía, que te esfuerzes, y mira muy bien quién es tu enemigo; mira que nadie burle de ti; mira que no te des a quien no conoces, que es como un viandante que anda bellaqueando y es bellaco. Mira, hija, que no te juntes con otro sino con solo aquel que te demandó. Persevera con él hasta que muera. No lo dejes, aunque él te quiera dejar, aunque sea pobrecito labrador, o oficial, o algún hombre común de bajo linaje. Aunque no tenga qué comer, no le menosprecies, no le dejes, porque poderoso es nuestro señor de proveeros y honraros, porque es sabidor de todas las cosas y hace mercedes a quien quiere.

Esto que he dicho, hija mía, te doy para tu doctrina, para que te sepas valer. Y con esto hago contigo lo que debo delante Dios. Y si lo perdieres y lo olvidares, sea a tu cargo, que yo ta hice mi deber. ¡Oh, hija mía muy amada, primogénita, palomita, seas bienaventurada y nuestro señor te tenga en su paz y reposo!

Capítulo XIX. Que en acabando el padre de exhortar a la hija, luego delante de él toma la madre la mano, y con muy amorosas palabras la dice que tenga en mucho lo que su padre la ha dicho y lo guarde en su corazón como cosa muy preciosa. Y luego comienza ella a disciplinalla de los atavíos que ha de usar y de cómo ha de hablar y mirar y andar, y que no cure de saber vidas ajenas, y el mal que de otros oyere nunca lo diga. Más aprovecharían estas dos pláticas dichas en el púlpito por el lenguaje y estilo que están, mutatis mutandis, que muchos sermones a los mozos y mozas

Hija mía muy amada, muy querida palomita, ya has oído y notado las palabras de tu señor padre. Has oído las palabras preciosas y que raramente se dicen ni se oyen, las cuales han procedido de las entrañas y corazón en que estaban atesoradas. Y tu muy amado padre bien sabe que eres su hija, engendrada de él; eres su sangre y su carne. Y sabe Dios nuestro señor que es así, aunque eres mujer, imagen de tu padre. ¿Qué más te puedo decir, hija mía, de lo que está dicho? ¿Qué más puedes oír de lo que has oído de tu señor y padre? El cual te ha dicho copiosamente lo que te cumple hacer y guardar. Ni ninguna cosa ha quedado de lo que te cumple que no la haya tocado. Pero por hacer lo que estoy obligada para contigo, quiérote decir algunas palabras.

Lo primero es que te encargo mucho que guardes y que no olvides lo que tu señor padre ya dijo, porque son todas cosas muy preciosas. Porque las personas de manera como él raramente publican tales cosas, y que son palabras de señores y principales y sabios, preciosas como piedras preciosas muy bien labradas. Mira que las tomes y las guardes en tu corazón y las escribas en tus entrañas. Si Dios te diere vida, con aquellas mismas palabras has de doctrinar a tus hijos e hijas, si Dios te los diere.

Lo segundo es que mires que te amo mucho, que eres mi querida hija. Acuérdate que te traje en mi vientre nueve meses, y desque naciste criástete en mis brazos; yo te ponía en la cuna y de allí en mi regalo, y con mi leche te crié. Esto te digo porque sepas que yo y tu padre somos los que te engendramos, madre y padre, y ahora te hablamos doctrinándote. Mira que tomes nuestras palabras y las guardes en tu pecho.

Mira que tus vestidos sean honestos y como conviene; mira que no te atavíes con cosas curiosas y muy labradas, porque esto significa fantasaría y poco seso y locura. Tampoco es menester que tus atavíos sean muy viles o sucios o rotos, como son los de la gente baja, porque estos atavíos son señal de gente vil y de quien se hace burla. Tus vestidos sean honestos y limpios, de manera que ni parezcas fantástica ni vil. Y cuando hablares, no te apresurarás en el hablar, no con desasosiego sino poco a poco y asosegadamente. Cuando hablares, no algaras la boz ni hablarás muy bajo sino con mediano sonido. No aldelgazarás mucho tu voz cuando hablares o cuando saludares, ni hablarás por las narices, sino que tus palabras sean honestas y de buen sonido, y la voz mediana; no seas curiosa en tus palabras.

Mira, hija mía, que en el andar has de ser honesta; no andes con apresuramiento ni con demasiado espacio, porque es señal de pompa andar despacio, y el andar deprisa tiene resabio de desasosiego y poco asiento. Andando llevarás un medio, que ni andes muy deprisa ni muy despacio, y cuando fuere necesario andar deprisa, hacerlo has así; por eso tienes discreción. Para cuando fuere menester saltar algún arroyo, saltarás honestamente de manera que ni parezcas pesada y torpe, ni liviana. Cuando fueres por la calle o por el camino no lleves inclinada mucho la cabeza o encorvado el cuerpo, ni tampoco vayas muy levantada la cabeza y muy erguida, porque es señal de mala crianza. Irás derecha y la cabeza poco inclinada. No lleves la boca cubierta o la cara con vergüenza; no vayas mirando a manera de cegajosa; no hagas con los pies meneos de fantasía por el camino; anda con asiego y con honestidad por la calle.

Lo otro que debes notar, hija mía, es que cuando fueres por la calle, no vayas mirando acá ni acullá, ni volviendo la cabeza a mirar a una parte y a otra; ni irás mirando al cielo, ni tampoco irás mirando a la tierra. A los que topares, no los mires con ojos de persona enojada, ni hagas semblante de persona enojada. Mira a todos con cara serena. Haciendo esto no darás a nadie ocasión de enojarse contra ti. Muestra tu cara y tu disposición como conviene y de la manera que conviene, de manera que ni lleves el semblante como enojada ni tampoco como risueña. Mira también, hija, que no te des nada por las palabras que oyeres yendo por el camino, ni hagas cuenta de ellas, digan lo que dijeren los que van o vienen. No cures de responder ni cures de hablar, mas hace como que no lo oyes ni lo entiendes, porque haciendo de esta manera nadie podrá decir con verdad: «dijiste tal o tal cosa».

Mira también, hija, que nunca te acontezca afeitar la cara o poner colores en ella, o en la boca, por parecer bien, porque esto es señal de mujeres mundanas, carnales. Los afeites y colores son cosas que las malas mujeres y carnales lo usan, y las desvergunzadas que ya han perdido la vergüenza y aun el seso, y andan como locas y borrachas; éstas se llaman rameras. Y para que tu marido no te aborrezca, atavíate, lábate y lava tus ropas, y esto sea con regla y con discreción, porque si cada día te lavas y lavas tus ropas, decirse ha de ti que eres limpia y que eres demasiado regalada; llamarte han tapepetzton, tinemáxoch.

Hija mía, éste es el camino que has de llevar, porque de esta manera nos criaron tus señoras antepasadas de donde vienes. Las señoras nobles, ancianas y canas y abuelas, etc., no nos dijeron tantas cosas como yo te he dicho; no nos decían sino algunas pocas palabras. Decían de esta manera: «Oíd hijas nuestras, en este mundo es menester vivir con mucho aviso y recato. Oye esta comparación que ahora diré, y guárdala, y de ella toma ejemplo y dechado para vivir. Acá en este mundo vamos por un camino muy angosto y muy alto y muy peligroso, que es como una loma muy alta y que por lo alto de ella va un camino muy angosto, y a la una mano y a la otra está gran profundidad, hondura sin suelo, y si te desviares del camino hacia la una mano o hacia la otra, cayerás en aquel profundo; por tanto conviene con mucho tiento seguir el camino».

Hija mía muy tiernamente amada, palomita mía, guarda este ejemplo en tu corazón, y mira que no te olvides que éste te será como candela y como lumbre todo el tiempo que vivieres en este mundo. Solo una cosa, hija mía, me resta por decirte para acabar mi plática. Si Dios te diere vida, si vivieres algunos años sobre la tierra, mira hija mía muy amada, palomita mía, que no des tu cuerpo a alguno; mira que te guardes mucho que nadie llegue a ti, que nadie tome tu cuerpo. Si perdieres tu virginidad, y después de esto te demandare por mujer alguno y te casares con él, nunca se habrá bien contigo ni te tendrá verdadero amor, siempre se acordará de que no te halló virgen, y esto te será causa de gran aflicción y trabajo. Nunca estarás en paz; siempre estará tu marido sospechoso de ti.

¡Oh, hija mía muy amada, mi palomita! Si vivieres sobre la tierra, mira que ninguna manera te conozca más que un varón. Y esto que ahora te quiero decir, guárdalo como mandamiento estrecho. Cuando fuere Dios servido de que tomes marido, estando ya en su poder, mira que no te altivezcas; mira que no te ensoberbezcas; mira que no le menosprecies; mira que no des licencia a tu corazón para que se incline a otra parte; mira que no te atrevas a tu marido; mira que en ningún tiempo ni en ningún lugar le hagas traición, que se llama adulterio; mira que no des tu cuerpo a otro, porque esto, hija mía, muy querida y muy amada, es una caída en una cima sin suelo, que no tiene remedio ni jamás se puede sanar, según el estilo del mundo. Si fuere sabido y si fueres vista en este delito, matarte han, echarte han en una calle para ejemplo de toda la gente donde serás por justicia machucada la cabeza y arrastrada. De éstas se dice un refrán: «Probarás la piedra y serás arrastrada, y tomarán ejemplo de tu muerte». De aquí sucederá infamia y deshonra a nuestros antepasados, señores y senadores, de donde venimos, de donde naciste, y ensuciarás su ilustre fama y su gloria con la suciedad y polvo de tu pecado. Asimismo perderás tu fama y tu nobleza y tu generosidad; tu nombre será olvidado y aborrecido. De ti se dirá el refrán que fueste enterrada en el polvo de tus pecados. Y mira bien, hija mía, que aunque nadie te vea, ni tu marido sepa de lo que pasa, vete Dios, que está en todo lugar. Enojarse ha contra ti, y despertará la indignación del pueblo contra ti, y se vengará como él quisiere, o te tullirás por su mandado, o cegarás, o se te podrirá el cuerpo, o vendrás a la última pobreza, porque te atreviste y te arrojaste contra tu marido. O por ventura te dará la muerte y te pondrá debajo de sus pies, enviándote al infierno. Nuestro señor misericordioso es; pero si hicieres traición a tu marido, aunque no se sepa, aunque no se publique, Dios que está en todo lugar, él hará en venganza de tu pecado que nunca tengas contento ni reposo ni tengas vida asosegada, y él provocará a tu marido que siempre esté enojado contra ti y siempre te hable con enojo.

Mira, hija mía, muy amada, a quien amo tiernamente, mira que vivas en el mundo con paz y con reposo, con contento, esos días que vivieres; mira que no te infames; mira que no amancilles tu honra; mira que no ensucies la honra y fama de nuestros señores antepasados de los cuales vienes; mira que a mí y a tu padre nos honres y nos des fama con tu buena vida. Hágate Dios muy bienaventurada, hija mía primogénita, y llégate a Dios, el cual está en todo lugar.

Capítulo XX. Del lenguaje y afectos que usaba el padre principal o señor para amonestar a su hijo a la humildad y conocimiento de sí mismo para ser acepto a los dioses y a los hombres, donde pone muchas consideraciones al propósito con maravillosas maneras de hablar y con delicadas metáforas y propísimos vocablos

Hijo mío muy amado y muy querido, nota lo que te diré. Nuestro señor te ha traído en esta hora donde te quiero hablar cerca de lo que debes guardar todos los días de tu vida. Y esto hago porque eres mi hijo muy amado y estimado, más que toda piedra preciosa, más que toda pluma rica, que no tengo más que a ti. Tú eres el primero y el segundo y el postrero. He acordado, he pensado de decirte algunas cosas que te cumple, por la obligación que te tengo, que soy tu padre y madre. Quiero hacer mi deber, porque si mañana o ese otro día Dios me llevare y quitare de sobre la tierra, porque es todopoderoso, porque estamos sujetos a la flaqueza humana y a la muerte, y nuestra vida sobre la tierra es mue incierta.

Pues hijo mío, nota y entiende lo que te diré. Vivas muchos días sobre la tierra en servicio de Dios, y seas bienaventurado. Mira que seas avisado, porque este mundo es muy peligroso, muy dificultoso, y muy desasosegado y muy cruel y temeroso y muy trabajoso. Y por esta causa los viejos con mucha razón dijeron: «No se escapa nadie de las descendidas y subidas de este mundo, y de los turbellinos y tempestades que en él hay, o de las falsedades y solacamientos y doblezes y falsas palabras que en él hay. Muy engañoso es este mundo: ríese de unos; gózase con otros; burla y escarnece de otros. Todo está lleno de mentiras; no hay verdad en él. De todos escarnece».

Quiérote decir, hijo, lo que te conviene mucho notar y poner por obra, porque es cosa digna de ser estimada y guardada como oro en paño y como piedras preciosas en cofre, porque lo dejaron como tal los viejos y viejas, los canos y ancianos nuestros antepasados, que vivieron en este reino y señorío, conversaron entre la gente de este pueblo y tuvieron dignidades y principados. Estos, que fueron muy grandes señores y tuvieron la dignidad del reino y senado, no se ensoberbecieron ni se engrieron, mas antes se humillaron y anduvieron encorvados e inclinados hacia la tierra, con lloros y lágrimas y suspiros. No se estimaron como señores sino como pobres y peregrinos. Estos nuestros antepasados de quien descendimos vivieron en grande humildad en este mundo. No vivían en presunción y soberbia y altivez y deseo de honras; y aunque vivieron en grande humildad, como está dicho, fueron reverenciados y tenidos en mucho, y puseyeron las dignidades del reino. Fueron señores y capitanes, y tuvieron la autoridad para matar y para hacer guerras, y mantuvieron al Sol y a la tierra con carne y sangre de hombres. Y aunque por la misericordia fueron grandes y reinaron sobre la tierra, y regieron la república que nuestro señor que está en todo lugar los encomendó, y juzgaron y trataron las causas de la república, y consolaron y favorecieron a la gente popular, no por eso perdieron su humildad, ni se ensoberbecieron, ni hicieron cosas indignas de sus personas. Y aunque eran ricos y poderosos, y puseyeron mucho vienes que nuestro señor los dio, y gozaban de flores y de perfumes y de mantas ricas de todas maneras, y tenían grandes casas, y gozaron de comeres y beberes de todas maneras, y puseyeron armas y atavíos muy ricos y muy gloriosos, como son ricos barbotes, ricas borlas para la cabeza y orejeras muy ricas, de manera que hacían temblar a todos con su majestad, ¿por esto perdieron por ventura algo de su humildad y gravedad?, ¿por ventura desbaneciéronse, ensalzáronse?, ¿por ventura por esto menospreciaron a los que eran sus inferiores, o tuviéronlos en poco?, ¿por ventura por esta causa se les alteró el seso o perdieron el juicio? No, por cierto. Antes eran bien hablados y muy humildes y de gran crianza, y respectaban a todos, y se abajaban hasta la tierra, y se tuvieron como nada; y cuanto más eran honrados y estimados, tanto más lloraban y se entristecían y suspiraban, y se inclinaban y se abajaban. De esta manera, hijo mío, vivieron en el mundo los viejos de quien descendimos, tus abuelos y bisabuelos y tatarabuelos que nos dejaron acá, de quien descendiste. Pone los ojos en ellos; mira sus virtudes; mira su fama y el resplandor y claridad que nos dejaron; mira el espejo y dechado que ellos dejaron, y ponlo delante de ti, y tenlo delante tus ojos; mírate en él y verás quién eres; mira que pongas su vida delante tus ojos, y luego conocerás las faltas que tienes y las rajas y manchas que hay en ti.

Otra palabra quiero que oyes de mí, hijo mío muy amado, y nótala con gran diligencia. Sábete que has nacido en un tiempo muy trabajoso y en tiempo de mucha pobreza, porque yo, tu padre, estoy muy alcanzado, tengo mucha penuria. Aunque nuestros antepasados fueron grandes y ricos, no heredamos de ellos aquella riqueza ni valor, mas antes tenemos gran falta de todas las cosas. La pobreza es la que se enseñorea y tiene sobre nosotros su principado. Somos tus padres ancianos y viejos y muy necesitados. Hijo mío, si quieres ver esto ser así, mira el hogar de esta casa, mira donde se hace el fuego, y verás que no hay sino pobreza y gran necesidad, que apenas alcanzamos abastanza de comida y bebida, y asimismo padecemos necesidad de vistuario y por todas partes padecemos frío; no tenemos con qué nos cubrir. Y míranos y verás que todos los huesos se nos parecen de flaqueza y necesidad de mantenimientos, y esto por la bondad de nuestro señor y por nuestros pecados. Y mira a tus primos menores y a tus primas; mira si tienen abundancia; mira si están gordos y recios, y si tienen las cosas necesarias, y si les sobran los mantenimientos y les vestiduras. ¿No lo ves cuales andan, en suma pobreza? Todos están llenos de cumplida miseria. En tal estado, en tanta pobreza, no hay oportunidad de levantar la cabeza, ni de tener brío, porque esto sería cosa de borrachos y gente muy vil tener presunción o altivez en tanta pobreza y miseria como hay dentro de esta casa, y como la tienen los que en ella moran es ocasión de humildad y de tristeza y de traer la cabeza baja porque en tal tiempo has nacido.

Y para que te lo diga todo, escúchame, que tu primo hermano, el cual es mayor que tú, N, no le ves, no tomas de él ejemplo, de él aviso, de la manera que Dios le ha humillado, que ya usa del regimiento del pueblo, ya está en dignidad, ya tiene poder para juzgar las causas de la gente popular y de sentenciar y castigar a los delincuentes, y tiene autoridad para matar a los criminosos. Ya tiene autoridad para reprender y castigar, porque ya está en la dignidad y estrado; ya tiene el principal lugar, donde le puso nuestro señor; ya le llaman por estos nombres: tecuctlato, tlacatecutli; por estos nombres le nombran todos los populares. Este está puesto en esta dignidad por la falta de personas más prudentes y más sabios para regir este señorío o pueblo. No hay personas nobles y de gran caudal y de gran genealogía; ya todos han faltado. Si hubiera uno tan solamente de aquéllos, hubiera nuestro señor señalado uno de ellos, y a alguno de ellos tomado de la república por su rey y señor. No sé en qué ha de parar aquel mancebillo que está llorando por el oficio que tiene. Por ventura en él se perderá, o por ventura le ha puesto nuestro señor hasta que parezca otro mejor que haga mejor el oficio. No tiene, por cierto, falta de amigos y conocidos nuestro señor. A este tu primo hermano, ante que tomase el cargo, bien viste cómo vivía. ¿Andaba burlando o haciendo niñerías? ¿Andaba como desvergunzado y desbaratado? ¿Andaba muy erguido? ¿No era muy humilde? Cierto, andaba inclinado y sin muestra de ninguna pompa ni fantasía. Oraba a nuestro señor Dios con gran devoción. Velaba de noche y se postraba de rodillas y de codos a la medianoche a orar y a suspirar delante de Dios, y así está ahora en esta costumbre. Levantábase luego de mañana y tomaba la escoba y varría, y limpiaba con el aventadero los oratorios. Y ahora, ¿qué te parece cómo vive? ¿Cómo anda? ¿Anda soberbio o fantástico? ¿O acuérdase por ventura que es señor? Tan humilde es ahora y tan obediente, y así llora y suspira y ora con gran devoción a nuestro señor. No ves ahora que jamás dice: «yo soy señor, yo soy rey». Así vela de noche ahora, y así varre, y así ofrece incienso como de antes. Aunque tú eres primo hermano mayor, sobrepújate, hijo mío, este tu hermano menor en todas las buenas costumbres.

Nota, hijo, esta palabra, que lo que te tengo dicho te sea espina y aire frío, que te apliques para que te haga humillar y volver en ti. Mira, hijo, que has nacido en tiempo de trabajos y aflicciones, y te ha enviado Dios al mundo en tiempo de gran pobreza. Mira que yo soy tu padre; mira qué vida pasamos yo y tu madre, que no somos tenidos en nada, ni hay memoria de nosotros, aunque nuestros antepasados fueron grandes y poderosos. ¿Dejáronnos aquella potencia y grandeza? No, por cierto. Mira a tus parientes y a tus afines que no tienen ser ninguno en la república, sino que viven en pobreza y como desechados. Y aunque tú seas noble y generoso y de claro linaje, conviene que tengas delante tus ojos cómo has de vivir. Nota, hijo, que la humildad y el abajamiento de cuerpo y del alma, y el lloro y las lágrimas y el suspirar, ésta es la nobleza y el valer y la honra. Mira, hijo, que ningún soberbio ni erguido ni presuntuoso ni bullicioso ha sido electo por señor. Ninguno descortés, malcriado, ni deslenguado ni atrevido en hablar, ninguno que habla lo que se le viene a la boca ha sido puesto en el trono y estrado real. Y si en algún lugar hay algún senador que dice chocarrerías y palabras de burla, luego le ponían un nombre, tecucuecuechtli, que quiere decir «truhán». Nunca a ninguno fue dado algún cargo notable de la república que fuese atrevido o disoluto en hablar o en burlar. Estos tales se llaman cuacuachictin, que es nombre de hombres alocados pero valientes en la guerra; también los llamaban a éstos otomi tlaotonxinti, que quiere decir «otomi trasquilados y alocados». Estos eran grandes matadores, pero teníanlos por inhábiles para cosa de regir. Aquellos que regieron los tiempos pasados las repúblicas y los ejércitos de las guerras, todos fueron gente muy dados a la oración y devoción, a las lágrimas y suspiros, muy humildes, obedientes, no erguidos ni presuntuosos, muy cuerdos y prudentes, muy pacíficos y reposados.

Ya sabes, hijo mío, bien tienes en la memoria que el señor es como corazón del pueblo. A éste le ayudaban dos senadores para lo que toca al regimiento del pueblo: uno de ellos era pilli, y otro era criado en las guerras; el uno de ellos se llamaba tlacatecutli, y el otro tlacochtecutli. Otros dos capitanes ayudaban al señor para en las cosas de la milicia: el uno de ellos era pilli, y el otro criado en la guerra, aunque no era pilli; el uno de ellos se llamaba tlacatéccatl, y el otro se llamaba tlacohcálcatl. De esta manera, hijo mío, va el regimiento de la república; y estos cuatro ya dichos, tlacatecutli y tlacochtecutli y tlacatéccatl y tlacochcálcatl, no tenían estos nombres y estos oficios por heredad o propiedad, sino que eran electos por la inspiración de nuestro señor, porque eran más hábiles para ellos.

Nota bien lo que te digo, muy amado hijo mío, hijo muy estimado, que no te ensoberbezcas ni te altivezcas si por ventura fueres tomado para alguno de los oficios ya dichos. Por ventura Dios te llamará para alguno de ellos; o por ventura te quedarás sin ninguno y vivirás como hombre común y popular. Y si fueres llamado y elegido para alguno de estos oficios, otra y otra vez te encargo que no presumas de ti, ni te estimes por grande y valeroso y principal, porque esto es cosa con que Dios mucho se enoja. Si por ventura merecieres alguna dignidad, y por ventura merecieres ser algo, si por ventura merecieres ser electo para algún oficio de los ya dichos, sé humilde y anda muy humilde e inclinado y bajada la cabeza y recogidos tus brazos, y date al lloro y a la devoción o tristeza y a los suspiros, y a la sujeción de todos. Sé sujeto a todos y humilde a todos.

Y nota, hijo mío, que esto que te he dicho de la humildad y sujeción y menosprecio de ti mismo, ha de ser de corazón delante Dios nuestro señor. Mira que no sea fingida tu humildad, porque entonces decirse ha de ti titoloxochton, que es «hipócrita»; decirse ya de ti también titlanixiquipile, que quiere decir «hombre fingido». Mira que nuestro señor Dios ve los corazones y ve todas las cosas secretas por muy escondidas que estén, y oye lo que revolvemos en nuestro corazón todos nosotros cuanto vivimos en este mundo. Mira que sea pura tu humildad y sin mezcla de ninguna soberbia; mira que tu humildad delante de Dios sea pura como una piedra preciosa muy pura y muy fina; mira que no muestres una cosa de fuera y tengas otra de dentro.

Capítulo XXI. Del lenguaje y afectos que el padre, señor principal, usaba para persuadir a su hijo al amor de la castidad, donde pone cuán amigos eran los dioses de los castos, con muchas comparaciones y ejemplos muy al propósito con excelente lenguaje. Tratando esta materia ofrécese tocar otras muchas cosas gustosas de leer

Hijo mío, muy amado, nota bien las palabras que te quiero decir y ponlas en tu corazón, porque las dejaron nuestros antepasados, los viejos y viejas, sabios y avisados, que vivieron en este mundo. Es lo que nos dijeron y lo que nos avisaron y encomendaron que lo guardásemos como en cofre y como oro en paño, porque son piedras preciosas muy resplandecientes y muy pulidas, que son los consejos para bien vivir, en que ni hay raza ni mancha: son muy limpios. Dijéronlos los que perfectamente vivieron en este mundo. Son como piedras preciosas que se llaman chalchihuites y zafiros muy resplandecientes delante de nuestro señor, y son como plumas ricas, muy finas y muy anchas y muy enteras que están arcoadas. Y tales son las que las tienen en Costumbre; llámanse personas de buen corazón.

Mira, hijo, que los viejos nos dejaron dicho que los niños y las niñas, o mancebitos y doncellas, son muy amados de Dios. Précialos mucho nuestro señor que está en toda parte; huélgase con ellos y tiénelos por amigos. Y por esto los viejos, que eran muy dados al culto divino y a la penitencia y a los ayunos y a ofrecer incienso a los dioses, tuvieron en gran precio a los niños y a las niñas que oraban, y despertábanlos de noche al mejor sueño, y desnudábanlos y rociábanlos con agua, y hacíanlos varrer y ofrecer incienso delante de los dioses y lavarles las bocas, a los cuales decían que Dios recibía y oía de buena gana sus oraciones y servicios, y sus lágrimas y su tristeza y sus suspiros, porque tenían corazón limpio y sin mezcla de pecado, perfecto y sin mancilla como una piedra preciosa chalchíuitl o zafiro. Decían que por éstos sustentaba Dios al mundo y que ellos eran nuestros intercesores para con Dios.

Otra manera de gente hay que son agradables a Dios y a los hombres, que son los buenos sátrapas que viven castamente y tienen corazón limpio y puro y bueno y lavado y blanco como la nieve; ninguna mancilla tiene su manera de vivir, ninguna suciedad, ningún polvo de pecado hay en sus costumbres. Y porque son tales, son aceptos a Dios, y le ofrecen incienso y oraciones y le ruegan por el pueblo. El señor decía: «Estos son los siervos de mis dioses», porque eran de buena vida y de buen ejemplo. Y los viejos y ancianos y sabios y entendidos en los libros de nuestra doctrina dejaron dicho que los que son de limpio corazón son muy dignos de ser amados, los cuales son apartados de toda delectación carnal y sucia. Y porque son preciosos los que de esta manera viven, los dioses los desean y los procuran y los llaman para sí. Los que son puros de toda mancilla y mueren en la guerra, dijeron los viejos que el Sol los llamó para sí y para que vivan con él allá en el cielo, para que le regocijen y canten en su presencia y le hagan placer. Estos están en continuos placeres con el Sol; viven en continuos deleites; gustan y chupan el olor y zumo de todas las flores sabrosas y olorosas; jamás sienten tristeza ni dolor ni disgusto, porque viven en la casa del Sol, donde hay riquezas y deleites. Y éstos de esta manera que viven en las guerras son muy honrados acá en el mundo, y esta manera de muerte es deseada de muchos, y muchos tienen envidia a los que así mueren; y por esto todos desean esta muerte, porque los que así mueren son muy alabados. Y dícese que un mancebo de Uexotzinco, el cual se llamaba Mixcóatl, murió en la guerra de los mexicanos, y ellos le mataron en la guerra. Dícese un cantar en su loor: «¡Oh, bienaventurado Mixcóatl, bien mereces ser loado con cantares, y bien mereces que tu fama viva en el mundo, y que los que bailan en los areítos te traigan en la boca, en rededor de los atabales y tamboriles de Uexotzinco, para que regocijes y aparezcas a tus amigos los nobles y generosos, tus parientes!».

Síguese otro cantar del loor de este mancebo en que loan de la virginidad, de limpieza y pureza de su corazón: «¡Oh, glorioso mancebo y digno de todo loor, que ofreciste tu corazón al Sol, limpio como un sartal de piedras preciosas que se llaman zafiros! Otra vez tornarás a brotar, otra vez tornarás a florecer en el mundo. Vendrás a los areítos y entre los atambores y tamboriles de Uexotzinco aparecerás a los nobles y varones valerosos, y verte han tus amigos!».

Hay otro genero de personas que también son amados de Dios y deseados, y éstos son aquellos que son ahogados en el agua, con alguna violencia de algún animal del agua, como el del auítzotl o del ateponactli o otra alguna cosa. También aquellos que son muertos de rayo, porque de todos éstos dijeron los viejos que, porque los dioses los aman, los llevan para sí al paraíso terrenal, para que vivan con el Dios llamado Tlalocatecutli, que se sirve con ulli y con yauhtli, y es Dios de las verduras. Estos así muertos están en la gloria con el Dios Tlalocatecutli, donde siempre hay verduras, maizales verdes, y toda manera de hierbas y flores y frutas. Jamás se secan en aquel lugar las hierbas y las flores, etc.; siempre es verano, siempre las hierbas están verdes y las flores frescas y olorosas. También de los mozuelos y mozuelas que mueren ante de tener experiencia de pecados ningunos y mueren en su inocencia, en su simplicidad y virginidad, dicen los viejos que éstos reciben grandes mercedes de nuestro señor, porque son como piedras preciosas, porque van puros y limpios a la presencia de Dios.

Oye otra manera de gente que son bienaventurados y son amados y los llevan los dioses para sí, y son los niños que mueren en su tierna niñez; son como unas piedras preciosas. Estos no van a los lugares de espanto del infierno, sino van a la casa del Dios que se llama Tonacatecutli, que vive en los vergeles que se llaman Tonacacuauhtitlan, donde hay todas maneras de árboles y flores y frutas, y anda allí como zinzones, que son abezitas pequeñas de diversas colores que andan chupando las flores de los árboles. Y estos niños y niñas, cuando mueren, no sin razón los entierran junto a las trojes donde se guarda el maíz y los otros mantenimientos, porque esto quiere decir que están sus ánimas en lugar muy deleitoso y de muchos mantenimientos, porque murieron en estado de limpieza y simplicidad, como piedras preciosas y muy finos zafiros. También tendrás entendido que los niños muy bonicos y muy hermosos y amables, cuando están en su simplicidad y en su inocencia, son preciosos como piedras turquesas y zafiros. También otro género de personas son amados y deseados de los dioses; son los hombres y mujeres de buena condición y de buena vida, y de quien todos se confíen y a quien todos honran, que no hay en ellos ninguna cosa reprensible, y viven pacíficamente de toda parte; son amables de todos y pacíficos con todos.

Nota pues ahora, amado hijo, que si Dios te diere vida en este mundo, la manera que has de vivir en él. Mira que te apartes de los deleites carnales: ninguna manera los desees; guárdate de todas las cosas sucias que ensucian a los hombres, no solamente en las ánimas pero también en los cuerpos, causando enfermedades y muertes corporales. Dejáronnos dicho los antiguos que en la niñez y en la juventud hace Dios mercedes, da dones. En este mismo tiempo señala a los que han de ser señores, reyes y gobernadores o capitanes. También en el tiempo de la niñez y adolescencia da Dios sus riquezas y sus delectaciones; en el tiempo de la adolescencia y simplicidad se merece la buena muerte.

Nota, hijo mío, lo que te digo. Mira que el mundo ya tiene este estilo de engendrar y multiplicar, y para esta generación y multiplicación ordenó Dios que una mujer usase de un varón y un varón de una mujer; pero esto conviene se haga con templanza y con discreción. No te arrojes a la mujer como el perro se arroja a lo que ha de comer; no te hayas a manera de perro en comer y tragar lo que le dan, dándote a las mujeres ante de tiempo. Aunque tengas apetito de mujer, resístete; resiste a tu corazón hasta que ya seas hombre perfecto y recio. Mira que el maguey si lo abren de pequeño para quitarle la miel, ni tiene substancia ni da miel, sino piérdese; ante que abran al maguey para sacarle la miel le dejan crecer y venir a su perfección, y entonces se saca la miel. De esta manera debes de hacer tú, que ante que llegues a mujer crezcas y embarnezcas y seas perfecto hombre, y entonces estarás hábil para el casamiento y engendrarás hijos de buena estatura y recios y ligeros y hermosos y de buenos rostros, y tú serás recio y hábil para el trabajo corporal, y serás ligero y recio y diligente. Y si por ventura destempladamente y ante de tiempo te dieres al deleite carnal, en este caso dijéronnos nuestros antepasados que el que así se arroja al deleite carnal queda desmedrado; nunca es perfecto hombre y anda descolorido y desainado. Andarás como cuartanario, descolorido, enflaquecido; serás como un muchacho mocoso y desvanecido y enfermo, y de presto te harás viejo arrugado. Y cuando te casares, serás así como el que coge miel del maguey, que no mana porque le acogeraron ante de tiempo, y el que chupa para sacar la miel de él no saca nada, y aborrecerle ha y desecharle ha. Así te hará tu mujer, que como estás ya seco y acabado, y no tienes qué darle, dices: «no puedo más»; aborrecerte ha y desecharte ha porque no satisfaces a su deseo, y buscará otro, porque tú ya estás agotado. Y aunque no tenía tal pensamiento, por la falta que en ti halló, hacerte ha adulterio; y esto porque tu te destruiste, dándote a mujeres ante de tiempo te acabaste.

Nota otra cosa, hijo mío, que ya te cases en buen tiempo y en buena sacón toma mujer. Mira que no te des demasiadamente a ella, porque te echarás a perder; aunque es así, que es tu mujer y es tu cuerpo, conviénete tener templanza en usar de ella, bien así como del manjar, que es menester tomarlo con templanza. Quiero decir que no seas destemplado para con tu mujer, sino que tengas templanza en el actu carnal. Mira que no sigas al deleite carnal, porque pensarás que te deleitas en lo que haces y que no hay otro mal en ello; sábete que te matas y te haces gran daño en frecuentar aquella obra carnal. Dijeron los viejos que serás en este caso como el maguey chupado, que luego se seca, y serás como la manta, que cuando la lavan hínchase de agua, pero si la tuercen reciamente, luego se seca. Así serás tú, que si frecuentares la delectación carnal, aunque sea con tu mujer solamente, te secarás y así te harás mal acondicionado y mal aventurado y de mal gesto, ni a nadie querrás hablar, ni nadie querrá hablar contigo; andarás afrontado.

Nota un ejemplo de este negocio: un viejo, muy viejo y muy cano, fue preso por adulterio, y fuele preguntado que siendo tan viejo cómo no cesaba del acto carnal. Respondió que entonces tenía mayor deseo y habilidad para el acto carnal, porque en el tiempo de su juventud no llegó a mujer, ni tampoco en aquel tiempo tuvo experiencia del acto carnal, y que por haberlo comenzado después de viejo estaba más potente para esta obra. Quiérote dar otro ejemplo y nótale muy bien, para que te sea todo como una muchila para que vivas castamente en este mundo: siendo vivo el señor de Tezcoco, llamado Nezaoalcoyotzin, fueron presas dos viejas que tenían los cabellos blancos como la nieve, de viejas, y fueron presas porque adulteraron; hicieron traición a sus maridos, que eran tan viejos como ellas, y unos mancebillos sacristanejos tuvieron aceso a ellas. El señor Nazaoalcoyotzin, cuando las llevaron a su presencia para que las sentenciase, preguntóles, diciendo: «Abuelas nuestras, decidme, ¿es verdad que todavía tenéis deseo del deleite carnal? ¿Aún no estáis hartas, siendo tan viejas como soys? ¿Qué sentíades cuando érades mozas? Decídmelo, pues que estáis en mi presencia por este caso». Ellas respondieron: «Señor nuestro y rey, oya vuestra alteza, vosotros los hombres cesáis de viejos de querer la delectación carnal por haber frecuentádola en la juventud, porque se acaba la potencia y la simiente humana, pero nosotras las mujeres nunca nos hartamos ni nos enhadamos de esta obra, porque es nuestro cuerpo como una cima y como una barranca honda que nunca se hinche; recibe todo cuanto le echan, y desea más y demanda más, y si esto no hacemos, no tenemos vida». Esto te digo, hijo mío, para que vivas recatado y con discreción, y que vayas poco a poco y no te des prisa en este negocio tan feo y tan perjudicial.

Capítulo XXII. En que se contiene la doctrina que el padre principal o señor daba a su hijo cerca de las cosas y policía exterior, conviene a saber, cómo se había de haber en el dormir, comer, beber, hablar, y en el traje y en el andar, y mirar y oír, y que se guarde de comer comida de mano de malas mujeres, porque dan hechizos

Hijo mío, ya te he dicho muchas cosas que te son necesarias para tu doctrina y buena crianza, para que vivas en este mundo como noble e hidalgo y persona que viene de personas ilustres y generosas. Y réstame de decirte otras algunas cosas que te conviene mucho saber y encomendar a la memoria, las cuales recibimos de nuestros antepasados, y sería hacerlos injuria no te las decir todas.

Lo primero es que seas muy cuidadoso de despertar y velar, y no duermas toda la noche, porque no se diga de ti que eres dormilón y perezoso y soñoliento. Mira que te levantes de noche a la medianoche a orar y a suspirar y a demandar a nuestro señor que está en todo lugar, que es invisible e impalpable. Y tendrás cuidado de varrer el lugar donde están las imágenes y de ofrecerlas incienso.

Lo segundo, tendrás cuidado de cuando fueres por la calle o por el camino que vayas asosegadamente, ni con mucha prisa ni con mucho espacio, sino con honestidad y madureza. Los que no lo hacen así llámanlos ixtotómac cuécuetz, que quiere decir «persona que va mirando a diversas partes como loco» y «persona que va andando sin honestidad y sin gravedad como liviano bullicioso». Asimismo dicen de los que van muy despacio uiuiláxpul, xocotézpul, eticápul, que quiere decir «persona que va arrastrando con los pies, que anda como persona pesada y como persona que no puede andar de gordo, y como mujer preñada», o que vas andando haciendo meneos con el cuerpo. Ni tampoco por el camino irás cabizbajo, ni tampoco irás inclinado la cabeza de lado, ni mirando hacia los lados, porque no se diga de ti que eres bobo o tonto y malcriado, y mal disciplinado, y que andas como muchacho.

Lo tercero que debes notar, hijo mío, es cerca de tu hablar. Conviene que hables con mucho asosiego; ni hables apresoradamente ni con desasosiego, ni alces la voz, porque no se diga de ti que eres vocinglero y desentonado, o bobo o alocado o rústico. Tendrás un tono moderado, ni bajo ni alto en hablar, y seas suave, y blanda tu palabra.

Lo cuarto que debes notar es que en las cosas que oyeres y vieres, especial si son malas, las disimules y calles, como si no las oyeras. Y no mires curiosamente a alguno en la cara, ni mires con curiosidad los atavíos que traye y la manera de su disposición; no mires con curiosidad del gesto y desposición de la gente principal, mayormente de las mujeres, especialmente de las casadas, porque dice el refrán que «el que curiosamente mira a la mujer, adultera con la vista», y aun algunos fueron punidos con pena de muerte por esta causa.

Lo quinto que debes notar es que te guardes de oír las cosas que se dicen que no te complen, especialmente vidas ajenas y nuevas; dígase lo que se dijere, no tengas cuidado de ello; haz como si no lo oyeses. Y si no te puedes apartar de donde se hablan estas cosas, no respondas ni hables cosas semejantes; oye, y no cures de hablar. Cuando algunos hablan de vidas ajenas y dicen algunos pecados que son dignos de castigo, y tú te llegas a oírlos, en especial si tú también hablares alguna palabra cerca de aquel negocio o pecado, a ti te será achacado y atribuido lo que se dice, a ti te lo pondrán a cuestas, y serás preso y aun castigado por ello. Y según dice el refrán «pagarán justos por pecadores». A ti te lo echarán todo; todos se escusarán y a ti solo echarán la culpa; todos los otros que oyeron y dijeron aquellas palabras o que les toca, quedarán en paz, y tú serás llevado a juicio. Por lo ya dicho, hijo mío muy amado, conviene que abrás muy bien los ojos y andes con mucho aviso para que no mueras por tu necedad y por tu poco saber; mira muy bien por ti.

Lo sexto, hijo mío, debes ser avisado, es que no esperes a que dos veces te llame. A la primera responde luego, y levántate luego, y ve a quien te llama. Y si alguno te enviare alguna parte, ve corriendo, ve en un salto. Si te mandaren tomar alguna cosa, tómalo de presto, sin tardanza. Sé muy diligente y muy ligero; no seas perezoso; has de ser como el aire ligero. Mira que en mandándote la cosa, luego la hagas; no esperes a que dos veces te lo manden, porque esperar a dos veces ser llamado o ser mandado es cosa de bellacos, es cosa de perezosos, y de personas viles y de ningún valor; y por tal serás tenido. Y serás tenido por mal mandado y por soberbio, y por el mismo caso conviene que te quiebren en la cabeza o en las espaldas lo que habías de traer.

Lo séptimo de que te aviso, hijo, es que en tus atavíos seas templado y honesto; no seas curioso en tu vestir, ni demasiado ni fantástico; no busques mantas curiosas ni muy labradas, ni tampoco traigas atavíos rotos y viles, porque es señal de pobreza y bajeza y de personas a quien nuestro señor tiene desechados y son sin provecho, y miserables, que andan por las montañas y por las sabanas buscando hierbas para comer y leña para vender. No conviene que imites a estos tales, porque son burladores, y su manera de vivir es cosa de burla. Tráete honestamente y como hombre de bien. Ni traigas la manta arrastrando o muy colgada, de manera que vayas tropezando en ella por vía de fantasía; tampoco anudarás la manta tan corta que quede muy alta; en esto tendrás el medio; ni tampoco traigas la manta anudada por el subaco. Y aunque estas cosas veas que otros las hacen, no los imites. Los soldados que se llaman cuachicque son tenidos en mucho en la guerra, porque pelean como desafinados y no tienen en nada la vida, sino que buscan la muerte por vía de valentía; y también los truhanes y chocarreros y los bailadores y los locos luego toman cualquier traje nuevo que ven. Traen las mantas y andan tropezando en ellas, y anúdanlas debajo del subaco; traen el hombro desnudo, y andan de fantasía, haciendo desgaires en el andar, rastrando los pies y requebrándose en el andar; traen unas cotaras de fantasía, más anchas y largas que son menester, y con las correyas muy anchas y muy fantásticamente atadas. Mira, hijo, que tú seas avisado y templado y honesto en las mantas y en los cactles, de manera que todo sea de buena manera y bien puesto.

Lo octavo que quiero que notes, hijo mío, es la manera que has de tener en el comer y en el beber. Seas avisado, hijo, que no comas demasiado y a la mañana ni a la noche. Sé templado en la comida y en la cena, y si trabajares, conviene que almuerces ante que comiences el trabajo. La honestidad que debes tener en el comer es ésta: cuando comieres, no comas muy aprisa; no comas con demasiada desenvoltura, ni des grandes bocados en el pan, ni metas mucha vianda junta en la boca, porque no te añusgues, ni tragues lo que comes como perro; comerás con asosiego y con reposo, y beberás con templanza cuando bebieres; no despedaces el pan ni arrebates lo que está en el plato; sé asosegado en tu comer, porque no des ocasión de reír a los que están presentes. Si te añuzgares con el manjar e hicieres alguna cosa deshonesta para que burlen de ti los que comen contigo, adrede te darán cosas sabrosas por tener qué reír contigo, porque eres glotón y tragón. Al principio de la comida lavarte has las manos y la boca, y donde te juntares con otros a comer no te sientes luego, mas antes tomarás el agua y la jícara para que se laben los otros, y echarles has agua a manos a todos, y después de esto cogerás lo que se ha caído por el suelo y barrerás el lugar de la comida, y también tú, después de comer, lavaráste las manos y la boca, y limpiarás los dientes.

Hete he dicho, hijo, estas pocas palabras, aunque hay mucho que decir cerca de la honestidad que se ha de tener en el bien vivir, de lo cual hablaron muchas cosas los antiguos y canos, así hombres como mujeres, nuestros antepasados, pero no lo podrás tener todo en la memoria. Una cosa te quiero decir, que te conviene mucho tener en la memoria, porque es mucho digna de notar, que es sacada de los tesoros y cofres de nuestros mayores. Dijeron: «El camino seguro por donde debemos caminar en este mundo es muy alto y muy estrecho, y desviando a cualquiera parte de este camino, no podemos sino cayer en una profunda barranca y despeñarnos de una gran altura. Esto quiere decir que es necesario que todas las cosas que hiciéremos y dijéremos sean regladas con la providencia. Lo mismo hemos de guardar en lo que oyéremos y en lo que pensáremos, etc.». Esto quiero que notes mucho, que no comas de presto la comida que te dieren, sino mira primero lo que se te da a comer, porque hay muchos peligros en el mundo y hay muchos enemigos que aborrecen a la persona de secreto. Guárdate que no te den a comer o a beber alguna cosa ponzuñosa; mayormente te debes guardar en esto de los que te quieren mal y más de las mujeres, en especial de las que son malas mujeres; no comerás ni beberás lo que te dieren, porque muchas veces dan hechizos en la comida y en la bebida;

algunas de ellas dan hechizos en la comida o en la bebida para provocar a lujuria; y esta manera de hechizos no solamente empece al cuerpo y al ánima, pero también mata, porque se desaina el que lo bebe o lo come, frecuentado el acto carnal hasta la muerte. Dícese que los que toman de su voluntad la carne del mazacóatl, que es una culebra con cuernos, tómanlo muy templado y muy poco; y si lo toman destempladamente podrán tener aceso a cuatro y cinco y más mujeres, a cada una cuatro o cinco veces. Y los que esto hacen mueren, porque se vacían de toda la substancia de su cuerpo y se secan y se mueren deshechos y chupados. Y andando de esta manera, al fin mueren en breve tiempo, con gran fealdad y desemejanza de su cuerpo y de sus miembros. Nota bien, hijo, que si alguno te diere algo de comer o de beber, de quien tienes sospecha, no lo comas ni lo bebas. Haz que primero coma y beba de ello quien te lo da. Sé avisado; mira por ti en este mundo. Ya has oído lo que te he dicho; guarda en todas las cosas el medio.

Capítulo XXIII. De la manera que hacían los casamientos estos naturales

Aquí se trata de la manera que se hacían los casamientos en estas partes. Los padres de algún mancebo, cuando ya le veían que era idóneo para casarse, juntaban a todos los parientes. Estando juntos, decía el padre del mancebo: «Este pobre de nuestro hijo ya es tiempo que le busquemos su mujer, porque no haga alguna trabesura, porque por ventura no se revuelva por ahí con alguna mujer, que ya es hombre». Dicho esto, llamaban al mozo delante de todos y decía el padre: «Hijo mío, aquí estás en presencia de tus parientes. Habemos hablado sobre ti, porque tenemos cuidado de ti, pobrecito. Ya eres hombre. Parécenos que será bien buscarte mujer con quien te cases. Pide licencia a tu maestro para apartarte de tus amigos, los mancebos con quien te has criado. Oyan esto los que tienen cargo de vosotros, que se llaman telpuchtatoque». Oído esto, el mancebo respondía: «Tengo en gran merced y beneficio eso que se me ha dicho. Habéis hecho conmigo misericordia en haber tenido cuidado de mí. Dado os habré pena y fatiga. Hágase lo que decís, porque también lo quiere así mi corazón. Ya es tiempo que yo comience a experimentar los trabajos y los peligros de este mundo. Pues ¿qué tengo de hacer?».

Hecho esto, luego aparejaban de comer, haciendo tamales y moliendo cacao y haciendo sus guisadas que se llaman molli. Y luego compraban una hacha con que cortan leña y maderos; luego enviaban a llamar a los maestros de los mancebos, que se llamaban telpuchtlatoque, y dábanles a comer, y daban las cañas de humo. Acabado de comer, sentábanse los viejos parientes del mancebo y los del barrio, y ponían delante de todos la hacha de que los mancebos usan estando en el poder de sus maestros; luego comenzaban a hablar. Uno de los parientes del mancebo decía: «Aquí estáis presentes, señores y maestros de los mancebos. No recibáis pena porque vuestro hermano N, nuestro hijo, se quiere apartar de vuestra compañía. Ya quiere tomar mujer. Aquí está esta hacha; es señal de cómo se aparta ya de vuestra compañía, según es la costumbre de los mexicanos. Tomalda y dejad a nuestro hijo». Entonces respondía el maestro de los mancebos, llamado telpuchtlato, diciendo: «Aquí hemos oído todos nosotros, yo y los mancebos con quien se ha criado vuestro hijo algunos días, cómo habéis determinado de casarle, y de aquí adelante se aparta de ellos para siempre. Hágase como mandáis». Luego tomaban la hachuela y se iban y dejaban al mozo en casa de su padre.

Hecho esto, juntábanse los parientes del mozo, viejos y viejas, y conferían entre sí cuál moza le vendría bien. Y habiendo determinado cuál moza le habían de demandar, aquellas matronas viejas que tenían por oficio de entrevenir en los casamientos, habiéndolas rogado los parientes del mozo que fuesen a hablar de su parte a la que tenían señalada y a sus parientes, luego otro día de mañana iban a la casa de la moza y hablaban a los parientes de la moza para que diesen su hija a aquel mozo. Esto hacían con mucha retórica y con mucha parola.

Habiendo oído los parientes de la moza la mensajería de las viejas, respondían escusándose, como haciéndose de rogar, que la moza aún no era para casar ni era digna de tal mancebo. En esto pasaban pláticas de mucha roncería. Acabada su plática los de la parte de la moza con las viejas, despedíanse diciendo que vendrían otro día, que mirasen despacio lo que les cumplía. Y así, el día siguiente iban muy de mañana a la casa de la moza y hacían sus pláticas cerca del negocio, y también los despedían con roncerías de los padres de la moza; y como se iban las viejas, decían los parientes de la moza que vendrían otra vez. Al cuarto día volvían las viejas a oír la respuesta y determinación de los padres de la moza, los cuales hablaban de esta manera: «Señoras nuestras, esta mozuela os da fatiga en que la buscáis con tanta importunación para mujer de ese mancebo que habéis dicho. No sabemos cómo se engaña ese mozo que la demanda, porque ella no es para nada y es una bobilla, pero, pues, que con tanta importunación habláis en este negocio, es necesario que, pues que la muchacha tiene tíos y tías, y parientes y parientas, será bien que todos juntos vean lo que les parece. Veamos lo que dirán, y también será bien que la muchacha entienda esto. Y así veníos mañana y llevaréis la determinación y conclusión de este negocio». El día siguiente, después de haberse ido las viejas, juntarse los parientes de la moza y háblanse sobre el negocio sosegada y pacíficamente. Y los padres de la moza, después de haber concluido el negocio entre todos, dicen: «Está bien, pues conclúyese que el mozo será muy contento de oír lo que se ha determinado. Será contento de casarse con ella, aunque sufra pobreza y trabajo, que parece que está aficionado a esta muchacha, aunque no sabe aún hacer nada, ni es esperta en su oficio mujeril». Y luego, después de esto, los padres de la moza hablan a los padres del mozo, diciéndoles: «Señores, Dios os dé mucho descanso. El negocio está concluido. Conciértese el día cuando se han de juntar». Después de apartados los unos de los otros, los parientes ancianos del mozo preguntaban a los adivinos que señalasen un día bien afortunado para el negocio, y los adivinos les señalaban uno de los días prósperos para el negocio. Decían que cuando reinaba el carácter que se llama acatl, o el otro que se llama ozomatli, o el otro que se llama cipactli, o el otro que se llama cuauhtli, o el otro que se llama calli, cualquier de éstos era bien acondicionado para este negocio.

Después de esto, luego comenzaban aparejar las cosas necesarias para el día de la boda, que se había de hacer en algún signo de los arriba dichos. Aparejábanse las ollas para cocer el maíz y el cacao mullido, que llaman cacaoapinolli, las flores que eran menester, las cañas de humo que se llaman yetlalli, y los platos que se llaman molcáxitl, y los vasos que se llaman zoquitecómatl, y los chiquihuites. Comenzaban a moler el maíz y ponerlo en los apactles o librillos; luego hacían tamales toda la noche y todo el día por espacio de dos o tres días. No durmían de noche, sino muy poco, trabajando en lo arriba dicho.

El día antes de la boda convidaban primero la gente honrada y noble, y después a la otra gente, como eran los maestros de los mancebos y a los mancebos de quien tenían cargo, y luego a los parientes del nobio y de la nobia. El día de la boda, de mañana, entraban los convidados en la casa de los que se casaban. Primeramente entraban los maestros de los mancebos con su gente, y bebían solamente cacao y no vino; y todos los viejos y viejas entraban a comer al mediodía. Entonces había gran número de gente que comían, y servían dando comida y flores y cañas de perfumes. Muchas de las mujeres llevaban mantas y las ofrecían; otras que eran más pobres ofrecían el maíz. Todo esto ofrecían delante del fuego, y los viejos y las viejas bebían uctli o pulque, y bebían en unos vasos pequeños, templadamente. Algunos bebían tres, otros cuatro, otros cinco de aquellos vasos, y de allí no pasaban los viejos y viejas con tanto como éstos se emborrachaban; y este vino era adobado.

Y a la tarde de este día bañaban a la nobia y lavábanla los cabellos, y componíanla los brazos y las piernas con pluma colorada, y poníanla en los rostros margaxita pegada. A las que eran más muchachas poníanlas unos polvos amarillos que se llaman tecozáhuitl. Y después de compuesta de esta manera, poníanla cerca del hogar en un petate como estrado, y allí le iban a saludar todos los viejos del parte del mozo; decían de esta manera: «Hija mía, que estás aquí, por vos son honrados los viejos y las viejas y vuestros parientes. Ya sois del número de las mujeres ancianas, y ya habéis dejado de ser moza y comenzáis a ser vieja. Ahora dejad ya las mocedades y niñerías. No habéis de ser desde aquí adelante como niña o como mozuela. Conviene que habléis y saludéis a cada uno como conviene. Habéis de levantaros de noche y varrer la casa y poner fuego antes que amanezca; os habéis de levantar cada día. Mira, hija, que no avergüencéis, que no deshonréis a los que somos vuestros padres y madres. Vuestros abuelos, que ya son difuntos, no os han de venir a decir lo que os cumple, porque ya son difuntos; nosotros lo decimos en su nombre. Mira, pobrecita, que te esfuerces. Ya te has de apartar de tu padre y madre. Mira que no se incline tu corazón más a ellos; no has más de estar con tu padre ni con tu madre; ya los has de dejar del todo. Hija nuestra, deseamos que seas bienaventurada y próspera». Oído esto, la nobia respondía con lágrimas diciendo al que la había hablado: «Señor mío, persona de estima, habéisme hecho merced todos los que habéis venido. Ha hecho vuestro corazón benignidad por mi causa; habéis recibido pena y trabajo por honrarme. Las palabras que se me han dicho téngolas por cosa preciosa y de mucha estima; habéis hecho como verdaderos padres y madres en hablarme y avisarme. Agradezco mucho el bien que se me ha hecho».

Cuando ya era a la puesta del Sol, venían los parientes del mozo a llevar a su nuera, muchas viejas honradas y matronas. Y entrando en la casa donde estaba la nobia, decían luego: «Por ventura os seremos causa de temor con nuestro tropel; y es que vinimos por nuestra hija, queremos que se vaya con nosotros». Y luego se levantaban todos los parientes de la moza, y una matrona, que para esto iba aparejada, aparejaba una manta que se llama tliquémitl, tornándola por las esquinas y tendíala en el suelo, y sobre ella se ponía de rodillas la nobia. Luego la tomaban a cuestas, y luego encendían hachones de teas, que para esto estaban apeyados; y ésta era la señal que ya la llevaban a casa de su marido. Iban todos ordenados en dos rencles, como cuando van en procesión, acompañándola, pero los parientes de la moza iban en torno de ella en tropel, y todos llevaban los ojos puestos en ella. Y los que estaban a la mira por las calles decían a sus hijas: «¡Oh, bienaventurada moza! Mírala, mírala cual va. Bien parece que ha sido obediente a sus padres y ha tomado sus consejos. Tú nunca tomas los consejos y palabras que se te dicen; todas las entiendes al revés y no las pones por obra. Esta moza que ahora se casa con esta honra bien parece que es bien criada y bien doctrinada, y tomó bien los consejos y doctrinas de sus padres y madres. Honrando a sus padres, no los desobedeció, mas antes los ha honrado como parece ahora».

Habiendo llegado la nobia a la casa del nobio, luego ponían a los dos junto al hogar; la mujer a la mano izquierda del varón, y el varón a la mano derecha de la mujer. Y la suegra de la nobia luego salía para dar dones a su nuera: vestíala un uipilli y poníala a los pies un cueitl, todo muy labrado. Y la suegra del nobio luego daba también dones a su yerno: cubríale una manta anudada sobre el hombro y poníale un maxtli junto a sus pies. Hecho esto, las casamenteras ataban la manta del nobio con el uipilli de la nobia, y la suegra de la nobia iba y lavaba la boca a su nuera, y ponía tamales en un plato de madera junto a ella, y también un plato con mulli, que se llama tlatonilli. Luego daba a comer a la nobia cuatro bocados, los primeros que comían; después daba otros cuatro al nobio, y luego a ambos juntos los metían en una cámara, y las casamenteras los echaban en la cama y cerraban las puertas y dejábanlos ambos solos. Salíanse todos de la cámara, y las viejas casamenteras que se llaman titici —que eran como ministras del matrimonio— estábanlos guardando a la puerta, y allí bebían. No se iban a sus casas; toda la noche estaban allí. Habiendo hecho esto cuatro días arreo, hacían una ceremonia, y era que la estera sobre que habían dormido, que se llama pétatl, la sacaban al medio del patio y allí la sacudían con cierta ceremonia, y después tornaban a poner la estera adonde habían de dormir.

En este tiempo comían y bebían dentro de casa los parientes de la nobia con los parientes del nobio, y allí se trataban todos como cuñados y afines, y como tales se hablaban. Después de esto íbanse todos a sus casas muy contentos. Y las viejas parientes del nobio hablaban a la nobia, diciendo de esta manera: «Hija mía, vuestras madres, que aquí estamos, y vuestros padres os quieren consolar. Esforzaos hija, no os aflijáis por la carga del casamiento que tomáis a cuestas, y aunque es pesada, con la ayuda de nuestro señor la llevaréis. Rogalde que os ayude. Placerá a nuestro señor que viváis muchos días y subáis por la cuesta arriba de los trabajos; por ventura llegaréis a la cumbre de ellos sin ningún impedimento ni fatiga que os envíe nuestro señor. No sabemos lo que nuestro señor tendrá por bien de hacer; esperad en él. Veis aquí cinco mantas que os da vuestro marido para que con ellas tratéis en el mercado, y con ellas compréis el chilli y la sal, y las teas y la leña, con que habéis de guisar la comida; esto es la costumbre que dejaron los viejos y viejas. Trabajad, hija, y haced vuestro oficio mujeril sola; ninguno os ha de ayudar. Ya nos vamos; sed bienaventurada y próspera como deseamos».

Después de esto, la suegra del recién casado hablaba de esta manera: «Aquí estáis, hijo mío, que sois nuestro tigre y nuestra águila, y nuestra pluma rica y nuestra piedra preciosa. Ya sois nuestro hijo muy tiernamente amado. Entended, hijo, que ya sois hombre y hombre casado, y hombre que tiene por su mujer nuestra hija. No os parezca esto cosa de burla. Mirad que ya es otro mundo en donde ahora estáis; ya estáis en vuestra libertad. Otra manera de vivir habéis tomado de la que habéis tenido hasta ahora. Mirad que seáis hombre y que no tengáis corazón de niño. No os conviene de aquí adelante andar en los vicios que andan los mancebos, como es los amancebamientos y burlerías de mozos y chocarrerías, porque ya sois del estado de los casados, que es tlapaliui. Comenzad de trabajar en llevar cargas a cuestas por los caminos, como es chilli y sal y salitre y peces, andando de pueblo en pueblo. Enseñaos a los trabajos y fatigas que habéis de sentir en el corazón y en el cuerpo, durmiendo a los rincones en las casas ajenas, en las portadas de las casas donde no conocéis. Haceos a los trabajos de pasar los arroyos y de subir las cuestas y de pasar los páramos; haceos a los trabajos de pasar grandes soles y grandes fríos, do habréis menester de templar el calor del Sol con el aventadero de pluma que habéis de llevar en la mano; haceos a los trabajos de comer pan seco con maíz tostado. No penséis, hijo, que de aquí adelante habéis de vivir en regalos y en delicadeces, porque habéis con vuestro sudor de ganar la comida. A nadie se le viene a casa lo que ha de comer y beber; a nadie se le caye delante lo que han menester. No se junta la hacienda sin trabajo; es menester trabajar con todas las fuerzas para alcanzar la misericordia de Dios. No hay otra cosa que os decir; queda en buena hora».

Capítulo XXIV. En que se pone lo que hacían cuando la recién casada se sentía preñada

Después que ya la recién casada se siente preñada, hácelo saber a sus padres, y luego aparejan comida y bebida, y flores olorosas, y cañas de humo. Y luego convidan y juntan a los padres y madres del casado y de la casada con los principales del pueblo, y todos juntos comen y beben. Después de haber comido y bebido, pónese en medio de todos un viejo de parte del casado, asentado en coclillas, y dice de esta manera: «Oíd todos los que estáis aquí presentes. Por el mandamiento de nuestro señor, que está en todo lugar, quiero deciros algunas palabras rústicas y groseras a vosotros, nuestros afines y señores, pues que aquí os ha juntado nuestro señor, el cual se llama Yoalli Ehécatl, quiere decir "tiniebla y aire" y que está en todo lugar, el cual os ha dado vida hasta estos días, que sois sombra y abrigo, y sois como un árbol que se llama púchotl, que hace gran sombra, y como el árbol que se llama auéuetl, que asimismo a su sombra se abrigan los animales. De esta manera sois, señores, abrigadores y amparadores de todos los menores y gente baja que moran en las montañas y en los páramos; abrigáis asimismo a los pobrecitos soldados y gente de guerra, porque os llaman y tienen por padres y por sus consoladores. Por ventura tenéis trabajos y algunos desasosiegos, y os damos pena y os embarazamos para entender en muchos negocios en que os ocupa nuestro señor, y también os ocupan los oficios de la república de que estáis encargados. Por ventura os seremos penosos con nuestra palabras con que os queremos saludar y hablar cerca de vuestros oficios y gobierno. Oíd pues, señores, que estáis presentes y todos los demás que aquí estáis, viejos y viejas y canos y canas, sabed que nuestro señor ha hecho misericordia, porque la señora N, moza y recién casada, quiere nuestro señor hacerla misericordia y poner dentro de ella una piedra preciosa y una pluma rica, porque ya está preñadilla la mozuela. Parece que nuestro señor ha puesto dentro de ella una criatura. Pues ¿qué será ahora la voluntad de nuestro señor, si merecerá este mancebo gozar de la merced de nuestro señor, y vuestra hija N, si será merecedora por ventura de que venga a luz lo que ha concebido? Y los viejos de adonde ellos vienen, que ya son difuntos, que vivieron en este mundo algunos pocos días, los viejos y viejas que ya están en su recogimiento en la cueva y en el agua, en el infierno, donde están descansando y no se acuerdan de lo que acá pasa, porque fueron para nunca más volver, ni tarde ni temprano nunca más los veremos, pluguiera a Dios que esto aconteciera en su presencia para que oyérades las palabras de vuestra salutación de su boca. Ahora no hay viejos que autoricen, ni canas que resplandescan. ¿Quién os podrá saludar? ¿Quién pronunciará en vuestra presencia algunas palabras dignas de ser oídas? Pues ahora lo que se dice en vuestra presencia, señores, es una manera de tartamodear y de barbarizar, sin orden y sin concierto, que se ofrece a vuestras orejas. No dudamos sino que nuestro señor quiere dar un hijo o hija a vuestros hijos pobrecitos. Solo esto he dicho, y solo esto habéis oído. Descansad y holgad en prosperidad y bienaventuranza».

Cuando oran siempre son dos oradores los que hablan. El segundo viejo orador dice lo que sigue:

«Hijos míos y señores, no queremos daros fastidio ni causaros dolor de cabeza y de estómago; no queremos seros ocasión de alguna mala disposición. Ya habéis oído y entendido dos o tres palabras, y es que nuestro señor Dios, que en todo lugar reside, quiere dar fruto de generación a la mozuela recién casadilla. Hágase la voluntad de nuestro señor. Dios. Esperemos lo que él quiere hacer. Reposad y holgad, hijos míos y señores míos».

Aquí responde el que es saludado, o alguno en su nombre. Dice así:

«Seáis muy dichosos y prósperos lo que aquí habéis venido, siendo enviados por nuestro señor, que está en todo lugar. Por ventura diré algunas cosas que no son de regocijo y de amistad, por ventura algunas cosas de lloro y lágrimas, aquí donde nos ha juntado nuestro señor, que está en todo lugar. Aquí habemos oído ahora cosas muy delicadas y muy preciosas, dignas de ser tenidas en mucho, y que no somos dignos de oírlas ni verlas. Por cierto, más convenía que las oyeran los viejos y viejas, los canos y canas. Y éstos ¿cómo los podremos traer aquí, que ya son muertos, ya son idos a la cueva del agua? Nuestro señor los llevó para sí. Estos fueron nuestros antepasados, los cuales fueron sombra y abrigo. Fueron así como unos grandes árboles que se llaman púchotl y auéuetl, debajo de cuya sombra se ampararon los que entonces vivían, los cuales no escondieron sus manos y sus pies debajo de sus mantas, sino que extendieron sus alas y sus colas para amparar con diligencia a sus súbditos y vasallos, parientes y amigos, los cuales fueron el señor N y la señora N. Pluguiera a Dios que este negocio aconteciera en su presencia y viviendo ellos. Ojalá ellos hubieran oído y sabido esta obra tan maravillosa que nosotros oímos y entendemos ahora, que nuestro señor quiere hacer en nuestra presencia, que nos quiere dar una piedra preciosa y una pluma rica. Esto es la criatura que nuestro señor ha comenzado a poner en el vientre de esta mozuela recién casada. Y si ellos esto vieran y oyeran, no hay duda sino que lloraran de placer, e hicieran muchas gracias por este gran beneficio. Pero nuestro señor, que está en toda parte, nos ha dejado de esta manera en esta pobreza, que ni hay viejos ni personas que puedan satisfacer en semejantes casos. ¿Quién podrá llorar, y quién podrá dolerse? ¿Quién podrá suficientemente admirarse de lo que pasa? No hay otros sino los que ahora tenemos cargo y gobernamos, que somos como muchachos de poco saber y de poco valor, que no hacemos cosa a derechas; todo lo desperdiciamos, todo lo dañamos. ¿Quién os podrá responder? ¿Quién podrá llorar en respuesta de lo que habéis dicho? Si fuera en presencia de vuestros padres que aquí habemos nombrado y nos habemos acoerdado de su antigüedad y saber, ellos por cierto hubieran suficientemente respondido a lo que habéis dicho y no con pocas lágrimas se maravillaran de lo que habéis orado. Pero por falta de ellos, nosotros, pobres y menguados de saber, diremos algunas pocas palabras imperfectas y bárbaras, como balvuciendo y sin orden y sin modo, para responder a lo que habéis dicho. Lo que ahora al presente se ofrece es que nuestro señor, que está en todo lugar, ha abierto el cofre y la caja de sus misericordias, que solo él las posee. Por ventura merecemos, o merecerán nuestros padres, que ya son pasados de este mundo, y nuestro señor los ha quitado de sobre la tierra y les ha puesto en el lugar del oscuridad, que ni tiene ventana ni por donde le entre luz, por ventura florecerá y brotará lo que ellos dejaron plantado, así como maguey que dejaron plantado profondamente, que fue el deseo que tuvieron que se multiplicase su generación. No sabemos la joya o joel o sartal de flores con que ha adornado nuestro señor a esta mozuela, porque la merced que nos ha hecho nuestro señor está en ella escondida como en un cofre. Por ventura no mereceremos ni seremos dignos de verla y gozarla; por ventura será como sueño que se pasa en vano. O si por ventura nuestro señor ahora tendrá por bien de sacar a luz esta fiesta y esta maravilla, saldrá por ventura al mundo aquello con que está esta moza adornada, y el don que se le ha dado, cualquiera que él es, hembra o varón. Por ventura ¿será posible que le veamos, o se pasará como sueño? Y porque pienso que con mi prolijidad ofendo vuestras cabezas y vuestros estómagos, dando pena, paréceme lo más acertado que callemos y oremos a Dios, y esperemos en su misericordia. Por ventura mereceremos que venga a luz esta criatura, o por ventura en su ternura la perderemos si por ventura no saliere a luz ni naciere en este mundo. Y así, no quiero decir más, sino que ruego a nuestro señor, que está en todo lugar, que dé reposo a vuestros huesos y a vuestro cuerpo con todo contento.»

Después de esto, el orador endereza sus palabras a la preñada, y si es mujer noble, dícela de esta manera.

Capítulo XXV. Del lenguaje y afectos que usaban dando la norabuena a la preñada, hablando con ella. Es plática de alguno de los parientes de él. Avísanla en ella de que haga gracias a los dioses por el beneficio recibido y que se guarde de todo lo que puede empecer a la criatura, lo cual relatan muy por menudo. Y acabándola de hablar, habla luego a sus padres de los mozos. Y alguno de ellos responde a los oradores. También la preñada habla a su suegro y suegra

Nieta mía, muy amada y preciosa, como piedra preciosa, como chalchíuitl y zafiro, noble y generosa, ya es cierto ahora que nuestro señor se ha acordado de vos, el cual está en toda parte y hace mercedes a quien quiere. Ya está claro que estáis preñada y que nuestro señor os quiere dar fruto de generación, y os quiere poner un joel, y daros una pluma rica. Por ventura lo han merecido vuestros suspiros y vuestras lágrimas, y el entendimiento de vuestras manos delante de nuestro señor, y las peticiones y oraciones que habéis ofrecido en presencia de nuestro señor, llamado tiniebla y aire, en las vigilias de la medianoche. Por ventura habéis velado; por ventura habéis trabajado en varrer y en ofrecer incienso en su presencia; por ventura por estas buenas obras ha hecho con vos misericordia nuestro señor; por ventura ésta fue la causa por que se determinó en los cielos y en el infierno ante del principio del mundo que se os hiciese esta merced; por ventura es verdad que nuestro señor Quetzalcóatl, que es criador y hacedor, os ha hecho esta merced; por ventura halo determinado el que reside en el cielo, un hombre y una mujer que se llama Ometecutli y Umecíoatl; por ventura esto está y ha sido determinado. Mirad, hija mía, que no os ensoberbezcáis por la merced que se os ha hecho; mirad que no digáis dentro de vos: «ya estoy preñada»; mirad que no atribuyáis esta merced a vuestros merecimientos porque si esto hicierdes, no se le podrá esconder a nuestro señor lo que dentro de vos pensardes, porque no se le esconde ninguna cosa, aunque esté dentro de las piedras y de los árboles. Y así se enojará contra vos y os enviará algún castigo, de manera que perdamos lo que dentro de vos está, matándolo nuestro señor o permitiendo que nazca sin razón y muera en su ternura. O por ventura os dará alguna enfermedad a vos nuestro señor, que está en todo lugar, para que muráis o abortéis, porque el cumplimiento del deseo que tenemos de hijo y de generación por sola la misericordia de Dios se nos cumple. Y si nuestros pensamientos son contrarios a esta verdad, pensando que se hace por nuestros merecimientos, nosotros nos defraudamos de la merced que nos está hecha. Por ventura, hija, por tu soberbia, no merecerás que salga a luz lo que está principado y viene ya. Por ventura ya quiere brotar la generación de tus bisabuelos y tatarabuelos, de tus padres que te echaron acá. Y nuestro señor Dios quiere que engendre y produzca fruto el maguey que ellos plantaron hondamente, para que lo que naciere sea imagen de ellos, a los cuales el mismo nuestro señor los escondió, los llevó para sí, y él quiere que los levanten la cabeza y en alguna manera los resusciten los que nacerán de su posteridad.

Lo que ahora, hija mía muy tierna, es necesario que hagas es que te esfuerces que hagas toda tu posibilidad cerca de suspirar y llorar delante de nuestro señor. Trabajad también en varrer y en desembarazar y en componer y en limpiar los altares y oratorios de vuestra casa, a honra de nuestro señor Dios. Y procurad asimismo de ofrecer incienso con el incensario que se llama tlenamactli. Velad de noche; mira que no dormáis demasiado, ni os deis a la dulzura del sueño. Mayormente procurad de suspirar de corazón y decir: «¿Qué será de mí desde aquí a cuatro días?», porque somos flacos y muy quebradizos.

Oíd otra cosa, hija mía, que os encomiendo mucho. Mirad que guardéis mucho la criatura de Dios que está dentro de vos; mirad no os burléis con él; mirad que no seáis causa de alguna enfermedad por vuestra culpa, a la merced que nuestro señor os ha hecho, que es haberos dado criatura, que es como un joel con que os ha adornado; mira que os guardéis de tomar alguna cosa pesada en los brazos, o de levantarla con fuerza, porque no empezcáis a vuestra criatura; mira, hija, que no uséis el baño demasiadamente; mira que no la matéis con el calor demasiado del baño.

De otra cosa os aviso, y ésta quiero que la oya y la note nuestro hijo, vuestro marido N, que está aquí, y es esto: porque somos viejos, sabemos lo que conviene; mirad los dos que no os burléis el uno con el otro, porque no empezcáis a la criatura; mirad que no uséis mucho el acto carnal, porque podrá ser que hagáis daño a la criatura, con la cual nuestro señor os ha adornado a vos, hija mía, y así saldrá cuando naciere manca o lisiada de los pies o de las manos o de los dedos. Si pluguiera a Dios que merezcamos que nazca vuestra criatura que Dios os ha dado, y viniere muy envuelta de la suciedad que causa el acto carnal, por ventura moriréis en el parto, porque aquella vescosidad es pegajosa e impedirá la salida de vuestra criatura, porque hubo efusión de simiente sin haber para qué, y así se hace pegajosa como engrudo y podréis morir del parto.

Apartaos, hija, de mirar cosas que espantan o dan asco. Esto es consejo de los viejos y viejas que fueron ante de nos. ¡Oh, hija mía, chiquita, palomita! Estas pocas palabras he dicho para esforzaros y animaros, y son palabras de los viejos antiguos, vuestros antepasados, y de las viejas que aquí están presentes, con las cuales os enseñan todo lo que es necesario para que sepáis y veáis que os aman mucho, y que os tienen como una piedra preciosa y una pluma rica. Ninguna cosa os han escondido, y en esto hacen como sabios y experimentados.

Seáis, hija, muy bienaventurada y próspera y viváis con mucha salud y contento, y viva con sanidad y con salud lo que tenéis dentro en vuestro vientre. Esperemos todos en nuestro señor, esperando lo que sucederá mañana o ese otro día, y lo que de vos determinará nuestro señor. Seáis muy bienaventurada, y ruego venga a luz lo que está en vuestro vientre.

Después de haber acabado el orador, vuelve la plática a los padres y madres de los casados, diciendo:

Aquí estáis presentes, señores y señoras, cuyas son estas piedras preciosas y estas plumas ricas, que son estos recién casados, los cuales fueron cortados de vuestras entrañas y de vuestros lomos y gargantas, que están aquí presentes, N y N, que nacieron de vuestros cuerpos como uñas y cabellos. Habemos recibido de nuestro señor Dios un tesoro y una riqueza, porque habemos sabido lo que está en el cofre y en el arca encerrado, que es la criatura que está en el vientre de la moza, lo cual no nos es lícito ver ni mirar. Por ventura no somos merecedores que nuestro señor nos publique a nosotros este negocio, porque aquellos que fueron dignos de él ya nuestro señor los quitó de sobre la tierra, que fueron los viejos sabios y antiguos que ya fallecieron. Y ahora en su ausencia los que vivimos decimos y hacemos boberías y niñerías, porque no nos es posible tornarlos acá, porque no están en lugar donde pueden volver. No los esperamos en ningún tiempo; sabemos que no han de volver más. No harán más el oficio de padres y madres entre nosotros, porque para siempre se fueron; ya los puso nuestro señor en sus cajas y en sus cofres; para siempre se fueron y nunca más volverán. Y los que ahora vivimos gozamos por ellos en su ausencia aquello que ellos habían de gozar y de oír. Ahora, empero, al presente ¿qué querrá nuestro señor hacer, pues que de nuestra parte no hay ningún merecimiento? ¿Por ventura otorgársenos ha esta merced que ahora estamos soñando? Hablamos una cosa muy uscura y muy dudosa, y no sabemos qué merced se le ha hecho a esta vuestra piedra preciosa, a esta vuestra pluma rica, que es nuestra nieta y vuestra hija. Plega a Dios que en nuestro tiempo y en nuestra presencia gozemos de la luz y del alba del día que nuestro señor hará cuando pariere; plega a Dios que veamos y conozcamos qué cosa es aquella que nos dará nuestro señor. Pero es mucho menester que vosotros, señores y señoras, que aquí estáis, hagáis vuestros oficio de padres y madres con mucha diligencia. Conviene que exhortéis mucho a vuestros hijos, aunque son ya adultos, pero él es muchacho y ella es muchacha; no saben aún de cuánta importancia sea este negocio, porque aún vuelan y juegan como muchachos, según la costumbre del mundo. Es mucho menester que sean exhortados y avisados. Por eso os ruego, señores y señoras, que hagáis vuestro deber en informarlos con toda diligencia, con palabras eficaces, para que lloren y se entristezcan y suspiren. ¿Por ventura verificarse ha en nos esta merced que Dios nos quiere hacer? ¿Por ventura saldrá como sueño? ¿O nuestro señor se enojará y mudará la sentencia? No sabemos lo que querrá hacer. Perseverad en hablarlos para que hagan lo que conviene.

Aquí responden al orador el padre y la madre de la moza:

Señores, gran merced nos habéis hecho. Habéis trabajado a vuestro corazón y a vuestro cuerpo; habéis fatigado vuestro estómago y vuestra cabeza. Plega a Dios que este trabajo que por nosotros habéis tomado ahora no os sea causa de enfermedad o de alguna mala disposición. Habéis hecho oficio de padres y madres en haber dicho lo que habéis dicho, ante que nuestro señor os saque de esta vida y ante que dejéis el oficio de doctrinar e informar a los que poco saben; y entretanto que tenéis el oficio de hacer sombra y amparar a la gente, como hace el árbol llamado púchotl y el árbol llamado auéuetl a cuya sombra se acojen no solamente los hombres pero también los animales; y entretanto que os dura la sucesión del regimiento que tomastes de vuestros antecesores y la lleváis a cuestas, como quien lleva una carga muy pesada o un gran lío de ropa, la cual os dejaron aquellos que nuestro señor llevó para sí, y nuestros señores y mayores que ya fallecieron y dejaron su carga sobre vuestras espaldas y sobre vuestros hombros, que es el regimiento muy pesado de la república, que se ha de llevar en brazos, como la madre que lleva a su niño en brazos y a cuestas.

Habemos aquí oído y visto cómo habéis abierto vuestra caja y vuestro cofre, y habéis sacado las palabras que hemos oído como de padres y de madres, las cuales hubistes de los antiguos y viejos, nuestros señores antecesores y padres, y habéislo guardado y atesorado en vuestras entrañas y en vuestra garganta, donde está cogido y doblado y ordenado como vestiduras preciosas, y ahora lo habéis sacado para avisar y doctrinar a vuestros hijos que tienen necesidad de esa doctrina y crianza, los cuales están aquí presentes, muchachos de poco saber, los cuales aún no saben nada de lo que les cumple, sino que viven en este mundo pareciendo que son personas. No lo son, que como han venido nuevamente al mundo, piensan que en este mundo hay placeres sin peligros, y hay seguridad sin engaños, y que seguramente pueden dormir y que no tienen necesidad de ningunos trabajos, ni de buscar a Dios para que los ayude ofreciendo incienso de noche y levantándose a varrer. No piensan nada de lo de adelante, ni dice su corazón «¿qué será de nosotros mañana o ese otro día?» ni

«¿qué dispondrá de nosotros nuestro señor, que está en todo lugar, mañana o ese otro día?». Y así viven descuidados; no tienen cuidado alguno de si serán dignos de gozar el don de Dios, que ahora parece como sueño, que es el preñado de esta moza, y a este propósito les habéis hablado y dicho maravillosas doctrinas, tocando todas las cosas que les son necesarias de saber, sin dejar ninguna. Y no solamente ellos han oído tan gran doctrina, sino nosotros, los que somos viejos y ancianos, hemos recibido de nuevo los consejos y doctrinas de nuestros padres y madres, y otra vez nos habéis doctrinado como a vuestros propios hijos. Tenérnoslo por muy gran merced, y hemos recibido muy gran beneficio, y tendremos guardada esta doctrina tan maravillosa como quien tiene en la mano y en el puño apretados los consejos de sus padres y madres. Y habéis dicho vuestra plática, para la cual oír nos habemos aquí juntado, mediante nuestro señor, por amor de esta muchacha de poca edad, la cual estimáis como piedra preciosa y como pluma rica, y como vuestra propias barbas y uñas, y como a rosa que ha brotado de nuestros antepasados que ya fallecieron, y nuestro señor los ha puesto y escondido y ausentado de este mundo. Porque nuestro señor os quiere hacer merced de daros una piedra preciosa, una pluma rica, que es una criatura que quiere perfecionar y acabar en el vientre de esta muchacha, y ésta es la causa porque nuestro señor, por quien todos vivimos, os ha traído aquí, y esto ya lo tenéis muy bien entendido.

Señores, no tenemos más que decir, porque aún ahora este negocio está como cosa de sueño. ¿Por ventura merecerán estos nuestros muchachos, que aquí están, gozar lo que deseamos? ¿Por ventura lo sacará nuestro señor a luz a este mundo? Aún estamos ascuras y hablamos ascuras. Esperemos en nuestro señor qué es lo que tendrá por bien de hacer, pues él es el que rije y ordena todas las cosas que a nosotros convienen. Señores nuestros, deseamos vuestra prosperidad como a hijos; descansad ahora; nuestro señor os dé todo contento.

Aquí habla la preñada, respondiendo a lo que los viejos oradores dijeron, y dice:

Señores nuestros y padres muy amados, por mi causa habéis recibido trabajo en el camino, porque hay caídas y tropiezos con tener muchos negocios y ocupaciones que nuestro señor os ha encargado. Por mi causa los habéis dejado, por darme a mí contento, descanso y placer con vuestras palabras y consejos y avisos muy preciosos y raros que aquí yo he oído como de padres y madres muy amados, los cuales tenéis atesorados en vuestras entrañas y en vuestra garganta, cosa muy preciosa y deseable. ¿Por ventura los olvidaré? ¿O ambos los olvidaremos, yo y mi marido, el cual aquí está, que es vuestro siervo y esclavo N, a los cuales ambos nuestro señor nos ha juntado y atado? ¿Por ventura con descuido lo olvidará? Y lo que, señores, habéis oído, la razón porque habéis venido, es verdad. Verdad habéis oído, que ya nuestro señor tiene por bien de nos querer dar una piedra preciosa y una pluma rica. ¿Por ventura tendrá por bien de sacar a luz lo que está comenzado? ¿O por ventura perderé este beneficio y no gozaré de mi criatura? No sé lo que nuestro señor tiene propósito de hacer en este negocio. Por cierto esto sé, que en mí no hay merecimiento para que venga a luz y nazca en el mundo. Duda tengo que nuestro señor le dé luz para que se conozca la merced que me ha hecho. Aquí está presente vuestro siervo y criado. Siempre andamos juntos como trabados de las manos. No sé si lo verá; no sé si conocerá; no sé si verá la cara de lo que su sangre se ha hecho, que es lo que tengo en el vientre; no sé si verá a su imagen, que es la criatura que esta en mí, o si por ventura nuestro señor, que está en todo lugar, se quiere reír de nosotros, deshaciéndole como agua o dándole alguna enfermedad en su ternura, o nacerá sin tiempo y nos dejará con el deseo de generación, porque ni nuestro lloro ni nuestra penitencia merece otra cosa. Esperemos en nuestro Señor. Por ventura no lo merecemos. padres míos y señores míos muy amados, deséoos todo reposo y todo contento.

Capítulo XXVI. En que se pone lo que los padres de los casados hacían cuando ya la preñada estaba en el séptimo o octavo mes. Y es que los padres y parientes de los casados se juntaban en casa de los padres de ella y comían y bebían, lo cual acabado, un viejo de la parte del marido hacía un parlamento para que se buscase una partera bien instructa en su oficio para que partease a la preñada

Cuando ya la preñada estaba en días de parir, juntábanse la segunda vez los parientes, viejos y viejas; aparejábase comida y bebida. Después que habían comido y bebido, llamaban a la partera que les parecía ser tal y para este efecto. Primero se hablaba a los padres de los casados, y levantábase a orar o hablar un viejo, o de la parte del mozo o de la moza, y decía de esta manera: «Señores padres y madres de estos casados, aquí estáis presentes. Ya esta muchacha anda en días de parir y anda fatigada con su preñado, porque ya se llega el tiempo donde se manifestará lo que fuere la voluntad de Dios. ¿Qué sabemos si morirá? Conviene, señores, que la ayudéis; conviene que reciba algunos baños, que entre en nuestra madre el horno del baño, que se llama Yoaltícitl, que es la diosa de los baños, sabidora de los secretos, en cuyas manos todos nosotros nos criarnos. Ya es tiempo, ya conviene que la pongáis en las manos y sobre las espaldas de alguna buena partera, diestra en su oficio, que se llama tícitl, y sea rogada y hablada como es costumbre. Los que sois padres y madres de la moza, oya vuestras palabras, con que como padres y madres la roguéis, para que tome este negocio a su cargo, pues que estáis presentes los padres y madres de estas piedras preciosas y plumas ricas, y no os ha apartado Dios de ellos. Después de vuestra vida y en vuestra ausencia no tenéis obligación de mirar por ellos; y después de vuestra muerte, después que nuestro señor os haya llevado, ¿dónde os irán a buscar? Y pues que Dios los hace merced en que sois vivos, haced el deber».

Dicho esto, luego salía allí la partera, que para esto estaba buscada, y poníanse junto a ella los viejos y viejas. Y luego una de las viejas comenzaba a hablar a la partera de esta manera.

Capítulo XXVII. De cómo una matrona parienta del mozo habla a la partera para que se encargue del parto de la preñada, y de cómo la partera responde aceptando el ruego, y de los avisos que da a la preñada para que su parto no sea dificultoso, donde se ponen muchas cosas apetitosas de leer y de saber, y muy buen lenguaje mujeril y muy delicadas metáforas

Señora, aquí estáis presentes. Haos traído nuestro señor, que está en todo lugar, persona honrada y digna de veneración. También aquí están presentes los viejos y viejas, vuestros mayores. Sabed, señora, que esta mozuela está preñada, mujer casada con N, que aquí está, vuestro siervo. Sus padres y sus parientes os la presentan y encomiendan, porque nuestro señor, que rije el mundo, quiere hacer con ellos misericordia en darles una piedra preciosa y una pluma rica, que es la criatura que ya vive dentro del vientre de su madre, que está aquí presente, que es esta moja vuestra sierva que se llama N, la cual es casada con vuestro siervo y criado N, el cual la pone en vuestras manos, en vuestro regazo y sobre vuestras espaldas. Y también los viejos y viejas, parientes y padres y madres de ella os encomiendan esta su hija ahora.

Señora, metelda en el baño como sabéis que conviene, que es la casa de nuestro señor, llamada xuchicaltzin, a donde arrecian y esfuerzan los cuerpos de los niños la madre y la abuela, que es la señora diosa llamada Yoaltícitl. Entre, pues, esta moza en el baño por vuestra industria, porque ya ha llegado el tiempo de tres o cuatro meses que ya ha concebido. ¿Qué os parece, señora, de esto? No queremos que por nuestro poco saber la pongamos en ocasión de enfermar. Por ventura aún no es tiempo de enderezarle la criatura ni llegar a ella.

Estas palabras habéis oído, señora nuestra muy amada. Deseo salud a vuestro corazón y a vuestro cuerpo con todo contento. No hay otra persona más hábil para hablaros con aquella cortesía y concierto de palabras que, señora, merecéis; y si la hubiera, no la escondieran estos viejos y viejas, padres y madres de los casados, que aquí están, que han brotado y procedido de los abuelos y antepasados, señores y progenitores de esta señora N y de su marido, vuestro siervo y criado N. Ellos ignoran lo que en su absencia se hace, porque ya están en el recogimiento y encerramiento que nuestro señor los puso; ya son idos a reposar en la casa donde todos hemos de ir, que está sin luz y sin ventanas, que ya están dando descanso a su Dios y padre de todos nosotros, que es el Dios del infierno Mictlantecutli. Ojalá estuvieran ellos presentes a este negocio, porque ellos lloraran y se afligieran por lo que ahora tenemos nosotros como sueño, que es la fiesta grande y la maravilla que nuestro señor les quiere dar. Y ellos, si fueran vivos, os hablaran y rogaran según vuestro merecimiento; pero por estar ellos ausentes, nosotros, sus sucesores, hacemos niñerías y muchacharías en pronunciar palabras, barbarizando y tartamodeando aquí en vuestra presencia, sin orden y sin concierto, trabajando de presentaros nuestra necesidad. Así os rogamos, señora, que hagáis misericordia con esta muchacha y que hagáis con ella vuestro oficio y facultad, pues que nuestro señor os ha hecho maestra y médica, y por su mandado ejercitáis este oficio. Señora, no tengo más que decir de lo que habéis oído. Déos Dios muchos días de vida para que sirváis y ayudéis en este oficio que os ha dado.

Aquí habla la partera que apareja a las mujeres preñadas para que paran con facilidad, y las partea al tiempo del parir. Dice:

Aquí estáis presentes, señores y señoras, y aquí os ha juntado nuestro señor que rije todo el mundo; aquí estáis viejos y viejas, padres y madres y parientes de estas piedras preciosas y de estas plumas ricas que han nacido y tenido principio de vuestras personas, como la espina del árbol, y como los cabellos de la cabeza, y como las uñas de los dedos y como los pelos de las cejas de la carne que está sobre el ojo. También estáis aquí presentes, señores, los que sois padres de la república y nuestros señores, que tenéis las veces de Dios sobre la república por ordenación del mismo Dios. Y tenéis las personas y oficio de Xúmotl y de Cipactli, teniendo cargo y ciencia de declarar las venturas de los que nacen. He oído y entendido vuestras palabras y vuestro lloro y vuestra angustia, con que estáis fatigados y llorosos y angustiados por causa de vuestra piedra preciosa y de vuestra pluma rica, que es esta moza o mujer, que es pedazo de vuestro cuerpo, que es vuestra primogénita, o por ventura la postrera que habéis engendrado, por cuya causa ahora llamáis y dais voces a la madre de los dioses, que es la diosa de las medicinas y médicos, y es madre de todos nosotros, la cual se llama Yoaltícitl, la cual tiene poder y autoridad sobre los temaccales, que se llama xuchicalli, en el cual lugar esta diosa ve las cosas secretas y adereza las cosas desconcertadas en los cuerpos de los hombres y fortifica las cosas tiernas y blandas, en cuyas manos y en cuyo regazo y en cuyas espaldas ponéis y echáis ésta vuestra piedra preciosa y ésta vuestra pluma rica. Y también lo que tiene en su vientre es la merced que Dios le ha hecho, que es hembra o varón que Dios le ha dado, el cual ordena todas las cosas y solo sabe qué es lo que está en su vientre.

Esto solo digo ahora, que soy una vieja miserable y malaventurada. No sé qué os ha movido a escojerme a mí, que ni tengo discreción, ni saber, ni sé hacer nada agradable a nuestro señor, que soy boba y tonta. Y viven y hay y florecen muchas siervas de nuestro señor muy sabias y muy prudentes y muy experimentadas y muy enseñadas, a las cuales ha enseñado nuestro señor con su espíritu y con sus espiraciones, y las ha dado autoridad para ejercitar este oficio. Y ellas tienen discípulas enseñadas que son como ellas e imágenes de ellas, y éstas saben este oficio, y ellas lo ejercitan, de lo cual me habéis aquí hablado. No sé cómo habiendo copia de las que tengo dicho me habéis señalado a mí. Pienso que esto ha sido por mandamiento de nuestro señor, que está en todo lugar, que es un abismo, el cual se llama tiniebla y viento. Por ventura es por mi mal para que aquí acabe mi vida; por ventura ya tengo enhadado a nuestro señor y tengo enhadados a los hombres, y por esto me quiere acabar. Y aunque se dice que soy médica, ¿por ventura por mi saber o por mi experiencia podré amedicinar y partear a esta piedra preciosa y esta pluma rica? ¿O podré saber cómo es la voluntad de Dios? ¿O qué son nuestros merecimientos de darnos y de hacernos merced que salga a luz esta piedra preciosa y esta pluma rica, que está dentro de vuestra hija preciosa, como una piedra preciosa y como una pluma rica? Y aunque soy partera y médica, ¿podré yo, por mi ciencia o por mi industria, poner manos a este negocio? ¿Qué es lo secreto del cuerpo de esta mi hija muy amada, la cual está aquí presente, por cuya causa estáis penados y congojados? ¿Por ventura Dios no me ayudará, aunque yo haga lo que es de mí, aunque haga mi oficio? Por ventura lo haré con presunción y lo haré al revés, poniéndole de lado, o de soslayo, o por ventura romperé la bolsa en que está. ¡Oh, desventurada de mí! ¿Por ventura será esto causa de mi muerte? Por lo cual, ¡oh, hijos míos, y señores y señoras preciosos, y nietos míos muy amados!, por ventura esto no sale de vosotros sino de nuestro señor Dios, por vuestros lloros. Y pues así es ahora, cumplamos la voluntad de nuestro señor Dios, y hágase lo que, señores y señoras, mandáis. Pongamos el hombro a este negocio; comencemos a obrar en el servicio de esto que Dios ha enviado, de esto que nuestro señor nos ha dado, de lo cual ha recibido don y merced esta señora mocita y nuestra regaladita. ¿Pues qué hemos de decir? No podemos decir que ya tenemos la merced, sino que nuestro señor nos quiere hacer merced, porque hablamos de cosa muy uscura, como el infierno. ¿Qué podemos decir determinadamente? Esperemos en aquel por quien vivimos; esperemos lo que sucederá adelante; esperemos en lo que está determinado en el cielo y en el infierno desde antes del principio del mundo. Veamos qué es lo que se determinó y qué se dijo de nosotros, qué suerte nos cupo, si por ventura será próspera como es la luz y la mañana cuando nuestro señor amanece; por ventura si veremos la cara de esta criatura preciosa como una piedra preciosa y como una pluma rica que nuestro señor nos quiere dar; o si por ventura tamañito como está perecerá; si quizá en su ternura perecerá; o por ventura irá con él mi hija regalada y muy amada que lo tiene en su vientre. Yo creo que os doy pena, señores y señoras mías, y con mi prolijidad os causo dolor de estómago y de cabeza. ¡Oh, señores míos y señoras e hijos míos! Comencemos a responder a lo que quiere nuestro señor que está en todo lugar. Caliéntese el baño, que es la casa florida de nuestro señor. Entre en él mi hija; entre en nuestra madre, la cual se llama Yoaltícitl.

Aquí responden la madre y parientas de la casada a la partera, y dicen:

Muy amada señora y madre nuestra espiritual, haced, señora, vuestro oficio. Responded a la señora y diosa nuestra que se llama Quilactli y comenzad a bañar a esta muchacha. Metelda en el baño, que es la floresta de nuestro señor, que le llamamos temaccalli, a donde está y donde cura y ayuda la abuela, que es diosa del temaccalli, llamada Yoaltícitl.

Oído esto, la partera luego ella misma comienza a encender fuego para calentar el baño, y luego metía en el baño a la moza preñada y la palpaba con las manos el vientre para enderecar la criatura si por ventura estaba mal puesta. Y volvíala de una parte a otra. Y si por ventura la partera se hallaba mal dispuesta o era muy vieja, otra por ella encendía el fuego. Después de sacada del baño, la palpaba la barriga, y esto hacía muchas veces aun fuera del baño; y éste se llamaba «palpar a secas». Y porque es costumbre que los que se bañan los hieran las espaldas con hojas de maíz cocidas en la misma agua del baño, esto mandaba algunas veces la partera que no se hiciese cuando se bañaba la preñada. También mandaba algunas veces que no se calentase mucho el agua, porque decía que había peligro de escalentarse o tostase la criatura si estaba el agua muy caliente, y así se pegaría, de manera que no podría bien nacer. Por esta causa mandaba que no golpeasen en las espaldas, ni el agua fuese muy caliente, porque no peligrase la criatura. También mandaba la partera que no se calentase mucho la preñada al fuego, ni la barriga ni las espaldas, ni tampoco al Sol, porque no se tostase la criatura. También mandaba la partera a la preñada que no durmiese entre día, porque no fuese disforme en la cara el niño que había de nacer.

Otros mandamientos o consejos daba la partera a la preñada para que los guardase entretanto que duraba la preñez. Mandábala que no comiese aquel vetún negro, que se llama tzictli, porque la criatura por esta causa no incurriese el peligro que se llama netentzoponiliztli, y que no se hiciese el paladar duro y las encías gruesas, porque no podría mamar y si moriría. También mandaba que no tomase pena o enojo, ni recibiese algún espanto, porque no abortase o recibiese daño la criatura. También mandaba a los de casa que lo que quisiese o se le antojase a la preñada que luego se lo diesen, porque no recibiese daño la criatura si no le diesen luego lo que se le ha antojado. También la partera mandaba a la preñada que no mirase lo colorado porque no naciese de lado la criatura. Mandaba la partera a la preñada que no ayunase porque no causase hambre a la criatura. También la mandaba que no comiese tierra, ni tampoco tízatl, porque nacería la criatura enferma o con algún defecto corporal, porque lo que come y bebe la madre, también aquello se incorpora en la criatura y de aquello toma la su substancia. También decía la partera a la preñada que cuando era recién preñada de un mes, o dos o tres, que tuviese cuenta con su marido templadamente, porque si del todo se abstuviese del acto carnal, la criatura saldría enferma y de pocas fuerzas cuando naciese. También mandaba la partera a la preñada que cuando ya llegaba cerca del tiempo de parir, que se abstuviese del acto carnal, porque si no lo hiciese así, la criatura saldría sucia, cubierta de una vescosidad blanca, como si fuera bañada con atulli blanco, y en aquello parecía que nunca dejaron el acto carnal en todo el tiempo que estaba preñada, y esto es cosa vergunzosa a la mujer preñada. Y esta misma vescosidad da mucha pena y dolor a la mujer, cuando pare tiene mal parto, y aun queda lastimada por dos o tres días. Y cuando pariere dará muchas voces con el dolor, porque aquella vescosidad es pegajosa y no deja salir la criatura libremente; y esto porque recibió la simiente del varón cuando no convenía. Y para sacar la criatura es menester que la partera tenga mucha maña para no lastimar a la madre ni a la criatura. Y si la partera no tiene aquella destreza que conviene, muere la criatura ante de nacer, o de acabar de nacer, porque se apega o se vuelve de lado; y algunas veces también por esta causa muere la parida porque con aquella vescosidad se pega y se revuelve en las pares y no puede salir. Por eso muere dentro de su madre, y también la madre muere. Y el no cesar de la cópula carnal cuando es menester es causa que la simiente del varón se vuelva vescosidad pegajosa, de donde se causa el peligro dicho.

Digamos aquí una cosa digna de saber, que tiene dependencia de cuando el niño muere dentro de su madre: que la partera con una navaja de piedra, que se llama itztli, corta el cuerpo muerto dentro de la madre y a pedazos le saca. Con esto libran a la madre de la muerte.

También manda la partera a la preñada que no llore ni reciba tristeza, ni nadie le dé pena, porque no reciba detrimento la criatura que tiene en el vientre. Mandaba la partera que a la preñada la diesen de comer suficientemente y buenos manjares calientes y bien guisados, mayormente cuando la preñada le viene su purgación o, como dicen, su regla. Y esto llaman que la criatura se lava los pies, porque no se halle la criatura en bacío o haya alguna vacuidad o falta de sangre o humor necesario, y así reciba algún daño. También mandaba la partera a la preñada que no trabajase mucho, ni que presumiese de diligente y hacendosa entre que estaba preñada, ni tampoco levantase alguna cosa pesada, y que no corriese, ni temiese, ni se espantase de nada, porque estas cosas causan aborto. Estas cosas dichas son los mandamientos o consejos que daba la partera a la preñada.

Aquí habla la partera:

¡Oh, hijos míos muy amados y señores nuestros! Aquí estáis presentes. No sois niños ni muchachos; sois personas sabias y prudentes, y todos somos entendidos los que aquí nos hablamos. Y veis cuántos y cuán grandes peligros de muerte hay en lo interior de las mujeres. Esta mozuela preñadilla aún no sabe, aún no tiene experiencia de estas cosas. Mirad que tengáis mucho cuidado de ella; mirad que no haya negligencia; mirad mucho por ella. Tened mucho cuidado de ella para que no caiga en algún peligro y para que no la acontezca alguna cosa por donde le venga algún mal a la criatura que tiene en su vientre.

Aquí estoy yo, que me llamo médica; y para esto soy médica, para informar de las cosas que son peligrosas en este caso. Y si por ventura alguno de estos peligros nos aconteciere, ¿tengo yo algún remedio o alguna medicina por ventura para obviarlo? ¿Podré por ventura hacer algo para remediarlo? ¿Tengo por ventura poder absoluto para librar de la muerte? Solamente podemos ayudar a nuestro señor con avisos y medicinas y conformarlos con su voluntad. Lo que nosotros podemos hacer es como ojear las moscas con moscadero o aventadero al que tiene calor. ¿Por ventura podremos mandar: «hágase esto» o «hágase aquello»? ¿Podremos decir «nazca bien esta criatura», y deciéndolo será luego hecho por ventura? ¿Por ventura podremos tomar por nuestro querer la misericordia de Dios, que está en todo lugar? Esto, por cierto, no es imposible que las cosas se hagan según nuestro querer. Pues resta ahora que todos nosotros roguemos a nuestro señor y esperemos en él para que se haga su voluntad, la cual ignoramos; y no tenemos merecimientos para que se haga lo que queremos. Ninguna otra cosa nos es más necesaria que llorar y derramar lágrimas.

Señores míos, seáis muy bienaventurados, nietos míos muy amados. No tengo más que decir.

Capítulo XXVIII. De las diligencias que hacía la partera llegada la hora del parto para que la preñada pariese sin pena, y de los remedios que la aplicaba si tenía mal parto, donde hay cosas bien gustosas de leer

Llegado el tiempo del parto llamaban a la partera, y los hijos e hijas de los señores y nobles, y de los ricos y mercaderes, cuatro o cinco días ante que pariese la preñada estaba con ellos la partera, aguardando y esperando a que llegase la hora del parto y a cuando comenzarían los dolores del parto. Y ellas mismas, según se dice, hacían la comida para la preñada. Y cuando ya la preñada sentía los dolores del parto, luego daban un baño. Y después del baño, dábanla a beber la raíz de una hierba molida que se llama cioapatli, que tiene virtud de impeler o rempujar hacia fuera a la criatura.

Y si los dolores eran recios aún todavía, dábanla a beber tanto como medio dedo de la cola del animal que se llama tlacuatzin, molida. Con esto paría fácilmente, porque esta cola de este animal tiene gran virtud para espeler y hacer salir la criatura. Tiene esta carne y cola de este animal tan fuerte virtud de espeler, que una vez un perro a hurtas comió uno de estos animalejos, que se llama tlacuatzin, y luego echó el perro por el sienso todas las tripas y todos los hígados, que no le quedó nada en el cuerpo. De la misma manera, si alguno comiese o bebiese molido una cola entera de uno de estos animales, luego echaría por bajo todos los entestinos.

Y si después de haber bebido la preñada las dos cosas arriba dichas no paría, luego la partera y los que estaban con ella tomaban conjetura que había de morir la que estaba de parto, y comenzaba a llorar. Y la partera comenzaba a decir: «Hijos míos e hijas, ¿que es la voluntad de nuestro señor que nos ha de acontecer ahora? Muy peligroso está este negocio. Roguemos a nuestro señor, que está en todo lugar, que ninguna cosa nos ayuda». Y luego la partera levantaba en alto a la preñada, tomándola con ambas manos por la cabeza, meneábala y dábala en las espaldas o con las manos o con los pies, y decíala de esta manera: «Hija mía, esfuérzate. ¿Qué te haremos? No sabemos ya qué te hacer. Aquí están presentes tu madre y parientas. Mira que tú sola has de hacer este negocio. Haz fuerza en el caño de la madre para que salga la criatura. Hija mía muy amada, mira que eres mujer fuerte. Esfuérzate y haz como mujer varonil; haz como hizo aquella diosa que parió primero, que se llama Cioacóatl y Quilactli». Esta es Eva que es la mujer que primero parió.

Y si pasaba un día y una noche que no paría la paciente, luego la metían en el baño, y en el baño la palpaba la partera y le enderezaba la criatura. Si por ventura se había puesto de lado o atravesada, enderezábala para que saliese derechamente. Y si esto no aprovechaba, y si con todo esto no podía parir, luego ponían a la paciente en una cámara cerrada, con sola la partera que estaba con ella. Y allí la partera oraba y decía muchas oraciones, llamando a la diosa que se llama Cioacóatl y Quilactli (que decimos ser Eva), y también llamaba a la diosa que se llama Yoaltícitl, y también llamaba a otras no sé qué diosas.

Y la partera que era hábil y bien diestra en su oficio, cuando veía que la criatura estaba muerta dentro de su madre, por ver que no se meneaba y que la paciente estaba con gran pena, luego metía la mano por el lugar de la generación a la paciente y con una navaja de piedra cortaba el cuerpo de la criatura y sacábalo a pedazos.

Capítulo XXIX. De cómo a las mujeres que morían de parto las canonizaban por diosas y las adoraban como a tales, y que tomaban reliquias de su cuerpo. Y de las ceremonias que hacían antes que la enterrasen, donde hay cosas que los confesores hay harta necesidad que las sepan. A éstas que así morían de parto llamaban mocioaquetzque, y de éstas sale el llamar al occidente ciotlampa

Y si por ventura los padres de la paciente no permitían a la partera que despedazase la criatura, la partera la cerraba muy bien la cámara donde estaba, y la dejaba sola. Y si ésta muria del parto, llamábanla mocioaquetzqui, que quiere decir «mujer valiente». Y después de muerta lavábanla todo el cuerpo y jabonábanla los cabellos y la cabeza, y vestíanla de las vestiduras nuevas y buenas que tenía. Y para llevarla enterrar, su marido la llevaba a cuestas a donde la habían de enterrar.

La muerta llevaba los cabellos tendidos. Y luego se juntaban todas las parteras y viejas y acompañaban al cuerpo. Iban todos con rodelas y espadas, y dando voces, como cuando vocean los soldados al tiempo del acometer a los enemigos. Y salíanlas al encuentro los mancebos que se llamaban telpupuchtin, y peleaban con ellas por tomarlas el cuerpo de la mujer. Y no peleaban como de burla o como por vía de juego, sino peleaban de veras. Iban a enterrar a esta difunta a la hora de la puesta del Sol, como a las abemarías. Enterrábanla en el patio del cu de unas diosas que se llamaban mujeres celestiales o cioapipiltin, a quien era dedicado este cu. Y llegando al patio, metíanla debajo de tierra; y su marido con otros sus amigos guardábanla cuatro noches arreo para que nadie hurtase el cuerpo. Y los soldados bisoños velaban por hurtar aquel cuerpo, porque le estimaban como cosa santa o divina. Y si estos soldados, cuando pelean contra las parteras, vencían y les tomaban el cuerpo, luego le cortaban el dedo de medio de la mano izquierda, y esto en presencia de las mismas parteras. Y si de noche podían hurtar el cuerpo, cortaban el mismo dedo y los cabellos de la cabeza de la difunta y guardábanlo como reliquias. La razón porque los soldados trabajaban de tomar el dedo y los cabellos de esta difunta era porque yendo a la guerra los cabellos o el dedo metíanlo dentro de la rodela. Y decían que con esto se hacían valientes y esforzados para que nadie osase tomarse con ellos en la guerra, y para que de nadie tuviese miedo, y para que atropellasen a muchos, y para que prendiesen a sus enemigos. Y decían que para esto daban esfuerzo los cabellos y el dedo de aquella difunta que se llama mocioaquetzqui, y que también cegaban los ojos de los enemigos.

También procuraban unos hechiceros que se llamaban temamacpalitotique de hurtar el cuerpo de esta difunta para cortarle el brazo izquierdo con la mano, porque para hacer sus encantamientos decían que tenía virtud el brazo y mano para quitar el ánimo de los que estaban en la casa donde iban a hurtar. De tal manera los desmayaban que ni podían menearse ni hablar, aunque veían lo que pasaba.

Y aunque la muerte de estas mujeres que se llamaban mocioaquetzque daba tristeza y lloro a las parteras cuando morían, pero los padres y parientes de ella alegrábanse, porque decían que no iba al infierno, sino que iba a la casa del Sol, y que el Sol, por ser valiente, la había llevado para sí. Lo que decían los antiguos cerca de los que iban a la casa del Sol es que todos los valientes hombres que morían en la guerra y todos los demás soldados que en ella morían, todos iban a la casa del Sol y todos habitaban en la parte oriental del Sol. Y cuando salía el Sol, luego de mañana se aderezaban con sus armas y le iban a recibir, y haciendo estruendo y dando voces, con gran solemnidad, iban delante de él peleando con pelea de regocijo, y llevábanlo así hasta el puesto del mediodía, que se llaman nepantla Tonátiuh. Lo que cerca de esto dijeron los antiguos de las mujeres es que las mujeres que morían en la guerra y las mujeres que el primer parto morían, que se llaman mocioaquetzque, que también se cuentan con los que mueren en la guerra. Todas ellas van a la casa del Sol y residen en la parte occidental del cielo. Y así aquella parte occidental los antiguos la llamaron cioatlampa, que es donde se pone el Sol, porque allí es su habitación de las mujeres. Y cuando el Sol sale a la mañana vanle haciendo fiesta los hombres hasta llegarlo al mediodía, y luego las mujeres se aparejaban con sus armas, y de allí comenzaban a guiarle, haciendo la fiesta y regocijo todas aparejadas de guerra. Dejábanle los hombres en la compañía de las mujeres, y de allí se esparcían por todo el cielo y los jardines de él a chupar flores hasta otro día. Las mujeres, partiendo del mediodía, iban haciendo fiesta al Sol; descendiendo hasta el occidente, llevábanle en unas andas hechas de quetzales o plumas ricas, que se llaman quetzalapanecáyutl. Iban delante de él, dando voces de alegría y peleando, haciéndole fiesta. Dejábanle donde se pone el Sol, y allí le salían a recibir los del infierno, y llevábanle al infierno. Y dijeron los antiguos que cuando acomienza la noche comenzaba amanecer en el infierno, y entonces despertaban y se levantaban de dormir los muertos que están en el infierno. Y tomando al Sol los del infierno, las mujeres que le habían llevado hasta allí luego se esparcían y descendían acá a la tierra, y buscaban husos para hilar, y lanzaderas para tejer, y petaquillas y todas las otras alhajas que son para tejer y labrar. Y esto hacía el diablo para engañar, porque muchas veces aparecían a los de acá del mundo en forma de aquellas mujeres que se llaman mocioaquetzque, y se representaban a los maridos de ellas y les demandaban naoas y huipiles y todas las alhajas mujeriles. Y así a las que mueren de parto las llaman mocioaquetzque después de muertas, y dicen que se volvieron diosas. Y así, cuando una de éstas muere, luego la partera la adora como a diosa ante que la entierren. Y dice de esta manera: «¡Oh, mujer fuerte y belicosa, hija mía muy amada! Valiente mujer, hermosa y tierna palomita, señora mía, habéis os esfurzado y trabajado como valiente; habéis vencido; habéis hecho como vuestra madre, la señora Cioacóatl o Quilactli; habéis peleado valientemente; habéis usado de la rodela y de la espada como valiente y esforzada, la cual os puso en la mano vuestra madre, la señora Cioacóatl Quilactli. Pues despertad y levantaos, hija mía, que ya es de día; ya ha amanecido; ya han salido los árboles de la mañana; ya las golondrinas andan cantando y todas las otras aves. Levantaos, hija mía, y componeos. Id aquel buen lugar que es la casa de vuestro padre y madre el Sol, que allí todos están regocijados y contentos y gozosos. Íos, hija mía, para vuestro padre el Sol, y llévenos sus hermanas, las mujeres celestiales, las cuales siempre están contentas y regocijadas y llenas de gozos con el mismo Sol, a quien ellas regocijan y dan placer, el cual es madre y padre nuestro. Hija mía muy tierna, señora mía, habéis trabajado y vencido varonilmente, no sin gran trabajo. Hija mía, habéis adquirido la gloria de vuestra victoria y de vuestra valentía; gran trabajo habéis tenido y gran penitencia habéis hecho. La buena muerte que muristes se tiene por bienaventurada y por muy bien empleada en haberse empleado en vos. ¿Por ventura muristes muerte infructuosa y sin gran merecimiento y honra? No, por cierto, que moristes muerte muy honrosa y muy provechosa. ¿Quién recibe tan gran merced? ¿Quién recibe tan dichosa victoria como vos? Porque habéis ganado con vuestra muerte la vida eterna gozosa y deleitosa con las diosas que se llaman cioapipiltin, diosas celestiales. Pues idos ahora, hija mía muy amada, poco a poco para ellas y sed una de ellas. Id, hija, para que os reciban y estéis siempre con ellas, para que regocijéis y con vuestra voces alegréis a nuestro padre y madre el Sol, y acompañalde siempre a donde quiera que se fuere a recrear. ¡Oh, hija mía muy amada y mi señora! Ya nos has dejado, y por indignos de tanta gloria nos quedamos acá los viejos y viejas. Arrojastes por ahí a vuestro padre y a vuestra madre y fuésteos. Esto, cierto, no fue de vuestra voluntad, sino que fuestes llamada y siguiendo la voz del que os llamó. ¿Qué será de nosotros en vuestra ausencia, hija mía? Perdernos hemos como huérfanos y desamparados; permaneceremos como viejos desventurados y pobres; la miseria se glorificará en nosotros. ¡Oh, señora mía, dejaisnos acá para que andemos de puerta en puerta y por esas calles con pobreza y miseria! ¡Oh, señora nuestra! Rogamos os que os acordéis de nosotros allá donde estuvierdes y tengáis cuidado de proveer a la pobreza en que estamos y padecemos en este mundo. El Sol nos fatiga con su gran calor, y el aire con su frialdad, y el hielo con su tormento. Todas estas cosas afligen y angustian nuestros miserables cuerpos hechos de tierra. Enseñoréase de nosotros la hambre, que no podemos valernos con ella. Hija mía muy amada, ruégote que nos visites desde allá, pues que sois mujer valerosa y señora, pues que ya estáis para siempre en el lugar del gozo y de la bienaventuranza, donde para siempre habéis de vivir. Ya estáis con nuestro señor; ya le veis con vuestros ojos, y le habláis con vuestra lengua. Rogalde por nosotros. Hablalde para que nos favorezca, y con esto quedamos descansados».

Capítulo XXX. De cómo la partera hablaba al niño en naciendo, y las palabras que le dice de halago y de regalo y de ternura de amor, donde se ponen muy claras palabras que la ventura o buena fortuna con que cada uno nace ante del principio del mundo le está por los dioses asignada o concedida, y la partera gorgeando con la criatura pregúntale qué suerte de ventura le ha cabido

Llegada la hora del parto, que se llama «hora de muerte», cuando ya quería parir la preñada, lavábanla toda y jabonábanla los cabellos de la cabeza. Luego aparejaban una cámara o sala donde había de parir y de padecer aflicción y tormento. Si la preñada era mujer principal o mujer rica, estaban con ella dos o tres parteras para hacer lo que fuese menester y ella mandase. Cuando ya los dolores apretaban mucho a la preñada, luego la metían en el baño, y cuando ya se iba llegando el tiempo que la criatura había de salir, dábanle a vever una hierba, que se llama cioapatli, molida y cocida con agua. Y si la apretaban mucho los dolores, dábanle a beber un pedacuelo de la cola del tlácuatl, molida y desecha en agua, como arriba se dijo. Con esto nacía la criatura fácilmente, y entonces ya tenían aparejado todo lo que había menester la criatura, como son pañales y otro paño para recibirla cuando naciese.

En naciendo la criatura, luego la partera daba unas voces, a manera de los que pelean en la guerra, y en esto significaba la partera que la paciente había vencido varonilmente y que había cautivado un niño. Y luego hablaba la partera a la criatura. Si era varón, decíale: «Seáis muy bien llegado, hijo mío muy amado». Y si era hembra, decía: «Señora mía, muy amada, seáis muy bien llegada. Trabajo habéis tenido. Haos enviado acá vuestro padre humanísimo, que está en todo lugar, criador y hacedor. Habéis venido a este mundo donde vuestros parientes viven en trabajo y en fatigas, donde hay calor destemplado y fríos y aires, donde no hay placer ni contento, que es lugar de trabajos y fatigas y necesidades. Hija mía, no sabemos si viviréis mucho en este mundo. Quizá no os merecemos tener. No sabemos si vivirás hasta que vengas a conocer a tus abuelos y tus abuelas, ni sabemos si ellos te gozarán algunos días. No sabemos la ventura o fortuna que te ha cabido. No sabemos qué son los dones o mercedes que os ha hecho vuestro padre y vuestra madre, el gran señor y la gran señora que están en los cielos. No sabemos qué traéis ni qué tal es vuestra fortuna, si traéis alguna cosa con que nos gozemos. No sabemos si te lograrás. No sabemos si nuestro señor te prosperará y te engradecerá, el cual está en todo lugar. No sabemos si tenéis algunos merecimientos, o si por ventura habéis nacido como mazorca de maíz aneblado, que no es de ningún provecho, o si por ventura traes alguna mala fortuna contigo que inclina a suciedades y a vicios. No sabemos si serás ladrona. ¿Qué es aquello con que fueste adornada? ¿Qué es aquello que recibiste como cosa atada en paño antes de que el Sol resplandeciese? Seáis muy bien venida, hija mía. Gozámosnos con vuestra llegada, muy amada doncella, piedra preciosa, plumaje rico, cosa muy estimada. Habéis llegado. Descansad y reposad, porque aquí están vuestros abuelos y abuelas que os estaban esperando. Habéis llegado a sus manos y a su poder. No suspiréis ni lloréis, pues que sois venida y habéis llegado tan deseada. Con todo esto tendréis trabajos y cansancios y fatigas, porque esto es ordenación de nuestro señor, y su determinación que las cosas necesarias para nuestro vivir las ganemos y adquiramos con trabajos y con sudores y con fatigas, y que comamos y bebamos con fatigas y trabajos. Hija mía, estas cosas, si Dios os da vida, por experiencia las sabréis. Seáis muy bien venida; seáis muy bien llegada. Guárdeos y ampáreos y adórneos y provéaos en que está en todo lugar vuestro padre y madre, que es padre de todos. Aunque sois nuestra hija, no os merecemos por cierto. Por ventura tamañita como sois os llamará el que os hizo. Por ventura seréis como cosa que de repente pasará por delante de nuestros ojos, y que en un punto os veremos y os dejeremos de ver. Hija mía, muy amada, esperemos en nuestro señor».

Habiendo dicho estas cosas, la partera cortaba luego el ombligo a la criatura, y luego tomaba las pares en que venía envuelta la criatura y enterrábalas en un rincón de la casa. Y el ombligo de la criatura guardábanle y poníanlo a secar, y llevábanlo a enterrar al lugar donde peleaba, si era varón.

Capítulo XXXI. De lo que la partera decía al niño cuando le cortaba el ombligo, que eran todas las fatigas y trabajos que había de padecer en este mundo, y al cabo morir en la guerra o sacrificado a los dioses. Y daban el ombligo a los que iban a la guerra para que le enterrasen en el lugar donde se combatían los que peleaban, que en todas partes tenían lugar señalado para pelear. Y el ombligo de la niña enterrábanle cabe el hogar, en señal que la mujer no ha de salir de casa y que todo su trabajar ha de ser cerca del hogar, haciendo de comer, etc.

Hijo mío muy amado y muy tierno, cata aquí la doctrina que nos dejaron nuestro señor Yoaltecutli y la señora Yoaltícitl, tu padre y madre. De medio de ti corto tu ombligo. Sábete y endende que no es aquí tu casa donde has nacido, porque eres soldado y criado, eres ave que llaman quéchol, eres ave que llaman zacuan, que eres ave y soldado del que está en todas partes. Pero esta casa donde has nacido no es sino un nido donde has nacido, es una posada donde has llegado, es tu salida en este mundo. Aquí brotas y aquí floreces; aquí te apartas de tu madre, como el pedazo de la piedra donde se corta. Esta es tu cuna y el lugar donde reclines tu cabeza. Solamente es tu posada esta casa. Tu propia tierra otra es; en otra parte estás prometido, que es el campo donde se hacen las guerras, donde se traban las batallas. Para allí eres enviado. Tu oficio y facultad es la guerra; tu oficio es dar a vever al Sol con sangre de tus enemigos, y dar de comer a la tierra, que se llama Tlaltecutli, con los cuerpos de tus enemigos. Tu propia tierra y tu heredad y tu fuerte es la casa del Sol en el cielo. Allí has de alabar y de regocijar a nuestro señor el Sol, que se llama Totonámetl in Mánic. Por ventura merecerás y serás digno de morir en este lugar y recibir en él muerte florida.

Y esto que te corto de tu cuerpo y de medio de tu barriga es cosa suya, es cosa debida a Tlaltecutli, que es la tierra y el Sol. Y cuando se comenzare la guerra a bullir, y los soldados a se juntar, ponerla hemos en sus manos de aquellos que son valientes soldados, para que la den a tu padre y a tu madre la tierra y el Sol. Enterrarla han en el campo, en el medio, donde se dan las batallas. Y ésta es la señal que eres ofrecido y prometido al Sol y a la tierra; ésta es la señal que tú haces profesión de hacer este oficio de guerra. Y tu nombre estará escrito en el campo de las batallas para que no se eche en olvido tu nombre ni tu persona. Esta es la ofrenda de espina y de maguey y de caña de humo y de ramos de acxóyatl, la cual se corta de tu cuerpo, cosa muy preciosa. Con esta ofrenda se confirma tu penitencia y tu voto. Y ahora resta que esperemos el merecimiento y dignidad o provecho que nos vendrá de tu vida y de tus obras. Hijo mío, muy amado, vive y trabaja. Deseo que te guíe y te provea y te adorne aquel que está en todo lugar.

Y si la criatura era hembra, hablábala la partera de esta manera cuando la cortaba el ombligo:

Hija mía y señora mía, ya habéis venido a este mundo. Haos acá enviado nuestro señor, el cual está en todo lugar. Habéis venido al lugar de cansancios y al lugar de trabajos y al lugar de congojas, donde hace frío y viento. Notad, hija mía, que del medio de vuestro cuerpo corto y tomo tu ombligo, porque así lo mandó y ordenó tu madre y tu padre Yoaltecutli, que es el señor de la noche, y Yoaltícitl, que es la diosa de los baños. Habéis de estar dentro de casa como el corazón dentro del cuerpo; no habéis de andar fuera de casa; no habéis de tener costumbre de ir a ninguna parte. Habéis de ser la ceniza con que se cubre el fuego en el hogar; habéis de ser las trévedes donde se pone la olla. En este lugar os entierra nuestro señor; aquí habéis de trabajar. Vuestro oficio ha de ser traer el agua y moler el maíz en el metate. Allí habéis de sudar cabe la ceniza y cabe el hogar.

Dicho esto, la partera enterraba junto al hogar el ombligo que había cortado a la niña. Decían que ésta era señal que la niña no saldría de casa. Solamente había de vivir en casa; no convenía que fuese alguna parte. También esto significaba que había de tener cuidado de hacer la bebida y la comida, y las vestiduras, como manta, etc., y que su oficio ha de ser hilar y tejer.

Capítulo XXXII. De cómo la partera, en acabando de hacer lo arriba dicho, luego lavaba la criatura, y de la manera que se hacía aquel lavatorio, y de lo que la partera rezaba entre que lavaba a la criatura. Eran ciertas oraciones enderezadas a la diosa del agua que se llamaba Chalchiuhitlicue

Acabando que la partera cortaba el ombligo a la criatura, luego la lavaba, y lavándola hablaba con ella y decía, si era varón: «Hijo mío, llegaos a vuestra madre la diosa del agua llamada Chalchiuitlicue o Chalchiuitltlatónac. Tenga ella por bien de os recibir y de lavaros; tenga ella por bien de apartar de ti la suciedad que tomaste de tu padre y madre; tenga por bien de limpiar tu corazón y de hacerle bueno y limpio; tenga por bien de te dar buenas costumbres».

Y luego la partera hablaba con la misma agua y decía: «Piadosísima señora nuestra que os llamáis Chalchiuitlicue, Chalchiuitltlatónac, aquí ha venido a este mundo este vuestro siervo, al cual ha enviado acá nuestra madre y nuestro padre que se llama Ometecutli y Omecíoatl, que vive sobre los nueve cielos, que es el lugar de la habitación de estos dos dioses. No sabemos qué fueron los dones que trae; no sabemos qué le fue dado ante del principio del mundo; no sabemos qué es su ventura, con qué viene revuelta; no sabemos si es buena y si es mala, qué tal es su mala fortuna; no sabemos qué daño o qué vicio trae consigo esta criatura, tomado de su padre y madre. Ya está en vuestras manos lavalda y limpialda como sabéis que conviene, porque en vuestra manos se deja. Purificalda de la suciedad que ha sacado de su padre y madre, y las mancillas y suciedades llévelas el agua, y deshágalas, y limpie toda la suciedad que en ella hay. Tened por bien, señora, que sea purificado y limpiado su corazón y vida, para que viva pacíficamente y asosegadamente en este mundo. Lleve el agua toda la suciedad que en ella está, porque esta criatura se deja en vuestras manos, que sois Chalchiuhcíoatl y Chalchiuitlicue, Chalchiuhtlatónac, que sois madre y hermana de los dioses. En vuestras manos se deja esta criatura, porque vos sola merecéis y sois digna del don que tenéis para limpiar desde antes del principio del mundo. Tened por bien, señora, de hacer lo que os rogamos, pues ha venido a vuestra presencia».

Síguense otras oraciones con que la partera oraba a la diosa del agua llamada Chalchiuitlicue y Chalchiuhtlatónac. Decía así: «Señora nuestra, Chalchiuitlicue y Chalchiuhtlatónac, venido ha a vuestra presencia esta criatura. Ruégoos que la recibáis». Dicho esto, la partera tomaba el agua, echaba sobre ella su resuello, y luego la daba a gustar a la criatura. Y también la tocaba el pecho con ella, y el celebro de la cabeza, a manera de cuando se pone el olio y crisma a los niños, y decíala de esta manera: «Hijo mío muy amado», y si era mujer decía «hija mía muy amada», llegaos a vuestra madre y padre, la señora Chalchiuitlicue y Chalchiuhtlatónac. Tómeos ella, porque ella os ha de llevar a cuestas y en los brazos en este mundo. Y luego metía en el agua a la criatura y decía: «Entra, hijo mío —o hija mía—, en el agua que se llama matlálac y tuzpálac. Láveos ella;

límpieos el que está en todo lugar, y tenga por bien de apartar de vos todo el mal que traéis con vos desde antes del principio del mundo. Vaya fuera, apártese de vos lo malo que os han apegado vuestra madre y vuestro padre». Y acabando de lavar a la criatura, la partera luego la envolvía, y cuando la envolvía, decía lo que sigue: «¡Oh, piedra preciosa! ¡Oh, pluma rica! ¡Oh, esmeralda! ¡Oh, zafiro! Fuestes formada en el lugar donde están el gran Dios y la gran diosa que es sobre los nueve cielos. Formóos y crioos vuestra madre y vuestro padre que se llama Ometecutli y Omecíoatl, mujer celestial o hombre celestial. Has llegado a este mundo, lugar de muchos trabajos y tormentos, donde hay calor destemplado y frío destemplado, y vientos, donde es lugar de hambre y de sed, y de cansancio y de frío y de lloro. No podemos decir con verdad que es otra cosa, sino lugar de lloros y de tristeza y de enojo. Ves aquí tu oficio, que es el lloro y las lágrimas, y la tristeza y el cansancio. Venido habéis, hijo mío muy amado —o hija mía muy amada—. Descansad, reposad en este suelo. Remédieos y provéaos nuestro señor, que está en todo lugar». Cuando la partera decía estas cosas no hablaba recio, sino hablaba como rezando bajo, y luego, hablando alto, llamaba a la parida y decíala:

Capítulo XXXIII. Del razonamiento que hacía la partera a la recién parida, y de las gracias que los parientes de la parida hacían a la partera por su buen trabajo, y de lo que la partera responde, donde hay muy esmerado lenguaje, en especial en la respuesta de la partera

Hija mía muy amada, mujer valiente y esforzada. Habéislo hecho como águila y como tigre. Esforzadamente habéis usado en vuestra batalla de la rodela; valerosamente habéis imitado a nuestra madre Cioacóatl y Quilactli, por lo cual nuestro señor os ha puesto en los estrados y sillas de los valientes soldados. ¡Oh, hija mía, águila! Habéis hecho todo vuestro poder; habéis puesto todas vuestra fuerzas para salir con esta empresa de madre. Esforzaos poco a poco. Esperemos lo que querrá nuestro señor, que está en todo lugar: si por ventura la muerte vuestra y la de vuestra criatura distarán la una de la otra, durando más el hijo que la madre, o por ventura vivirá vuestro hijo y vos iréis delante, o por ventura, así chiquitico como es, lo llamará el que lo hizo, por ventura te lo llevará para sí. Mira, hija, que no te ingrías porque tienes hijo. Teneos por digna de haberlo recibido. Rogad siempre a nuestro señor con lloros que le dé vida.

En habiendo ya acabado su obra, la partera sentábase luego cabe las viejas, y luego una de las viejas parientas de la recién nacida sentábase frontero de ella, y comenzaba a saludarla, dándola gracias porque había bien salido con su obra. Decía de esta manera:

Señora e hija muy amada, y persona muy preciosa, prósperamente habéis obrado. Habéis ayudado a la señora Cioacóatl y Quilactli. Todos estamos muy contentos y gozosos porque ha venido a luz; ha salido al mundo la criatura de nuestro señor, que ya ha muchos días que estamos esperando que nuestro señor nos la diese, y estábamos esperando qué fin habría este negocio y en qué manera obraría Cioacóatl Quilactli. ¿Qué hiciéramos si no hubiera sucedido prósperamente el parto de nuestra hija? ¿Qué hiciéramos si muriera ella juntamente con lo que tenía en el vientre? ¿Qué pudiéramos decir, o qué pudiéramos hacer, o a quién nos pudiéramos quejar? Y pues que nuestro señor Dios nos ha hecho grandes mercedes en que el parto fue bueno, ya vemos con nuestros ojos la piedra preciosa y la pluma rica. Y ha llegado como de lejos, pobrecita y fatigada. No sabemos si vendrá a colmo; no sabemos si vivirá algunos días, o si no, porque esto nos está tan dudoso, como lo que soñamos durmiendo. Pues cualquiera cosa que nuestro señor haga de la criatura, vos habéis hecho bien vuestro oficio. Descansad y tomad placer. Haga su voluntad nuestro señor. Esperemos lo que querrá hacer mañana o ese otro día. No sabemos lo que será de nosotros ni de la criatura que nació, mañana o ese otro día. Seáis muy dichosa, señora preciosa. No quiero más alargarme en palabras por no dar fastidio a vuestra cabeza ni a vuestro estómago. Y viváis muchos días y en mucho contento. Nuestro señor os dé todo asosiego y paz.

Responde la partera, y dice:

Señoras nuestras de gran valor. Aquí estáis sentadas por la voluntad de nuestro señor, que está en todo lugar. Bien he visto el trabajo que habéis tenido todos estos días pasados, que ni habéis dormido ni reposado, esperando con mucha angustia el suceso del parto, y lo que nuestra madre y señora Cioacóatl Quilactli haría en este negocio. Ansimismo esperábades con angustia y trabajo cómo se esforzaría, cómo se habría varonilmente vuestra hija tiernamente amada. Esperábades con mucha angustia cómo saldría y cómo echaría fuera lo que tenía en el vientre, cosa muy pesada y cosa muy lastimosa, y aun cosa mortal. Por cierto, este negocio es como una batalla en que peligramos las mujeres, porque este negocio es como tributo de muerte que nos echa nuestra madre Cioacóatl Quilactli. Pero doy muchas gracias ahora a nuestro señor porque ha tenido por bien que medianamente esta moza ha echado aparte al niño, muy amado hijo, y porque nuestra hija valerosamente se ha esforzado. Nuestro señor echó aparte este negocio prósperamente por su voluntad. Dichosa ha sido vuestra hija, moza tierna, y también su marido mozuelo. Aquí en vuestras presencias ha nacido la criatura de nuestro señor, que es como una piedra preciosa y una pluma rica, en cuya cara habéis ya puesto vuestros ojos. Es, por cierto, este niño como una planta o como una provena o mugrón que dejaron echada sus abuelos y abuelas; es como un pedazo de piedra preciosa que fue cortado de los antiguos, y ha muchos días que murieron. Hánosla dado nuestro señor a esta criatura, pero no tenemos certidumbre, sino como de un sueño que soñamos. Ya ven nuestros ojos lo que ha nacido: es como una piedra preciosa y es como una pluma rica que ya ha brotado en nuestra presencia. Lo que puedo ahora afirmar es que nuestro señor Quetzalcóatl, que es criador, ha puesto una piedra preciosa suya y una pluma rica suya en este polvo y en esta casa pobre, hecha de cañas; puedo también decir que ya ha adornado vuestra garganta y vuestro cuello y vuestra mano con un joel de piedras preciosas y de plumas ricas de rara preciosidad, y que raramente se halla ni aun a comprar. Puedo decir que ha puesto en vuestras manos un manojito de plumas ricas, que se llama quetzalli, de perfecta hechura y de perfecta color. Y en agradecimiento de este tan gran beneficio conviene que respondáis con lloros y con oraciones devotas a nuestro señor, que está en todo lugar. Suspirad y llorad hasta saber su voluntad, si por ventura vivirá esta piedra preciosa y esta pluma rica de que ahora hablamos, como soñando, la cual no sabemos si crecerá y se criará, y si vivirá algunos días o años, o si será imagen y retrato, y honra y fama de los viejos y viejas que ya pasaron, de los cuales desciende. No sabemos si por ventura resuscitará la suerte y levantará la cabeza de sus abuelos y abuelas. Deseo, señores míos, que veáis y en vuestra presencia acontezca, y con vuestros ojos contempléis, en qué estado le pondrá nuestro señor. No sabemos si nuestro señor nos ha dado una mazorca de maíz aneblada de que no hay provecho ninguno; no sabemos si es una cosa inútil lo que nos ha dado; no sabemos si tamañito y ternecito como agua lo llevará nuestro señor para sí, y lo llamará y vendrá por él el que lo hizo. Señoras mías, bienaventuradas, orad con todas vuestra fuercas y suspirad, y presentaos a nuestro señor, que está en todo lugar. No plega a Dios que os acontezca alguna presunción o altivez interior en que penséis que por vuestros merecimientos os ha sido dado este niño. Si esto fuere así, nuestro señor verá vuestros pensamientos y os privará de lo que os ha dado, y os desatará de la garganta la piedra preciosa que os había dado. Seáis, señores míos e hijos míos, muy prósperos y muy bienaventurados. Solamente barvarizando y tartamodeando y con desorden he dicho esta respuesta de las palabras paternales y maternales con que me habéis hablado. Deséoos mucho descanso y mucho reposo, el cual tenga por bien de os dar nuestro señor, y de haceros muy bienaventurados, como a señores míos de gran valor. Yo deseo.

Capítulo XXXIV. Que entre los señores principales y mercaderes usaban, los unos a los otros, dar la enhorabuena del primogénito, enviando dones, y quien de su parte hablase a la criatura, saludándola, y a la madre y padre y abuelos. Enviaban a hacer esto a algún viejo honrado, sabio y bien hablado, el cual primeramente hablaba al niño con lenguaje muy tierno y amoroso, lleno de mil dijes. Esto hacían por dar contentamiento a los padres y abuelos del niño

Después que ya se sabe que la señora N parió, luego los amigos y parientes de los pueblos circunstantes van a visitar al niño y a la madre y a los parientes. Y primeramente en la visitación hablan al niño recién nacido, y para saludarle descúbrele la madre para que esté patente al que le habla. Si es hijo de señor o persona muy principal de genealogía de grandes señores, o si es generoso, dícele de esta manera si es varón el que habla y viejo principal: «¡Oh, nieto mío y señor nuestro, persona de gran valor y de gran precio y de gran estima! ¡Oh, piedra preciosa! ¡Oh, esmeralda! ¡Oh, zafiro! ¡Oh, plumaje rico, cabello y uña de alta generación! Seáis muy bien venido; seáis muy bien llegado. Habéis sido formado en el lugar más alto donde habitan los dos supremos dioses, que es sobre los nueve cielos. Hannos hecho de vaciadizo, como una cuenta de oro; hannos agujereado como una piedra preciosa muy rica y muy labrada vuestra madre y vuestro padre, el gran señor y la gran señora, y juntamente con ellos nuestro hijo Quetzalcóatl. ¡Ay, dolor que habéis sido enviado a este mundo, lugar de cansancios, lugar de fatigas, lugar de dolores, lugar de descontentos, lugar donde está el sumo trabajo, y de suma aflición, donde los dolores y aficiones se enseñorean y se glorifican! ¡Ay, dolor que has venido a este mundo no para gozarte, ni para tener contento, sino para ser atormentado y afligido en los huesos y en la carne! Habéis de trabajar y habéis de afanar y habéis de cansaros. Para esto habéis sido enviado a este mundo. Bien sabemos que fuistes adornado y compuesto de dones ante de la creación, para ser estimado y amado. Muchos días ha, señor mío, que habéis sido deseado, y no solamente días, pero años. Todo este tiempo pasado lloraban y suspiraban por vos vuestros vasallos y siervos y los de vuestro reino. Por ventura el pueblo o señorío o reino merecerá gozaros algún tiempo; por ventura verá y reverenciará algunos días o años vuestra cara, y os poseerá como prestado; por ventura habéis sido enviado para llevar a cuestas a la república, y para guardar y para concertar el reino de aquel que está en todo lugar; por ventura vos, señor, tomaréis la carga que dejaron nuestros señores los príncipes y senadores y señores que pasaron y que regieron y gobernaron y pacificaron este reino a nuestro señor. Vos habéis, señor, de poner el hombro y las espaldas para llevar sobre vos al pueblo y a la república; vos habéis de sufrir el trabajo; vos habéis de sentir el cansancio de esta carga —habéis de ser el que la ha de llevar a cuestas—; vos habéis de hacer sombra y amparo, y debajo de vuestro gobierno y a vuestra sombra ha de estar toda la república o reino.

¡Oh, serenísimo señor nuestro, persona de gran valor! ¿Por ventura seremos dignos? ¿Por ventura mereceremos que os tengamos como prestado algún día? ¿Por ventura merecerá el pueblo, señorío o reino, gozar de vos? ¿O por ventura no? Por ventura no tiene merecimiento alguno, ni es digno de os gozar; por ventura tamañito como estáis os haréis pedazos como piedra preciosa o os quebraréis como plumaje rico. ¡Oh, señor muy valeroso, piedra preciosa y pluma rica! Señor nuestro, por ventura tamañito como estáis vendrá por vos vuestro padre, el que os crió; por ventura será ésta su voluntad; por ventura quedará el reino en soledad; por ventura quedará en tinieblas; por ventura quedará yermo si esto ya dicho hace: nuestro señor. ¡Oh, señor nuestro muy precioso, persona de gran valor! Seáis en horabuena venido; seáis muy bien llegado. Reposad, descansad, pues habéis venido tan deseado.

Y luego el orador endereza su plática y oración a la señora recién parida, y dice de esta manera: «¡Oh, señora nieta e hija mía, paloma y doncella muy tierna y muy amada! ¿Cómo estáis? ¿Qué sentís? Gran fatiga habéis padecido; gran trabajo habéis tenido; gran fatiga habéis pasado. Habéis ayudado, habéis os igualado, habéis imitado a vuestra madre la señora Cioacóatl Quilactli. Muchas gracias hacemos a nuestro señor al presente, porque ha tenido por bien que viniese y saliese a luz esta preciosa piedra, este rico quetzal. Llegado ha la uña y el cabello de nuestros señores que ya fallecieron, que ya se fueron. Brotado ha y florecido ha su planta y su generación de los señores cónsules y reyes. Salido ha, manifestádose ha la espina de maguey y la caña de humo, la cual dejaron plantada profundamente nuestros señores y reyes pasados, que fueron famosos y valerosos. De vos, señora, ha cogido una piedra preciosa; de vos ha tomado un plumaje rico nuestro hijo Quetzalcóatl. Sea nuestro señor alabado porque con prosperidad apartó de vos el peligro y la batalla con que peleastes contra la muerte en el parto. Por ventura os sobrepujará en días el niño nacido; por ventura será la voluntad de nuestro señor que viva, o por ventura morirá él primero; por ventura, tierno como está, hará pedazos el señor del mundo a esta piedra preciosa, a este sartal de piedras preciosas; por ventura nos le vendrá a tomar, por ventura nos le vendrá a llevar el que le crió; por ventura pasará de repente delante los ojos de su reino o señorío y nos dejará como burlados por nuestros pecados, que no le merecemos gozar. ¡Oh, hágase la voluntad de nuestro señor! Haga él lo que fuere servido. Pongamos en él toda nuestra esperanza. Pienso, señora, que os doy fatiga y os doy causa de pesadumbre. No querría seros causa de alguna mala disposición o algún accidente, o dolor o trabajo, como aún estáis enferma. Deseo, señora, vuestra vida y prosperidad por muchos tiempos, porque sois señora de gran valor. Esto poquito de barbarismo y de tartamodear he pronunciado con desorden y desconcierto para saludaros y para daros el parabién. Seáis bienaventurada y próspera, señora nuestra muy amada».

Dicho esto, el orador luego enderezaba su oración a los que tenían cargo del niño, a los viejos y viejas, y decía de esta manera: «Señores y señoras, los que aquí estáis y tenéis por bien de tener cargo de nuestro nieto, que es nuestra piedra preciosa y nuestra pluma rica, que ahoramente ha llegado y se ha manifestado, que es una piedra preciosa y un sartal de cuentas de oro y es cabello y uña de sus antepasados. Por algunos días tiene necesidad el niño de vuestra ayuda y de vuestro servicio. Trabajad con todas vuestras fuerzas para servirle. Mirad que es gran negocio el que tenéis entre manos. ¿Quién pensáis que os ha puesto en este trabajo? Por cierto, ninguno otro, sino nuestro señor, que está en todo lugar. A vosotros se os da licencia para que le veáis y tengáis y gozéis de él, como de una gran fiesta y de una gran maravilla, que con lloros y suspiros desearon ver aquellos que pasaron de este mundo, y los llevó nuestro señor para sí, que ni lo hubieron ni le gozaron, y es su cabello y es su uña de los dichos sus antecesores. Y ahora nosotros vemos, y en nuestra presencia nuestro señor hace la fiesta y el milagro que ellos desearon y no le vieron. Vosotros gozáis de la piedra preciosa y de la pluma rica que desearon los antiguos. Tenéis gloria; es vuestra gloria; gozáis, y es vuestro regocijo el precioso sartal o collar de zafiros gruesos y redondos, y de chalchihuitles muy finos, largos como cañutos, y otros de otra manera muy verdes y muy finos. Gozáis asimismo de un manojito de plumas ricas, muy perfectamente compuesto y de perfecto color. Aquí estáis estimados como padres de este niño. Gozad, pues, y sea vuestra riqueza esta piedra preciosa, este manojito de plumas ricas, que es como un pedazo de piedra preciosa cortado de sus antepasados nobilísimos; es su uña y su cabello. Teneos vosotros por padres de tal hijo; tened cuidado de noche de llorar y orar para que se críe; importunad a nuestro señor con vuestras lágrimas; llamad devotamente a nuestro señor Dios, que está en todo lugar, el cual hace todo lo que quiere y se burla con nosotros. ¿Qué será si nuestro señor envía sobre nosotros eclipsi o truenos? ¿Qué será si nos le viene a tomar nuestro señor? ¿Qué será si nuestro señor, por quien vivimos, nos envía lloro y tristeza? Aunque somos indignos, esperemos lo que ahora soñamos, que el nuestro nieto vivirá. Esperemos, pues, lo que sucederá mañana o ese otro día, y qué es lo que querrá hacer el que le crió, cuyo él es. Con brevedad, ante que pase mucho tiempo, sabremos qué es lo que nuestro señor querrá hacer de él. También aquí está presente nuestra hija y señora de mucho valor y muy amada, la cual pasó gran trabajo y gran batalla con la muerte, y ella salió con victoria de la muerte; aún está muy flaca. Mirad que tengáis mucho cuidado de ella. Yo os lo suplico para que arrecie con vuestro buen cuidado; mirad que no reciba algún detrimento su salud, pues que para esto estáis aquí puestos en su servicio. ¡Oh, señores nuestros e hijos míos, deseo que seáis dichosos y viváis mucho tiempo!».

Después de esto el orador endereza su oración al padre del niño, diciendo de esta manera: «Señor nuestro y nieto mío, persona valerosa y preciosa. Por ventura os ofenderé, os daré molestia, y por ventura os seré embarazo para vuestras ocupaciones y ejercicios, en unas pocas palabras con que os quiero saludar. Entendido tengo, señor, que sois el trono o espaldar de la silla, y sois la flauta de nuestro señor, que está en todo lugar, el cual se llama noche y viento. Vuestros trabajos, señor, de gran importancia y de gran peso, son los estrados de la judicatura y regimiento de la república, en los cuales trabajaron, en un trabajo intolerable, vuestros antecesores, cuya carga después que la dejaron vos la lleváis a cuestas, en vuestras manos la dejaron. Vos sois ahora el que tenéis cargo de regir este pueblo, señorío o reino, en persona de nuestro señor. Al presente vos sois, señor, el que regís y gobernáis y residís en los estrados donde se honra a Dios. Con unas palabras mal concertadas y mal pronunciadas os vengo a saludar, y por mejor decir, vengo a resbalar y tropezar y cayer en vuestra presencia, con deseo de dar contento y esforzar vuestro corazón y vuestra cara y vuestros pies y vuestras manos, porque ha tenido por bien, porque ha hecho misericordia nuestro piadoso Dios, que está en todo lugar, y por quien vivimos, en enviar a este mundo una piedra preciosa y una pluma rica, que es vuestra imagen y vuestra sangre y vuestros cabellos y vuestras uñas y pedazo cortado de vos mismo. ¡Oh, señor nuestro, verdaderamente ha nacido vuestra imagen y vuestro retrato! Habéis brotado, habéis florecido. ¡Sea bendicto nuestro señor por ello! Nació y vino a vivir a este mundo. Descendió y fue enviado del lugar de los supremos dioses que residen sobre los nueve cielos para que lleve a cuestas el pueblo de nuestro señor, y sin falta que trae merecimientos para ello. Por ventura vivirá y se criará; por ventura tendrá larga vida y servirá a nuestro señor mucho tiempo, y será conocido de todo el pueblo, reino o señorío; por ventura merecerá la república gozarle, y se amparará debajo de su sombra y debajo de su abrigo. ¡Oh, señor nuestro humanísimo e hijo mío muy amado, persona de gran valor! Por ventura si fuere más prolijo en mis palabras daré fastidio a vuestra cabeza y a vuestro estómago, y os seré impedimento y embarazo para vuestras ocupaciones de la república. Deseo que viváis muchos años en el oficio real que tenéis. Con estas pocas palabras he saludado y dado el parabién a vuestra real persona y a vuestro real oficio. ¡Oh, nieto mío y persona de gran valor!».

Capítulo XXXV. De los afectos y lenguaje que usaban los embajadores enviados de los señores de otros pueblos a saludar a la criatura y a sus padres, y de lo que respondían de parte de los saludados

¡Oh, señor nuestro y persona valerosa, y nieto mío muy amado! Tenéis vida y ser, y obráis. No querría embarazaros en vuestra ocupaciones. He venido a vuestra presencia delante de quien estoy aquí en pie. Hame enviado, hame acá encaminado vuestro hermano el señor N, que rije tal pueblo, y díjome: «Anda ve, ve a N, mi hermano que vive y gobierna. Salúdale de mi parte, porque he oído que nuestro señor ha hecho misericordia con él en darle un hijo, su hechura. Dile que desde acá le saludo, porque ha nacido y ha llegado a este mundo su piedra preciosa y su pluma rica, que es planta y generación de nuestros señores, los reyes que pasaron y dejaron su generación como pedazos de sí mismos, que son sus cabellos y sus uñas; y es su sangre y su imagen. Ha brotado, ha florecido la fama y gloria que ha de resuscitar la memoria y la gloria de sus antepasados, abuelos y visabuelos. Les ha dado nuestro señor su imagen y su retrato. No sabemos lo que querrá nuestro señor; no sabemos lo que piensa ni lo que dice; no sabemos si le prosperará; no sabemos si tenemos méritos para gozar de esta piedra preciosa y de este sartal de zafiros; no sabemos si se criará; no sabemos si vivirá algún tiempo; no sabemos si servirá a nuestro señor algunos años; no sabemos si llegará a regir el pueblo; no sabemos si la república le merecerá; no sabemos si ante que llegue a edad le llamará para sí y le llevará para sí, pues que es su señor y padre. Lo que ahora conviene es que esperemos la determinación de nuestro señor por quien vivimos, que está en todo lugar». Estas pocas palabras han oído, con que os saluda N, ¡oh, señores nuestros! Señor nuestro, persona valerosa y rey, deseo que viváis mucho tiempo y ejercitéis vuestro oficio.

Habiendo dicho esto el mensajero, levantábase luego uno de los viejos que estaban presentes y respondía por el niño y por los padres del niño, y también por los viejos que estaban presentes y por las viejas. Decía de esta manera:

Señor mío, seas muy bien venido. Habéis venido a hacer misericordia con el trabajo de vuestro corazón. Habéis venido a traer mensaje de salutación de padre y de madre, según era la costumbre de los antiguos viejos y viejas, el cual está atesorado y muy bien doblado en vuestras entrañas y en vuestra garganta, cosa, cierto, rara. Habéis dicho palabras de salutación al niño recién nacido, el cual ha sido enviado por nuestro señor, el cual, aunque no habla, enderegáis vuestras palabras a nuestro señor y a él oráis, el cual está en todo lugar, y él es el padre y criador y el señor de este niño. Qué sea su voluntad, no lo sabemos. No sabemos si le lograremos; no sabemos si tenemos merecimientos para ello; no sabemos si se criará; no sabemos si vivirá; no sabemos si algún tiempo le dará nuestro señor para que le sirva y para que sea imagen y retrato, y para que levante la fama y loor de nuestros señores sus progenitores, los señores y senadores sus antepasados; no sabemos si en él brotará y florecerá la fama y gloria de nuestros señores sus antecesores, ni sabemos que carezca de merecimientos y dignidad; no sabemos si chiquito como es le llevará nuestro señor, porque no solamente los viejos y las viejas mueren, mas antes todos los días de esta vida mueren aquellos a quien llama nuestra madre y padre, el Dios del infierno, que se llama Mictlantecutli: unos que están en la cuna, otros que ya son mayustillos y andan burlando con las tejuelas, otros que ya quieren andar, otros que ya saben bien andar. También van mujeres de media edad y hombres de perfecta edad, y de esta manera no tenemos certidumbre de la vida de este niño. Soñámosla y deseamos larga vida a esta piedra preciosa y a esta pluma rica. ¿Por ventura tenemos merecimientos para que nos sea dado este niño? ¿Por ventura vino de paso por delante de nosotros? Señor mío, habéis hecho humanidad y cortesía en haber dicho las palabras de madre y padre, preciosas y maravillosas, que hemos oído. Y también habéis saludado y consolado a los que están presentes, que son padres y madres, viejos y viejas de canas venerables, en cuya presencia ha nacido este niño, que es cabellos y uñas de nuestros señores antepasados, los cuales llevó para sí nuestro señor. Todos los que aquí estamos hemos oído vuestra oración maravillosa y rara, y preciosas palabras, cierto, de padre y madre. Habéis abierto en nuestra presencia el cofre de vuestro pecho; habéis sacado de él y derramado piedras preciosas y muy raras, las cuales nuestro señor puso en vuestro pecho y en vuestro corazón. Plega a Dios que no las perdamos, siendo como son cosa de nuestro señor, porque somos olvidadizos y perdemos cosas muy preciosas. Y también el señor N, que aquí está presente, persona de gran valor, que rije y gobierna, y por algunos días le tiene nuestro señor puesto, entretanto que parece otro que lo haga mejor, ha oído y entendido vuestro razonamiento, adornado de piedras preciosas y muy maravillosas sentencias de madre y padre que habéis dicho y que dentro de vos los ha puesto nuestro señor, que está en todo lugar. Y por eso no me maravillo de lo que habéis dicho, porque él lo ha dicho, porque ya ha muchos días que pronunciáis las maravillas que os da nuestro señor en este oficio, y en este ejercicio os habéis hecho viejos y canos venerables con estos dones suyos. El que está en todo lugar os ha hecho maravillosos y de sabiduría rara. Habéis hecho merced a nuestro señor muy tiernamente amado, N. ¿Quién será ahora bastante para responder a la oración y salutación maternal y paternal que habéis pronunciado? No hay viejos; no tiene nuestro señor entre nosotros algunos antiguos; todos los ha nuestro señor yermado y acabado; na hay sino muchachos que ahora viven. Estas pocas palabras que no tienen principio ni cabo concertado, muy desbaratadas, he dicho yo, que no debiera, respondiendo a la oración de madre y padre que habéis hecho. Descansad, señor mío, y reposad. Descansen vuestros pies y vuestras manos, porque habéis muy bien trabajado.

Aquí habla otra vez el orador que fue enviado a saludar y a dar el parabién con su oración, demandando perdón de las faltas de las palabras de antes que había dicho, y dice de esta manera:

Con mis prolijidades y bajezas pienso que os seré penoso, que os fue causa de dolor de cabeza y estómago, o os fue causa de algún accidente de mala disposición. Por tanto, no quiero más decir. Deséoos todo descanso y todo contento, señores nuestros.

Después de esto uno de los viejos que allí están presentes, o alguno de los más honrados y muy principales, responde y ora por el señor que fue saludado, y dice:

Señor mío muy noble, haos enviado acá el señor N, persona muy valerosa, el cual rije y gobierna en tal pueblo, y trajistes sus palabras y su salutación, la cual hemos oído, y es maravillosa y preciosa y de mucha erudición. Trajistes guardado y apuñado en vuestro puño cosa muy rara y muy curiosamente compuesta, donde ninguna falta ni fealdad hay. Es como una piedra preciosa sin tacha ni sin raza. Es como un zafiro muy fino, con la cual habéis saludado y orado delante de estos señores y principales. Y la causa ha sido porque ha nacido una piedra preciosa y una pluma rica que nuestro señor ha enviado, y porque ha nacido un chalchíuitl y ha crecido una pluma rica de nuevo. Y también el señor N que aquí está presente, nuestro señor, desde acá vesa los pies y las manos del señor N, y se postra en su presencia, deseando que haga todo su deber en el oficio de su gobierno y reino, y en el negocio de regir la república que se ha de llevar a cuestas como carga muy pesada; desea que con todas sus fuerzas haga el deber. Con estas pocas palabras se ha respondido a la salutación que se ha hecho de parte de nuestros señores que acá os enviaron.

Habla otra vez el mensajero, y dice:

Ya he dicho y pronunciado aquí la salutación de nuestros señores que me enviaron acá. Por ventura olvidé algo; por ventura se me pasé algo de la memoria, o se me escabullió algo que no dije. Ahora ya he oído y entendido la respuesta con que nuestros señores que están presentes responden. Quiero llevar sus palabras a la presencia de mi señor.

Cuando pare alguna mujer de la gente común saludan al niño y a la madre y a los viejos y viejas de la manera que se sigue, con que antes ponen al niño exento en el regazo de la madre para que le vea el orador, y luego él dice:

Seáis muy en horabuena venido, nieto mío e hijo mío —y si es hembra dice nieta mía e hija mía— habéis venido a este mundo de nuestro señor donde hay tormentos y lloros, lugar de descontentos y desasosiegos, donde hay calor y frío y viento, donde hay sed y hambre y donde el frío aflige. Seáis muy bien venido. Habéis os cansado y fatigado. Vuestro cuerpo y vuestros huesos recibirán tormento y fatiga. Buscaréis con gran diligencia y fatiga lo que habéis de comer y de beber con extremada pobreza. Recibirán cansancio y fatiga vuestros huesos y vuestro cuerpo. Levantarse os han los cueros de las piernas y de las manos. Llagaros han las espinas y las zarzas. Nieto mío, todas estas cosas habéis de sufrir si algunos días de vida nuestro señor os diere en este mundo. Pluguiese a Dios, nieto mío, tamañito como estás te llevase para sí; y si no pluguiese a Dios esto, el cual está en todo lugar, y por quien todos vivimos, y conoce los corazones y adorna con dones, si por ventura Dios te diere vida, ¿qué ventura traes contigo? ¿Qué dones te fueron dados? El levanta, por cierto, del estiércol a quien quiere. ¿Por ventura serás algo? ¿Por ventura te levantará? ¿Por ventura serás algo en la guerra, que es lugar donde nuestro señor señala a los que han de ser algo? Allí escoge y ordena a los que han de ser piedras preciosas y plumas ricas. O por ventura tendrá por bien nuestro señor que seas algo en el mundo, quiere decir, o serás rico labrador o rico mercader. Esperemos en nuestro señor, que está en todo lugar. Por ventura, si vivieres un poco sobre la tierra, o tendrás alguna buena ventura o has de ser aborrecido de todos; has de ser perseguido de todos, o por ventura tu ventura es que seas dado a los deleites carnales o a los latrocinios y hurtos. Por ventura has de ser ajusticiado por tus pecados para que otros tomen castigo de ti, siendo sentenciado a muerte, para que te sea quebrada la cabeza entre dos piedras, o seas apedreado, o quemado, o ahogado, o ahorcado. Nieto mío, hijo mío, seáis bien venido. No sabemos qué es la voluntad de nuestro señor cerca de ti, ni sabemos qué ventura traes contigo. Esperemos a ver lo que hará nuestro señor. Descansa y reposa, hijo mío.

Síguese lo que dice el orador cuando saluda a la parida:

Señora e hija mía, habéis trabajado; habéis afanado; habéis seguido a vuestra madre Cioacóatl, la señora Quilactli; habéis peleado varonilmente con la rodela y con la espada. Ahora ya habéis echado aparte, con la ayuda de nuestro señor, la pelea mortal del parto. Aunque mañana o ese otro día, o desde aquí a cinco días o diez días, nos ha nuestro señor de matar, ante de mucho, a la verdad, hemos de ir adonde hemos de ir. ¿Cómo podemos escapar de la muerte? Al presente ha tenido nuestro señor por bien que has echado a las espaldas tu pesadumbre y tu trabajo. ¿Por ventura tendréis fines apartados tú y tu hijo? ¿Por ventura algún tiempo antes se acordará Dios de ti y te llamará, y después de ti llamará a tu hijo? Ahora, empero, no sabemos lo que determinará el que crió a ti y a tu hijo; no sabemos si mereceremos poseerle algún tiempo esta piedra preciosa. Por ventura gozaremos algún tiempo de la criatura que, nació; por ventura veremos los que somos viejos y viejas a esta piedra preciosa y a esta pluma rica; por ventura vivirá algunos días; por ventura será honra y loor de los viejos y viejas que pasaron, sus antecesores, a los cuales nuestro señor quitó de sobre la tierra, cuyos cabellos y cuyas uñas él es; o por ventura soñamos, soñamos que tenemos algo y no tenemos nada; por ventura llevarle ha para sí el que le crió; por ventura quedará sin generación su linaje; por ventura morirá andando de puerta en puerta. Y sobre todo esto es menester que no te ensoberbezcas dentro de ti. Mira que no pienses que por tus merecimientos te es dado este hijo, que es piedra preciosa y pluma rica; mira que no pienses que tú lo has merecido; mira que llores y suspires con tristeza, y llama devotamente a nuestro señor, que está en todo lugar. Deseo que seas dichosa, señora mía. Oye, pues, otras dos palabras para conclusión de mi plática: mira que no trabajes demasiado; ve arreciándote y esforzándote poco a poco; no te burles contigo. Baste lo dicho que has oído y entendido, señora mía e hija mía.

Aquí el orador endereza su oración o salutación a los padres del niño y a los viejos. Dice de esta manera:

Señores e hijos míos, que aquí estáis presentes, y a los viejos y viejas de venerables canas que aquí estáis, en presencia de los cuales ha nacido este niño, que es como una piedra preciosa y una pluma rica a sus padres, y es a sus antepasados como una flor en hermosura, y como una espina de maguey en defensión de sus antepasados, los cuales nuestro señor los llevó para sí. Ya están en su recogimiento, en su reposo, adonde los envió nuestro señor en la cueva del agua en el infierno. De donde están es imposible que vengan a ver a los que acá están vivos, ni a los que ahora nacen. No es posible que vengan a gozar de la merced que nos ha hecho nuestro señor. En su lugar estáis presentes para honrar y consolar como padres y madres, por hacer la voluntad de nuestro señor Dios. Pues aún estáis en este mundo, y por esta causa recibís cansancio y fatiga en vuestros huesos y en vuestra carne, no hay, por cierto, esperar a los viejos que ya murieron que vengan aquí, de los cuales desciende esta piedra preciosa y esta pluma rica, por cuyo amor perdéis de hacer vuestras haciendas en vuestra casa, donde no estáis ociosos, por cierto. En esto habéis hecho misericordia, hijos míos, a los padres del niño —si por ventura el orador es mancebo, dice «padres míos».

Síguese la salutación o oración con que es saludado el padre del niño:

Señor y mancebo honrado, ha tenido por bien nuestro señor, que está en todo lugar y por quien vivimos, que os ha nacido una piedra preciosa y una pluma rica, de la cual os ha hecho merced. Ya tenemos cierto su nacimiento y vida, pero aún soñamos y adivinamos si vivirá sobre la tierra. Ha nuestro señor atádoos en la muñeca una piedra rica y un sartal de chalchihuites. Aquí honramos y consolarnos vuestra cara y vuestra presencia. Nacistes y vivís. Ya habéis hecho vuestra imagen. Ha nacido. Quién sabe si durará sobre la tierra, o si será como cosa que va de pasada y que nuestro señor nos la da a ver como de pasada; quién sabe si se criará; quién sabe si nuestro señor tendrá por bien de sustentarle sobre la tierra algunos días; quién sabe si le perderás; quién sabe si te morirás tú y le dejarás en este mundo. Esto, por cierto, su criador lo sabe; él hará su voluntad. Y si esto así fuere, quedará desamparado y andará muerto de hambre por casas ajenas, o por ventura se perderá; recibirá cansancio y fatiga, y señorealse ha de él la miseria y la orfanidad. Por ventura vivirá en suprema pobreza, y tendrá por sus riquezas coger hierbas y vender leña, y vivirá en este mundo como hombre muy trabajado y fatigado y muy necesitado. Cierto está que nadie sabe qué es la voluntad de nuestro señor. Pongamos en él nuestra esperanza, llorando y suspirando, y orando con devoción. Hijo mío, mancebo muy amado, allegaos a Dios para que él disponga prósperamente del suceso de vuestro hijo.

En este negocio de saludar a los niños que están en la cuna y a sus padres no tiene medida, porque dura diez y veinte días el saludarlos. Cuando los que son saludados son principales, y señores los que saludan, danlos presentes de mantas ricas; y si la criatura es hembra, dan naoas y huipiles hasta veinte o cuarenta. Y esto llaman ixquémitl, que quiere decir «ropa para envolver al niño». Entre los que no son señores, sino gente honrada o rica, llevan una manta y un maxtli, o unas naoas y un uipilli si es hembra la que nació. Y los que son de baja suerte usan hacer esta salutación presentando comida y bebida.

Capítulo XXXVI. De cómo los padres de la criatura hacían llamar a los adivinos para que dijesen la fortuna o ventura que consigo traía la criatura, según el signo en que había nacido, los cuales venidos preguntaban con diligencia la hora en que había nacido. Y si había nacido antes de la medianoche, atribuíanle al signo del día pasado; y si había nacido después de la medianoche, atribuíanle al signo del día siguiente; y si había nacido en la medianoche, atribuíanle a ambos signos. Y luego miraban sus libros, y pronosticábanle su ventura, buena o mala, según la calidad del signo en que había nacido

Después de haber nacido la criatura, luego procuraban de saber el signo en que había nacido para saber la ventura que había de tener. A este propósito iban luego a buscar y hablar al adivino que se llama tonalpouhqui, que quiere decir «sabe conocer la fortuna de los que nacen».

Primeramente este adivino preguntaba por la hora en que había nacido, y el que iba a buscarle le decía la hora en que había nacido la criatura. Y luego el adivino revolvía los libros; buscaba el signo en que había nacido, según la relación del que iba a informarle, y luego preguntaba el adivino si había nacido de noche o de día, o si había nacido a la medianoche o pasada la medianoche. Si había nacido ante de la medianoche, contaba el signo que reinaba en el día pasado, y si la criatura había nacido después de la medianoche, su nacimiento se atribuía al signo o carácter que decían que regía en el día siguiente, después de aquella medianoche. Pero si nacía en el punto de la medianoche, atribuía el nacimiento de la criatura a ambos los caracteres, al del día pasado y al del día que venía; partían por el medio. Y si nacía la criatura cerca del día, o después de salido el Sol, atribuía el nacimiento al carácter que regía en aquel día, y a los demás que llevaba consigo.

Después que el adivino fue informado de la hora en que nació la criatura, miraba luego sus libros. Miraba el signo en que nació y todas las casas del signo o carácter, que son trece. Y si el signo es mal afortunado, por ventura alguna de las trece casas que están contiguas a este signo es de buena fortuna o señala buena fortuna. Hablaba a los padres de la criatura y a los viejos y viejas, y dícelos: «En buen signo nació vuestro hijo. Será señor, o será senador, o será rico, o será valiente hombre, será belicoso, será en la guerra valiente y esforzado, tendrá dignidad entre los que rijen las cosas de la milicia, será matador y vencedor». O por ventura les dirá: «No nació en buen signo el niño; nació en signo desastrado, pero hay alguna razonable cosa que es de la cuenta de este signo, la cual templa y abona la maldad de su principal». Y luego le señala el día en que se ha de bautizar. Dice: «Desde aquí a cuatro días se bautizará». Y si del todo es signo contrario y que no tiene ninguna casa que le abone, y anúncialos de la fortuna que tendrá el niño, porque el nació en signo mal afortunado y que su fortuna mala no se puede remediar. Dice: «Lo que acontecerá a esta criatura es que será vicioso y carnal y ladrón. Su fortuna es desventurada; todos sus trabajos y sus ganancias se volverán en humo por mucho que trabaje y atesore. O por ventura será perezoso y dormilón». O les dice: «Será gran borracho». O les dice: «Poco vivirá sobre la tierra». O les dice: «Mirad que está su signo indiferente, medio bueno y medio malo». Luego busca un día favorable, y no le bautizan al cuarto día. Echa adelante el bautismo en algún día que sea favorable, uno de los doce que se cuentan con el primero carácter. Lo que merece este adivino por esta adivinanza, que le dan a comer y a beber y algunas mantas, y danle muchas cosas, que son gallinas y una carga de comida.

Capítulo XXXVII. Del bautismo de la criatura, y de todas las ceremonias que en él se hacían, y del poner el nombre a la criatura, y del convite de los niños, etc.

Al tiempo del bautizar la criatura, luego aparejaban las cosas necesarias para el bateo, que era que le hacían una rodelita y un arquito y sus saetas pequeñitas, cuatro, una de las cuales era del oriente, y otra del poniente, y otra del mediodía, y otra del norte. Y hacíanle también una rodelita de masa de bledos, y encima ponían un arco y saetas, y otras cosas hechas de la misma masa. Hacían también comida de mulli o potaje con frijoles y maíz tostado, y su mastelejo y su mantica. Y a los pobres no les hacían más del arco y las saetas, y su rodelilla, algunos tamales y maíz tostado. Y si era hembra la que se bautizaba, aparejábanla todas las alhajas mujeriles, que eran aderezos para tejer y para hilar, como era huso y rueca y lanzadera, y su petaquilla y vaso para hilar, etc., y también su huipilejo y sus naoas pequeñitas.

Y después de haber aparejado todo lo necesario para el bateo, luego se juntaban todos los parientes y parientas del niño, viejos y viejas; luego llamaban a la partera, que era la que bautizaba a la criatura que había parteado. Juntábanse todos muy de mañana ante que saliese el Sol; y en saliendo el Sol, ya estaba algo altillo, la partera demandaba un librillo nuevo lleno de agua, y luego tomaba al niño entre ambas las manos, y luego tomaban los circunstantes todas las alhajuelas que estaban aparejadas para el bautismo y poníanlas en el medio del patio de la casa. Y para bautizar el niño poníase la partera la cara hacia el occidente, y luego comenzaba a hacer sus ceremonias, y comenzaba a decir: «¡Oh, águila! ¡Oh, tigre! ¡Oh, valiente hombre, nieto mío! Has llegado a este mundo. Hate enviado tu madre, tu padre, el gran señor y la gran señora. Fueste criado y engendrado en tu casa, que es el lugar de los dioses supremos, del gran señor y de la gran señora que están sobre los nueve cielos. Hízote merced nuestro hijo Quetzalcóatl, que está en todo lugar. Y ahora júntate con tu madre la diosa del agua, que se llama Chalchiuitlicue y Chalchiuhtlatónac».

Dicho esto, luego le daba a gustar el agua, llegándole los dedos mujados a la boca, y decía de esta manera: «Toma, recibe. Ves aquí con qué has de vivir sobre la tierra para que crezcas y reverdezcas. Esta es por quien tenemos y nos mereció las cosas necesarias para que podamos vivir sobre la tierra. Recíbela».

Después de esto tocábale los pechos con los dedos mujados en el agua y decíale: «Cata aquí el agua celestial. Cata aquí el agua muy pura que lava y limpia nuestro corazón, que quita toda suciedad. Recíbela. Tenga ella por bien de purificar y limpiar tu corazón». Después de esto echábale el agua sobre la cabeza, diciendo: «¡Oh, nieto mío, hijo mío! Recibe y toma el agua del señor del mundo, que es nuestra vida, y es para que nuestro cuerpo crezca y reverdezca; es para lavar, para limpiar. Ruego que entre en tu cuerpo y allí viva esta agua celestial acul y acul clara. Ruego que ella destruya y aparte de ti todo lo malo y contrario que te fue dado ante del principio del mundo, porque todos nosotros los hombres somos dejados en su mano, porque es nuestra madre Chalchiuitlicue». Después de esto lavaba la criatura con el agua por todo el cuerpo y decía de esta manera: «A donde quiera que estás tú, que eres cosa impezible al niño, déjale y vete. Apártate de él, porque ahora vive de nuevo, y nuevamente nace este niño. Ahora otra vez se purifica y se limpia; otra vez le forma y le engendra nuestra madre Chalchiuitlicue».

Después de hechas las cosas arriba dichas, tomaba la partera al niño con ambas manos y levantábalo hacia el cielo, y decía: «Señor, veis aquí vuestra criatura que habéis enviado a este lugar de dolores y de aflicciones y de penitencia, que es este mundo. Dalde, señor, vuestros dones y vuestras inspiraciones, pues vos sois el gran Dios y también la gran diosa». Cuando esto decía, estaba mirando hacia el cielo, tornaba un poco a poner el niño en el suelo y tornaba la segunda vez a levantarle hacia el cielo, y decía de esta manera: «Señora, que sois madre de los dioses y os llamáis Citlalatónac, y también Citlalicue, a vos se enderezan mis palabras y mis voces, y os ruego imprimáis vuestra virtud, cualquiera que ella es. Dalda; inspiralda a esta criatura». Y luego le tornaba a poner, luego la tercera vez tornábale a alzar hacia el cielo, y decía: «¡Oh, señores dioses y diosas celestiales, que estáis en los cielos! Aquí está esta criatura; tened por bien de infundirle y en inspiralle vuestra virtud y vuestro soplo para que viva sobre la tierra». Y luego le tornaba a poner, y de ahí a un poquito la tornaba a levantar hacia el cielo, la cuarta vez, y hablaba con el Sol, y decía: «Señor Sol, y Tlaltecutli, que sois nuestra madre y nuestro padre, veis aquí esta criatura, que es como un ave de pluma rica, que se llama zacuan o quéchul. Vuestra es, y he determinado de os la ofrecer a vos, señor Sol, que también os llamáis Totonámetl y Xipilli y Cuauhtli y Ocelotl, y pintado como tigre de pardo y negro, que sois valiente en la guerra. Mirad que es vuestra esta criatura y es de vuestra hacienda y patrimonio, que para esto fue criada, para os servir, para os dar comida y bebida. Es de la familia de los soldados y peleadores que pelean en el campo de las batallas». Y luego tomaba la rodela y el arco y el dardo que estaban allí aparejados; decía de esta manera: «Aquí están los instrumentos de la milicia, que son la rodela, etc., con que sois servido, con que os gozáis y deleitáis. Dalde el don que soléis dar a vuestros soldados para que pueda ir a vuestra casa llena de deleites, donde descansan y se gozan los valientes soldados que mueren en la guerra, que están ya con vos alabándoos. ¿Será por ventura este pobrecito maceoal uno de ellos? ¡Oh, señor piadoso, haced misericordia con él!».

Y todo el tiempo que estas ceremonias se están haciendo, está ardiendo un hachón de teas grande y grueso. Acabadas todas estas ceremonias, ponen nombre al niño, de alguno de sus antepasados, para que levante la fortuna y suerte de aquel cuyo nombre le dan. Este nombre le pone la partera o sacerdotisa que le bautizó. Pongo por caso que le pone por nombre Yáutl: comienza luego a dar voces y habla como varón con el niño, y dícele de esta manera: «Yautlé, Yautlé —que quiere decir "hombre valiente"—, recibe, toma tu rodela, toma el dardo que es poderoso para la batalla de todo el día». Y luego le ponían la mantillita atada sobre el hombro, y le ciñen un maxtli.

En este tiempo que estas cosas se hacen, júntanse los mozuelos de todo aquel barrio, y acabadas todas estas ceremonias, entran en la casa del bautizado y toman la comida que allí les tenían aparejada. Y a ésta llamaban «el ombligo del niño»; y salían huyendo con ella. Iban comiendo la comida que habían arrebatado. Y luego comenzaban a voces a decir el nombre del niño; y si era su nombre Yáutl, iban diciendo: «¡Oh, Yáutl! ¡Oh, Yáutl! Vete hacia el campo de las batallas. Ponte en el medio donde se hacen las guerras. ¡Oh, Yáutl! ¡Oh, Yáutl! Tu oficio es regocijar al Sol y a la tierra, y darlos de comer y beber. Ya eres de la suerte de los soldados, que son águilas y tigres, los cuales murieron en la guerra y ahora están regocijando y cantando delante del Sol». Iban también diciendo: «¡Oh, soldados! ¡Oh, gente de guerra! Venid acá; vení a comer el ombligo de Yáutl». Estos muchachos representaban a los hombres de guerra, porque robaban y arrebataban la comida que se llamaba «el ombligo del niño».

Después que la partera o sacerdotisa había acabado todas las ceremonias del bautismo, metían al niño en casa, e iba delante de él el hachón de teas ardiendo. Así se acababa el bautismo.

Capítulo XXXVIII. Del bautismo de las niñas, en cuanto loca algunas particulares ceremonias que se hacían cuando la primera vez la partera ponía a la criatura, que era en acabándola de bautizar, y de las palabras que entonces decía

El bautismo de las hembras es conforme a lo que arriba se dijo de los varones. Buscan el signo en que nacen, y también en el medio del patio los bautizan en un librillo nuevo, a la hora que se dijo. Hay, empero, algunas cosas que difieren del bautismo de los varones, porque a las hembras aparejan las vestiduras de hembras y las alhajas que usan las mujeres, como es una petaquilla y su huso y su lanzadera, etc. Todo se lo ponen junto en el medio del patio, cerca del apactli nuevo en que la bautizan. Y levántala hacia el cielo, y luego toma el agua con los dedos y se le da a gustar, y después se la pone en los pechos, y después la echa sobre la cabeza, y háblala de esta manera: «Hija, recibe a tu madre Chalchiuitlicue». Y cuando le da a gustá el agua, dícela: «Esta es tu madre y padre de todas nosotras, que se llama Chalchiuitlicue. Tómala; recíbela en la boca. Esta es con que has de vivir sobre la tierra». Y cuando la pone el agua en los pechos, dice: «Ves aquí con qué has de crecer y reberdecer, la cual despertará y purificará y hará crecer tu corazón y tus hígados». Y cuando le echa la agua sobre la cabeza, dícela: «Cata aquí el frescor y la verdura del Chalchiuitlicue, que siempre está viva y despierta, que nunca doerme ni dormita. Deseo que esté contigo y te abrace y te tenga en su regazo, y te tenga entre sus brazos, porque seas despierta y diligente sobre la tierra». Y cuando la lava el cuerpo y las manos y los pies, a cada uno dice su oración: a las manos lábaselas porque no hurte; y por el cuerpo y por las ingles lábala porque no sea carnal, y dice de esta manera: «¿A dónde estás, lo que eres dañoso a ésta mi hija? Aquí está nuestra madre Chalchiuitlicue. Apártate de ella. Quítete el agua y piérdate». Diciendo estas oraciones, no habla alto sino muy bajo, que casi no se entiende lo que dice.

En acabando de hacer todas sus ceremonias, envuelve a la niña con sus mantillas; y luego la meten en casa y la echan en la cuna, que ya está aparejada.

Y la partera o sacerdotisa habla a la cuna y dícela de esta manera: «Tú, que eres madre de todos, que te llamas Yoaltícitl, que tienes regazo para recibir a todos, ya ha venido a este mundo esta niña que fue criada en lo alto, donde residen los dioses soberanos sobre los nueve cielos; ha venido porque la envió nuestra madre y nuestro padre, el gran señor y la gran señora, a este mundo para que padezca fatigas y trabajos, y en tus manos se encomienda y se pone, por que tú la has de criar, porque tienes regazo, y aunque es así que la ha enviado nuestra madre y nuestro padre, que se llama Yoaltecutli, y también se llama Yacahuitztli, y también Yamanializtli». Habiendo dicho esto con baja voz, luego a voces dice a la cuna: «¡Oh, tú, que eres madre, recíbela! ¡Oh, vieja, mira que no empezcas a esta niña. Tenla en blandura». Dicho esto, pone luego a la niña en la cuna, y los padres de la niña toman aquellas palabras de la partera para cuando la echan en la cuna, que dice: «¡Oh, madre suya, recibe a esta niña que te entregamos».

Hecho esto, luego se regocijan, y comen y beben, y veven el uctli o vino de esta tierra. Y a esto llaman pillaoano, y también le llaman tlacozulaquilo, que quiere decir «posición» o «ponimiento de la criatura en la cuna».

Capítulo XXXIX. De cómo los padres y madres, deseando que sus hijos e hijas viviesen, prometían de los meter en la casa de religión, que en cada pueblo había dos, una más estrecha que otra, así para hombres como para mujeres, donde los metían en llegando a edad convenible

Después que el niño se iba criando, los padres que tenían deseo que viviese, para que su vida se conservase, prometíanle al templo donde se servían los dioses. Y esto a la voluntad de los padres, o los prometían de meter en la casa que se llama calmécac o en la casa que se llama telpuchcali. Si le prometían a la casa que se llama calmécac, para que sirviesen a los dioses e hiciesen penitencia y viviesen en limpieza y en humildad y en castidad, y para que del todo se guardasen de los vicios carnales. Y si era mujer, era servidora del templo que se llamaba cioatlamacacqui; había de ser sujeta a las que regían esta religión y había de vivir en castidad y guardarse de todo deleite carnal y vivir con las vírgenes religiosas que se llamaban las hermanas, que vivían en el monasterio que llamaban calmécac, que vivían encerradas.

Y cuando el niño o niña era prometido de meterle en el monasterio, los padres hacían fiesta a los parientes: dábanlos a comer y beber. Y si el padre y la madre querían meter a su hijo o hija en el monasterio que llaman telpuchcalli, enviaban a llamar al que allí era mayor, que le llamaban telpuchtlato. Comían y bebían, y daban dones: mastles y mantas y flores, por vía de amistad. Y el principal de aquella religión, que se llama telpuchcalli, después de haber comido y bebido y recibido dones, tomaba en brazos a la criatura, hembra o varón, en señal que ya era su súbdita todo el tiempo que estuviese por casar, y en señal que ya era de aquella religión o manera de vivir, que se llama telpuchcalli. Y agujerábanle el bezo de abajo, y allí le ponían una piedra preciosa por barbote. Y la niña que ya estaba prometida al telpuchpan, entregábanla a la mujer que tenía cargo de las otras, la cual llamaban ichpuchtiáchcauh, que quiere decir «la principal de las doncellas». Y cuando ya era grandecilla había deprender a cantar y a danzar para que allí sirviese al Dios que se llama Moyucoca y Tezcatlipuca y Yáutl. Y aunque era de esta religión la mozuela, estaba con sus padres y madres. Y si era de la religión de calmécac, metíanla en aquel monasterio para que estuviese allí hasta que se casare, sirviendo a Tezcatlipuca. Y cuando la metían, daban comida a aquellas religiosas más antiguas de aquella casa, las cuales se llamaban cuacuacuiltin, que quiere decir que tenían los cabellos cortados de cierta manera. Estas tomaban la niña o mozuela y ellas hacían saber al ministro del templo, que se llamaba Quetzalcóatl, porque éste nunca salía del templo ni entraba en casa ninguna, porque era muy venerable y muy grave, y estimado como Dios; solamente entraba en la casa real. Y habiendo hecho saber a éste de la mozuela que entraba en aquella religión, luego la llevaban al monasterio donde la habían prometido. Llevábanla por la mano o en brazos, y presentábanla al Dios llamado Quetzalcóatl, al cual servían los de esta orden, y decían de esta manera cuando se la ofrecían: «¡Oh, señor nuestro humanísimo, amparador de todos! Aquí están vuestras siervas, que os traen una vuestra sierva nueva, a la cual prometen y ofrecen para que os sirva su padre y madre, y bien la conocéis a la pobrecita, que vuestra es. Tened por bien de recibirla para que algunos días barra y limpie y atavíe vuestra casa, que es casa de penitencia y de lloro, donde las hijas de los nobles meten la mano en vuestras riquezas orando y llamando con lágrimas y con gran devoción, y donde con oraciones demandan vuestras palabras y vuestra virtud. Tened por bien, señor, de hacerla merced y de recibirla. Ponelda, señor, en la compañía y número de las mujeres vírgenes que se llaman tlamacacque y tlamaceuhque, que hacen penitencia y sirven en el templo, y traen cortados los cabellos. ¡Oh, señor humanísimo y amparador de todos! Tened por bien de hacer con ella aquello que es vuestra santa voluntad, haciéndole las mercedes que vos sabéis que conviene». Dicho esto, si la mozuela era grandecilla, sajábanla las costillas y el pecho en señal que era religiosa; y si era aún pequeña, echábanle un sartal al cuello, que se llama yacualli. Y la niña, hasta en tanto que llegaba a la edad convenible para entrar en el monasterio, traíase aquel sartal que era señal del voto que había de cumplir. Todo este tiempo estaba en la casa de sus padres; y desque llegaba a la edad para entrar en el monasterio, metíanla en aquella religión de calmécac, casa de penitencia. Y también la mozuela, en siendo de edad, la ponían entre las religiosas de esta religión de calmécac.

Capítulo XL. De cómo en llegando en tiempo de meter a su hijo o hija donde le habían prometido, se juntaban todos los parientes ancianos y avisaban al muchacho o muchacha del voto que sus padres habían hecho, y del lugar donde había de entrar, y de la vida que había de tener

El padre del mozuelo o de la mozuela, después de haberle llevado al calmécac delante de los maestros o maestras que le habían de criar, hablábanle de esta manera: «Hijo mío —o hija mía—, aquí estás presente donde te ha traído nuestro señor, que está en todo lugar, y aquí están tu padre y tu madre que te engendraron, y aunque es así que son tu padre y tu madre que te engendraron, más verdaderamente son tu padre y tu madre los que te han de criar y enseñarte las buenas costumbres y te han de abrir los ojos y los oídos para que veas y oyas. Ellos tienen autoridad para castigar y para herir y para reprender a sus hijos que enseñan. Oye, pues, ahora, y sábete que cuando eras tierno y muy niño te prometieron y te ofrecieron tu padre y tu madre para que morases en esta casa del calmécac, para que aquí barras la casa y la limpies por amor de nuestro señor e hijo nuestro Quetzalcóatl, y por esta causa ahora tu padre y tu madre, que aquí estamos, te vinimos a poner aquí, donde has de estar y donde eres hijo propio. Oye, hijo mío muy amado. Ya has nacido y vives en este mundo, a donde te envió nuestro señor. No vinistes como estás ahora, ni sabías andar, ni hablar, ni hacer ninguna cosa antes de ahora. Hate criado tu madre, y por ti padeció muchos trabajos. Guardábate cuando dormíes, y limpiábate las suciedades que echabas de tu cuerpo, y manteníate con su leche. Y ahora, que eres aún pequeñuelo, ya vas entendiendo y creciendo; ahora ve a aquel lugar donde te ofrecieron tu padre y tu madre, que se llama calmécac, casa de lloro y de tristeza, donde los que allí se crían son labrados y agujereados como piedras preciosas, y brotan y florecen como rosas. De allí salen como piedras preciosas y plumas ricas, sirviendo a nuestro señor, y allí reciben sus misericordias. En aquel lugar se criaron los que rijen, señores y senadores y gente noble, que tienen cargo de los pueblos. De allí salen los que poseen ahora los estrados y sillas de la república, donde los pone y ordena nuestro señor, que está en todo lugar; también los que están en los oficios militares, que tienen poder de matar y derramar sangre, allí se criaron. Por esto conviene, hijo mío muy amado, que vayas allí muy de voluntad y que no tengas afección a ninguna cosa de tu casa. Y no pienses, hijo, dentro de ti: "Vive mi madre y mi padre; viven mis parientes; florece y abunda en mi casa donde nací; hay riquezas y mantenimientos; tengo bien de comer y beber; es lugar donde nací; es lugar deleitoso y abundoso". No te acuerdes de ninguna de estas cosas. Oye lo que has de hacer, que es varrer y coger las barredoras, y aderezar las cosas que están en casa; hasta de levantar de mañana, velarás de noche. Lo que te fuere mandado harás, y el oficio que te dieren tomarás. Y cuando fuere menester saltar o correr para hacer algo, hacerlo has. Andarás con ligereza; no serás perezoso; no serás pesado. Lo que te mandaren una vez, haclo luego. Cuando te llamaren una sola vez, irás luego con ligereza y corriendo; no esperes que te llamen dos veces. Aunque no te llamen a ti, ve a donde llamen luego corriendo, y harás de presto lo que te mandaren hacer. Y lo que sabes que quieren que se haga, haclo tú. Mira, hijo, que vas no a ser honrado, no a ser obedecido ni estimado. Has de ser humilde y menospreciado y abatido; y si tu cuerpo cobrare brío o soberbia, castígale y humíllale. Mira que no te acuerdes de cosa carnal. ¡Oh, desventurado de ti, si por ventura admitieres dentro de ti algunos pensamientos malos o sucios! Perderás tus merecimientos y las mercedes que Dios te hiciera, si admitieras tales pensamientos. Por tanto, conviénete hacer toda tu diligencia para desechar de ti los apetitos sensuales y briosos. Nota lo que has de hacer, que es cortar cada día espinas de maguey para hacer penitencia, y ramos para enramar los altares. Y también habéis de hacer sacar sangre de vuestro cuerpo con la espina de maguey, y bañaros de noche, aunque haga mucho frío. Mira que no te hartes de comida; sé templado; ama y ejercita la abstinencia y ayuno. Los que andan flacos y se les parecen los huesos no desean su cuerpo y sus huesos las cosas de la carne, y si alguna vez viene este deseo, presto pasa como una calentura de enfermedad. No te cubras ni uses de mucha ropa; endurézcase tu cuerpo con el frío, porque a la verdad vas a hacer penitencia y vas a demandar mercedes a nuestro señor, y vas a procurar sus riquezas, y a meter la mano en sus cofres. Y cuando fuere tiempo de ayuno de precepto para enflaquecer el cuerpo, mira que no quiebres el ayuno. Haz todo lo que hacen los otros; no lo tengas por pesado; apechuga con el ayuno y con la penitencia. También, hijo, has de tener mucho cuidado de entender los libros de nuestro señor. Allégate a los sabios y hábiles, y de buen ingenio. ¡Oh, hijo, muy amado! Mira que ya entiendes, ya tienes discreción; no eres como gallina. Nota otro aviso con que complimos contigo los viejos y sabios que somos. Guárdale muy bien dentro de ti. Mira que no le olvides. Y si te reyeres de ello, serás mal aventurado. Muchas otras cosas te serán dichas y oirás allá adonde vas, porque es casa donde se deprenden muchas cosas. Y con esto que te digo juntarás lo que allá oyeres, que es la doctrina de los viejos, que es: si alguna cosa oyeres y te fuere dicha y no la entendieres derechamente, mira que no te rías de ella. ¡Oh, hijo mío muy amado! Tiempo es que vayas a aquella casa donde estás prometido. Comienza a ejercitar la escoba y el incensario que se llama tlenamactli.»

Síguese la plática con que hablan a la mozuela cuando le llevan al calmécac. Los viejos, cuando hablan al mozuelo, no hacen pláticas prolijas, sino en buena manera; mas las viejas, cuando hablan a las mozuelas, hacen las pláticas prolijas, porque las que hablan habían estado en el monasterio, y así eran bachilleras. Dice de esta manera la vieja que habla a la mocuela que va a entrar en el monasterio: «Hija mía muy amada, chiquita, delicada, palomita, la más amada. Ya habéis oído y entendido las palabras de vuestros padres que aquí están. Cosas preciosas os han dicho, y raras como piedras preciosas muy resplandecientes, y como plumas ricas muy verdes y muy anchas y muy perfectas, que las tenían guardadas en su pecho y en su garganta. Lo que yo ahora quiero hacer es ayudar a los que han hablado antes de mí, y tomar la mano por ellos, aunque son padres y madres, y como tales han hablado, y son discretos y sabios, y son como candela y lumbre, y como espejo. Oye, hija mía muy amada, cuando eras chiquita y ternecita, aquí están los que te engendraron, que son tu padre y tu madre, de los cuales eres sangre y carne, en tu ternura y en tu niñez te prometieron y te ofrecieron a nuestro señor, el cual está en todo lugar, para que seas una de las perfectas hermanas de nuestro señor, de las hermosas vírgenes que son como piedras preciosas y como plumas ricas, para que entres y vivas donde están en su guarda y recogimiento con las religiosas vírgenes de calmécac. Y ahora que ya eres de edad de discreción, ruégote que de todo tu corazón cumplas el voto que ellos hicieron. Mira que no le desbarates tú, ni le deshagas o destruyas, pues que ya eres adulta y no eres niña, sino que entiendes. Y mira que no vas a alguna casa de malas mujeres donde se vive mal, que no vas sino a la casa de Dios, donde Dios es llamado y adorado con lloros y con lágrimas, y es casa de devoción, y donde nuestro señor comunica sus riquezas y sus siervas hinchen las manos de sus dones, y donde se demanda y se busca con penitencia su amor y su amistad. En este lugar quien llora y quien es devoto, y quien suspira, y quien se humilla, y quien se llega a nuestro señor, hace gran bien para sí, porque nuestro señor le dará sus dones y le adornará y hallará merecimientos y dignidad, porque nuestro señor a ninguno menosprecia ni desecha. Y por el contrario, el que menosprecie y desdeña el servicio de nuestro señor, él mismo hace barranco y cima en que caya, y nuestro señor le herirá y le apedreará con podredumbre del cuerpo, con ceguedad de los ojos o con otra enfermedad, para que viva miserable sobre la tierra, y se enseñoree de él la miseria, la pobreza y la última aflicción, la última desventura. Por lo cual, hija mía muy amada, te aconsejo que de tu voluntad con toda paz vayas y te juntes con las vírgenes muy amadas, hermanas de nuestro señor, que se llaman las hermanas de penitencia, que lloran con devoción y en aquel santo lugar. Ves aquí lo que has de hacer; ves aquí el voto que has de guardar. Nunca te has de acordar ni ha de llegar a tu corazón, ni jamás has de revolver dentro de ti cosa ninguna carnal. Ha de ser tu voluntad y tu deseo y tu corazón como una piedra preciosa y como un zafiro muy fino. Has de hacer fuerza a tu corazón y a tu cuerpo para olvidar y echar lejos de ti toda delectación carnal. Has de tener cuidado asimismo, continuamente, de varrer y limpiar la casa de nuestro señor, y también has de tener cuidado de la comida y bebida de nuestro señor, que está en todo lugar, y aunque es verdad que no tiene necesidad de comer y de beber como los hombres mortales, sino de solamente ofrenda, por lo cual debes apechugar con el trabajo de muler y de hacer cacáoatl para ofrecer. Has de tener gran cuenta asimismo con la obediencia. No esperes que dos veces seas llamada. La buena doctrina y el aprovechamiento en la virtud y la reverencia, y el temor, y la humildad y paz es la verdadera nobleza y la verdadera generosidad. Mira, hija, que no seas disoluta o desvergunzada o desbaratada. Vivan las otras como quisieren; no sigas el mal ejemplo, ni las malas costumbres de las otras. Y esto debes de notar mucho, que te humilles y te encorbes. Procura con todas tus fuerzas de te llegar a nuestro señor; llámale, y dale voces con toda devoción. Hija mía muy amada, nota lo que te digo; no te demandarán cuenta de lo que las otras hacen; en este mundo de nuestras obras hemos de dar cuenta. Hagan los otros lo que quisieren; ten tú cuidado de ti misma. Mira que no te desvíes del camino derecho de nuestro señor; mira que no tropieces en alguna ofensa suya. Con lo dicho cumplen contigo tus madres y tus padres y tus hermanas mayores. Hija mía, vete en hurabuena a la casa de tu religión».

Capítulo XLI. De algunos de los adagios que esta gente mexicana usaba

«Mensajero del cuervo.» Este refrán se dice del que es enviado a alguna mensajería o con algún recaudo y no vuelve con la respuesta. Tomó principio este refrán, según se dice, porque Quetzalcóatl, rey de Tula, vio desde su casa dos mujeres que se estaban lavando en el baño o fuente donde él se bañaba, y luego envió a uno de sus corcovados para que mirase quién eran las que se bañaban, y aquél no volvió con la respuesta. Envié otro paje suyo con la misma mensajería y tampoco volvió con la respuesta. Envió el tercero, y todos ellos estaban mirando a las mujeres que se lavaban y ninguno se acordaba de volver con la respuesta. Y de aquí se comenzó a decir moxoxolotitlani; quiere decir «fue, no bolbió jamás».

«El que todo lo sabe.» Dícese este refrán por vía de mofar del que piensa que todo lo sabe y todo lo entiende y en todo habla, en todo se entremete. Y burlan de él. Dicen tomachizoa, como si dijesen «un nuestro bachiller», o lo que dice Petrus in cunctis.

«Entremetido en todo.» Dícese este refrán del que entra donde no debía entrar a mirar, del que echa mano de lo que no es a su cargo y se entremete a hacer lo que los otros hacen sin ser a su cargo.

«Aún hay lugar de escapar de este peligro.» Este refrán se dice del que estando borracho mató alguno y después que vuelve en sí, y ya está preso por el homicidio, dice: «Aún no estoy enredado del todo, aún puédome desenredar, porque estaba borracho cuando maté y no supe lo que me hice, y por esto pienso de escapar de esta red o de este lazo».

«Es un Merlín.» Este adagio se dice de aquel que responde con facilidad a cualquiera cosa que le preguntan, aunque sea dificultosa, y también que tiene medios abctos para cualquiera cosa de presto.

«Hay días mal afortunados.» Este refrán se dice cuando no hay posibilidad de hacerse alguna cosa, que otros días se hace con facilidad.

«Costumbre es en el mundo que unos suben y otros descienden.» Este refrán se dice de los que están en alto estado y cayen de él, y de los que están en bajo estado y suben a alto estado de repente. Y así dicen: «Florece el mundo como el manzanillo que se llama texócutl, que tiene manganas maduras y otras que van madurando y otras que florecen». A este modo dicen del mundo.

«A nadie menosprecies por vil que parezca.» Este refrán se dice porque muchas veces los que parecen viles y de menos precio son hábiles o tienen algunas virtudes dignas de precio.

«La gota cava la piedra.» Este refrán se dice de los que porfían o perseveran en salir con alguna cosa que parece que es muy dificoltosa, así como el que no tiene habilidad para alguno de los oficios mecánicos, y queriéndole deprender porfía, y sale con él. Por esto dicen: «la perseverancia hace mucho». «Salta como granizo de albarda, o es noli me tangere.» Este refrán se dice de aquellos que tocándolos un poco con alguna palabra áspera, luego saltan en cólera y en riña y echan ponzoña por la boca. Y cuando oyen hablar mal de otro, luego ayudan.

«Lobo en piel de obeja, o doblado, que una cosa tiene de dentro y otra cosa muestra de fuera.» Este refrán se dice de aquellos que en su manera de hablar y de mirar y de andar son como simples y llanos, y de dentro son maliciosos y engañadores y aborrecedores. Dicen uno y hacen otro.

«Tiene algún trasgo que le ayuda.» Dícese este refrán de aquellos que no parece que hacen nada y están ricos. También se dice de aquellos que trabajan poco en deprender, y en comparación de los que trabajan mucho en deprender o en ganar la vida saben más y tienen más.

«Rábula, o cara sinvergüenza, o cara de palo.» Este adagio se dice de aquellos que no tienen empacho de hablar ni parecer entre las personas sabias, y siendo ellos de poco saber y de bajo quilate.

«Porfiado o que no consiente ser contradicho, o boca de palo.» Este adagio se dice de los que confían mucho de lo que dicen, y lo que los otros dicen nunca les parece bien y son porfiados.

«Glóriase o jáctase de las niñerías.» Este refrán se dice de aquellas personas que según la edad, habiendo de haber dejado las niñerías, no las dejan sino siempre las llevan adelante, y antes se deleitan en ellas.

«Arranco mi misma sementera, o lo que yo sembré.» Este refrán se dice de aquellos que tienen algún amigo, y por poca ofensa luego riñen y descompadran con él, y si alguna cosa sabían de sus secretos, luego la echan en la plaza o les dan públicamente con ello en la cara.

«Come otra vez lo que había echado de la boca o del cuerpo.» Este refrán se dice de aquel que dio algo a otro dado y después se lo toma a pedir.

«Tiene la viga en el ojo y no la ve, o no ve sus fealdades y suciedades.» Este refrán se dice de aquel que tiene la cara sucia y no lo ve. Y más propiamente del que es necio y se tiene por sabio, y es pecador y se tiene por justo.

«No se palpa a sí mismo.» Es lo mismo de arriba.

«No hace ni entiende cosa a derechas.» Este refrán se dice de unos bobos o tontos que ni entienden a derechas lo que los dicen, ni hacen a derechas lo que les mandan.

«Árbol sin fruto, o trabajo sin provecho.» Este refrán se dice de aquellos que trabajaron por alcanzar alguna cosa, o por salir con alguna cosa, y después de mucho trabajo, ni la alcanzaron ni salieron con ella.

«Arrebatador o arañador.» Este refrán se dice de aquellos que cualquiera cosa que ven en las manos de los otros se la arrebatan, o toman lo que está guardado, aunque esté a buen recaudo.

«Mi gozo en el pozo; donde esperaba agradecimiento me vino confusión.» Este refrán se dice cuando alguno hace bien a otro, y el que recibió el beneficio responde con desagradecimiento. Entonces se dice: «Mis cabellos cubrieron mi cara».

«Hablar por rodeo.» Este refrán se dice cuando alguno, no queriendo decir la verdad, habla por rodeos para que no se entienda lo que quiere encubrir, y satisfaga al que le pregunta sin decir verdad.

«¿Con qué cara me miras?» Este refrán se dice de aquel que quiso dañar a otro y no pudo, y después de descubierto su atrevimiento, el que le entendió dícele: «¿Dónde está tu cara?», como si dijese: «¿Con qué ojos me miras desvergonzado?».

«Él me lo pagará.» Este refrán se dice del que hizo alguna afrenta a otro y se huyó. El afrontado dice can noyácauh; quiere decir «no se me escapará que no me la pague».

«Nuestra espinilla, o el remedio de nuestra aflicción.» Este refrán se dice por vía de mofa de aquel que se alaba falsamente de haber hecho algunas valentías, y es como decir: «Blasona del arnés este fanfarrón».

«Todo lo sabe.» Este refrán se dice por vía de mofa de aquel que se jacta de que sabe muchas cosas y ha estado en muchos lugares y ha visto muchos acayecimientos. Y así dícese de éste centzon uelácic: «Mil cosas sabe y en mil cosas se ha visto».

«Por mi lanza lo gané.» Este refrán dice el que ganó o mereció alguna cosa muy bien ganada y muy bien merecida, y otro le contradice o se la quiere tomar. Dice en su defensión nómiuh, como si dijese: «Es mi sudor y mi trabajo».

«No puede ser peor, o no pueden ser las alas más negras que el cuervo.» Este adagio se dice de aquel que echó su caudal todo en alguna mercadería y se le perdió todo en la mar o de otra manera. Para encarecer su pérdida dice icnopíllotl ommomeláuh: «El mal ha venido todo junto».

«Iba por lana y bolví trasquilado, y tropecé en la piedra.» Este refrán se dice del que iba a negociar alguna merced con alguna persona de manera y cayó en su desgracia, y no recabó nada.

«Pensé de ganar algo y perdí lo que llevaba. Acontecióme como a la mariposa que de noche se llega a la candela por amor de la luz que la deleita: quémase en ella.» Este refrán se dice de aquel que sin consideración acomete algún negocio arduo para salir con di, y no salió con él, sino antes cuando con pérdida de honra o de hacienda o de salud.

«Saben todos e ignóralo él, o cara de cenizado.» Este refrán se dice de aquel que hizo algún mal y piensa que nadie lo sabe, y es verdad que lo saben muchos y todos los que con él conversan, y él piensa que está en secreto. Por eso dice «cara de ceniza».

«Derrama solaces, desbaratador de amigos o de amistad.» Este refrán se dice de aquel que es malquisto por su mala condición. Y cuando entra donde están muchos en algún regocijo, en entrando él, todos se salen, unos por acá, otros por allá. Y por eso dicen de él: «Ya vino el derramasolaces».

«Trabajo sin fruto.» Esto se dice de aquel que trabajó por ser letrado o por ser rico o por ser honrado, y después de haber trabajado no salió con nada o con poco. Dicen de él onem oncatca: «En balde trabajó». «He venido a extremada pobreza, o estoy en extremada pobreza». Dícese este refrán del que ni tiene qué comer ni qué se vestir ni en qué dormir. Y por eso dicen de él ompa onquiza tlaltícpac: «No tiene tras qué parar».

«Gran baladrón.» Este refrán se dice del que se alarga mucho en decir bien de sí o de sus cosas.

«Mal contentadizo.» Este refrán se dice de aquel que no se contenta con lo que le dan o con lo que le cupo, sino que murmura porque no le dieron más. A éste se le responde: «Por cierto con mucho menos que eso se contenta el pajarito zinzón». Dícese por vía de mofa.

«Largo en hablar.» Dícese este refrán a contrario senso del que apenas le pueden sacar una palabra cuando es menester, por ser corto en hablar y encerrado. Dícenle «largo en palabras», y quiere decir «es corto en palabras demasiadamente».

«Boca de golondrino.» Este refrán se dice del que es muy hablador o parlero. Dicen que tiene «boca de golondrino».

«El lobo o zorro no trae consigo el fuego para cocer o asar lo que ha de comer.» Este refrán se dice de los que por no esperar a que se cueza o ase la vianda la comen medio cruda, por sucorrer a su hambre. Y si alguno los reprende porque comen la carne medio cruda, para escusar su bestialidad dicen: ¿cuix ítleuh yetinemi cóyotl?: «Más cruda la comen los Coyotes».

«¿Por ventura yo solo soy desmedrado y para poco?» Este refrán se dice cuando alguno quiere hacer algún cumbite profano y suntuoso, y más largo de lo que puede según su valer. Y si alguno le dice que excede los términos de la razón, para escusar su profanidad dice: ¿cuix nonem nipatzactzintli?: «¿Solo soy yo menguado y escaso?».

«Por él se me ensancha la cara, o por él se aumenta mi honra y mi fama.» Este refrán dice el que ha criado a alguno en buenas costumbres, y después que sale de su casa es loado de la buena crianza. El que le crió dice: ipan nonixpatlaoa: «La buena vida del discípulo es honra del maestro».

«No es a mi cargo eso, o no tengo yo culpa de eso; solamente soy como guarda de gallinas.» Este refrán dice el que tiene cargo de regir algún pueblo o república, en la cual agunos riñen o se revuelven, y si alguno le nota de negligente, para escusar su negligencia, dice: «Yo no soy más de guarda de gallinas, y si se pican ellas, las unas a las otras, no tengo yo cargo de departillas».

«Ya es hecho. Guárdeos Dios de ya es hecho.» Este refrán se dice cuando ha acontecido algún mal recado que no se puede remediar. Dicen los unos a los otros: «Guárdeos Dios de hecho es».

«Siquiera lo beban los ratones, o no vino a efecto lo que se pretendía, o lo que se prometió no se dio.» Este adagio se dice cuando los que juegan, por ser impedidos de alguno, no concluyeron el juego, o cuando alguno prometió algo y no lo cumplió. Dicen: «Bebióselo el ratón».

«¿Soy como mazorca de maíz que me han de abrir la barriga para comer lo que está dentro? o ¿hánmelo de sacar del cuajo?» Dice este refrán el que ha recibido algún secreto, y cuando le encarga que no lo diga a nadie el que se le dijo, respondiendo que estará seguro, dice: ¿cuix nixílotl nechititzayánac?; quiere decir que nadie se lo sacará ni por bien ni por mal.

»Humilde como una tortolica que ni tiene ni debe.» Este refrán se dice del que tiene poco y está contento con ello, y está en paz con todos.

«Aún quiere Dios que viva más.» Este refrán dice el que escapó de algún peligro de muerte, y gozándose de haber escapado dice: oc nocetónal: «Aún tiene Dios por bien que viva más».

«¡Oh, pez, oh, pecezico de oro, mira por ti quién se podrá guardar de tantos lazos y redes como hay en este mundo!» Este refrán se dice cuando alguno que es bueno cayó en algún pecado público por donde perdió la honra y el buen nombre que tenía. La otra gente, hablando de él, dicen: ¡Quen uel ximimati in titeucuitlamichin!: «Mire cada uno por sí, que hay muchos resbaladeros y caídas en este mundo». Es lo mismo que arriba se ya ha dicho, que apenas hay quien se pueda escapar de cayer en algún pecado.

«Con ninguna cosa sale de cuantas comienza.» Este refrán se dice del que comienza a deprender algún oficio o ciencia, y luego le deja y pasa a otro, y con ninguno sale. Por esto dicen de él: ayamo cuatlatlatztza, como si dijese «en nada asienta».

«No hay que confiar en parientes, o a muertos y a idos no hay amigos.» Dícese este refrán de los que están en necesidad, o los mismos lo dicen de sí mismos, porque no hay nadie que entonces los favorezca. Y así dicen: áyac matlacpa teca. Quiere decir: «Todos me han desamparado».

El que vive de galloferia y es vagabundo dice: «no faltará qué comer». Este refrán dice el vagabundo y que no tiene oficio ninguno si le preguntan de dónde come y bebe. Dice: tépal nitzopiloti, como si dijese: «Nunca falta, porque las auras hallan siempre qué coman».

«No escalienta el Sol luego en saliendo.» Este refrán se dice de los principiantes en cualquiera oficio o ciencia, que poco a poco van deprendiendo, y nadie deprende el oficio o ciencia de repente, como el Sol, que cuando sale no calienta, y como va subiendo poco a poco va calentando más y más.

«Aunque ahora me desconocen y desfavorecen mis parientes, andando el tiempo volverán por mí.» Este refrán dice el que ha caído en manos de sus acreedores o de los que le maltratan, y no vuelve nadie por él, y dice: ¿cammachpa tiuitze?: «Acordarse han mis parientes, que soy su pariente y favorecerme han».

«Cada uno tiene su propio parecer, bueno o malo.» Dice el que le hicieron alguna honra particular, entre otros que la merecía mejor. Y dicen de él los otros: «¿Cómo te hizo honra aquél, pues que eres el más ruin de nosotros?». Y él responde: Quen teito: «Pareciόle así, que yo la merecía mejor».

Los borrachos con el vino unos lloran, otros vocean, otros riñen, otros aporrean a los que topan, y así dicen que «cada borracho tiene su particular conejo». Este refrán se dice de las condiciones diversas de los hombres. Dicen: ye yuhqui ítoch: «Este tiene esa condición».

«Tiene buena cara; tiene buena parencia.» Este refrán se dice de las personas que en su gesto y disposición parece que son para mucho y no son para nada en la verdad, o son para poco. De ésta se dice por vía de mofa ixtímal: «cara gloriosa». «Lastima el cuerpo el mirar con ceño.» Este refrán se dice de los que no se dan nada del ceño de la cara, ni dejan de hacer lo que les parece, aunque alguno les mire con cara enojada, como es cuando algunos están comiendo y entra alguno de nuevo, y los que están comiendo le miran de mal rostro, dándole a entender que les pesa de su venida. Ni aun le convidan a comer, sino que querrían que se fuese, y él, no obstante esto, siéntase a comer y come. Dice dentro de sí: ¿Cuix tecoco in ixcueli? Quiere decir: «Más vale vergüenza en rostro que mancilla en corazón».

«¿Dónde, hallará el hombre consolación?, o donde pensé de hallar consolación, hallé reprensión.» Este adagio se dice del que, desconsolado, fue a hablar a algún amigo suyo, contándole su trabajo y él no le consoló, mas antes le reprendió y desconsoló. Dice éste: ¿Campa xompati?: «Fui por lana y vine trasquilado».

«Mi corazón se alegró, o mi corazón se puso blanco, o el corazón.» Dícese este refrán del que se alegró por haber hallado lo que mucho deseaba. Dice: Noyollo iztaya: «Alegróseme el ojo».

«No es nudo ciego que no se pueda deshacer, flojamente está atado.» Este refrán se dice de aquel que le acusan de alguna cosa o le arguyen de alguna cosa que con facilidad se puede responder o remediar. Y dice: patlachilpitica: «Ese negocio con facilidad se podrá remediar o con facilidad se puede responder a ese argumento».

«No es cosa cierta lo que dice; no lleva camino para ser verdad esto.» Este refrán se dice de las nuevas echadizas o fingidas, que no llevan color de verdad. El que las oye responde diciendo: Ayatle uel iyaca: «No tiene esto apariencia de verdad».

«Lo moderado conviene más en todas las cosas.» Este refrán se dice de cualquiera extremo, ora sea en vestir, o en comer, o en hablar. Dicen: tlacocualli monequi: «Lo razonable es bueno».

«Este es tiempo en que todos van a hacer sus sementeras o a coger sus maíces, etc., sin quedar nadie.» Este refrán se dice de los tiempos cuando todos acuden a hacer sus haciendas según que el tiempo lo demanda. Dicen: tlaca itleoa: «Todos abarrisco van a hacer tal o tal cosa».

«Comencé ayer por ventura a ser lobo o zorro? ¿Cómo no lo vi o no lo supe? Si eso fuera verdad, supiéralo yo o hubiéralo yo sabido.» Este adagio se dice del que cuenta muchas cosas loables que ha hecho y muchas cosas notables que ha visto, jactándose de ello con falsedad. Y el que oye estas cosas y sabe que es jactancia, y no verdad, responde diciendo: ¿Quinin nicóyutl? Ma ica niquitta.

Quiere decir: «Supiera yo eso si fuera verdad, pues que no nací ayer, pues que soy antiguo y tengo harta habilidad para saber lo que los otros hacen o dónde han andado».

«Deseo irme a bañar a Chapultepec, o querría poder irme a bañar a Chapultepec.» Este refrán dice el que ha tenido alguna gran enfermedad o algún cargo pesado con deseo de verse libre de aquel cargo o enfermedad. Dice: Ma Chapultepec ninaalti, que quiere decir: «Bañarme ya en agua rosada cuando este cargo o enfermedad se me quitase». Chapultepec es una fuente que está cerca de México, muy buena. Los que se bañan en ella piensan que les hace Dios gran, merced. Así, este adagio es de los mexicanos.

«Este o éstos no se hallan bien con los pobres, ni quieren ser tratados como pobres, sino como nobles y generosos.» Dícese este refrán de aquellos que quieren y desean ser honrados en todo, así en la comida como en lo demás. Y si por ventura entran en casa donde no son tratados conforme a su fantasía, enójanse y menosprecian a quien los hospedó o convidó. Y el que siente esto, que es el que cumbidó o hospeda, dice: Aicnopilpan nemitiliztli. Quiere decir: «Éste no es para entre los pobres».

«Justamente padeces, o huélgome que te ha venido ese mal.» Esto dice el que ve a alguno que tropezó o cayó o le vino algún daño, porque se huelga de aquel mal que le vino. Y de aquí dicen comunmente: teca onitlatélchiuh. Quiere decir: «Holguéme del mal ajeno».

«A propósito de mi pereza ha venido.» Este refrán dice el que con dificultad fue persuadido a que fuese a llamar a alguno, o que hiciese algo que él no quería hacer, y cuando ya iba a llamar al que le mandan, el otro vino, o cuando ya iba a hacer lo que le mandaban, y luego le mandaron que le dejase. Dice: onotlatziuizéooac: «Hízose conforme a lo que mi pereza deseaba».

«Y ya estoy enhastiado de oírte eso.» Este refrán dice el que le mandan hacer algo muchas veces y él no lo quiere hacer. Y para dar a entender que por más que se lo digan no lo hará, dice: muchi oquícac in nácel: «Todas las liendres que tengo en la cabeza han ya oído eso, y están enhastiadas de oírlo». Dícese este adagio de aquellos que cualquiera cosa libiana se le hace, grave de hacer.

«Estoy borrando, o algo alguna cosa que no parecerá bien.» Este refrán dice el que humillándose de alguna cosa que está haciendo, dice: nitlatlilpatlaoa: «Hago poco y mal, como el pintor necio que hace mal su oficio».

«Cantarillo que muchas veces va a la fuente, o deja el asa o la frente. El caracorillo que muchas veces atraviesa el camino, alguna vez queda allí pisado de los caminantes.» Dícese este refrán por los que hacen muchas veces un pecado, que alguna vez le toman en él, y paga junto lo que hizo. Y dícese entonces: Aye nel toxaxamacayan. Quiere decir: «Llegó el tiempo de pagar por los males hechos».

«No hay lugar secreto, no hay cosa que no se sepa.» Este refrán se dice del que confía que no se sabrá el mal que hace. Así dicen: ¿Campa xonnaoalli?: «No hay cosa que no se sepa». También quiere decir: «Donde pensé ganar, perdí».

«Pensé de vengarme, y dende me vino mayor injuria.» Este refrán se dice del que con apetito de vengarse hizo a su enemigo algún daño pequeño, y de allí le resultó algún gran daño. También se dice del que quiso remediar algún daño pequeño y empeoróse lo que quería remediar.

«Al buen entendedor pocas palabras, o bien entiendo que murmuráis de mí por sumas.» Este adagio se toma de un lugar que se llama Coyonacacco. Solamente se usa en el Tlaltelulco, o poco más, porque en él está este lugar que se llama Coyonacacco. «Ya se le abaja la cólera». Este refrán se dice del que entendía en algún negocio con mucho brío y con mocha cólera, y hallando resistencia perdió el brío. Dicen de él: ye óyauh in itlatolhoac: «Ya perdió el brío en hablar que antes tenía».

«No hay más posibilidad.» Dice este refrán el que da poco o hace poco en favor de otro, y por dar a entender que si más pudiera más hiciera, dice: zan ye izquich motlacatili. Quiere decir: «Recibid la buena voluntad, que si más pudiera hacer, más hiciera».

«Quien no sabe adornar su mantenimiento.» Dícese este refrán de los oficiales mecánicos que ponen gran diligencia en adornar y hermosear las cosas de su oficio para que parezcan bien y se vendan presto y valgan más. Dícese también de los lisonjeros y de los que componen hermosamente sus palabras para alcanzar lo que demandan o lo que pretenden, y así de éstos se dice: ¿Ac ai cuitlaccoltzin quitlatlamachica?. Quiere decir: «Por ganar de comer no sabe afeitar lo que dice y lo que hace».

«Lo que es tornará a ser, y lo que fue otra vez será.» Esta proposición es de Platón, y el diablo la enseñó acá, porque es errónea, es fálsísima, es contra la fe, la cual quiere decir: «Las cosas que fueron tornarán a ser como fueron en los tiempos pasados, y las cosas que son ahora serán otra vez». De manera que según este error los que ahora viven tornarán a vivir, y como está ahora el mundo tornará a ser de la misma manera, lo cual es falsísimo y hereticísimo.

«Nunca te logres, o nunca vengas a colmo.» Este refrán es de los maldicientes que desean que el que está en prosperidad caya de ella, y el que va subiendo en dignidad o prosperidad no llegue a la cumbre. También quiere decir: «Mira que no desfallezcas por tu negligencia de saber la verdad de este negocio». También quiere decir: «Pues guardaos, que aunque ahora estáis en prosperidad, por ventura la fortuna os dará una zancadilla y caeréis de ello en que estáis».

Capítulo XLII. De algunos zazaniles de los muchos que usa esta gente mexicana, que son como los «¿Qué cosa y cosa?» de nuestra lengua

¿Qué cosa y cosa una jícara acul sembrada de maíces tostados que se llaman momóchitl? Este es el cielo, que está sembrado de estrellas.

¿Qué cosa y cosa que va por un valle y lleva las tripas arrestrando? Esta es el aguja cuando cosen con ella, que lleva el hilo arrastrando.

¿Qué cosa y cosa un teponactli hecho de una piedra preciosa y ceñido con carne viva? Es la orejera hecha de piedra preciosa, que está metida en la oreja.

¿Qué cosa y cosa un jarro o cántaro que sabe ir al infierno? Este es el cántaro con que van por agua a la fuente.

¿Qué cosa y cosa diez piedras que las tiene alguno a cuestas? Estas son las uñas que están sobre los dedos.

¿Qué cosa y cosa que se toma una montaña negra y se mata en un petate blanco? Este es el piojo, que se toma en la cabeza, que se mata en la uña.

¿Qué cosa y cosa una caña hueca que está cantando? Este es el sacabuche.

¿Qué cosa y cosa un negrillo que va escribiendo con vedriado? Son los caracolitos negros, que cuando van andando dejan el camino por donde van vedriado con unas babitas que dejan.

¿Qué cosa y cosa que está señalando al cielo con el dedo? Es la espina del maguey.

¿Qué cosa y cosa que tiene naoas de sola una pierna y busca piojos? Es el peine, que en el medio tiene como una pierna de manta angosta, y de ambas partes las púas que sacan los piojos de la cabeza.

¿Qué cosa y cosa que en todo el mundo encima de nosotros se encorba? Son los penachos de maíz cuando se van secando y encorvando.

¿Qué cosa y cosa una vieja monstruosa debajo de tierra anda comiendo o ruyendo? Es el topo.

¿Qué cosa y cosa una cosita pequeñita de plata que está atada con una hebra de ichtli de color castaño? Es la liendre, que está como atada al cabello.

¿Qué cosa y cosa espejo que está en una casa hecha de ramos de pino? Es el ojo, que tiene las cejas como ramada del árbol que llaman acxóatl.

¿Qué cosa y cosa un cerro como loma, y mana por de dentro? Son las narices.

¿Qué cosa y cosa que muele con pedernales, y allí tiene un cuero blando echado y está cercado con carne? Es la boca, que tiene los dientes con que masca y la lengua tendida en medio. Está cerrada con carne: son los labios, etc.

¿Qué cosa y cosa que tiene la cara de carne blanda y el cogote duro, encajado en la carne? Es el dedo de la mano, que tiene de una parte la carne blanda y de la contraria la uña encajada.

¿Qué cosa y cosa cara de carne y cuello de hueso? Es el dedo.

¿Qué cosa y cosa va dando enviones con caras arrugadas? Es las rodillas.

¿Qué cosa y cosa una vieja que tiene los cabellos de heno y está cerca de la puerta de casa? Es la troje del maíz.

¿Qué cosa y cosa es colorada o bermeja y delgadilla y muerde apresuradamente? Es la hormiga.

¿Qué cosa y cosa que dice: «Salta tú, y yo saltaré»? Es la mano o palo con que tañen el teponactli.

¿Qué cosa y cosa voy acullá, ve tú a la otra parte, y allá nos juntaremos? Es el maxtli, que el un cabo va a una parte y el otro a la contraria, y tórnanse anudar juntamente.

¿Qué cosa y cosa piedra blanca y de ella nacen plumas verdes? Es la cebolla.

¿Qué cosa y cosa que tiene los cabellos canos hasta el cabo y cría plumas verdes? Es también la cebolla.

¿Qué cosa y cosa que entramos por tres partes y salimos a una parte? La camisa.

¿Qué cosa y cosa que le rascan las costillas y está gritando? Es el hueso que usan en los areítos por sonajas.

¿Qué cosa y cosa que tiene las costillas de fuera y está levantado en el camino? Es el cacaxtli.

¿Qué cosa y cosa que lo tomas de presto de la boca de su agujero y arrójaslo en el suelo? Eso son los mocos que se toman de las narices y se arrojan en el suelo.

¿Qué cosa y cosa que entra en la montaña y lleva la lengua sacada? Es la hacha.

¿Qué cosa y cosa está arrimado a la azotea, el bellaco cabeza de olla? Este es la escalera, que se arrima para subir al azotea.

¿Qué cosa y cosa camisa muy apretada? Es el tómatl, que tiene el cuero muy justo y apegado a sí.

¿Qué cosa y cosa ya sale, toma tu piedra? Es hacer cámara.

¿Qué cosa y cosa van guiando las plumas coloradas que se llama cuezalli y van tras ellas los cuervos? Es la chamosquina de las sabanas.

¿Qué cosa y cosa tiene cotaras de piedras y está levantado a la puerta de casa? Son los postes colaterales de la puerta.

¿Qué cosa y cosa que un día se empreña? El huso con la mazorca.

¿Qué cosa y cosa está levantado a la puerta y está corbada la punta? La cola del perro.

¿Qué cosa y cosa que está lleno de rodelas? Es el chilli, que está lleno de semillas, de hechura de rodelitas.

¿Qué cosa y cosa que va por un valle y va dando palmadas con las manos como la mujer que hace pan? Es la mariposa, que va volando.

¿Qué cosa y cosa piedra negra, cabeza abajo, está escuchando hacia el infierno? Es aquella sabandija, que se llama pinácatl, que tiene el cuerpo negro y siempre está cabeza abajo, como quien está escuchando hacia el infierno.

¿Qué cosa y cosa una piedra almagrada, va saltando? Es la pulga.

¿Qué cosa y cosa está sobre piedras y es redondo y está cantando? Es la olla cuando se cuecen maíz.

¿Qué cosa y cosa que está en el camino y está murdiendo? Es la piedra en que tropezamos en el camino.

¿Qué cosa y cosa está en el camino asentada de hechura de tintero? Lo que el perro echa.

¿Qué cosa y cosa que en lo alto es redondo y varrigudo, y está bulliéndose y dando voces? Es la sonaja que se llama ayacachyli.

Capítulo XLIII. De algunas metáforas delicadas con sus declaraciones

Tictetezoa in chalchíuitl. Esta letra quiere decir: «Dañas el lustre y graciosidad de la piedra preciosa, párasle como tezontli áspero y ahoyado. Manoseas o desparpajas o sobajas la pluma rica». Esta metáfora se dice cuando alguno profana alguna cosa santa, o maltrata o deshonra alguna persona honrada o de gran valor, como los que sin debida reverencia reciben el santísimo sacramento, y también cuando alguno deshonra a alguna doncella.

¿Canin mach itzontlan, icuatla oniquiz in totecuyo?. Esta letra quiere decir: «Por ventura atravesé por sobre la cabecera de él, estando durmiendo, menospreciándole en poco?». Esta metáfora dicen los que se quejan de nuestro señor Dios de que los maltrata o aflige demasiadamente. Lo mismo dicen de alguna otra persona quejándose que le aflige injustamente o sin razón.

Motzontlan, mocuatla nitlapachoa. Esta letra quiere decir: «Defiendo que nadie pase por sobre tu cabeza estando durmiendo». Esta metáfora quiere decir: «Zelo y defiendo tu honra para que nadie la perjudique».

Ca nauh, ca nodácual. Esta letra quiere decir: «Es mi comida y mi bebida». Y por metáfora: «Con esto gano de comer y de beber».

Náztauh, nomecaxícol. Esta letra quiere decir: «Hanme puesto un penacho de esclavo, y hanme rodeado al cuerpo una soga». Por metáfora quiere decir: «En este oficio o cargo que me han dado hanme hecho esclavo y siervo de la república o de las personas a quien rijo o gobierno». Habla otro con el que se le ha dado algún cargo de república. Dícele: máztauh, momecaxícol omitztlalili maltépetl: «Hate hecho su esclavo la república».

Onimitzpanti, onimitzteteuhti. Esta letra quiere decir «Hete dado la banderilla que has de llevar a la muerte y el papel que se llama tetéuitl que se da a los que han de matar por justicia, ya que ella es señal que se despide ya de este mundo». Por metáfora se dice del que avisa a su amigo para que se guarde de algún vicio en que anda, de que muchas veces le ha avisado. Dícele: «Esta vez te aviso y nunca más te avisaré».

In muztla, in uiptla. Esta letra quiere decir: «Mañana o ese otro día será tal o tal cosa». Y por metáfora quiere decir: «En los tiempos que vendrán se hará o dirá tal o tal cosa».

In ye cuauhtica, in ye mecatica tanotiui. Dice esta letra: «Cuando estuvieres en la cárcel o estuvieres atado o preso no te podré remediar, o no tengas confianza en mí que te tengo de favorecer». Por metáfora dice el que muchas veces ha avisado a algún su amigo o hijo o pariente para que se aparte de algún vicio con que anda, como es de hurto o de adulterio, y después a la postre ya ve que no se quiere enmendar, dícele: in ye cuauhtica, in ye mecatica tonotiuh, como si dijese: «Ahora te aviso que te emiendes, porque después que cayeres en las manos de la justicia no tengas confianza que yo te tengo de favorecer».

In ye tlecuilíxcuac, in ye tlamamátlac. Esta letra quiere decir: «Cuando estuvieres junto a la hoguera o al pie de la horca te acordarás de lo que te avisé». Por metáfora quiere decir: «Muchas veces te he avisado que te emiendes y no quieres. Al pie de la horca o junto a la hoguera os pesará de no haber querido recibir mi consejo».

In ye techinantitlan, in ye tequiyáoac. Dice esta letra: «Por casas ajenas y por tierras extrañas y de puerta en puerta andando vendrás a escarmentar». Por metáfora quiere decir: «Mira que no hagas ningún pecado o crimen por donde merezcas ser desterrado de tu pueblo, de tu tierra, y andar por tierras ajenas como extranjero y peregrino fuera de tu natural».

Tzonpáchpul, cuitlanéxpul. Esta letra quiere decir: «Bellaco, desgreñado, sucio». Por metáfora se dice de aquel que ha hecho alguna afrenta o desobediencia a su padre o a sus mayores o a los que rigen en el pueblo, y reprendiéndole le dicen: tzonpáchpul, cuitlanéxpul: «Bellaco, desvergunzado y sucio, que afrentas a los tuyos o a los de tu pueblo o a tus mayores». A los cuales también les decían: ma amo itzónic icuáuic xicquetza in tlatoani, etc.

Tzonuactli, tlaxapuchtli, neuiuíxtoc in ixpan pétlatl, icpalli. Dice esta letra: «Es comparado al que anda cerca de una cima o lazo, o red o pozo, que fácilmente cayerá dentro». Por metáfora quiere decir: «El que vive o conversa con los señores o reyes es comparado al que anda cerca de una cima o pozo o lazo o red, que fácilmente cayerá en algún gran delito de donde no podrá salir».

Coloyótoc, tzitzicaczótoc. Dice esta letra: «Está lleno este lugar de alacranes y de ortigas o espinas o abrojos». Por metáfora dice: «Andas en pleito con el señor o delante del señor o juez; mira que nadas en peligro porque andas entre alacranes y ortigas y abrojos».

Teuhyo, tlazollo. Dice, esta letra: «Está lleno de polvo y de estiércol». Y por metáfora se dice de los que han ganado el señorío que tienen o la hacienda que poseen con engaños o con mentiras, y así les dicen: «Tu hacienda o tu señorío no es limpia, o no es limpiamente ganada, que está llena de polvo y de estiércol, de engaños y de hurtos, etc.».

Mitzoallixtlapalitztica, mitzoalnacacitztica. Dice esta letra: «Tienen los ojos puestos en ti todos». Por metáfora quiere decir que los bajos y populares tienen esperanza de ser favorecidos y abrigados de sus mayores, y así dicen del mayor y del señor que los rige, sea obispo o arzobispo o visorrey: mitzoalixtlapalitztica, mitzoalnacacitztica: «Señor, todo el pueblo tienen puestos los ojos en vos como quien los ha de hacer mercedes y favorecer en todo».

Mixtitlan, ayauhtitlan. Quiere decir esta letra: «De entre las nubes o de entre las nieblas o del cielo ha venido». Por metáfora se dice de alguna persona notable que vino a algún lugar o reino que no le esperaban, y hace gran provecho a la república. Y por tanto dice la gente: mixtitlan, ayauhtitlan oquizaco, que quiere decir: «Ha venido del cielo o de entre las nubes, no esperado ni conocido».

Puctli, ayáuitl, tényotl, mauízyotl. Quiere decir esta letra: «Aún no se ha deshecho el humo o la niebla de él». Por metáfora quiere decir: «Aún no se ha perdido la memoria de su fama y de su loa». Dícese de alguna persona muy querida que murió no ha muchos días: Ayamo polihui in ipucyo, in iyayauhyo: «Aún está reciente su memoria por el gran amor que le tenían». Téuatl, tlachinolli. Quiere decir esta letra: «El mar o la chamusquina vino sobre nosotros, o pasó sobre nosotros». Por metáfora se dice de la pestilencia o guerra que cuando se acaba dicen: otonpanquiz in téuatl in tlachinolli: «Pasó sobre nosotros la mar y el fuego».

Ocepétlatl, cuappétlatl. Esta letra quiere decir «Asientos y estrados hay de tigres y águilas». Por metáfora quiere decir. «Hay en este pueblo o en esta ciudad gente de guerra, soldados y hombres valientes, que la guardan, que murieran por su defensión».

Cuitlapilli in atlapalli. Esta letra quiere decir: «Alas de ave y cola de ave». Y por metáfora dice: «Hay gente popular y república». Cuitlapille, atlapale. Esta letra quiere decir: «Ave que tiene alas y tiene cola». Y por metáfora se dice: «El señor o gobernador o rey que rige la república».

In atzopélic, in ahauíac. Quiere decir esta letra: «Cosa desabrida, cosa desgraciada». Y por metáfora dícese del que destierran del pueblo por desobediente e ingrato a los que rigen. Dícenle de esta manera: «Vete del pueblo», ca atzopélic, ca auíac ipan ticmati: «porque le tienes en poco y no le obedeces». También se dice del señor que no es acepto a la república: Amo titzopélic, amo tauíac ipan timacho: «Desabrido y desgraciado eres a tu república».

In uitzyo, in ahauayo. Esta letra quiere decir: «Cosa espinosa o escabrosa que no osan llegar a ella por las espinas o cambrones que tiene». Y por metáfora quiere decir: «Persona venerable y digna de ser tenida y acatada, como son los señores y cónsoles que rigen la república». Dicen ellos in uitzyo, in aoayo. Temíanlos a los tales como a bestia fiera.

Tzopélic, auíyac. Esta letra quiere decir: «Cosa dulce y sabrosa de comer». Y por metáfora se dice del pueblo o tierra que es deleitosa y abundosa. Dicen: «tal o tal lugar, tal o tal tierra tzopélic auíac».

Tetzon, teizti, teuitzyo, teaoayo, tetentzon, teixcuámul, tetzicueuhca, tetlapanca. Esta letra quiere decir: «Cabellos, uñas, espina o cambrón, barbas, cejas, estilla de piedra preciosa». Por metáfora se dice del que es noble o generoso o de linaje de señores, hombre o mujer, ca tetzon, ca teizti, teuitzyo, tetentzon, etc.

Téix, tenácac. Esta letra quiere decir: «Cara y oreja de alguno». Y por metáfora se dice de los embajadores que llevan las embajadas de unos señores a otros señores, y donde llevan la embajada hácenles la misma honra que harían al mismo señor, y dicenle: Ca ix, ca inácac.

Teixiptla, tepatillo. Esta letra quiere decir: «Retrato e imagen de alguno». Y por metáfora quiere decir el que sucedió a otro en el oficio, o el que en nombre de otro hace algo, o el embajador que va con embajada, o el hijo que sucedió en el oficio a su padre, y en las costumbres.

In itconi, in mamaloni, in tecuexanco, in temamaloacco yétiuh. Esta letra quiere decir: «Carga que se ha de llevar a cuestas». Y por metáfora quiere decir la república que se ha de regir, como quien los lleva a cuestas.

Texillan, telozcatlan óquiz. Esta letra quiere decir: «Salió de las entrañas y de la garganta». Y por metáfora quiere decir: «Persona generosa que viene de personas ilustres». Quiere decir también la plática o oración que hace el orador, que le sale de las entrañas y de la garganta.

Ihiyo, itlátol. Esta letra quiere decir: «Su resuello o espíritu o su palabra». Y dícese por metáfora del razonamiento que hace el señor a sus principales, o el predicador a sus oyentes.

In tlauilli, in ócotl, in máchyotl, in octácatl, in coyáoac tézcatl mixpan nicmana. Esta letra quiere decir «Lumbre y hacha encendida, y dechado y modelo y espejo ancho». Por metáfora quiere decir razonamiento que los principales hablan a los maceoales, y el sermón que el predicador predica, y el buen ejemplo de buena vida que alguno da.

Toptli, petlacalli. Esta letra quiere decir: «Cofre, arca». Y por metáfora quiere decir persona que guarda bien el secreto que le está encomendado, o persona muy callada.

Xicoti, pipiyolti. Esta letra quiere decir: «Abeja o abejón que coge miel de las flores». Y por metáfora dícese del que es convidado muchas veces para comer con los principales.

Nextepeoalli, otlamaxalli nicnonantía, nicnotatía. Esta letra quiere decir: «Es mi madre y mi padre el muladar y camino horcajado». Por metáfora se decía esto de las mujeres que se daban por ahí a quien quiera, o de los hombres viciosos con muchas mujeres. Decían de los tales que eran muladar, camino horcajado.

Anitlanammati, anitlatamati. Esta letra quiere decir: «Ni hace caso de su madre ni de su padre, como si no los tuviese». Y por metáfora se dice de los que no obedecen ni reverencian a los que rigen el pueblo o república.

Mixtlaza, motlantlaza. Esta letra quiere decir: «Arrojar en el suelo la cara y los dientes». Y por metáfora se dice de las personas venerables que dicen o hacen alguna cosa indigna de sus personas. Decíanla: mixtlaza, motlantlaza. Quiere decir: «Confúndese y avergüénzase a sí mismo».

Moteyotía, mitauhcayotía. Quiere decir esta letra: «Gana honra y fama para sí mismo». Dícese de los que hacen valentías en la guerra y obras loables entre la gente que vive.

Mixtilía, momauiztilía. Esta letra quiere decir: «Estímase, hónrase». Dícese de aquellos que miran mucho por su honra, así en las palabras como en las obras, que ni dicen cosa de donde les venga deshonra o vergüenza.

¿Cuix topyo?, ¿cuix petlacallo? Esta letra quiere decir: «No es cosa que se pueda guardar en cofre o en arca». Por metáfora se dice de las mozas que por no estar en casa encerradas cayen en manos de quien las deshonra. Y diciendo a sus padres: «Esto ha hecho vuestra hija», responde: ¿Cuix topyo?, ¿cuix petlacallo? Quiere decir: «Ella se tiene la culpa, que yo no la puedo meter en arca o en cofre».

Uel chalchiúhtic, uel teuxiúhtic, uel acátic, uel ololiuhqui. Esta letra quiere decir: «Finos chalchihuites, finos zafiros muy bien labrados, unos largos otros redondos». Por metáfora quiere decir: «Hizo una plática o un sermón como finas piedras preciosas, muy primamente labradas».

Ontetepéoac, onchachayáoac. Esta letra quiere decir: «Derramáronse, esparciéronse piedras preciosas». Por metáfora se dice del que predicó muy bien, o del que oró entre los senadores y señores. Dicen de él: ontetepéoac, onchachayáoac: «Piedras preciosas echó por aquella boca».

Otonmotlamachti, otonmocuiltono, onpópouh, oníxtlauh ínic monantzin, ínic motatzin. Dice esta letra: «Haste gozado; haste enriquecido; ha pagado, ha hecho el deber tu madre y tu padre, el pueblo o regimiento o senado». Por metáfora se dice en la conclusión de alguna oración que había hecho algún orador al pueblo, diciendo: otonmotlamachti, otonmocuiltono, etc. Quiere decir: «Todos los que aquí estáis habéis oído cosas preciosas y cosas ricas para vuestra consolación, porque el pueblo o los senadores o regimiento, por ser vuestra madre y vuestro padre, ha hecho su deber para con vosotros: ha pagado lo que concierne a padre y madre».

Itzuitequi, acamelaoa. Quiere decir esta letra: «Labra casquillos de saetas, de piedras de navajas; endereza cañas de saetas para tirar». Por metáfora se dice del que aborrece a alguno y busca maneras para le dañar o le matar.

Ontlatépeuh, ontlacháyauh in petlapan, in icpalpan. Dice esta letra: «Derramó y derrocó en los estrados». Por metáfora se dice del que hizo alguna injuria o desacato al señor o a los senadores en juicio por donde el señor y los senadores se enojaron de él. Y dicen: ontlatépeuh ontlacháyauh in petlapan in icpalpan. Quiere decir: «Este majadero enojó a los señores con sus palabras mal miradas».

Ontlaxamani, ontlapóztec. Esta letra quiere decir: «Quebrantó o hizo pedazos, o rajó cosa preciosa». Y por metáfora se dice del médico que curaba algún hijo o hija de persona notable y murió por no le curar bien. También se dice de la ama que criaba a algún niño, hijo de alguna persona notable, y por su descuido se le murió. Entonces dicen: ontlaxamani.

Tezo, teuipana. Dice esta letra: «Ensarta, ordena». Por metáfora se dice de los que están diestros en contar las genealogías o sucesiones de la gente principal, y en narrar sus obras y sus grandezas, como diciendo: «N es hijo de N, y nieto de N, etc. Su bisabuelo de N hizo tal cosa o tal hazaña». De éste se dice: ueltezo, uelteuipana: «Muy bien sabe o muy bien cuenta los linajes de los principales».

Técuic, tetlátol. Esta letra quiere decir: «Dice palabras y cantares ajenos que alguno se los enseñó». Por metáfora quiere decir: «Habla no de su boca, sino de cabeza ajena. No lo que él pensé, sino lo que le enseñaron como a tordo».

Pipillo, coconeyo, iuincáyutl, xocomiccáyutl. Dice esta letra: «Muchacharrías, niñerías, borracherías». Por metáfora dícelo de sí el que ha hecho una oración buena y de buena manera, y al cabo dice, humillándose: «He dicho muchacharrías y niñerías y borracherías, o desbarates sin orden y sin concierto». También dice esto mismo alguno que quiere mal a otro por afrontarle y por abatirle.

Tlachpanaliztli, tlacuicuiliztli nicchioa. Dice esta letra: «Varreré y amontonaré el estiércol». Por metáfora dicen esto los que se ofrecen a servir y obedecer en la casa de Dios o en la casa de los señores. Para decir: «Serviré y trabajaré en la casa de tal Dios o en la casa de tal señor», decían: tlachpanaliztli, tlacuicuiliztli nicchioac.

Aumpa nicquixtía, aumpa nicnacactía. Dice esta letra: «No enderecé bien lo que dije, ni lo ordené bien». Esto dice de sí, humillándose, el que ha hecho alguna oración o plática delante de algunos. Y si lo dice de otro, dícelo por vía de reprensión, notándole de necio. También se dice del que acusó a otro con falsedad en juicio.

Iztlactli, tencualactli. Esta letra quiere decir: «Es escupidura o gargajo». Y por metáfora quiere decir «mentira» o «falsedad».

Ye ontimalthui, ye umpa onquiza in toneuiztli. Esta letra quiere decir: «Glorifícase y enseñoréase la pobreza; hasta allí puedo llegar». Y por metáfora quiere decir: «Tengo extremada pobreza en todo».

Nétloc, nenáoac, netztitzquilo, nepacholo. Quiere decir esta letra: «Están asidos los unos con los otros». Y por metáfora quiere decir: «Están en paz y quiérense bien los unos a los otros, y trátanse bien».

Anezcalicáyotl, xolopicáyotl. Esta letra quiere decir: «Necedad o tochería». Dícese de lo que hace la gente baja y de poco entendimiento.

Oc xonmotlamachti, oc xonmocuiltono. Quiere decir esta letra: «Deseo que gozes de prosperidad y riqueza» o «ruego a Dios que te haga próspero y rico».

In uel patláoac, in uel xopaléoac quetzalli. Quiere decir esta letra: «Plumaje rico y de perfecta color». Y por metáfora quiere decir oración o plática elegante y sentida, muy bien compuesta.

In popocátiuh, in chichinátiuh. Quiere decir esta letra: «Va humeando y ardiendo». Por metáfora se dice de aquel que habla o hace alguna oración o plática de reprensión con mucho orgullo y valiente voz, de manera que causa temor a los que lo oyen.

Tauéuetl, in tipóchotl, motlan, moceouálhuiz, nwyacálhuiz in maceoalli. Esta letra quiere decir: «Eres cedro y árbol de gran sombra que se llama púchotl». Por metáfora se dice de cualquiera señor o principal que es liberal y consuela y favorece a todos sus vasallos. También se dice esto de las otras personas liberales y que favorecen a los pobres.

Motenan, motzácuil. Esta letra quiere decir «Tu muro y tu pared». Y por metáfora se dice del señor o principal que defiende y cela a sus vasallos para que no sean maltratados de alguno, y se pone por ellos a cualquiera riesgo, y así de él se dice: Ca totenan, ca totzácuil: «Es nuestro muro, es nuestro amparo».

In ye imécac, in ye icuáuic in totecuyo, in za ticamatlálpul, in za tixtlálpul. Esta letra quiere decir: «Cuando estuvieres en el cepo o atado con la soga». Quiere decir: «Esto he dicho que te ha hecho avisándote. Ponlo por obra luego y no esperes cuando ya estuvieres en el cepo o atado con la soga». Y por metáfora quiere decir: «Pues que ahora estás bueno y recio, y comes y bebes, emienda tu vida y no esperes a cuando estuvieres enfermo y muy cercano a la muerte, cuando tuvieres la cara como tierra y la boca llena de tierra, cuando ya estuvieres puesto en el cepo y atado con la soga de la muerte».

In ticicatinemi, in timeltzotzontinemi, in yuhqui míxitl, in yuhqui tlápatl otíquic. Esta letra quiere, decir: «Andas acezando y dándote palmadas en el pecho como hombre que ha comido beleños». Por metáfora se dice de aquel que siendo travieso y desbaratado en su vivir, siendo corregido, no se quiere enmendar. Y a este tal dícenle: «¿Qué has bebido? ¿Qué has comido? Que ningún buen consejo recibe tu corazón».

In tamoyaoatinemi, in teca tocotinemi. Quiere decir esta letra: «Andas ondeando en el agua o en las ondas del agua te traen de acá para allá. Y el viento te lleva de acá para allá». Por metáfora se dice esto de cualquiera persona desasosegada que anda de casa en casa, o de tiánquez en tiánquez, o de calle en calle, reprendiéndole o por vía de reprensión.

In otitochtíac, in otimazatíac. Quiere decir esta letra: «Haste hecho conejo, haste hecho ciervo». Por metáfora se dice de aquel o de aquella que se van de casa de su padre y andan de pueblo en pueblo, o de tiánquez en tiánquez; ni quieren obedecer a sus padres ni estar en su casa. Y reprendiéndoles, dicen: otitochtíac, otimazatíac: «Haste hecho como conejo y como ciervo, que a nadie obedeces».

Azo cueláchic, ázoc cemílhuitl in ipaltzinco in tolecuyo. Esta letra quiere decir: «Por ventura un día o alguno poco de tiempo te dará de vida nuestro señor: goza de ella». También por metáfora se dice del señor que posee en paz su señorío y está rico y sano. Los que le visitan dícenle: «Sé agradecido a nuestro señor por el beneficio que te ha hecho y para que le puedas gozar muchos días, porque si fueres ingrato quitarte ha Dios la vida y lo que te ha dado».

In alt ítztic, in atl cécec topan quichioa in totecuyo. Quiere decir esta letra: «Agua fría, agua helada envía nuestro señor». Por metáfora se dice, esto de la pestilencia o hambre o otras aflicciones que envía nuestro señor para nuestro castigo. Entonces dicen: in alt ítztic, in alt cécec topan quichioa totecuyo: «Aflígenos nuestro señor como con agua fría y con agua helada».

Otimatoyaui, otimotepexiui. Quiere decir esta letra: «Tú mismo te has arrojado en una barranca; tú mismo te has despeñado de un risco abajo». Por metáfora se dice del que cayó por su culpa y de su voluntad en algún crimen o peligro de muerte, de donde nadie le puede librar. A este tal dicen: otimatoyahui, otimotepexihui: «Arrojástete en una barranca o en una cima».

In amoyaoalli, in tlamatzoalli. Esta letra quiere decir: «La comida, la bebida». Dícese por metáfora del que por alguna tristeza ni come ni bebe ni duerme ni se quiere alegrar. A este tal, consolándole sus amigos, dícenle: «No dejéis la comida ni la bebida. Alegraos: comed y bebed y dormid, porque no cayáis en alguna enfermedad de que no os puedan remediar».

In yooalli, in ehécatl, i naoalli in totecuyo. Esta letra quiere decir: «La noche o oscuridad, y el que se transfigura en diversas formas». Por metáfora quiere decir: «El Dios Tezcatlipuca, o por mejor decir diablo, ¿por ventura hablaros ha como persona? Y Uitzilopuchtli, ¿hablaros ha como persona? No es posible, sino como aire, y toma figura de oscuridad».

Tlaalaoa, tlapetzcaui in ixpan pétlatl, icpalli, aquineuhyan, aquixoayan. Dice esta letra: «Resbalan y deslízanse muchos en presencia del trono y del estrado, y nadie se escapa». Por metáfora quiere decir: «El que caye en la ira del señor o rey no se puede escapar de sus manos».

Iuían, iocuxca ximonemiti ma motólol, ma momálcoch, in tétloc in tenáoac. Esta letra quiere decir: «Vive pacíficamente y muy humildemente. Inclínate y recógete entre los otros». Esta era exhortación de los piles y nobles con que los avisaban para que mostrasen toda humildad y sujeción delante los principales señores y reyes. Por su tiranía miraban mucho en los que mostraban algún brío o presunción en su presencia, y por esto les avisaban y decían: «Si queréis vivir en paz entre los hombres, no mostréis presunción, porque la soberbia es muy mala, y el que la tiene no puede vivir en paz. El que se inclina y se recoge vive en paz».

Iiztitzin quitlancuatinemi, imatzin quimocozcatitinemi. Esta letra quiere decir: «Los que roen las uñas y los que traen las manos al cuello». Por metáfora se dice de los pobres hambrientos y muy necesitados. Decían de esta manera: «Haz misericordia con los huérfanos y con los pobres que andan muertos de hambre y ruyendo sus uñas. Traen las manos cruzadas delante los pechos por la grande inopia y andan demandando de puerta en puerta».

Atitlanonotzalli, atitlaccaltili, atitlaoapaoalli, ¿atimuzcalía, atitlachía? Esta letra quiere decir: «Eres mal criado y mal disciplinado y mal mirado». Esto se dice de los tochos y bobos y malcriados por vía de reprensión: «¿Es posible que tu padre y tu madre no te doctrinaron? ¿No te enseñaron cómo has de vivir?».

Uel ixe, uel nacace. Esta letra quiere decir: «De verdad tiene ojos, de verdad tiene orejas». Por metáfora quiere decir: «Es persona prudente y sabia, hábil y esperta».

Iuiyan tecúyutl, iuían tlatocáyutl. Quiere decir esta letra: «Legítimo señorío, legítimo reino». Dícese de aquellos señores que alcanzaron sus señoríos por legítima elección, y son verdaderos señores que aman a sus súbditos, y más a los pobres. Dícese también de los piles y senadores y valientes hombres, que su nombre le ganaron con hazañas y valentías, según que está ordenado por las leyes de la república.

Yollotli, eztli. Esta letra quiere decir: «Corazón, sangre». Por metáfora se decía del cacao, que solamente le usaban vever los señores y senadores, valientes hombres, y nobles y generosos, porque valía muy caro y había muy poco. Si alguno de los populares lo bebía, costábale la vida si sin licencia lo bebían, por esto se llamaba: yollotli, yeztli: «Precio de sangre y de corazón».

Cuauhyotica, oceloyotica. Dice esta letra: «Con águilas y con tigres se ganó». Quiere decir por metáfora: «Ganóse con fuerza de águila y de tigre». Y dícese de cualquiera dignidad de la república que se ganó con trabajos, y de la mercadería o trato o con trabajos de agricultura. De manera que el señor dirá: cuauhtica, ocelotica onicnexti i tlatocáyutl: «Con trabajos de la guerra vine a ser señor». Y el tecutli o tiácauh dice: cuauhtica, ocelotica, dice: «con trabajos de la guerra gané la dignidad que tengo»; el mercader rico y estimado también dirá: «con trabajos gane hacienda y la estima que tengo»; lo mismo dirá el hombre rico, que es labrador: cuauhtica, ocelotica onicnexti: «con trabajos y servicios vine a ser lo que soy». También se dirá de alguna provincia o reino que se ganó por fuerza de armas.

In tetlaoan, in apactli. Esta letra quiere decir: «Vino de la tierra con que se emborrachan». Era reprensión para todos los que bebían este vino siendo mancebos o mozas, o muchachos o muchachas, porque no se usaba beber hasta la vejez, y a los que antes lo bebían, decíanlos: Xiccaoa in tetlaoan in apactli. Quiere decir: «Deja de beber el vino o uctli, ca aún no tienes edad para ello».

Otontlalilíloc in uel chamáoac in uel tetziliuhqui. Esta letra quiere decir: «Hate sido puesta una soga muy gruesa y muy recia». Y por metáfora decíanlo de aquellos a quien les daban algún oficio de la república para que se esforzasen a hacerlo con diligencia: otontlalilíloc in uel chamáoac in tetziliuhqui. Quiere decir: «Hante dado ese cargo. Esfuérzate a hacerlo con diligencia y piensa que estás atado con una soga gruesa y recia».

Pollocotli, zacacualli. Quiere decir esta letra: «Abrojos y espinas». Por metáfora se dice de los que son revultosos y perturban la paz de la república con mentiras y con murmuraciones. Y a los tales reprendíanlos, diciendo: ca mótech omóchiuh in zacualli pollocotli. Quiere decir: «De ti salió esta turbación, porque eres un mentiroso y revoltoso».

Acan atl ic timáltiz, ic timochipáoac. Quiere decir esta letra: «Con ninguna agua te podrás lavar». Por metáfora se decía de aquel que había hecho algún pecado grave con que se infamó de hurto o de adulterio, el cual era ya público. Decíanle: ¿Cuix cana atl ic timaaltiz? Quiere decir: «No te lavarás de esta infamia con ninguna agua».

Toyomotlan, tonacactítech mopipiloa in totecuyo. Esta letra quiere decir: «Nuestro señor nos ha pellizcado en la oreja o en el hombro». Por metáfora se dice cuando se hielan los mantenimientos, o por otra ocasión viene hambre. Dicen: Otonacactítech mopillo in totecuyo, toyomotlan omopillo: «Nuestro señor ha hecho esto por castigarnos».

In tlacaquimilli, in tlacacacaxtli, oitlantónac otoconmama. Quiere decir esta letra: «Carga de personas o cacaxtli en que se llevan personas a cuestas». Dícese por metáfora de aquellos que les han dado cargo de regir la república. Para encarecerlos su oficio, que es pesado, dicenles: oiltlantónac, otoconmama in tlacaquimilli, in tlacacacaxtli: «Has tomado cargo de llevar a cuestas a la gente popular y a toda la república».

Tetl oatócoc, cuáuitl oatócoc. Quiere decir esta letra: «Llevó el agua las piedras y los maderos por su gran ímpetu». Por metáfora se dice esto cuando algún gran trabajo se recrece a la república, con el cual muchos son afligidos.

Intlil, intlápal in ueuetque. Quiere decir esta letra: «Esto dejaron escrito o pintado o por memoria los antiguos». Esto se dice de las leyes y costumbres que dejaron los antiguos en la república. Y cuando no se hace así como ellos lo dejaron, dicen: macamo polihuiz in íntlil in intlápal in ueuetque. Quiere decir: «Y no conviene que se pierdan las costumbres que dejaron los antiguos».

Intlácouh, inzacápech in ueuetque. Quiere decir esta letra: «Esta es la breña y zacatlatl de los antiguos». Por metáfora quiere decir: «Aquí, en este lugar, que era breñas y zacatlales se poblaron primeramente nuestros antepasados; aquí hicieron primeramente sus casas de mimbres y sus camas de zacate o heno».

Teizolo, tecátzauh. Quiere decir esta letra: «Cosa que ensucia y amancilla». Y por metáfora quiere decir toda malacrianza que se dice de palabra, o toda obra fea que se hace. Al que lo hace o dice, dícenle: ca tecátzauh, ca teizolo in tiquiyoa in ticchioa. Quiere decir: «Eso que dices o haces es cosa fea y es cosa de mal ejemplo, y con ella te ensucias y te infamas a ti mismo».

Nopuchco nítzcac nimitztláliz. Quiere decir esta letra: «A mi siniestra y debajo de mi subaco te pondré». Por metáfora quiere decir: «Serás el más allegado a mí de todos. Serás otro yo». Esto decía el señor a algún pilli o tecutli: «Seime fiel, que yo te haré mi segundo». También la otra gente decía al que veían que era más allegado al señor y era como su intérprete —daba las respuestas de lo que él quería—, a éste decían: «Tiénele debajo de su brazo izquierdo y en su sobaco nuestro señor o nuestro rey».

Imámux, intlacuílol. Quiere decir esta letra: «Su libro y sus escrituras». Y por metáfora quiere decir: «Las costumbres y leyes de los antiguos».

Matzayani in iluícatl, tentlapani in tlalli. Quiere decir esta letra: «Ábrese el cielo y rómpese la tierra». Por metáfora quiere decir: «Hácese una maravilla y un milagro nunca visto ni oído», etc., vi supra.

Xomolli, tlayooalli ticmotoctía. Esta letra quiere decir: «Estáste al rincón y al oscuridad». Por metáfora se decía esto de aquel que había sido oficial o principal en la república y es hábil para cualquiera cosa, y por alguna desgracia o por su humildad se apartó de la conversación de los del palacio y de los senadores y del señor, y se está en su casa. A este tal sus amigos le decían: ¿Tle ipampa in za monoma xomotlalli tlayoalli ticmoloctía? Quiere decir: «¿Por qué te escondes y huyes de la conversación de los principales y no quieres parecer donde están ni quieres tomar algún oficio de la república? En esto te deshonras a ti mismo y das a entender que no vales nada».

Fue traducido en lengua española por el dicho padre fray Bernardino de Sahagún, después de treinta años que se escribió en la lengua mexicana, este año de 1577.

Fin del Libro Sexto

Libros a la carta

A la carta es un servicio especializado para
empresas,
librerías,
bibliotecas,
editoriales
y centros de enseñanza;

y permite confeccionar libros que, por su formato y concepción, sirven a los propósitos más específicos de estas instituciones.

Las empresas nos encargan ediciones personalizadas para marketing editorial o para regalos institucionales. Y los interesados solicitan, a título personal, ediciones antiguas, o no disponibles en el mercado; y las acompañan con notas y comentarios críticos.

Las ediciones tienen como apoyo un libro de estilo con todo tipo de referencias sobre los criterios de tratamiento tipográfico aplicados a nuestros libros que puede ser consultado en Linkgua-ediciones.com.

Linkgua edita por encargo diferentes versiones de una misma obra con distintos tratamientos ortotipográficos (actualizaciones de carácter divulgativo de un clásico, o versiones estrictamente fieles a la edición original de referencia).

Este servicio de ediciones a la carta le permitirá, si usted se dedica a la enseñanza, tener una forma de hacer pública su interpretación de un texto y, sobre una versión digitalizada «base», usted podrá introducir interpretaciones del texto fuente. Es un tópico que los profesores denuncien en clase los desmanes de una edición, o vayan comentando errores de interpretación de un texto y esta es una solución útil a esa necesidad del mundo académico.

Asimismo publicamos de manera sistemática, en un mismo catálogo, tesis doctorales y actas de congresos académicos, que son distribuidas a través de nuestra Web.

El servicio de «libros a la carta» funciona de dos formas.

1. Tenemos un fondo de libros digitalizados que usted puede personalizar en tiradas de al menos cinco ejemplares. Estas personalizaciones pueden ser de todo tipo: añadir notas de clase para uso de un grupo de estudiantes, introducir logos corporativos para uso con fines de marketing empresarial, etc. etc.

2. Buscamos libros descatalogados de otras editoriales y los reeditamos en tiradas cortas a petición de un cliente.

www.ingramcontent.com/pod-product-compliance
Lightning Source LLC
LaVergne TN
LVHW041052080826
845145LV00007B/1546

9788498166873